普通高等教育"十二五"土木工程系列规划教材

土木工程事故分析与处理

主　编　王海军　刘　勇
副主编　吴鸿胜　张彦玲　魏　华
参　编　宋玉香　高华国　李运生　侯忠明
　　　　李明飞　赵　云　张　辉　黄永生

机 械 工 业 出 版 社

本书以土木工程中的建筑工程事故、岩土工程事故、道路与桥梁工程事故、灾害事故等为对象，详细介绍了各类土木工程事故的特点、影响因素、原因分析、检测技术以及处理方法。

全书分为5篇16章。第一篇为总论，介绍了土木工程的质量特性、事故的概念及分类分级、事故分析与处理原则、处理程序与过程、事故原因概述、事故的现场检测等。第二至五篇分别针对各类工程结构的质量事故的分析与处理进行了系统阐述，内容涉及砌体结构、钢结构、混凝土结构、特种结构、地基与基础工程、边坡工程、隧道工程、地铁工程、道路工程、桥梁工程、火灾、燃爆、地震灾害等。

本书内容精练、图文并茂，注重基本原理和工程实践的紧密结合，对大量工程事故案例进行了详细分析，指出了应吸取的教训。本书可作为高等院校土木工程专业的教材，也可作为从事土木工程设计、施工、监理、质量检查和管理方面的工程技术人员的专业参考书，或作为继续教育的培训教材使用。

图书在版编目（CIP）数据

土木工程事故分析与处理/王海军，刘勇主编．—北京：机械工业出版社，2014.12（2023.7重印）
普通高等教育“十二五”土木工程系列规划教材
ISBN 978-7-111-48506-3

Ⅰ.①土…　Ⅱ.①王…②刘…　Ⅲ.①土木工程—工程质量事故—事故处理—高等学校—教材　Ⅳ.①TU712

中国版本图书馆CIP数据核字（2014）第265930号

机械工业出版社（北京市百万庄大街22号　邮政编码100037）
策划编辑：马军平　责任编辑：马军平
版式设计：赵颖喆　责任校对：薛　娜
封面设计：张　静　责任印制：李　昂
北京中科印刷有限公司印刷
2023年7月第1版第5次印刷
184mm×260mm·23印张·565千字
标准书号：ISBN 978-7-111-48506-3
定价：59.80元

电话服务　　　　　　　　　网络服务
客服电话：010-88361066　机　工　官　网：www.cmpbook.com
　　　　　010-88379833　机　工　官　博：weibo.com/cmp1952
　　　　　010-68326294　金　　书　　网：www.golden-book.com
封底无防伪标均为盗版　　　机工教育服务网：www.cmpedu.com

前　言

土木工程与社会发展和人民生活息息相关。我国在土木工程领域取得了举世瞩目的成就的同时，由于自然灾害和人为错误等造成的土木工程事故屡见不鲜，造成了大量的经济损失和人员伤亡。堪忧的工程质量严重制约着社会的和谐发展。另一方面，国家着眼于人才培养，提出了卓越工程师教育培养计划，要求高等学校培养工程应用型人才。鉴于此，编写了本书。

编者努力将本书打造成一本便于学习的教材、便于应用的质量手册、便于阅读的警示录。在编写时力求做到以下几点：基本概念准确简明、陈述系统形象、分析全面深入、说理清晰透彻、总结综合概括，并注重基本原理与典型事故案例相结合。

本书由沈阳工业大学王海军、石家庄铁道大学刘勇任主编，由中铁十五局吴鸿胜、石家庄铁道大学张彦玲、沈阳工业大学魏华担任副主编。编写分工如下：第1、2、16章由王海军编写，第3、6章由吴鸿胜、黄永生编写，第4、7章由魏华、张辉编写，第5章由高华国编写，第8~11章由刘勇、宋玉香编写，第12、13章由张彦玲、李运生、侯忠明编写，第14章由李明飞编写，第15章由赵云编写。全书由王海军定稿。

本书的工程案例来自同行的论文资料、各类教材、专著，以及同行朋友们提供的宝贵资料，虽尽可能在书末列出，但难免挂一漏万，在此一并表示衷心感谢！

由于土木工程建设发展迅速，工程事故内容繁多，再加上编者的经验、水平有限，书中不妥之处，敬请读者批评指正。

编　者

目　　录

第一篇

土木工程事故总论

第1章　绪　　论

土木工程（Civil Engineering）是建造各类工程设施的科学技术的总称，它既指所应用的材料、设备和所进行的勘测设计、施工、保养、维修等技术活动，也指工程建设的对象，包括建在地上、地下、水中的各类工程设施。土木工程已发展出许多分支，如房屋建筑工程、道路工程、铁路工程、桥梁工程、地下工程、隧道工程、机场工程、城市供热供燃气工程、给水排水工程、港口工程、海洋平台等。国际上，运河、水库、堤坝、水渠等水利工程也包括在土木工程之中。目前，我国的基本建设蓬勃发展，正在进行着世界上最大规模的土木工程建设。

在土木工程的建设过程中，由于自然灾害和人为错误等原因，包括质量事故、安全事故、灾害性事故以及其他事故在内的各种土木工程事故（Engineering Accidents）时有发生，屡禁不止，给人民生命和国家财产安全造成了重大损失。面对工程事故，我们应清楚地认识到：一是不可抗力的自然灾害导致的土木工程灾难在所难免；二是应采取措施确保和提高土木工程质量，减少甚至杜绝事故隐患；三是应加强专业技术人员和管理人员的教育，提高工程质量意识和专业技术水平。

作为教育工作者，有责任针对土木工程事故的分析与处理进行科学研究并将经验传授给后人。我们编写本书的目的有两点：一是让读者接受反面的教育，增强工程质量意识、改进工程质量，从工程事故中吸取教训，以改进设计、施工和管理工作，从而防止同类事故的发生；二是要掌握事故处理的基本知识和方法，提高专业技术水平，遇到因设计和施工的失误或管理不善而引起的事故时，能够分析事故原因、正确地处理事故。

本书阐述的土木工程事故主要是指工程质量事故，即工程在规划、勘察、设计或施工等各个环节发生的质量事故，以及因使用不当或各种灾害造成的工程毁坏事故等，所涉及的工程对象主要包括房屋建筑工程、道路工程、桥梁工程、地下工程、隧道工程、城市供热供燃气工程、给水排水工程等。

1.1　土木工程的质量特性

质量（Quality）的内涵随着社会经济和科学技术的发展而不断充实、完善和深化，人们对质量概念的认识也经历了一个不断发展和深化的历史过程。现阶段，质量的定义是由国际标准化组织（ISO）2005年颁布的ISO 9000：2005《质量管理体系基础和术语》给出的，即一组固有特性满足要求的程度。质量的载体可以是某项活动、某个过程和体系或其结果；固有特性是指事物所特有的性质，它是通过产品、过程或体系设计、开发及其后的实现过程形成的属性；满足要求就是应满足明示的（如明确规定的）、通常隐含的（如组织的惯例、一般习惯）或必须履行的（如法律法规、行业规则）的需要和期望。

土木工程的根本目的在于借助必需的物质条件建造满足需要的空间和通道。这些需要包括：满足人类对活动、功能良好和舒适美观的要求；能够安全抵御自然或人为作用的要求；

充分发挥所用材料特性的要求；通过有效的技术途径和组织手段，“好、快、省”地组织人力、财力和物力，完成工程设施建造的要求。

土木工程产品的特性是指适用性、安全可靠性和耐久性的总和。要求工程在规定的时间内（设计基准期），在规定的条件（正常设计、正常施工、正常使用维护）下具有完成预定功能（安全性、适用性和耐久性）的能力，体现在安全性、适用性和耐久性三个方面。

（1）安全性　指结构在正常施工和正常使用时，能承受可能出现的各种作用，结构在设计规定的偶然事件发生时和发生后，仍能保持必需的整体稳定性，不发生倒塌或连续破坏。主要指结构和构件的承载力和可靠度满足使用者对生命财产的安全保障要求。

（2）适用性　指工程在正常使用时具有良好的工作性能，不发生过大的变形或过宽的裂缝，不产生影响正常使用的振动。主要满足使用者对使用条件、舒适感和美观方面的要求。

（3）耐久性　指结构在正常维护条件下具有足够的耐久性能，不发生材料的严重劣化现象。主要满足使用者对结构寿命和对环境因素长期作用的抵御能力的要求。

土木工程在建设过程中具有以下特征：

（1）单项性与综合性　一项土木工程是在特定建设场地进行勘察、按建设单位的设计任务书单项进行设计、单独进行施工。建造过程中需要运用工程地质勘察、水文地质勘察、工程测量、工程设计、工程材料、工程机械设备、工程经济、施工技术、施工组织等知识以及计算机辅助设计、力学测试等技术。

（2）一次性与长期性　工程的质量是建设实施过程中一次形成的，其不合格会在使用过程中对使用者和环境造成长期的损害与不便。

（3）高投入性与预约性　土木工程的建设一般要投入巨额资金、大量物资和人工，建造时间长；通过招标、投标、决标和履约过程来选择施工单位，在现场施工建成。

（4）管理特殊性与风险性　与其他制造业的零部件和个人分散在各地不同，工程的施工地点和位置是固定的，操作人员依次作业，其管理规律具有特殊性；它在自然环境中作业、建设周期长，自然环境对它的限制和损害多，其承受的风险要大得多，工程质量受到更多因素的影响。

因此，土木工程的因素纷繁复杂，其质量与人们的居住、生活和工作，与各行业的建设、生产和发展，与国民经济的投入、产出和规划密切相关，工程的缺陷、破坏，乃至倒塌等事故带来的严重性和灾难性十分突出。

1.2 土木工程事故的概念与分类

1.2.1 土木工程事故的概念

工程产品质量没有满足某个规定的要求，称之为质量不合格；工程产品质量没有满足某个预期的使用要求或合理的期望（包括适用性与安全性的要求），称之为质量缺陷。在建设工程中通常所称的工程质量缺陷，一般是指工程不符合国家或行业现行有关技术标准、设计文件及合同中对质量的要求。缺陷按照严重程度不同，可分为三类：

（1）轻微缺陷　不影响结构的承载力、刚度及其完整性，也不影响结构的近期使用，但有碍观瞻或影响耐久性，如墙面不平整，地面、路面混凝土龟裂，混凝土构件表面局部缺浆、起砂，钢板上有划痕、夹渣等。

(2) 使用缺陷　不影响结构的承载力，却影响结构的使用功能，或使结构的使用功能下降，有时还会使人产生不舒适感和不安全感，如屋面和地下室渗漏，装饰物受损，梁的挠度偏大，墙体因温差而出现斜向和竖向裂纹等。

(3) 危及承载力缺陷　或表现为材料的强度不足，或表现为结构构件截面尺寸不够，或表现为连接构造质量低劣，如混凝土振捣不实，配筋欠缺，钢结构焊接有裂纹、咬边现象，地基发生过大沉降等。这类缺陷威胁到结构的承载力和稳定性，如不及时消除，可能导致结构的局部或整体的破坏。

由工程质量不合格或质量缺陷引发，造成一定的经济损失、工期延误，危及人的生命安全或财产安全，影响社会正常秩序的事件，称为工程质量事故。工程质量事故可能发生在决策、规划、勘察、设计、材料、设备、施工、监理、试验检测、使用、维护等各个阶段。

影响工程质量的因素众多而且复杂多变，难免会出现某种质量事故或不同程度的质量缺陷。因此，正确分析质量事故产生的原因，妥善处理质量事故，总结经验教训，改进质量管理与质量保证体系，使工程质量事故减少到最低程度，是质量管理工作的一项重要内容。工程全过程中，应重视工程质量不良可能带来的严重后果，切实加强对质量风险的分析，及早制定对策和措施，重视对质量事故的防范和处理，避免已发事故的进一步恶化和扩大。

1.2.2　土木工程质量事故的特点

工程质量事故具有复杂性、严重性、可变性和多发性的特点。

(1) 复杂性　与一般工业相比，土木工程具有以下特点：产品固定，生产过程中人和生产随着产品流动，由于土木工程结构类型不一造成的产品多样化；露天作业多，环境、气候等自然条件复杂多变；建筑工程产品所使用的材料品种、规格多，材料性能也不相同；多工种、多专业交叉施工，相互干扰大，手工操作多；工艺要求不尽相同，施工方法各异，技术标准不一等。因此，工程质量的影响因素繁多，造成质量事故的原因错综复杂，即使是同一类质量事故，其原因也可能是多种多样、截然不同的。这在一定程度上增加了质量事故的原因和危害的分析难度，也增加了工程质量事故的判断和处理的难度。例如，就墙体开裂质量事故而言，产生原因可能是：设计计算有误；结构构造不良；地基不均匀沉陷或温度应力、地震力、膨胀力、冻胀力的作用；也可能是施工质量低劣、偷工减料或材质不良等。

(2) 严重性　工程质量事故的影响较大。轻者影响施工顺利进行，拖延工期、增加工程费用，重者则会留下隐患，使该工程成为危险建筑，影响使用功能或者不能使用，更严重的还会引起建（构）筑物的失稳、倒塌，造成人民生命、财产的巨大损失。

(3) 可变性　工程中的质量问题多数是随时间、环境、施工情况等发展变化的。例如，钢筋混凝土大梁上出现的裂缝，其数量、宽度和长度都随着周围环境温度、湿度的变化而变化，或随着荷载大小的变化和荷载作用时间的长短而变化。有的细微裂缝甚至可能逐步发展成构件的断裂，造成工程的倒塌。

(4) 多发性　事故多发性有两层含义：一是有些事故经常发生，属于质量通病，如混凝土、砂浆强度不足，预制构件裂缝等；二是有些事故一再重复发生，这种重复可能是在一幢建（构）筑物上发生，也可能是在多幢建（构）筑物上发生，如屋面漏水、卫生间漏水、抹灰层开裂、脱落、预制构件裂缝、悬挑梁板开裂或折断，雨篷倾覆等。因此，总结经验，吸取教训，分析原因，采取有效措施预防是十分必要的。

1.2.3 土木工程事故分类

工程事故一般包括质量事故、安全事故、灾害性事故以及其他事故等许多类别。质量事故的分类方法很多。在土木工程中常用以下三种分类方法。

（1）按事故的责任分类　按事故的责任分为指导责任事故和操作责任事故。指导责任事故是指因指导失误而造成的质量事故，如下令赶进度而降低质量要求。操作责任事故是指施工人员不按规程或标准实施操作而造成的质量事故，如浇筑混凝土时随意加水导致的混凝土强度不足。

（2）按事故原因分类　按事故原因可分为自然事故与人为事故两类。所谓自然事故，就是人们常说的天灾导致的事故，如地震、海啸、台风、洪水、火山爆发、滑坡、陷落等。一般地，自燃事故属于不可抗力，目前对其尚不能准确预测，或者虽有一定准确程度的预报，但也只限于采取一些应急措施来减小受害范围和减轻受害的程度。所谓人为事故，就是除“天灾”以外的“人祸”导致的事故。其事故发生的主要原因在人。

（3）按事故形态和性质分类

1）倒塌事故。建（构）筑物局部或整体倒塌。

2）开裂事故。承重结构或围护结构等出现裂缝。

3）错位偏差事故。建（构）筑物上浮或下沉，平面尺寸错位，地基及结构构件尺寸、位置偏差过大以及预埋洞（槽）等错位偏差事故。

4）变形事故。建（构）筑物倾斜、扭曲或过大变形等事故。

5）材料质量不合格事故。钢材质量不合格，混凝土强度等级、砌体强度等级不合格等。

6）构配件质量不合格事故。预制构件质量不合格，构件的尺寸、型号不配套等。

7）承载能力不足事故。主要指地基、结构或构件承载力不足而留下隐患的事故。

8）建筑功能事故。主要指房屋漏雨、渗水、隔热、保温、隔声功能不良等。

9）环保问题。装修材料含有放射性，或含有有害元素会对人造成危害等。

10）其他事故。塌方、滑坡、火灾、天灾等事故。

除此之外，还可以根据需要按其他方法分类。如，按事故的发生部位来分，有地基基础事故、主体结构事故、装修工程事故等。按结构类型分，有砌体结构事故、混凝土结构事故、钢结构事故和组合结构事故等。按事故产生的后果类型，又可以把事故分为伤亡事故、物质损失事故、险肇事故和公害问题。

1.2.4 土木工程质量事故级别

各级行政法规常按事故在生命财产安全上产生后果的严重程度划分事故级别。

国务院2007年颁布实施的《生产安全事故报告和调查处理条例》规定，根据生产安全事故（以下简称事故）造成的人员伤亡或者直接经济损失，事故一般分为以下等级：

（1）特别重大事故　是指造成30人以上死亡，或者100人以上重伤（包括急性工业中毒，下同），或者1亿元以上直接经济损失的事故。

（2）重大事故　是指造成10人以上30人以下死亡，或者50人以上100人以下重伤，或者5000万元以上1亿元以下直接经济损失的事故。

（3）较大事故　是指造成3人以上10人以下死亡，或者10人以上50人以下重伤，或者1000万元以上5000万元以下直接经济损失的事故。

（4）一般事故　是指造成3人以下死亡，或者10人以下重伤，或者1000万元以下直接经济损失的事故。

本等级划分所称的“以上”包括本数，所称的“以下”不包括本数，下同。国务院安全生产监督管理部门可以会同国务院有关部门，制定事故等级划分的补充性规定。

住房和城乡建设部2013年发布的《房屋市政工程生产安全事故报告和查处工作规程》根据造成的人员伤亡或者直接经济损失将建筑工程生产安全事故分为以下等级：

（1）特别重大事故　是指造成30人以上死亡，或者100人以上重伤，或者1亿元以上直接经济损失的事故。

（2）重大事故　是指造成10人以上30人以下死亡，或者50人以上100人以下重伤，或者5000万元以上1亿元以下直接经济损失的事故。

（3）较大事故　是指造成3人以上10人以下死亡，或者10人以上50人以下重伤，或者1000万元以上5000万元以下直接经济损失的事故。

（4）一般事故　是指造成3人以下死亡，或者10人以下重伤，或者100万元以上1000万元以下直接经济损失的事故。

交通部1999年颁布的《公路工程质量事故等级划分和报告制度》规定，公路工程质量事故分质量问题、一般质量事故及重大质量事故三类。

（1）质量问题　质量较差、造成直接经济损失（包括修复费用）在20万元以下。

（2）一般质量事故　质量低劣或达不到合格标准，需加固补强，直接经济损失（包括修复费用）在20万元至300万元之间的事故。一般质量事故分三个等级：一级一般质量事故，直接经济损失在150～300万元之间；二级一般质量事故，直接经济损失在50～150万元之间；三级一般质量事故，直接经济损失在20～50万元之间。

（3）重大质量事故　由于责任过失造成工程倒塌、报废和造成人身伤亡或者重大经济损失的事故。重大质量事故分为三个等级：

1）具备下列条件之一者为一级重大质量事故：死亡30人以上；直接经济损失1000万元以上；特大型桥梁主体结构垮塌。

2）具备下列条件之一者为二级重大质量事故：死亡10人以上，29人以下；直接经济损失500万元以上，不满1000万元；大型桥梁主体结构垮塌。

3）具备下列条件之一者为三级重大质量事故：死亡1人以上，9人以下；直接经济损失300万元以上，不满500万元；中小型桥梁主体结构垮塌。

1.3 质量事故分析与处理的原则

质量事故分析具有对事故进行判别、诊断和仲裁的性质，是对一堆模糊不清的事物和现象所属客观属性的联系的反映，其准确性取决于分析者的学识、经验和严谨态度，其结果不应是简单的信息描述，而是必须包括分析者对应该吸取教训和怎样防治的推论，故而事故分析是一种对客观事实的主体性的认识过程和结果。

1.3.1　事故的报告

工程质量事故发生后，尤其是重大工程质量事故发生后，事故发生单位必须以最快方式，将事故简况向上级主管部门和政府安全生产监督管理部门和负有安全生产监督管理职责的有关部门报告，这些部门依照下列规定上报事故情况并通知公安机关、劳动保障行政部门、工会和人民检察院。

1）特别重大事故、重大事故逐级上报至国务院安全生产监督管理部门和负有安全生产监督管理职责的有关部门。

2）较大事故逐级上报至省、自治区、直辖市人民政府安全生产监督管理部门和负有安全生产监督管理职责的有关部门。

3）一般事故上报至设区的市级人民政府安全生产监督管理部门和负有安全生产监督管理职责的有关部门。

质量事故发生后事故发生单位隐瞒不报、谎报、故意拖延报告期限的，故意破坏现场的，阻碍调查工作正常进行的，拒绝提供与事故有关情况、资料的，提供伪证的，由上级主管部门按有关规定给予行政处分。构成犯罪的，由司法机关依法追究刑事责任。

报告应包括如下内容：事故发生单位概况；事故发生的时间、地点及事故现场情况；事故发生的简要经过；事故已经造成或者可能造成的伤亡人数（包括下落不明的人数）和初步估计的直接经济损失；已经采取的措施；其他应当报告的情况，如事故报告单位，工程项目名称，建设、设计、施工、监理等单位名称，事故发生原因的初步判断、事故控制情况等。

事故发生单位和事故发生地的建设行政主管部门，应当立即启动事故相应应急预案，妥善保护事故现场以及相关证据，采取有效措施抢救人员和财产，防止事故扩大，减少人员伤亡和财产损失。因抢救人员、防止事故扩大以及疏导交通等原因，需要移动现场物件时，应当做出标志，绘制现场简图并作出书面记录，妥善保存现场重要痕迹、物证，有条件的可以拍照或录像。

1.3.2　质量事故分析的原则

为确保高质量地完成质量事故分析，需要遵循以下基本原则：

（1）信息的客观性　正确的分析来自大量的客观信息，其中设计图、施工记录、现场实况、责任单位分析报告等是信息来源的重要组成部分。收集信息时必须持客观态度，切忌有主观猜测和推断的成分。

（2）原因的综合性　准确的分析来自多种因素的综合判断，综合分析时必须用辩证思维，对具体事物作具体分析，抓住主要矛盾，同时看到事物主要矛盾可能的转化。

（3）方法的科学性　可信的分析来自严密的科学方法，包括现场实测、材料检测、构件或结构模拟试验和理论分析等，基于科学方法认真地检测和分析，才能得出可信的结果。

（4）过程的回顾性　完整的分析来自全面的回顾，全面回顾事故发生过程的难度很大，很多时候主观判断的成分较多，故而只有在掌握大量客观信息，用科学方法进行综合分析的基础上才能做到。

（5）判断的准确性　有价值的分析来自准确的判断，准确的判断来自对整个事件的全面掌握。质量事故分析的重要目的，是有一个既准确又有价值的结论，以便于“分清是非，明确责任，引起警觉，教育后人”，这四点正是质量事故分析的价值所在。

(6) 结论的教育性　分析的结果要起到教育后人的作用。一次事故的损失必然是惨重的，从一次事故中可总结出的经验教训也必然是丰富的，即所谓的“吃一堑，长一智”。

1.3.3 质量事故处理的原则

(1) 事故情况清楚　一般包括事故发生时间，事故情况描述，并附有必要的图样与说明，事故观测记录和发展变化规律等。

(2) 事故性质明确　主要应明确区分以下三个问题：

1) 是结构性的还是一般性的问题。如建（构）筑物裂缝是因承载力不足，还是地基不均匀沉降或温度、湿度变化所致；又如构件产生过大的变形，是结构刚度不足还是施工缺陷造成等。

2) 是表面性的还是实质性的问题。如混凝土表面出现蜂窝麻面，就需要查清内部有无孔洞；对钢筋混凝土结构，还要查明钢筋锈蚀情况等。

3) 区分事故处理的迫切程度。如事故不及时处理，建（构）筑物会不会突然倒塌；是否需要采取防护措施，以免事故扩大恶化等。

(3) 事故原因分析准确和全面　如地基承载能力不足造成事故，应该查清是地基土质不良，还是地下水位改变；或者出现侵蚀性环境，是原地质勘察报告不准，还是发现新的地质构造；或是施工工艺或组织管理不善而造成等。又如结构或构件承载力不足，是设计截面太小，还是施工质量低劣，或是超载等。

(4) 事故评价基本一致　对发生事故部分的建筑结构质量进行评估，主要包括建筑功能、结构安全、使用要求以及对施工的影响等评价。有关结构受力性能的评价，常用检测技术的各种方法，取得实测数据，结合工程实际构造等情况进行结构验算，有的还需要做荷载试验，确定结构实际性能。在进行上述工作时，要求各有关单位的评价基本一致。

(5) 处理目的、要求明确　常见的处理目的、要求有：达到设计要求，保证构造物的安全；恢复外观；防渗堵漏；封闭保护；复位纠偏；减少荷载；结构补强；限制使用；拆除重建等。事故处理前，有关单位对处理的要求应基本统一，避免事后无法给出一致的结论。

(6) 事故处理所需资料齐全　包括相关施工图、施工原始资料（材料质量证明，各种施工记录，试块的试验报告，检查验收记录等）、事故调查报告、有关单位对事故处理的意见和要求等。

1.4 质量事故处理程序与过程

1.4.1 质量事故处理的一般工作程序

事故尤其是重大事故、倒塌事故发生后，必须要进行调查、处理、验收。质量事故处理程序应按国务院发布的《特别重大事故调查程序暂行规定》及有关要求进行。一般工作程序为：事故调查→结构可靠性鉴定→事故原因分析→事故调查报告→事故处理设计→施工方案确定→施工→检查验收→结论，如图 1-1 所示。若处理后仍不合格，需要重新进行事故处理设计及施工直至合格。有些质量事故在进行事故处理前需要先采取临时防护措施，以防事故扩大。

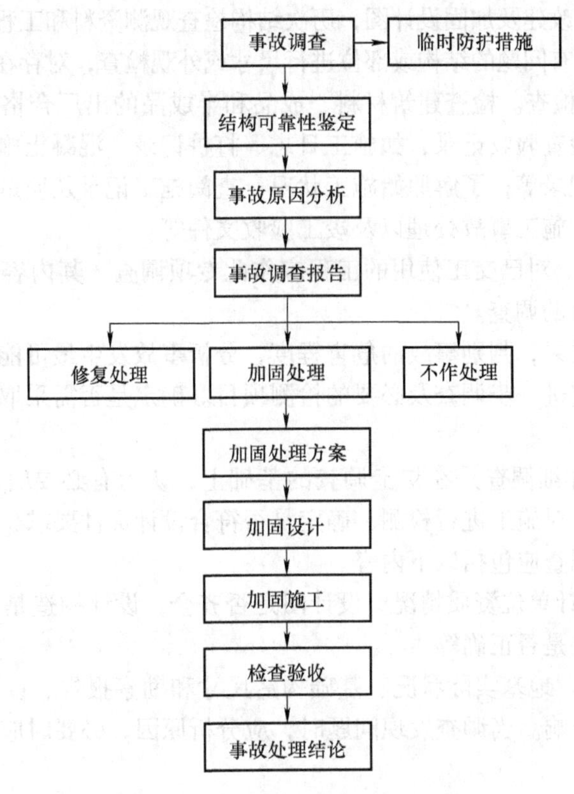

图 1-1 工程质量事故处理的一般程序

1.4.2 质量事故处理的一般工作过程

事故调查一般按下列步骤进行：初步调查（基本情况调查）；初步分析事故最可能发生的原因，并决定是否进一步调查及进行必要的测试项目；进一步深入调查及检测；根据调查及检测结果进行计算分析、邀请专家会商，同时听取与事故有关单位的陈述或申辩，最后编写事故调查报告，送主管部门及报告有关单位。下面就几个主要步骤加以说明。

1. 事故调查

事故调查的内容包括勘察、设计、施工、使用以及环境条件等方面的调查，一般可分为初步调查、详细调查两类。

（1）初步调查　初步调查应包括下列内容：

1）工程情况。无论已建或在建的建（构）筑物都须作现场调查，主要对使用状况、周围建（构）筑物的相互影响和相互作用，以及使用历史等进行调查，并与原设计作初步核对。其内容包括建（构）筑物所在场地的特征（如邻近建（构）筑物情况、有无腐蚀性环境条件等），结构主要特征，事故发生时工程的形象进度或工程使用情况等。

2）事故情况。包括发生事故的时间和经过，事故现况和实测数据，从发生到调查时的事故发展变化情况，人员伤亡和经济损失，以及是否对事故作过处置等。判断事故的严重性（如是否危及结构安全）和迫切性（不及时处理是否会出现严重后果）。

3）图样资料检查。包括设计图和说明书，工程地质和水地质勘测报告等。查阅原设计图或竣工图，历次维修、改建及加固设计图，历次结构检查观测资料和工程地质资料，水文资料等。根据已有资料，对有问题的结构或部位进行尺寸或外观检查，对存在的问题作初步分析。

4）施工内业资料检查。检查建筑材料、成品和半成品的出厂合格证和试验报告；施工中的各项原始记录和检查验收记录，如施工日志、打桩记录、混凝土施工记录、预应力张拉记录、隐蔽工程验收记录等；了解原始施工状况，查阅施工记录及质量保证资料，重点核实材料代用、设计变更、施工事故处理以及竣工验收文件等。

5）使用情况调查。对已交工使用的工程应作此专项调查，其内容包括房屋用途、使用荷载、腐蚀条件等方面的调查。

根据初步调查的结果，判别事故的危害程度，分析事故发生最可能的原因，对事故提出初步处理意见，并决定进一步调查及必要的检测项目。确定是否需采取临时防护措施，以确保人民生命财产安全。

（2）详细调查　详细调查是在初步调查的基础上，认为有必要时，进一步对设计文件进行计算复核与审查，对施工进行检测，确定是否符合设计文件要求，以及对建筑物进行专项观测与测量。详细调查应包括以下内容。

1）设计情况。设计单位资质情况，设计图是否齐全，设计构造是否合理，结构计算简图和计算方法以及结果是否正确等。

2）地基基础情况。地基实际状况、基础构造尺寸和勘察报告、设计要求是否一致，地基基础对上部结构的影响。当调查发现问题时，应分析原因，必要时应开挖检查或进行试验检验。

3）结构实际状况。包括结构布置、结构构造、连接方式方法、结构构件状况、支撑系统，及连接构造的检查等。

4）结构上各种作用的调查。主要指结构上的作用及其效应、作用效应分析、作用效应组合，以及作用效应组合的调查分析，必要时进行实测统计。

5）施工情况。应检查是否按图施工，有关工种工程的施工工艺、施工方法是否符合施工规范的要求，施工进度和速度，施工中有无停歇，施工荷载值的统计分析等。此外还应查清地基开挖的实际情况，材料、半成品、构件的质量，施工顺序与进度，施工荷载，施工日志，隐蔽工程验收记录，质量检查验收有关数据资料，沉降观测记录，环境条件等。

6）建筑变形观测。包括沉降观测记录，结构或构件变形观测记录等。

7）裂缝观测。包括裂缝形状与分布特征，裂缝宽度、长度、深度以及裂缝的发展变化规律等。

8）结构材料性能的检测与分析，结构几何参数的实测，结构构件的计算分析，必要时应进行现场实测或结构试验。

9）房屋结构功能、结构附件与配件的检查。

10）使用调查。若事故发生在使用阶段，则应调查建（构）筑物用途有无改变，荷载是否增大，已有建（构）筑物附近是否有新建工程，地基状况是否变化。对生产性建（构）筑物还应调查生产工艺有无重大变更，是否增设了振动大或温度高的机械设备，是否在构件上附设了重物、缆绳等。

11）环境调查。指气象条件、地质条件、操作条件、设备条件、建（构）筑物变形情况及原因、结构连接部位的实际工作状况、与其他周围建（构）筑物的互相影响等。

综上所述，初步调查和详细调查合并又可称为基本调查，是指对建（构）筑物现状和已有资料的调查，调查中应重点查清该事故的严重性与迫切性。

需要注意的是，有些严重的质量事故可能不断发展而恶化，有的甚至可能造成建（构）筑物倒塌或人员伤亡。在事故调查与处理中，一旦发现存在有这类危险性时，应采取有效的临时防护措施，并立即组织实施。通常有以下两类情况。

1）防止建（构）筑物进一步损坏或倒塌。常用的措施有卸荷与支护两种。比如，发现大梁或屋架的柱、墙承载能力严重不足时，及时在梁或屋架下增设支撑，采取有效的支护措施。

2）避免人员伤亡。有些质量事故已达到濒临倒塌的危险程度，在没有充分把握时，切勿盲目抢险支护，导致无谓的人员伤亡。此时应划定安全区域，设置围栏，防止人员进入危险区。

2. 结构可靠性鉴定

在已有调查资料还不能满足工程事故分析处理时，需增加某些试验、检验和测试工作，也叫做补充调查，通常包括以下六方面内容。

1）对有怀疑的地基进行补充勘察。当原设计的工程地质资料不足或可疑时，应进行补充勘察，重点要查清持力层的承载能力，不同土层的分布情况与性能，建（构）筑物下有无古墓、大的空洞，建筑场地的地震数据等。

2）设计复查。重点包括设计依据是否可靠，计算简图与设计计算是否正确无误，连接构造有无问题，新结构、新技术的使用是否有充分的根据。

3）测定建（构）筑物中所用材料的实际强度与有关性能。对构件所用的原材料（如水泥、钢材、焊条、砌块等）可抽样复查；对无产品合格证明或假证明的材料，更应从严检测；考虑到施工中采用混凝土强度等级及预留的试块未必能真实反映结构中混凝土的实际强度，可用回弹法、声波法、取芯法等非破损或微破损方法测定构件中混凝土的实际强度。对于钢筋，可从构件中截取少量样品进行必要的化学成分分析和强度试验。对砌体结构要测定砖或砌块及砂浆的实际强度。

4）建筑结构内部缺陷的检查。可用锤击法、超声探伤仪、声发射仪器等检查构件内部的孔洞、裂纹等缺陷。可用钢筋探测仪测定钢筋的位置、直径和数量。对砌体结构应检查砂浆饱满程度、砌体的搭接错缝情况，遇到砖柱的包心砌法及砌体、混凝土组合构件，尤应重点检查其芯部及混凝土部分的缺陷。

5）载荷试验。对结构或构件进行载荷试验，检查其实际承载能力、抗裂性能与变形情况。

6）较长时期的观测。对建（构）筑物已出现的缺陷（如裂缝、变形等）进行较长时间的观测检查，以确定缺陷是已经稳定，还是在继续发展，并进一步寻找其发展变化的规律等。

补充调查的内容随工程与事故情况的不同有很大差别，上述内容是常遇到的一些项目。实践经验表明，许多事故往往依靠补充调查的资料，才可以分析与处理，所以补充调查的重要作用不可忽视。但是补充调查项目，有的既费事，又费钱，只有在已调查资料还不能分析、处理事故时，才作一些必要的补充调查。

3. 复核分析与事故原因分析

在一般调查及实际测试的基础上，选择有代表性的或初步判断有问题的构件复核实际强度等级时应注意按工程实际情况选取合理的计算简图，按构件材料断面的实际尺寸和结构实际所受荷载或外加变形作用，按有关规范、规程进行复核计算。这是评判事故的重要根据，必须认真进行。

事故原因的分析，主要目的是分清事故的性质、类别及其危害程度，同时为事故处理提供必要的依据。原因分析是事故处理工作程序中的一项关键工作，主要的分析方法有：

（1）理论计算分析　它是对旧建（构）筑物评定的重要手段之一，通过对建（构）筑物的考察、检测和查阅有关资料，运用结构理论加以分析和计算，从而说明结构的受力特征和出现异常现象（包括挠度、裂缝和其他变形等）的原因。分析计算须结合结构实际受力状态进行深入细致的工作，需注意以下几点：

1）采用实际荷载进行计算。

2）材料强度和截面尺寸应以实测结果为准，而不是直接引用设计图规定的强度等级。

3）计算简图、支座约束、计算公式等应符合实际情况。

4）注意计算所依据的规范。

（2）荷载试验　当计算分析缺乏依据，其准确性不能满足要求时，或发生质量事故（如火灾、爆炸、撞伤等情况）后材料变质，或采用新材料、新技术、新理论、新工艺进行设计和施工时，或进行综合评定有争议时，往往采用试验的方法加以论证和澄清。

在进行原因分析时，应注意以下事项：

1）确定事故原点。事故原点是事故发生的初始点，如房屋倒塌开始于某根柱的某个部位等。事故原点的状况往往反映出事故的直接原因。

2）正确区别同类型事故的不同原因。从大量的事故分析中可发现，同类型事故的原因有时差别甚大。只有经过严谨的分析后，才能找到事故的主要原因。

3）注意事故原因的综合性。不少事故，尤其是重大事故的原因往往涉及设计、施工、材料质量和使用等几方面。在事故分析中，必须全面估计各项原因对事故的影响，以便采取综合治理措施。

4. 调查报告

在调查、测试和分析的基础上，为避免偏差，可召开专家会，请有关单位人员进行申诉与答辩讨论，对事故发生原因进行进一步的分析，然后作出结论。会商过程中，专家应听取并综合与事故有关的各方面意见后再下最后的结论。

事故的调查必须真实地反映事故的全部情况，要以事实为根据，以规范、规程为准绳，以科学分析为基础，以实事求是和公正无私的态度写好调查报告。报告一定要准确可靠，重点突出，抓住要害，让各方面专家信服。调查报告的内容一般应包括：

1）工程概况。重点介绍与事故有关的工程情况。

2）事故情况。事故发生的时间、地点、事故现场情况及所采取的应急措施；与事故有关的人员、单位情况。

3）事故调查记录。事故是否作过处理，如对缺陷部分进行封堵或掩盖，为防止事故恶化而设置的临时支护措施；如已作过处理，但未达到预期效果，也应予以注明。

4）现场检测报告。如实测数据和各种试验数据等。

5）复核分析。事故原因推断，明确事故责任。

6）对工程质量事故的处理建议。主要有三种：加固处理、修复处理、不处理。

7）必要的附录。如事故现场照片、录像、实测记录、专家会协商的记录，复核计算书，测试记录，实验原始数据及记录等。

5. 工程事故的处理

根据工程事故的调查分析，事故处理一般有三种情况：不予处理、继续观察、必须处理。必须处理的情况主要有两种：对责任人的处理和对工程的处理。

（1）对责任人的处理　建设工程发生事故，有关单位应当立即向上级部门报告。任何单位和个人对建设工程的质量事故、质量缺陷都有权检举、控告、投诉。发生重大工程质量事故隐瞒不报、谎报或者故意拖延报告期限的，对直接负责的主管人员和其他责任人员视情节依法给予相应处分。

注册建筑师、注册结构工程师、监理工程师等注册执业人员因过错造成质量事故的，吊销执业资格证书，5年以内不予注册；情节特别恶劣的，终身不予注册。

建设、勘察、设计、施工、工程监理单位的工作人员因调动工作、退休等原因离开该单位后，被发现在该单位工作期间违反国家有关建设工程质量管理规定，造成重大工程质量事故的，仍应当依法追究法律责任。

（2）对具体的工程质量事故的处理　根据鉴定结果，若事故会影响结构的安全，威胁人们生命财产安全，不能拖延，必须进行加固处理。工程加固处理的加固设计应按如下原则进行：

1）充分调查、研究并掌握建（构）筑物的原始资料、受力性能和事故状况。

2）根据建（构）筑物种类、结构特点、材料情况、施工条件以及使用要求等综合考虑。

3）加固设计时，应尽量保留和利用有价值的结构，要保证保留部分的安全可靠和耐久，避免不必要的拆除。

4）在确定加固方案和做法时，要尽量减小对使用者的影响、干扰或搬迁。

5）组织设计、施工等有关单位人员，对事故现场进行实地勘察，共同确定加固处理方案，加固方案应做到：①切实可行、安全可靠；②施工方便；③注意建筑美观，尽量避免遗留加固的痕迹；④重点是核实事故调查报告的有关内容。此外还应注意以下事项：①查清是否留有隐患；②勘察事故直接原因，确定事故性质；③认真记录所查的内容，必要时应拍摄照片或录像。

质量事故处理方案应根据事故调查报告、实地勘察成果和确认的事故性质，以及用户的要求确定。同类型和同一性质的事故常可选用不同的处理方案，每一类处理方案中，又有许多种处理方法。在选用处理方案时，应遵循各项原则和要求，尤其应该重视工程实际条件（建（构）筑物实际状况、材料实测性能、各种作用的实际情况等），以确保处理工作顺利进行和处理效果。

6. 加固设计

加固设计是在已确定加固处理方案的基础上进行的细致工作，受既有建（构）筑物各种条件的限制，应从实际出发，因地制宜，因陋就简，切实可行地进行设计，并绘制详细而完备的加固图，经审批后，再行施工。

1）应按照有关的设计规范、规定进行。

2）除了选用合理的构造措施和按照结构承受的实际作用，进行承载能力极限状态、正常使用极限状态计算外，还应考虑施工的可能性和施工方法，以确保处理质量和安全。

3）施工图设计，其内容应满足下列要求：①编制施工图预算；②材料、设备的订购和供应，非标准设备的加工制作；③建筑施工安装；④应重视结构所处的不良环境对结构的影响，如高温、腐蚀、冻融、振动等原因给结构带来的损坏，气温变化引起的结构裂缝和渗漏等，均应在设计中提出相应的处理方案，以防止事故再次发生。

7. 工程加固施工

1）加固图审批通过后，即可开始施工准备工作。做好施工准备工作，创造有利的施工条件，可保证工程加固能顺利进行。施工准备包括必要的材料、器具和人员组织的准备，以及现场工作条件准备等。做好图样会审和技术交底工作。

2）加固施工应严格按设计图进行，认真编制施工方案或施工组织设计，对施工工艺、质量、安全等提出具体措施，并进行层层技术交底。严格执行各项施工操作规程，建立严格的质量检查制度。

3）认真复查事故实际状况，并采取相应对策。施工中如发现事故情况与调查报告中所述内容及设计图差异较大，应停止施工，并会同设计等有关单位采取适当措施后再施工。施工中发现原结构的隐蔽工程有严重缺陷，可能危及结构安全时，应立即采取适当的支护措施，或紧急疏散现场人员。

4）加固施工是细致而缓慢的工作，不能猛敲猛打，应随时观察加固过程中是否有异常现象。若有应马上停止操作，加设临时支撑，请有关人员共同研究解决，避免加固过程中又出现新的问题。

5）施工用材料的质量应符合有关材料标准的规定。根据有关规范的规定检查原材料和半成品的质量、混凝土和砂浆的强度以及施工操作质量等。选用的复合材料，如树脂混凝土、微膨胀混凝土、喷射混凝土、化学灌浆材料、粘结剂等，均应在施工前进行试配，并检验其实际物理力学性能，确保处理质量和施工的顺利进行。

6）加强施工检查，应着重检查节点和新旧部分连接的质量。质量检查应从施工准备时开始，直至竣工验收，及时办理隐蔽工程和必要的中间环节的验收并做好记录。

7）确保施工安全。事故现场中不安全因素较多，必须加强对参与施工的人员的教育，必须保证施工人员的安全：

① 施工中必须做的局部拆除或剔凿是新增加的危险因素。建筑加固施工往往是在荷载存在的情况下进行的，尤其是拆换受力构件、支撑点变位、在建筑结构上施加新的施工荷载等，都可能使结构受力发生变化。一般应遵守先支撑后加固，加固危险构件应全部卸载的程序。加固前务必采取有效保护措施，切忌侥幸、盲目、蛮干施工。

② 施工所用材料不少有毒、易燃、易爆或有腐蚀性等，因此施工前必须制定可靠的安全技术和劳动保护措施，施工中严格贯彻执行。

8. 工程验收与处理效果检验

1）工程验收施工完成后，应根据施工验收规范和设计要求进行检查验收，验收时分工程实物验收和施工资料验收，验收后办理交工验收文件并及时归档备案。

2）为确保加固效果，凡涉及结构承载力等使用安全和其他重要性能的处理工作，常需做必要的试验、检验工作。常见的检验工作有：混凝土钻芯取样，用于检查密实性和裂缝修补效果，或检测实际强度；结构荷载试验；超声波检测焊接或结构内部质量；工程的渗漏检验等。

9. 建筑事故处理结论

事故经过分析处理后，都应有明确的书面结论。若对后续工程施工有特定的要求，或对建（构）筑物使用有一定限制条件，也应在结论中明确提出。

思考题

1. 解释事故的概念。
2. 试述土木工程质量事故的定义。
3. 试述土木工程质量事故的分类。
4. 土木工程质量事故的特点有哪些？
5. 质量事故分析要遵循哪些基本原则？
6. 建筑事故处理的原则是什么？
7. 建筑事故处理的一般工作程序是什么？
8. 建筑事故处理施工要注意什么？

第 2 章　土木工程事故原因分析与预防

在对各种土木工程质量事故进行调查、分析时发现，虽然有时事故表现各不相同，但导致事故发生的原因有不少相同或相似之处，可以对造成各类质量事故的原因进行综合分析。

2.1　土木工程质量事故原因概述

2.1.1　土木工程质量事故原因要素

事故发生往往是多种因素作用的结果，其中最基本的因素有四种：人、物、自然环境和社会因素。人的因素是指人与人之间的差异，如知识、技能、经验、行为特点，以及生物节律所造成的反复无常的表现等。物的因素更为复杂和繁多，如土木材料与制品、机械设备、工具仪器等存在着千差万别。事故的发生与自然环境、施工条件和各级管理机构状况，以及各种社会因素紧密有关，如大风、大雪等恶劣气候，施工队伍的素质，管理工作的水平等。

工程建设往往涉及设计、施工、监理、使用、监督、管理等许多环节和参与单位，因此在分析质量事故时，必须对以上要素，以及它们之间的关系进行具体的分析探讨，找出事故的全部原因。

2.1.2　直接原因与间接原因

事故发生的原因一般有直接的与间接的两类。直接原因是指人的不安全行为和物的不安全状态。例如，设计人员不遵照国家规范设计，操作工人违反规程作业等属于人的不安全行为。又如，水泥的安定性不合格，混凝土的强度不达标，钢材不合格等属于物的不安全状态。间接原因是指事故发生场所以外的社会环境因素，如施工管理混乱，质量检查监督工作失责，规章制度缺乏等等。事故的间接原因将导致直接原因的发生。

1. 事故链及其分析

工程质量事故，特别是重大事故，原因往往是多方面的，由单纯一种原因造成的事故很少。如果把各种原因与结果连起来，就会形成一个链条，通常称之为事故链。由于原因与结果、原因与原因之间逻辑关系不同，则形成的事故链也不同，主要有以下几种形式。

（1）多因致果集中型　各自独立的几个原因，共同导致事故发生称为“集中型”，如图 2-1 所示。

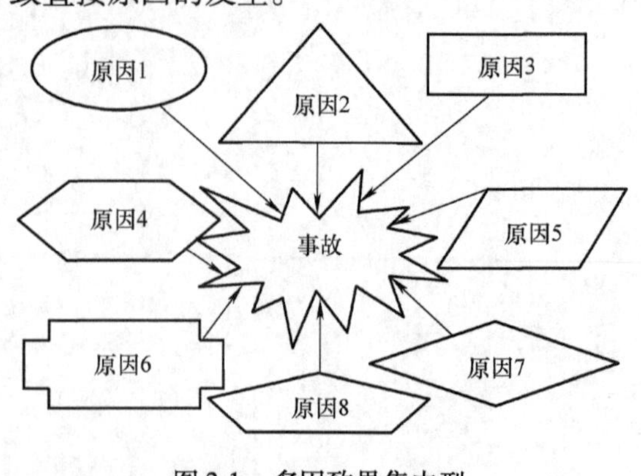

图 2-1　多因致果集中型

(2) 因果连锁型 某一因素促成下一要素的发生，这些因果连锁发生而造成事故，称为“连锁型”，如图2-2所示。

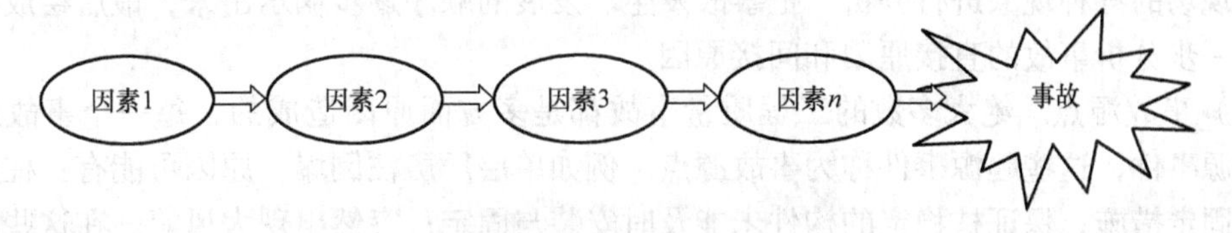

图2-2 因果连锁型

(3) 复合型 从质量事故的调查中发现，单纯的集中型或单纯的连锁型均较少，常见的往往是某些因果连锁中，又有一些原因集中，最终导致事故的发生，称为“复合型”，如图2-3所示。

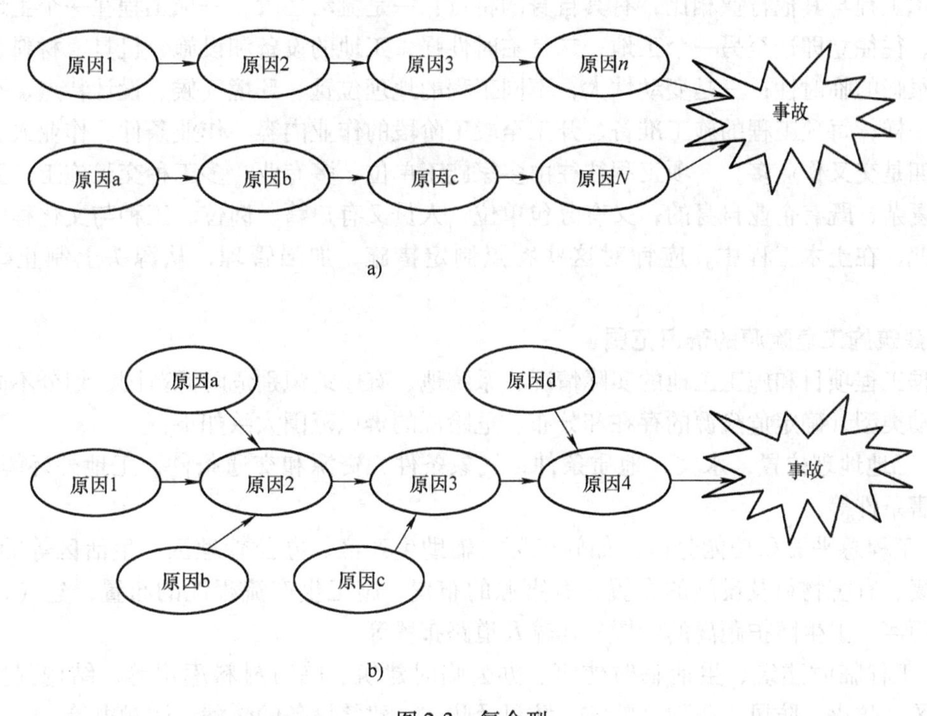

图2-3 复合型

在事故的调查与分析中都涉及人（设计者、操作者等）和物（建（构）筑物、材料、机具等），开始接触到的大多数是直观的现象、直接的原因，如果深入分析和进一步调查就能发现间接的、更深层的原因，就能找出事故发生的本质原因。因此，对一些重大的质量事故，应采用逻辑推理法，通过对事故链的分析，追寻事故的本质原因，找出分支事件的逻辑关系，全面查明事故的原因，从而为避免同类事故的再次发生奠定基础。

2. 事故原点和事故源点

(1) 事故原点 事故原点即事故发生的初始点，是一系列事故原因最后汇集起来形成的事故爆发点，同时它又是产生事故后果的起始点，事故原点在质量事故分析中具有关键作用。如某柱某部位有严重缺陷而导致该柱破坏，由此又引起一系列与之有联系的结构构件的倒塌，那么，“某柱某部位”就是这起倒塌事故的原点。事故原点的状况往往可反映出事故的直接原因，因此在事故分析中，寻找与分析事故原点非常重要。找出事故原点后，就可围绕它对现场的各种现象进行分析，把事故发生、发展的顺序逐步揭示出来，最后绘成事故链图，进一步分析事故的直接原因和间接原因。

（2）事故源点　绝大多数的工程质量事故都是多方面原因造成的，每一个事故原因都有其起源事件，这些起源事件称为事故源点。例如单层厂房柱倒塌，原因可能有：柱无足够的临时固定措施；保证柱稳定的构件未能及时安装与固定；突然出现大风等。在这些原因中各有起源事件，如柱临时固定问题的起源事件，可能是施工设计没有明确规定支撑和缆风绳的设置要求；配套构件未能及时安装问题的起源事件，可能是构件制作、供应不及时，也可能是安装焊工或焊机不足等。查找事故原点可以分析出事故的直接原因，通过事故的直接原因又可找出事故的源点。

土木工程与其他行业相比，有其自身的特点：一是流动性大，一项工程在一个工地施工完成后，往往立即迁至另一个工地；二是临时性强，工地的设备和设施、机具、材料、人员等都有很强的临时性；三是变动性大，不同工程的地理位置、环境气候、设计特点、平面布置都不一样，每项工程的施工准备、开工至竣工阶段的作业内容、作业条件、作业人员变动很大；四是交叉作业多，一项工程往往由多家施工单位、多专业、多工种交叉施工；五是人员组成复杂，既有企业自身的，又有分包单位，人员又有户籍、岗位、工种与文化程度的不同。因此，在土木工程中，应针对这些特点制定措施，加强管理，从源头上制止事故的发生。

3. 建筑施工危险源的辨识范围

根据工程项目和施工工地的实际情况，系统地、有序地识别危险源范围，划分不同的作业和活动类型，确定危险源的存在和分布。危险源的辨识范围大致如下：

1）工地地理位置，水文、地质条件，气象条件，资源和交通条件，工地外环境条件，自然灾害条件等。

2）工程总平面和功能分区。如施工区、辅助生产区、办公管理区、生活区等的布局，易燃易爆、有害物料及设施的布置，有害源的布置，施工生产流程线的布置，建（构）筑物安全距离，卫生防护距离的留置，运输及道路布置等。

3）工程临时建筑、生活临时建筑、办公临时建筑、临时材料库房等，结构强度、采光、通风、防火、防风、防雨、防雷、防汛及防盗，建筑设备的防漏、防触电等。

4）汽油、柴油、酒精、油漆、丙酮、氧气、乙炔、水泥、粉煤灰，射线，易燃易爆、腐蚀性、粉尘性等有害物料。

5）施工机械、起重机械、电气设备、运输车辆、人货电梯、压力容器、压力管道等。

6）油库、危险化学品仓库，乙炔站、氧气站、锅炉房、配电站等。

7）地基处理、基础、结构、装饰、设备安装等工程。

8）地下、高空、起重、运输、带电、明火、粉尘、噪声、辐射等作业。

9）急救、防暑降温、防冻防寒、生活卫生等设施。

10）孔洞盖板、安全防护栏、劳动防护用品、安全标志等。

4. 排查建筑施工过程中的危险源

根据工程类型、施工阶段和危险源分布范围，逐项识别危险源的存在。

1）是否存在造成事故的来源，包括是否有重要能量、有害物存在，是否有物的不安全状态或人的不安全行为。

2）什么人、物会受到伤害或损害。

3）伤（损）害将如何发生。

4）伤（损）害后果程度如何。

5）判断类型、作业或部门。

2.2　建设实施各阶段的事故原因分析

2.2.1　基本建设程序阶段

基本建设程序是基本建设工作必须遵循的先后次序，它正确地反映了客观存在的自然规律和经济规律。在建设工程活动中必须严格执行先勘察、后设计、再施工的基本建设程序。因违反基本建设程序而造成的质量事故时有发生，其事故原因简单，但后果很严重。因此，认真贯彻执行基本建设程序，是避免在宏观上出现重大质量事故的基本原则。

1. 建设前期工作问题

建设项目前期工作包括项目选址、用地预审、项目环评、水土保持、项目立项、用地报批以及开工前的各项准备工作，涉及建设局、国土局、环保局、水利局、发改委等职能部门，是一项复杂的工作，如图 2-4 所示。如果建设前期的某些工作（如项目的可行性研究、建设地点的选择等）做得不好，就可能会造成质量事故，导致严重损失。如建设地点选择不当会造成建（构）筑物开裂、位移、垮塌等事故。

2. 违章承接工程任务

国家有关规定：无论是工程的勘察、设计、施工还是监理，建设单位应当将工程发包或委托给具有相应资质等级的单位。

1）从事建设工程勘察、设计的单位应当依法取得相应等级的资质证书，并在其资质等级许可的范围内承揽工程。禁止勘察、设计单位超越其资质等级许可的范围或者以其他勘察、设计单位的名义承揽工程。禁止勘察、设计单位允许其他单位或者个人以本单位的名义承揽工程。勘察、设计单位不得转包或者违法分包所承揽的工程。

2）施工单位应当依法取得相应等级的资质证书，并在其资质等级许可的范围内承揽工程。禁止超越本单位资质等级许可的业务范围或者以其他施工单位的名义承揽工程。

3）工程监理单位应当依法取得相应等级的资质证书，并在其资质等级许可的范围内承揽工程监理义务。禁止超越本单位资质等级许可的范围或者以其他工程监理单位的名义承揽工程监理业务。禁止工程监理单位允许其他单位或者个人以本单位的名义承揽工程监理业务。工程监理单位不得转让工程监理业务。

3. 违反设计顺序

国家对勘察设计单位的质量责任和设计顺序有明确的规定：

1）勘察、设计单位必须按照工程建设强制性标准进行勘察、设计，并对其勘察、设计的质量负责。注册建筑师、注册结构工程师等注册执业人员应当在设计文件上签字，对设计文件负责。

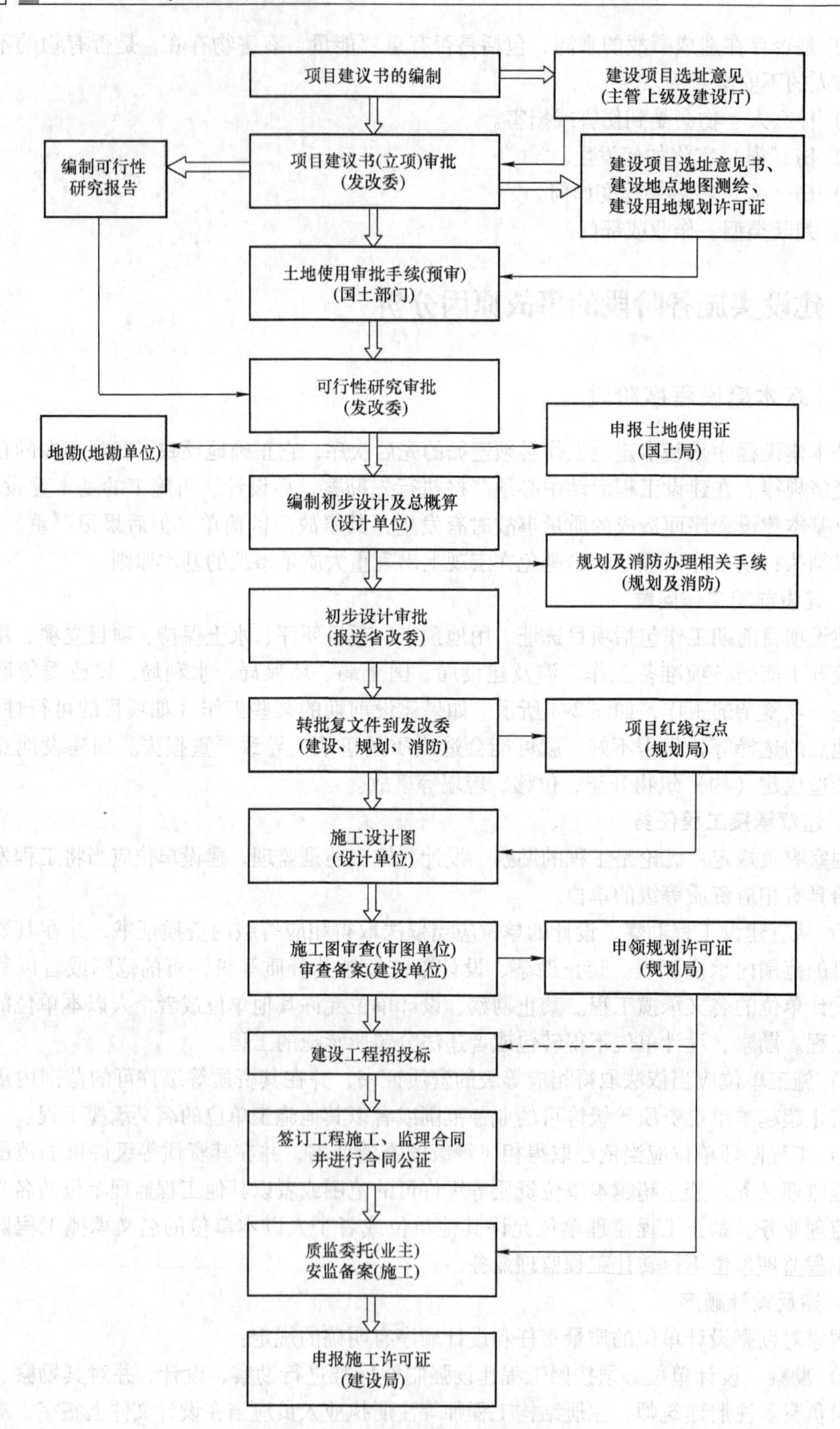

图 2-4 建设项目前期工作

2）勘察单位提供的地质、测量、水文等勘察成果必须真实、准确。

3）设计单位应当根据勘察成果文件进行建设工程设计。设计文件应当符合国家规定的设计深度要求，注明工程合理使用年限。设计单位在设计文件中选用的建筑材料、建筑构配件和设备，应当注明规格、型号、性能等技术指标，其质量要求必须符合国家规定的标准。除有特殊要求的建筑材料、专用设备、工艺生产线外，设计单位不得指定生产厂、供应商。

4）设计单位应当就审查合格的施工图设计文件向施工单位作出详细说明。

5）设计单位应当参与建设工程质量事故分析，并对因设计造成的质量事故，提出相应的技术处理方案。

4. 违反施工程序

这方面的常见问题有：不按施工规范、规程施工；施工单位没有施工组织设计，或施工组织设计与工程实际情况不符，施工程序混乱；工艺错误等。

5. 未经验收即使用

我国历来规定：所有工程都必须严格按照国家规范、标准施工和验收，一律不准降低标准。建设单位收到建设工程竣工报告后，应当组织设计、施工、工程监理等有关单位进行竣工验收。建设工程竣工验收应当具备下列条件：

1）完成建设工程设计和合同约定的各项内容。

2）有完整的技术档案和施工管理资料。

3）有工程使用的主要建筑材料、建筑构配件和设备的进场试验报告。

4）有勘察、设计、施工、工程监理等单位分别签署的质量合格文件。

5）有施工单位签署的工程保修书。

建设工程经验收合格后，方可交付使用。不符合规定的工程不能验收。但是使用单位往往不清楚工程质量上存在的重大问题，未经验收即使用，因此而造成的房屋倒塌等严重事故也时有发生。

2.2.2　建设实施阶段

1. 工程地质勘察阶段原因

1）不进行地质勘察，盲目估计地基承载力，地基承载能力不足或地基变形太大，造成建（构）筑物产生过大不均匀沉降，导致结构裂缝或倒塌，或因地基破坏而引起建（构）筑物的倒塌。

2）勘察精度和深度不足。地质勘察的钻孔间距太大，不能准确反映地基的实际情况；地质勘察深度不足，没有查清深层有无软弱层、墓穴、空洞，因而导致建（构）筑物的质量事故。

3）地质勘察报告不详细、不准确，甚至错误，导致基础设计错误；勘察报告与实际图纸不符等。

4）弄虚作假，不做地质勘探，抄袭或盲目套用邻区地质勘察资料。

2. 工程设计阶段

工程设计中有时存在失误，如结构方案不正确；结构设计简图与实际受力情况不符；作用在结构上的荷载漏算或少算；结构内力计算错误、组合错误；不按规范的规定验算结构稳定性；违反结构构造的规定，设计构造不当；不懂得制表原理，套用了不适用的图表以致计算书失误等。

（1）设计方案不当　设计方案主要指建筑设计方案和结构设计方案，建筑设计方案不当会造成使用上的问题，轻则使用不方便，重则工程无法使用造成报废；结构方案不当，轻则无法使用，重则倒塌造成重大的人员伤亡和财产损失。常见的例子有：

1）礼堂等空旷建筑物的结构方案不正确。这类建筑物的跨度较大，层高较高，没有间隔墙或间隔墙相距甚远，形成很大空间，如缺少抵抗水平力的构造措施，就会在一定的外力作用下（如基础不均匀下沉、大风雪、薄弱构件首先破坏时产生的冲击力等）发生倒塌。

2）底层为大开间、楼层为小开间的多层房屋结构方案不当。这类建筑物底层的砖柱、墙与钢筋混凝土大梁的荷载很大，如设计考虑不周，很易造成严重的事故。

3）屋架支撑不完善。屋架（尤其是钢屋架）的侧向刚度和整体刚度差，为保证屋盖结构可靠地工作，应设置必要的支撑体系，否则易发生屋架整体失稳而倒塌。

4）组合屋架问题。钢筋混凝土组合屋架节点较难处理，施工质量难保证，建议不要采用。

5）悬挑结构稳定性严重不足，易造成整体倾覆坠落。阳台、雨篷、挑檐、天沟、遮阳板等悬挑结构，必须有足够的平衡重和可靠的连接构造，方能保证结构稳定性。如果设计抗倾覆能力不足，就会造成悬挑结构倒塌。

6）砖拱结构设计方案错误。砖拱结构是一种比较敏感的结构，要求砌筑质量高，水平推力要得到妥善处理，当施工单位的技术水平不高时，这类结构不宜使用。

7）设计要认真考虑建筑结构在施工过程中的稳定性。建筑结构设计时不仅要保证建成后的结构安全，还要核算施工中的受力情况，采取措施防止失稳倒塌，并向施工单位进行技术交底。

（2）计算假定与计算简图问题

1）静力计算方案问题。如根据楼（屋）盖的类别和房屋横墙间距的不同情况，砖石结构的静力计算方案可分为刚性、刚弹性和弹性三类，其计算原则与方法是不同的。但不少工程横墙间距较大，已超出了刚性方案规定的情况，若仍按刚性方案设计，会使得墙（柱）的承载能力严重不足，导致房屋倒塌。

2）结构设计计算简图与受力情况不符。如在砖混结构中，大梁支撑在窗间墙上，梁与墙连接节点一般可按铰接进行内力计算。但当梁较大时，梁垫做成与窗间墙同宽、同厚、与梁等高，而且梁垫与梁现浇成整体，这种梁与墙的连接可能接近刚性节点，若仍按铰接设计，节点处产生的较大弯矩与轴向荷载的共同作用，会使砖墙因承受能力严重不足而倒塌。

3）设计计算假定和施工实际情况不符。如上海市玻璃器皿一厂加工车间，设计为五层升板结构，设计时将五层的柱分成两段验算其强度和稳定性，第一段为下三层，下端为固定端，上端为弹性铰支撑；第二段为四、五层，下端（即四层楼面处）为固定端，上端为铰支撑。实际施工中，各层楼板仅搁置在承重销上，并未做柱帽，也无其他连接措施与临时支撑，柱的实际受力情况是五层柱是一根独立的、长细比很大的、下端固定的悬臂柱，承受各层楼板传来的轴向压力和水平力。这两种受力情况的计算差别很大，最终导致群柱失稳而倒塌。

4）埋入地下的连系梁设计假定错误。如某多层框架采用深基础，基础顶面至地面（埋入土内）的柱长达13m，为满足柱长细比的要求，采用了设两道钢筋混凝土连系梁的方案，设计假定梁不承受外荷载，只按构造确定断面与配筋。实际因填土自重造成连系梁上作用了较大的土方荷载，结果连系梁断裂，梁柱连接处出现塑性铰，造成底层框架柱严重裂缝与倾斜，不得不加固处理。

5）管道支架设计假定与实际不符。如某厂装配式钢筋混凝土管道支架共长4560m，管架使用后，支柱出现倾斜，主要问题有两个：一是设计为半铰接管架的柱脚，未采取适当的构造措施，致使柱脚混凝土破坏和梁柱节点拉裂；二是只计算纵向水平力，未考虑横向位移传来的水平力，从而导致管架破坏。

（3）构造不合理

1）建筑构造不合理。如沉降缝、伸缩缝设置不当，新旧建筑连接构造不良，圈梁和地梁设置不当造成砖墙裂缝等。

2）钢筋混凝土梁构造不当。如梁的高跨比太小，箍筋间距太大，纵向受拉钢筋在受拉区截断，梁断面较高时两侧面不设纵向构造钢筋，主次梁交接处梁受集中荷载，不设附加钢筋（吊筋、箍筋）等，均易导致梁裂缝。

3）墙体连接构造不当。建（构）筑物的转角和内外墙连接处、不同砌体材料的连接处，如处理不当，容易导致砖墙开裂，甚至倒塌。

4）墙梁构造问题。砖墙如砌在钢筋混凝土梁上，梁本身在正常挠度下（如相对挠度小于 $L/400$ 时，L 为梁长）是没有问题的，但是这一挠度在墙内引起的剪力与拉力，足以导致墙身裂缝。

（4）设计计算错误

1）不计算。有些结构构件产生的质量问题，是因为无证设计，或某些持证设计单位的设计人员，不进行构件设计计算造成的。

2）计算错误。设计中的计算错误包括的内容较多，如荷载漏算或少算，结构内力计算错误、组合错误，公式引用错误，计算简图错误，结构计算错误，计算数值错误等。

3）结构构件安全度不足，构件刚度不足，不按规范的规定验算结构稳定性。

4）设计未考虑施工过程可能遇到的意外情况。

5）盲目相信电算，对制表原理理解不深，套用了不适用的图表，造成计算失误。

3. 主要建材引起的质量事故原因

（1）水泥

1）安定性不合格。如果将安定性不合格的水泥用到工程上，就可能造成严重的事故。如重庆市某单层厂房基础混凝土浇筑完成后，在柱吊装前发现基础崩裂。经检查，其他材料和施工工艺均无问题，最后复验水泥安定性为不合格。这种情况多发生在小厂生产的水泥产品上，其安定性指标未作严格检验。

2）水泥质量差，强度不足，造成严重的质量事故。

3）袋装水泥重量不足，在配制混凝土时，工地上习惯采用以袋计量的方法，因此造成水泥用量不足，混凝土强度偏低。

4）水泥错用或混用，主要是工地管理混乱，使用的水泥由多家生产并有多种型号，进场时间记录不详，各种水泥堆放时没有清楚地分开，又无明显的标志，导致错用水泥。

5）水泥受潮或过期。水泥的实际强度除了与出厂质量有关外，还与水泥的保管条件、贮存时间长短有关，不少工地使用受潮、结块或过期水泥时，事先不测定水泥的实际强度，以调整配合比，致使混凝土或砂浆强度不足。

（2）钢材　土木工程上因钢材的质量问题而引起的事故也较多见。

1）钢材强度不合格。在钢筋混凝土工程中，所用的钢筋材质证明与材料不配套，进场钢筋未按照施工规范的规定进行检验后再使用，使不合格的钢筋用到了工程上。

2）钢材裂缝。有些钢材虽然材质合格，但是钢材中存在生产过程中形成的裂缝，因现场管理不严而用到工程上。

3）脆断。钢材脆断有材质问题，也有施工方法不当引起的脆断问题。钢筋的脆断常发生在粗钢筋电弧点焊后。前苏联曾报道1968年3月倒塌的电炉炼钢车间电极熔炼工段，有两个跨间的钢结构由于使用了低质钢和沸腾钢，这些钢材呈现出不同的塑性和脆性，在倒塌的结构中，可见有许多脆性断裂处。

（3）砂、石

1）岩性。某地使用石灰石碎石作骨料，工程使用一年后，混凝土出现爆裂掉块，检查发现这些碎石中混入了经过煅烧但未烧透的石灰石，这种碎石在已经硬化的混凝土中逐渐熟化，因而引起混凝土爆裂。有些碎石含有活性氧化硅，如用流纹岩、安山岩、凝灰岩等制成的骨料，这类骨料与碱含量较高（超过0.6%）的水泥一起配制混凝土时，水泥中碱性氧化物水解后形成的氢氧化钾与氢氧化钠，与骨料中的活性氧化硅发生化学反应，生成不断吸水、膨胀、复杂的碱—硅酸胶体，这种胶体会造成混凝土开裂，使其强度和弹性模量下降。

2）粒径、级配与泥含量。砂石粒径太小，级配不良，孔隙率大，都会导致水泥用量和水用量加大，将会影响混凝土和砂浆的强度，或使混凝土收缩加大。如果使用特细砂，问题将更为严重，有的工地使用超过规范规定的特细砂配制混凝土，使混凝土产生了较严重的收缩裂缝。在碎石中，石粉、石屑的含量也影响混凝土质量，如用软质石灰岩制成的碎石，有的粉屑含量高达7%~8%，粉屑不仅造成单位用水量与水泥用量加大，还影响水泥石与骨料的粘结力，使混凝土抗裂性能明显下降。砂中泥含量高，不仅影响混凝土强度，而且还影响抗冻、抗渗和耐久性，不少工程的混凝土质量事故，大多与骨料泥含量高有关。

3）有害杂质含量超标。

（4）砖

1）强度不足。砌体的抗压强度与砖的强度等级密切相关，砖的强度低下，导致砌体强度大幅度下降，进而造成房屋倒塌的事故。

2）尺寸形状问题。砖在烧制、运输和施工中，可能造成砖的变形和尺寸偏差较大，这对砌体的承载力等将产生不利的影响。而断砖、碎砖使用不合理，通缝过多过长，会造成墙体开裂，甚至会引起建筑物的倒塌。

3）除了黏土砖外，还有许多新型材料制作的砖的替代品，质量不稳定。如硅酸盐砖和蒸压灰砂砖、粉煤灰砖、煤矸石砖及各类砌块等，这些砖的替代品普遍存在体积稳定性问题。

（5）外加剂。外加剂品种繁多，用法各异，如果使用的外加剂品质差或变质，或使用不当，均会造成质量事故。

1）混凝土中外加剂使用不当。外加剂掺量不准确将造成混凝土强度不足。对所使用的各种外加剂的性能了解不够，因错用而达不到预期的效果。

2）砌筑砂浆掺用外加剂的问题。外加剂的掺量直接影响砂浆的性能，掺量不准确，使用中控制不严格都可能造成砂浆强度不足。因此，GB 50203—2011《砌体工程施工质量验收规范》规定：凡在砂浆中掺入有机塑化剂、早强剂、缓凝剂、防冻剂等，应经检验和试配符合要求后，方可使用。

（6）防水、保温隔热及装饰材料

1）防水卷材质量不良。

2）保温隔热材料问题，常见的是质量密度、导热系数达不到设计要求；运输保管中，保温隔热材料受潮，湿度加大，使材料的密度加大，这一方面影响建筑功能，另一方面导致结构超载，影响结构安全。

3）装饰装修材料问题。按 GB 50210—2011《建筑装饰装修工程质量验收规范》的规定，装饰装修的范围很广，施工工艺、施工方法有很多种，使用的材料的种类很多，因而材料质量问题较多。在一般抹灰工程中，最常见的有石灰膏熟化不透，使抹灰层产生鼓泡。因砂子太细、含泥量太大、级配不好、水泥强度太低等易造成水泥地面起灰。在涂饰工程中，抹灰面未干即进行油漆作业，使漆膜起鼓或变色，抹灰面泛碱；漆料太稀，含重质颜料过多，涂漆附着力差，使漆面流坠。在木装修工程中，木装饰的材质差，含水率高，易产生挠曲变形。在裱糊与软包工程中，壁纸花饰不对称，表面有花斑，色相不统一，花饰与纸边不平行等。

（7）钢筋混凝土制品

1）制成的混凝土强度不合格，或尚未达到规定强度就出厂。

2）制品中的钢筋错位，如焊接骨架变形、主筋移位、预埋钢筋错位等。

3）尺寸、形状、外观问题。尺寸偏差超过施工验收规范的规定，发生扭曲变形等。如构件扭曲、翘曲、缺棱，混凝土蜂窝、孔洞、露筋；在预应力空心楼板中，由此而导致预应力值降低，影响钢丝与混凝土共同工作，降低了构件的承载能力，甚至引起楼板突然断塌。

4）裂缝。构件制品的各种裂缝除影响外观外，还可能影响构件的承载力和耐久性。

5）预埋铁件错位、漏放。这将导致结构安装困难，连接节点不牢固等问题。

4. 施工阶段造成质量事故的原因

（1）管理方面　违反国家有关规定，违反《建设工程质量管理条例》规定等。

1）施工单位没有建立质量责任制，无相应的规章制度，项目经理、技术负责人和施工管理负责人经常调换。

2）施工单位不按照工程设计图和施工技术标准施工，擅自修改工程设计，偷工减料。施工单位在施工过程中发现设计文件和设计图有差错的，没有及时提出意见和建议。

3）施工单位不按照工程设计要求、施工技术标准和合同约定对建筑材料、建筑构配件、设备和商品混凝土进行检验，检验没有书面记录和专人签字；未经检验或者检验不合格就使用。

4）施工单位没有建立、健全施工质量的检验制度，不严格工序管理，没有做好隐蔽工程的质量检查和记录。隐蔽工程在隐蔽前，施工单位没有通知建设单位和建设工程质量监督机构。

5）施工人员对涉及结构安全的试块、试件及有关材料，没有在建设单位或者工程监理单位监督下现场取样，并送具有相应资质等级的质量检测单位进行检测。

6）施工单位没有建立、健全教育培训制度，缺乏对职工的教育培训；未经教育培训或者考核不合格的人员就安排上岗作业。

(2) 施工技术管理问题

1) 无图施工。有的工程无设计图，有的是私人设计或无证单位设计的错误图样，由此造成的事故均较严重。这类事故大多发生在县以下的施工企业中，或发生在建设单位自营的工程中。

2) 不按图施工。

3) 图样未会审就施工。图样中常常发现建筑图与结构图有矛盾，土建图与水电、设备图有矛盾，基础图与实际地质情况不符，设计要求与施工条件有矛盾等，通过图样会审就可以发现问题并解决矛盾。但有些单位不进行图样会审就匆忙施工，往往因此酿成质量事故。不熟悉图样就仓促施工，由此造成的事故多出现在测量放线中，有的把工程的方向搞错，有的把位置搞错，在工业建筑中这类事故的后果往往十分严重。

4) 不了解设计意图，盲目施工。如在装配式结构中，有的构件吊环的设计，不仅是考虑满足施工的需要，还考虑承受一定的使用荷载，因此要求把吊环埋入接头混凝土中，但因施工时不了解设计意图，随意将吊环切除而酿成了事故。

5) 未经设计同意，擅自修改设计。如任意修改柱与基础的连接方式，以及梁与柱连接节点构造，改变了原设计的铰接或刚接方案而酿成了事故。

(3) 不遵守施工规范的规定

1) 违反材料使用的有关规定。施工规范规定材料必须有质量证明文件，有的还需在进场后复验，对可疑材料，应检验合格后，方可使用等。有的施工人员不遵守这些规定，把不合格的材料用到了工程上。

2) 不按规定校验计量器具。例如，磅秤、电子秤未定期校验，造成配料不准；弹簧测力计不检验，造成钢筋冷拉应力失控；千斤顶油泵、油压表等不按规定检验，造成预应力值发生较大误差等。

3) 违反地基及基础工程施工规范规定，如砂和砂石地基用料不当、级配不良，密实度达不到要求等。

4) 违反砖石工程施工及验收规范的规定。例如，砌筑砂浆配合比不是通过试验确定，而是随意套用；不按规定制作和养护砂浆试块，砌筑砂浆强度无法控制；不按规定随时检查并校正砌体的平整度、垂直度、灰缝厚度及砂浆饱满度等。

5) 违反混凝土施工规范的规定。最常见的有任意套用配合比，混凝土的制备、浇筑、成型、养护工艺不当，不按规定预留试块，试块不按规定进行标准养护，现浇结构中不按规定位置和方法留置施工缝等。

6) 不按规范规定进行检查验收。例如，地基不验收就施工基础；地基基础不办理隐蔽工程验收，就施工上部结构；前一分部或分项工程未经验收，就进行后续工程施工等。

(4) 施工方案和技术措施不当

1) 施工方案考虑不周。例如，大体积混凝土浇筑温度控制和管理方案不完善，造成温度裂缝；装配式建筑施工时，构件场地及制作方法考虑不周，导致构件运输、堆放中产生裂缝；吊装机具和方法选择不当，造成构件断裂；临时固定措施不力，造成倒塌等。

2) 技术组织措施不当。例如，现浇框架结构中，柱与梁之间没有必要的技术间歇时间导致裂缝；有些需要连续浇筑的结构，在中午或晚上停歇时没有必要的技术组织措施，造成不允许的冷缝；装配式结构安装时，焊接设备、焊工数量不足，导致构件连接固定未及时完成等。

3）缺少可行的季节性施工措施。例如，雨期施工时，对截水、排水措施考虑不周，边坡坡度太陡均易造成边坡塌方事故；冬期施工时，没有适当的防冻、早强或保温措施等。

4）不认真贯彻执行施工组织设计。不少质量事故是因为违反了施工组织设计的规定而造成的，如随意改变结构吊装顺序，无根据地加快工程进度，不按照规定的时间拆模，不按规定的位置预制大型构件等。

（5）技术管理制度不完善

1）未建立各级技术责任制。技术工作没有实行统一领导和分级管理，因此不能做到事事有人管，人人有专责，导致技术工作上出现漏洞而发生事故。

2）主要技术工作无明确的管理制度。如图样会审、技术核定、材料试验、混凝土与砂浆试块的取样和管理、技术培训以及施工技术资料的收集与整理等方面的工作无明确的规定，这些或导致事故的发生，或使工程质量的检查验收发生困难而留下隐患。

3）技术交底不认真，又不做书面记录，或交底不清。例如，设计和施工比较复杂或有特殊要求的部位不认真交底，在采用新结构、新材料、新技术和新工艺时，未进行必要的技术交底，都容易造成事故。

（6）施工技术人员问题

1）技术业务素质不高。不少施工员无学历、无职称、无岗位证书，不知道应该做哪些主要技术工作，更不知道应该怎样做好这些工作，其中多数对基本的结构理论知识一无所知，不熟悉施工验收规范和操作规程，因而导致了一些不应发生的事故。

2）使用不当。在生产第一线的施工技术人员主要精力大多放在材料、劳动力、生活福利等方面的工作上，很少有时间研究解决施工技术问题，也较少到工地进行具体检查指导。

3）操作质量低劣。

（7）施工实践与理论问题　尽管建筑科学已有了很长的历史，但施工中仍然有很多问题无法解决，实践与理论相矛盾。例如，施工中忽视结构理论：诸如不懂土力学基本原理，造成不应发生的塌方或建（构）筑物移位或裂缝；不能正确区别预制构件在使用和施工阶段的受力性质；忽视砌体工程施工稳定性；对装配式结构施工中各阶段的强度、刚度和稳定性认识不足；施工荷载不控制，造成严重超载；不验算悬挑结构在施工中的稳定性；模板与支架，以及脚手架设置不当；在混凝土结构中，任意改预制为现浇，造成传力途径或内力性质改变等。

1）土压力理论的适用性问题。目前，土压力理论都是在一定的条件下研究推导出来的，都有一定的使用条件，如果不考虑施工场地实际的地质条件，盲目死搬硬套，必然会造成质量隐患或造成重大的质量事故。

2）边坡稳定问题。对边坡稳定的条件认识不清，造成边坡塌方，甚至发生人员伤亡。如边坡坡度太陡，坡顶堆放土方或建筑材料，边坡附近机械振动影响，地面水或雨水浸入土方内等都易引起塌方。又如在稳定的边坡坡脚挖除土方，因破坏了边坡的稳定条件，造成塌方或滑坡等。

3）施工阶段受力性质变化问题。

① 柱、预制桩等构件是按轴心或偏心受压构件设计计算的，而在运输、安装过程中，

这类构件的受力情况会发生变化，变为受弯或压弯或拉弯构件，如构件的支点（吊点）位置确定得不恰当，极易使构件产生过宽的裂缝，甚至断裂。

② 梁、板类受弯构件施工时的支点或吊点位置往往改变了构件的受力情况，与构件使用阶段的受力情况差别很大。如较长的梁、板采用汽车运输，因受车厢长度的限制，构件往往向车后悬挑相当长度，极易使支点附近构件的上部产生裂缝，严重时会造成断裂。尤其要指出的是，简支的预应力板往往仅在下部配预应力筋，而上部配筋甚少，一旦在运输安装中形成反弯矩，极易造成构件严重裂缝。

③ 屋架等构件往往平卧生产，在翻身起吊时其受力情况与使用阶段不同，屋架扶直后，吊装中的吊点数量、位置等也影响屋架各杆件的受力情况，极易造成屋架开裂或损坏。

④ 装配式结构工程，在结构未完全吊装固定前，构件的受力情况与使用阶段差别很大。

4）施工阶段的强度问题。

① 现浇钢筋混凝土结构施工各阶段的强度问题。如成型阶段各种临时结构的可靠性，拆模时混凝土应达到的最低强度，拆模后结构承受各种荷载的强度等应予以足够的重视。特别要注意的是拆模后构件的强度及其所能承受的最大荷载，因为刚刚拆模的构件强度不足，有些严重的工程事故就是在正常的施工荷载下发生的。

② 装配式结构施工各阶段的强度。诸如大型构件拆除底模时，混凝土应达到的最低强度；构件起吊运输强度；构件安装后的实际强度等，这些强度如不能满足一定的要求，均可能出现质量事故。需要注意，不少构件吊装强度往往只有设计强度的70%，而构件安装后，有的立即就承受了100%的荷载，甚至超载，由此而造成的事故也屡见不鲜。

③ 砌体的施工强度问题。如砌体砌筑速度过快，一次砌筑高度过高，砂浆此时尚无强度，造成砌体变形，甚至垮塌。

④ 其他施工强度问题，如混凝土强度不足就张拉预应力筋，冬期施工的混凝土未做好保温措施而受冻，强度大幅度下降等。

5）施工阶段的稳定性问题。

① 柱、墙等竖向构件在施工阶段失稳倒塌。例如，有的柱吊装后，未设置足够的支撑和缆风绳而倒塌；有的山墙未及时施工屋盖，以致在大风中倒塌；有的地下工程用砖墙代替模板，施工中失稳倒塌等。

② 悬挑结构施工中失稳倒塌。

③ 屋盖施工中失稳倒塌，如施工中临时支撑或缆风绳不足，未及时安装永久性支撑或安装后未最后固定，屋面板或檩条未与屋架焊牢等。

④ 其他施工原因失稳倒塌事故。例如，装配式框架施工中因临时支撑不足和施工顺序错误失稳倒塌；升板工程中，群柱失稳倒塌；滑模工程中，支撑杆失稳而倒塌等。

6）施工荷载问题。

① 不控制施工荷载，施工阶段的荷载常常失控，不少工程质量事故均与此有关。

② 不了解施工荷载的特点而造成事故。如在砌墙时，为方便操作，往往把材料集中堆放在房间中央，这种荷载分布特点易使构件因承受超越自身承载能力的荷载而发生事故。

7）施工临时结构可靠性问题。

① 模板工程。模板及支架不按照施工规范的要求进行设计与施工，酿成事故。这主要有两方面的问题：首先是模板构造不合理，模板构件的强度、刚度不足，往往造成混凝土裂

缝，或部分破坏；其次是模板的支撑构件的强度、刚度不足，或整体稳定性差，往往造成模板工程倒塌。

② 脚手架工程。脚手架因稳定性不足，特别是整体稳定性差而垮塌，造成人员伤亡。

③ 井架等简易提升机械倒塌。倒塌的主要原因是有的机械设计计算不过关，或稳定性差，或零配件质量有问题。如井架倒塌的常见原因是缆风绳失效等。

2.2.3 使用阶段

使用不当造成质量事故的原因主要有任意加层，荷载加大，积灰过厚，维修改造不当，高温、腐蚀环境影响，装饰装修破坏结构主体。

2.2.4 其他

1）施工任务转包问题。有的施工单位不顾国家规定，擅自将工程任务转包给无力承担的单位或个人，转包后不检查指导，以致工程质量问题层出不穷，甚至酿成倒塌事故。

2）土建施工单位与其他专业施工单位不协调。如水电、设备安装人员在已完成的土建工程上凿洞、开槽，严重削弱了构件截面而造成事故等。

3）不认真查处质量事故。施工中发现了明显的质量缺陷，不认真检查，不调查分析，无根据地盲目处理，有的甚至掩盖施工缺陷，给工程留下了隐患。

4）不总结经验教训，不开展质量教育。出了事故后，不按照“三不放过”（事故原因不清不放过，事故责任者和群众没有受到教育不放过，没有防范措施不放过）的原则总结经验教训，对职工进行质量教育，而是事过境迁，无案可查，使类似事故重复发生。

5）其他外因作用或灾害性事故。例如，建筑物在施工过程中，因遇大风而倒塌；建（构）筑物在大雪后屋盖倒塌；火灾、爆炸等引起的建（构）筑物整体失稳事故；酸、碱、盐等化学腐蚀；地震造成的房屋开裂和倒塌等。

2.3 土木工程事故预防

2.3.1 土木工程事故预防基本原则

1. 质量事故可以预防的原则

由非自然因素引起的各类质量和因工伤亡事故，因事故原因是可控的，故事故是可以预防的，能把事故消除在发生之前。因此，在工程实施过程中，要建立事故可以预防的意识，加强积极预防对策的研究，一方面要事先研究消除事故发生的措施，另一方面要考虑事故发生后减少事故损失、控制事故发展的应急措施。

2. 防患于未然的原则

事故隐患与后果存在着偶然性的关系。任何一次事故的发生，都是其内在因素作用的结果，但事故的发生时间、造成损失的种类和程度等，都是由偶然因素决定的。积极有效的预防办法是防患于未然，只有消除了事故隐患这一内在因素，才能避免事故的发生和损失。

3. 根除可能的事故原因原则

事故与引发原因之间存在着必然性的因果关系。为了使预防措施有效，应当对已发生的同类型质量事故进行全面的调查和分析，准确地找出直接原因、间接原因，针对这些原因制定预防措施。

4. 全面治理的原则

在引起事故的各种原因之中，技术原因、教育原因以及管理原因是三种最重要的原因，必须全面考虑、缺一不可。预防这三种原因的相应对策分别为技术对策（engineering）、教育对策（education）及法制（或管理）对策（enforcement），简称“3E”对策。

（1）技术对策　所谓技术对策，是指在建（构）筑物的实施中，在计划、设计、施工时，从保证质量的角度考虑应采取的措施。

（2）教育对策　所谓教育对策，是指通过家庭、学校以及社会等途径对工程相关人员进行培训，让他们掌握建筑安全知识、建筑质量意识及正确的作业方法。每个人从幼年时期开始就应灌输必要的安全知识和质量意识；在大学里应当系统地学习安全工程学知识，培养质量保证意识。对在职人员，应根据其具体业务进行技术（包括事故管理在内）教育，对工人还应进行特殊工种的培训教育。

（3）法制对策　所谓法制（或管理）对策，是指由国家机关、企业组织等制定相关规范和质量标准并颁布执行。加强对职工的法制教育和培训工作，可以提高他们的行为可靠性。如安全思想和安全技术的定期教育，特殊工种的定期考核，防止冒险进入危险场所，防止通信联络不畅，防止操作中开玩笑、嬉闹等。各种法规、规定是防止事故应该遵守的最低要求，职工应自觉遵守各种作业标准。

上述这三种对策，相辅相成。把提高技术、保证质量作为主要的研究对象，应成为所有建设参与者的自觉的意识行为，创造一种主、客观条件，保证把质量事故扼杀在萌芽中。

2.3.2　土木工程事故预防原理

大量的资料说明，事故的发生是有其规律性的。任何一次事故的发生，都有若干“事件”同时存在或同时发生，所以必须全面考虑发生事故的基本要素以及要素之间的复杂关系。

1. 事故的形成与发展过程

事故的发展一般分为三个阶段，即孕育阶段、生长阶段和损失阶段。

（1）孕育阶段　事故的发生有其基础原因，即社会因素和上层建筑方面的原因。如管理混乱，规章制度废弃，安全隐患得不到治理，人员素质差，各种施工设备维护差，施工过程中潜伏着危险，隐伏着事故发生的“肥沃土壤”。这就是事故发生的最初阶段。此时，事故处于无形阶段，人们可以感觉到它的存在，估计到它必然会出现，而不能指出它的具体形式。

（2）生长阶段　在这一阶段，事故处于萌芽状态，由于基础原因的存在，企业管理出现缺陷，不安全状态和不安全行为得以发生，构成了生产中的质量事故隐患，即危险因素。这些隐患就是“事故苗子”。人们可以具体指出它的存在，有经验的安全工作者可以预测事故的发生。

（3）损失阶段　当生产中的危险因素被某些偶然事件触发时，就要发生质量事故，包括肇事人的肇事、起因物的加害和环境的影响。质量事故发生并扩大，造成人员伤亡和经济损失。

2. 利用事故法则预防事故

海因里希统计了 55 万余次事故，表明在 330 次事故中，有一次会出现重伤或死亡的严重后果，这就是 1∶29∶300 法则，如图 2-5 所示。它说明了事故与伤害程度之间存在的概率原则。利用海因里希提出的 1∶29∶300 法则预防事故具有重要的意义。为了消除 1∶29 的伤亡事故，首先必须消除 300 次无伤害事故。人们形象地把生产建设看成是航行在大海中的一艘轮船，1 和 29 是礁石，是明显的障碍，而 300 则是暗礁，是潜在危险，尤其需要认真予以消除。

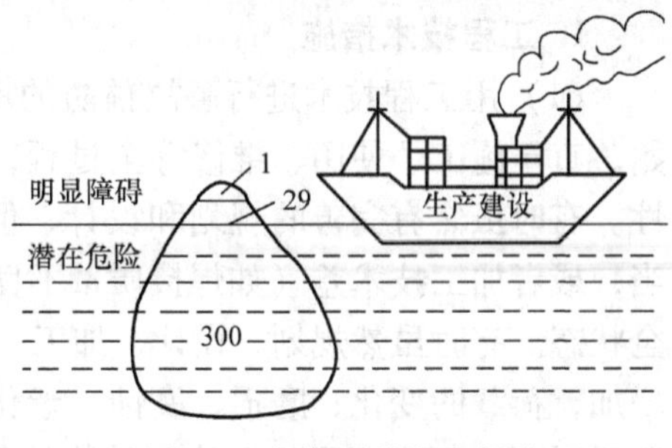

图 2-5　事故法则的示意图

3. 用能量学说观点研究事故发生规律及其预防对策

在任何生产活动中，都离不开能量输入，以满足正常作业的需要。但是，伴之而来的也有能量的逸散，这种逸散出来的能量会造成设备的破坏及人身的伤害。人体本身也是一个能量系统，并通过新陈代谢的作用，消耗能量以进行各种活动。当人的活动行为超过正常状态时，人体就会与具有能量的生产设备体系发生接触或碰撞。事实上，任何造成伤害的事故都是由能量传递引起的。从这种观点来看，用能量学说去分析和认识事故发生的规律性，是有一定道理的。例如，能量传递受到一定的阻力后，就会产生摩擦热，在一定的环境条件下，这种以摩擦热形式逸散的能量就会引起火灾或爆炸事故。根据这种观点，事故预防的原理应当是不论在什么情况下，都应防止能量逸散。而在实际生活中完全避免能量逸散是不可能的，必须考虑能量逸散带来危险时的对策。

4. 多米诺骨牌原理

质量事故往往是在多个因素的相互作用下发生的。以一个典型事故为例：社会环境及管理的缺陷 A_1，促成人为过失 A_2 的发生；A_2 又造成了人的不安全行为或物质、机械危险 A_3，又导致意外 A_4，事件（即事故，包括险肇事故）A_4 又导致了人身伤害或物质的损失 A_5。这五个因素是彼此联系、相互依存、相互制约的因果关系。五因素的连锁反应就构成了事故。把 A_1、A_2、A_3、A_4、A_5 这五因素看成是竖立的骨牌（图 2-6），并随着时间的推移而依次发生，若前面的骨牌倒了，后面的骨牌也将随之倒下。如果拿走 A_1、A_2、A_3、A_4 中的任何一个（或一个以上），就会出现防止 A_5 骨牌倒下的间隙，从而避免了事故的发生。由此可见，事故预防的原理，应当是使事故发生的连锁系列中断，即消除 A_5 前面的一个或多个骨牌因素。

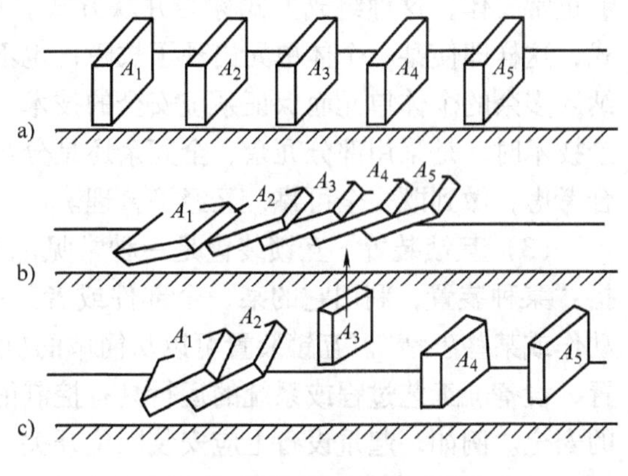

图 2-6　骨牌原理图

2.3.3　土木工程质量事故预防措施

质量事故预防措施可以分为工程技术措施、教育措施及管理措施三种。质量事故预防措施，其本质是为了消除可能导致质量事故发生的原因。由于质量事故常常是由重叠、交织在一起的若干种原因引起的，因此可以有若干种不同的事故预防措施，应当选择其中最有效的一种方案予以实施。

1. 工程技术措施

(1) 用工程技术进行事故预防的重要性　对于新建（构）筑物，从规划、设计阶段开始，直至施工、使用、维修等全过程，都应当充分考虑其安全性、适用性、可靠性和经济性。有时虽然有完善的规划和设计，但在施工过程中，由于材料的缺陷，或者材质选择不当，或者加工技术差（如焊接质量不良、加工精度不够），也会使新建（构）筑物处于不安全状态。有时虽然规划、设计、加工、制作等均符合要求，但投入使用后，随着使用时间的增加，荷载的变化、磨损、腐蚀、老化等诸因素的作用，至某一时刻（即量变导致质变的飞跃时刻）便出现了建（构）筑物的不安全状态或发生了事故。因此，良好的建（构）筑物，也会转变为不安全状态。为了使企业生产处于良好状态，必须以发生过的事故（包括直接的和间接的）为借鉴，认真吸取教训。要从工程技术上进行改进，严格把关，以减少或杜绝同类事故的发生。

随着现代化工业的发展，出现了规模和复杂程度日益增大的各种土木工程，这样的工程往往是一个大型的系统工程。在考虑质量事故预防的工程技术措施时，必须从全局出发，去研究预防事故的工程技术措施，才会有显著的效果。另外，就某一项具体工程技术措施而言，其性能、可靠程度、成本等指标也是彼此关联、相互影响的。因此，从质量需要出发，适当增加工程技术措施的投资，放慢施工进度，则常常有利于提高质量事故预防的效果。要确定措施成本、可靠性及效果等指标间的相对关系，就要事先分析和判断这些指标在全局中的相对重要性，对于那些一旦发生故障就可能危及生命的质量问题而言，必须配备可靠性极高的工程技术措施。

(2) 冗余技术　冗余技术是工程技术措施中比较重要的内容之一。一个系统是由若干个体单元组成的。其中任何一个个体单元出现故障，都会使整个系统出现故障，这种组成方式称为串联方式。如果改进组成方式，使得其中某一个体单元出现故障时，整个系统仍然能够正常工作，这种组成方式称为并联方式。从预防事故的观点出发，应当设法采用并联方式，这样即使某一个体单元出现了故障，也不会影响整个系统的正常工作。这种因在系统中纳入多余的个体单元而保证系统安全的技术，就是冗余技术，通常又称为备用方式。采用冗余技术时，是采用部分冗余、全冗余还是分组冗余方式，要结合实际情况进行具体分析，综合考虑，做到既安全可靠，又经济合理。

(3) 互锁装置　互锁装置是一种常见的重要的安全工程技术措施之一。所谓互锁，是指“某种装置，利用它的某一个部件或者某一机构的作用，能够自动产生或阻止发生某些动作或某些事情”。互锁装置可以从简单的机械连锁到复杂的电路系统连锁，对某些机械装置、设备、工艺过程或系统的运行具有控制能力，一旦出现危险，能够保障作业人员及设备的安全。例如，起重设备上应安装限位开关、过载保护装置、防撞装置等。

(4) 利用人体生物节律理论预防事故　每个人从出生之日起直到生命终止，存在着周期分别为23、28、33天的体力、情绪、智力的变化规律，可用三条正弦曲线来表示。人的体力、情绪和智力为什么会有周期性变化呢？这是因为人体内存在着调节和控制人的行为的“生物钟”，它控制着人体的生理和病理过程。生物节律理论认为，处于“危险日”的工作人员，其工作效率低，也最容易出事故；其次是处于“临界日”的；再次是处于“低潮期”

的。处于“高潮期”的工作人员的工作状态最佳。在应用人体三节律时，通常采用绘图法和列表法。

2. 教育措施

（1）技术、安全教育的必要性 生产环境是一种特殊的环境。它有各式各样的装置、设备，有大量的能量输入，有多种不同的工艺和操作方式等。对于在自然环境中生活惯了的人，如果不经过有针对性的技术、安全教育和培训，就难以掌握适应生产环境的特殊本领，也就容易出现各类事故。通过一定的技术、安全教育和训练，使作业人员掌握一定数量、种类的信息，形成正确的操作姿势和方法，形成条件反射动作或行为。如果每个作业人员不仅知其然，而且还知其所以然的话，那么，其行为就会由被动式或盲动式转变为主动式，由盲目服从变为自觉遵守。

（2）质量教育形式的多样性 质量教育要注意质量教育的动机与效果的统一性。可采取多种多样的方式方法，如正式的培训，典型案例的现场分析，各种竞赛活动等。

（3）质量教育的内容 质量教育通常包括以下四个方面的内容：

1）质量知识教育。这是一种知识普及教育，是把教材的内容逐步储存在人的记忆中，成为作业人员“知道”或“了解”的东西。

2）质量技术教育。这是对个人进行的教育，往往需要进行反复多次的训练，直至生理上形成条件反射，一进入岗位，就能按顺序和要求去完成规定的操作，使作业人员不仅“知道”，还要深刻“理解”，在实际中“会干”。质量技术教材的内容主要体现在操作规程上，应写明要领，指出习惯和关键问题，并尽可能把操作步骤表达清楚。

3）质量思想教育。除了进行质量业务教育外，更重要的是对职工进行思想教育，使之牢固树立“质量第一”的思想。人们选择和判断行为的基础，是在其经历中所积累的知识和经验。质量思想教育，就是要清除人们头脑中那些不正确的知识和经验，针对人的性格与特点，采取适当的方法进行教育。态度和行为是不同的概念，态度是属于精神范畴的内容，从心理学上来分析，某种态度是进行某种活动之前的心理准备状态。质量思想教育，就是要针对这种心理准备状态，即正在进行判断的状态，指出其判断的错误所在，让其思考、理解，并改正体现于表面的错误行为，以减少或杜绝各类质量事故。

4）典型质量事故案例的教育。质量事故是有代价的教训，通过个别案例中带有普遍意义的内容，采用鲜明、生动的宣传形式，进行有针对性的教育，使人印象深刻，牢记不忘。

3. 管理措施

管理措施的内容很多，工程立项、设计、制作、施工、验收、使用、维修等每一个过程都涉及管理，都属于管理措施范畴。

1）建立、健全质量管理机构。现代化生产，分工越来越细，各个生产环节的协调、配合越来越重要。要把细分工作综合起来，成为有系统、有联系的体系，步调一致地进行生产，必须建立与生产密切相关的管理组织。建立、健全建筑法律法规，国家提出的“质量终身负责制”对每一个工程技术人员都是一种严峻的考验。俗话说“无规矩不成方圆”，只有建立、健全建筑法规，并落到实处，方能规范建筑市场、预防事故的发生。

2）明确质量管理人员及其职责，注重人员综合素质提高，建立培训制度。一幢合格的建筑需要参与人员齐心努力方能完成，这里有技术素质、心理素质以及职业道德等问题。质量管理人员必须具备两个条件，一是热心于质量工作，二是能够胜任质量工作，因此对人员加强培训并形成制度十分必要。

3）开展经常性的质量活动。质量部门应当成为生产活动的积极组织者，要鼓励人们的上进心，用精神和物质相结合的鼓励办法，开展经常性的、内容丰富的、形式多样的活动，如质量宣传月、质量竞赛活动、技术革新活动、质量合理化建议活动、质量大检查、文明生产活动等。

4）严格追究事故责任。查清质量事故原因及事故责任者往往比较复杂。因此，应当明确各级质量管理人员的职责范围，必须在责任问题上严格分清谁是谁非，做到照章办事，遵纪守法、赏罚分明。

5）建立、健全各项安全规程、制度。建立必要的规章制度，限制和约束人们在生产环境中的“越轨”行为，指导人们认真遵守国家颁布的各种规程、规范，保证质量，否则，就要负行政或法律责任。

6）建立质量事故档案。工程质量事故频繁发生，要从事故中汲取经验教训，建立事故档案是一项十分重要的工作。

7）加大惩罚力度。严肃追查事故责任，照章办事，赏罚分明。培养人们的法律意识十分必要。

8）对事故开展工程学及统计学研究。

除上述各种管理措施外，还有法律监督、对质量检查、对质量工作统一领导、对质量事故进行研究、对作业人员进行心理学的研究等措施。这些措施都是不可少的重要内容，可根据具体情况选择。

思 考 题

1. 工程质量事故原因要素中最基本的要素是什么？
2. 工程质量事故的直接原因与间接原因是什么？
3. 什么是事故原点和事故源点？
4. 工程质量事故主要原因有哪些？
5. 为什么必须严格执行基本建设程序？
6. 实施阶段有哪些主要的阶段？
7. 设计阶段造成质量事故的原因有哪些？
8. 施工阶段造成质量事故的原因有哪些？
9. 实用阶段造成质量事故的原因有哪些？
10. 为什么说“事故可以预防”？
11. “事故可以预防”的原则是什么？
12. 举一个实例说明“事故的形成与发展过程”。
13. 土木工程事故预防措施主要有哪些？

第3章　土木工程事故的现场检测

对土木工程质量事故进行事故分析和评判时，应以现行的国家及有关部门颁布的标准（包括统一标准、设计规范、施工质量验收规范、施工操作规程、材料试验标准等）为依据，按照其规定的方法、步骤进行试验或计算。在分析事故发生的原因时，往往有必要对发生事故的结构或构件进行必要的检测，以便为工程质量事故的仲裁提供客观而公正的技术依据，也为建筑结构的修复、加固提供参考数据。

3.1 土木工程事故鉴定方法

结构鉴定的基本方法主要有经验法、实用鉴定法和可靠度鉴定法。

1. 经验鉴定法

经验鉴定法主要以原设计规范或规程为依据，按个人目视观察及规范定值计算结果来评定工程事故的一种经验评定法。此法特点是荷载计算以实际调查为准，材料强度取值一般按经验评定，图样规定的材质数据仅作参考，对原设计中采用的规范依据、理论公式、计算图形，主要核查是否与实际结构工作状态相符，如不相符，则应按实际状况进行修改。

经验鉴定法的鉴定程序如图3-1所示。

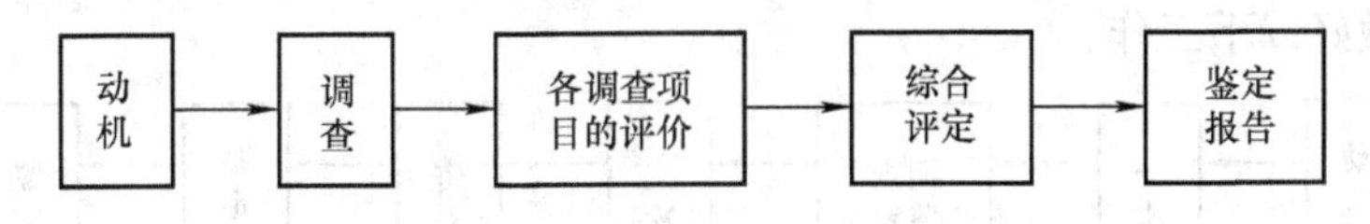

图3-1　经验鉴定法的鉴定程序

1）动机。一般由建（构）筑物的管理或使用单位提出，主要指使用中发现的问题、建筑的主要损伤和缺陷，或因变更使用要求而提供的条件等。

2）调查。作简单视察，对使用人员作必要的采访，核实“动机”中提出的有关问题的成因和发展过程，以避免失误。

3）各调查项目的评价。由各项目调查者对调查结果作出评价。有时调查人员也是评价人。

4）综合评定。一般由调查人员或鉴定人员作出，所以综合鉴定结论不易做到集思广益。

5）检测鉴定报告。一般由调查人编写。经验鉴定法鉴定程序少，花费人力物力少，适用于受力简单、传力路线明确、较易分析的一般性建（构）筑物的鉴定。

经验鉴定法一般不使用检测设备和仪器，具有调查过于简单、缺乏准确数据、受个人主观因素的影响大等缺点，即使是鉴定人员专业技术水准较高，也未必判断准确。例如，某一建筑顶层墙体部位发生裂缝，材料专家可能判定为建筑材料因干缩或温度作用引起的，属于材料问题；结构专家可能判定为荷载作用下结构抗力不足，属结构受力问题；地基专家可能判定为地基基础沉降作用引起，属地基基础问题；结构检测专家则可能判定为墙体材料内部缺陷作用引起，属内部隐患问题。具有不同专业特长的鉴定人员易受个人专业特长的制约，可能导致判断错误。

2. 实用鉴定法

实用鉴定法是在经验鉴定法的基础上发展起来的，克服了经验鉴定法缺乏准确数据的缺点，重视使用检测手段和试验测试技术取得准确数据。对于结构材料强度等有关力学参数，采用实测并经统计分析后的强度值进行结构分析计算。在各项结果的评定中，均以原设计规范的控制条件为标准，经讨论分析后提出综合性鉴定结论和对策建议。实用检测鉴定法在逐步调查、分析损害成因的基础上，列出受鉴定建（构）筑物的调查项目、检测内容和结构试验方法的要求，建立完整描述建（构）筑物状况的模式和表格。一般要经两次以上的调查分析，逐项检测和试验，逐项评价，综合评定等程序，给出一个比较准确的鉴定结论。

实用检测鉴定法的特点是，荷载计算以实际调查的统计分析值为准，结构材料强度取值以实测结果为依据，对原设计计算采用的规范依据、理论公式和计算图形等均加以分析，为判断其与实际结构差异程度，还应做一定的构件试验或结构试验加以验证，其结果的分析要集体讨论或研究，充分发挥调查、检测人员的个人专长，以求比较准确获得各种资料和数据后，在做好单项评价的基础上，再集体研究给出鉴定结论。

实用检测鉴定法的实施程序如图 3-2 所示。实用检测鉴定法在实施中的每一步骤都存在着反馈过程。调查、检验和试验项目的选择和确定均应有预见性，应做到心中有数。执行中应注意方法的便利和可行性，有些检测项目在分析中是重要的，但在实施中可能是不现实的或测试相当困难且花费大的，这种情况下就要采用另外的方法去处理。在调查、检验和综合评定中，重点做好以下工作：

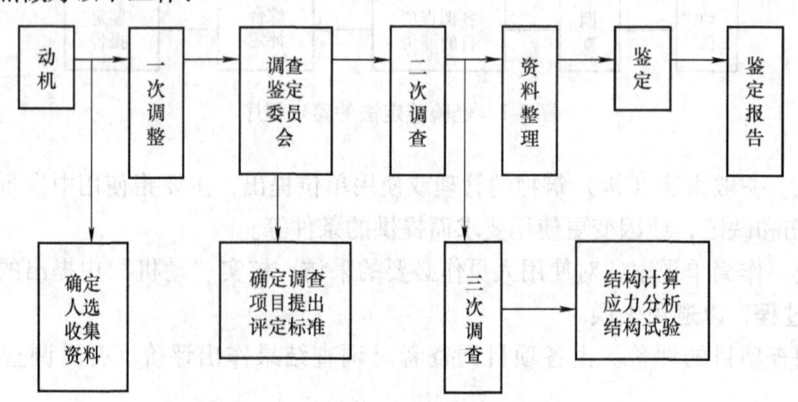

图 3-2 实用检测鉴定法的实施程序

1）结构或构件计算。以第一、二次调查确定的数据，按原设计依据的规范要求进行结构分析和计算，判断结构抗力的可靠程度。即便建（构）筑物建设时间较早，是按旧规范进行设计的，也应该按新规范标准校核。若需要加固、补强的话，也应按新规范标准执行。

2）整体结构解析评定。应按工程力学的方法，鉴定建（构）筑物的结构实际工作状态，包括静力作用状态和动力作用状态，作应力或变形分析，或根据地震反应参数作地震反应谱分析等。

3）结构或构件试验。可在现场进行，也可取样在实验室进行，对整体结构或某些特殊构件，也可采用模型试验。

3. 可靠度鉴定法

运用概率论和数理统计原理，采用非定值统计规律对建（构）筑物的可靠度进行鉴定的一种方法，称为可靠概率鉴定法，又称为可靠度鉴定法。建（构）筑物的作用效应S、结构抗力R是受施工条件、所在位置、使用时间、环境等多种因素的影响而在一定范围内波动的随机变量，而按现有规程、规范进行结构分析和应力计算时是一个定值，用定值去评定既有建（构）筑物的随机变量的不定性影响，显然是不合理的。

可靠度鉴定法用概率的概念分析既有建（构）筑物的可靠度，找出其在正常使用条件下和预期的使用期限内发生破坏或失效的概率，确定其使用寿命。建（构）筑物的结构抗力R和作用效应S之间存在如下关系：当$R>S$时，结构处于安全状态；当$R=S$时，结构处于极限状态；当$R<S$时，结构处于失效状态。

可靠度鉴定法在理论上是完善的，但目前离实用还有距离。难点在于结构物的不定性，这种不定性来自结构材料强度的差异和计算模型与实际工作状态之间的差异。减少材料强度的离散性，提高理论计算的精确性，是提高和控制结构可靠度的主要途径。其次，根据校准试验的比较分析，各类结构构件的可靠性指标不一致，如在砌体结构中，轴压偏高，而偏压和受剪偏低；在实际施工中，工程质量不稳定，可靠性指标多数偏低。所以，落实可靠的质量控制措施是十分必要的。目前概率法的实际应用仅止于近似概率法，从概率分布曲线和形态，用“均方差”度量并找出“安全指标”。根据调查资料，目前，国外各承建集团在对既有建（构）筑物可靠度的安全指标测算中，方法和程序各异，并对外保密。我国建（构）筑物的可靠性鉴定任务十分繁重，目前所采用的鉴定方法大致处于经验鉴定法和实用检测鉴定法之间。由于历史原因，既有建（构）筑物的相关图样和资料可能保存不全，而且我国国家基本建设管理机构、科研机构和实施机构三者完全分离，增加了检验和鉴定工作的艰巨性和复杂性。大力发展实用鉴定法和可靠度鉴定方法的研究，开发新的测试技术和设备，尽快提高既有建（构）筑物可靠性鉴定的质量和速度是十分重要的工作。

3.2　土木工程事故中的检测技术

当工程发生质量事故后，为了正确分析事故发生的原因，为工程质量事故的仲裁提供客观而公正的技术依据，也为结构的修复、加固提供数据，往往有必要对发生事故的结构或构件进行必要的检测和鉴定。这些检测包括：

1）常规的外观检测，如平直度、偏离轴线的公差、尺寸准确度、表面缺陷、砌体的咬槎情况等。

2）强度检测，如材料强度、构件承载力、钢筋配置情况等。

3）内部缺陷的检测，如混凝土内部的孔洞、裂缝，钢结构的裂缝、焊接缺陷等。

4）材料成分的化学分析，如混凝土的集料分析、水泥成分及性能分析，钢材化学成分分析等。

对发生质量事故的结构进行检测与常规的结构构件的检测工作相比，有下列特点：

1）检测工作大多在现场进行，条件差，环境干扰因素多。

2）发生严重质量事故的结构工程，常常管理不善，经常没有完整的技术档案，甚至没有技术资料，有时还会遇到虚假资料的干扰，这时尤要慎重对待，检测工作要计划周到。

3）对有些强度检测常常要采用非破损或少破损的方法进行。尤其是对非倒塌事故一般不允许破坏原构件；或者从原构件上取样时只能允许有微破损，稍加加固后即不影响结构的承载力。

4）检测数据要公正、可靠，经得起推敲。尤其是对于重大事故的责任纠纷，因涉及法律和经济责任，为各方所重视，故所有检测数据必须真实、可信。

对于不同类别的结构构件，检测的方法也有所不同，至少是检测的侧重内容有所不同。

3.2.1 结构的变形观测

建（构）筑物由于某种原因，会产生整体的或局部的变形，比如：建（构）筑物倾斜、扭曲、不均匀沉降等。为了搞清楚原因，以便解决所出现的问题，就必须对建（构）筑物进行观测、监测和检测。建（构）筑物的变形观测主要有：倾斜观测和沉降观测。

1. 建（构）筑物的倾斜观测

建（构）筑物倾斜观测所用的主要仪器是经纬仪。选择需要观测的建（构）筑物的阳角作为观测点。通常情况下需对四个阳角均进行倾斜观测，综合分析才能反映整幢建（构）筑物的倾斜情况。

（1）经纬仪位置的确定。经纬仪位置如图3-3所示，其中要求经纬仪至建筑物的距离L大于建筑物的高度。图中A、B、C、D、E、F、G、H是经纬仪的假设位置。虚线是假设倾斜位置。

（2）倾斜数据测读。如图3-4所示，瞄准墙顶一点M，向下投影得一点N，然后量出N—n间水平距离P，图中，以M点为基准，采用经纬仪量出角度α，L为经纬仪与建筑物的距离，h为经纬仪的高度。

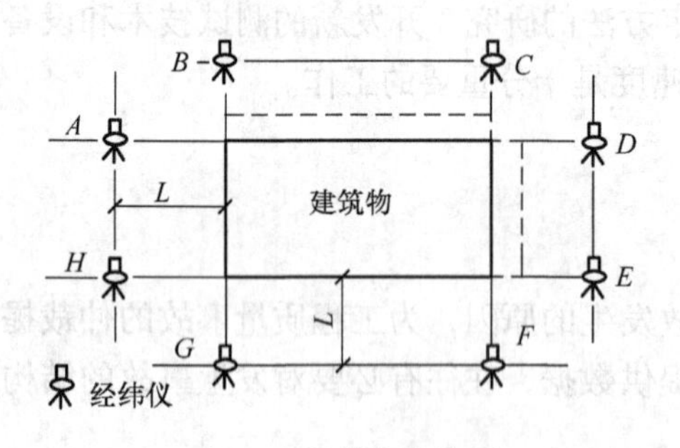

图3-3 经纬仪的位置

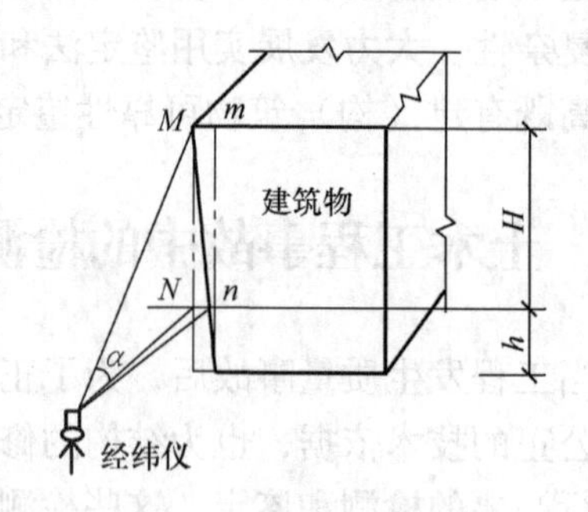

图3-4 倾斜数据测读

（3）结果整理。按式（3-1）算出建筑物高度：

$$H = L \cdot \tan\alpha \tag{3-1}$$

则建筑物的倾斜度为

$$I = P/(H+h) \tag{3-2}$$

建筑物该阳角的倾斜量为

$$P = I(H+h) \tag{3-3}$$

最后，综合分析四个阳角的倾斜度，即可描述整幢建（构）筑物的倾斜情况。

2. 建（构）筑物的沉降观测

（1）建（构）筑物沉降的长期观测。为掌握重要建（构）筑物或软土地基上的建

（构）筑物在施工过程中，以及使用的最初阶段的沉降状况，及时发现建（构）筑物有无下沉隐患，以便采取措施保证工程质量和建（构）筑物安全，在一定时间内，需对建（构）筑物进行连续的沉降观测。

1）所用仪器。用于建（构）筑物沉降观察的主要仪器为水准仪。

2）水准点布置。在建（构）筑物的附近选择三处布置水准点，选择水准点位置的要求为：①水准点高程无变化（保证水准点的稳定性）；②观测方便；③不受建（构）筑物沉降的影响；④埋设深度至少要在冰冻线下0.5m。

3）观测点的布置。观测点一般是设在墙上，用角钢制成。观测点的数目和位置应能全面反映建（构）筑物的沉降情况。一般是沿建（构）筑物四周每隔15～30m布置一个，数量不宜少于6个。另外，在基础形式及地质条件改变处或荷重较大的地方也要布置观测点。

4）数据测读及整理。水准测量采用闭合法。为保证测量精度宜采用Ⅱ级水准。观测前应严格校验仪器，观测过程中测量工具和操作人员应固定不变。

沉降观测一般是在增加荷载或发现建（构）筑物沉降量增加后开始。观测时应随记气象资料。观测次数和时间应根据具体情况确定。一般情况下，新建建筑中，民用建筑每施工完一层（包括地下部分）应对沉降观测点测一次沉降量；工业建筑按不同荷载阶段分次观测，但施工期间的观测次数不应少于4次。既有建（构）筑物则根据每次沉降量大小确定观测次数，一般是以沉降量在5～10mm以内为限度。沉降发展较快时，应增加观测的次数，随着沉降量的减少而逐渐延长沉降观测的时间间隔，直至沉降稳定为止。

测读数据是指用水准仪及水准尺测读出各观测点的高程。水准尺离水准仪的距离为20～30m。水准仪离前、后视水准尺的距离要相等（最好同一根水准尺）。观测应在成像清晰、稳定时进行，读完各观测点后，要回测后视点，同一后视点的两次读数差要求小于±1mm。将观测结果记入沉降观测记录表，并在表上计算出各观测点的沉降量和累计沉降量，同时绘制时间-荷载-沉降曲线。

（2）建（构）筑物不均匀沉降观测。通过前述方法计算各观测点的沉降差，可获得建（构）筑物的不均匀沉降情况。但是，在实际检测工程事故时，如建（构）筑物的不均匀沉降已经形成，则需检测建（构）筑物当前的不均匀沉降。将水准仪布置在与两观测点等距离的地方。将水准尺置于观测点，从水准仪上读出同一水平上的读数，从而可算出两观测点的沉降差。同理可测出所有观测点中两两观测点的沉降差，汇总整理即可得出建（构）筑物的当前不均匀沉降情况。

3.2.2　砌体结构的检测

对砌体结构构件的检测主要包括：材料强度（砖、石材或其他块材及砂浆）、砌筑质量（如砌筑方法，砌体中砂浆饱满度、截面尺寸及垂直度等）、砌体裂缝及砌体的承载力。其中，关于砌筑质量的检查可按有关施工规程的要求进行，一般并无技术上的困难，这里就不再介绍。砌体承载力的评定是质量评定的关键问题，砌体承载力取决于砌块及砂浆的强度，当然与砌筑质量也有关。由于砌体中的砂浆很薄，无法再加工成标准的立方体进行压力试验，这就给检测工作带来困难。下面重点介绍砂浆材料强度及砌体承载力的检测方法。

1. 砌体裂缝的检测

砌体中的裂缝是常见的质量问题，裂缝的形态、数量及发展程度对承载力、使用性能与耐久性有很大影响，对砌体的裂缝必须全面检测，包括裂缝的长度、宽度、走向、数量、形态等。

裂缝的长度可用钢尺或一般米尺进行测量。宽度可用塞尺、卡尺或专用裂缝宽度测量仪进行测量。裂缝的走向、数量及形态应详细标注在墙体的立面图或砖柱展开图上，进而分析产生裂缝的原因并评价其对强度的影响程度。

2. 砌块与砂浆材料强度的检测

砌体承载力取决于砌块、砂浆的强度及砌筑质量。因此，在现场对砌块和砂浆强度进行检测是十分必要的。

（1）砌块强度的检测　砌块强度的检测通常可从砌体上取样，清理干净后，按常规方法进行试验。抗压强度试验时，取五块砖，将砖样锯成两个半砖（每个半砖长度不小于100mm），放入室温下的净水中浸10～30min，取出，以断口方向相反叠放，中间用净水泥砂浆粘牢，上下面用水泥砂浆抹平，养护3d后进行压力试验。加荷前测量试件两个半砖叠合部分的面积A，加荷至破坏，若破坏荷载为P，则抗压强度

$$f_c = P/A \tag{3-4}$$

另取五块做抗折试验，可在抗折活动架上进行。滚轴支座置于条砖长边向内20mm，加荷滚轴应平行于支座，且位于支座的中间$L/2$处，加载前测得砖宽b，厚h，支承距L。加荷破坏荷载为P，则抗折强度为

$$f_\tau = \frac{3PL}{2bh^2} \tag{3-5}$$

（2）回弹法测砂浆强度　检测砌筑砂浆强度有推出法、筒压法、砂浆片剪切法、回弹法、点荷法以及射钉法等，各方法的特点、性质及限制条件列于表3-1中，这里仅介绍回弹法。

表3-1　砂浆强度检测方法一览表

序号	检测方法	特　点	用　途	限制条件
1	推出法	1. 属原位检测，直接在墙体上测试，测试结果综合反映了施工质量和砂浆质量； 2. 设备较轻便； 3. 检测部位局部破损	检测普通砖墙的砂浆强度	当水平灰缝的砂浆饱满度低于65%时，不宜选用
2	筒压法	1. 属取样检测； 2. 仅需利用一般混凝土试验室的常用设备； 3. 取样部位局部损伤	检测烧结普通砖墙中的砂浆强度	测点数量不宜太多
3	砂浆片剪切法	1. 属取样检测； 2. 专用的砂浆测强仪和其标定仪，较为轻便； 3. 试验工作较简便； 4. 取样部位局部损伤	检测烧结普通砖墙中的砂浆强度	—
4	回弹法	1. 属原位无损检测，测区选择不受限制； 2. 回弹仪有定型产品，性能较稳定，操作简便； 3. 检测部位的装修面层仅局部损伤	1. 检测烧结普通砖墙体中的砂浆强度； 2. 适用于砂浆强度均质性普查	砂浆强度不应小于2MPa

（续）

序号	检测方法	特　点	用　途	限制条件
5	点荷法	1. 属取样检测； 2. 试验工作较简便； 3. 取样部位局部损伤	检测烧结普通砖墙中的砂浆强度	砂浆强度不应小于2MPa
6	射钉法	1. 属原位无损检测，测区选择不受限制； 2. 射钉枪、子弹、射钉有配套定型产品，设备较轻便； 3. 墙体装修面层仅局部损伤	烧结普通砖和多孔砖砌体中，砂浆强度均质性普查	1. 定量推定砂浆强度，宜与其他检测方法配合使用； 2. 砂浆强度不应小于2MPa； 3. 检测前，需要用标准靶检校

回弹法适用于推定普通砖砌体中的砌筑砂浆强度。检测时，应用砂浆回弹仪测试砂浆表面硬度，用酚酞试剂测试砂浆碳化深度，以此两项指标换算为砂浆强度。测位宜选在承重墙的可测面上，并避开门窗洞口及预埋件附近的墙体。墙面上每个测位的面积宜大于$0.3m^2$。本方法不适用于推定高温、长期浸水、化学侵蚀、火灾等情况下的砂浆抗压强度。砂浆回弹仪应每半年校验一次。在工程检测前后，均应在钢砧上对回弹仪做率定试验。

试验步骤：

1）测位处的粉刷层、勾缝砂浆、污物等应清除干净；弹击点处的砂浆表面应仔细打磨平整，并除去浮灰。

2）每个测位内均匀布置12个弹击点。选定弹击点应避开砖的边缘、气孔或松动的砂浆。相邻两弹击点的间距不应小于20mm。

3）在每个弹击点上，使用回弹仪连续弹击5次，第1、2次不读数，仅记读第3、4、5次的回弹值，精确至1个刻度。同时将弹击点击出的小圆坑的坑深量出，准确到0.1mm。测试过程中，回弹仪应始终处于水平状态，其轴线应垂直于砂浆表面，且不得移位。

4）在每一测位内，选择1～3处灰缝，用游标卡尺和1%的酚酞试剂测量砂浆碳化深度，读数应精确至0.5mm。

试验完毕后，由回弹值N及坑的深度d，即可根据预先标定过的有关图表查出砂浆的强度。

3. 砌体强度的检测

按测试内容采用不同的方法。GB/T 50315—2011《砌体工程现场检测技术标准》给出了各方法的特点、性质及限制条件，见表3-2。实际工程中，可根据检测目的、设备及环境条件等选用。检测砌体抗压强度常用原位轴压法、扁顶法；检测砌体抗剪强度常用原位单剪法、原位单砖双剪法；检测砌体工作应力、弹性模量用扁顶法。

表3-2　砌体强度检测方法一览表

序号	检测方法	特　点	用　途	限制条件
1	轴压法	1. 属原位检测，直接在墙体上测试，测试结果综合反映了材料质量和施工质量； 2. 直观性、可比性强； 3. 设备较重； 4. 检测部位局部破损	检测普通砖砌体的抗压强度	1. 槽间砌体每侧的墙体宽度应不小于1.5m； 2. 同一墙体上的测点数量不宜多于1个，测点数量不宜太多； 3. 限用于240砖墙

（续）

序号	检测方法	特　点	用　途	限制条件
2	扁顶法	1. 属原位检测，直接在墙体上测试，测试结果综合反映了材料质量和施工质量； 2. 直观性、可比性较强； 3. 扁顶重复使用率较低； 4. 砌体强度较高或轴向变形较大时，难以测出抗压强度； 5. 设备较轻； 6. 检测部位局部破损	1. 检测普通砖砌体的抗压强度； 2. 测试古建筑和重要建筑的实际应力； 3. 测试具体工程的砌体弹性模量	1. 槽间砌体每侧的墙体宽度不应小于1.5m； 2. 同一墙体上的测点数量不宜多于1个测点数量不宜太多
3	原位单剪法	1. 属原位检测，直接在墙体上测试，测试结果综合反映了施工质量和砂浆质量； 2. 直观性强； 3. 检测部位局部破损	检测名种砌体的抗剪强度	1. 测点选在窗下墙部位，且承受反作用力的墙体应有足够长度； 2. 测点数量不宜太多
4	原位单砖双剪法	1. 属原位检测，直接在墙体上测试，测试结果综合反映了施工质量和砂浆质量； 2. 直观性较强； 3. 设备较轻便； 4. 检测部位局部破损	检测烧结普通砖砌体的抗剪强度，其他墙体应经试验确定有关换算系数	当砂浆强度低于5MPa时，误差较大

（1）原位轴压法测抗压强度　本方法适用于推定普通砖砌体的抗压强度。检测时，在墙体上开凿两条水平槽孔，安放原位压力机。原位压力机由手动油泵、扁式千斤顶、反力平衡架等组成，其工作状况如图3-5所示。

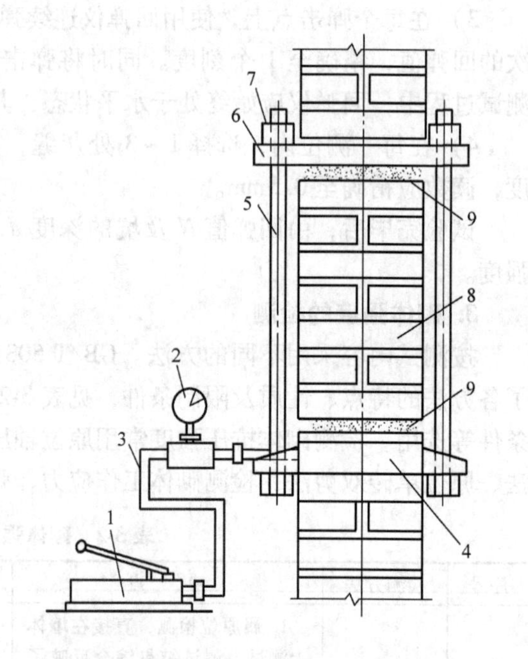

图3-5　原位压力机测试工作状况

1—手动油泵　2—压力表　3—高压油管　4—扁式千斤顶　5—拉杆（共4根）　6—反力板　7—螺母　8—槽间砌体　9—砂垫层

测试部位应具有代表性，并应符合下列规定：①测试部位宜选在墙体中部距地面1m左右的高度处，槽间砌体每侧的墙体宽度不应小于1.5m；②同一墙体上，测点不宜多于1个，且宜选在沿墙体长度的中间部位，多于1个时，其水平净距不得小于2.0m；③测试部位不得选在挑梁下、应力集中部位以及墙梁的墙体计算高度范围内。

试验步骤：

1）在测点上开凿水平槽孔时，应遵守下列规定：

① 上、下水平槽的尺寸应符合表3-3的要求。

表3-3　水平槽尺寸

名　称	长度/mm	厚度/mm	高度/mm	适用机型
上水平槽	250	240	70	—
下水平槽	250	240	70	450
	250	240	140	600

② 上下水平槽孔应对齐，两槽之间应相距7皮砖。

③ 开槽时，应避免扰动四周的砌体；槽间砌体的承压面应修平整。

2）在槽孔间安放原位压力机时，应符合下列规定：

① 在上槽内的下表面和扁式千斤顶的顶面，应分别均匀铺设湿细砂或石膏等材料的垫层，垫层厚度可取10mm。

② 将反力板置于上槽孔，扁式千斤顶置于下槽孔，安放四根钢拉杆，使两个承压板上下对齐后，拧紧螺母并调整其平行度；四根钢拉杆的上下螺母间的净距误差不应大于2mm。

③ 正式测试前，应进行试加荷载试验，试加荷载值可取预估破坏荷载的10%。检查测试系统的灵活性和可靠性，以及上下压板和砌体受压面接触是否均匀密实。经试加荷载，测试系统正常后卸荷，开始正式测试。

3）正式测试时，应分级加荷。每级荷载可取预估破坏荷载的10%，并应在1～1.5min内均匀加完，然后恒载2min。加荷至预估破坏荷载的80%后，应按原定加荷速度连续加荷，直至槽间砌体破坏。当槽间砌体裂缝急剧扩展和增多，油压表的指针明显回退时，槽间砌体达到极限状态。

4）试验过程中，如发现上下压板与砌体承压面因接触不良，致使槽间砌体呈局部受压或偏心受压状态时，应停止试验。此时应调整试验装置，重新试验，无法调整时应更换测点。

5）试验过程中，应仔细观察槽间砌体初始裂缝与裂缝开展情况，并记录逐级荷载下的油压表读数、测点位置、裂缝随荷载变化情况简图等。

试验完毕后，按下式进行数据分析

$$f_m=\frac{N}{A\xi_1} \tag{3-6}$$

式中　f_m——砌体抗压强度的推定值（MPa）；

A——受压砌体截面积（mm^2）；

N——试验的破坏荷载（N）；

ξ_1——强度换算系数，$\xi_1=1.36+0.54\sigma_0$，σ_0为被测试砌体上部结构引起的压应力值（MPa），可按实际承受的荷载标准值计算。

（2）顶出法测抗剪强度　这是一种原位测定法。选择门、窗洞口作为测区，在试验区取L（370～490mm）长一段，两边凿通、齐平，受力支承面要加钢垫板齐平，加压面坐浆找平，如图3-6所示。

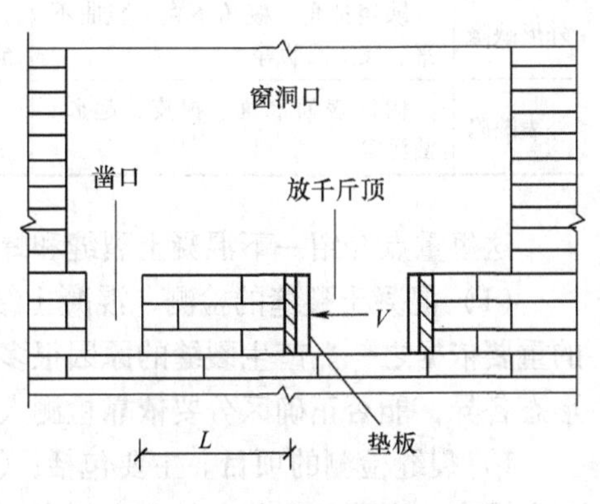

图3-6　顶出法测抗剪强度

实验时用千斤顶逐步施加推力，此推力就是砌体试件受力面的剪力。若砌体破坏时的剪力为V，被推出部分的受剪面积为A，则该砌体的抗剪强度的平均值为

$$f_{V,\mathrm{m}} = V/A \tag{3-7}$$

用于设计的抗剪强度指标，应按下式推算

$$f = f_{V,\mathrm{m}}(1-1.645\delta_{\mathrm{f}})/\gamma_{\mathrm{f}} \tag{3-8}$$

对砌体结构抗压强度可取变异系数$\delta_{\mathrm{f}}=0.17$，材料分项系数$\gamma_{\mathrm{f}}=1.5$；对砌体抗剪强度则可取$\delta_{\mathrm{f}}=0.20$，$\gamma_{\mathrm{f}}=1.5$。

3.2.3 混凝土结构的检测

钢筋混凝土结构构件的检测，主要测定混凝土的强度、钢筋的位置与数量、混凝土裂缝、混凝土的外观质量与内部缺陷等。

1. 混凝土外观质量与缺陷检测

GB 50204—2011《混凝土结构工程施工质量验收规范》根据现浇混凝土结构的外观质量缺陷对结构性能和使用功能影响的严重程度，将其分为严重缺陷和一般缺陷，见表3-4。

表3-4 现浇结构外观质量缺陷

名 称	现 象	严重缺陷	一般缺陷
露筋	构件内钢筋未被混凝土包裹而外露	纵向受力钢筋有露筋	其他钢筋有少量露筋
蜂窝	混凝土表面缺少水泥砂浆而形成石子外露	构件主要受力部位有蜂窝	其他部位有少量蜂窝
孔洞	混凝土中孔穴深度和长度均超过保护层厚度	构件主要受力部位有孔洞	其他部位有少量孔洞
夹渣	混凝土中夹有杂物且深度超过保护层厚度	构件主要受力部位有夹渣	其他部位有少量夹渣
疏松	混凝土中局部不密实	构件主要受力部位有疏松	其他部位有少量疏松
裂缝	缝隙从混凝土表面延伸至混凝土内部	构件主要受力部位有影响结构性能或使用功能的裂缝	其他部位有少量不影响结构性能或使用功能的裂缝
连接部位缺陷	构件连接处混凝土缺陷及连接钢筋、连接件松动	连接部位有影响结构传力性能的缺陷	连接部位有基本不影响结构传力性能的缺陷
外形缺陷	缺棱掉角、棱角不直、翘曲不平、飞边凸肋等	清水混凝土构件有影响使用功能或装饰效果的外形缺陷	其他混凝土构件有不影响使用功能的外形缺陷
外表缺陷	构件表面麻面、掉皮、起砂、沾污等	具有重要装饰效果的清水混凝土构件有外表缺陷	其他混凝土构件有不影响使用功能的外表缺陷

这里重点介绍一下混凝土裂缝和蜂窝面积的测定方法。

（1）混凝土裂缝的检测　混凝土结构裂缝的检测是判断结构受力状态和预测剩余寿命的重要依据之一。产生裂缝的原因很多，大致可分为受力裂缝和非受力裂缝两大类。裂缝的形态各异，能否正确区分要依靠检测人员的理论知识水平和工程经验的丰富程度。

1）裂缝检测的项目。主要包括：①裂缝的部位、数量和分布状态；②裂缝的宽度、长度和深度，裂缝的形状，如上宽下窄、下宽上窄、中间宽两端窄、八字形、网状形、集中宽

缝形等；③裂缝的走向，如斜向、纵向、沿钢筋向、是否还在发展等；④裂缝是否贯通、是否有析出物、是否引起混凝土剥落等。

2）检测方法。裂缝长度可用钢尺或直尺量。宽度可用电子裂缝检测仪、裂缝宽度对比卡或20倍的刻度放大镜测定。裂缝深度可用细钢丝或塞尺探测，也可用注射器注入有色液体，待干燥后凿开混凝土观测。

（2）蜂窝面积测定　蜂窝处砂浆少、石子多，严重影响混凝土强度。蜂窝面积可用钢尺、直尺或百格网进行测量，以蜂窝面积占总面积的百分比计。

2. 尺寸与偏差检测

现浇结构和混凝土设备基础拆模后的尺寸偏差应符合表3-5和表3-6的规定。

表3-5　现浇混凝土结构尺寸允许偏差和检验方法

项　目			允许偏差/mm	检验方法
轴线位置	基础		15	钢尺检查
	独立基础		10	
	墙、柱、梁		8	
	剪力墙		5	
垂直度	层高	≤5m	8	经纬仪或吊线、钢尺检查
		>5m	10	经纬仪或吊线、钢尺检查
	全高（H）		H/1000且≤30	经纬仪、钢尺检查
标高	层高		±10	水准仪或拉线、钢尺检查
	全高		±30	
截面尺寸			+8，-5	钢尺检查
电梯井	井筒长、宽对定位中心线		+25，0	钢尺检查
	井筒全高（H）垂直度		H/1000且≤30	经纬仪、钢尺检查
表面平整度			8	2m靠尺和塞尺检查
预埋设施中心线位置	预埋件		10	钢尺检查
	预埋螺栓		5	
	预埋管		3	
预留洞中心线位置			15	钢尺检查

注：检查轴线、中心线位置时，应沿纵、横两个方向量测，并取其中的较大值。

表3-6　混凝土设备基础尺寸允许偏差和检验方法

项　目		允许偏差/mm	检验方法
坐标位置		20	钢尺检查
不同平面的标高		0、-20	水准仪或拉线、钢尺检查
平面外形尺寸		±20	钢尺检查
凸台上平面外形尺寸		0、-20	钢尺检查
凹穴尺寸		+20、0	钢尺检查
平面水平度	每米	5	水平尺、塞尺检查
	全长	10	水准仪或拉线、钢尺检查

（续）

项目		允许偏差/mm	检验方法
垂直度	每米	5	经纬仪或吊线、钢尺检查
	全高	10	
预埋地脚螺栓	标高（顶部）	+20、0	水准仪或拉线、钢尺检查
	中心距	±2	钢尺检查
预埋地脚螺栓孔	中心线位置	10	钢尺检查
	深度	+20、0	钢尺检查
	孔垂直度	10	吊线、钢尺检查
预埋活动地脚螺栓锚板	标高	+20、0	水准仪或拉线、钢尺检查
	中心线位置	5	钢尺检查
	带槽锚板平整度	5	钢尺、塞尺检查
	带螺纹孔锚板平整度	2	钢尺、塞尺检查

注：检查坐标、中心线位置时，应沿纵、横两个方向量测，并取其中的较大值。

检查数量：按楼层、结构缝或施工段划分检验批。在同一检验批内，对梁、柱和独立基础，应抽查构件数量的10%，且不少于3件；对墙和板，应按有代表性的自然间抽查10%，且不少于3间；对大空间结构，墙可按相邻轴线间高度5m左右划分检查面，板可按纵、横轴线划分检查面，抽查10%，且均不少于3面；对电梯井，应全数检查。对设备基础，应全数检查。

3. 混凝土强度无损检测

混凝土强度无损检测主要有回弹法、超声回弹法、钻芯法、后装拔出法和超声法。

（1）回弹法　回弹法直接在原状混凝土表面上测试，仪器操作简便，测试结果直观，检测部位无破损，但不适用于表层与内部质量有明显差异或内部存在缺陷的构件检测。它是根据混凝土硬度和碳化深度来推定混凝土抗压强度的。回弹法的适用温度为－4～40℃；适用龄期范围是14～1000天，长龄期应采用钻芯法修正。

回弹法进行检测时，应遵守JGJ/T 23—2011《回弹法检测混凝土抗压强度技术规程》的规定。回弹仪测区面积一般为200mm×200mm，应测取16个点的回弹值，分别剔除3个偏大值与3个偏小值，取中间10个点的回弹值平均值作为测定值。测区表面应清洁、平整、干燥，避开蜂窝麻面。当表面有饰面层、杂物、油垢时，应该除去或避开。回弹仪还应该避免钢筋密集区。如构件体积小、刚度差或测试部位混凝土厚度小于100mm的薄壁、小型构件，因弹击时易产生颤动，故应固定后再测试，否则影响精度。

混凝土表面碳化深度对强度测定有较大影响，故应对回弹值进行碳化深度修正。在回弹仪回弹测量完毕后，应在有代表性的位置上测量碳化深度值，测点数不应少于构件测区数的30%。选好点后可在表面形成直径约15mm的孔洞，深度略大于混凝土的碳化深度，然后除去孔洞中的粉末和碎屑（不可用液体冲洗），并立即用1%～2%的酚酞酒精溶液滴在孔洞内壁的边缘处，未碳化部分的混凝土会变为紫红色，当已碳化与未碳化界线清楚时，应采用碳化深度测量仪测量已碳化与未碳化混凝土交界面到混凝土表面的垂直距离，并应测量3次，每次读数精确至0.25mm。应将三次测量的平均值作为检测结果，并应精确至0.5mm。如钻孔、清孔有困难时，也可从测区混凝土表面凿取一小块混凝土，然后劈开（劈开面与表面垂直），并立即在断面上涂上1% ~2%的酚酞酒精溶液，用碳化深度测量仪测量碳化深度。测量多处后取平均值。若$L \leqslant 0.4$mm，可按未碳化处理。当碳化深度值极差大于2.0mm时，应在每一测区测量碳化深度值。

此外，如混凝土的测试面不是侧面，而是上表面或底面，则也应修正。检测时回弹仪处于非水平状态检测混凝土浇筑侧面时，测区的平均回弹值应修正。

混凝土强度的推测。根据平均回弹值N及回弹值修正，由回弹值与混凝土强度的关系曲线（称为测强曲线）即可查得混凝土的强度。根据使用条件和范围的不同，有统一测强曲线、地区测强曲线和专用测强曲线三类，应用回弹法时应优先选用地区的或专用的测强曲线。

（2）超声法　超声法属无损检测，使用方便，适用范围广，测试结果综合反映了施工质量，参数判读较直观，能推定混凝土内部空洞、不密实区、裂缝深度、损伤层厚度、新老混凝土结合面质量及混凝土匀质性等。但应注意，测试面应修理平整，测试时应尽量避开钢筋。

（3）超声回弹综合法　回弹法只是反映混凝土表面的质量情况，对疏松、孔洞、裂缝等内部缺陷则无任何反映。混凝土的整体强度是与内部缺陷的大小、分布密切相关的，因此使用回弹仪有一定的局限性。用超声波法测强时，其声速与混凝土的密实度、均质性及内部缺陷均有密切关系，但它对水泥品种、养护方法等误差较大，因此采用超声回弹综合法测强，可以取长补短，较全面地评述混凝土质量，抵消或减少一些因素的不利影响，提高其精确度。中国工程建设标准化协会已颁布了CECS 02：2005《超声回弹综合法检测混凝土强度技术规程》，使用时分别按回弹法和超声法测出测区的回弹值R_a和声速值v_a，然后查专用或地区的超声回弹综合法测强曲线，求得强度换算值。

超声回弹综合法是根据混凝土硬度和密实性来推定混凝土抗压强度的，比单一法精度高，一般误差在12%左右，影响因素显著减少，是现场混凝土强度检测的方便、可靠、费用低的非破损检测方法。该法适用于混凝土龄期范围为28 ~730天，否则应采用钻芯法修正；不适用于遭受冻害、化学侵蚀、火灾、高温损伤或厚度小于100mm的构件。

4. 混凝土强度的局部破损法检测

（1）钻芯法　钻芯法是使用专门的钻芯机在混凝土构件上钻取圆柱形芯样，经过适当加工后在压力试验机上直接测定其抗压强度的一种局部破损检测方法，适用于龄期不小于28天的混凝土。钻芯法非常直观、准确，在事故质量评判中也更能令人信服，因而受到重视。由于取芯数量不能很多，因而这种方法也常结合非破损方法同时应用，它可修正非破损方法的精度，且取芯数目可以适当减少。

取芯直径常在100mm左右，只要布置适当，并修补及时，一般不会影响原构件的承载力。故取芯后留下的圆孔应及时修补，一般可用合成树脂为胶结材料的豆石混凝土，或用微膨胀水泥混凝土填补。填补前应细心清除孔中的污物及碎屑，用水湿润。修补后要细心养护。

钻芯法有局部破损，在使用中也受到一定限制。单个构件抽取芯样不宜超过3个。对预应力构件，一般不允许钻取芯样以确保结构的安全。另外，对于低强度（如小于C10）的混凝土，因取样后外表面粗糙，芯样难以修整得符合要求，因而一般也不用钻芯法测其强度。

对于小截面构件，钻芯直径尺寸超过构件尺寸一半，则易危及安全，也不宜采用。

试样制取、取芯的部位应注意以下几点：

1）取芯部位应选择结构受力面小、对结构承载力影响小的部位。在结构的控制截面、应力集中区、构件接头和边缘处等，一般不宜取芯。

2）取芯部位应避开构件中的钢筋和预埋件，特别是受力主筋。

3）作为强度试验用的芯样，不应在混凝土有缺陷的部位（如裂缝、蜂窝、疏松区）钻取。

4）取样应注意代表性。在构件上钻取芯样后要经过切割、端部磨平等工艺加工成试件。试件直径一般要大于混凝土集料最大粒径的2~3倍，高度为直径的1~2倍。建筑结构梁、柱、剪力墙的混凝土集料最大粒径一般在40mm以下，故可加工成 $D \times H = 100\text{mm} \times 100\text{mm}$ 的圆柱体试件。我国混凝土标准试块为150mm×150mm×150mm的立方体，尺寸不同时，测定强度值会有差异，应予修正，见表3-7。试验表明，如果直径为100mm或150mm，而D：H=1：1的芯样试件之抗压强度与标准立方体强度相当，因而可以不用修正，直接用芯样的抗压强度作为混凝土立方体强度。

表3-7　芯样试件混凝土强度换算系数

高径比（H/D）	1.0	1.1	1.2	1.3	1.4	1.5	1.6	1.7	1.8	1.9	2.0
系数（α）	1.00	1.04	1.07	1.10	1.13	1.15	1.17	1.19	1.21	1.22	1.24

（2）后装拔出法　后装拔出法的测试精度高，使用方便，适用范围广，检测部位微破损。该法根据埋件的抗拔力来推定抗压强度，被检测混凝土强度不能小于10MPa，适用于龄期不小于28天的混凝土。

5. 混凝土内部缺陷的检测

混凝土内部缺陷的探测方法有声脉冲法和射线法两大类。射线法是运用X射线、γ射线透射混凝土，然后照相分析。这种方法穿透能力有限，在使用中需要解决人体防护的问题，在我国很少采用。声脉冲法有超声波法、声发射法等。其中超声波法技术比较成熟，在我国应用较广。

（1）缺陷位置的检测　声速值在均匀的混凝土中是比较一致的，遇到有孔洞等缺陷时，根据超声波经孔隙而变小的原理，依据声时、声速、声波衰减量、声频变化等参数的测量结果对混凝土缺陷进行评判。首先对质量有怀疑的部位，以较大的间距（如300mm）划出网格，称为一级网络，测定网格交叉点处的声时值。然后在声速变化较大的区域，以较小的间距（如100mm）划出二级网络，再测定网格点处的声速。将具有数值较大声速的点（或异常点）连接起来，则该区域即可初步定为缺陷区，如图3-7所示。

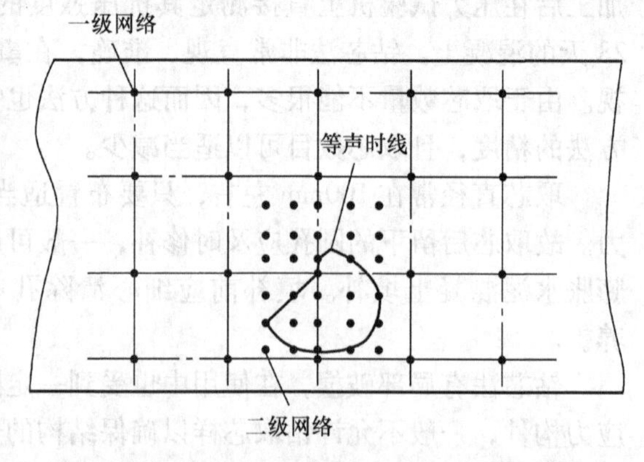

图3-7　用超声波法测内部缺陷时的网络布置

然后，根据声速值的变化可以判断缺陷的存在。先在其缺陷附近测得声时最长的点，然后用探头在构件两边测得声时最长的点，

其连线应与构件垂直并通过声时最长点，如图3-8所示。缺陷的横向尺寸d按下式计算

$$d = D + L\sqrt{\left(\frac{t_2}{t_1}\right)^2 - 1} \tag{3-9}$$

式中　L——两探头间距离；

t_2——超声脉冲探头在缺陷中心时的声时值；

t_1——按相同方式在无缺陷区测得的声时值；

D——探头直径。

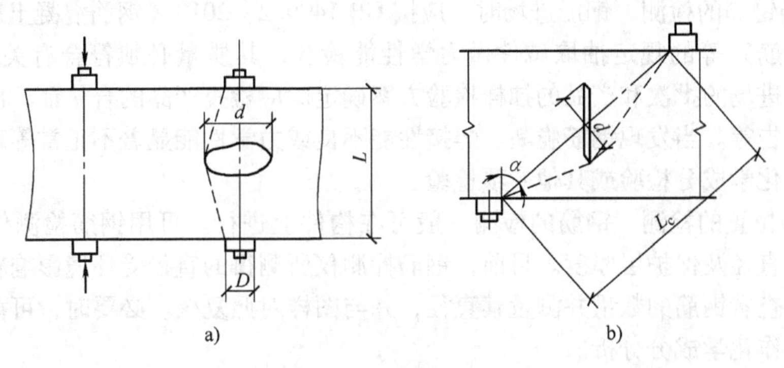

图3-8　内部孔洞尺寸探测法

a）内部孔洞尺寸的对测法　b）内部孔洞尺寸的斜测法

（2）裂缝深度的检测　对于开口而又垂直于构件表面的裂缝，可按图3-9a所示测量。首先将探头放在同一构件无裂缝位置，测得其声时值t_0；然后将探头置于裂缝两边，测出其声时值t_1。测t_0及t_1时应保持探头间距离l相同。裂缝深度h可按下式计算

$$h = \frac{l}{2}\sqrt{\left(\frac{t_1}{t_0}\right)^2 - 1} \tag{3-10}$$

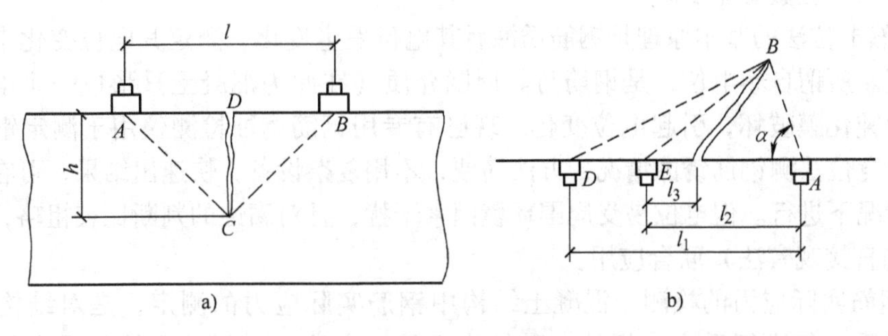

图3-9　裂缝深度探测

a）平测法探测裂缝深度的探头等距布置法　b）斜裂缝的探测

需注意的是，$l/2$与h相近时，测量效果较好；应避开钢筋，一般探头距离钢筋轴线1.5h为好。

如为开口斜裂缝，则可按图3-9b布置。测试时首先在裂缝附近测得混凝土的平均声速v，然后将一探头置于A，另一探头跨过裂缝，先置于D，量得$AD = l_1$，测得ABD的声时为t_2；再置于E，量得$AE = l_2$，测得ABE的声时为t_1；E离裂缝边的距离为l_3。则有方程

$$(AB)+(BE)=t_1v$$
$$(AB)+(BD)=t_2v \tag{3-11}$$
$$(BE)^2=(AB)^2+l_2^2-2(AB)l_2\cos\alpha$$
$$(BD)^2=(AB)^2+l_1^2-2(AB)l_1\cos\alpha$$

式中：v、t_1、t_2、l_1、l_2 均为测得值，代入后即可解出 AB、BE 及 BD 值，从而确定裂缝深度。

6. 钢筋的检测

（1）进场钢筋的检测　钢筋进场时，应按 GB 1499.2—2013《钢筋混凝土用钢　第2部分：热轧带钢筋》等的规定抽取试件做力学性能检验，其质量必须符合有关标准的规定。检查数量应由进场的批次和产品的抽样检验方案确定。应检查产品的合格证、出厂检验报告和进场复验报告等。当发现钢筋脆断、焊接性能不良或力学性能显著不正常等现象时，应对该批钢筋进行化学成分检验或其他专项检验。

（2）钢筋位置的检测　钢筋的检测一般可在构件上进行。可用钢筋检测仪测量钢筋的位置、数量、直径及保护层厚度。目前，钢筋检测仪所测得的直径受环境影响较大，一般是凿去保护层，查看钢筋的数量并测量其直径，并与图样对照复核。必要时，可截取钢筋做强度试验，甚至作化学成分分析。

（3）钢筋锈蚀程度的检测　混凝土结构中的钢筋发生锈蚀使得钢筋有效截面积减小、体积增大，从而导致混凝土膨胀、剥落，钢筋与混凝土的握裹力及承载力降低，直接影响到混凝土的结构安全性及耐久性。钢筋的锈蚀程度和锈蚀速度与混凝土质量、保护层厚度、受力状况及环境条件有关。对锈蚀程度的检测方法主要有直接观测法与自然电位测量法两种，还有不少非破损检测方法正在研究或试用中。

1）直接观察法是在构件表面凿去局部保护层，将钢筋暴露出来，直接观察、测量钢筋的锈蚀程度，主要是量测锈蚀层的厚度和剩余钢筋面积。这种方法直观、可靠，但要破坏构件表面，一般不宜做得太多。

2）自然电位法的基本原理是钢筋锈蚀后其电位发生变化，测定其电位变化来推断钢筋的锈蚀程度。所谓自然电位，是钢筋与其周围介质（在此为混凝土）形成一个电位，锈蚀后钢筋表面钝化膜破坏，引起电位变化。现已有专用钢筋锈蚀检测仪用于测定钢筋锈蚀程度。用自然电位法测钢筋锈蚀情况，方法简便，不用复杂设备，快速出结果，可在不影响正常生产的情况下进行。但电位易受周围环境因素干扰，且对腐蚀的判断比较粗略，故常与其他方法（如直接观察法）联合应用。

（4）钢筋实际应力的检测　混凝土结构中钢筋实际应力的测定，是对结构进行承载力判断和对受力筋进行受力分析的一种较为直接的方法。一般选取构件受力最大的部位作为钢筋应力测试的部位，因为此部位的钢筋实际应力反映了该构件的承载力情况。测定步骤：

1）凿除保护层、粘贴应变片。在所选部位将被测钢筋的保护层凿掉，使钢筋表层清洁并粘贴好测定钢筋应变的应变片，如图 3-10 所示。

2）削磨钢筋面积，量测钢筋应变。在与应变片相对的一侧用削磨的方法使被测钢筋的面积减小，然后用游标卡尺量测其减小量，同时用应变记录仪记录钢筋因面积变小而获得的应变增量 $\Delta\varepsilon_s$。

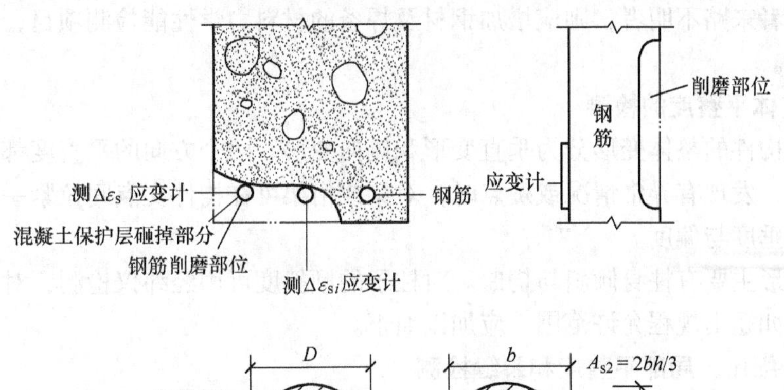

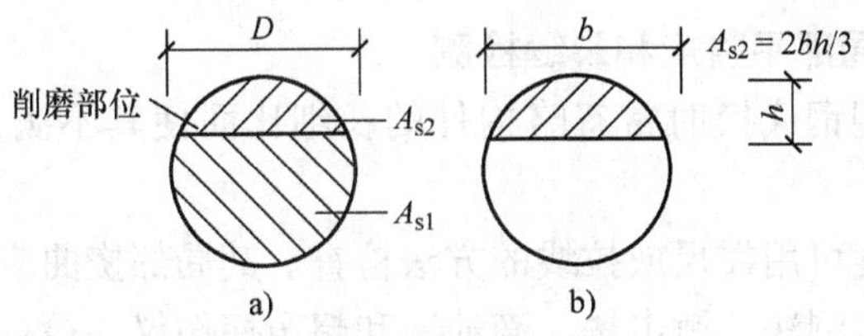

图3-10 磨削法测钢筋应力

3）钢筋实际应力σ_s，可近似按下式计算

$$\sigma_s=\frac{\Delta\varepsilon_s E_s A_{s1}}{A_{s2}}+E_s\frac{\sum_1^n \Delta\varepsilon_{si}A_{si}}{\sum_1^n A_{si}} \tag{3-12}$$

式中 $\Delta\varepsilon_s$——被削磨钢筋的应变增量；

$\Delta\varepsilon_{si}$——构件上被测钢筋邻近处第i根钢筋的应变增量；

E_s——钢筋弹性模量；

A_{s1}——被测钢筋削磨后的截面积（图3-10a）；

A_{s2}——被测钢筋削磨掉的截面积（图3-10b）；

A_{si}——构件上被测钢筋邻近处第i根钢筋的截面积。

4）重复测试，得到理想结果：重复2）、3）步骤。当两次削磨后得到的应力值σ_s很接近时，便可停止削磨测试，将此时的σ_s值作为钢筋最终要求的实际应力值。

测试中应注意，经削磨减小后的钢筋直径不宜小于$2d/3$（d为钢筋的原直径）。削磨钢筋应分2～4次进行，每次都要记录钢筋截面积减小量和钢筋削磨部位的应变增量。钢筋的削磨面要平滑。削磨后的钢筋面积应使用游标卡尺测量。削磨时，因摩擦将使被削钢筋温度升高而影响应变读数。一定要等到钢筋削磨面的温度与大气温度相同时，方可记录应变仪读数。测试后的构件应进行补强，可用ϕ20，$l=200$mm的短钢筋焊接到被削磨钢筋的受损处，并用比构件强度等级高一级的细石混凝土补齐保护层。

3.2.4 钢结构的检测

钢结构中，如构件的钢材由正规钢厂出厂并具有合格证明，则材料的强度及化学成分一般是可以保证的。检测的重点应放在加工、运输、安装过程中产生的偏差与失误上。主要内容有：外观平整度的检测，构件长细比、平整度及损伤的检测，连接的检测。当钢材无出厂合格证明，或者来路不明者，则应增加钢材及焊条的材料力学性能检测项目，必要时再检测其他化学成分。

1. 构件整体平整度的检测

梁和桁架构件的整体变形分为垂直变形和侧向变形，两个方向的平直度都要检测。检查时，可先目测，发现有异常情况或疑点时，对梁或桁架可在构件支点间拉紧一根细钢丝，然后测量各点的垂度与偏度。

柱子的变形主要有柱身倾斜与挠曲。对柱子的倾斜度可用经纬仪检测；对挠曲度可用吊线坠法测量。如超出规程允许范围，应加以纠正。

2. 构件长细比、局部平整度和裂缝检测

施工中构件截面型钢代换时常忽略构件的长细比而使其不满足要求，应在检查时重点复核。

构件的局部平整度可用靠尺或拉线的方法检查。其局部挠曲应控制在允许范围内。

构件的裂缝可用目测法、锤击法、滴油法和超声探伤仪法检查。锤击法是用包有橡胶的木锤轻轻敲击构件各部分，如声音不脆，传音不匀，有突然中断等异常情况，则必有裂缝。滴油法是在用十倍放大镜检查怀疑有裂缝时的检查方法：无裂缝时，油成圆弧形扩散；有裂纹时，油会渗入裂隙呈直线状伸展。超声探伤仪法的原理和方法与检查混凝土时相仿，这里不再赘述。

3. 连接的检测

连接事故在钢结构事故中较常见，应将连接作为重点对象进行检查。

对连接板的检查包括：检测连接板尺寸（尤其是厚度）是否符合要求；用直尺作为靠尺检查其平整度；测量因螺栓孔等造成的实际尺寸的减少；检测有无裂缝、局部缺损等损伤。

对于螺栓连接，可用目测与锤击相结合方法检查，并用示功扳手（带有声、光指示的扳手）检查：当示功扳手达到一定的力矩时，校核其拧紧度。

焊接连接应用广泛，出事故也较多，应检查其缺陷。焊缝的缺陷有裂纹、气孔、夹渣、未熔透、虚焊、咬肉、弧坑等，如图 3-11 所示。检查焊接缺陷时首先应进行外观检查，借助十倍放大镜观察，并可用小锤轻轻敲击，细听异常声响。必要时可用超声探伤仪或射线探测仪检查。

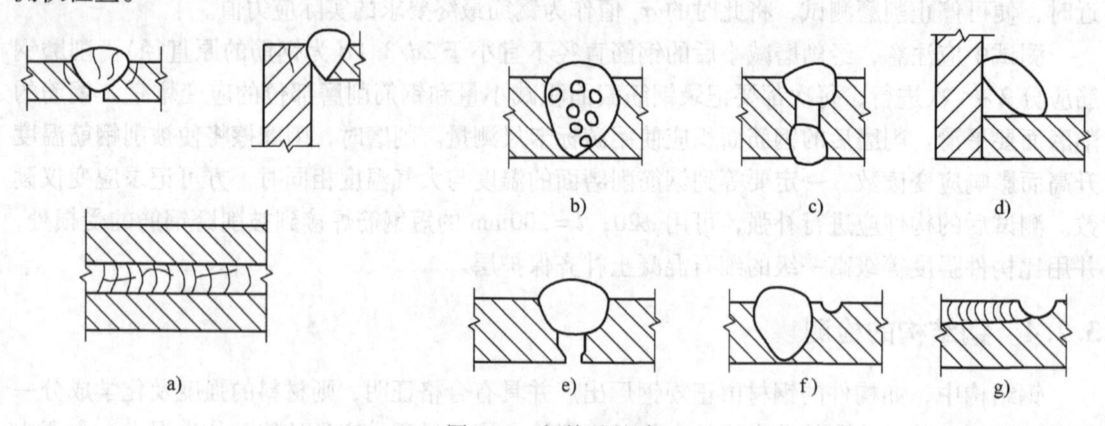

图 3-11 焊接的缺陷

a）裂纹 b）气孔 c）夹渣 d）虚焊 e）未熔透 f）咬肉 g）弧坑

GB 50205—2001《钢结构工程施工质量验收规范》对焊缝外观质量标准及尺寸允许偏差作出了明确规定：

1）二级、三级焊缝外观质量标准应符合表3-8的规定。

表3-8　二级、三级焊缝外观质量标准　　（单位：mm）

项　目	允许偏差	
缺陷类型	二级	三级
未焊满（指不足设计要求）	≤0.2+0.02t，且≤1.0	≤0.2+0.04t，且≤2.0
	每100.0焊缝内缺陷总长≤25.0	
根部收缩	≤0.2+0.02t，且≤1.0	≤0.2+0.04t，且≤2.0
	长度不限	
咬边	≤0.05t，且≤0.5；连续长度≤100.0，且焊缝两侧咬边总长≤10%焊缝全长	≤0.1t且≤1.0，长度不限
弧坑裂纹	—	允许存在个别长度≤5.0的弧坑裂纹
电弧擦伤	—	允许存在个别电弧擦伤
接头不良	缺口深度0.05t，且≤0.5	缺口深度0.1t，且≤1.0
	每1000.0焊缝不应超过1处	
表面夹渣	—	深≤0.2t；长≤0.5t，且≤20.0
表面气孔	—	每50.0焊缝长度内允许直径≤0.4t，且≤3.0的气孔2个，孔距≥6倍孔径

注：表内t为连接处较薄的板厚。

2）对接焊缝及完全熔透组合焊缝尺寸允许偏差应符合表3-9的规定。

表3-9　对接焊缝及完全熔透组合焊缝尺寸允许偏差

序　号	项　目	图　例	允许偏差/mm	
			一、二级	三级
1	对接焊缝余高C	(图：B、C)	$B<20$mm：0～3.0 $B\geqslant20$mm：0～4.0	$B<20$mm：0～4.0 $B\geqslant20$mm：0～5.0
2	对接焊缝错边d	(图：d)	$d<0.15t$，且≤2.0	$d<0.15t$，且≤3.0

3）部分焊透组合焊缝和角焊缝外形尺寸允许偏差应符合表3-10的规定。

表3-10　部分焊透组合焊缝和角焊缝外形尺寸允许偏差

序　号	项　目	图　例	允许偏差/mm
1	焊脚尺寸h_f	(图：h_f、C)	$h_f\leqslant6$mm：0～1.5 $h_f>6$mm：0～3.0
2	角焊缝余高C		$h_f\leqslant6$mm：0～1.5 $h_f>6$mm：0～3.0

注：1. $h_f>8.0$mm的角焊缝其局部焊脚尺寸允许低于设计要求值1.0mm，但总长度不得超过焊缝长度的10%；

2. 焊接H形梁腹板与翼缘板的焊缝两端在其两倍翼缘板宽度范围内，焊缝的焊脚尺寸不得低于设计值。

4. 钢结构防火涂料涂层厚度测定方法

（1）测针法　测针（厚度测量仪）由针杆和可滑动的圆盘组成，圆盘始终与针杆保持垂直，并在其上装有固定装置，圆盘直径不大于30mm，以保证完全接触被测试件的表面。如果厚度测量仪不易插入被插材料中，也可使用其他适宜的方法测试。测试时，将测厚探针（见图3-12）垂直插入防火涂层直至钢基材表面上，记录标尺读数。

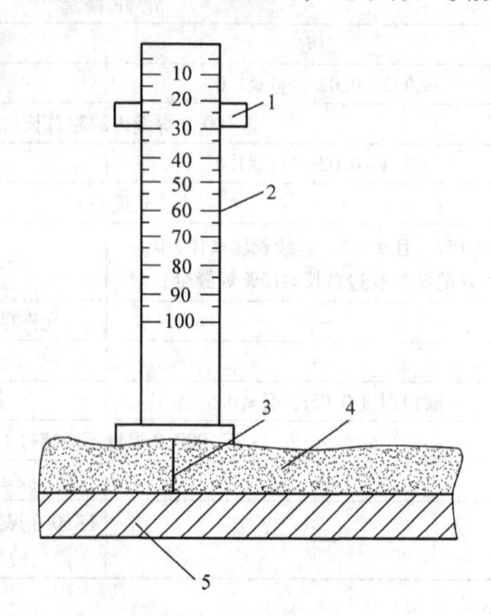

图3-12　测厚度示意图

1—标尺　2—刻度　3—测针　4—防火涂层　5—钢基材

（2）测点选定

1）楼板和防火墙的防火涂层厚度测定，可选两相邻纵、横轴线相交中的面积为一个单元，在其对角线上，按每米长度选一点进行测试。

2）全钢框架结构的梁和柱的防火涂层厚度测定，在构件长度内每隔3m取一截面，按图3-13所示位置测试。

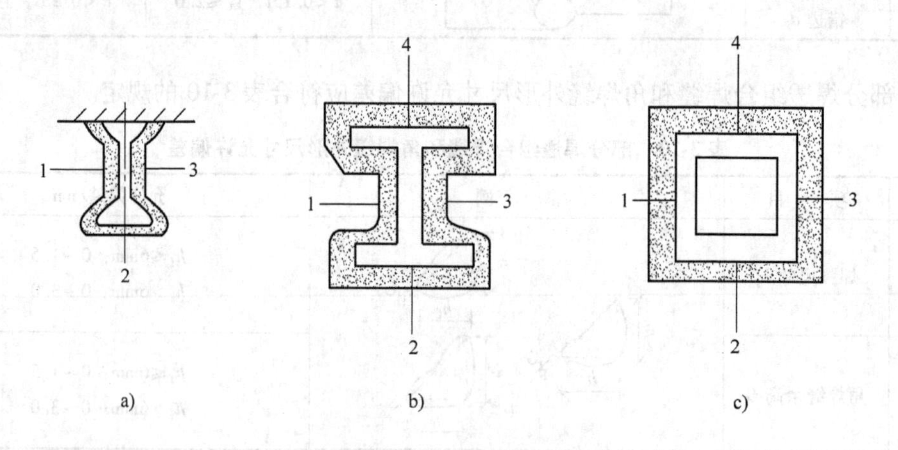

图3-13　测点示意图

a）工字形梁　b）工字形柱　c）方形柱

3）桁架结构，上弦和下弦按2）的规定每隔3m取一截面检测，其他腹杆每根取一截面检测。

（3）测量结果：对于楼板和墙面，在所选择的面积中，至少测出5个点；对于梁和柱，在所选择的位置中，分别测出6个和8个点。分别计算出它们的平均值，精确到0.5mm。

5. 结构性能检测

结构性能检测主要包括静力检测和动力检测。

结构静力性能采用静力检测，主要是检测结构构件在拉、压、弯、剪、扭单独及其组合作用下的强度及稳定性。所用设备由加载装置、传感器、观测装置、数据采集装置等组成。

结构动力性能取决于结构的材料、形式、各部分的细部构造等，很难用纯理论的方法分析，必须进行动力性能测试。动力性能测试分为动力特性测试和动力反应测试两部分。

（1）动力特性测试　动力特性主要是指结构的自振周期、振型、阻尼等动力参数。其测试方法有共振法、自由振动法、脉冲法。

1）共振法的特点是机理明确，提供参数全面，数据分析简单可靠。试验所用设备主要是激振器，常用的有机械式起振器、电动液压起振器、电磁式激振器等。

2）自由振动法测试结构的振动特性可采用荷载激励法，如突加激励、突卸激励等。常用打桩架、撞钟设备或反冲激振器施加冲击荷载。

3）脉冲法，也称为环境随机振动法。环境随机振动必然引起建筑物的随机响应，而且是一个随机过程。在测试时可利用测振传感器测量地面运动的脉源和结构的响应。将测试数据经傅里叶变换由所测时程曲线得到频谱图，再利用峰值法定出各阶频率，由半功率法得到结构阻尼。该方法实验简单，但分析处理较复杂。

（2）动力反应测试　用于结构动力反应测试的试验有结构伪静力试验、结构拟动力试验、抗震动力加载试验。

1）结构在地震作用下，以本身的变形来吸收地震能量，尤其是进入塑性状态后的变形。为了模拟这一过程，常采用静态的反复加载试验，称为伪静力试验。伪静力试验所用加载设备有液压加载设备、电液伺服加载系统。支承装置有抗侧力试验台座、反力墙，移动式抗水平反力支架等。伪静力试验在国内外的抗震试验中均被采用。

2）拟动力试验，又称伪动力试验，由计算机与加载联机试验，用计算机检测和控制整个试验过程。结构的恢复力可直接由试验中结构的位移和荷载来量测，结合输入的地震加速度记录，由计算机直接完成非线性地震响应分析。试验采用的设备有电液伺服加载器、计算机、传感器等。

3）抗震动力加载试验有人工地震加载试验，天然地震加载试验、结构模拟地震振动台试验。人工地震加载可采用地面或地下爆炸的方式使地面瞬间产生运动，然后测量爆炸影响范围内建筑物的各种动力参数。天然地震动力加载，实际上是把地震区看做是一个试验场，在地震高发区内，预先布置好各种观察设备及不同结构类型的建筑结构，于震中或震后调查结构的宏观反应。地震模拟振动台加载试验是利用振动台台面输入地震波，结构输出动力反应，借助于系统识别方法，得到结构的各种动力参数，其主要设备是振动台和数据处理系统。

思考题

1. 简述土木工程检测的基本程序。
2. 砌体结构的现场检测有哪些方法？各种方法的适用范围是什么？
3. 混凝土结构的现场检测有哪些方法？各种方法的适用范围是什么？
4. 钢结构的现场检测有哪些方法？各种方法的适用范围是什么？

第二篇

建筑工程事故分析与处理

第 4 章　砌体结构事故

砌体结构是以块材和砂浆砌筑而成的墙和柱作为主要受力构件的结构。砌体结构在我国有着悠久的历史和辉煌的纪录，有着秦砖汉瓦的美誉，留下了举世闻名的万里长城等古迹。新中国成立以来，我国砖的产量相当于世界其他各国砖产量的总和，全国基建中采用砌体做墙体材料的约占 90%，且相当一部分是建造在地震烈度为 7 度和 8 度的地震设防区。

砌体结构材料来源广泛，施工可以不用大型机械，手工操作比例大，造价相对低廉，因而广泛应用于住宅、办公楼、学校、医院等单层或多层建筑中，形成了以砖、石或砌块为墙体和钢筋混凝土楼盖组成的混合结构体系。砌体结构的力学特点是抗压强度较高，而抗弯、抗拉、抗剪强度都较低。在施工、使用过程中发生事故比较多，造成了生命财产的严重损失，所以，对事故类型和事故原因进行研究分析，有着重要的现实意义。

4.1　砌体结构事故概述

砌体结构常见的事故有砌体裂缝，砌体强度不足，砌体错位、变形，砌体局部倒塌等。引起事故的原因是多方面的，现综述如下。

1. 设计方面

1）设计马虎，不够细心。套用了未经校核的图样；与参考图样的荷载不一样而未作计算；计算时少算或漏算了荷载而导致砌体承载力不足，如再遇上施工质量不佳，常常引起房倒屋塌。

2）整体方案欠佳，承载力计算时，忽视了空旷房间等导致承载力降低的因素。一些会议室、礼堂，或企业车间，层高大、横墙少、大梁下局部压力大，如未重视有关空旷房间的严格要求，可能会造成事故。

3）虽注意了墙体总的承载力计算，但忽视了墙体高厚比和局部承压的计算。高厚比不足的墙体过于单薄，容易引起失稳破坏。支承大梁的墙体，总体上承载力可满足要求，但大梁下的砖柱、窗间墙的局部承压强度不足，如不设计梁垫或设置梁垫尺寸过小，则会引起局部砌体被压碎，进而造成整个墙体的倒塌。

4）重计算、轻构造，构造要求不满足。在构造措施中，圈梁的布置、构造柱的设置可提高砌体结构的整体安全性，如不满足，可能会导致意外事故发生。

2. 施工方面

1）砌筑质量差。砌体结构的强度高低与砌筑质量有密切关系。施工管理不善、质量把关不严是造成砌体结构事故的重要原因。例如，施工中雇用非技术工人砌筑，砌筑墙体达不到施工验收规范的要求。其中，砌体接槎不正确、砂浆不饱满、上下通缝过长、砖柱采用包心砌法等引起的事故频率很高。

2）在墙体上任意开洞，或拆了脚手架，脚手眼未及时填好或填补不实，过多地削弱了断面。

3）有的墙体比较高，横墙间距又大，在其未封顶时未形成整体结构，处于长悬臂状态。施工中如不注意临时支撑，则遇上大风等不利因素将造成失稳破坏。

4）对材料质量把关不严。对砖的强度等级未做严格检查，砂浆配合比不准、含有杂质过多，因而造成砂浆强度不足，从而导致砌体承载力下降，严重的会引起倒塌。

对砌体结构的质量事故，常用的处理方法有：表面修补，如填缝封闭、加筋嵌缝等；校正变形；加大砌体截面；灌浆封闭或补强；增设卸荷结构；改变结构方案，如增加横墙将弹性方案改为刚性方案，柱承重改为墙承重，砌体结构改为混凝土结构等；砌体外包钢丝水泥，或钢筋混凝土，或钢结构；加强整体性，如增设构造柱、钢拉杆等；拆除局部破坏墙体重新砌筑。

4.2 砌筑事故

4.2.1 砌筑砂浆质量问题

（1）事故特征 砌筑砂浆的和易性差，保水性不好，使砌筑时铺摊和挤浆存在困难，影响砂浆与砖的粘结力，降低砌体的抗压、抗拉和抗剪强度；或砌筑砂浆强度波动较大、匀质性差。

（2）原因分析 使用的材料质量不合格或者拌制砂浆的配合比错误。水泥的质量直接影响砂浆的性能，使用小厂生产的稳定性差的水泥，或使用储存时受潮结块的水泥，往往造成砂浆的强度等级偏低；砂的泥含量大，使得砂浆的粘性大、收缩性大、强度低、耐久性差；拌制砂浆时各组成材料不计量，砂浆的配合比不准确，常使其强度波动性大，且多数强度偏低，从建筑倒塌事故分析来看，发生倒塌事故的砌筑砂浆强度等级一般都低于设计要求。

（3）预防措施

1）水泥砂浆采用的水泥，在使用前要进行抽样测试，合格后方可使用。严禁使用废水泥。

2）不同品种的水泥不能混用。这是由于各种水泥成分不一，混合使用后往往会发生材性变化和强度降低现象，引起工程事故。

3）砂浆中砂的泥含量应符合规范的规定。

4）严格控制配合比。按规范中有关砂浆配比的规定，认真计算配合比，在搅拌时必须认真计量，水泥、外加剂计量的允许偏差应控制在±2%以内，砂、石灰膏、生石灰计量的允许偏差应控制在±5%以内。建立施工计量工具校检、维修、保管制度。

5）为改善砂浆的和易性及保水性，常掺入石灰膏作为塑化剂。生石灰熟化成石灰膏时，应用网过滤，熟化时间不少于7天，储存的石灰膏应经常浇水，保持湿润，防止干燥、冻结和污染。严禁使用脱水硬化的、受冻的、污染的石灰膏。

6）灰槽中的砂浆，必须随拌随用。一般气温情况下，水泥砂浆和混合砂浆分别不超过2h和3h用完。严禁隔日砂浆不经处理而继续使用。

7）砂浆强度等级要按规定到现场随机抽样制作试块，以标准养护28天的抗压试验结果为准。

8）砂浆宜采用机械搅拌。搅拌时间要符合规范要求。分两次投料，先加入部分砂子、水及全部石灰膏，通过搅拌叶片及砂子错动将石灰分散后，再投入其余的砂子和全部水泥。

4.2.2 砌体质量问题

（1）事故特征　用不合格的砖砌墙。砌体强度达不到设计要求，墙体受压、受潮时易酥松，使砌体产生裂缝，严重的还会产生倒塌事故；用干砖砌墙，砂浆很难铺摊，砖缝不易饱满，干砖与砂浆的粘结性差，使得墙体很容易渗水，砌体质量低劣，强度不满足要求。

（2）原因分析　砖的强度是否符合设计要求是保证砌体受力性能的基础，如果采用强度低的砖，尤其是烧制过程中欠火的砖砌墙，必定使砌体的承载能力降低，达不到设计要求。另外，砖砌筑前浇水是砖砌体施工工艺的一部分，砖的湿润程度对砌体的施工质量影响较大。对比试验证明，适宜的含水率不仅可以提高砖与砌体之间的粘结力，提高砌体的抗剪强度，也可以使砂浆的强度保持正常增长，提高砌体的抗压强度。有测试结果表明，用干砖砌的墙的抗剪强度比用饱和湿砖砌的墙低41.6%。

（3）预防措施　砌体用砖必须先抽样检测，合格后方可用于砌墙，凡不合格砖块严禁入场和使用；对已进场的砖须检查，剔除不合格的砖块；砌砖前和砌砖中要加强砖浇水的工序管理，设专人浇水，并提出浇砖方法和要求。砌筑砖砌体时，普通砖、空心砖应提前浇水湿润，含水率宜为10%～15%；灰砂砖、粉煤灰砖含水率宜为8%～12%。现场检验砖含水率的方法一般采用断砖法。

4.2.3 砌筑过程中常见问题

1. 砌筑方案错误

（1）事故特征　砖柱采用包心砌法，砖块之间没有错缝搭接，垂直缝从下至上为通缝，而通缝不能传递剪力，使砖柱不能成为整体，当砖柱承受偏心荷载时，产生部分压缩和部分拉伸，使包心柱在外力作用下失稳破坏；砌筑砌体时采用了错误的组砌方式，如实心墙采用五顺一丁甚至二十多顺一丁的组砌方式，砖互不衔接，不能相互传递剪力而过早破坏。

（2）原因分析　管理人员对砌体质量的重要性认识不足，管理不善，瓦工未经培训就上岗，对操作规程不熟悉，砌砖的基本功不够。

（3）预防措施　为了保证砖砌体的整体性，应严格按规范进行施工，规范要求在砌筑砖砌体时应上、下错缝，内外搭接，实心砖砌体可采用一顺一丁、梅花丁或三顺一丁的组砌形式，特别是不得采用包心砌法。工长应加强管理，认真协调好交接面处的施工顺序，明确责任。

2. 纵横墙接槎不牢

（1）事故特征　砌体的转角处和交接处普遍留直槎，但不按规定放置拉结钢筋；有的工程留斜槎不符合要求，如只在墙身下面1m范围留斜槎，上部还是留直槎；还有的工程几乎都是先将一层的外墙砌至平口，在所有的内外墙交接处均留直槎，然后转入砌内墙；接槎马虎，有的接槎处灰缝中几乎没有砂浆。这些都严重影响房屋的整体性和抗震性。

（2）原因分析　现场管理混乱，对砌砖的瓦工安排不当，交接面处协调不到位；瓦工的基本素质低，对操作规程不熟悉或违章作业。

（3）预防措施　砖混建筑施工中，砌体的转角处和交接处的牢固性是保证房屋整体性的关键。规范要求砖砌体的转角处和交接处应同时砌筑，严禁无可靠措施的内外墙分砌施工。对不能同时砌筑而又必须留置的临时间断处应砌成斜槎。若留斜槎确有困难，除转角外，也可留直槎，但必须是凸槎，并沿墙高每隔不大于500mm的距离加设拉结筋，其埋入长度每边均不得小于500mm。砖砌体的施工临时间断处的接槎部位本身就是受力薄弱环节，必须清理、润湿并填实砂浆。

3. 灰缝砂浆不饱满

（1）事故特征　块体间砂浆不饱满，空缝处的砌体抗拉和抗剪强度下降，荷载作用下易使砌体产生裂缝，影响其强度。另外，雨水会从缝中渗入，隔声、隔热、保温性能差，影响建筑物的正常使用。

（2）原因分析　水泥砂浆的和易性较差，砌筑时挤浆费劲，操作者用大铲或瓦刀铺刮砂浆后，底灰产生空穴，砂浆层不饱满，砖与砂浆层的粘结较差；有时由于铺灰过长，砌筑速度跟不上，砂浆中的水分被底砖吸收，使砌上的砖与砂浆不能粘结；用干砖砌墙，使砂浆早期脱水而降低强度，干砖表面的粉屑起隔离作用，减弱了砖与砂浆层的粘结；瓦工的基本功不扎实，砌砖时挤浆不足，产生空头缝。

（3）预防措施　水平灰缝的砂浆饱满程度对砌体强度和整体性影响很大，竖向灰缝对砌体抗剪强度影响显著。水平灰缝的砂浆饱满程度不得小于80%；如果竖向灰缝不饱满则砌体的抗剪强度将降低40%～50%。具体措施如下：

1）改善砂浆的和易性是确保灰缝砂浆饱满和提高粘结强度的关键。

2）改进砌筑方法，不宜采用推尺铺浆法或摆砖砌筑，应推广“三一砌砖法”，又称挤揉法，即“一刀灰、一块砖、一挤揉”。

3）严禁用干砖砌墙。冬期施工时，初冬季节也应将砖面适当湿润后再砌筑。对于按设计烈度九度设防的地震区，在严冬无法浇砖的情况下，不宜进行砌筑。

4. 其他一些清水墙面质量问题

（1）事故特征　清水墙面水平灰缝不直，墙面凹凸不平；清水墙面“游丁走缝”，即大面积清水墙面出现丁砖竖缝歪斜、宽窄不均匀，丁不压中（丁砖在下层条砖上不居中），窗台部位与窗间墙部位的上下竖缝发生错位等；产生“螺钉墙”，即砌完一个层高的墙体时，同一层的标高差一定砖的厚度，不能交圈等。

（2）原因分析　管理松散，怕麻烦，砌墙时不立皮数杆，使得水平缝失控，层高误差大；断砖应用不当，有的将断砖集中砌在某一部位，造成连续通缝。

（3）预防措施　严格按施工工艺要求进行施工。砌墙前要在建筑物的四角和长度方向的中间立好皮数杆，并根据设计要求，将砖和砌块的规格及灰缝厚度在皮数杆上标明，并将竖向构造变化部位注明，灰缝的厚度应控制在8～12mm；断砖必须及时随整砖分散砌筑在内墙和受力较小的部位，不得砌在窗间墙或受力较大的墙垛处，也不能砌成四皮以上通缝。

4.3　墙体局部损坏事故

砌体工程中墙体局部损坏主要表现为：裂缝、墙体渗水、局部倒塌。

砌体结构的裂缝对建筑物的影响是多方面的，在使用方面，它既影响安全、美观，又影响使用要求。对建筑结构本身而言，裂缝使砌体的整体性受到破坏，降低结构强度、刚度和稳定性。在风雨及温度等外界条件下，裂缝还可以加快砌体材料的破坏，影响建筑物的耐久性。裂缝的种类有时很难鉴别，需要综合很多因素来分析。开裂的原因也往往不是唯一的，因此不能简单肯定一方面原因而否定另一方面原因，应针对具体情况分清主次。

墙体渗漏水，会使室内或室外墙面潮湿、污损，影响建筑物的正常使用。

局部倒塌问题往往涉及设计、施工、使用等诸多因素。

4.3.1 墙体裂缝的分析与预防

1. 温度裂缝

混凝土和砖的温度线膨胀系数不同。混凝土的温度线膨胀系数约为1.0×10^{-3}，而普通烧结黏土砖的线膨胀系数为0.5×10^{-3}，两者相差2倍左右。所以当砌体结构升温时，因为两者温度变形的差异将在结构中产生温度应力。当作用于构件的温度应力超过混凝土与砖砌体的抗拉强度时，将出现裂缝。温度裂缝在经过夏季或冬季后形成，随气温或环境温度变化，在温度最高或最低时，裂缝长度、宽度最大，数量最多，但不会无限制地扩展恶化。

温度裂缝多数出现在房屋的顶部附近；在未采暖的寒冷地区房屋还可能在下部出现冷缩裂缝，在房屋中部附近出现竖向裂缝。常见的温度裂缝形式如图4-1所示。图4-1a、b所示的温度裂缝主要出现在窗口，以两端房间为最常见，这是由窗顶的钢筋混凝土过梁或圈梁与砌体的膨胀收缩不同引起的。图4-1c所示的结构顶角部的斜裂缝，是由于砌体结构顶部都会设置圈梁，有些结构的屋盖还采用现浇钢筋混凝土楼板，这样结构顶部的温度应力最为严重而开裂。图4-1d所示为结构采用钢筋混凝土结构和砌体结构组合时，在两者交接部位产生的裂缝情况，这时两者之间产生的拉应力将使砌体部分出现大量的竖缝。图4-1e、f表示现浇钢筋混凝土板对墙体的约束使墙体出现水平裂缝。

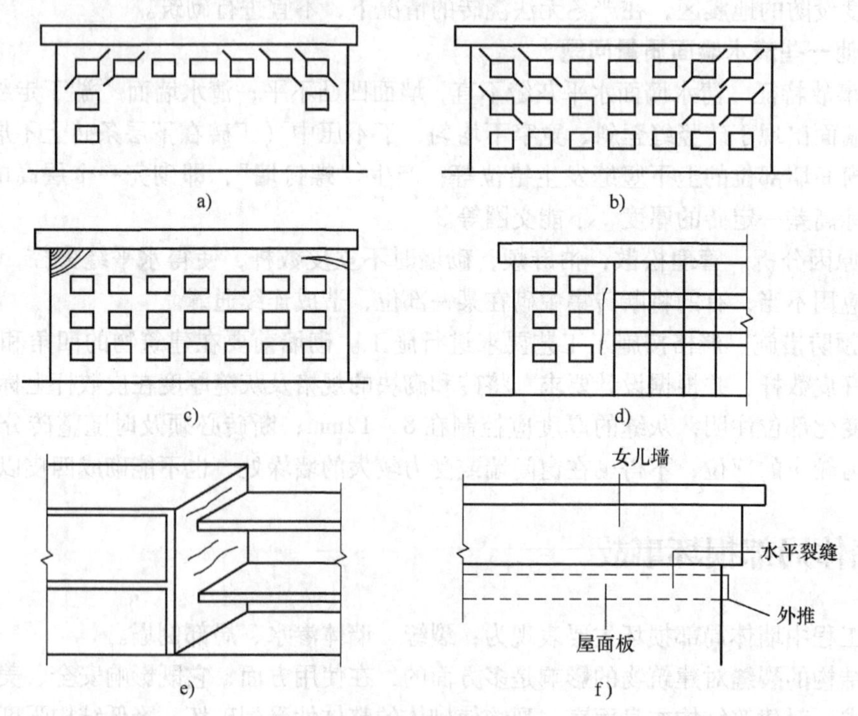

图4-1 温度裂缝

温度裂缝在砌体结构中经常出现，虽然它不会造成过大的结构事故，但影响房屋的美观、适用性和耐久性，进而削弱墙体的承载能力和整体性。防范这种裂缝的主要措施有：

1）建筑物温度伸缩缝的间距应满足《砌体结构设计规范》的规定。

2）屋盖上设置保温层或隔热层。

3）女儿墙与保温层宜软连接（设伸缩缝）。

4）屋面应设置分格缝。

5）顶层砌体门、窗洞口增加配筋，钢筋间距为250~300mm，通长放置。

6）顶层砌体门、窗洞口粘贴L形钢筋网片，内外敷设。

7）加大顶层砌体砌筑砂浆强度。

8）顶层砌体门、窗洞口加小构造柱、小圈梁，与建筑物构造柱、圈梁连接为整体。

9）加强施工工艺与施工技术，组砌按规范要求接槎，严禁使用碎砖。

10）砌筑砂浆级配合理且必须饱满，加强墙体的整体性。

2. 沉降裂缝

当地基存在局部软弱地基，或地基浸水，或地基为侵入膨胀土，或荷载不均匀时，容易引起不均匀沉降，由此产生的裂缝，称为沉降裂缝。图4-2为常见的地基不均匀沉降引起的沉降裂缝情况。裂缝多数出现在房屋的下部，少数可发展到2~3层；对等高的长方形房屋，裂缝位置大多出现在两端附近；其他形状的房屋，裂缝多在沉降变化剧烈处附近；一般都出现在纵墙上，横墙上较少见。当地基性质突变（如基岩变土）时，也可能在房屋的顶部出现裂缝，并向下延伸，严重时可贯穿房屋全高。图4-2a表示角部沉降大于平均沉降而产生的裂缝；图4-2b表示了两侧都出现较大沉降的情况；以上两种裂缝可能会扩展到较高的楼层。图4-2c表示建筑物中部沉降过大，一般而言，这种裂缝的分布范围主要集中在底层。图4-2d表示建筑物因为体量产生的荷重差异较大而产生了不均匀沉降，这时应设置沉降缝。这种裂缝主要集中在两个部位的相交处，严重者砖砌体会被拉断，影响正常使用。图4-2e从空间上表示了建筑物不均匀沉降引起的裂缝情况。

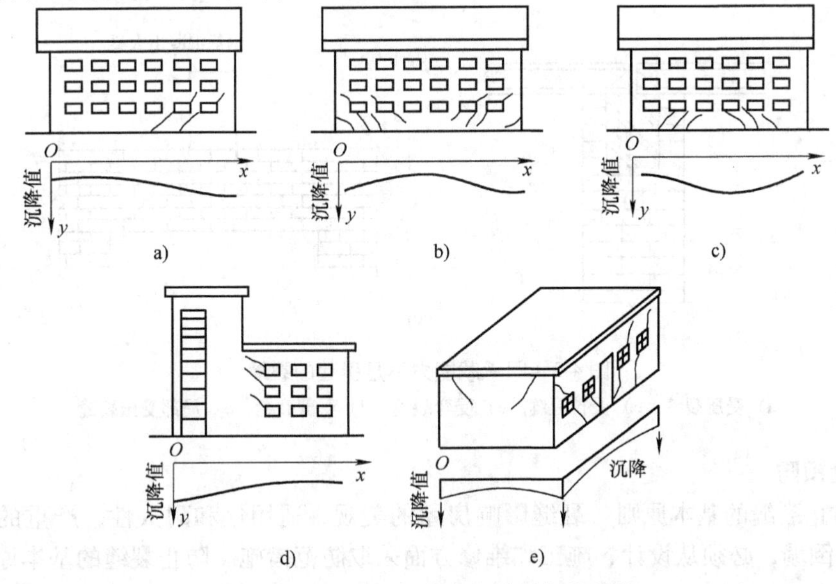

图4-2 因地基的不均匀沉降引起的裂缝

3. 荷载裂缝

由于承载能力不足引起的裂缝，简称荷载裂缝。由于砖石砌体的抗拉强度较小，结构脆性较大，裂缝荷载比较接近或几乎等于破坏荷载，因此，砖石砌体的荷载裂缝往往是砌体破坏的特征或前兆，应及时分析和处理。

荷载裂缝多数出现在砌体应力较大部分，按受力类型分为受压裂缝、受拉裂缝、受弯裂缝、受剪裂缝以及局部受压裂缝，如图 4-3 所示。受压裂缝的裂缝顺轴向力方向，砌体中有断砖现象，当竖向裂缝连续长度超过 4 皮砖时，砌体接近破坏。受拉裂缝发生于水池池壁、筒仓等结构，裂缝与拉力方向垂直或呈马牙状。受弯裂缝发生于偏心受压构件，裂缝垂直于荷载作用方向；砖砌平拱抗弯强度不足产生竖向或斜向裂缝。受剪裂缝发生于挡土墙或拱座处，裂缝呈水平或阶梯状态。局部受压裂缝发生于大梁或梁垫下，呈斜向或竖向裂缝。

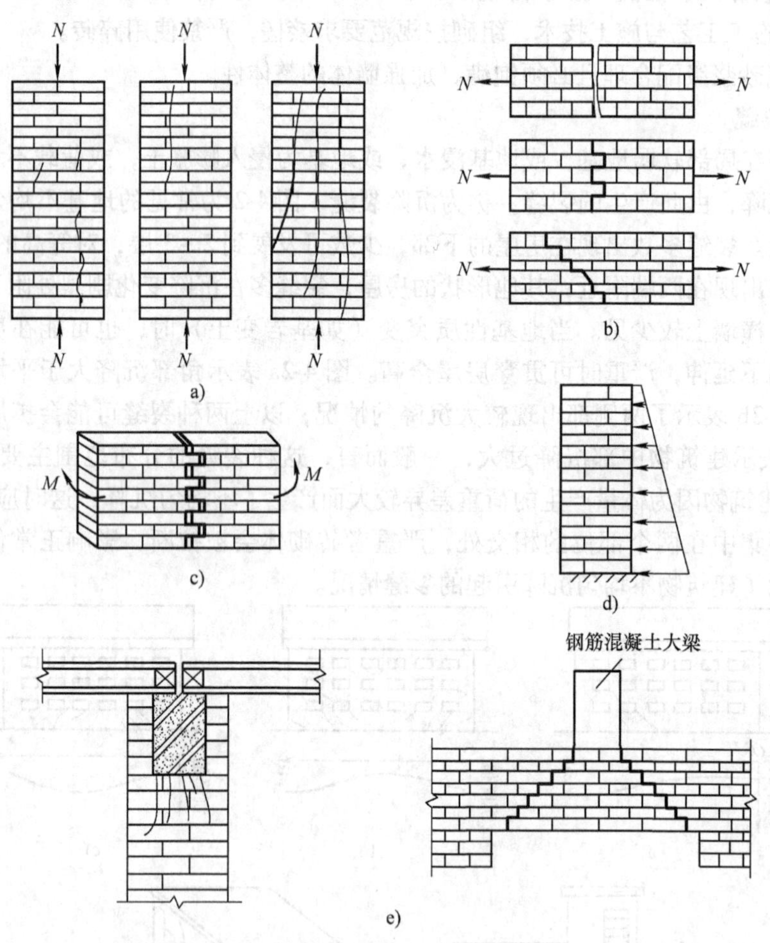

图 4-3　因承载能力不足引起的裂缝

a）受压裂缝　b）受拉裂缝　c）受弯裂缝　d）受剪裂缝　e）局部受压裂缝

4. 裂缝预防

（1）防止裂缝的基本原则　裂缝影响房屋的美观、适用性和耐久性，严重的裂缝还会导致建筑物倒塌，必须从设计、施工和维修方面采取防范措施。防止裂缝的基本原则归结起来有以下几点：

1）从设计开始防范。设计前应对工程地质进行详细勘察，查明地基土质情况、分布情况、承载力大小、地下水位等水文地质条件，对周边环境进行地质差异考察。然后在全面分析的基础上，确定合理的建筑布局和结构类型，正确选用基础形式，以使上部结构与地基相适宜，应作必要的沉降量计算。遇到不良地基时，要选择合适的地基处理方法并严格遵守规范施工。合理布置建筑体型，建筑的平面形状应力求简单、合理，纵墙应尽量拉通并避免转折多变、凹凸复杂；尽量避免高低参差，荷载差异大。应尽量增强建筑物的整体刚度，控制建筑物的长高比。设置沉降缝；在基础和楼盖下的墙顶上设置平面闭合的钢筋混凝土圈梁。有条件时合理调整荷载分布，选用较小的基底反力。

2）保证施工质量，遵守施工操作规程，严格按图施工，加强材料配置方面的管理。施工时合理安排施工顺序，对立面高低悬殊、荷载变化较大的建筑，应分期分阶段组织施工。一般应先施工荷载大的高层，后施工荷载较小的低层；先施工深基础，后施工浅基础，避免增加新的附加应力。对于沉降速度较慢的软土地基，需辅以其他措施，如在软土地基打砂桩、顶压等加速沉降。

3）在建筑物使用期间，要经常检查、维修排水设施；要定期检查地下水管和暖气管道等隐蔽的有水管道的密封情况，出现问题及时处理。

（2）防止裂缝的建筑措施　为了防止砖混结构的房屋裂缝，在房屋总体布置方面应作以下考虑：

1）在宽度 10～15m 的多层房屋总体布置或群体建筑中插建时，高大房屋与低小房屋的距离宜控制在 10～12m。当此距离不能满足时，应辅以其他措施。

2）高大房屋与低小房屋相距较近时，低小房屋的长边宜平行于高大房屋的相邻边。

3）低小房屋与高大房屋相距较近，刚度又较差，同时在施工时又不能很好安排，而且其长边与高大房屋相邻边垂直，应降低小房屋分段处理。

在结构措施方面应作以下考虑：

1）房屋相邻单元的高低差较大或荷载差较大时，可在两单元之间采用以下形式：钢筋混凝土框架插入结构、简支梁式插入结构、临时性连接。

2）在下列情况下应设置沉降缝：房屋高低差较大或荷载差较大时；房屋平面形状比较复杂时；地基不均匀时，结构类型不同时，地基方法处理不同时，房屋部分有地下室、部分无地下室时，分期建造时。

3）在高低差或荷载差较大的单元组合房屋中，若需设置地下室时，地下室宜设置在较高或较重单元下，这样可减少高低或轻重单元之间的差异沉降。

4）在单元或分段单元内，合理布置承重墙，尽量使纵墙拉直、拉通并贯穿房屋全长，避免中断、转折。横墙间距宜不超过房屋宽度的 1.5 倍或 20m。

5）在砖墙中设置钢筋混凝土圈梁。圈梁高应不小于 180mm，配置的纵向钢筋应不小于 $4\phi10$mm，必要时梁高和钢筋还需加强。

6）圈梁布置应沿房屋外墙四周封闭，内纵墙上应有圈梁拉通，有关间距应按相关规范设置。

7）开窗面积应适当控制。墙身局部开孔削弱过大时，应采用钢筋混凝土框、梁等构造补强。

8）对防裂要求较高的房屋，不宜采用中间设置柱子、四周为承重砖墙的内框架结构形式。

9）用油毡将屋面板与墙顶分割开，做成滑动面。为了保证滑动面平整，铺油毡前用砂浆严格找平，油毡以铺两皮为宜。

10）为了减少平面房屋顶层两端“八”字形裂缝，必要时可在顶层裂缝敏感区的墙两侧加钢筋网片水泥粉刷。

11）平屋面隔热层宜做在屋面结构层上面。

12）温度伸缩缝和沉降缝的宽度，一般不得小于5cm，缝内需保持通畅，不得填塞。

13）屋面保温层与整浇层与女儿墙侧面脱开。

14）为了防止底层窗台上出现裂缝，可在底层窗台墙中配置通长的细钢筋，或把窗台线做成小型钢筋混凝土过梁，或在窗台墙下做反拱。

15）大梁搁置在墙上时，在大梁支座下应设置钢筋混凝土梁垫。

5. 裂缝处理方法

一旦砌体出现了裂缝，首先要分析裂缝的原因，并观察其发展状态。可以从构件受力的特点，建筑物所处的环境条件，以及裂缝所处的位置、出现的时间及形态综合加以判断。在裂缝原因已经查清的基础上，采取有效措施补强。对于砌体裂缝的常用处理方法有：

1）表面修补，如填缝封闭、加筋嵌缝等。

2）校正变形。

3）加大砌体截面。

4）灌浆封闭或补强。

5）增设卸荷结构。

6）改变结构方案：如增加横墙，将弹性方案改为刚性方案；柱承重改为墙承重；砌体结构改为混凝土结构等。

7）砌体外包钢丝网水泥，或钢筋混凝土和钢结构。

8）加强整体性，如增设构造柱、钢拉杆等。

9）表面覆盖：对建筑物正常使用无明显影响的裂缝，为了美观的目的，可以采用表面覆盖装饰材料，而不封堵裂缝。

10）将裂缝转为伸缩缝：在外墙出现随环境温度周期性变化且较宽的裂缝时，封堵效果往往不佳，有时可将裂缝边缘修直后，作为伸缩缝处理。

11）其他方法：若因梁下未设混凝土垫块，导致砌体局部承压强度不足而裂缝，可采用后加垫块方法处理；对裂缝较严重的砌体有时还可采用局部拆除重砌等。

4.3.2 墙体渗漏事故

外墙或窗框周边遇风雨天气出现渗水、漏水，使室内墙面潮湿、污损，损坏装饰面层或家具；悬挑阳台根部渗水；砌体上各种埋件缝隙渗水，污染外墙面。以上现象都影响建筑物的正常使用。

墙体渗漏事故的原因可归纳如下：

1）墙体砌筑不规范，灰缝砂浆不饱满，留有空隙。

2）穿墙孔洞（如脚手架眼）未封堵密实。

3）窗框周边与墙体接触面的缝隙没有填嵌密实或因砂浆干缩产生裂缝。

4）悬挑阳台根据其负弯矩分布情况设计，上表面水平下表面倾斜，且外薄内厚，雨水易沿斜面流淌到根部，污染墙面。

5）铁爬梯及其他预埋铁件与墙体连接处封堵不严而渗水，致使铁锈污水污染外墙面。

墙体渗漏事故应采用较系统的预防措施。墙体施工时应加强管理，瓦工需先经培训学习“三一”砌砖法后再上岗，及时封堵墙面的一切孔洞；嵌堵窗框缝隙时应先清洗接触面，然后在砂浆中加入一定量的胶体将缝隙嵌堵密实，窗套外口应做滴水槽，宽10mm，深10mm；对悬挑板应注意在底部抹灰时做好滴水槽，滴水槽距外边线20mm，槽深10mm，宽10mm，斜挑部分的外口和根部都要做滴水槽；铁件预埋前均应除锈，外露部分要涂刷优质防锈漆，待预埋件周围砂浆硬化后填嵌柔性防水密封胶，预埋件在砂浆没有硬化前，严禁碰撞和敲动。

4.3.3 砌体局部倒塌事故

砌体局部倒塌最多的部位是柱、墙。柱、墙结构倒塌的原因主要有以下几种：

1）设计构造方案欠佳或计算简图错误。例如，单层房屋长度虽不大，但一端无横墙时仍按刚性方案计算，必导致倒塌；跨度较大的大梁搁置在窗间墙上，大梁和梁垫现浇成整体，墙梁连接节点仍按铰接方案设计计算，也可导致倒塌；单坡梁支承在砖墙或柱上，构造或计算方案不当，在水平分力作用下倒塌等。

2）设计强度不足（见例4-1）。不少柱、墙倒塌的原因是未进行结构计算。许多套用图使用前未经校核或校核不准，如再遇上施工质量不佳，常常会引起房屋倒塌，事后验算时均发现其设计强度都达不到设计规范的要求。此外结构计算错误也时有发生。

3）稳定性不足。有些设计人员只注意了墙体承载力的计算，忽视了墙体高厚比和局部承压计算。高厚比过大的墙体过于单薄，容易引起失稳破坏。大梁下的砖柱、窗间墙的局部承压强度不足，如不设计梁垫或梁垫尺寸过小，则会使局部砌体被压碎，造成整个墙体的倒塌。任意削减砌体截面尺寸，也会导致承载力不足或高厚比超过规范规定而失稳倒塌。

4）施工期失稳（见例4-2）。例如，灰砂砖含水率过高，砂浆太稀，砌筑中失稳垮塌；毛石墙砌筑工艺不当，又无足够的拉结力，砌筑中也易垮塌；一些较高墙的墙顶构件没有安装时，墙体一端自由，易在大风等水平荷载作用下倒塌。

5）施工工艺错误或施工质量低劣（见例4-3）。例如，现浇梁、板拆模过早，这部分荷载传递至砌筑不久的砌体上，因砌体强度不足而倒塌；墙轴线错位后处理不当；砌体变形后用撬棍校直；配筋砌体中漏放钢筋；冬季采用冻结法施工，解冻期无适当措施等，均可导致砌体倒塌。

6）材料质量不合格（见例4-3）。砖墙强度不足或用断砖砌筑，砂浆实际强度低下等原因均可能引起倒塌。

7）旧房加层。不经论证就在既有建筑上加层，导致墙柱破坏而倒塌。

多数倒塌事故均与设计和施工两方面的原因有关。设计时要按照规范要求，施工时必须严格按施工工艺要求进行。一般民用建筑如住宅，由于有较密的横墙，横墙对纵墙有支撑作用，纵横墙的自由高度均较小，不会发生因墙体自由高度过大而失稳的破坏；对横墙较少而层高较大的一些建筑，尤其是工业建筑中没有横墙的厂房、仓库等，山墙的自由高度较大，施工时应引起足够的重视，尚未安装楼屋面板的墙、柱应适当加设支撑，控制其自由高度，防止遇大风而将墙体吹倒。这类事故均需经设计复核后，严格按照施工规范的要求重建。

4.4 典型砌体结构事故实例分析

【例 4-1】某包装车间扩建厂房因强度不足引起的倒塌事故。

1. 事故概况

厂房原车间及扩建部分均为单跨单层，有起重量为 10kN 的轻型起重机一台，如图 4-4 所示。扩建部分跨度为 12m，承重墙厚 370mm，墙外砖垛为 240mm × 300mm，屋架间距 4.5m，采用钢筋混凝土双铰拱屋架。屋面采用 4.5m × 1.5m 槽形板，屋面做法为：均厚 100mm 水泥焦渣保温层，20mm 水泥砂浆找平层，二毡三油防水层，上撒小豆石。吊车梁支于带砖垛的墙体上，吊车梁顶标高为 4.25m，屋架下弦标高 5.80m，屋架支于托墙上，托墙梁为 240mm ×450mm，支于墙垛上。材料采用 MU7.5 砖、M5 砂浆。

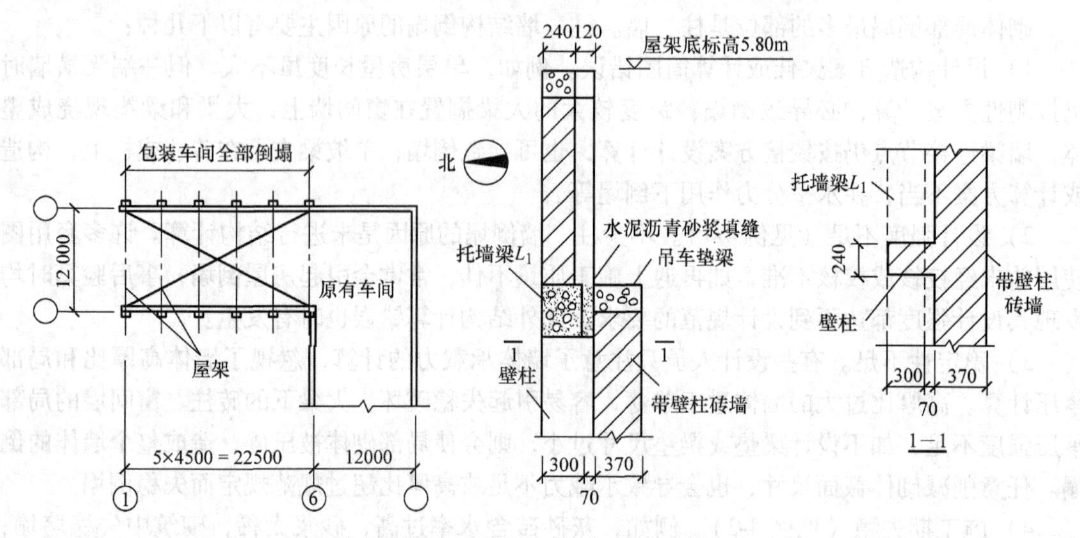

图 4-4 事故车间的平面及局部剖面图

扩建厂房由县设计室设计，县施工队施工，在施工过程中突然倒塌，造成 4 位施工人员死亡。

2. 事故分析

设计图中，托墙梁与吊车梁基本在同一高度，托墙梁与吊车梁分开，间隙为 70mm。屋面传来的荷载与上段墙体的荷载作用于 240mm × 300mm 的砖垛上，形成局部承压。但设计人员并未进行局部承压验算。事故发生后复核表明，该部位局部承压强度严重不足，是造成倒塌事故的直接原因，具体验算如下。

（1）按设计荷载计算　经检测，建筑材料 MU7.5 砖、M5 砂浆的质量合格，强度 $f = 1.37\text{N/mm}^2$。需要进行局部承压的强度修正。

承压面积 $A_1 = (300 \times 240)\text{mm}^2 = 72000\text{mm}^2$；影响面积 $A_0 = (300 + 240/2) \times 240\text{mm}^2 = 100800\text{mm}^2$。局部承压提高系数 $\gamma = 1 + 0.35\sqrt{\dfrac{A_0}{A_1} - 1} = 1 + 0.35\sqrt{\dfrac{100800}{72000} - 1} = 1.22 < 1.25$，

则吊车厂房强度调整系数 $\gamma_a=0.9$，修正后砌体局部承压强度 $f=(1.22\times0.9\times1.37)\text{N/mm}^2=1.5\text{N/mm}^2$。

上部传给砖垛的荷载 $S=1.2G+1.4Q=182.3\text{kN}$，由 $R\geqslant\gamma_0 S$，得 $\gamma_0\leqslant\frac{R}{S}=\frac{fA_0}{S}=\frac{1.5\times72000}{182300}=0.59$。

可见，设计中砖垛的局部承压承载力严重不足。

（2）按倒塌时实际情况复核　MU7.5 砖、M5 砂浆组成的砌体受压强度标准值 $f_k=2.055\text{N/mm}^2$，则修正后的局部承压强度为 $f_k=(1.22\times0.9\times2.055)\text{N/mm}^2=2.26\text{N/mm}^2$

施工倒塌时，上部传来的实际荷载为168.6kN，则

$$\gamma_0\leqslant\frac{R_k}{S}=\frac{f_k A_0}{S}=\frac{2.26\times72000}{168600}=0.96$$

可见，施工时的局部承压强度仍不足。如果再综合考虑施工中纵向力有偏心，倒塌时在下雨、刮七级东北风，风荷的作用使墙体产生了较大的附加弯矩，砖垛的实际承载力值还要小一些，更不能满足强度要求。

3. 事故结论

托墙梁下局部承载力严重不足是引起倒塌的主要原因。设计中存在错误，扩大车间的端部无山墙，应按弹性方案计算，而实际是按刚性方案计算的。砖垛的局部承压没有进行验算，事后验算表明局部承压强度不满足要求。施工质量一般。这些因素的综合作用导致墙体倒塌。

【例4-2】 某一阳台板，厚80mm，宽4.5m，挑出1.2m。采用C25混凝土，$f_c=11.9\text{N/mm}^2$，受拉筋选HPB235，$f_y=210\text{N/mm}^2$，配筋 $\phi8@75$（相当于每米配筋 $A_s=671\text{mm}^2$）。

若施工合格，混凝土保护层厚度取 $a=15\text{mrn}$，则 $h_0=(80-15)\text{ mm}=65\text{mm}$。则可承受的弯矩计算如下：

$$x=\frac{A_s f_y}{f_c b}=\frac{671\times210}{11.9\times1000}\text{mm}=11.84\text{mm}$$

$$M_u=A_s f_y\left(h_0-\frac{x}{2}\right)=671\times210\times(65-11.84/2)\text{kN}\cdot\text{m}=8.32\text{kN}\cdot\text{m}$$

若施工中错误地把受拉筋压下去，假如压到了板的中间，则混凝土保护层厚度 $a=45\text{mm}$，$h'_0=(80-45)\text{ mm}=35\text{mm}$。则可承受的弯矩为

$$M'_u=A_s f_y(h'_0-x/2)=671\times210\times(35-11.84/2)\text{kN}\cdot\text{m}=4.1\text{kN}\cdot\text{m}$$

可见，实际承载力只有设计值的50%，极易发生断裂或坍塌事故。

【例4-3】 砖柱采用低质量包心砌法引起房屋倒塌。

某地区建一座四层楼住宅，长61.2m，宽7.8m。砖墙承重，钢筋混凝土预制楼盖，局部（厕所等）为现浇钢筋混凝土。房屋结构图为标准住宅图，唯一改动的地方为底层有一间大活动室，去掉了一道承重墙，改用490mm×490mm砖柱，上搁钢筋混凝土梁。置换时，经计算确认承载力足够。但在楼盖到四层时，活动室的砖柱压坏引起房屋大面积倒塌。

经过调查，房屋结构为标准图，地基良好，经查看无下沉及倾斜等失效情况。从现场查看，初步估计倒塌是由活动室的砖柱被压酥引起的。设计砖的强度等级为MU7.5，有出厂证明

并经验收合格。设计砂浆强度等级为 M5，经验查含水泥量过少，倒塌后成松散状，只能达 M0.4。砖柱采用包心砌法（见图 4-5），中间填心为碎砖及杂灰，既不能达到设计要求的强度，也不能与外部砌体共同受力。

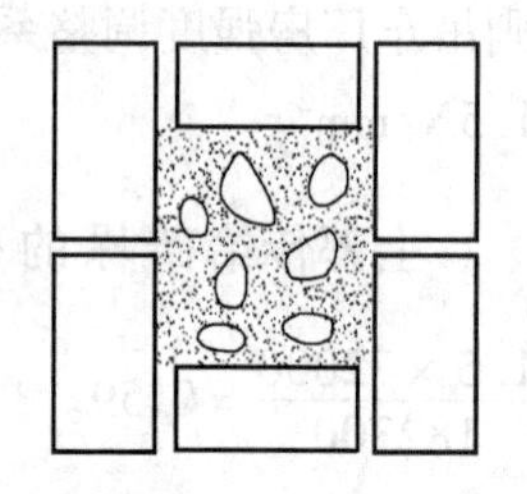

图 4-5 砖柱包心砌法

实践证明，包心砌法的质量不能保证。当填芯为散灰（落地砂浆等）及碎砖杂物时，砖芯不能起承载作用，其总承载力会大大降低。包心砌法引起的事故屡见不鲜，施工规程已禁止采用这种砌法，在施工中必须遵守。

【例 4-4】因材料不合格引起的教学楼裂缝事故。

某市一中学教学楼为五层内走廊砖混结构，建筑面积为 $2044m^2$。砖墙承重，楼盖为现浇进深梁加空心板，外墙为普通抹灰。工程使用半年后，建筑物开裂严重，致使屋面漏水，墙体渗水，门窗不能开关。现浇混凝土起壳、开裂，特别是卫生间全部空鼓。圈梁也有竖向裂缝。

本工程采用标准图，并经正规设计院设计，经复核无问题。施工单位也是市级企业，施工质量合格，竣工验收时认定质量良好。现场事故调查时，进行建筑材料复检，发现工程用砂有问题。工程采用硫矿渣（一种工业废渣，俗称红砂）代替建筑用砂配制混凝土、搅拌砂浆。而该硫铁矿渣硫含量达 4.6%，大大超过化工部部颁标准（0.6%）。在硫铁矿渣中的二氧化硫和硫酸根离子与水泥或石灰膏中的钙离子发生作用，生成硫酸钙和硫铝酸钙，同时体积膨胀，其膨胀力远超过砂浆和混凝土的抗拉强度，从而使砌体开裂、起壳。而这种作用不是立即完成的，到混凝土或砂浆硬化后还在继续进行。所以对施工中采用的原材料应认真检测，控制有害成分。对于替代材料，更应严格检验。

【例 4-5】某教学楼为四层砖混结构，局部五层，砖墙承重，钢筋混凝土平屋顶，无隔热层。竣工使用后，顶层纵横墙两端出现了明显的八字裂缝，房屋中部附近出现了竖向裂缝。从裂缝特征中很容易鉴别这些都是较典型的温度裂缝。

由于顶层砌体裂缝长期变化扩展，造成墙面渗漏，抹灰层脱落，影响正常使用，必须处理。针对裂缝特点，选用先铲除裂缝及脱落层附近的内墙抹灰层，清洗墙面并充分润湿后，封堵裂缝，对墙面重新抹灰的方法。外墙面裂缝未封堵，处理时间选在 8 月。因这时气温最高，裂缝最宽，且学校放暑假。经处理后，内墙面没有再开裂，墙面也无渗漏。

4.5 砌体的加固方法

当裂缝是因强度不足引起的，或已有倒塌先兆时，必须采取加固措施。常用的加固方法见表 4-1。

表 4-1 砌体加固方法与适用条件

序号	加固方法	适用条件
1	水泥灌浆法	砌体裂缝后补强
2	扩大砌体截面法	适用于砌体承载力不足，但砌体尚未压裂，或仅有轻微裂缝，而且要求扩大截面面积不太大的情况
3	钢筋水泥夹板墙	墙承载能力不足

（续）

序 号	加固方法	适用条件
4	外包钢筋混凝土	砖柱或窗间墙承载力不足
5	增设或扩大扶壁柱	用于提高砌体承载力和稳定性
6	外包钢	砖柱或窗间墙承载力不足
7	托梁加垫	梁下砌体局部承压能力不足
8	托梁换柱或加柱	砌体承载力严重不足，砌体碎裂严重、可能倒塌的情况
9	增加预应力撑杆	大梁下砌体承载力严重不足
10	增设钢拉杆	纵横墙连接不良，墙稳定性不足
11	增加横墙或砖柱承重改为墙承重	弹性方案改为刚性方案；砖柱承载力不足改为砖墙，成为小开间建筑

4.5.1 水泥灌浆法

水泥灌浆主要用于砌体裂缝的补强加固，常用的灌浆方法有重力灌浆和压力灌浆两种。

1. 重力灌浆法

利用浆液自重灌入砌体裂缝中达到补强的目的。重力灌浆法施工要点：

1）裂缝清理。清理裂缝使之形成灌浆通路。

2）封闭封缝。用1：2水泥砂浆（内加促凝剂）将墙面裂缝封闭，形成灌浆空间。

3）设置灌浆口。在灌浆入口处凿去半块砖，埋设灌浆口。

4）冲洗裂缝。用水灰比为10：1的纯水泥浆冲洗并检查裂缝内浆液流动情况。

5）灌浆。在灌浆口灌入灰水比为3：7或2：8的纯水泥浆，灌满并养护一定时间后，拆除灌浆口再继续对补强处局部养护。

2. 压力灌浆法

利用灰浆泵把浆液压入裂缝中达到补强的目的。压力灌浆法施工要点：

1）裂缝清理。清理的目的在于形成灌浆通道。

2）浆口（嘴）留设。水泥压力灌浆可通过预留的灌浆口或灌浆嘴进行。灌浆口预留的方法是先用电钻在墙上钻孔，孔直径为30~40mm，深为10~20mm，冲洗干净；再用长40mm的1/2英寸钢管做芯子，放入孔中；然后用1：2或1：2.5的水泥砂浆封堵压实抹平，待砂浆初凝后，拔除钢管芯即成灌浆口。灌浆嘴的做法与灌浆口相似，不同的是钢管直径常用5~10mm，管子预埋后不拔除，即成灌浆嘴。

3）灌浆口布置。在裂缝端部及交叉处均应留灌浆口。墙厚≥370mm时，应在墙两面都设灌浆口。

4）封缝。清除裂缝附近的抹灰层，冲洗干净后，用1：2或1：2.5的水泥砂浆封堵裂缝表面，形成灌浆空间。

5）灌水湿润。在封缝砂浆达到一定强度后，用灰浆泵将水压入灌浆口，压力为0.2~0.3MPa（也可将自来水直接注入灌浆口），使灌浆通道畅通。

6）浆液配制。灌浆浆液可参考表4-2选用。水泥灌浆浆液中需掺入悬浮型外加剂，常用的有107胶（聚乙烯醇缩甲醛）和水玻璃等。

表4-2 裂缝宽度和浆液种类选用参考表

裂缝宽度/mm	0.3~1.0	1.0~5.0	5.0
浆液种类	纯水泥稀浆	纯水泥稠浆	水泥混合砂浆

7）设备组装。常用灰浆泵或自制灌浆设备。

8）压力灌浆。灌浆顺序自下而上进行，压力为0.2~0.25MPa，当附近灌浆口流出浆液或被灌口停止进浆后，方可停灌。当墙面局部漏浆时，可停灌15min或用快硬水泥砂浆封堵后再灌。在靠近基础或空心板处灌入大量浆液后仍未灌满时，应增大浆液浓度或停1~2h再灌。

9）二次补灌。全部灌完后，停30min再进行二次补灌，提高灌浆密实度。

10）表面处理。封堵灌浆口或拆除（切断）灌浆嘴，表面清理抹平。

4.5.2 扩大砌体截面法

扩大砌体截面法主要适用于砌体承载能力不足，但砌体尚未压裂，或仅有轻微裂缝，而且要求扩大截面面积不太大的情况。一般的独立砖柱、砖壁柱、窗间墙和其他承重墙的承载能力不足时，均可采用此法加固。

砌体扩大部分的砖强度等级与原砌体的相同，砂浆强度比原有的提高一级，且不低于M2.5。

扩大砌体截面加固法通常考虑新旧砌体共同承受荷载，因此，加固效果取决于两者之间的连接状况，常用的连接构造有下述两种：

1）砖槎连接。原有砌体每隔4皮砖高剔凿出一个深为120mm的槽，扩大部分砌体与此预留槽仔细连接，新旧砌体形成锯齿形连接（见图4-6）。

2）钢筋连接。原有砌体每隔6皮砖高钻洞或凿开一块砖，用M5砂浆锚固ϕ6钢筋，将新旧砌体连接在一起（见图4-7）。

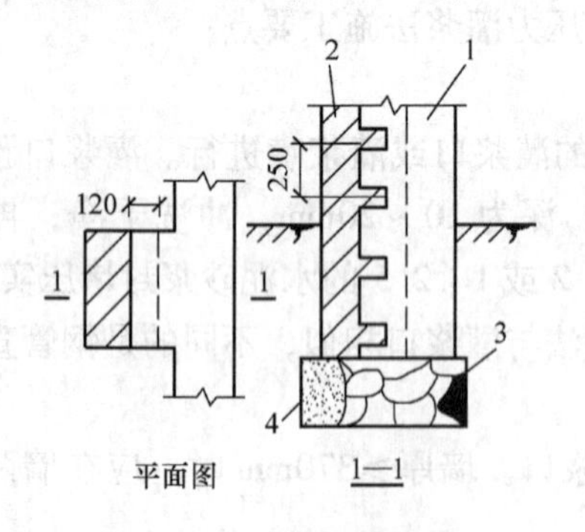

图4-6 砖槎连接构造

1—原砌体 2—扩大砌体 3—原基础 4—扩大基础

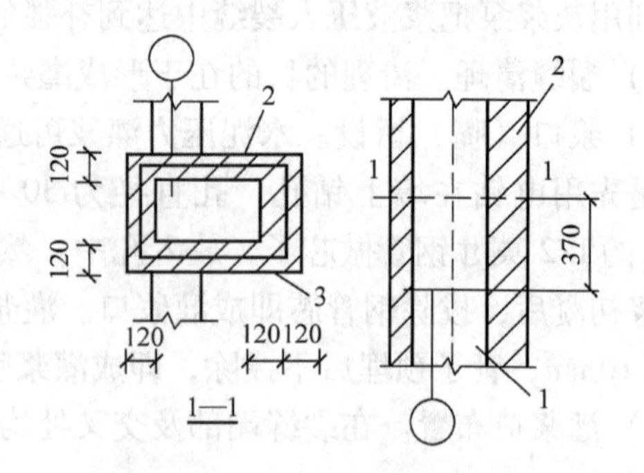

图4-7 钢筋连接构造

1—原砌体 2—扩大砌体 3—ϕ6钢筋

4.5.3 钢筋水泥夹板墙

钢筋水泥夹板墙主要用于墙承载能力不足的加固。承载能力严重不足的窗间墙或楼梯踏步承重墙采用此法加固时，往往在墙的四角外包角钢，以增加承载能力。钢筋网水泥浆法加固砖墙，是指把需加固的砖墙表面除去粉刷层后，两面附设直径为4~8mm的钢筋网片，然后喷射砂浆（或细石混凝土）的加固方法。由于通常对墙体双面加固，所以加固后的墙俗称为夹板墙。夹板墙可较大幅度地提高砖墙的承载力、抗侧刚度及墙体延性。

1. 夹板墙的应用范围

目前钢筋网水泥浆法常用于下列情况的加固：

1）因施工质量差，而使砖墙承载力普遍达不到设计要求。

2）窗间墙等局部墙体达不到设计要求。

3）因房屋加层或超载而引起的砖墙承载力不足。

4）因火灾或地震而使整片墙承载力或刚度不足等。

下述情况不宜采用钢筋网水泥浆法进行加固：孔径大于15mm的空心砖墙及240mm厚的空斗砖墙；砌筑砂浆强度等级小于M0.4的墙体；因墙体严重酥碱，或油污不易消除，不能保证抹面砂浆粘结质量的墙体。

2. 夹板墙构造要求

具体做法如图4-8所示。加固层应满足下列构造要求：

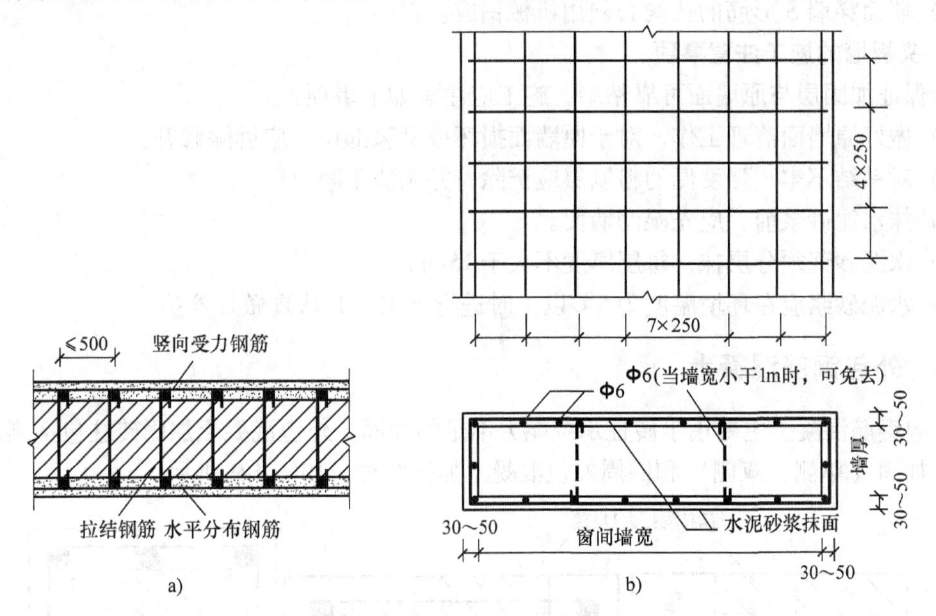

图4-8 钢筋网砂浆加固砌体

a）加固整片墙体 b）加固窗间墙

1）采用水泥砂浆面层加固时，厚度宜为20~30mm；采用钢筋网水泥砂浆面层加固时，厚度宜为30~45mm，当面层厚度大于45mm时，其面层宜采用细石混凝土。

2）面层水泥砂浆强度等级宜为M7.5~M15。面层混凝土强度等级宜采用C15或C20。

3）钢筋网需用直径4~6mm的穿墙S形筋与墙体固定。S形筋间距不应大于500mm，对于单面加固的墙体，其钢筋网可用直径4mm的U形筋钉入墙内（代替S形筋），与墙体固定。为加强钢筋网与墙体的固定，必要时在中间还可以增设直径4mm的U形筋或4寸铁钉钉入墙体砖缝内。

4）受力钢筋的保护层厚度，不应小于表4-3中的数值，受力钢筋距离砌体表面不应小于5mm。

表 4-3 保护层厚度

构件类别	环境条件	
	室内正常环境	露天或室内潮湿环境
墙/mm	15	25
柱/mm	25	35

5）受力钢筋宜采用 HPB300 级钢筋，对于混凝土面层，也可采用 HRB335 级钢筋。受压钢筋一侧的配筋率，对砂浆面层，不宜小于 0.1%；对混凝土面层，不宜小于 0.2%。受拉钢筋的配筋率，不应小于 0.1%。受力钢筋的直径不应小于 8mm。钢筋的净距离，不应小于 30mm。

6）箍筋（横向筋）的直径，不宜小于 4mm 及 0.2 倍的受压钢筋直径，并不宜大于 6mm 箍筋的间距，不应大于 20 倍受压钢筋的直径及 500mm，并不应小于 120mm。

7）钢筋网的横向钢筋遇到门窗洞口时，宜将钢筋沿洞边弯成 90°的直钩加以锚固。

8）墙面穿墙 S 形筋的孔洞必须用机械钻成。

3. 夹板墙的施工注意事项

为保证加固层与原墙面可靠粘结，施工应注意如下事项：

1）做好原墙面清理工作，对于原墙面损坏或酥碱部位，应拆除修补。

2）对粘结不牢、强度低的粉刷层应铲除，并刷洗干净。

3）抹水泥砂浆前，应先湿润墙面。

4）水泥砂浆须分层抹，每层厚度不大于 15mm。

5）水泥砂浆应在环境温度为 5℃以上时进行施工，并认真做好养护。

4.5.4 外包钢筋混凝土

外包钢筋混凝土主要用于砖柱承载能力不足的加固。外包混凝土加固砖柱包括侧面外包混凝土加固（单侧、双侧）和四周外包混凝土加固两种，如图 4-9 所示。

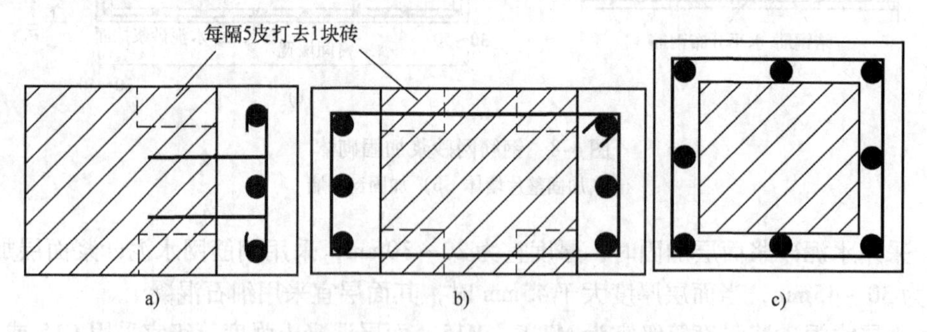

图 4-9 外包混凝土加固砖墙
a）单侧外包 b）双侧外包 c）四周外包

1. 侧面外包混凝土加固

当砖柱承受的弯矩较大时，往往采用仅在受压面增设混凝土层的加固方法(见图 4-9a)或双面增设混凝土层的方法(见图 4-9b)予以加固。采用侧面加固时，新旧柱的连接非常重要。为此，双面加固时应采用连通的箍筋，单面加固时应在原砖柱上打入混凝土钉或膨胀螺栓等。此外，无论单面加固还是双面加固，当 h 大于370mm时，应对原砖柱的角砖每隔5皮打掉一块，使新混凝土与原柱能很好地咬合。施工时，各角部被打掉的角砖应上下错开，并施加预应力顶撑，以保证安全。新浇混凝土的强度等级宜用C15或C20，受力钢筋距砖柱的距离不应小于50mm，受压钢筋的配筋率不宜小于0.2%，直径不应小于8mm。

2. 四周外包混凝土加固砖柱

四周外包混凝土加固砖柱的效果较好，对于轴心受压砖柱及小偏心受压砖柱，其承载力的提高效果尤为显著。当外包层较薄时，外包层亦可用砂浆，砂浆等级不得低于M7.5。外包层应设置直径4～ϕ6mm的封闭箍筋，间距不宜超过150mm。由于封闭箍筋的作用，砖柱的侧向变形受到约束，受力类似网状配筋砖砌体。

4.5.5　外包钢加固法

外包钢加固法主要用于砖柱或窗间墙承载能力不足的加固（见图4-10）。外包钢加固法的优点是：在基本不增加砌体尺寸的情况下，可较多地提高其承载力，大幅度地增加其抗侧力和延性。据试验，抗侧力甚至可提高10倍以上，因而它本质上改变了砌体脆性破坏的特征。

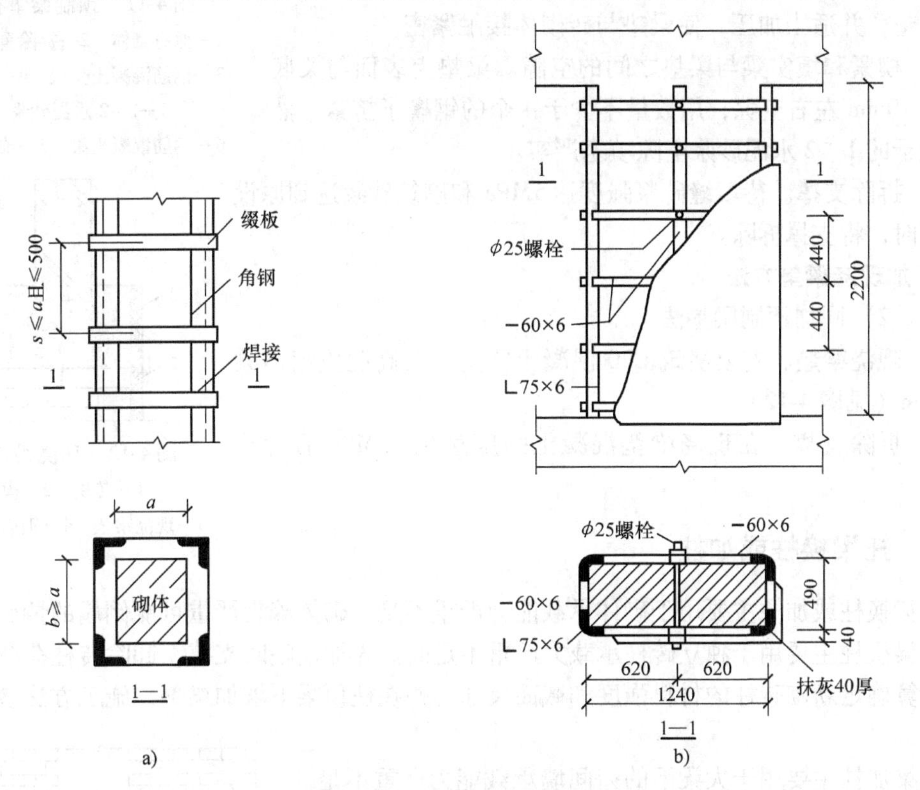

图4-10　外包角钢加固砖柱

a）外包钢加固砖柱　b）外包钢加固窗间墙

外包角钢加固砖柱的一般做法是：用水泥砂浆将角钢粘贴于受荷砖柱的四角，并用卡具夹紧，随即用缀板将角钢连成整体，随后去掉卡具，粉刷水泥砂浆以保护角钢。角钢应可靠地锚入基础，在顶部应有良好的锚固措施，以保证其有效地参加工作。由于窗间墙的宽度比厚度大得多，因而如果仅采用四角外包角钢的方法加固，则不能有效地约束墙的中部，起不到应有的作用。因此，当墙的高厚比大于2.5时，宜在窗间墙中部两面竖向各增设一根扁铁，并用螺栓将它们拉结。加固结束后，抹以砂浆保护层，以防止角钢生锈。外包的角钢不宜小于∟50mm×5mm，扁铁和缀板可采用∟35mm×5mm或∟60mm×12mm。

4.5.6 托梁加垫

托梁加垫主要用于梁下砌体局部承压能力不足时的加固，梁垫有预制和现浇两种。

1. 加预制梁垫法

加预制梁垫法，如图4-11所示。

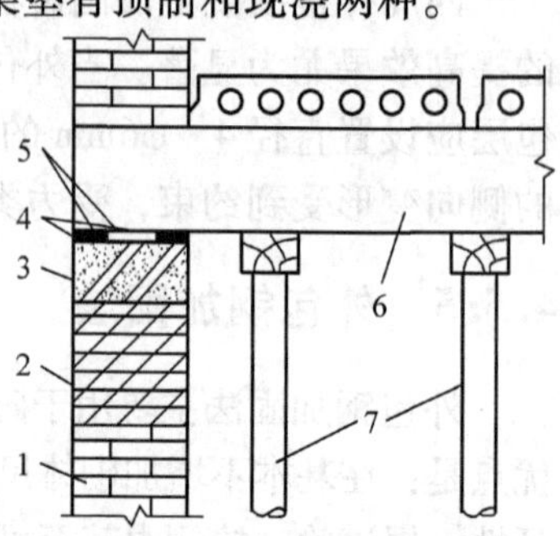

图4-11 预制梁垫补强

1—原有砌体 2—拆除重砌部分 3—钢筋混凝土垫块 4—钢楔子 5—1∶2水泥砂浆 6—钢筋混凝土梁 7—临时支撑

1）梁下加支撑。通过计算确定梁下应加的支撑种类、数量和截面尺寸，梁上荷载临时由支撑承受。

2）部分拆除重砌。将梁下被压裂、压碎的砖砌体拆除，用同强度砖和强度高一级的砂浆重新砌筑，并留出梁垫位置。

3）安装梁垫。当砂浆达到一定强度后（一般不低于原设计强度70%），新砌砖墙浇水润湿，铺1∶2水泥砂浆再安装预制梁垫，并适当加压，使梁垫与砖砌体接触紧密。

4）楔紧和填实梁与梁垫之间的空隙。梁垫上表面与梁底面间留10mm左右空隙，用数量不少于4个的钢楔子挤紧，然后用较干的1∶2水泥砂浆空隙填塞严实。

5）拆除支撑。待填缝砂浆强度达5MPa和砌筑砂浆达到原设计强度时，将支撑拆除。

2. 加现浇梁垫方法

1）、2）同加预制梁垫法。

3）现浇梁垫。支模浇筑C20混凝土梁垫，其高度应超出梁底50mm（见图4-12）。

4）拆除支撑。在现浇梁垫混凝土强度达到15MPa后拆除支撑。

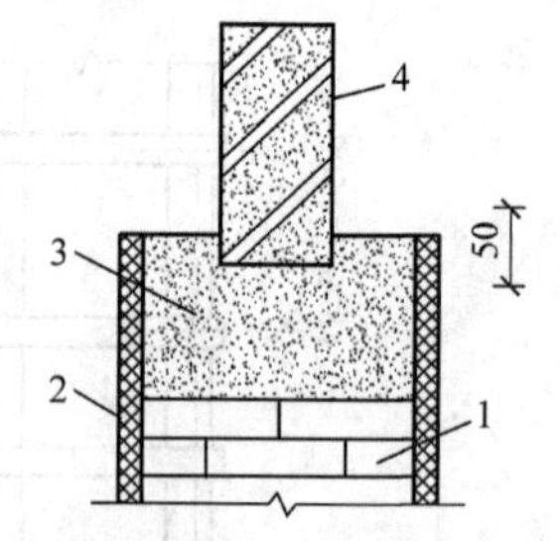

图4-12 现浇梁垫补强

1—砖块 2—模板 3—现浇梁垫 4—钢筋混凝土梁

4.5.7 托梁换柱或加柱

托梁换柱或加柱主要用于砌体承载能力严重不足，砌体碎裂严重可能倒塌的情况。

托梁换柱主要用于独立砖柱承载力严重不足时。先加设临时支撑，卸除砖柱荷载，然后根据计算确定新砌砖柱的材料强度和截面尺寸，并在柱顶梁下增加梁垫，施工方法参见托梁加垫。

托梁加柱主要用于大梁下的窗间墙承载能力严重不足时。首先设临时支撑，然后根据《混凝土结构设计规范》的规定，并考虑全部荷载均由新加的钢筋混凝土柱承担的原则，计算确定所加柱的截面和配筋。拆除部分原有砖墙，接槎口成锯齿形（见图4-13），然后绑扎钢筋、支模和浇混凝土。此外，还应注意验算地基基础的承载力，如不足还应扩大基础。

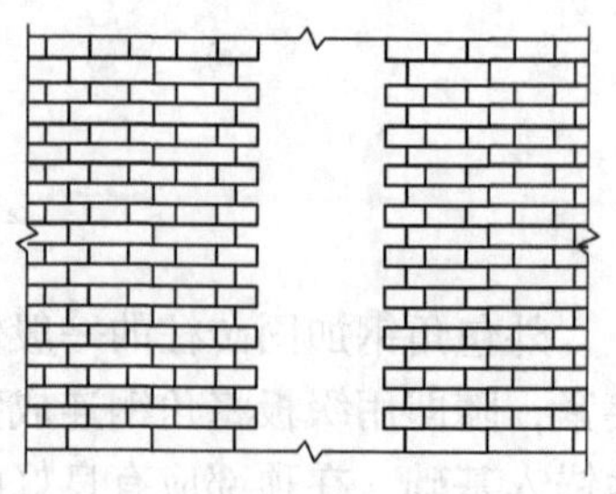
图4-13 砖墙部分拆除加柱

4.5.8　增设钢拉杆

增设钢拉杆主要用于纵横墙接槎不好，墙稳定性不足的加固。采用方法有钢拉杆局部拉结法和通长拉结加固法（见图4-14），一般采用通长拉结法加固。当每一开间均加一道拉杆时，拉杆钢筋直径参考表4-4。沿墙长方向设几道拉杆，应根据实际情况而定。纵横墙接槎处裂缝严重时，一般每米墙高设一道拉杆。

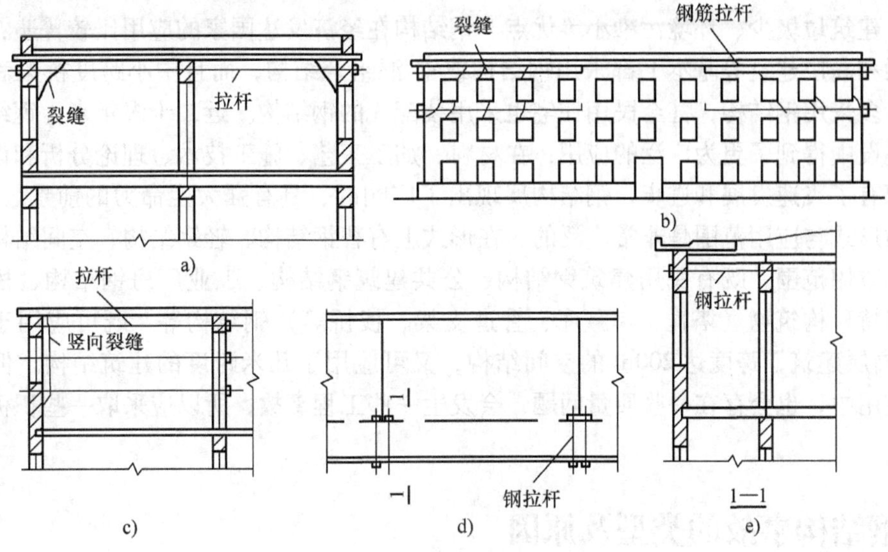

图4-14　纵横墙局部拉结加固

表4-4　钢拉杆与房间进深关系

房间进深/m	5～7	8～10	11～14
钢拉杆/mm	2Φ16	2Φ18	2Φ20

4.5.9　改变结构方案

1）增加横墙。对于空旷房屋需增加足够刚度的横墙，其间距不超过《砌体结构设计规范》的规定，将房屋的静力计算方案从弹性改为刚性。

2）砖柱承重改为砖墙承重。原为砖柱承重的仓库、厂方或大房间，因砖柱承载能力严重不足而改为砖墙承重，成为小开间建筑。

思　考　题

1. 砌体结构本身有哪些缺陷？
2. 砌体结构主要有哪些事故类型？并举例说明。
3. 举例说明常见的因地基不均匀沉降引发的墙体裂缝形式。
4. 砌体局压裂缝形式是怎样的？如何避免？
5. 处理砌体局部倒塌事故应注意哪些事项？
6. 如何避免因地基不均匀沉降引发的工程事故？
7. 产生砌体裂缝的主要原因有哪些？
8. 温度裂缝主要分布在建筑物哪些部位？为避免温度裂缝出现，可采取哪些构造措施？

第5章 钢结构事故

钢结构与混凝土结构相比，具有强度高、自重轻、塑性和韧性好、装配化程度高、施工周期短、建筑垃圾少、环境污染小等优点。钢结构在经济发达国家的应用比较普遍，不仅大跨度桥梁和高层建筑等基本上都采用钢结构或钢-混组合结构，而且中小跨度桥梁和普通建筑也有许多采用钢结构，甚至民用住宅也采用装配式的钢结构。近二十多年来，钢结构在我国工程建设中得到了更为广泛的应用，在材料、加工工艺、施工技术、理论分析和设计方法等方面都有了飞速发展和进步，钢结构展现出了广阔的、具有强大生命力的前景。实际上，钢结构的形式与应用范围是非常广泛的，在形式上有普钢结构、轻钢结构、空间结构、张拉结构等；应用范围，既有民用建筑钢结构、公共建筑钢结构、工业厂房钢结构、桥梁钢结构，又有特种构筑物（塔桅、储藏库、管道支架、栈桥等）钢结构等，既可应用于高度达400m的高层建筑，跨度达200m的空间结构，又可应用于几米跨度的建筑结构。但钢结构在具体应用中，也会存在一些质量问题，会发生一些工程事故，所以应采取一些积极措施加以预防。

5.1 钢结构事故的类型及原因

建筑工程中钢结构的事故按破坏形式可分为钢结构失稳，钢结构的脆性断裂，钢结构承载力和刚度失效，钢结构疲劳破坏和钢结构腐蚀破坏等。

5.1.1 钢结构失稳

钢结构的失稳主要发生在轴压、压弯和受弯构件。它分为局部失稳和整体失稳两类。

1. 钢结构局部失稳的主要原因

1）设计时构件局部稳定不满足要求。如I形、槽形截面构件翼缘的宽厚比和腹板的宽厚比大于限值时，易发生局部失稳现象；在组合截面构件设计中尤应注意。

2）局部受力部位加劲肋构造措施不合理。在构件的局部受力部位（如支座、较大集中荷载作用点）没有设支承加劲肋，以致外力直接传给较薄的腹板而产生局部失稳；构件运输单元的两端以及较长构件的中间如没有设置横隔，很难保证截面的几何形状不变，且易丧失局部稳定性。

3）吊装时吊点位置选择不当。在吊装过程中，由于吊点位置选择不当，会造成构件局部较大的压应力，从而导致局部失稳。所以在设计钢结构时，应详细说明正确的起吊方法和吊点位置。

2. 钢结构整体失稳的主要原因

1）设计时构件整体稳定不满足要求。影响整体稳定的主要参数为长细比，应注意截面两个主轴方向的计算长度可能有所不同，以及构件两端实际支承情况与计算支承间的区别。

2）制作时构件有各类初始缺陷。在构件的稳定性分析中，各类初始缺陷对其承载力的影响比较显著。这些初始缺陷主要包括初弯曲，初偏心（轴压构件），热轧和冷加工产生的残余应力和残余变形，焊接残余应力和残余变形等。

3）施工临时支撑体系不够。在结构的安装过程中，由于结构并未完全形成一个设计要求的受力整体或其整体刚度较弱，因而需要设置一些临时支撑体系来维持结构或构件的整体稳定。若临时支撑体系不完善，轻则会使部分构件丧失整体稳定，重则造成整个结构的倒塌或倾覆。

4）使用时构件受力条件的改变。钢结构使用荷载和使用条件的改变，如超载、节点的破坏、温度的变化、基础的不均匀沉降、意外的冲击荷载、结构加固过程中计算简图的改变等，引起受压构件应力增加，或使受拉构件转变为受压构件，从而导致构件整体失稳。

世界上曾发生过不少钢桥失稳事故。1875 年，俄罗斯的克夫达敞开式桥因上弦杆压杆失稳而引起全桥破坏；1907 年，加拿大的魁北克桥在架设过程中由于悬臂端下弦杆的腹板翘曲而引起严重破坏事故；1925 年，苏联的莫兹尔桥试车时由于压杆失稳而发生事故；1970 年，澳大利亚墨尔本附近的西门桥，在架设拼拢整孔左右两半（截面）钢箱梁时，上翼板在跨中央失稳，导致 112m 的整跨倒塌。

5.1.2 钢结构的脆性断裂

钢结构脆性断裂是其极限状态中最危险的破坏形式之一。它的发生往往很突然，没有明显的塑性变形，而破坏时构件的名义应力很低，有时只有其屈服强度的 0.2 倍。影响钢结构脆性断裂的原因主要有：

1）钢材抗脆性断裂性能差。钢材的塑性、韧性和对裂纹的敏感性都影响其抗脆性断裂性能，其中冲击韧性起决定作用。低合金钢材的抗脆性断裂性能比普通碳素钢优越；普通碳素钢中镇静钢、半镇静钢和沸腾钢的抗脆性断裂性能依次降低。

2）构件制作加工缺陷。这些缺陷包括结构构造及工艺缺陷、矫正时引起的冷热硬化、放样尺寸和孔中心的偏差、切割边未做加工或加工未达到要求、孔径误差、构件冷加工引起的钢材硬化和微裂纹、构件热加工及焊接引起的残余应力等。

3）构件的应力集中和应力状态。构件的高应力集中会使构件在局部产生复杂应力状态，如三向或双向受拉、平面应变状态等。这些复杂的应力状态，严重影响构件局部的塑性和韧性，限制其塑性变形，从而提高了构件产生脆性断裂的可能性。

4）低温和动载。随着温度降低，钢材的屈服强度和抗拉强度会有所升高，而钢材的塑性指标截面收缩率降低、屈强比增加，即钢材变脆。动载对钢结构的破坏往往是很突然的，无明显塑性变形，呈脆性破坏特征。

【例 5-1】 哈尔滨的滨洲线松花江钢桥是铆接结构，77m 跨的有 8 孔，33.5m 跨的有 11 孔。1901 年由俄国建造，1914 年发现裂纹，裂纹集中在钢板边缘和铆钉周围，成辐射状。试验结果表明，该桥使用的是从比利时买进的马丁炉钢，脱氧不够，氧化铁及硫增加了钢材的脆性，特别是金相颗粒不均匀，所以不适合低温加工。其冷脆临界温度为 0℃，而使用时最低气温为 -40℃，这是造成裂缝的主要原因。当时得出结论有四点：①该桥的实际负荷并不大；②大部分裂纹不在受力处；③钢材的金相分析表明材质不均匀；④各部分构件受力情况较好，所以钢桥可以继续使用。

5.1.3 钢结构承载力和刚度失效

1. 钢结构承载力失效

钢结构承载力失效指正常使用状态下结构构件或连接因材料强度不足而导致破坏。其主要原因为：

1）钢材的强度指标不合格。在钢结构设计中有屈服强度和抗拉强度两个强度指标；另外，当结构构件承受较大剪力或扭矩时，抗剪强度也是一个重要指标。

2）连接件强度不满足要求。焊接连接件的强度取决于焊接材料强度及其与母材的匹配、焊接工艺、焊缝质量和缺陷及其检查和控制、焊接对母材热影响区强度的影响等。螺栓连接的强度取决于螺栓及其附件材料的质量，热处理效果、螺栓连接的施工技术工艺的控制，特别是高强螺栓预应力和摩擦面的处理、螺栓孔引起被连接构件截面的削弱和应力集中等。

3）使用荷载和条件的改变。包括计算荷载的超越、部分构件退出工作引起其他构件荷载增加、意外冲击荷载、温度荷载、基础不均匀沉降引起的附加应力等。

2. 钢结构刚度失效

钢结构刚度失效指产生影响其继续承载或正常使用的塑性变形或振动。其主要原因为：

1）结构支撑体系不够。支撑体系是保证结构整体和局部刚度的重要组成部分。它不仅对抵制水平荷载和抗地震作用、抗振动有利，而且直接影响结构正常使用。

2）结构或构件的刚度不满足设计要求。如轴压构件不满足长细比要求，受弯构件不满足允许挠度要求，压弯构件不满足长细比和挠度的要求等。

5.1.4 钢结构疲劳破坏

钢结构的疲劳分析时，习惯上把循环次数 $N < 10^5$ 的称为低周疲劳，$N > 10^5$ 的称为高周疲劳。如果钢结构构件的实际循环应力特征和实际循环次数超过设计时所采取的参数，就可能发生疲劳破坏。影响钢结构疲劳破坏的原因还有：结构构件中有较大应力集中区域；所用钢材的抗疲劳性能差；钢结构构件加工制作时有缺陷，其中裂纹缺陷对钢材疲劳强度的影响比较大；钢材的冷热加工、焊接工艺所产生的残余应力和残余变形对钢材疲劳强度也会产生较大影响。

1967 年 12 月，美国西弗吉尼亚一座建造于 1928 年的大桥突然断裂坍塌，检查发现其关键部位——腹杆孔眼受力劣化并有应力腐蚀造成的疲劳断裂。

5.1.5 钢结构腐蚀破坏

普通钢材的抗腐蚀能力比较差，据统计全世界每年有年产量 30% ~40% 的钢铁因腐蚀而失效。腐蚀使钢结构杆件净截面面积减损，降低结构承载力和可靠度，腐蚀形成的“锈坑”使钢结构脆性破坏的可能性增大，尤其是抗冷脆性能下降。

一般来说，钢结构下列部位容易发生锈蚀：经常干湿交替又未包混凝土的构件；埋入地面附近的部位，如柱脚等；可能存积水或遭受水蒸气侵蚀的部位；组合截面净空小于 12mm，难涂刷油漆的部位；屋盖结构、柱与屋架节点、吊车梁与柱节点部位；易积灰且湿度大的构件部位等。

5.2 典型钢结构事故实例分析

统计表明，在钢结构的各类重大事故中，安装阶段出现的占27%，试验阶段出现的占10%，使用阶段出现的占63%。我国曾对220例各类房屋倒塌事故进行分析，由屋架、梁、板等水平结构破坏引起的倒塌有96例，占43.7%，其中由钢屋架破坏引起的倒塌事故有38例，占17.3%。

【例5-2】 大连某工厂接层会议室的大跨钢屋盖因焊接质量导致倒塌

1. 事故概况

大连市某厂在3层的办公楼上接层建一个可容纳二三百人的中型会议室，南北宽14.4m，东西长21.6m，建筑面积324m²。采用砖墙承重，5榀梭形轻钢屋架，预制空心屋面板和卷材防水屋面。会议室的剖面图及屋架如图5-1所示。该会议室由该厂基建处具有丙级资质的设计室自行设计，某建筑工程公司施工。1987年3月5日开工，同年5月22日竣工并交付使用。1990年2月16日下午4时20分许，会议室中305人正在开会，突然，会议室顶棚发出“嘎嘎嘎，哗啦哗啦”的响声，顶棚中部偏北方向出现锅底形下凹，几秒钟后屋顶全部坍塌，如图5-2所示。事故造成42人死亡，179人受伤，经济损失230多万元。

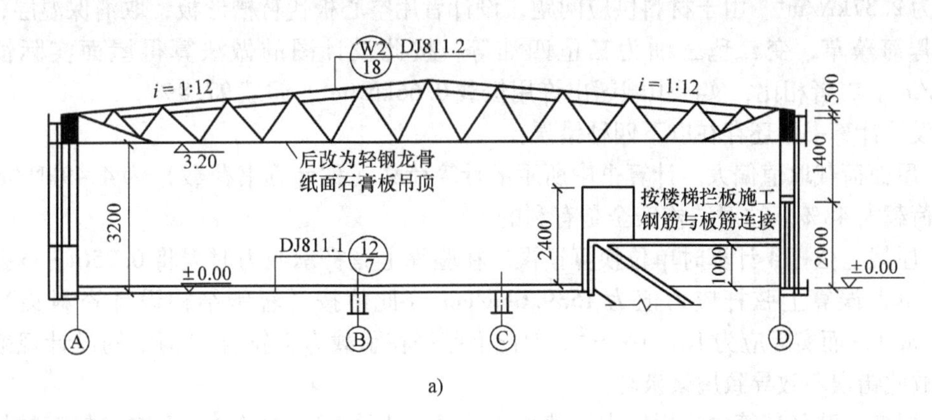

a)

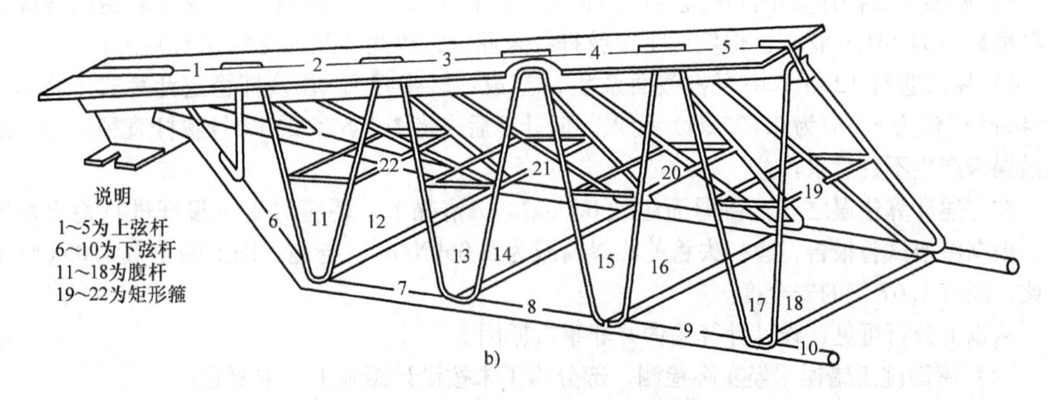

b)

图5-1 会议室剖面图及屋架示意图

a）会议室剖面图 b）屋架示意图

事故发生后，厂方当夜成立事故分析组，该市也成立了调查组。此后的4个月时间里，调查组经过现场观察、验算分析、屋架结构试验并根据现场勘查报告和有关原始资料，提交了事故分析报告。

图5-2 会议室坍塌事故现场

2. 事故分析

事故分析报告认为屋顶坍塌是由第三榀屋架北端14号腹杆首先失稳造成的。导致这次事故的原因是多方面的，涉及设计计算差错、屋面施工错误、焊接质量低、屋架构造与设计要求不一致，以及施工管理混乱等设计、施工和管理各阶段原因。

（1）设计计算差错　该会议室为在原3层的楼上接建4层，为使基础荷载不增加过多，参照中国建筑科学研究院标准设计研究所编写的轻钢结构设计资料图集，选用了梭形轻钢屋架，并修改了屋面做法，采用不上人不保温屋面。如，图集要求屋面做法为二毡三油，20mm厚找平层，100mm厚泡沫混凝土，槽形板或加气混凝土板结构层，按此计算得屋面许用恒载为2.37kN/m^2。由于材料供应问题，设计者用空心板代替槽形板，取消保温层，增加100mm厚海藻草，变二毡三油为三毡四油等，按此设计图的做法算得屋面实际恒载为3.03kN/m^2。二者相比，实际恒载超出许用恒载0.66kN/m^2，超载27.8%。

在设计计算书中还存在以下四种错误：

1）屋面荷载取值偏大。计算书中所示的计算荷载（称计算书荷载）为4.49kN/m^2，比设计图荷载大48%。这对结构安全是有利的。

2）屋架上弦杆4计算时单位换算错误。在验算上弦杆承载力时误将0.256t·m换算成256kg·cm，误算上弦杆应力值为1539.6kg/cm^2（此值按《轻钢结构设计资料集》应为158.3N/m^2），而实际应为185.4N/m^2。但此上弦杆在承载力上符合《钢结构设计规范》的要求，故此错误不致导致屋架破坏。

3）屋架下弦杆计算中许用应力取值偏大。计算中取235.2N/m^2，而按《轻钢结构设计资料集》应为141.6N/m^2。但实际上下弦杆并未屈服，故此情况也与事故无关。

4）屋架腹杆12计算中误将截面系数ω当成回转半径r。在该杆稳定计算式中将ω=1.54cm^{2}误作为r（应为0.625cm）代入。但计算后未将图上ϕ25的12号腹杆直径变小，故此错误未产生不良后果。

在上述计算错误之外，在屋面超载0.66kN/m^{2}情况下，还应对受压腹杆进行稳定性验算。根据屋架试验报告，腹杆失稳的临界荷载为5.06kN/m^2，与施工图上的荷载3.03kN/m^{2}相比，还有1.67倍的安全度。

从以上分析可见，设计计算错误并非事故原因。

（2）屋面施工错误　经实际检测，部分施工未按设计图施工，主要有：

1）设计图中规定屋面找平层为20mm厚的1∶3水泥砂浆，重0.39kN/m^2；而施工中错误地将找平层做成57.3mm厚，根据检测结果，砂浆重度为20.8kN/m^3，则找平层重1.19kN/m^2，比设计值增大了0.8kN/m^2。

2）设计图中屋面不设保温层，而施工中屋面上错误地铺设了102.77mm厚的炉渣保温层。按炉渣重度1050kg/m³计算，实际荷载超过设计值1.06kN/m²。

3）三毡四油防水层应重0.34kN/m²，而实重为0.14kN/m²，比设计值减少了0.20kN/m²。

4）施工时未按设计要求铺设100mm厚海藻草，此项使屋面自重减轻0.04kN/m²。

如按实际构件称重，梭形钢屋架重0.6kN/m²，轻龙骨和石膏板吊顶重0.13kN/m²，则屋盖塌落时的实际载荷（称竣工载荷）为4.64kN/m²，它比设计图载荷3.03kN/m²超出1.61kN/m²，比图集许用载荷超出2.37kN/m²，超载96%。

故从荷载看，主要原因是施工超载，而不是设计超载。

（3）焊接质量低　经现场勘测，屋架的焊接质量极差，存在大量气孔、夹渣、未焊透、未熔合现象。

1）焊接质量不符合规范。按照钢结构工程施工及验收规范的三级标准焊缝的要求。检查所有焊缝，发现不合格率为：第一榀为29.2%，第二榀为31.1%，第三榀为45.2%，第四榀为30.1%，第五榀为39.6%。特别是对腹杆稳定起关键作用的矩形箍和腹杆接头焊缝的质量更差。矩形箍焊缝不合格率第一榀为37.5%，第二榀为35.9%，第三榀为56.2%，第四榀为45.3%，第五榀为59.3%。其中焊缝脱开20处。总之，5榀屋架、32个矩形箍的焊缝均不合格。

2）矩形箍脱焊导致腹杆加速失稳。以第三榀屋架为例，其北段矩形箍的32个焊点中有8处脱开，占25%。矩形箍脱焊，使腹杆失去中间支撑点，理论上其长度系数由0.5增大到1.0，承载力则降低到原来的1/4。在光弹仪上将矩形箍和腹杆焊接接头做成模型进行光弹性试验，在屋架的1∶1模型试验中，在上述接头处贴电阻片进行电测，采用I-DEA进行计算，结果均说明矩形箍接头处存在着应力集中，有着和腹杆相同数量级的应力，其大小和焊接质量有关。另外，屋架1∶1的模型试验还表明：当腹杆有矩形箍支撑时，腹杆失稳时的屋面荷载为5.06kN/m²，腹杆失稳后呈S形；当矩形箍与腹杆接头处脱焊而导致腹杆无矩形箍支撑时，腹杆失稳时的屋面荷载降至2.45kN/m²，腹杆失稳后呈C形。

（4）屋架构造与设计要求不一致　主要指腹杆两端的成型不符合设计图要求，设计图要求的是直的折线形，实际却弯成大圆弧形。这也明显加大了腹杆的压力偏心量，显著降低了腹杆的稳定性能。同时，腹杆两端与上、下弦焊缝的长度和高度不足，使端部固定作用减弱，自然也会降低腹杆的稳定性能，使梭形屋架的承载力降低。

（5）施工管理混乱　在检查该工程施工记录和验收文件时发现：隐蔽工程记录失真。如屋面做法有很大幅度的变更，而隐蔽工程记录为“屋面按图施工”；设计图要求“钢屋架在完成2榀成品后，要进行一次现场荷载试验”，但没有钢屋架试验记录和试验报告，而隐蔽工程却记录为“钢屋架按图施工”等。工程竣工验收也违反了管理规定。

综上所述，这次事故的主要原因是屋面错误施工和焊接质量低。

3. 事故发展过程的探讨

第三榀屋架14号腹杆的失稳是屋架坍塌的根源。屋面荷载中活载最大的情况发生在1987年施工时，雪载最大的情况发生在1990年1月23日积雪达0.3kN/m²时。但是屋架在这两种情况下都没有失稳。而在活载、雪载都没有的2月16日破坏。据试验，屋架失稳荷载为5.06kN/m²，为何屋架在低得多的4.64kN/m²荷载下失稳呢？

分析认为，矩形箍焊接质量低劣，应力集中严重，在因屋架两端焊死而产生的长期波动的温度应力的反复作用下，有缺陷的焊缝难以承受。2 月 16 日，积雪全部融化时屋面荷载骤降，屋架回弹，矩形箍接头产生又一次应力大波动，个别焊缝因裂缝扩展而断开，腹杆失去中间支撑，稳定性能骤降，因而在屋面荷载减小后反而失稳破坏。

据事故现场观察，在第三榀屋架北端两根 14 号腹杆间，矩形箍西侧焊缝断开，从断口可看出焊缝缺陷严重，焊肉不连续。经测定，焊缝面积只有理论值的52.7%。14 号腹杆失稳后弯曲成C形，说明该杆大变形弯曲时，矩形箍已不起支撑作用，即失稳是由于矩形箍焊缝断裂后腹杆失去中间支撑而引起的。第三榀屋架 14 号腹杆失稳，引起内应力重新分配而导致连锁失稳，该榀屋架首先塌下，进而带动其他各榀屋架相继塌落。许多焊接质量低劣的矩形箍接头在失稳过程中断裂，又加速了连锁失稳的进程，导致整个屋架瞬时塌落。

【例 5-3】 某悬索结构屋盖因钢材腐蚀导致的整体塌落事故

1. 事故概况

上海市某研究所食堂是直径 17.5m 的圆形砖墙上扶壁柱承重的单层建筑。檐口总高度为6.4m，屋盖采用直径 17.0m 的悬索结构。悬索由 90 根直径为 7.5mm 的钢铰索组成，预制钢筋混凝土异形板搭接于钢绞索上，板缝内浇筑钢筋混凝土，屋面铺油毡防水层，板底平顶粉刷。使用20 年后的某天，屋盖突然整体塌落。经检查，90 根钢铰索全部沿周边折断，门窗部分振裂，但周围砖墙和圈梁无塌陷损坏。

2. 事故分析

该工程原为探索大跨度悬索结构屋盖的技术应用的实验性建筑，在改为食堂之前，一直在进行观察。改为食堂后，建筑物使用情况正常，曾因油毡铺贴问题导致屋面局部渗漏而做过一般性修补。悬索部分因被油毡面层和平顶粉刷所掩蔽，未能发现其锈蚀情况，塌落前未见任何异常迹象。

事故分析认为，屋盖的塌落主要与钢铰索的锈蚀有关，钢铰索的锈蚀原因主要有两点，一是屋面渗水，二是食堂的水蒸气上升，上部通风不良加剧了钢铰索的大气电化腐蚀和某些化学腐蚀（如盐类腐蚀）。由于长时间腐蚀，钢筋断面减小，承载能力降低，当超过极限承载能力后断裂。至于均沿周边断裂，则与周边夹头夹持、钢索处于复杂应力状态（拉应力、剪应力共同存在）有关。

3. 事故结论

该事故给了我们以下几点结论：①应加强钢索的防锈保护，可从材料构造等方面着手；②设计合理的夹头方向，夹头方向应使钢索处于有利的受力状态；③实验性建筑应保持长时间观察，以免发生类似事故。

【例 5-4】 错误的安装顺序导致的整体倒塌事故

1. 事故概况

某厂区内 3 栋结构形式基本一致的钢结构门式刚架，跨度 30m，柱距 6m，长度 72m，建筑面积均为 $2250m^2$。设计基准期 50 年，建筑高度 12.250m，防火设计建筑分类为二类，耐火等级为二级。非承重外墙采用 100mm 厚玻璃棉夹芯压型钢板，屋面采用夹芯板，保温层为 100mm 厚玻璃棉。建筑的重要性及安全等级为丙类二级，抗震设防烈度为 6 度，地震分组为第二组（0.05g），基本风压 $0.35kN/m^2$，B 类地面粗糙度，基本雪压 $0.45kN/m^2$。该工程屋面恒荷载为 $0.3kN/m^2$（包括屋面板及檩条自重），屋面活荷载为 $0.50kN/m^2$。垫层采用C15混凝土，其余为C30混凝土，钢筋采用HPB235、HRB335级钢筋。刚架采用10.9级大六角头摩擦型高强螺栓连接，地脚螺栓采用Q345B钢，其他锚栓为Q235钢。该工程在钢柱、钢梁吊装基本完成时，遭遇暴风雨天气，3栋钢结构厂房相继沿刚架平面外整体倒塌。

2. 现场检测

根据对工程现场的勘察，3栋厂房的基础已经全部施工完毕，其中2栋厂房的钢柱、钢梁、纵向水平系杆全部安装就位，另一厂房水平系杆尚未安装就位。3栋厂房的柱间支撑、屋面支撑、屋面檩条、屋面拉条、抗风柱均未安装。在事故现场均发现有已断裂的钢丝绳用于临时固定钢架。根据现场情况，厂房倒塌均沿着刚架平面外方向，钢柱、钢梁扭曲变形（见图5-3），钢筋混凝土独立基础混凝土破坏（见图5-4）。

图5-3 厂房倒塌照片

图5-4 独立基础破坏照片

现场对钢筋混凝土独立基础的混凝土强度及钢柱、钢梁的尺寸规格等进行检测：独立柱基础的基础顶为矩形截面550mm×550mm，符合设计要求；柱基础混凝土强度均达到30MPa，符合设计要求；螺栓规格为M24，地脚螺栓间距为200、240mm，符合设计要求；钢柱截面采用变截面焊接工字形截面，截面尺寸为300mm×（380~930）mm×10mm×8mm，符合设计要求；钢梁截面采用变截面焊接工字形截面，截面尺寸为300mm×（730~964）mm×10mm×6mm，符合设计要求；钢柱与钢梁采用高强度螺栓连接，连接完好，未发现破坏现象；独立柱基础顶面与钢柱之间的二次浇筑尚未完成。

根据当地气象局提供的气象资料，当日的最高温度31.7℃，最大风速15.0m/s，风向为西南，降水量为19.4mm。按照GB 50009建筑结构荷载规范的相关条文，该风速下的换算风压为0.14kN/m^2。

3. 事故分析

根据该工程的检测结果，当日最大风速产生的风压远小于当地的基本风压值，而且厂房围护结构尚未安装，受风面积较小，可排除所承受的风荷载超过工程设计值的原因。该工程所用材料的尺寸规格、混凝土强度等级均满足设计要求，可排除用材不当的原因。从倒塌厂房的构件安装情况看，钢柱、钢梁及水平系杆基本安装完毕，但柱间斜向支撑尚未安装，且此时柱脚底板与基础顶面间尚有空隙，二次浇筑尚未完成，因此钢柱在刚架平面外抵抗侧向弯矩能力较小，在遭遇侧向（平面外）大风时，刚架结构沿平面外倒塌，虽然结构上设有缆风绳，但从现场情况看，缆风绳已经破坏，其提供的抗侧力有限，未能阻止结构的倒塌。而根据《门式刚架轻型房屋钢结构技术规程》第8.2.5条，刚架结构构件的安装顺序宜先从靠近山墙的有柱间支撑的2榀刚架开始，在刚架安装完毕后应将其间的檩条、支撑、隅撑等全部安装好，并检查后以此为起点，向房屋的另一端顺序安装。这3栋厂房正是由于未按照相关标准要求，采取了错误的安装顺序而导致了事故的发生。

【例5-5】下弦杆连接失效而导致的倒塌事故

1. 事故概况

某学校干煤棚为单层钢结构，跨度25.7m，柱距7m。采用弧形彩钢屋面，弧形轻钢屋架，薄壁槽钢檩条，钢管柱，混凝土独立基础。屋架上弦设有水平横向支撑，屋架间设有纵向支撑，柱间设有纵向支撑。该工程安全等级为二级，抗震设防类别为丙类，设计基准期为50年。抗震设防烈度为7度，设计基本地震加速度为0.10g，设计地震分组为第一组，场地类别为Ⅱ类，基本风压为0.45kPa，地面粗糙度为B类，基本雪压为0.3kPa。该工程在建成6个月后，在雪荷载作用下屋架发生坍塌，并引起钢管柱折断。

根据现场调查，整个钢结构除1榀屋架外，其他屋架均已塌落损坏。屋架下弦大部分拉杆和部分上弦支撑拉杆已拉脱，屋架从中部拼接位置处撕开，个别钢管柱已折断，大部分钢管柱出现程度不同的变形，个别柱根出现松脱现象，弧形彩钢屋面已严重变形（见图5-5）。

2. 现场检测

根据鉴定要求及现场情况，对该钢结构工程的结构布置、材料性能等进行了相关检测，具体情况如下。

（1）结构布置　现场对钢结构柱、屋架和檩条等的定位尺寸、构件设置等进行了测量，并与设计图进行了比对，检测结果符合原设计图要求。

（2）构件规格　现场分别抽检了檩条、屋架弦杆、腹杆和下弦拉杆、纵向和横向支撑杆件及钢柱杆件的截面尺寸，结果符合设计图要求。

（3）焊缝质量　现场对焊缝的质量进行了抽查，未发现焊缝有裂纹、焊瘤、夹渣及明显的漏焊等缺陷。

（4）力学性能　现场取样对屋架下弦拉杆和支撑拉杆材料的力学性能进行了检验，所检杆件的力学性能指标符合规范要求。

（5）连接性能　对各类构件之间的连接方式、性能等进行了检查，主要构件之间采用焊接或螺栓连接方式，未发现失效现象；屋架下弦拉杆采用法兰螺栓连接，螺栓与拉杆采用弯钩连接（见图5-6），部分弯钩已经拉直，连接失效。

图5-5　干煤棚倒塌照片

图5-6　下弦杆连接破坏照片

（6）雪荷载调查　根据对屋面及周边位置积雪深度测量的结果并结合雪荷载重度推算，

发生倒塌事故时积雪荷载尚未超过当地基本雪压 0.3kN/m²。

3. 事故分析

根据现场情况，初步怀疑事故原因是在雪荷载作用下，屋架下弦拉杆连接失效造成。为了进一步证实，现场收集未破坏（弯钩完好）的法兰螺栓，并截取部分拉杆进行了组合件实验室抗拉性能试验。试验结果显示，弯钩的极限拉力平均值为 31.7kN，远小于拉杆设计强度相应的拉力值 79.8kN。因此，根据试验结果及现场情况分析认为，由于屋架下弦杆采用的连接方式缺陷，使得屋架在雪荷载作用下，下弦杆连接失效而导致了倒塌事故的发生。

【例 5-6】 某体育馆因设计、施工不规范导致的倒塌事故

1. 事故概况

某学校体育馆为 3 层框架结构，顶部采用正放四角锥碳钢螺栓球网架，建筑总高度为 20.10m，总长度 69.4m，总宽度 56.4m，建筑面积 13 520m²。在网架的四周采用钢结构焊接有悬挑 4m×4m 的倒四棱台斜立面造型。该工程安全等级为二级，抗震设防类别为丙类，设计基准期为 50 年。抗震设防烈度为 7 度，设计基本地震加速度为 0.10g，设计地震分组为第一组，场地类别为Ⅱ类，基本风压为 0.40kPa，地面粗糙度为 B 级，基本雪压为 0.3kPa。钢网架为下弦支撑，上弦荷载：静载 0.40kN/m²，活载 0.70kN/m²；下弦荷载：静载 0.20kN/m²。螺栓球材料 45 号，杆件 Q235。最大杆件内力 346.3 ~ 390.8kN。最大挠度 −190.1mm。该工程在竣工 1 年多以后，遭受狂风并夹杂暴雨冰雹天气，致使钢网架顶棚大部分由北向南掀起，飞落至西边 100 多米远的停车场。钢网架倒塌照片如图 5-7 所示。

图 5-7 钢网架倒塌照片

2. 现场检测

根据鉴定要求及现场情况，对该钢网架工程的结构布置、周边环境等进行了相关调查、检测，具体情况如下。

（1）结构形式　从该钢网架工程的结构形式看，采用了正放四角锥螺栓球网架，但在网架周边焊接有倒四棱台造型钢结构，从其体形特征来看，对承受风荷载较为不利，在结构设计时应合理考虑结构的体形系数及风荷载。

（2）周边环境调查　该体育馆地势为北低南高，南侧地面与体育场馆二层室内地面基本持平，北侧为田径场，田径场的地坪标高比体育馆的一层室内地坪低 2.4m 左右。田径场与其看台在体育馆的北边形成凹字形的山谷口状地形。在田径场的北边距体育馆约 200m 处为一个深沟，深约 40m，宽 30 ~ 40m，并向东北方向延伸，体育馆向北方视野范围内基本无高大建筑物或山体。在田径场北侧深沟处原设置有钢丝网围栏，在经历该次大风后，钢丝网围栏大面积向南倾斜，检测时部分围栏已经完全倒伏至地面。因此，从周边环境看，该体育馆所处地形使得其承受了较大的风荷载，而且从周边围栏的倒伏情况看，当日风荷载确实较大。在调查中还了解到，该体育馆北侧大门在事故当天被风吹开，形成了穿堂风，进一步增大了钢网架承受的风荷载。

（3）杆件尺寸　对该网架杆件的长度、直径、壁厚等进行了检测，所抽检的杆件尺寸满足设计要求。

(4) 混凝土强度　对网架支座处混凝土强度进行了抽检，所抽检构件混凝土强度满足设计要求。

(5) 连接情况检测　根据结构破坏的形式，对钢网架支座处的连接情况进行重点检测。从现场的情况来看，网架北侧预埋钢板完好，支座处钢板与预埋钢板之间以及螺栓球与支座之间的焊接存在漏焊等质量缺陷。从破坏情况看，大部分支座节点的破坏位于支座钢板与预埋钢板之间，部分预埋钢板上甚至看不到焊缝的痕迹，部分钢板上混凝土尚未清理；少部分支座节点破坏位于螺栓球与支座焊接处（见图5-8），而且预埋钢板与支座之间的焊缝尺寸设计也不符合国家相关标准的要求。

图5-8　网架支座连接破坏照片

根据当地气象局提供的气象资料，当日该地区出现雷雨大风天气，最大风速达15.1m/s（市区测定），降雨量达31.7mm，冰雹最大直径2mm。

3. 事故分析

根据检测结果，该网架工程倒塌事故主要有以下因素：该工程所处的特殊地理位置、屋面特有的倒四棱台造型使得该钢网架承受了较大的风荷载，在设计中是否充分地考虑了不利风荷载的影响还无法直接查证，但是设计图中钢网架支座钢板与预埋钢板之间的焊缝尺寸明显偏小，不满足标准要求；该钢网架工程部分支座的焊缝连接存在明显缺陷，部分支座连接有漏焊现象，部分螺栓球与支座连接焊缝也存在明显缺陷，这些都严重影响了网架在负压风荷载作用下的结构安全。正是在这些因素的影响下，在出现恶劣天气时发生了钢网架破坏事故。

【例5-7】 某重型钢结构厂房因设计失误导致的事故

1. 事故概况

某钢结构公司承建的某重型钢结构厂房主厂房的格构柱主要有20m高和30m高两种截面形式。在施工过程中因遭遇突如其来的暴风雨，主厂房的格构柱发生了局部倒塌事故，见图5-9。主要是主厂房A17-A33轴和B18-B34轴格构柱、A17-A33轴和B18-B28轴吊车梁、A17-A33轴檩条、系杆及柱间支撑体系倒塌而严重破坏，同时使杯口基础、园林绿化和电力等配套设施受到破坏。据当地气象部门反馈，事故发生时的风速为17.2m/s。

事故分析人员调阅了钢结构施工图、施工和监理日志、吊装施工方案等资料，经与现场实际情况比对，发现施工单位基本上是按图施工、按规范操作的，较严格地执行了吊装方案。从现场可以看出，安装单位对部分格构柱采取了“拉索＋地锚”的拉结形式。因此，有必要对该事故原因进行详细分析，从而为事故责任的判定提供理论依据。

图5-9　倒塌事故现场一角

2. 事故分析

（1）基本假定

1）鉴于倒塌的钢格构柱的柱脚均已插入杯口基础中，但均未采用混凝土封闭基础，因此将柱脚视为未有效加固，基础视为均仅对 x 和 y 方向变形和转动进行了约束。

2）鉴于施工现场有少数格构柱未采取必要的拉结加固措施，计算时将忽略其他格构柱的“拉索＋地锚”加固形式对结构体系的整体影响，对计算模型不考虑拉结加固力。

（2）Ⓐ轴格构柱的风力效应计算 按场地粗糙程度为A类（考虑到厂区距离港口很近，厂区及周边房屋很稀疏，故场地粗糙度适当提高），考虑柱顶附属构件，取柱高20m，计算模型如图5-10所示，柱脚受力简图如图5-11所示。

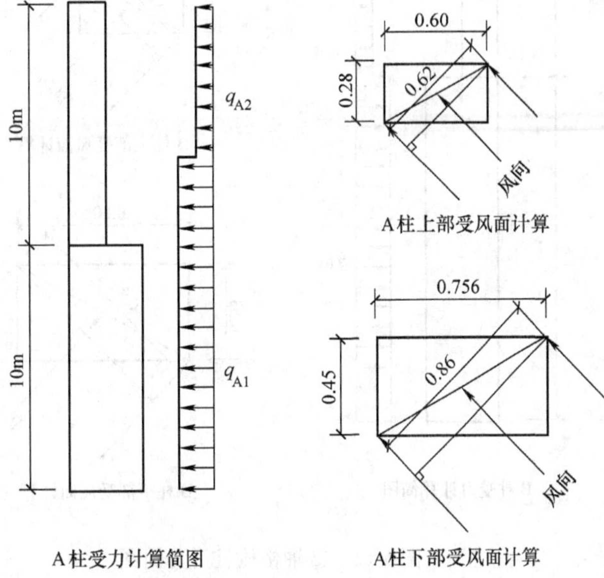

图5-10 Ⓐ轴格构柱受力计算简图

计算Ⓐ轴格构柱的风荷载标准值。其中：考虑柱单杆体型系数为1.3，风荷载体型系数 $\mu_s=1.82$，基本风压 $2w_0=0.185\text{kN/m}^2$，高度 z 处的风振系数，风压高度变化系数 $\mu_z=1.52$。因此：

$$q_{A1}=w_k\times0.86=(0.945\times0.86)\text{kN/m}=0.813\text{kN/m}$$

$$q_{A2}=w_k\times0.62=(0.945\times0.62)\text{kN/m}=0.586\text{kN/m}$$

$$M_A=(0.813\times10\times5+0.586\times10\times15)\text{kN}\cdot\text{m}=128.55\text{kN}\cdot\text{m}$$

Ⓐ轴格构柱受风的抗拔力计算：

$$N_A\times1.0\text{m}+0.1N_A\times1.4\text{m}=128.55\text{kN}\cdot\text{m}-6.8\times9.8\times0.7\text{kN}\cdot\text{m}$$

解出 $N_A=71.85\text{kN}>G_A(=66.64\text{kN})$，很显然，Ⓐ轴柱脚可以拔出。

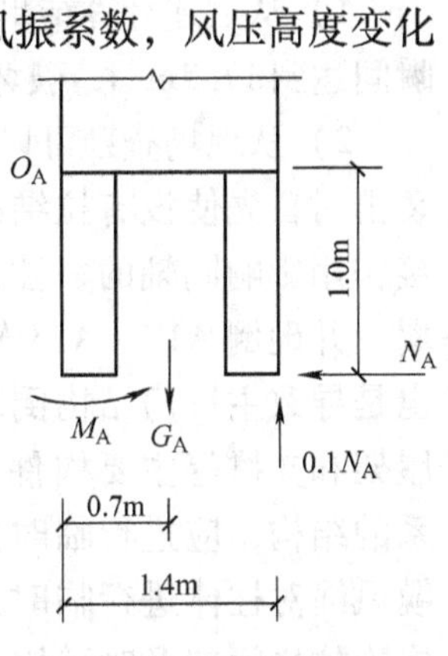

图5-11 Ⓐ轴格构柱柱脚受力简图

（3）Ⓑ轴格构柱的风力效应计算 按场地粗糙程度为A类，考虑柱顶附属构件，取柱高30m，计算模型如图5-12所示，柱脚受力简图如图5-13所示。

计算Ⓑ轴格构柱的风荷载标准值。其中：考虑柱单杆体型系数为1.3，风荷载体型系数 $\mu_s=1.82$；基本风压 $\omega_0=0.185\text{kN/m}^2$，高度 z 处的风振系数，风压高度变化系数 $\mu_z=1.69$。因此：

$$q_{B1}=w_k\times0.95=(1.056\times0.95)\text{kN/m}=1.00\text{kN/m}$$

$$q_{B2}=w_k\times0.86=(1.056\times0.86)\text{kN/m}=0.908\text{kN/m}$$

$$M_B=(1.00\times17\times8.5+0.908\times13\times23.5)\text{kN}\cdot\text{m}=421.89\text{kN}\cdot\text{m}$$

Ⓑ轴格构柱受风的抗拔力计算：

$$N_B\times1.0\text{m}+0.1N_B\times1.4\text{m}=421.89\text{kN}\cdot\text{m}-11.1\times9.8\times0.9\text{kN}\cdot\text{m}$$

解出 $N_B=274.57\text{kN}>G_B$（$=97.902\text{kN}$），很显然，Ⓑ轴柱脚也可以拔出。

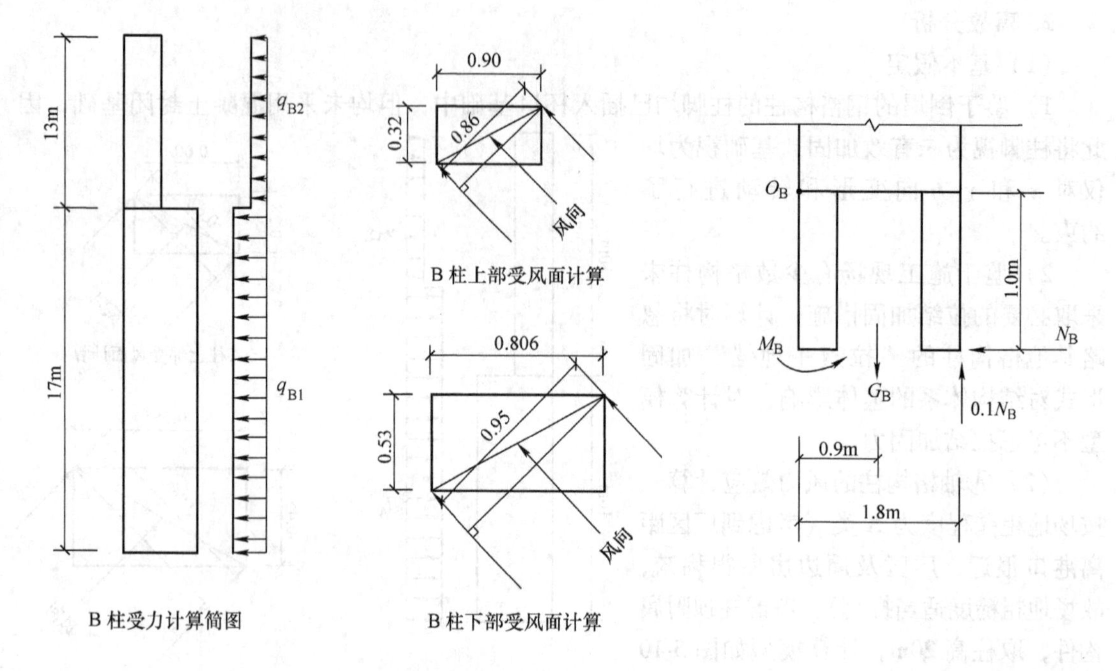

图 5-12 Ⓑ轴格构柱受力简图　　图 5-13 Ⓑ轴钢柱脚受力简图

3. 事故结论

1）从上述计算结果来看，结合事故现场了解的资料，事故发生时气象条件恶劣，风速瞬间达到 17.2m/s，破坏性很强，虽然格构柱有所加固，亦难阻止倒塌事故的发生。

2）从现场查勘可以了解到，事故发生时Ⓑ轴有极少数的格构柱没有及时拉结，暴风雨袭击时首先使没有拉结的一根重约 11t 的格构柱发生倒塌，再通过柱间支撑和吊车梁的连接作用影响同轴的邻柱，产生多米诺骨牌效应，使得同轴的 B18～B34 轴格构柱一起倒塌，并砸倒 A17～A33 轴的格构柱。可见，施工时没有及时将格构柱全部拉结加固到位，也是导致主厂房结构倒塌的重要原因之一。从上述分析过程可知，钢结构格构柱、梁、屋架和支撑等主要构件安装就位后，应及时进行校正、固定，对不能形成稳定的空间体系的结构，应进行临时固定。对于类似本工程的重型格构柱，在安装就位后，必须采用缆风绳对柱体进行临时加固，采取槽钢或枕木对杯口内格构柱柱脚进行临时固定，相邻格构柱之间应及时采用系杆和支撑形成临时稳定体系。同时，安装单位应积极与当地气象部门加强沟通和联系，提前做好突发性气象应急预案，从组织措施、技术措施方面预防类似事故的发生。

【例 5-8】美国肯帕体育馆因高强螺栓疲劳而塌落

1. 事故概况

美国肯帕体育馆建于 1974 年，承重结构为三个立体钢框架，屋盖钢桁架悬挂在立体框架梁上，每个悬挂节点用 4 个 A490 高强螺栓连接，如图 5-14 所示。1979 年 6 月 4 日晚，高强螺栓断裂，屋盖中心部分突然塌落。

2. 事故分析

调查表明，屋盖倒塌的主要原因是高强螺栓长期在风荷载作用下发生疲劳破坏。

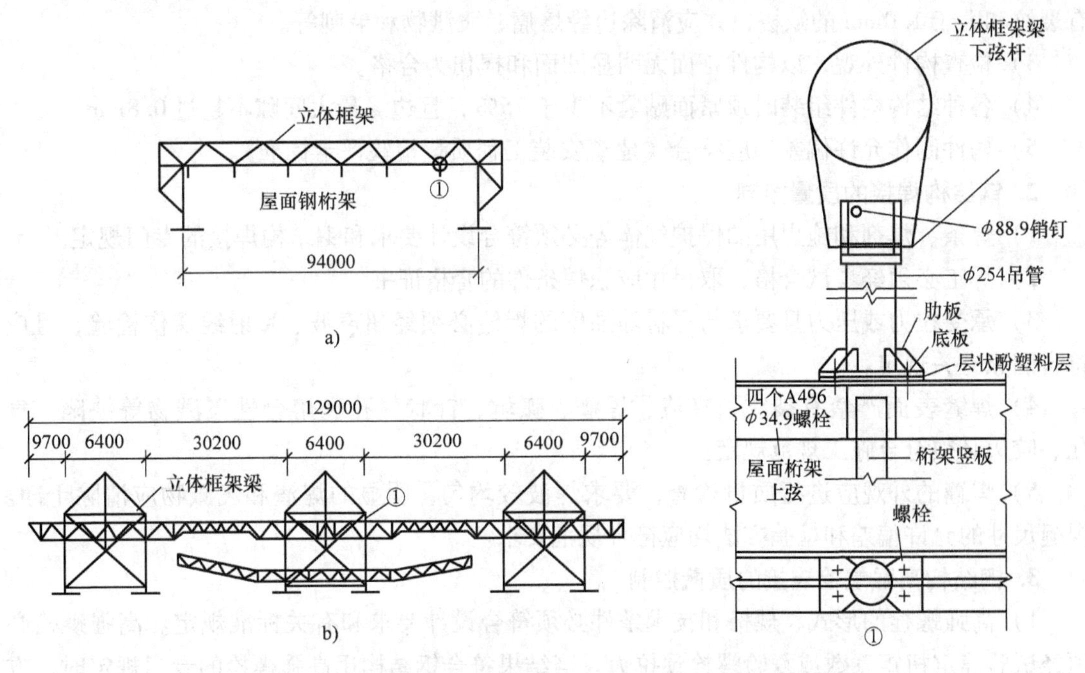

图5-14 美国肯帕体育馆屋盖结构

设计时，悬挂节点按静载条件设计，设计恒载 1.27kN/m^2，活载 1.22kN/m^2，每个螺栓设计承受的拉力为238.1kN，而每个螺栓的设计承载力为362.8kN、破坏荷载为725.6kN。当屋盖荷载达到破坏荷载时，每个螺栓实际受力为136~181kN。因此，按静载条件设计，高强螺栓不会发生破坏。

但实际上，在风荷载作用下，屋盖钢桁架与立体框架梁间产生相对移动，使吊管式悬挂节点连接中产生弯矩，从而使高强螺栓承受了反复荷载。而高强螺栓受拉疲劳强度仅为其初始最大承载力的20%，对A490高强螺栓的试验表明，在松、紧五次后，其强度仅为原有承载力的1/3。另外，螺栓在安装时没有拧紧，连接件中各钢板没有紧密接触，加剧和加速了螺栓的破坏。

3. 事故结论

在某些情况下不能将风荷载只看成静荷载设计。同时，对承受由风载产生的动荷载作用的纯拉螺栓，设计时必须考虑螺栓可能存在的疲劳。

5.3 钢结构事故的预防措施

要防止钢结构的事故，必须对钢结构的制作、焊接及高强螺栓的连接、安装、防腐等进行严格的质量控制。

1. 钢结构制作的质量控制

1）应保证钢材的屈服强度、抗拉强度、伸长率、截面收缩率和硫、磷等有害元素的极限含量，对焊接结构还应保证碳的极限含量，必要时，尚应保证冷弯试验合格。

2）要严格控制钢材切割质量，切割前应清除切割区内铁锈、油污，切割后断口处不得有裂纹和大于1.0mm的缺棱，并应清除边缘熔瘤、飞溅物和毛刺等。

3）检查构件外观，以构件正面无明显凹面和损伤为合格。

4）各种结构构件组装时顶紧面贴紧不少于75%，且边缘最大间隙不超过0.8mm。

5）构件制作允许偏差均应符合《建筑安装工程质量检验评定标准》。

2. 钢结构焊接的质量控制

1）焊条、焊剂和施焊用的保护气体等必须符合设计要求和钢结构焊接的专门规定。

2）焊工必须经考试合格，取得相应施焊条件的合格证书。

3）承受拉力或压力且要求与母材等强度的焊缝必须经超声波、X射线探伤检验，且应符合国家有关规定。

4）焊缝表面严禁有裂纹、夹渣、焊瘤、弧坑、针状气孔和熔合性飞溅物等缺陷。气孔、咬边必须符合施工规范规定。

5）焊缝的外观应进行质量检查，要求焊波较均匀，明显的焊渣和飞溅物应清除干净。焊缝尺寸的允许偏差和检验方法均应符合规范要求。

3. 钢结构高强螺栓连接的质量控制

1）高强螺栓的形式、规格和技术条件必须符合设计要求和有关标准规定。高强螺栓必须经试验确定扭矩系数或复验螺栓预拉力。当结果符合钢结构用高强螺栓的专门规定时，方准使用。

2）构件的高强螺栓连接面的摩擦系数必须符合设计要求。表面严禁有氧化铁皮、毛刺、焊疤和油污。

3）高强螺栓必须分两次拧紧，初拧、终拧质量必须符合施工规范和钢结构用高强螺栓的专门规定。

4）高强螺栓接头外观要求：正面螺栓穿入方向一致，外露长度不少于两扣。

4. 钢结构安装的质量控制

1）构件必须符合设计要求和施工规范规定，由于运输、堆放和吊装造成的构件变形必须矫正。

2）垫铁规格、位置应正确，与柱底面和基础接触紧贴平稳，点焊牢固。坐浆垫铁的砂浆强度必须符合规定。

3）构件中心、标高基准点等必须符合规定。

4）结构表面干净，结构大面无焊疤、油污和泥砂。

5）磨光顶紧的构件安装面要求顶紧面紧贴不少于70%，边缘最大间隙不超过0.8mm。

6）安装的允许偏差和检测方法均应按国家的有关规范执行。

5. 钢结构防腐处理的质量控制

1）油漆、稀释剂和固化剂种类和质量必须符合设计要求。

2）涂漆基层钢材表面严禁有锈皮、焊渣、焊疤、灰尘、油污和水等杂质。用铲刀检查经酸洗和喷丸（砂）工艺处理的钢材表面必须露出金属色泽。

3）观察有无误涂、漏涂、脱皮和反锈。

4）涂刷均匀，色泽一致，无皱皮和流坠，分色线清楚整齐。

5）干漆膜厚度要求125μm（室内钢结构）或150μm（室外钢结构）。

5.4 钢结构加固方法

钢结构存在严重缺陷和损伤或改变使用条件，经检查和验算结构的强度、刚度及稳定性不能满足要求时，应对钢结构进行加固或修复。

5.4.1 常用加固方法

（1）增加构件截面面积　增大构件截面的形式具有一定的灵活性，可根据加固要求、现有钢材种类、施工方便等因素选定。新增的截面大小应通过计算确定，以满足强度和稳定性的要求。增大截面的钢材与原有结构的连接，可根据具体情况采用焊接、铆接、螺栓连接等。

（2）增设附着式桁架　在原结构上增设附着式桁架，形成原结构与桁架联合体系。它常用于受弯构件的加固。加固时可将原构件视为桁架上（下）弦，而增设下（上）弦及腹杆。

（3）增设跨中支座或增加支撑　对受弯构件增设中间支座以减小计算跨度；对于受压构件增设支撑以减小计算长度，增大承载力和稳定性。另外，亦可考虑新增梁、柱以分担荷载。

（4）改为劲性钢筋混凝土结构　在钢结构（或构件）四周浇筑钢筋混凝土，使钢梁、钢柱变为劲性钢筋混凝土梁柱。这种加固由于构件自重加大，故必须通过结构计算方能采用，适用于露天、侵蚀性较强及高温条件下钢结构的加固。

5.4.2 钢结构加固方案注意事项

确定钢结构加固方案时，应以方便施工、不影响生产或少影响生产和加固效果良好为前提，为此应注意以下问题：

1）钢结构加固以焊接为主，但应避免仰焊。

2）若不能采用焊接或施焊有困难时，可用高强螺栓或铆钉加固（不得已时可用精制螺栓代替），不得采用粗制螺栓。

3）加固应在原位置上，利用原有结构在承载状态下或卸载及局部卸载情况下进行，不得已时才将原有结构拆除，加固后再起吊安装。当原结构加固量太大时，亦可将原结构改造后用于他处，而另以新结构代替。

4）当用焊接加固时，应在0℃以上（最好大于或等于10℃）温度条件下施焊。若在承载状态下加固，则应尽量减轻或卸去活荷载以减少其应力，并应避免设备振动的影响，加固时原有构件（或连接）的应力不宜大于容许应力的60%，最多不得超过80%，但此时必须制定安全可靠的施工方案，以免发生事故。

5）当用铆钉或螺栓在承载状态下加固时，原有构件（或连接）因加固而削弱后的截面应力不应超过规范规定的容许应力。

6）对轻钢结构杆件，因其截面过小，在承载状态下，不得采用电焊加固。

5.4.3 钢结构加固施工注意事项

1）加固时，必须保证结构的稳定，应事先检查各连接点是否牢固，必要时可先加固连接点或增设临时支撑，加固完毕后拆除。

2）原结构在加固前必须清除表面、刮除锈迹，以利施工。加固完毕后，再涂刷油漆。

3）对结构上的缺陷损伤（包括位移、翘曲等）一般应首先予以修复，然后再加固。加固时，应先装配好全部加固零件，先两端后中间用点焊固定。

4）在荷载下用焊接加固时，应慎重选择焊接工艺（如电流、电压、焊条直径、焊接速度等），确保被加固构件不致由于过度灼热而丧失承载力。

5）在承载状态下加固时，确定施工焊接程序应遵循下列原则：

① 应尽量减少焊接应力（焊缝和钢材冷却时收缩应力），并能使构件卸载。为此，在实腹梁中宜先加固下翼缘；在桁架结构中先加固下弦后加固上弦。

② 先加固最薄弱的部位和应力较高的杆件。

③ 凡立即能起到补强作用，并对原断面强度影响较小的部位应先施焊。如加固腹杆时，应先焊好两端的节点部位，然后焊中段的焊缝，并且先在悬出肢（应力较小处）上施焊；如加厚焊缝时，必须从原焊缝受力较低的部位开始，节点板上腹杆焊缝的加固应首先考虑补焊端焊缝等。

思 考 题

1. 简述钢材中裂纹产生的原因。
2. 钢结构缺陷的类型、引起缺陷的原因有哪些？
3. 简述引起钢结构脆性破坏的因素。
4. 钢结构事故的一般原因及影响因素有哪些？
5. 简述钢结构事故处理的一般程序。
6. 简述焊接连接缺陷的检测方法及各自的适用范围。
7. 脆性断裂的防治措施主要包括哪些？
8. 失稳事故的处理与防范措施有哪些？
9. 简述钢结构表面处理的方法及处理标准。
10. 钢结构防火涂料类型有几种，各有什么特点？
11. 作为工程师，当您将来从事钢结构工程设计、施工、监理或使用时，如何防范钢结构事故的发生？

第 6 章　混凝土结构事故

钢筋混凝土工程是目前建筑领域应用最广泛的结构形式之一。钢筋混凝土结构可以充分发挥两种材料各自的受力性能。混凝土的抗压强度较高，可模性好，耐久性及耐蚀性也较好，其缺点是抗拉强度低，易开裂；钢筋的抗拉抗压强度都很高，但受压时受截面尺寸及形状的影响，在未达到强度之前易失去稳定发生破坏，不能充分发挥出其强度高的作用，在正常环境下易锈蚀而影响结构或构件的耐久性。钢筋混凝土结构也存在混凝土材料成分复杂难控、工序多工期长等缺点，常常由于设计、施工、管理和使用不当造成工程质量事故，轻微的表现为裂缝和表面缺损，严重的出现结构倒塌。

常见的混凝土结构质量事故包括混凝土结构的裂缝及表层缺陷，设计失误引起的事故，施工不良引起的事故，结构使用、改建不当引起的事故等。

造成工程质量事故的主要原因是：违反基本建设程序，使工程没有有效的监督机制；对国家规范理解、掌握有偏差，使建筑结构设计先天不足，存在质量事故隐患；施工过程管理混乱，随意性大，质量把关不严，直接影响工程质量。

对混凝土结构事故的分析处理，需要在对结构现状进行调查和分析的基础上，分析造成事故的原因，采取有针对性的措施进行处理。

6.1　混凝土结构的裂缝及表层缺陷

6.1.1　混凝土结构的裂缝及原因分析

混凝土的抗拉强度只有抗压强度的 1/8 ~ 1/17，极限拉应变很小，因而很容易开裂。普通钢筋混凝土结构常常是带裂缝工作的，但不可以产生超过规范允许的过长、过宽裂缝。许多混凝土结构在发生重大事故之前，往往有裂缝出现并不断发展，应特别注意。

钢筋混凝土结构中产生裂缝的现象常见于受弯、受拉等构件中，以及预应力钢筋混凝土构件的某些部位。按其产生的原因和性质，将裂缝分为荷载裂缝、温度裂缝、干缩裂缝、张拉裂缝和腐蚀裂缝等。裂缝产生的原因不同，其表现形态及特征也不同，一些常见裂缝的形态如图 6-1 所示。

在事故分析与处理时，常按混凝土裂缝产生的阶段和原因分类，有材料因素、设计因素、施工因素、环境因素、使用因素等。

1. 材料方面

混凝土材料来源广阔，成分复杂，很难保证材料具有稳定的性能，如：

1）水泥的安定性不合格，水泥的水化热引起过大的温差。

2）混凝土拌合物的泌水和沉陷。

3）混凝土配合比不当，外加剂使用不当。

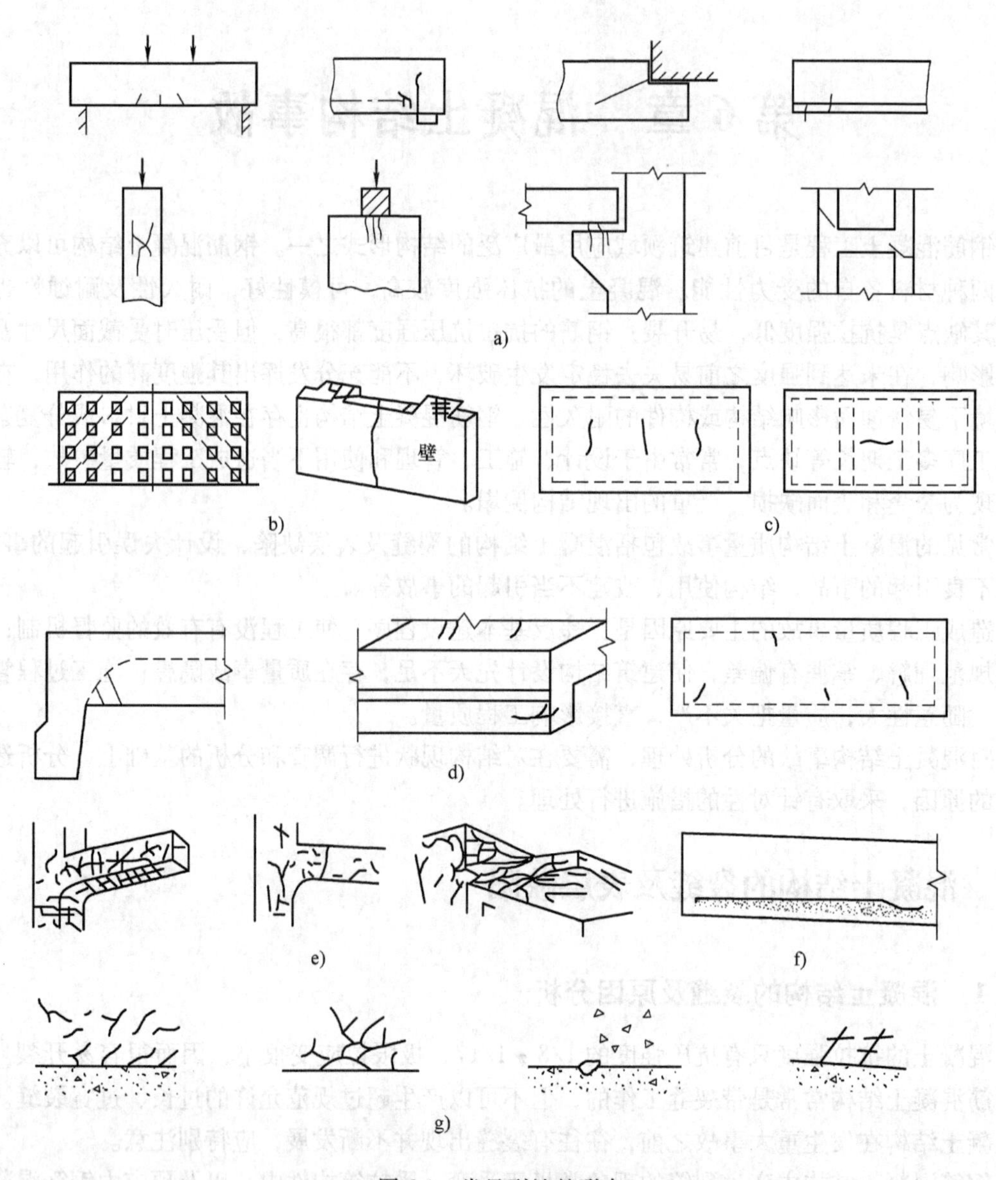

图6-1 常见裂缝的形态

a）受力过大、应力集中等引起的裂缝 b）温度变化引起的裂缝 c）混凝土收缩引起的裂缝 d）预拉应力引起的裂缝 e）火灾引起的裂缝 f）钢筋锈蚀引起的裂缝 g）集料杂质、水泥性能不良等引起的裂缝

4）砂石含泥或其他有害杂质超过规定，集料中有碱性集料或已风化的集料。

5）混凝土的干缩。

2. 设计方面

如设计者的失误导致的计算错误。另外，混凝土结构裂缝的计算理论是不完善的，很多时候防裂、限制裂缝开展只能靠构造措施保证，而且其中有很多问题还待深入研究。

1）设计承载力不足。

2）细部构造处理不当。

3）构件计算简图与实际受力情况不符。

4）局部承压不足。

5）设计中未考虑某些重要的次应力作用。

3. 施工方面

混凝土结构施工工序多，制作工期较长，任一环节出了差错都可能导致开裂事故，如：

1）外加掺合剂拌和不均匀，搅拌和运输时间过长，泵送混凝土加入过量水泥和水。

2）浇筑顺序失误，浇筑速度过快，振捣不实。

3）混凝土终凝前钢筋被扰动，保护层太薄，箍筋外只有水泥浆。

4）滑模施工时工艺不当，施工缝处理不当，施工缝位置不正确。

5）模板支撑下沉，模板变形过大，模板拼接不严以致漏浆漏水，拆模过早，混凝土硬化前受振动或达到预定强度前过早受载。

6）养护差以致早期失水太多，混凝土养护初期受冻。

7）构件运输、吊装或堆放不当。

4. 环境和使用方面

1）环境温度与湿度的急剧变化，冻胀、冻融作用。

2）钢筋锈蚀，锚具（锚头）失效，腐蚀性介质作用。

3）使用超载，反复荷载作用引起疲劳。

4）振动作用，地基沉降，高温（及火灾）作用。

5. 其他各种原因

如火灾、地震作用、燃气爆炸、撞击作用等。

6.1.2　混凝土结构的表层缺损

混凝土的表层缺损是混凝土质量通病之一。在施工或使用过程中产生的表层缺损有蜂窝、麻面、小孔洞、缺棱掉角、露筋、表皮酥松等。这些缺损影响观瞻，使人产生不安全感；缺损也影响结构的耐久性，增加维修费用。当然，严重的缺损会降低结构承载力，引发事故。现将常见原因分析如下：

（1）蜂窝　混凝土配合比不合理，砂浆少而石子多；模板不严密，漏浆；振捣不充分，混凝土不密实；混凝土搅拌不均匀，或浇筑过程中有离析现象等，使得混凝土局部出现空隙，石子间无砂浆，形成蜂窝状的小孔洞。

（2）麻面　模板未湿润，吸水过多；模板拼接不严，缝隙间漏浆；振捣不充分，混凝土中气泡未排尽；模板表面处理不好，拆模时粘结严重，致使部分混凝土面层剥落等，混凝土表面粗糙，或有许多分散的小凹坑。

（3）露筋　由于钢筋垫块移位，或者少放或漏放保证混凝土保护层的垫块，钢筋与模板无间隙；钢筋过密，混凝土浇筑不进去；模板漏浆过多等，致使钢筋外表面没有砂浆包裹而外露。

（4）缺棱掉角　常由构件棱角处脱水，与模板粘结过牢，养护不够，强度不足，早期受碰撞等原因引起。

（5）表层酥松　混凝土养护时表面脱水，或在硬化过程中受冻，或受高温烘烤等原因引起混凝土表层酥松。

6.1.3 裂缝及表层破损的修补

当裂缝及表层缺损对承载力无影响或影响很小时，可以修补。其主要目的是使建筑外观完好，并防止风化、腐蚀、钢筋锈蚀及缺损的进一步发展，提高建筑的耐久性。常用的修补方法有以下几种：

1. 抹面层

若混凝土表面只有小的麻面及掉皮，可以用抹纯水泥浆的方法抹平。抹水泥浆前应用钢丝刷刷去混凝土表面的浮渣，并用压力水冲洗干净。

若混凝土表层有蜂窝、露筋、小的缺棱掉角、不深的表面酥松、表面微细裂缝，则可用抹水泥砂浆的方法修补。抹水泥砂浆之前应做好基层清理工作。对缺棱掉角，应检查是否还有松动部分，如有，则应轻轻敲掉。对蜂窝，应把松动部分、酥松部分凿掉。因冻、高温、腐蚀而酥松的表层均应刮去，然后用压力水冲洗干净，涂上一层纯水泥浆或其他粘结性好的涂料，再用水泥砂浆填实抹平。修补后要注意湿润养护，以保证修补质量。

2. 填缝法

对于数量少但较宽大的裂缝（宽度 >0.5mm）或因钢筋锈胀使混凝土顺筋剥落而形成的裂缝可用填缝法。填缝材料常用的有环氧树脂、环氧砂浆、聚合物水泥砂浆、水泥砂浆等。填充前，沿缝凿宽成槽，槽的形状有 V 形、U 形及梯形等，如图 6-2 所示。对于防渗漏要求高的可加一层防水油膏。对锈胀缝，应凿到露出钢筋，去锈干净，再涂上防锈涂料。为了增加填充料和混凝土界面间的粘结力，填缝前可于槽面涂上一层环氧树脂浆液。

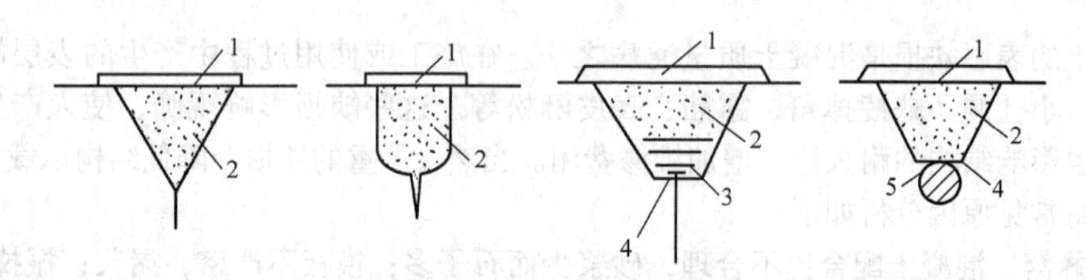

图 6-2 凿槽填充法修补裂缝

1—环氧涂料 2—环氧砂浆（或聚合物砂浆等） 3—防水油膏 4—水泥浆 5—防锈涂料

3. 灌浆法

对裂缝宽≥0.3mm、深度较深的裂缝，可用灌浆法修补。灌浆法是把各种封缝浆液（树脂浆液、水泥浆液或聚合物水泥浆液）用压力方法注入裂缝深部，以加强和提高构件的整体性、防水性及耐久性。压力灌浆的浆液要求可灌性好、粘结力强。缝细的常用树脂类浆液，对缝宽大于 2mm 的缝，也可用水泥类浆液。

环氧树脂浆液可灌入裂缝的宽度为 0.1mm，粘结强度达 1.2 ~ 2.0MPa。甲基丙烯酸酯类浆液可灌入裂缝的宽度为 0.05mm，其粘结强度可达 1.2 ~ 2.2MPa。

其他修补方法：如孔洞较大时，可用小豆石混凝土填实；对表面积较大的混凝土表面缺损，可用喷射混凝土等方法。

6.2　设计失误引起的事故

混凝土结构在设计方面引发事故的主要原因有以下几个方面：

1）因设计方案欠妥引起的事故（见例6-1）。如房屋长度过长而未按规定设置伸缩缝；把基础置于持力层承载力相差很大的两种或多种土层上而未妥善处理；房屋体形不对称，重量分布不均匀；主次梁支承受力不明确，工业厂房或大空间采用轻屋架而未设置必要的支撑；受动力作用的结构与振源振动频率相近而未采取措施；结构整体稳定性不够等。

2）设计计算失误（见例6-2、例6-3）。因任务急、时间紧，计算和绘图错误而又未认真校对；荷载漏算或少算；采用标准图后未结合实际情况复核，有的甚至认为原有设计有安全储备而任意减小断面，少配钢筋或降低材料强度等级；所遇问题比较复杂，而作了不妥当的简化；盲目相信电算，因输入有误或与编制程序的假定不符导致输出结果并不正确时也盲目采用；设计时所取可靠度不足或偏低等。

3）对突发事故缺少二次防御能力。我国有关规范规定当有突发性事件发生时，允许结构发生局部破坏，但应保持在一段时间内不发生连续倒塌，能保持结构的整体稳定性。这一方面的规定往往为设计人员所忽略。

4）对于结构构造细节处置不当（见例6-4）。有些设计人员重计算、轻构造，认为构造处理不是很重要，因而未精心设计。如大梁下未设置梁垫，预埋件设置不当，钢筋锚固长度不够，节点设计不合理等。

5）与其他工种（如建筑、水、暖、电等）配合不好，有些变动不协调，造成设计错误。

【例6-1】 某复合框架因选型不当而引起裂缝事故

1. 事故概况

某学校综合教学楼共二层，底层和二层均为阶梯教室，顶层设计为上人屋面，可作为文化活动场。主体结构采用三跨共计14.4m宽的复合框架结构，如图6-3所示。屋面为120mm现浇钢筋混凝土梁板结构，双层防水并做水磨石顶面。楼面为现浇钢筋混凝土大梁，铺设80mm的钢筋混凝土平板，水磨石地面，下为轻钢龙骨、吸音石膏吊顶。在施工过程中拆除框架模板时发现复合框架有多处裂缝，且恶化很快，因对结构安全造成危害，被迫停工检测。

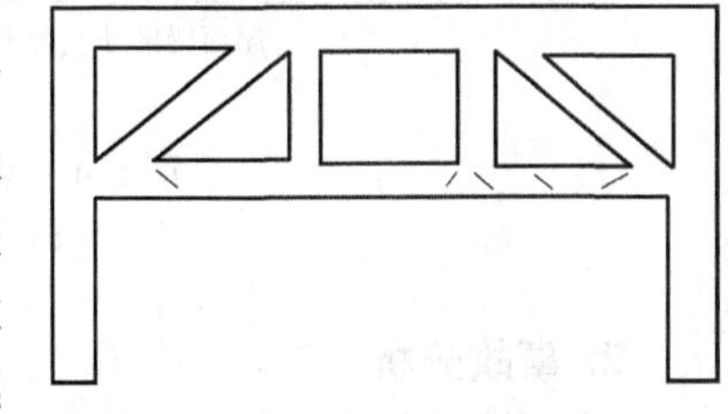

图6-3　复合框架裂缝示意图

2. 事故分析

事故分析认为，造成这次事故的主要原因是选型不当，框架受力不明确。按框架计算，构件横梁杆件主要受弯曲作用，但本框架两侧加了两个斜向杆，斜杆将对横梁产生不利的拉伸作用。在具体计算时，因无类似的结构计算程序可供选用，而简单地将中间竖杆作为横向杆的支座，横梁按三跨连续梁计算，实际却因节点处理不当和竖杆刚性不够而有较大的弹性变形，斜杆向外的扩展作用明显。按刚性支承的连续梁计算并选择截面本来就偏小，弯矩分布也与实际结构受力不符，加上两端拉伸的不利作用，下弦横梁就出现了严重的裂缝。

由于本楼为大开间教室，使用人数集中，安全度要求高一些，而结构在未使用时就严重开裂，显然不宜使用，研究后决定加固。加固方案不考虑原结构承载力，采用与原结构平行的钢桁架代替上部结构，基础及柱子也相应加固，虽然加固及时未造成人员伤亡，但加固费用大，经济损失严重。

【例 6-2】人字形折梁按拱计算错误而倒塌

1. 事故概况

某库房为单层结构，跨度 10m，长 24.5m，采用砖墙承重，屋面采用人字形折梁（原意为采用人字屋架，实无下弦），折梁间距 3.5m，在折梁上搁置预应力钢筋混凝土檩条，每米放 3 根，共 30 根，檩条上铺 85cm×60cm×5cm 的预制平板。库房的平剖面示意图及屋架梁配筋如图 6-4 所示，在屋架梁中均匀配置 8ϕ18 的钢筋，采用 C20 混凝土。当铺完屋面，拆除折梁的模板及支撑时，屋盖倒塌。

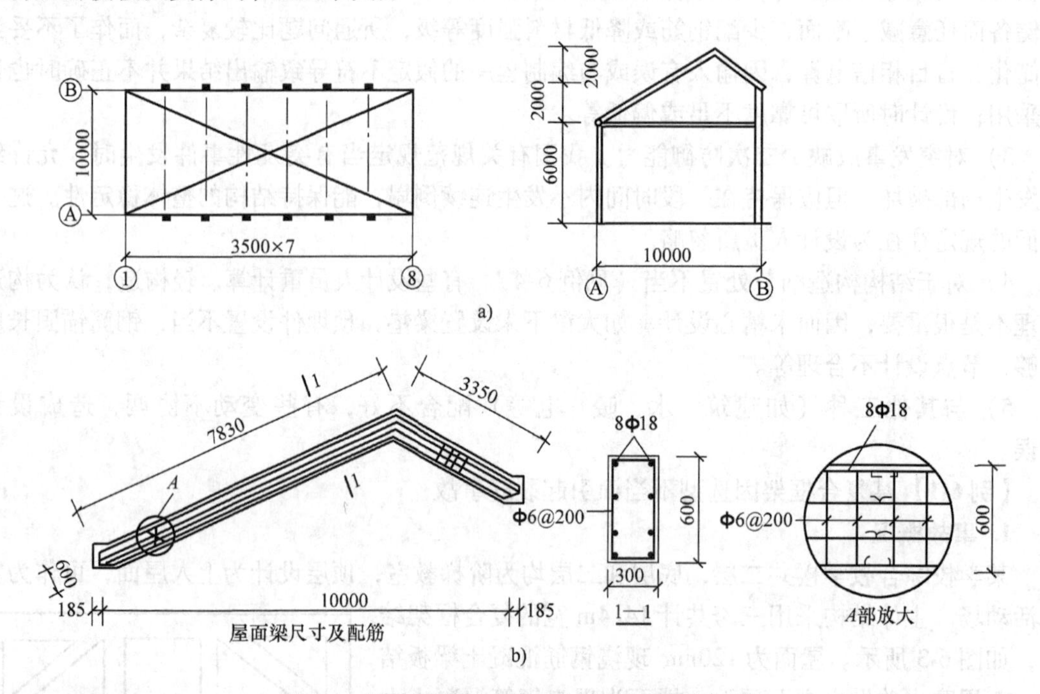

图 6-4 某单层库房平剖面示意图及屋面梁配筋

a）平、剖面示意图 b）屋面梁配筋图

2. 事故分析

设计者原意采用轴心受压的人字形拱屋架，故钢筋沿周边均匀布置。实际上，该结构虽然形式上像拱，但下弦既无拉杆，两端也没有抗推力结构，事实上形成了一个折线形斜梁。按斜梁计算，则强度严重不足。计算复核如下：

C20 混凝土的抗压强度设计值 $f_c=9.6\text{N/mm}^2$；因混凝土强度低于 C25，保护层厚度取 25mm，假定受拉筋为 6ϕ18，$A_s=1527\text{mm}^2$，$f_y=210\text{N/mm}^2$。$h_0=[600-(25+9+133)]\text{mm}=433\text{mm}$。

由 $\alpha_1 f_c bx+f'_y A'_s=f_y A_s$，得

$$x=\frac{f_y A_s-f'_y A'_s}{\alpha_1 f_c b}=\frac{210\times1527-210\times509}{1\times9.6\times300}\text{mm}=74.2\text{mm}>2a'_s=50\text{mm}$$

证明假设三排钢筋受拉是正确的。结构实际能承受的极限弯矩为

$$M_a = f_y A_s (h_0 - x/2) = 210 \times 1527 \times (433 - 74.2/2) \text{kN} \cdot \text{m} = 126.95 \text{kN} \cdot \text{m}$$

而设计弯矩 $M = 189.3\text{kN} \cdot \text{m}$。即使不计使用活载，按施工时的恒载及实际施工荷重计算，其施工弯矩为 $M_{实} = 149.1\text{kN} \cdot \text{m}$。可见，折梁的承载力严重不足，加上折梁曲折处受拉筋沿受拉边顺放，在弯折处对受拉力极为不利，为规范所禁止。折梁承载力不足，构造又不合理，屋盖的塌落不可避免。

【例6-3】框架结构计算错误引起事故

1. 事故概况

某市百货商店工程，主体为三层，局部四层，主体结构采用钢筋混凝土框架结构。框架柱横向开间间距5.6m，层高4.5m，框架柱采用现浇钢筋混凝土，强度等级为C30，楼板为预应力圆孔板。工程于1982年开始施工，当主体结构全部完工，四层外墙装饰完毕，屋面铺找平层、防水层时，发生大面积倒塌，如图6-5所示。经检查，其中有五根柱子被压酥，八根横梁被折断。

2. 事故分析

经复核，原设计计算有严重失误，主要有以下几点：

1）漏算荷载。有些饰面荷载未计算，屋面炉渣找坡平均厚度为100mm，而设计中仅按檐口处的厚度45mm计算，严重偏小。

2）框架内力计算有误。主要是未考虑内力不利组合，致使有10处横梁计算配筋面积过小，有一层大梁的支座配筋量仅为正确计算所需的44%～46%。

3）计算简化不当。实际结构是预制板支于次梁上，次梁支于框架梁上。次梁为现浇连续梁，计算时按简支梁计算反力，将此反力作为框架梁上的荷载。实际上第二支座处的反力比按简支梁计算要大。

由于计算失误，钢筋配置比需要的少得多，加上施工质量不好，最终导致框架结构的倒塌。

图6-5 某百货商店的倒塌现场

【例6-4】现浇梁柱铰接处理不妥引起裂缝、破损

1. 事故概况

某厂房横梁与柱铰接。处理如图6-6a所示，符合通常做法。但投入使用后，在铰接点附近发生裂缝与局部破坏。

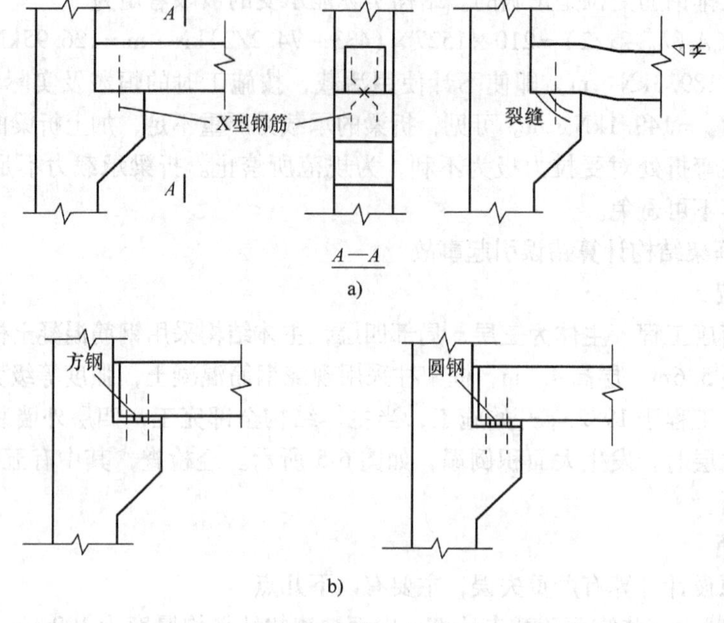

图 6-6 节点构造
a）常规做法 b）改进做法

2. 事故分析

钢筋 X 形原意是只能承受水平力而不能承受弯矩，从而实现“铰”的功能。但实际上，这种做法有相当程度的嵌固作用。当两边柱子有不均匀沉降时，节点处梁端产生一角变位，使锚筋受拉，梁端面与柱混凝土接触面受压而形成抵抗力矩。若这种弯矩过大，则会使节点处开裂，甚至局部破坏。

当要求铰接的条件较高时，可改进节点做法，如图 6-6b 所示。这两种节点做法更接近理想铰接的形式，构造也较简单，施工也很方便。梁柱间的间隙可视具体情况及梁、柱尺寸的大小而定。

6.3 施工不当引起的事故

钢筋混凝土工程使用的材料多种多样，施工工序多，工期长，任何一个环节出了问题就可能引起质量事故。从已有质量事故的统计来看，施工管理不善、施工质量不高引起的事故率是比较高的。从施工管理方面分析，引起事故的原因是多方面的。

1. 建筑业管理方面的原因

1）不按图施工，甚至无图施工。这在中小城市或一些小型建筑中常见。以为建筑不大，任意画一草图就施工。有些工程因领导意图要限期完工，往往未出图就施工。有时虽有图，但施工人员怕麻烦，或未领会设计意图就擅自更改。

2）施工人员误认为设计留有很大的安全度，少用一些材料，房屋也塌不了，因而故意偷工减料。

3）建筑市场不规范，名义上由有执照或资质证书的施工单位承包施工，实际上层层转包，直接施工的施工人员技术低，素质差，有的根本无执照。

4）进场建筑材料质量把关不严。有时为利润驱动，只进价格便宜的材料，根本不问质量如何。材质不行，建筑工程质量就难以保证。

5）不遵守操作规程，质检人员检查不力，马虎签章，留下隐患。

6）不按基本建设程序办事，未经有关部门批准，擅自开工，往往无设计先施工，未勘测先设计，什么都抢工期，不讲质量。

2. 施工管理和技术方面的原因

（1）模板问题　模板要求坚固，严密，平整，内面光滑。常见问题有：①强度不足，或整体稳定性差引起塌模；②刚度不足，变形过大，造成混凝土构件歪扭；③木模板未刨平，钢模未校正，拼缝不严，引起漏浆，造成混凝土蜂窝、麻面、孔洞等缺陷；④模板内部不平整、不光滑或未用脱模剂，拆模时与混凝土粘结，硬撬拆模，造成脱皮、缺棱掉角；⑤混凝土未达需要的强度,过早拆模，引起混凝土构件破坏。

（2）钢筋问题　钢筋是钢筋混凝土结构中的主要受力材料，一定要注意施工质量。常见问题有：①钢筋露天堆放，雨水浸泡后锈蚀严重，使用前未除锈；②钢材质量问题，有时只注意强度满足要求，伸长率、冷弯不合格，或硫、磷含量过高，影响成型、加工（尤其是焊接）质量；③钢筋错位，施工人员不熟悉图样或看错图样而放错了；④图下料省事，不按规范要求，而使梁、柱在同一截面的接头率超过规范允许值；⑤接头不牢，主要是绑扎松扣或焊接虚焊、漏焊；⑥悬挑构件的主筋放反了，或在施工中被压错位；⑦预埋件放置不当。

（3）混凝土施工问题　混凝土在钢筋混凝土结构中主要承受压力，施工质量出现问题的后果严重，比较常见的主要有：

1）配制混凝土配合比不准，或不按配合比设计配料，尤其是操作人员为了增加流动性而多加水；为节省工本而偷工减料，少加水泥，减小面积；集料质量把关不严；使用过期水泥；搅拌混凝土搁置时间过久，超过初凝时间才浇筑，使混凝土质量达不到要求，导致承载力不足引起事故。

2）振捣不实。不论用何种方法振捣新浇筑的混凝土，如果振捣不实，均会引起蜂窝、麻面、露筋、孔洞等毛病。对于水胶比较小的干硬性混凝土，钢筋布置紧密的部位及边角之处更应注意振捣。

3）浇筑顺序不当。有些混凝土结构在浇筑过程中容易使模板产生不利变形，应按规定顺序浇筑。一些大面积、大体积混凝土容易因收缩而产生裂缝，要按规定留好施工缝。

4）养护问题。混凝土浇筑完毕后要细心养护，保持必要的温湿度。在混凝土强度不足时过早拆模也易引起事故。夏天要防止过早失水，保持湿润；冬天要防止受冻害。

3. 预应力施工问题

预应力混凝土已有广泛的应用，其中先张法大多用于中小型标准构件；后张法用于大中型构件；无粘结预应力多数用于高层建筑结构的楼盖结构。预应力混凝土工程对材料要求高，对施工工序要求严，如果施工不当，就可能造成质量事故。

预应力混凝土工程常见的质量事故有预应力筋和锚夹具事故，预应力构件裂缝、变形事故，预应力筋张拉事故和构件制作质量事故。具体如下：

1）预应力筋事故特征：强度不足；钢筋冷弯性能不良；冷拉钢筋的伸长率不合格；钢

筋锈蚀；钢丝表面损伤；下料长度不准；钢筋（丝）墩头不合格；穿筋时发生交叉，导致锚固端处理困难等。

2）预应力筋用锚夹具质量事故特征：螺纹端杆断裂；螺纹端杆变形；钢丝（筋）束墩头强度低；锚环断裂；锚具内夹片碎裂；锚具加工精度差，导致预应力筋内缩量大，钢筋（绞线）滑脱等。

3）构件制作质量事故特征：先张钢丝滑动、先张构件翘曲、先张构件刚度差；后张孔道塌陷、堵塞，孔道灌浆不实，后张构件张拉后弯曲变形，无粘结预应力混凝土摩阻损失大，张拉伸长值不符等。

4）预应力钢筋张拉质量事故特征：张拉应力失控、钢筋伸长值不符合规定、张拉应力导致混凝土构件开裂或破坏、放张时钢筋（丝）滑移等。

5）预应力构件裂缝变形质量事故特征：锚固区裂缝、端面裂缝、支座竖向裂缝、屋架上弦裂缝等。

【例6-5】浇筑质量差引起的框架柱蜂窝和露筋事故

1. 事故概况

某影剧院观众厅看台为框架结构，有柱子14根，其剖面及断面如图6-7所示。底层柱从基础顶起到一层大梁止，高7.5m，断面为740mm×740mm。混凝土浇筑后，拆模时发现13根柱有严重的蜂窝、麻面和露筋现象，特别是在地面以上1m处尤其集中与严重。

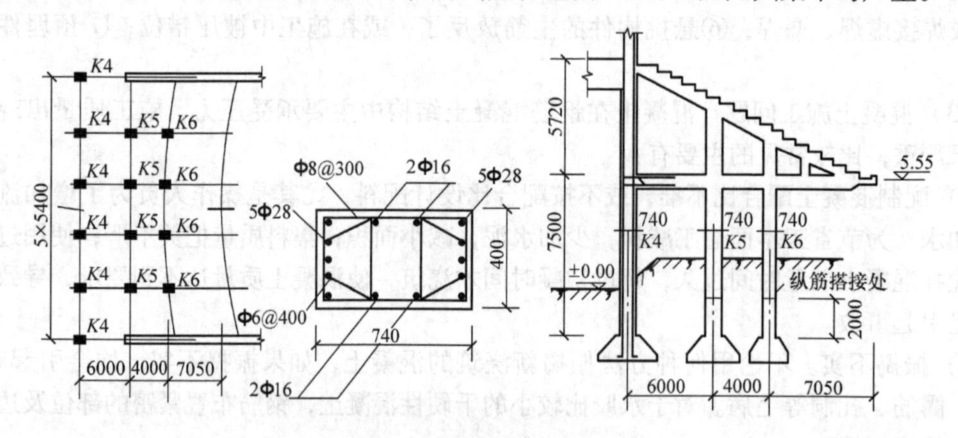

图6-7 某影剧院看台结构

2. 事故分析

经调查分析，引起这一质量事故的原因有以下几点。

（1）配合比控制不严 混凝土设计强度等级为C18，水灰比为0.53，坍落度为3~5cm。但施工第二天才安装磅秤。磅秤有了还是时用时不用，只有做试块时才认真按配合比称重配料，一般情况下配合比控制极为马虎，尤其是水灰比控制不严。

（2）浇筑高度超高 《混凝土施工规程》规定："混凝土自由倾落高度不宜超过2m"，"柱子分段浇筑高度不应大于3.5m"。该工程柱高7m，施工时柱子模板上未留浇筑的洞口，混凝土从7m高处倒下，也未用串筒或溜管等设备，一倾到底，这样势必造成混凝土的离析，从而易造成振捣不密实与露筋。

（3）每次浇筑混凝土的厚度太厚 该工程由乡村修建队施工，没有机械振捣设备（如振捣器等），仅用 2.5cm × 4cm × 600cm 的木杆捣固。这种情况，每次浇筑厚度不应超过 200mm，且要随灌随捣，捣固要捣过两层交界处，才能保证捣固密实。但施工时，以一车混凝土为准作为一层捣固，这样每层厚达 400mm，超过规定一倍，加上捣固马虎，出现蜂窝麻面是不可避免的。

（4）柱子中钢筋搭接处钢筋配置太密　该工程从基础顶面往上 1 ~ 2m 间为钢筋接头区域，搭接长度 1m 左右。搭接区内，在同一断面的某一边上有 6 ~ 8 根钢筋，钢筋的间距只有 30 ~ 37.5mm，而规范要求柱内纵筋间距不应小于 50mm。加上施工时钢筋分布不均匀，许多露筋处钢筋间距只有 10mm，有的甚至筋碰筋，一点间隙也没有，这样必然造成露筋等质量问题。

综上分析，事故主要原因是施工人员责任心不强，违反操作规程，混凝土配合比控制不严，浇筑高度超高，一次灌筑捣固层过厚，接头处钢筋过密而又未采取特殊措施等。

对此事故采取如下补强加固措施：将蜂窝、孔洞附近酥松的混凝土全部凿掉；用水将蜂窝、孔洞处混凝土湿润；在要补填混凝土的洞口附近支模，上边留出喇叭口以便浇筑；将混凝土强度提高一级并加入早强剂，或掺入微膨胀剂，将洞口浇捣填实；保持湿润 14 昼夜后拆模，将多余混凝土凿去，磨平。

【例 6-6】某国家粮库的钢筋混凝土刚架柱施工质量事故

1. 事故概况

某地国家粮库由 7 座长 60m，宽 30m，高 8m 的库房组成，结构采用钢筋混凝土柱和钢梁组合而成的刚架结构。柱截面尺寸 400mm × 800mm，柱距 6m。施工过程中发现钢筋混凝土施工质量不佳，委托国家建筑质量监督检测中心对该工程的 1 号和 2 库房进行了工程质量检测，并根据检测结果，进行事故分析和加固处理。

检测结果如下。

1）砌体强度满足设计要求。

2）混凝土强度见表 6-1。

表 6-1　混凝土强度检测值

库房编号	强度等级/MPa														
	基　础			基础梁			刚架柱			抗风柱			连　梁		
	设计	实测	实测/设计	设计	实测	实测/设计	设计	实测	实测/设计	设计	实测	实测/设计	设计	实测	实测/设计
1 号	C20	C18.5 ~ C25.7	93% ~ 125%	C20	C19.7	99%	C30	C21.5	72%	C25	C20.5 ~ C27.7	82% ~ 111%	C25	C25.6	102%
2 号	C20	C27.6 ~ C30.2	138% ~ 151%	C20	C18.4	92%	C30	C28.6	95%	C25	C21.5 ~ C29.2	86% ~ 117%	C25	C28.3	113%

3）施工缝合格率：1 号库房为 5.7%；2 号库房为 0.0%。

4）钢筋合格率：力学性能符合标准要求；电渣压力焊试件满足设计要求；化学成分含碳量偏高；主钢筋配置符合设计要求；混凝土保护层厚度偏大。

2. 事故分析

1）检测结果表明，工程存在的主要质量问题是刚架柱的混凝土施工缝全部不满足规范要求，抗剪强度低，形成关键性的薄弱环节，若不加处理，势必丧失刚架柱的承载能力，造成灾难，而每一根刚架柱的施工缝竟多达 11 条，位于梁柱节点上、下，分布于整个柱身，给施工缝的处理增加了难度。

2）刚架柱混凝土检测强度偏低，最低为设计强度的 72%，可考虑利用部分后期强度。因为强度对刚架柱抗弯承载力计算的反应不太敏感，如果按实际强度输入计算程序进行复核，现有配筋率应有可能通过，因此认为处理难度不大。

经研究认为这一事故不是因为施工工艺落后、施工技术水平偏低，而是因为技术指导和技术监督没有跟上，致使在施工缝这样的要害部位留下后患。

3. 事故处理

1）最后选定的加固方案是：将基础顶面以上、±0.00 标高以下的柱身外包 200mm 厚的钢筋混凝土，内配 24 φ 18 的竖筋和φ 10 的箍筋，形成 800mm × 1200mm 的柱墩；将 ±0.00以上、+6.00m 以下的柱身，在库房外侧配 4 φ25 主筋和φ 12 的 U 形箍筋，贴浇 200mm 厚混凝土，使柱身断面从 400mm ×800mm 扩大成 400mm ×1000mm。

2）施工缝处理只要求将蜂窝等仔细清理后，予以人工修补。

【例 6-7】因锚固长度不足而引起大梁折断

1. 事故概况

某锻工车间屋面梁为 12m 跨度的混凝土 T 形薄腹梁（见图 6-8a），在车间建成后使用不久，梁端头突然断裂，造成厂房局部倒塌，倒塌构件包括屋面大梁及大型面板。

2. 事故分析

事故调查发现，混凝土强度满足设计要求。梁端检测结果如图 6-8b 所示，从梁端断裂处看出，纵向钢筋深入支座的锚固长度不足，设计要求锚固长度至少 150mm，实际长度不足 50mm；设计图上注明钢筋端部至梁端外边缘的距离为 400mm，实际施工时却只有 140 ~ 150mm。因此，梁端支承于柱顶上的部分接近于素混凝土梁，承载能力非常低。另外，锻工车间投产后，锻锤的动力作用产生了动力放大系数，放大了厂房的静荷载效应。在这两种影响的综合作用下，大梁产生突然的剪切断裂。

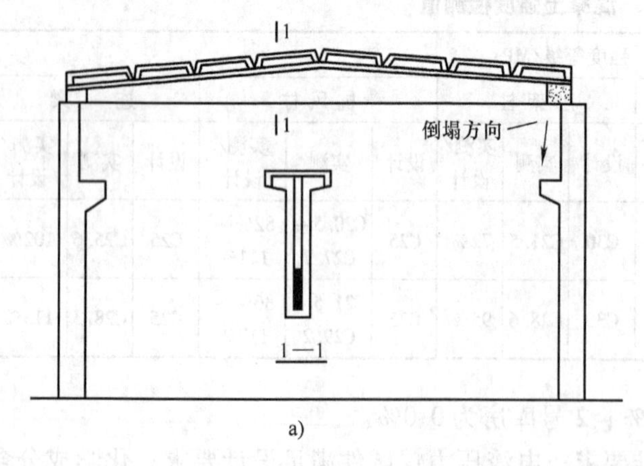

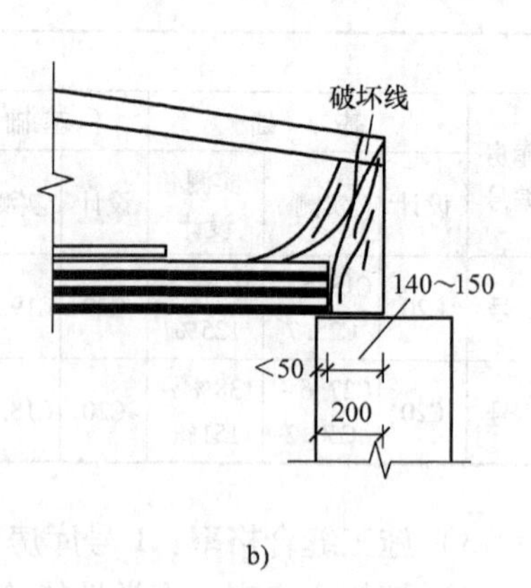

图 6-8 某锻工车间屋面梁

【例 6-8】某工程框架柱基础配筋放错方向事故

1. 事故概况

某工程框架柱，断面 300mm ×500mm，弯矩作用主要沿长边方向，在短边两侧各配筋 5

φ25，如图 6-9a 所示。在基础施工时，钢筋工认为设计不满足受力需要，应在长边多放钢筋，误将两排 5 φ25 的钢筋放置在长边，而两短边只有 3 φ25，如图 6-9b 所示。基础浇筑完毕，混凝土达到一定强度后绑扎柱子钢筋，这时发现基础钢筋与柱子钢筋对不上，这时才发现钢筋放错了。必须采取补救措施。

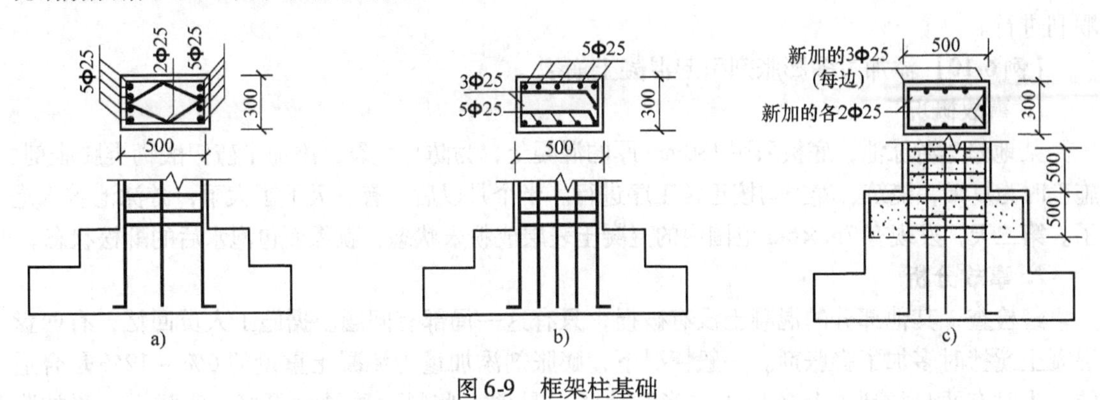

图 6-9 框架柱基础

2. 事故处理

经研究，处理方法如下：

1）在柱子的短边各补上 2 φ25 插筋。为保证插筋的锚固，在两短边各加 3 φ25 横向钢筋并用它将插筋与原 3 φ25 钢筋焊成一整体。

2）将台阶加高 500mm，采用高一强度等级的混凝土浇筑。在浇筑新混凝土时，将原基础面凿毛，清洗干净，用水润湿，并在新台阶的面层加铺φ6@200 钢筋网一层。

3）原设计柱底箍筋加密区为 300mm 高，现增加至 500mm 高。

【例 6-9】 因减水剂使用不当引起事故

1. 事故概况

广州某一高楼 28 层，框架剪力墙结构，采用泵送混凝土现浇梁柱及楼板。基础为钻孔灌注桩。在浇筑第三层楼板时，泵送混凝土发生了堵管，眼看事故要扩大，不得不紧急停工，检查原因。

2. 事故分析

堵管问题往往是由于水泥不合格、配合比不当或外加剂使用不当造成的。从水泥抽样检验来看，各项指标完全符合标准，配合比也严格按试配后确定的比例配合。堵管的原因只有从外加剂上去找，外加剂采用的是木钙粉，在工程中应用广泛，应无问题。最后由对水泥成分进行 X 射线分析，证实水泥中含有大量的硬石膏 $CaSO_4$。

木钙粉的主要成分为木质素磺酸钙及其衍生物，是利用生产化纤或纸浆的下脚料经提取酒精后的酒精废液，经石灰、硫酸处理后喷雾干燥而成。它易溶于水，对水泥颗粒有明显的分散效应，掺入量合适时，不仅使混凝土流动度大为改善，且能够提高混凝土强度。但木钙类减水剂易与硬石膏产生不良反应，严重时可引起工程事故。因为普通水泥中水化反应速度很快的熟料矿物为铝酸三钙，它的优点是硬化快，早期强度高，但它的存在使水泥浆凝结过快，施工不便，为此，一般加入二水石膏（$CaSO_4 \cdot 2H_2O$），起缓凝作用，但是有些水泥生产厂家采用硬石膏（$CaSO_4$）作缓凝剂。因为木钙的原料中除含有木质素外，还有其他成分。尤其是经石灰和硫酸处理后，产品是从分离出硫酸钙沉淀的滤液中喷雾干燥而得，硬石膏（$CaSO_4$）在木钙溶液中是不溶的，因而它不能参加铝酸三钙的水化过程，即其缓凝作用不能发挥。在泵送中便过早凝结而引起堵管。于是确定原因为硬石膏与木钙作用产生的假凝现象造成的。

事故原因弄清楚后，改用其他类型的减水剂（焦磷酸钠），泵送混凝土恢复正常，工程顺利进行。

【例 6-10】添加过多膨胀剂引起混凝土崩裂

1. 事故概况

某地修建游泳池，底板采用180mm 厚的混凝土，为防止龟裂，添加了硫铝酸钙类膨胀剂。施工时为夏天，浇筑、养护均按正常工序进行。半个月以后，有一天下了大雨，游泳池被水泡了。第二天，发现有7m ×6m 范围内的混凝土表层成粉末状态，就像面包泡水后的酥松状态。

2. 事故分析

经检查，其他部分的混凝土没有破损，只有这一局部有问题。据施工人员回忆，有两盘混凝土搅拌时多加了膨胀剂。一般情况下，膨胀剂添加量为混凝土重量的 6% ~12% 是合适的。当时有两盘加到了 16% 以上，当时认为只是费一些料，质量会更好。实际上，添加膨胀剂超过 12% 时，混凝土强度会急剧下降。施工正值夏天，天气无雨而干燥，膨胀剂多了未完全水化掉。两周以后，下雨淋湿了，膨胀剂与雨水反应膨胀，就使混凝土酥松了。可见加膨胀剂不是越多越好，一定要适量。

3. 事故处理

将 7m ×6m 范围内酥松混凝土全部凿掉，清理干净后重新浇筑微膨胀混凝土，并精心湿润养护一周。修补后未再发现问题。

【例 6-11】因干燥热风而引起混凝土楼盖大面积开裂

1. 事故概况

某九层办公楼为现浇混凝土框架结构，每层面积 863m²。每浇筑完一层楼盖的混凝土后，盖草帘浇水养护。在主体结构基本完成，养护 28d 后，拆除底模。在去掉草帘时发现第三层楼盖布满了不规则裂缝，大多数裂缝宽 0.05 ~0.5mm，有的裂缝已上下贯通，如图 6-10 所示。但其余楼层均无裂缝。

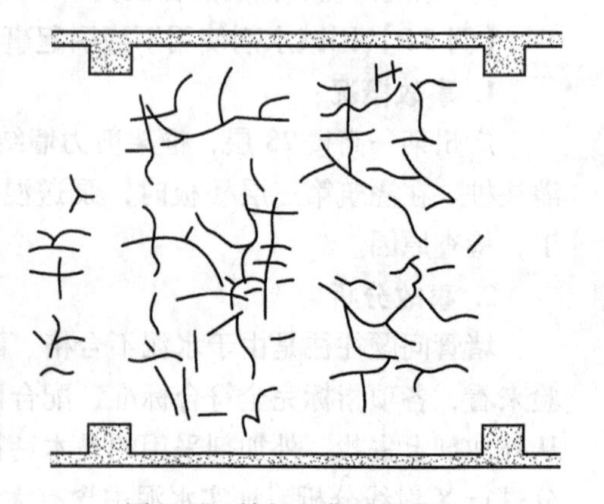

图 6-10　楼板上典型的裂缝

2. 事故分析

从裂缝形态及分布上看可排除荷载裂缝和温度裂缝。最大可能是混凝土干缩裂缝。那么为什么其余各层没有此类裂缝呢？进一步检查发现，第三层施工时气温高达 30℃，相对湿度不到 40%，而且当日有七、八级大风，风速达 12 ~18m/s。如此干燥的天气加上热风猛吹，混凝土的干缩比一般情况下可增大 4 ~5 倍，可使混凝土在浇筑后立即开裂。因而尽管浇筑后也按一般情况盖上草帘，但浇水不足，热风一吹，很快蒸发掉了。混凝土硬化期间温度高，湿度极小，引起剧烈收缩，从而造成裂缝事故。

经钻芯及用回弹仪检测，混凝土强度平均降低 15%，裂缝已停止发展，补强后尚可应用，故采用灌浆封闭裂缝，上铺一层ϕ4@200 的钢筋网，打上 30mm 的豆石混凝土的补救方案。

【例6-12】混凝土受冻害事故

1. 事故概况

某综合加工楼，五层砖混结构，砖墙承重，现浇钢筋混凝土楼盖。在浇筑混凝土时正值冬季（1988年1月间，日间气温0～5℃）。但施工队缺乏冬期施工措施，在拆模后发现冻害严重。具体表现在：①板面混凝土层剥落。板面酥松，用铁器或木板刮时，表层纷纷剥落，有的外露石子，用手可以抠动，结构酥松。②混凝土强度严重不足。原设计混凝土为C25，实测强度大都在C10～C13之间，个别的仅为C6。③表面裂缝遍布，如图6-11所示。

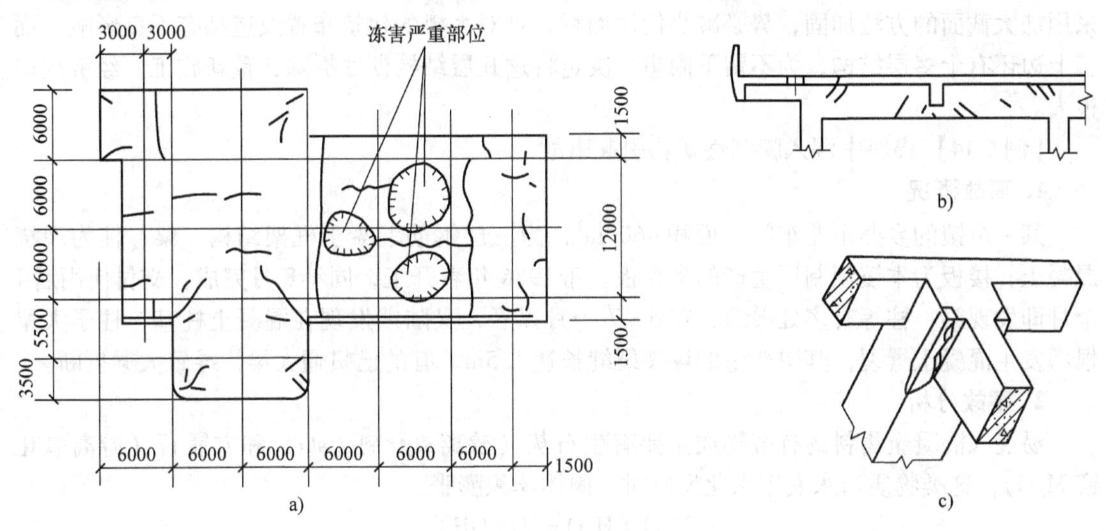

图6-11　楼盖冻害图

a）裂缝分布及冻害严重部位　b）梁上裂缝　c）柱端头的裂缝

2. 事故分析

事故原因显然是混凝土在凝结硬化过程中受了冻害。从取样混凝土中发现，集料表面有明显的结冰痕迹。混凝土的水化反应随着温度的降低而减弱，水结冰则水化反应完全停止。水的冰冻温度为0℃，但在混凝土混合物中总有一些溶解物质，水的结冰温度要低于0℃，为-1～-4℃。在低温环境中浇筑混凝土，由于混凝土在硬化前受冻，水化反应很弱，同时新形成的水泥水化物的强度很低，水结冰冻胀时，内部结构遭到破坏，因而强度严重不足。

3. 事故处理

1）板面处理。将脱皮及不实的混凝土全部剔除，清理干净，用清水冲洗表面。刷素水泥砂浆，加铺ϕ4@150钢筋网，打上40mm厚的C25豆石混凝土，并养护7昼夜。

2）梁加固。采用扩大断面法，即梁的两侧面及底面加上围套的钢筋混凝土。

【例6-13】某高层建筑因采用不合格水泥而拆除

1. 事故概况

某高层建筑，27层，建筑平面尺寸为60.7m×90.4m，现浇混凝土框架剪力墙结构。1987年施工，1988年主体结构完成到14层楼板。赶上重点工程建筑质量大检查，发现第10层到14层混凝土强度普遍达不到设计要求。设计混凝土强度等级为C30，实际测定只有C10～C15。有些混凝土酥松，用小锤轻轻敲打，即有掉皮及漏砂现象，从散落的混凝土可见水泥浆粘结性能很差。

2. 事故分析

主要原因是水泥质量极差。在浇筑10～14层的混凝土期间，水泥供应紧张，进场的水泥没有严格检验，水泥来源于许多小水泥厂，牌号很杂。原厂标明为425号（强度等级为32.5级）的普通硅酸盐水泥，经实测只能达到225～325号，施工时按425号水泥配制，强度达不到设计要求。加上施工用的砂子本应为粗砂，实际上用了粉细砂。

3. 事故处理

在原因分析的基础上，提出了加固处理意见。因混凝土强度普遍不足，且差距较大。若采用加大截面的方法加固，势必减小使用面积，且对大楼的建筑布置及造型有不良影响。而且上边还有十多层结构，为不留下隐患，决定将这几层结构彻底拆除，重新施工。经济损失很大。

【例6-14】 集料中混入膨胀性矿物引起事故

1. 事故概况

某一市镇的乡办企业车间，面积4600m^2，为三层钢筋混凝土框架结构，梁、柱为现浇混凝土，楼板为本镇预制厂生产的多孔板。于1986年春开工，同年8月完成，交付使用后1个月即发现梁、柱等有多处爆裂，在6～7个月以后，又陆续发现在混凝土柱基、柱子大梁根部发生混凝土爆裂，其中严重的爆裂裂缝长达1.5m，有的已贯通大梁，导致大梁折断。

2. 事故分析

易混入混凝土集料的有害物质主要有生石灰（游离氧化钙CaO）和方镁石（游离氧化镁MgO），这类物质与水发生水化反应时，固体体积膨胀。

$$MgO + H_2O = Mg(OH)_2$$

$$CaO + H_2O = Ca(OH)_2$$

方镁石水化时固体体积膨胀2.19倍；生石灰水化时体积膨胀1.97倍。它们均会产生很大的膨胀应力，混凝土因无法抵抗过大的膨胀应力而爆裂，钢筋有时也会因此而挤弯。这类有害物质混入混凝土拌合物后，有的可在短时间内水化，较快地发生混凝土爆裂；有的可能陆续水化，在浇筑后几个月，甚至1年后才发生水化膨胀。

事故发生后，取裂缝处碎片进行X射线分析，结果表明，主要的有害晶体为方镁石MgO，其次为少量的生石灰石CaO，由此可以判定是方镁石与石灰石水化膨胀所致。其来源是乡镇施工企业主为了节省资金，用本乡耐火材料厂生产镁砂时产生的废砂（该厂以白云石为原料，煅烧生产耐火材料，废渣中含有MgO及CaO）代替混凝土中的部分集料。结果引起事故，得不偿失。

3. 事故处理

将爆裂处凿开，清除爆裂物，然后用高一强度等级的混凝土填补。对问题严重、爆裂发生在受力要害部位的，采取粘贴钢板法进行补强，并加强检测，以防还有新的爆裂点产生。

【例6-15】 因支模的大头柱强度不足引起倒塌

1. 事故概况

广东省某农机加油站的一个油亭，为单层钢筋混凝土结构，由四根钢筋混凝土柱支承一反井字梁屋盖，共有10根交叉大梁。平面尺寸为14m×14m，面积196m^2，支撑屋盖的柱子高6.8m，柱间距双向均为9m（见图6-12a）。1986年1月，在浇筑屋面混凝土时突然塌落，造成5人死亡，1人重伤，3人轻伤的重大事故。

该结构并不复杂。浇筑屋盖时采用满堂支模板。梁底部采用大头撑立柱，间距0.5m。平板部分采用1m×1m间距的支撑。因板距地面6.8m，支撑采用杂圆木，但不够长，于是采用双层支模，在4.1m处设一层铺板，再在其上支第一层支撑，直至梁板底部如图6-12b所示。

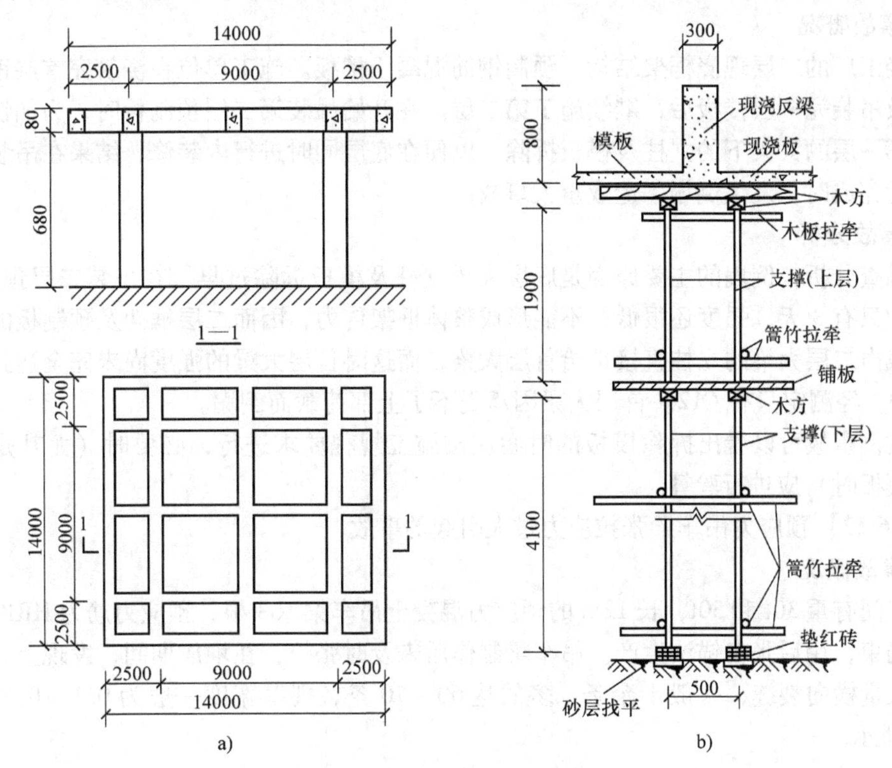

图6-12 柱支承反井字梁屋盖

2. 事故分析

事故原因为模板的支承强度不够，模板整体也不稳定。原支撑未经计算，事故后复核计算，发现模板的支承强度不够，模板整体也不稳定，从而造成倒塌。杂圆木较细，最小直径仅为35mm，平均只有57mm，而且不直，多有弯曲，最大的弯曲可达300mm，最小的弯曲也有20mm，平均为96mm。施工操作时，上、下层支撑只用一个钉子连接，在不够高的立柱下部用红砖垫起，一般为3~5皮砖，最多达7皮砖。支撑下部的土基也未认真夯实，受压后有下沉现象。这样的支撑很难保证均匀受力。立柱之间用20mm粗的篙竹牵拉，绑扎又不够牢固，根本起不到稳定支撑的作用。

经计算：支撑计算高度为4.1m，采用平均直径57mm计，其长细比为

$$\lambda = \frac{l_0}{r} = \frac{l_0}{d/4} = \frac{4100}{57/4} = 287$$

大大超过支撑受压木柱要求$\lambda = 150 \sim 200$的要求。

再进行强度验算，新浇混凝土、木模、施工机械自重及施工荷载总计对每一根立柱的压力产生的应力约20N/mm²，而杂木的设计强度为11~13N/mm²，不足以抵抗施工时产生的应力，再考虑到各柱受力不均匀，个别柱的应力还会更高一些，由此可见发生事故是必然的。

由本例事故可见，在施工中要进行模板设计，以保证有足够的强度。支撑立柱要选择平直木料，支撑间应为有效支承，长细比不能超过规定，以保证施工的安全。

【例 6-16】拆模过早引起倒塌

1. 事故概况

某轻工厂的二层现浇框架结构，预制钢筋混凝土楼板。施工单位在浇筑完首层钢筋混凝土框架及吊装完一层楼板后，继续施工第二层。在开始吊装第二层预制板时，为加快施工进度，将第一层的大梁下的立柱及模板拆除，以便在底层同时进行内装修，结果在吊装二层预制板将近完成时，发生倒塌，造成重大事故。

2. 事故分析

经调查分析，倒塌的主要原因是底层大梁立柱及模板拆除过早。在吊装二层预制板时，梁的养护只有 3 天，强度还很低，不能形成整体框架传力，因而二层框架及预制板的重量及施工荷载由二层大梁的立柱直接传给首层大梁，而这时首层大梁的强度尚未完全达到设计的强度 C20，经测定只有 C12。首层大梁因承受不了上部荷载而倒塌。

从这例事故可以看出拆除模板的时间应按施工规程要求进行，必要时（尤其是要求提前拆除模板时）应进行验算。

【例 6-17】预应力吊车梁张拉应力过大引起的事故

1. 事故概况

某车间有重 30t 和 50t，长 12m 的预应力混凝土吊车梁 168 根，预应力筋为 HRB400 级 4⏀12 钢筋束，用后张自锚法生产。吊车梁制作后未及时张拉，在堆放期间，发现上、下翼缘表面有大量横向裂缝，一般十余条，多的达 60 ~ 70 条，裂缝宽度一般为 0.1 ~ 0.5mm，如图 6-13 所示。

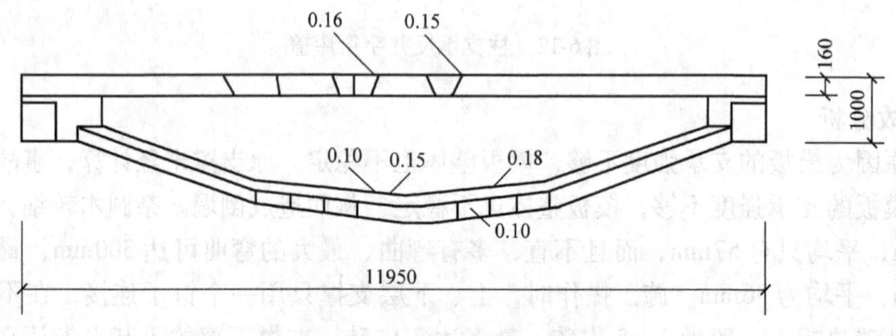

图 6-13　吊车梁裂缝示意图

该批吊车梁张拉后，在梁端浇灌孔附近沿预应力钢筋轴线方向普遍出现纵向裂缝，裂缝首先出现在自锚头浇灌孔处，然后向两侧延伸至梁端部及变截面处，缝宽一般为 0.1mm 左右。

2. 事故分析

1）横向裂缝。梁块体长期堆放，环境温度、湿度变化对梁底的影响较小，而对表面尤其是上、下翼缘角部的影响较大。这种温度、湿度差造成的变形，受到下部混凝土的自约束和底模的外约束，以致在断面较小的翼缘处产生干缩裂缝与温度裂缝。该工地曾经测定梁块体的温度变化情况，一天中梁表面与底面的温度差最大可达 19℃，由此产生的温度应力，再加上混凝土的干缩应力的长期作用，是这批构件产生横向裂缝的主要原因。

2）梁端部裂缝。因张拉力过高，在断面面积削弱很大的情况下（有自锚头预留孔、浇灌孔和灌浆孔），孔洞附近应力集中，在张拉时，梁端混凝土产生较大的横向劈拉应力，从而导致混凝土开裂。

【例6-18】屋架张拉锚固端部产生顺筋裂缝

1. 事故概况

某单层双跨厂房采用21m和24m预应力梯形屋架，现场预制后张拉预应力，预应力筋为4束，冷拉N级钢丝，共92榀。张拉完毕后检查发现相当一部分屋架在屋架端部节点产生宽度为0.05～0.35mm的裂缝，顺预应力筋方向，长500mm左右，其中有4榀屋架缝宽达0.9～1.0mm，长度达600mm，如图6-14a所示。

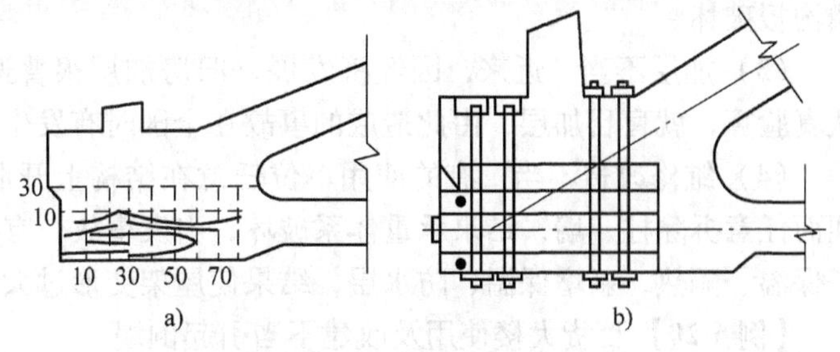

图6-14 屋架端部节点

a）端部开裂情况 b）端部加固示意图

2. 事故分析

复核计算显示总体强度设计可靠度足够，但局部承压强度不足。混凝土受到局部压力时，在一定范围内，在横向产生拉应力。构造要求承压锚板厚度为14mm，实际上采用了8mm的钢板，起不到分散压力的作用。预应力孔道只需$\phi50$，而施工时改为$\phi60$，削弱了承压面积。最主要的原因是端部横向配筋不足，按规范要求配置螺旋筋为$\phi8$，长400mm，实际只配$\phi6$，长200mm。

3. 事故处理

加固措施为在屋架端部外贴钢夹板；用螺栓套箍拧紧，如图6-14b所示。加固后还进行了荷载试验，达到设计荷载的1.6倍，无异常现象。

【例6-19】预应力孔道灌浆受冻膨胀引发的孔壁裂缝事故

1. 事故概况

辽宁省某厂厂房，采用36m预应力屋架，下弦预应力筋为高强碳素钢丝束，锥形螺杆锚具。夏季开始制作屋架，11月中旬进行孔道灌浆后，发现下弦沿预留孔壁最薄处普遍发生纵向裂缝，其长度为500～1000mm，如图6-15所示。

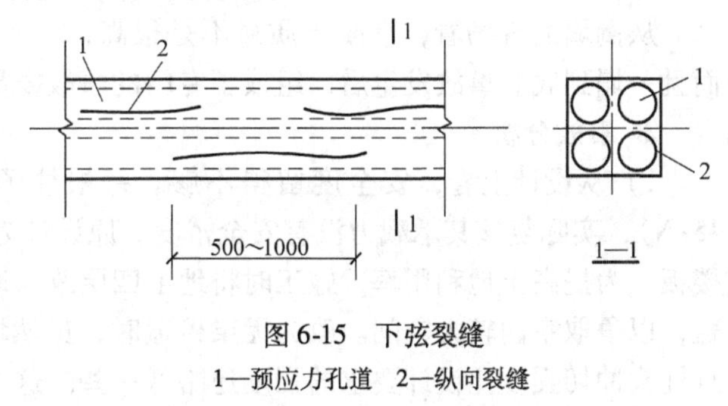

图6-15 下弦裂缝

1—预应力孔道 2—纵向裂缝

2. 事故分析

本工程地点在辽宁省，灌浆时间是11月中旬，未采取任何保温措施，灌浆后当晚气温骤降至－15℃，使所灌水泥浆中的游离水受冻膨胀，造成孔壁裂缝。

6.4 结构使用、改建不当引起的事故

结构由于使用不当或任意改建而引起的事故也经常发生。主要的原因有以下几种：

(1) 使用中任意加大荷载　如民用住宅改为办公用房，安装了原设计未考虑的大型设备，荷载过大引起楼板断裂；原设计为静力车间，后安装动力机械，设备振动过大引起房屋过大变形；民用住宅阳台堆放过重过多杂物（如煤饼）引起阳台开裂甚至倾覆等。

(2) 工业厂房屋面积灰过厚　对水泥、冶金等粉尘较大的厂房、仓库，即使在设计中考虑了屋面的积灰荷载，在正常使用时也应及时清除。但有些地方管理不善，未及时扫灰，致使屋面积灰过厚造成屋架损坏甚至倒塌。有些厂房屋面漏水管堵塞，造成过深积水，引起檐沟板破坏。

(3) 加层不当　近来，因经济发展，旧房加层很普遍，但有些单位未对原有房屋进行认真验算，就盲目加层，由此造成的事故在全国时有发生。

(4) 维修改造不当　有的使用单位任意在结构上开洞，为了扩大使用面积和得到大空间而任意拆除柱、墙，结果承重体系破坏，引发事故。有些房屋本为轻型屋面，但使用者为了保温、隔热，新增保温、防水层，结果使屋架变形过大，严重的造成屋塌房毁。

【例 6-20】 百货大楼使用及改建不当引起倒塌

1. 事故概况

某市百货大楼，由两幢对称的大楼并排组成，地下四层，地上五层，中间在三层处有一走廊将两楼连接起来，建筑面积共计 7.4 万 m^2。钢筋混凝土柱、无梁楼盖。该大楼建于 1989 年，从交付使用到倒塌仅有四年多时间。在四年中曾多次改建。某日傍晚，百货大楼正值营业高峰时间，大楼突然坍塌，地下室煤气管道破裂，引起大火，如图 6-16 所示。最终造成近 450 人死亡，近千人受伤的特大事故。

图 6-16　某市百货大楼的倒塌现场

从倒塌的现场看，混凝土质量不是很高，而且一塌到底。事故发生后，组成了专门的事故委员会，对事故责任予以鉴定。

2. 事故分析

1) 从设计上看，安全度留得不够。每根柱子的设计要求承载力应达 4.5t（相当于 45kN），实际复核其承载力没有安全裕度。原设计为梁柱组成的框架结构与现浇钢筋混凝土楼板。为提高土地利用率，施工时将地上四层改为地上五层，并将有梁楼盖体系改为无梁楼盖，以争取室内较大空间。改为无梁楼盖时，虽然增加了板厚，但整体刚度不如有梁体系，且柱头冲切强度比设计要求的强度还略低一些。这为事故发生埋下了隐患。

2) 从施工上看。从倒塌现场检测情况看，混凝土中水泥用量偏小，强度达不到设计强度，施工过程中，建筑材料供应紧张，施工单位偷工减料，把本来设计安全度不足的结构推向了更危险的边缘。

3) 从使用过程看，原设计楼面荷载为 $200kg/m^2$（$2kN/m^2$），实际上由于货物堆积，柜台布置过密，加上增加了不少附属设备，购物人群拥挤，致使实际使用荷载已近 $4kN/m^2$。为了满足整个建筑的供水、空调要求，在楼顶又增加了两个各重 6.7t（约 67kN）的冷却水塔，致使结构荷载一超再超。在最后一次改建装修中在柱头焊接附件，使柱子承载力进一步削弱，终于造成了惨剧。

尽管此楼设计不足，施工质量差，使用改建又极不妥当，但事故发生前仍有一些预兆，说明结构还有一定的延性。如能及时组织人员疏散，还有可能避免大量人员伤亡。事故发生当天上午9时30分左右，一层一家餐馆发现有一块天花板掉了下来，并有2m见方的一块地板（也是地下室的顶板）塌了下去。中午，另外两家餐馆见大量流水从天花板上哗哗下流，当即报告大楼负责人。负责人为了不影响营业，断然认为没有大问题。直到下午6点左右，事故发生前，仍陆续有地板下陷，这本来是事故发生的最后警告，如及时发布警报，让人员撤离，则大楼虽然会倒塌，但千余人的生命还可以保全。但业主利令智昏，明知危险，仍未采取措施，终使惨剧发生。

6.5 混凝土构件的加固方法

钢筋混凝土结构是建筑工程中大量应用的结构类型。由于各种因素的影响，会产生种种质量缺陷或损坏，钢筋混凝土出现质量问题后，除了倒塌断裂事故必须重新制作构件外，大多情况下都可以用加固的办法来处理。而对于每一项需加固的工程对象来说，又都有其不同的要求。具体选择哪种加固技术，应按彼此适应的原则作决定。下面介绍几种常用的加固方法。

1. 增大截面加固法

增大截面加固是指在原受弯构件的上面或下面浇一层新的混凝土并补加相应的钢筋，以提高原构件承载能力。它是工程中常用的一种加固方法。这种加固方法的技术关键是：新旧混凝土必须粘结可靠，新浇筑的混凝土必须密实。增大截面法有单面增大、双面增大、四面增大等三种情况。补浇的混凝土处在受拉区时，对补加的钢筋起到粘结和保护作用；补浇的混凝土处在受压区时．增加了构件的有效高度，从而提高了构件的抗弯、抗剪承载力，并增强了构件的刚度。因此，其加固效果是很显著的。但其缺点是结构易产生刚度不均匀，施工难度大。

2. 改变受力体系加固法

改变受力体系加固是彻底改变结构内力的计算图形，即在梁的跨中增设支点、增设托梁（架）或将多跨简支梁变为连续梁等。改变结构的受力体系，能大幅度地降低计算弯矩，提高结构构件的承载力，达到加强原结构的目的。这是一种有效的加固方法，但一般要涉及建筑平面和使用功能的改变。

3. 粘贴钢板加固法

粘贴钢板加固是指用胶粘剂将钢板粘贴在构件外部，以增加构件承载力。胶粘剂硬化快，工期短，构件加固不必停产或少停产；粘贴钢板所占的空间小，几乎不增加被加固构件的断面尺寸和重量，不影响房屋的使用净空，不改变构件的外形。因此，该法广泛应用于建筑、桥梁等工程的加固、补强、修复中。但该法技术要求高，施工操作程序较复杂；耐高低温、耐湿、耐蚀、耐久性等性能是否可靠尚未经实践考验。

4. 锚结钢板加固法

锚结钢板加固是将钢板甚至其他钢件（如槽钢、角钢等）锚结于混凝土构件上，以达到加固补强的目的。锚结钢板的优点是可以充分发挥钢材的延性性能，锚结速度快，锚结构件可立即承受外力作用。锚结钢板可以厚一点，甚至用型钢，这样可大幅度提高构件承载力。当混凝土孔洞多，破损面大而不能采用粘贴钢板时，用锚结钢板效果更好。但也有其缺点，即加固后表面不够平整美观，对钢筋密集区锚栓困难，钢材孔径位置加工精度要求较高，并且锚栓对原构件有局部损伤，处理不当会起反作用。

5. 增补钢筋或钢板加固法

增补钢筋或钢板加固是将钢筋或钢板、型钢焊接于原构件的主筋上，适用于整体构件的加固。通常做法是：将混凝土保护层凿开，使主筋外露，用直径大于20mm的短筋把新增加的钢筋、钢板与原构件主筋焊接在一起；然后用混凝土或砂浆将钢筋包裹住。因焊接时钢筋受热，形成焊接应力，施工中应注意增加临时支撑，并设计好施焊顺序。目前这种方法常与增大截面法结合使用。

6. 碳纤维布加固法

碳纤维布加固是一项新型、高效的结构加固修补技术，即利用浸渍树脂将碳纤维布粘贴于混凝土表面，与混凝土一起共同工作，达到对混凝土结构构件的加固补强。这种方法具有高效、高强、施工方便、适用范围广等优点。但其缺点是造价较高，脆性破坏的危险性更大。

7. 预应力加固法

预应力加固是采用外加预应力钢拉杆（主要包括水平拉杆、下撑式拉杆和组合式拉杆三种）或撑杆对结构进行加固。该法适用于要求提高承载力、刚度和抗裂性及加固后占空间小的混凝土承重结构，这种方法具有施工简便和不影响结构使用空间等特点，其最大优点是便于使有较大跨度和较大荷载且已出现较大变形（挠度）的钢筋混凝土梁或桁架恢复承载能力。但此法不宜用于处在高温环境下的混凝土结构，也不适用于混凝土收缩徐变大的混凝土结构。

8. 其他加固方法

除上述常用加固方法外，还有加强整体刚度法、增补受拉钢筋加固法、玻璃钢板加固法、增加受力构件加固法、喷射混凝土加固法等。

思 考 题

1. 混凝土结构的裂缝有哪些类型？形成的主要原因是什么？
2. 混凝土结构表层缺损有哪些类型？形成的主要原因是什么？
3. 混凝土结构常见的质量事故有哪些？主要表现是什么？
4. 管理造成的混凝土结构工程事故的主要原因有哪些？
5. 设计造成的混凝土结构工程事故的主要原因有哪些？
6. 施工造成的混凝土结构工程事故的主要原因有哪些？
7. 使用不当造成的混凝土结构工程事故的主要原因有哪些？
8. 常用的混凝土构件质量事故加固方法有哪些？

第 7 章　其他类型结构事故

7.1　木结构事故

在我国，木结构的应用历史悠久，常用作主要的承重结构，如木屋架、木檩条、木柱等。木结构发生事故的主要原因有以下几个方面：

1）选材不当。将有疵病（如节疤、裂缝、翘曲等）的木材选作承重构件；木材干燥不够时便制作屋架；选用劣质木材制作承重构件。

2）节点制作不合格。木屋架的节点制作质量对木屋架的承载力有重要影响。尤其是屋架端节点因受剪切作用而易于撕裂，有些承压槽承压面不够或接触不紧密，均易引起事故。螺栓连接排在一条线上未交错，易造成顺纹开裂而破坏。

3）木屋架断面过小。有些农村用木屋架未经严格设计，凭经验选用的截面尺寸往往偏小。目前因农村经济发展，农村礼堂、影剧院建筑增多，这些建筑跨度较大，有些地方仍凭老经验办事，用料过细，致使强度不足，引起事故。

4）木屋架安装偏差、支撑设置不当等也是引起事故的原因之一。农村建筑队对支撑作用认识不足，特别是对空旷房屋少用或不用支撑，致使屋盖整体刚度不足而引发事故。

5）在湿度较大的环境中，缺乏防潮措施，导致木材开裂和腐蚀。

【例 7-1】 某市简易电影院木制屋盖坍塌事故

1. 事故概况

某市简易电影院，建筑面积约 500m^2，有观众厅、舞台和放映室。木屋架跨度 9m，矢高为 2.25m，木屋架间距 3.5m，屋架为三角形圆木屋架，其上架檩条再铺小青瓦。屋架支于砌体墙上，外墙体下部为高 3m、厚 400mm 的毛石墙，上部为 190mm 的混凝土空心砌块墙体，支承屋架的檐口标高处有一道圈梁。1987 年 6 月 29 日晚，300 多名观众正在影院中看电影时，屋盖突然塌落，部分圈梁及墙体被拉掉，当场砸死 8 人，重伤 14 人，轻伤 121 人。该工程由一位给排水专业的人员设计，先后由三个当地包工队施工，工程于 1987 年 6 月 5 日竣工验收，仅放映过 9 场电影便倒塌，造成重大伤亡事故。

2. 事故分析

事故调查结果表明，事故是由靠舞台处的第一榀屋架塌落引起的。事故的直接原因是施工队严重偷工减料，粗制滥造，使屋架承载力严重不足。具体问题如下：

1）屋架上弦杆尺寸太小，承载力不足。设计要求屋架的上、下弦圆木直径不小于 140mm。但多数屋架上弦圆木直径只有 100 ~ 120mm，首先破坏的屋架上弦圆木直径仅 94mm，其截面面积只有设计要求面积的 45%，强度严重不足，如图 7-1 所示。

2）对屋架的横向支撑，设计未交代，施工时未设，屋盖系统空间刚度很差。

3）施工制作工艺粗糙。节点处刻槽不用锯割，用斧头砍劈，刻槽过深，截面受到严重削弱，使承载力进一步降低。此外，木料平直度不好，含水量偏高，纹理扭曲，木节多，这

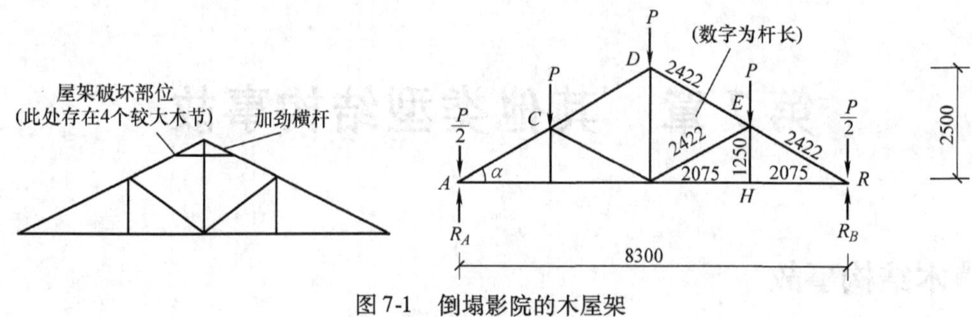

图 7-1　倒塌影院的木屋架

注：图中弦杆上数字为杆长

些都不符合规范要求，对木材的强度造成不利的影响。

4）工程验收工作非常马虎，明知包工队偷工减料，验收时仍写上"观众厅圈梁及屋架属于中等质量，可以使用"的错误结论。

由以上分析可知，实际采用的木屋架构件截面小、材质差，已不满足要求，加之施工粗糙，系统稳定性差，最终造成了重大事故。

7.2　钢-混凝土组合屋架事故

常用的钢-混凝土组合结构有组合板、组合梁、组合屋架、组合楼盖和组合柱等。组合屋架的上弦采用混凝土弦杆，下弦采用钢构件，腹杆采用混凝土构件或钢构件。下弦与腹杆的连接往往用焊接，若焊接质量不好，极易造成质量事故。

【例 7-2】某 15m 组合屋架的事故

1. 事故概况

某单位的饭厅兼礼堂，于 1971 年 7 月建成。屋架采用组合屋架，跨度 15m（见图 7-2a）屋面采用钢筋混凝土挂瓦板，上铺小青瓦，交付使用前已历经一冬一春，当年冬天还下了一场较大的雪，并未发现异常现象，也未发现有过大的变形。1972 年 8 月，因发现屋面有几处渗水，上屋面察看，见到屋面不平，局部有较大下垂。根据这一现象，立即仔细检查，发现端间一榀屋架下弦节点已破坏，下弦挠度很大，上弦裂缝严重。整个屋盖共有四榀屋架，其余三榀屋架节点虽未破坏，但也存在不同程度的裂缝，其位置及破坏形态也与破坏的屋架相同。于是决定停止使用，进行分析加固，因而未形成更大的恶性事故。

由图 7-2b 可知，组合屋架两端拉杆为 2 ϕ28，伸过节点与中间的 1 ϕ28 拉杆绑条对接焊连接，斜腹杆为混凝土柱，斜拉杆为 1 ϕ20。斜拉杆上、下锚入混凝土中，在下弦节点处弯一圆弧与水平受拉钢筋焊牢。在节点破坏处，斜拉杆已从下弦节点处拉出，焊缝撕裂，下弦节点处在水平钢筋以上的混凝土被斜拉杆拉裂破碎而抛出。由于斜拉杆拉脱，节点急剧下垂达 220mm，上弦严重裂缝，全屋架已经破坏，处于倒塌的边缘。

2. 事故分析

事故原因主要是下弦节点设计不合理。斜拉杆弯入斜压腹杆，本意为保证锚固长度，实际上因斜拉杆的受力方向与受压腹杆的轴线不一致，斜拉杆在节点中能起锚固作用的距离很短，靠锚固传力不可靠。斜拉杆与水平钢筋焊接为圆弧与直线相切，只能起定位作用。若由焊接传递拉力，经计算可知需要 150mm 长的焊缝，而圆弧与直线段相切处的长度很短，焊

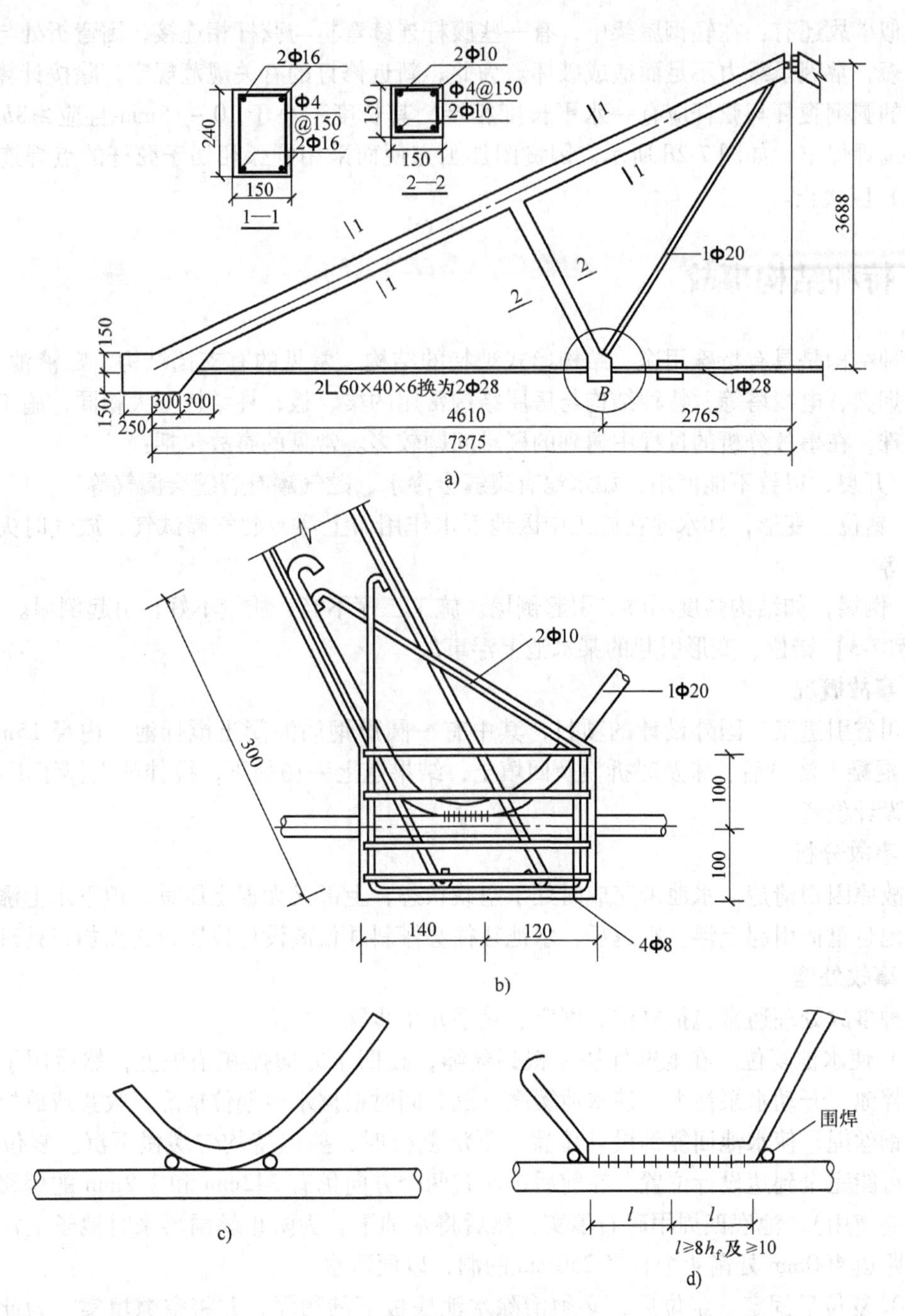

图 7-2　组合屋架节点事故

缝完全不能满足传递拉力的要求。在荷载作用下，焊缝首先拉脱，进而节点处混凝土拉碎抛出，造成节点失效，使屋架破坏。

3. 事故处理

应改进下弦节点构造。原设计锚固无伸展余地，靠锚固传力不可靠，应由焊接完全承担斜拉杆传来的拉力。为保证焊接所需长度，建议斜拉杆下端有一水平段与水平拉杆相连接，如图 7-2d 所示，焊缝长度应由计算确定。

类似事故还有：在轻钢屋架中，有一些腹杆连续弯折与弦杆相连接，因弯折处与弦杆接触段很短，常因承载力不足而造成破坏。为此，新近修订的有关规范规定，除按计算外，连续弯折的圆钢腹杆与弦杆应有一水平长度相接，其长度不小于 10 ~ 15mm 且应 $\geqslant 8h_f$，并要求采用围焊焊牢，如图 7-2d 所示。因贪图加工方便而采用圆弧相切于弦杆的点焊连接（见图 7-2c）应禁止。

7.3 特种结构事故

特种结构是具有特殊用途、结构形式独特的结构，常见的有支挡结构、贮液池、水塔、筒仓、烟囱、电视塔等。特种结构与房屋结构常用的梁、板、柱结构不大相同，施工方法也比较特殊，在事故分析的过程中遇到的疑难问题较多。常见的事故包括：

1）开裂，以致不能使用，如水池有裂缝会渗水、贮气罐有裂缝会漏气等。

2）错位、变形，如水池在施工中因地下水作用而上浮，贮气罐试气、放气时失稳，烟囱偏斜等。

3）倒塌，如结构强度不够，引起倒塌。施工工序不当，质量不好，引起倒塌。

【例 7-3】错位、变形引起的某水池上浮事故

1. 事故概况

四川省引进某一国外设计的项目，其中有一圆形钢筋混凝土搅拌池，内径 15m，池深 4.4m。混凝土浇筑后，未及时拆模及回填土，结果遇上一场暴雨，搅拌池上浮了 1.8m，偏离了原设计位置。

2. 事故分析

事故原因很清楚，水池未完成时处于空载状态，上部又无覆土压重，地下水上涨的浮力超过水池自重而引起上浮。水退后，水池往往会倾斜并偏离设计位置，必须加以处理。

3. 事故处理

这种事故处理通常包括复位、固定、找平几个步骤。

（1）使水池复位　在池壁外绕 4 根钢丝绳，在四个方向拴在锚桩上，然后用手动葫芦稳定搅拌池，开动水泵注水，使水池缓缓下沉。同时根据水池偏位情况，收紧或放松拴在池壁上的钢丝绳，使水池回复到设计位置。下沉复位时，要保持均匀缓慢下沉。复位后（当然，不可能完全到达设计位置，在前后、左右两个方向仍有 242mm 和 272mm 的偏移值，但已不影响使用），池底四周用碎石填实，然后将水抽干。为防止暴雨再来时池子上浮，在池底四周距边 400mm 处凿 4 个直径 250mm 的洞，以便泄水。

（2）复位后固定　定位后，必须清除水池底板下的稀泥，并将空隙填实。为此，在距池底 400mm 的周壁处大致等距凿 10 个孔，在离中心 2m 处凿 4 个孔，孔径约 250mm。先用水管向一孔内注水，其他孔充进压缩空气，将池底稀泥搅成泥浆，然后用污水泵将泥浆从另一洞吸出；然后变换进水、抽污的孔位，直到抽出的基本上是清水为止。抽污结束后，在洞内灌注 C15 混凝土，并预埋压浆管，对可能不密实的部分进行压力灌浆。灌浆从中心开始，向外逐步进行。池外也留有一定量的压浆管，排气完成后用压浆密封。地基加固后，为防止水池再次浮起，在池壁外周打上 1m 宽、高度比池壁低 200mm 的钢筋混凝土压重，如图 7-3 所示。

（3）找平、堵裂 水池复位后，池顶还有偏斜，高差达117mm。对此，将壁顶凿毛，以高点为准，用等强度混凝土找平。在复位调整过程中，池壁多处产生了裂缝，在灌浆口处也有渗水现象，池底的防腐层无法施工。对此，经协商后，决定在池内增打钢筋混凝土内套（容积减小90m³）。施工做法为：先将池底、池壁清洗干净，在裂缝加外套压重处刷酮亚胺环氧涂料，再贴一布两涂的环氧玻璃钢；在底板上铺设二毡三油防水层；浇筑钢筋混凝土内套，底板厚400mm，壁厚150mm，高2.45m；在钢筋混凝土内层刷酮亚胺环氧涂料一道。然后再按设计要求做防腐。

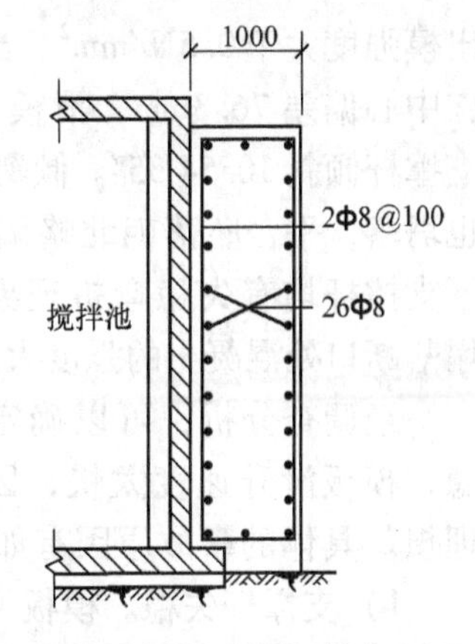

图7-3 搅拌池附加外套压重

【例7-4】某水塔倒塌事故

1. 事故概况

湖南省某地水塔蓄水量为100m³，压水高度20m，设计图为国家标准图。水箱为钢筋混凝土结构，基础为钢筋混凝土筏形基础；塔筒用砖砌体，筒身分三段，地面以上至4m处为490厚砖砌体，设圈梁一道；4～8m处为370厚砖砌体，又设一道圈梁；8～18m处为240厚砖砌体。水塔建成后，于1983年4月12日试水至满水，22小时后，水塔整体垂直倒塌，筒身残体大部分堆积在基础范围内。

2. 事故分析

设计图采用国家标准图，一般没有问题。事故主要原因在施工方面，具体原因如下。

1）砖强度低。设计要求砖的强度不低于MU7.5，而实际采用的砖的实测强度只达到设计强度的50%，因此，筒体的强度大大降低。

2）混凝土强度不足。施工中混凝土配合比控制不严，振捣不实，部分圈梁呈松散状态，强度很低。340天的龄期时，混凝土的平均强度只达到设计强度的80%。

3）施工中偷工减料。设计要求水塔水箱侧壁设水平分布筋@180，竖筋@185；实际配置水平筋@226，最大达350mm，竖筋@224，最大达310mm；并且所有光面筋均无弯钩。从破坏后的事故现场观察，水箱以及圈梁中的钢筋均有因锚固不足而被拔出的现象。

4）施工质量低劣，砖砌体的整体性很差。砌筑砖筒身时，砖没浇水，干砖砌筑；灰缝砂浆不饱满，砌筑咬槎方法不对，多处出现通缝，最长通缝达20皮砖。

【例7-5】某钢筋混凝土烟囱在施工过程中的倒塌事故

1. 事故概况

江苏省某电厂一座高120m的钢筋混凝土烟囱，采用无井架液压滑模方法施工，滑升时间在1979年秋末冬初。滑模平台固定在18榀支撑架上，共设30台千斤顶，按1.2.2的方式循环布置，内外模板高度分别为1.4m和1.6m。为控制滑升时的烟囱位置和尺寸，在底部设激光射到滑模平台上进行测偏。1979年11月，当混凝土浇至标高67.50m时，发生了烟囱滑模平台从高空倾覆坠落的事故。

2. 事故分析

事故调查发现，在事故发生时并无大风、暴雨等异常气象。材料检查亦无不合格现象。混凝土配合比为水泥：砂子：石子＝1：2.76：5.12，添加了0.5%的JN减水剂，2.5%～5%的水玻璃早强剂。水泥为原500号矿渣水泥。调查还发现，滑模倾覆坠落前，混凝土的出模强度大于0.5N/mm²。出模时，筒壁混凝土有局部脱落，烟囱中心偏差76.3mm，滑模平台扭转439mm，最后竟达2.3m，支撑杆倾斜10°54′35″。倾覆时，烟囱壁的内侧先塌，随之外侧也坍落，平台坠落朝北略偏东方向。坠落后检查可见，模板上下支撑杆均有失稳弯折现象，烟囱壁塌落部分高度达4.55m。塌落断口处混凝土的强度大于0.8N/mm²。

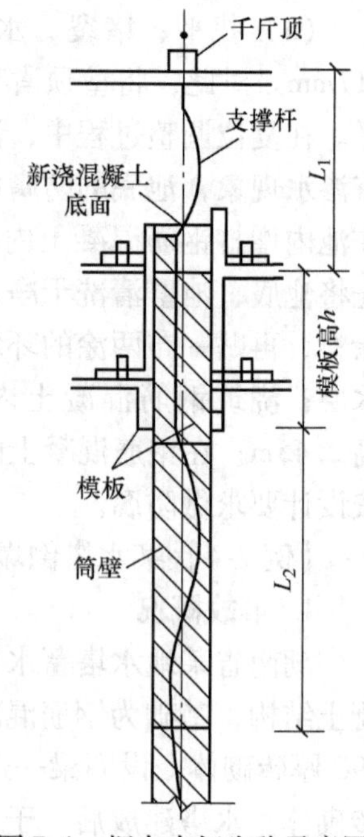

图7-4　烟囱支杆失稳示意图

经调查分析，可以确定造成事故的主要原因是支撑杆失稳，模板滑升速度太快，因气温偏低，混凝土强度增长不够理想。具体的事故原因有如下几种。

1）支撑杆失稳。模板下支撑杆首先失稳是造成平台倒塌的最主要原因。如图7-4所示。由残存在烟囱筒壁和掉下的支撑杆可以看出，模板下段的支撑杆有失稳弯曲现象。在模板滑升过程中，各支撑杆处于极限状态，只要有一根支撑杆失稳，就会引起其他支撑杆的失稳。从现场施工人员的反映也可知，烟囱倾覆前几分钟，筒壁混凝土脱落，且越来越严重，最后导致平台坠落。经校核，这种现象只有在支撑杆失稳后才能出现。如支撑杆不失稳，则只要混凝土强度达到0.5N/mm²，即可保证筒壁混凝土不脱落。支撑杆失稳首先从北面开始，北面温度更偏低一些，混凝土强度增长更慢。

2）滑模平台的倾角和扭转过大。有关资料建议，平台倾斜应控制在1%以内，扭转值不得超过250mm。本平台在施工过程中扭转已达439mm，理应及早采取措施。因未及时处理，加速了支杆的失稳，从而导致塌落。

3）混凝土强度增长跟不上滑模速度的需要。虽然滑升时混凝土的脱模强度已达到了《液压滑升模板设计与施工规定》中规定的大于0.5N/mm²的要求，但从倾倒后的断口判断，混凝土对支撑杆的嵌固作用要到0.7N/mm²以上才比较可靠。施工时气温偏低，南向、北向还有一定差异，混凝土强度增长缓慢，有些部位混凝土强度不足，起不到应有的嵌固作用，这一部位的支撑杆失稳，引起连锁反应，导致平台坠落。此外，选用水玻璃作早强剂要慎重。因掺有水玻璃的混凝土有假凝现象，这易造成对混凝土早期强度的误判，估计值往往偏高。

4）其他失误，如有的支撑绑条漏焊，有75kg的氧气瓶置于平台上而设计平台时未予计算荷载，这一偏心荷载对平台倾斜是非常不利的。

【例7-6】某通信铁塔倒塌事故

1. 事故概况

某通信铁塔建于20世纪90年代，总高度为70m，为四边形角钢铁塔，采用普通螺栓连接，塔的轮廓尺寸如图7-5所示。该塔在正常使用过程中，由于大风作用，于2002年4月突然倒塌，其倒塌现场如图7-6所示。

2. 事故分析

在事故分析过程中，从该塔有代表性的区段截取了4根弦杆和2根斜杆，分别做成板状标准试件进行材性试验。根据试验结果，其屈服荷载、极限荷载、伸长率符合GB 700—

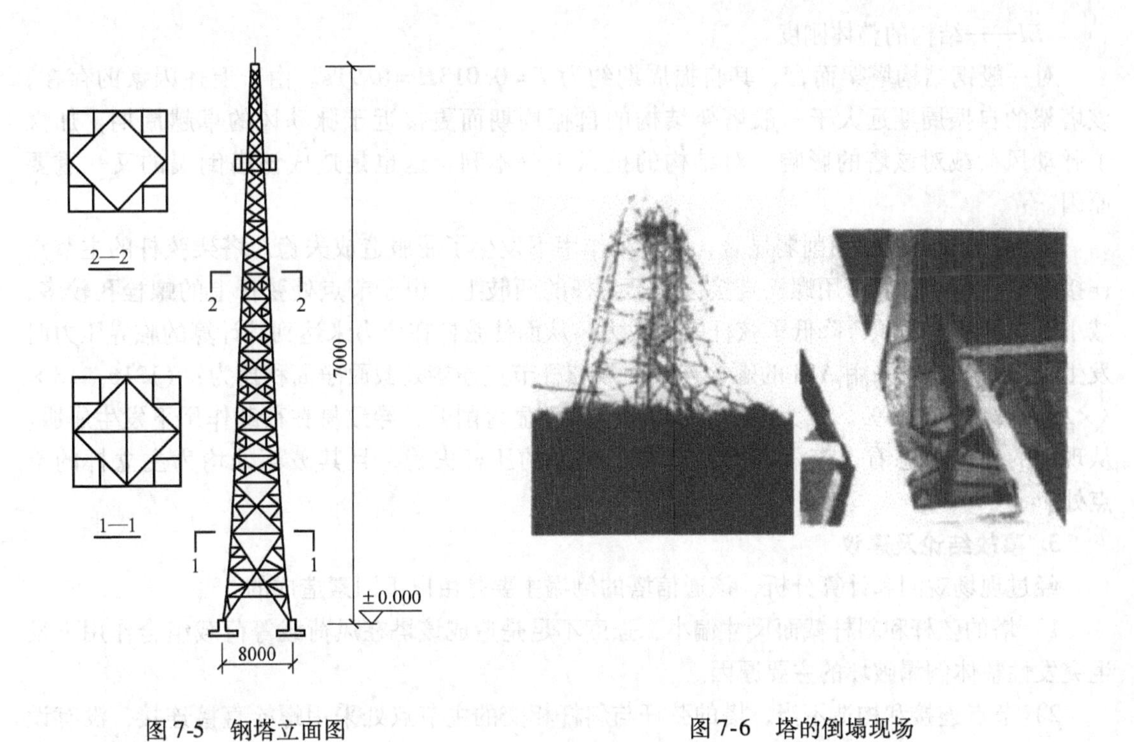

图7-5 钢塔立面图

图7-6 塔的倒塌现场

1988《碳素结构钢》、GB 50205—2001《钢结构工程施工质量验收规范》的要求，该塔的钢材属于Q235结构钢。

对塔的破坏现场进行调查，发现如下两点。

1）该塔的连接螺栓均采用单螺母连接，无任何螺栓防滑移措施。从现场可以看出，由于在风荷载作用下的结构振动的影响，许多螺母已经严重松动，个别的已濒于脱落，加上原螺栓孔的孔径偏大，削弱了有效截面面积，严重降低了该塔的整体强度和刚度。

2）由现场测量可知，该塔自第4节开始，几乎所有的斜杆型号均为∟40×4，比规范中规定的∟45×4要小，虽然能减少迎风面积，但它使得整个塔架结构整体刚度严重降低。

将整个塔架看成是一个朝上的悬臂结构，则结构的自振频率的计算公式为

$$\omega=\sqrt{\frac{k_{11}}{m}}=\sqrt{\frac{1}{m\delta_{11}}}=\sqrt{\frac{g}{w\delta_{11}}}=\sqrt{\frac{g}{\Delta_{st}}}$$

在悬臂结构中，$\Delta_{st}=\frac{mgl^3}{3EI}$，则结构的自振周期$T$为

$$T=\frac{2\pi}{\omega}=2\pi\sqrt{\frac{\Delta_{st}}{g}}=2\pi\sqrt{\frac{ml^3}{3EI}}$$

式中 g——重力加速度；

δ_{11}——在质点上沿振动方向施加单位荷载时质点沿振动方向所产生的静力位移；

Δ_{st}——由于重力mg的作用，质点沿振动方向所产生的静力位移；

l——质点到固定端支座处的垂直距离；

EI——结构的整体刚度。

对一般钢结构塔架而言，其自振周期约为 $T=0.013H=0.91s$。由于上述因素的存在，该塔架的自振周期远大于一般塔架结构的自振周期而更接近于脉动风的卓越周期，加大了脉动风荷载对该塔的影响，对结构的抗风十分不利，这也是造成该塔倒塌的又一重要原因。

3）弦杆节点处截面削弱显著，在荷载作用下发生了屈服造成失稳。塔架弦杆的主节点连接无节点板，其斜杆用螺栓直接连接于弦杆的两肢上。由于节点处弦杆上的螺栓孔较多，减小了横截面净面积，降低了弦杆的承载力，从而使弦杆在压力未达到其计算的临界压力时发生了失稳。该塔采用 A18 的螺栓连接，故弦杆节点连接处截面净面积比为：$(1216-18\times8\times2)/1216=76.3\%$，仅为原截面的3/4，截面显著削弱，导致易在荷载作用下发生屈服。从现场的破坏形态看，该塔的倒塌是属于典型的压杆失稳，且其破坏处均为主立杆的节点处。

3. 事故结论及建议

经过现场观测和计算分析，该通信塔的倒塌主要是由以下因素造成的：

1）塔的弦杆和斜杆截面尺寸偏小、强度不足是造成该塔在风荷载等荷载组合作用下发生突发性整体倒塌破坏的主要原因。

2）节点连接和构造不当，塔的弦杆与斜杆相交的主节点处采用螺栓直接连接，没有设置节点板，这大大降低了节点处的刚度，使得弦杆两肢节点处由于螺栓孔过分集中而产生应力集中现象，而弦杆节点处的刚度得不到补强，属于违反规范问题，也为该塔的倒塌留下了隐患。

3）施工质量控制不严，塔架的螺栓连接中，由于未采用适当的螺母防滑移措施，使得部分螺栓严重松动，造成塔架的整体刚度降低较大，同时使得塔架的自振周期延长，从而加大了脉动风荷载对塔架的动力影响，进一步加大了该塔倒塌的可能性。

由上面的计算分析可知，这种类型的铁塔设计存在着许多的质量隐患，建议对该类型的铁塔应尽快进行加固处理或者拆除，以免造成更大的经济损失。同时，在进行铁塔设计时，除了要求按照《建筑结构荷载规范》进行荷载取值外，还应根据当地的实际环境状况进行荷载值的修正，应重视弦杆连接节点的处理，避免安全隐患的产生。

7.4 结构安装工程事故

结构安装是指将预制构件在建筑现场安装就位，形成完整的结构体系。装配式厂房、多层预制框架等结构常在预制构件厂将构件预制好，或者在工地现场就地预制，然后吊装、就位并连接成结构。结构安装工程常要使用各种机械，构件安装又常有高空作业，构件重量大，体积也不小，工作面一般较窄，工序又较多，任一环节有疏忽即易发生事故。另外，构件在运输起吊工程中，因吊点或支点不妥，或临时加固措施不力，或发生意外碰撞等也会形成质量事故。又因构件就位后到未连接成整体结构前，体系常常不够稳定，如技术措施跟不上，也易发生事故。

结构安装过程中常见的质量事故有：

1）构件在运输、堆放过程中产生裂纹或断裂。

2）构件节点拼装错位，构件拼装时扭转。

3）预应力后张构件张拉时构件出现裂缝。

4）柱子安装后实际轴线偏离设计轴线。

5）屋架或大梁与柱子连接处焊缝不符合要求。

6）屋架吊装顺序不对或临时稳定措施不足引起屋架倒塌。

7）刚吊装完的屋面或楼面上临时堆放料具或预制构件超重，引起事故。

8）结构未连接成整体结构时未采取临时稳定措施或虽有但不够，在风或其他干扰力作用下失稳倒塌。

9）机具使用前未认真检查，引起事故，如起重机倾倒、吊索断裂等。

【例7-7】厂房柱因吊点失误造成开裂事故

1. 事故概况

某厂机修车间采用钢筋混凝土柱，柱子形状及尺寸如图7-7a所示。安装时设计吊点位置在牛腿下部。安装起吊时，施工单位为加快进度擅自将吊点改为牛腿上部，即上柱根部。施工人员以为吊点移动不大，不会影响安装质量。不料在起吊后，柱子刚离开地面，吊点处绑扎绳套突然滑动，由上柱根部滑向上柱顶部。起重机司机立刻刹车。经检查，发现上柱根部已经开裂，拉区裂缝贯通全部柱宽，裂缝宽度达5mm，长度达360mm，主筋已达流限，压区混凝土已出现压碎现象，柱顶已向一侧偏斜80mm，只好停止安装工作，讨论如何加固。

2. 事故分析

当吊索套扣改在牛腿上部后，绳套的固定主要靠绳子与柱子间的摩擦力。而起重机停靠位置离柱子稍远，起吊翻身时，绳套受到斜拉力较大，当斜拉力超过摩擦力后，绳套即向上滑移，直到柱顶放大头处。绳套移到柱顶后，起吊时柱子形成两端简支梁的受力状态，在上柱根部截面小而弯矩较大，除柱子自重外，还考虑起重机急刹车的动力作用产生的动荷载。经计算复核，上柱根部弯矩可达95kN·m，钢筋为3ϕ16mm（16锰钢），其应力可达468N/mm^2，大大超过16锰钢的屈服应力，因而使钢筋产生较大的塑性变形，引起拉区开裂，受压区混凝土压碎，柱子顶产生偏移。

3. 事故处理

上柱开裂偏斜不仅使自身承载力丧失，而且影响到屋架、屋面的安装，必须处理加固。并且因工程进度紧迫，要求加固方法快速简便。

加固方法：沿上柱角贴4根L 80mm×8mm角钢①，角钢①上端与500mm×250mm×10mm的钢板②焊牢，钢板②与柱内预埋钢板③焊接。角钢①下端用三根ϕ25mm螺栓穿过腹板拧紧。两角钢间各用L 50mm×6mm的缀条④焊成一整体，吊装时仍将吊点置于牛腿下部，待柱子定位灌缝固定以后，再在牛腿上、下用ϕ10@100的钢箍包在角钢外边，然后支模浇筑强度为C30的混凝土，使角钢与柱结合成一整体。这样，即使上柱中主筋失效也可达到要求的承载力。加固简图见7-7b。

另外，因柱子顶向侧面偏移80mm，难以恢复原位，影响屋盖安装。为此，在柱顶加焊钢板⑤，厚10mm，外挑200mm，与柱同宽，钢板下用5块100mm×200mm×10mm的加劲肋加强，形成一钢牛腿，以便连接预制混凝土撑杆。屋架安装则在不影响屋面板安装的条件下适当调整。

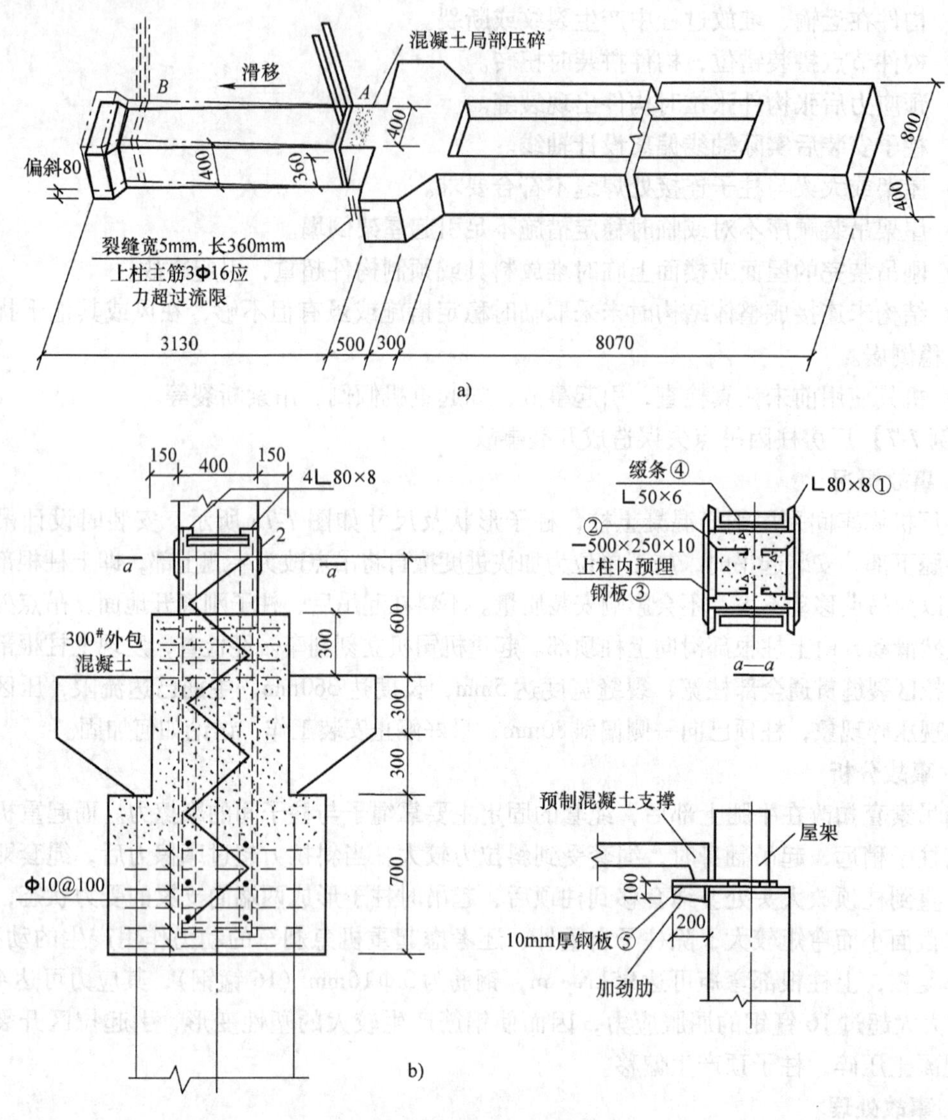

图7-7　某机修车间厂房柱

a）柱子吊装图　b）柱子加固图

【例7-8】 安装中楼板超载而折断

1. 事故概况

重庆市某宿舍工程为砖混结构，即砖砌体承重墙，预制预应力空心楼板为主要承重结构。局部平面如图7-8所示。预应力空心板为西南地区标准图，板长3280mm，宽490mm，厚110mm，主筋为六根冷拔低碳钢丝，即6 ϕ^b4。

施工采用井架拔杆安装预制空心板。安装到三楼楼板时，因井架拔杆被缆风绳阻隔，不能将板一次吊装就位，于是将空心板临时堆放在已安装好的楼板上。当堆好最后一块楼板后，有一施工人员站到这块板上，而另两名施工人员站在被搁置空心板的楼板上。这时，放垫木的两块二层楼板突然断裂，接着其余四块板也被压塌，将二层楼板砸断，并直接砸到素土里，当场死亡两人，重伤一人。

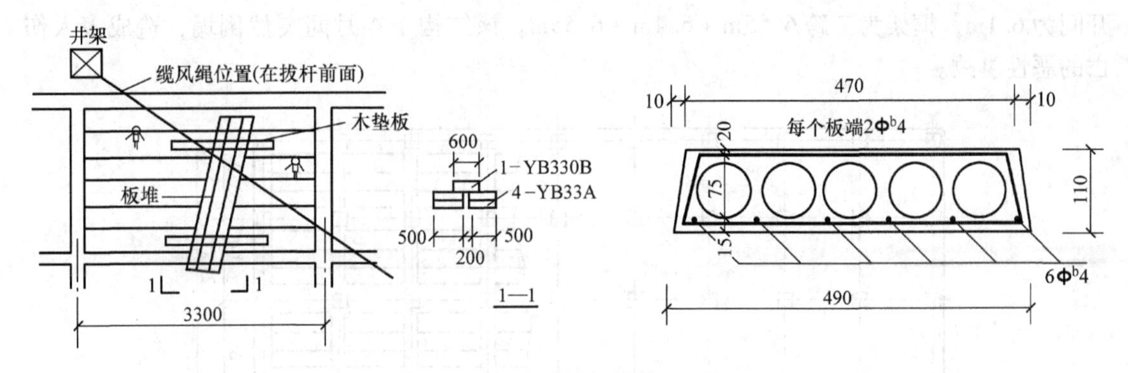

图7-8 楼板超载

2. 事故分析

初步断定为施工时，将空心板堆放在楼板上，因超载而引起倒塌。下面是复核计算，可供参考。

按当时颁布的《混凝土结构设计规范》承载力要求计算。荷载按施工时实际荷载计算。空心板自重：2.5kN，板长3.28m，则均布自重为0.762kN/m。施工荷载：首先断裂板上有五块空心板，共重2.5kN×5＝12.5kN，压在两块板上，垫木将荷载散开，宽1.2m，因而可看做在1.2m宽度上的均布荷载，因堆置板上有1人，二层楼板上有2人，计1人，设重60kg（≈0.6kN)，简化为1.2m长的均布荷载，则

$$\left(\frac{1}{2}\times 2.5\times 5+0.6\right)\text{kN/1.2m}=5.71\text{kN/m}$$

板的计算跨度取1.05×净跨：$l=1.05\times(3.3-0.24)\text{ m}=3.21\text{m}$。

板的支座支反力：$R_A=R_B=(0.762\times 3.21+5.71\times 1.2)\text{ kN}/2=4.65\text{kN}$。

跨中最大弯矩为

$$M=\left(4.65\times\frac{1}{2}\times 3.21-\frac{1}{2}\times 3.21\times 0.762\times\frac{1}{4}\times 3.21-5.71\times 0.6\times 0.3\right)\text{kN}\cdot\text{m}=5.45\text{kN}\cdot\text{m}$$

空心板钢筋6 Φb4：$A_p=75.4\text{mm}^2$。

取标准强度复核，甲级Ⅰ组冷拔低碳钢丝$f_{pyk}=700\text{N/mm}^2$，混凝土C28，标准强度$f_{ck}=20.6\text{N/mm}^2$，保护层10mm，$a_s=15\text{mm}$，取$h_0=(110-15)\text{ mm}=95\text{mm}$。

取$b=470\text{mm}$的单筋矩形截面计算，由

$$A_p f_{pyk}=bxf_{ck}$$

得

$$x=\frac{A_p f_{pyk}}{bf_{ck}}=\frac{75.4\times 700}{420\times 20.6}\text{mm}=5.45\text{mm}<20\text{mm}$$

$$M_d=A_p f_{pyk}\left(h_0-\frac{x}{2}\right)=75.4\times 700\times\left(95-\frac{5.45}{2}\right)\text{N}\cdot\text{mm}$$

$$=4\ 870\ 274\text{N}\cdot\text{mm}\approx 4.87\text{kN}\cdot\text{m}<5.45\text{kN}\cdot\text{m}$$

可见，楼板因承载力不足而引起断裂。

【例7-9】十层预制装配式框架倒塌

1. 事故概况

某十层预制装配式大楼，楼层平面如图7-9所示。大楼总高41m，长56.6m，宽21m，

开间为6.1m，框架为三跨6.55m+6.4m+6.55m。该结构于4月间突然倒塌，造成多人伤亡的恶性事故。

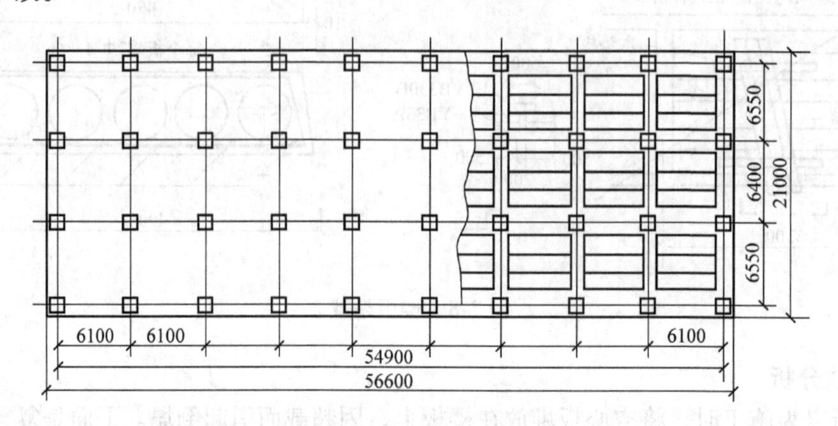

图7-9 十层大楼的标准平面

建筑物倒塌时，基础工程已全部完工，地下室墙壁接近完工，只有部分基础坑空隙尚未完全填实。地下室基础回填土工程尚未全面进行，十层钢筋混凝土骨架的安装已经全部就位。柱接头只完成一部分，全部连接板的焊接只完成50%。在倒塌现场检查时发现横梁接头有大量漏焊，梁柱接头的灌浆工作大体进行到二层。骨架沿纵向倒塌，倒塌后骨架成了一片散堆，柱子断离基础。

2. 事故分析

检查后认定倒塌的原因是结构在安装中处于很不稳定的状态，未形成结构而近似瞬变体系，因而在自重（只有设计荷载的25%左右）以及主要是在施工中可能产生的不太大的水平力作用下，结构沿纵向丧失稳定而倒塌。具体有以下几点：

1）设计要求吊装一层，固定一层，即焊接、浇筑节点一层，逐层往上安装。但施工中为赶进度，没有按设计要求去做。十层均未浇筑节点混凝土，有几层节点尚未焊接。

2）在施工中未采取必要的稳定措施，如增加临时垂直支撑、加强拉结等措施，施工人员理论知识缺乏，不知安装过程中保证体系稳定的必要性，也不知保证稳定的方法。

3）管理混乱。负责吊装的单位与负责节点施工（焊接、浇筑节点混凝土）的单位分工明确而合作不好，联系不及时，各顾各施工，使结构处于不稳定状态。

思　考　题

1. 木结构发生事故的主要原因有哪几个方面？
2. 特种结构中常见的事故类型及原因有哪些？
3. 特种结构设计时应涉及哪些规范？
4. 如何防范特种结构事故的发生？

第三篇

岩土工程事故分析与处理

第8章　地基与基础工程事故

上部结构的设计和施工中的大多因素是可以预知和掌握的，而地基基础的设计施工中存在的土层变化、水、空洞等不确定性因素较多，一旦发生事故，补救难度大，轻则影响使用，重则报废，甚至造成灾难性后果。国内外土木工程事故调查表明，多数工程事故源于地基问题，特别是在软弱地基或不良地基地区，此类问题更为突出。

8.1　概述

8.1.1　工程对地基的要求

各类建筑工程对地基的要求可归纳为下述三方面。

1. 地基承载力或稳定性方面

结构物在静荷载和动荷载组合作用下，作用在地基上的设计荷载应小于地基承载力的设计值，以保证地基不被破坏。各类土坡应满足稳定要求，不会产生滑动破坏。若地基承载力或稳定性不能满足要求，地基将产生局部剪切破坏、冲切剪切破坏或整体剪切破坏。地基破坏将导致结构物的结构破坏或倒塌。

2. 沉降或不均匀沉降方面

结构物在静荷载和动荷载组合下，结构物沉降和不均匀沉降不能超过允许值。沉降和不均匀沉降值较大时，将导致结构物产生裂缝、倾斜，影响正常使用和安全。不均匀沉降严重的，可能导致结构破坏，甚至倒塌。

3. 渗流方面

地基中渗流可能造成两类问题：一是渗流引起水量流失，二是在渗透力作用下产生流土、管涌。流土和管涌可导致土体局部破坏，严重的可导致地基整体破坏。不是所有的土木工程都会遇到这方面的问题，对渗流问题要求较严格的是蓄水构筑物和基坑工程。

地基如不能满足结构物对地基的要求，就会造成地基与基础事故。

8.1.2　常见的地基与基础工程事故

1. 常见地基工程事故

（1）地基沉降造成工程事故　地基在荷载作用下产生沉降，包括瞬时沉降、固结沉降和蠕变沉降三部分。总沉降量或不均匀沉降超过结构物允许沉降值时，将影响结构物的正常使用，从而造成工程事故。特别是不均匀沉降，将导致结构物上部结构产生裂缝，整体倾斜，严重时造成结构破坏。结构物倾斜导致荷载偏心，使荷载分布发生变化，严重时可导致地基失稳破坏。

（2）地基失稳造成工程事故　结构物作用在地基上的荷载效应超过地基承载能力时，地基将产生剪切破坏，包括整体剪切破坏、局部剪切破坏和冲切剪切破坏三种形式，如图8-1所示。地基产生剪切破坏将使结构物破坏或倒塌。

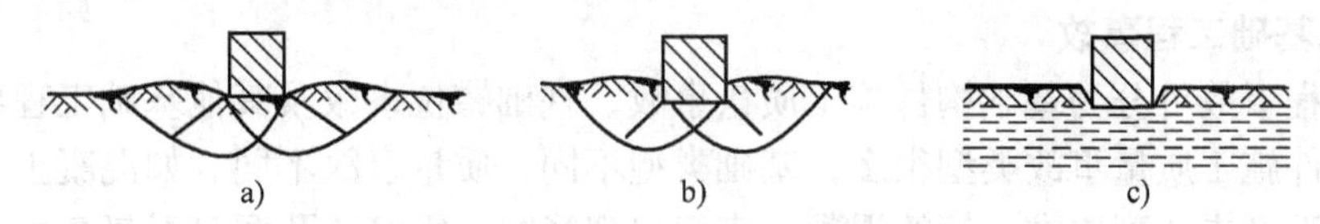

图 8-1　地基破坏的基本形式

a）整体剪切破坏　b）局部剪切破坏　c）冲切剪切破坏

（3）地基渗流造成工程事故　土中渗流引起地基破坏的情况主要有：渗流造成潜蚀，在地基中形成土洞或土体结构改变，导致地基破坏；渗流形成流土、管涌导致地基破坏；地下水位下降引起地基中有效应力改变，导致地基沉降，严重的可造成工程事故。

（4）土坡滑动造成工程事故　建在土坡上或土坡顶和土坡坡脚附近的结构物会因土坡滑动产生破坏。造成土坡滑动的原因有许多，除坡脚取土、坡上加载等人为因素外，土中渗流改变了土的性质，特别是降低土层界面强度，以及土体强度随蠕变降低等是重要原因。

（5）特殊土地基工程事故　特殊土地基主要指湿陷性黄土地基、膨胀土地基、冻土地基及盐渍土地基等。特殊土的工程性质与一般土不同，特殊土地基工程事故也具有特殊性。

1）湿陷性黄土地基。湿陷性黄土在天然状态时具有较高强度和较低的压缩性，但受水浸湿后土体结构迅速破坏，强度降低，产生显著附加下沉。如果不采取措施消除地基的湿陷性，直接在湿陷性黄土地基上建造结构物，那么地基受水浸湿后往往发生事故，影响结构物正常使用和安全，严重时导致结构物破坏。

2）冻土地基。土体在冻结时，其体积大约增加含水体积的 9% 而产生冻胀，在融化时，产生收缩。土体冻结后，抗压强度提高，压缩性显著减小，土体热导率增大并具有较好的截水性能。土体融化后具有较大的流变性。冻土地基因环境条件发生变化，地基土体产生冻胀和融化，地基土体的冻胀和融化导致结构物开裂，甚至破坏，影响其正常使用和安全。

3）盐渍土地基。盐渍土含盐量高，固相中有结晶盐，液相中有盐溶液。盐渍土地基浸水后，因盐溶解而产生地基溶陷。另外，盐渍土中的盐溶液将导致结构物材料腐蚀。这些都可能影响结构物的正常使用和安全，严重时可导致结构物破坏。

（6）地震造成工程事故　地震对结构物的影响除了与地震烈度，上部结构的体型、结构形式及刚度，基础形式有关外，还与地基土动力特性、建筑场地效应等有关。对唐山地震的调查发现，同一烈度区内的结构物破坏程度有明显差异。对同一类土，地形不同，就出现不同的场地效应，结构的震害也不同。场地条件相同，黏土地基和砂土地基、饱和土和非饱和土地基上结构的震害差别也很大。

（7）其他地基工程事故　除了上述原因外，地下商场、地下车库、人防工程和地下铁道等地下工程的兴建，地下采矿造成的采空区，以及地下水位的变化，均可能导致影响范围内的地面下沉，造成地基工程事故。此外，各种原因造成的地裂缝也将造成工程事故。

2. 常见基坑工程事故

基坑工程事故形式与支护结构形式有关。支护结构形式主要可以分为：放坡开挖及简易支护；悬臂式支护结构；重力式支护结构；内撑式支护结构；拉锚式支护结构；土钉墙支护结构；其他形式支护结构，如组合型支护结构、冻结法围护、沉井支护结构等。支护结构形式繁多，工程地质和水文地质条件各地差异也很大，产生基坑工程事故的原因很复杂，对其严格分类是很困难的，一般可分为支护结构变形过大和支护结构破坏两类。

3. 常见基础工程事故

基础工程事故可分为基础构件施工质量事故、基础错位事故及其他基础工程事故。

基础构件施工质量事故类型很多，基础类型不同，质量事故不同。如混凝土基础，可能发生混凝土强度未达到要求，钢筋混凝土表面出现蜂窝、露筋或孔洞等质量事故；桩基础可能发生断桩、缩颈、桩端未达设计深度要求、桩身混凝土强度不够等质量事故。

基础错位事故是指因设计或施工放线错误造成基础位置与上部结构要求位置不符合。如柱基础偏位、工程桩偏位和基础标高错误等。

其他基础事故如基础形式不合理、设计错误造成的工程事故等。

8.2 地基工程事故

8.2.1 地基沉降造成的工程事故

结构物沉降过大，特别是不均匀沉降超过允许值，影响结构物正常使用造成工程事故在地基与基础工程事故中占多数。

结构物均匀沉降对上部结构影响不大，但沉降量过大可能造成室内地坪低于室外地坪，引起雨水倒灌、管道断裂以及污水不易排出等问题。沉降量偏大，还往往伴随产生不均匀沉降。不均匀沉降过大是造成结构物倾斜和产生裂缝的主要原因。造成结构物不均匀沉降的原因很多，如地基土质不均匀、结构物体型复杂、上部结构荷载不均匀、相邻结构物的影响、相邻地下工程施工的影响等。

1. 墙体产生裂缝

不均匀沉降使砖砌体承受弯曲而导致砌体因受拉应力过大而产生裂缝。长高比较大的砖混结构，若中部沉降比两端沉降大则可能产生八字形裂缝（见图8-2），若两端沉降比中部沉降大则可能产生倒八字形裂缝（见图8-3）。

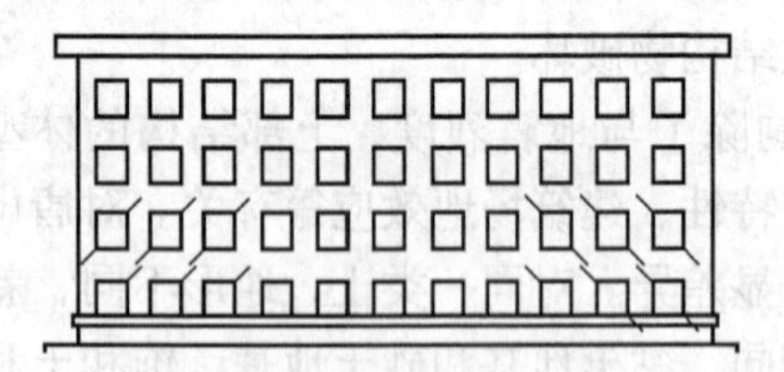

图8-2 不均匀沉降引起八字形裂缝
（中部沉降比两端沉降大）

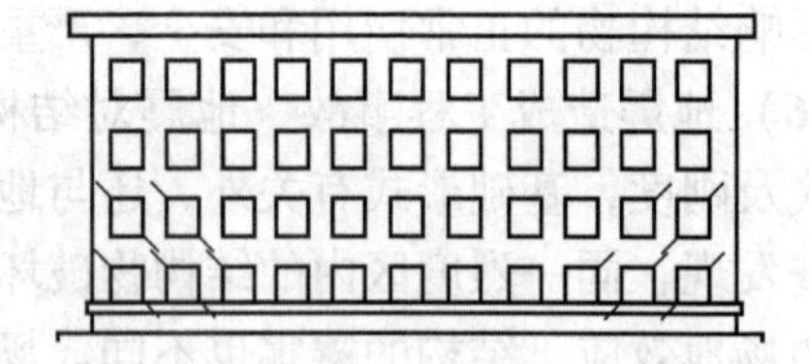

图8-3 不均匀沉降引起倒八字形裂缝
（两端沉降比中部沉降大）

2. 柱体断裂或压碎

不均匀沉降将使中心受压柱体产生纵向弯曲而导致拉裂，严重的可造成压碎失稳。浙江某结构物2~4层为住宅区，整体刚度很好，一层为商店，框架结构，基础为独立桩基。结构物一侧市政管道挖沟期间发现结构物产生不均匀沉降，沉降导致3根钢筋混凝土柱压碎破坏。图8-4是其中一根柱子破坏的情况。

3. 结构物产生倾斜

对于长高比较小的结构物，如水塔、筒仓、烟囱、立窑、油罐和储气柜等高耸建筑，不均匀沉降引起结构物倾斜的可能性较大。当倾斜较大时，还会影响正常使用。当倾斜严重时，将引起结构物倒塌破坏。图8-5表示某水塔受相邻结构物影响产生倾斜的情况。

图8-4 不均匀沉降引起柱子压碎破坏

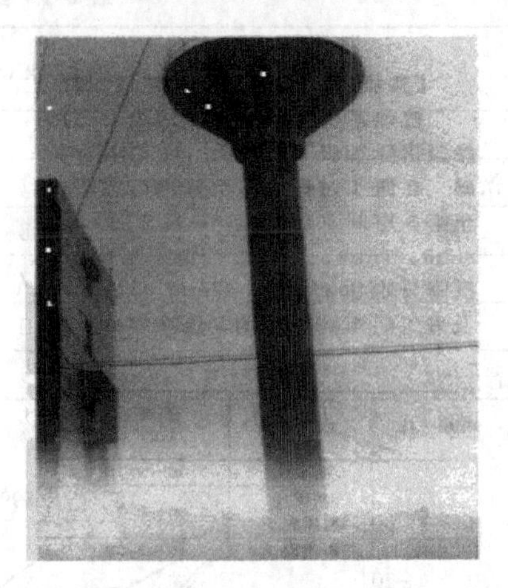

图8-5 某水塔因不均匀沉降产生倾斜

沉降和不均匀沉降过大将导致上部结构倾斜和产生裂缝，超过允许值则影响正常使用，严重的将引起破坏。控制建筑的沉降和不均匀沉降在允许范围内是很重要的。特别在深厚软黏土地区，按变形控制设计逐渐受到人们重视。

当发现结构物产生不均匀沉降导致结构物倾斜或产生裂缝时，首先要搞清不均匀沉降发展的情况，然后再决定是否需要采取加固措施。若必须采取加固措施，再确定处理方法。

若不均匀沉降尚在继续发展，首先要通过地基基础加固遏制沉降继续发展，如采用锚杆静压桩托换，或其他桩式托换，或采用地基加固方法。沉降基本稳定后再根据倾斜情况决定是否需要纠倾。倾斜未影响安全使用可不进行纠倾。对需要纠倾的结构物视具体情况可采用迫降纠倾法，顶升纠倾法，或综合纠倾法。对结构物裂缝视裂缝情况可采用下述处理方法：

1）修补裂缝：常用方法有在缝内填入膨胀水泥浆或环氧粘结剂或其他化学浆液，表面抹平，重做面层。

2）局部修复：部分凿除，重新浇筑或砌筑。

3）结构补强：外包钢板或高强碳纤维或钢筋混凝土。

4）其他处理方法：如改变结构方案，改变使用条件或局部拆除重做等。

【例8-1】采用锚杆静压桩加固杭州某住宅楼地基的不均匀沉降

杭州某住宅楼位于杭州市文三路西端西部开发区内，土层厚度及各土层静力触探指标见表8-1。住宅楼为7层砖混结构，地基采用ϕ377mm振动灌注桩基础。在施工过程中对沉降进行监测，测点位置如图8-6所示。当上部结构施工至第5层时（1995年10月2日），测点21、24、26、28累计沉降分别为3mm、3mm、1mm、1mm。当施工至屋顶楼面时（1995年10月30日），上述四点累计沉降分别达48mm、42mm、11mm、23mm，产生了不均匀沉降。室内装饰施工及竣工后沉降与不均匀沉降继续发展，21、24、26和28点沉降（1995年12月22日）分别达到120mm、112mm、38mm、46mm。最大不均匀沉降达84mm，沉降发展趋势如图 8-7 所示，此时沉降与不均匀沉降还在继续发展。

表 8-1 地基土层静力触探指标

层序	土层名称	厚度/m	重度 γ/kN/m³	压缩模量 E_s/MPa	锥尖主力 q_e/kPa	侧壁摩擦力 f_s/kPa	摩阻力 a/%
1	杂填土	2.00～2.70	—	—	803	20	2.5
2	淤泥质粉质黏土	6.00～8.10	17.7	1.6	330	6	1.8
3-1	粉质黏土	1.40～2.30	18.8	8.0	1846	57	3.1
3-2	黏土	1.80～4.20	19.7	10.0	2755	83	3.0
4-1	黏土	2.40～4.40	20.0	12.0	3860	112	2.9
4-2	粉质黏土	未穿	19.9	10.0	2913	85	2.9

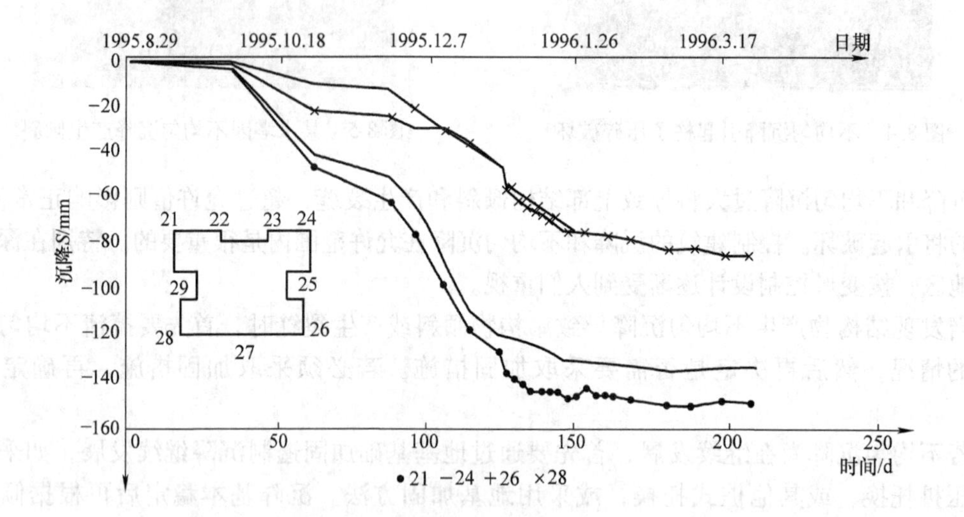

图 8-6 杭州某住宅楼沉降-时间曲线

为制止沉降与不均匀沉降进一步发展，在沉降较大一侧采用锚杆静压桩加固地基。桩位布置如图 8-7 所示。桩截面为 200mm×200mm，桩长取 16.0m，桩段长 2.0m、1.5m 和 1.0m 不等。采用硫黄胶泥接桩。设计单桩承载力 200kN。锚杆采用 ϕ28mm 螺纹钢制作，锚固长度 300mm。锚杆静压桩自 1996 年 1 月 12 日开始压桩，2 月 12 日压桩结束，共压桩 65 根。由图 8-6 可以看出，压桩结束后沉降与不均匀沉降得到控制，加固效果是好的。

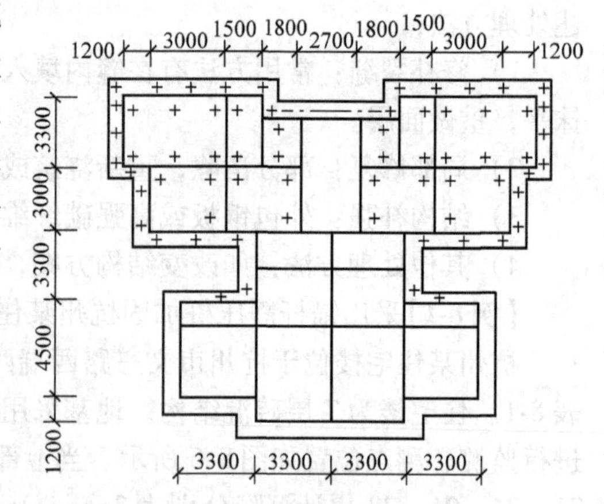

图 8-7 锚杆静压桩桩位图

【例 8-2】采用综合加固纠偏江苏某银行营业综合楼的不均匀沉降

江苏某银行营业综合楼地处长江三角洲，经地质勘探发现，场地在 30mm 深度以内地层主要为填土、粉质黏土、粉砂、黏质粉土、淤泥质黏土等，见表 8-2。

表 8-2　各土层物理力学指标

层 次	土 层	深度/m	含水量/%	孔隙比 e	压缩模量 E_s/MPa	桩周土摩擦力标准值 f_s/kPa	f_k/kPa
1a	黄填土	0.80	—	—	—	2.50	—
1b	灰填土	2.00	39.5	1.152	2.68	1.00	—
2	褐黄粉质黏土	1.50	29.90	0.840	4.64	5.00	85
3	灰粉质黏土	2.60	34.70	0.991	4.39	4.20	80
4	灰粉砂夹黏土	3.90	31.60	0.863	10.58	12.50	120
5	灰砂质粉土夹黏土	4.80	33.80	0.942	8.56	4.00	80
6a	灰粉砂	5.60	33.70	0.934	11.37	16.00	136
6b	黄灰粉砂	8.70	26.90	0.778	15.83	27.00	185
7	灰黏质粉土	10.10	36.40	1.042	5.53	7.80	95
8	灰粉砂夹粉质黏土	12.60	31.90	0.918	9.88	14.00	127
9	灰粉砂夹砂质黏土	13.70	33.00	0.944	8.61	10.00	115
10	灰粉砂夹砂质黏土	16.70	31.50	0.933	8.03	15.00	130
11-1	灰粉质黏土	18.90	36.90	1.054	3.44	7.00	110
11-2	灰淤泥质黏土	22.30	49.50	1.411	2.64	7.00	85
11-3	灰砂质粉土	23.70	34.80	1.011	4.90	11.00	110
11-4	灰淤泥质黏土夹粉砂	41.50	40.80	1.192	3.71	9.00	100
11-5	灰砂质粉土	44.60	35.60	1.068	6.33	10.00	116
11-6	灰粉质黏土	50.00	—	—	—	8.50	130

综合楼由主楼和裙房组成，主楼为地上十七结构层，地下二层。基础为天然地基上的箱形基础，底平面尺寸为 25.8m×17.4m，基础外尺寸为 27.8m×19.4m，底面积为 539.32m^2。

主楼西部与南部连有两幢二层裙房，框架结构，建筑面积一幢为 544m^2，另一幢 514m^2。裙房为半地下室，地上 1.2m，地下 4.5m，筏形基础，综合楼总荷载为 152869kN。主楼以土层第 6a 层为持力层，设计取 f = 190kPa，埋深为 4.73m，箱形基础基底相对标高为 -5.930m，裙房以土层第四层为持力层，设计取 f_s = 120kPa，埋深为 2.43m，基底相对标高为 -3.630m，±0.000 相当于标高 1.400mm，主楼箱形基础混凝土为 C25。

综合楼沉降观测点布置及沉降发展情况如图 8-8 所示。综合楼建设过程沉降观测表明：

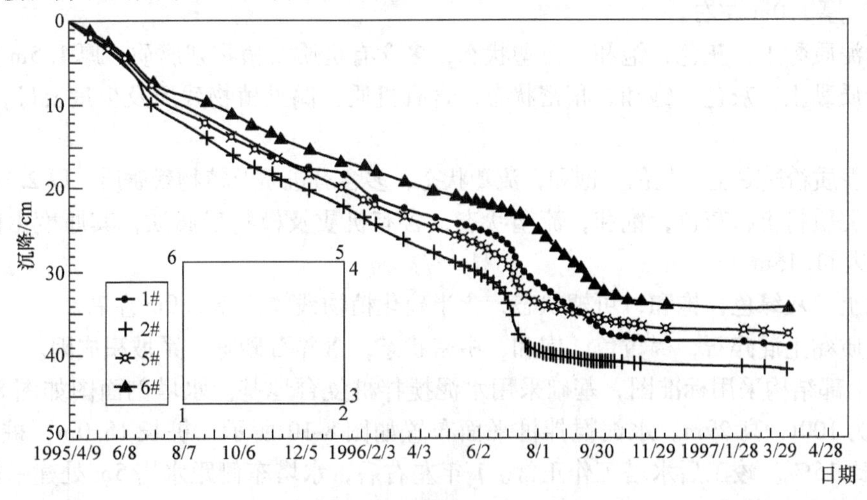

图 8-8　测点布置和沉降时间曲线

主体结构完成后，1996 年 6 月 21 日最大沉降点为东南角 2 号测点，沉降量为 314.87mm，最小沉降点为西北角 1 号测点，沉降量为 256.43mm。两点不均匀沉降为 97.81mm，综合楼已产生明显倾斜，并呈发展趋势，各观测点的沉降速率并未减小，也在发展中。为了有效制止沉降和不均匀沉降进一步发展，经研究决定进行加固纠倾。

采用综合加固纠偏方案，主要包括下述几方面：

1）采用锚杆静压桩加固，以形成复合地基，提高承载力，减小沉降。桩断面取 200mm × 200mm，桩长计划取 26m，单桩承载力取 220kN。布桩密度视各区沉降量确定，沉降较大一侧多布桩，沉降较小一侧少布桩。沉降较大一侧先压桩，并立即封桩，沉降较小一侧后压桩，并在掏土纠倾后再封桩。计划采用钢筋混凝土方桩，后因施工困难，部分采用无缝钢管桩。共压桩 117 根。

2）在沉降量较大、沉降速率较快的东南角外围基础 20m 范围内加宽底板，与原基坑水泥土围护墙连成一体，减少底板接触压力。

3）在沉降量相对较小、沉降速率较慢的西南角、西北角，采用钢管内冲水掏土，在地基深部掏土，适当加大沉降速率。掏土量根据每天的沉降观测资料决定，掏土过程中有专人负责，详细记录。定期会诊分析，原则上沉降量每天控制在 2.0mm 以内。

在加固纠倾过程中加强监测。在进行地基基础加固过程中 2d 观测 1 次，在掏土纠倾过程中 1d 观测 2 次。

在地基加固过程中，附加沉降应予以重视。从图 8-8 中可以看到，在施工初期不均匀沉降发展趋势加快。在加固和纠倾后期，沉降发展趋势得到有效遏制；不均匀沉降明显减小，原先沉降较大的东南角，沉降已稳定。加固纠倾完成后，不均匀沉降进一步减小，沉降观测资料表明所采用的综合加固纠倾方案是合理有效的。

【例 8-3】采用锚杆静压桩加固及抬升纠偏法处理某水塔地基的倾斜

某电厂生活区水塔坐落在软土地基上，场地地质情况描述如下：

① 耕植土，灰褐色，很湿，饱和，松软，见植物根茎，含有机质及植物残腐质，厚 0.5m 左右。

②a 粉质黏土，灰黄色，饱和，含少量云母，含有机质，偶见植物残腐质，近底部粉粒含量较高，厚 1.0m 左右。

②b 淤泥质黏土，灰色，饱和，流塑状态，多含有机质及植物残腐质，厚 1.5m 左右。

②c 粉质黏土，灰色，饱和，稍密状态，含有机质，偶见植物残质及少量云母，厚 1.0m 左右。

③a 淤泥质粉质黏土，灰色，饱和，流塑状态，多含有机质及植物残腐质，厚 2.5m 左右。

③b 淤泥质粉土，灰色，饱和，流塑状态，含有机质及植物残腐质，其厚度由南向北逐渐增厚可达 11.15m。

④a 黏土，灰绿色，饱和，可塑状态，含半硫化植物残体，厚 3.0m 左右。

④b 粉质黏土混碎石，褐黄色，饱和，中密状态，含碎石砂砾，系坡积成因。

水塔上部结构采用标准图，基础采用水泥搅拌桩复合地基。水塔剖面图如图 8-9 所示，水塔容量为 100t，高 29m。水泥搅拌桩平面布置如图 8-10 所示，桩长 15.0m，桩径 50cm，水泥掺合比 15%。竣工后水塔工作正常。1 年左右后，水塔东侧距水塔 5m 处建一幢 5 层住宅，在该住宅荷载作用下，水塔产生倾斜。由倾斜位移随时间发展过程可知，倾斜尚未稳定，还在发展，宜尽早对水塔进行加固纠倾。

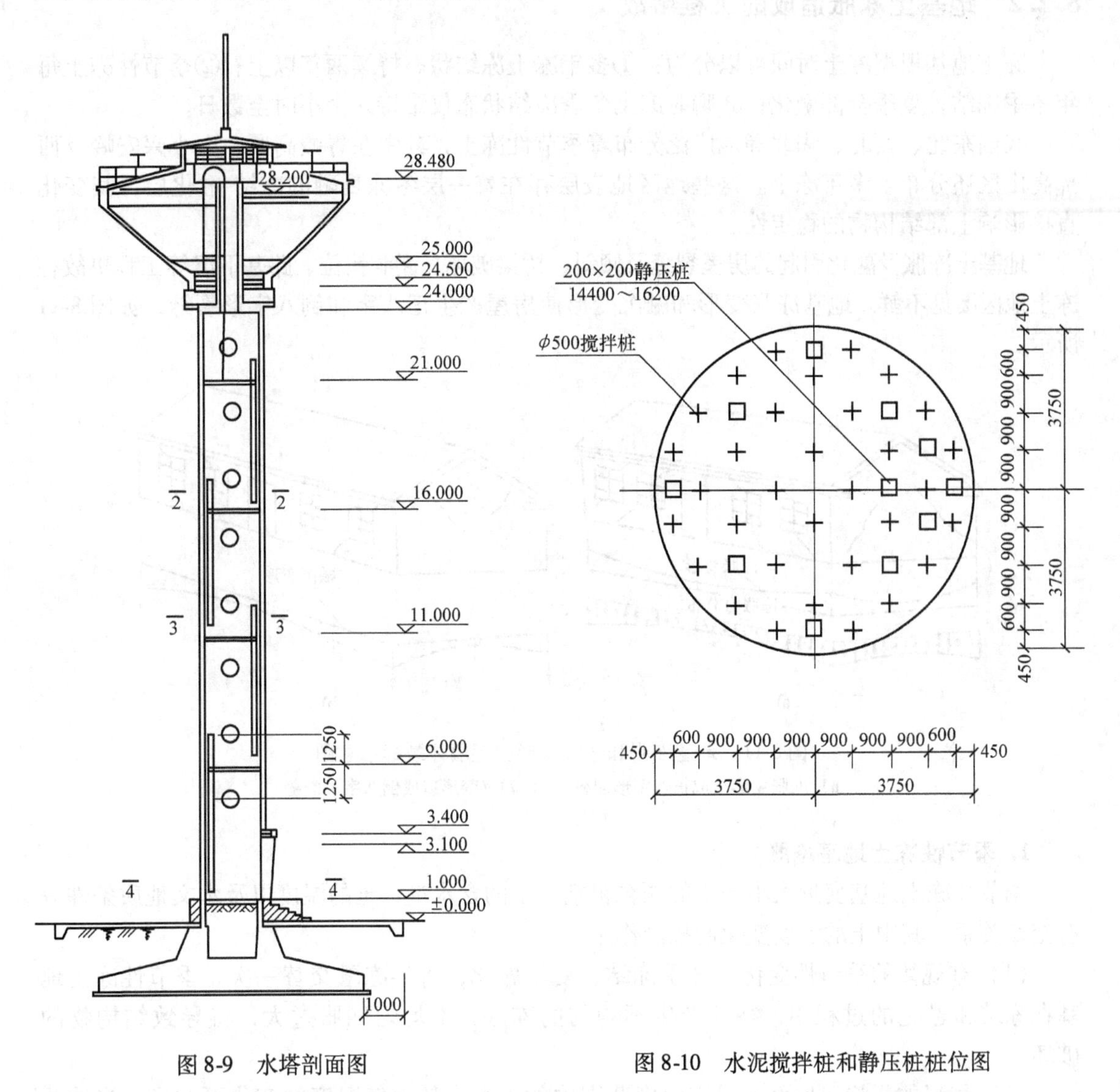

图 8-9　水塔剖面图

图 8-10　水泥搅拌桩和静压桩桩位图

采用锚杆静压桩加固及抬升纠偏法进行地基加固和抬升纠倾。首先，在水塔基础上开设250mm×250mm 的孔 11 个，具体位置如图 8-10 所示。在每个孔压入截面为 200mm×200mm 的钢筋混凝土预制桩。压桩结束后，沉降较少一侧的三根桩孔先封孔，其他桩孔先不封。通过安装于沉降较大一侧基础底板上的 6 个桩架，同时压桩施加反力，将水塔沉降大的一侧慢慢抬起。待倾斜纠正后，向基础底部地基注浆，并封好其他桩孔。当浆液达到一定强度后，撤除反力架，即达到地基加固和抬升纠倾目的。抬升纠倾分四天 39 次进行，第一天抬升 7 次共 3. 4mm，第二天抬升 16 次共 18. 5mm，第三天抬升 9 次共 16. 5mm，第四天抬升 7 次共 8. 0mm，四天共抬升 46. 3mm。抬升纠倾结束时水塔 +24. 000m 高程测点向西方向倾斜位移 17mm（原向东位移 163mm），向南位移 6mm。注浆封底、拆除压桩架后，水塔倾斜有所恢复，稳定后水塔向西倾斜 15mm，达到预期效果。

8.2.2 地基土冻胀造成的工程事故

冻土地基根据冻土时间可以分为：①多年冻土冻结状态持续两年以上；②季节性冻土每年冬季冻结，夏季全部融化；③瞬时冻土冬季冻结状态仅维持几个小时至数日。

我国东北、西北、华北等地广泛分布着季节性冻土，其中在青藏高原、大小兴安岭及西部高山区还分布着多年冻土。这些地区地表层存在着一层冬冻夏融的冻结-融化层，其变化直接影响上部结构物的稳定性。

地基土冻胀及融化引起的房屋裂缝及倾斜、桥梁破坏、涵洞错位、路基下沉等工程事故在冻土地区屡见不鲜。地基冻胀变形和融沉变形使房屋产生正八字和倒八字形裂缝，如图8-11所示。

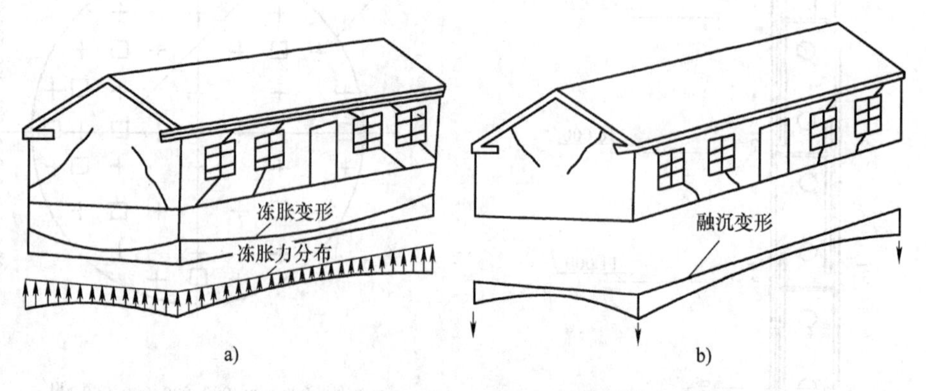

图8-11 地基冻胀和融沉变形引起墙体裂缝示意图

a）冻胀变形造成正八字形裂缝 b）融沉变形造成倒八字形裂缝

1. 季节性冻土地基冻胀

季节性冻土地基变形大小与土的颗粒粗细、土的含水量、土的温度以及水文地质条件等有密切关系，其中土的温度变化起控制作用。

（1）有规律的季节性变化 冬季冻结、夏季融化，每年冻融交替一次。季节性冻土地基在冻结和融化的过程中，往往产生不均匀的冻胀，不均匀冻胀过大，将导致结构物的破坏。

（2）气温的影响 地面下一定深度范围内的土温，随大气温度的变化而改变。当地层温度降至零摄氏度以下时，土体便发生冻结。当地基土为含水量较大的细粒土，则土的温度越低，冻结速度越快，且冻结期越长，冻胀越大，对结构物造成的危害也越大。

2. 多年冻土地基冻胀

我国青藏高原和东北地区分布有多年冻土，活动层在每年进行的冻融过程中，土层的物理和化学作用均很强烈，对道路和其他各种结构物的危害很大。我国多年冻土分为高纬度和高海拔多年冻土。高纬度多年冻土主要集中分布在大小兴安岭，高海拔多年冻土分布在青藏高原、阿尔泰山、天山、祁连山、横断山、喜马拉雅山等。

多年冻土随纬度和垂直高度而变化。多年冻土都存在3个区：连续多年冻土区；连续多年冻土内出现岛状融区；岛状多年冻土区。这些区域的出现都与温度条件有关。当年均气温低于－5℃时，出现连续多年冻土区；岛状融区的多年冻土区，年均气温一般为－5～－1℃。

确定融冻层（活动层）的深度（即冻土上限）对工程建设极为重要。在衔接的多年冻土区，可根据地下冰的特征和位置推断冻土上限深度。同一地区不同地貌部位和不同物质组成的多年冻土的上限也是不同的。易冻结的黏性土的冻土上限高；不易冻结的砂砾土的冻土上限低；河谷带的冻土上限低，山坡或垭口地带的冻土上限高。

3. 冻胀、融陷变形对上部结构的影响

如图8-12所示，当基础埋深浅于冻结深度时，在基础侧面产生切向冻胀力T，在基底产生法向冻胀力N，如果基础上部荷载F和自重G不能平衡法向和切向冻胀力，基础就会被抬起来。融化时，冻胀力消失，冰变成水，土的强度降低，基础产生融陷。不论上抬还是融陷，一般都是不均匀的，其结果必然造成结构物的开裂破坏。

地基冻融造成结构物的破坏概括为以下几个方面：

（1）墙体裂缝　一、二层轻型房屋的墙体裂缝很普遍，有水平裂缝、垂直裂缝、斜裂缝三种（见图8-13）。垂直裂缝多出现在内外墙交接处以及外门斗与主体结构连接的地方。

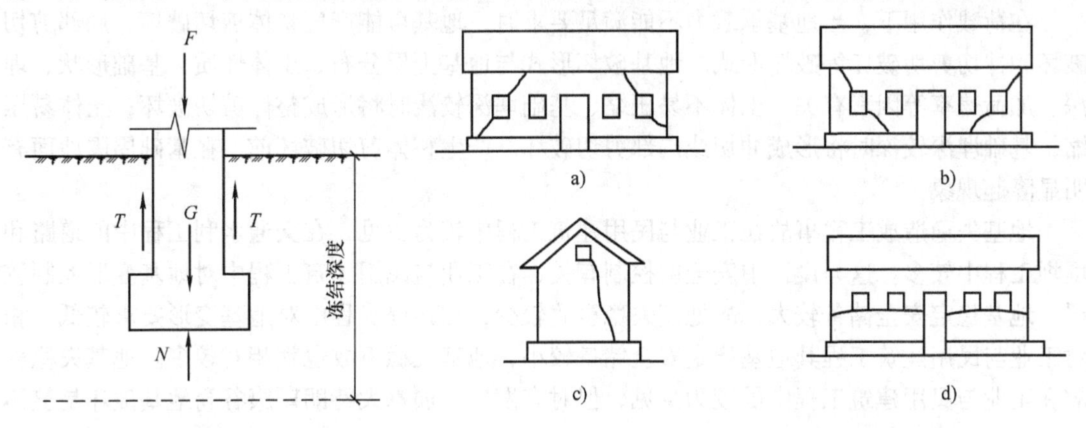

图8-12　作用在基础上的冻胀力

图8-13　地基冻融造成的建筑墙体开裂

a）正八字形裂缝　b）倒八字形裂缝　c）山墙裂缝　d）水平裂缝

（2）外墙因冻胀抬起，内墙不动，天棚与内墙分离　在采暖房屋经常发生这种情况，天棚板支撑在外墙上，因内墙与外墙不连接，当外墙因冻胀抬起时，天棚便与内墙分离，最大可达20cm。

（3）基础被拉断　在不采暖的轻型结构砖砌柱基础中，这种破坏主要由侧向冻胀力引起。电杆、塔架、管架、桥墩等一般轻型构筑物基础，在切向冻胀力的作用下，有逐年上拔的现象。如东北某工程的钢筋混凝土桩，3~4年内上拔60cm左右。

（4）台阶隆起，门窗歪斜　哈尔滨市的调查发现，部分居民住宅，每年冬天由于台阶隆起导致外门不易推开，来年化冻后台阶又回落。经过多年起落，变形不断增加，出现不同程度的倾斜和沉落。由于纵墙变形不均或内外墙变形不一致，常使门窗变形，玻璃压碎。

4. 消除或减小冻胀和融沉影响的地基处理方法

防治结构物冻害的方法有多种，基本上可归为两类：一类是通过地基处理消除或减小冻胀和融沉的影响；另一类是增强结构对地基冻胀和融沉的适应能力。第一类方法较常采用，第二类是辅助措施。消除或减小冻胀和融沉影响的地基处理方法：

1）换填法。通过用粗砂、砾石等非（弱）冻胀性材料置换天然地基的冻胀性土，以削弱或基本消除地基土的冻胀。

2）采用物理、化学方法改良土质。如向土体内加入一定量可溶性无机盐类，如 NaCl、CaO、KCl 等使之形成人工盐渍土；或向土中掺入石油产品或副产品及其他化学表面活性剂，形成憎水土等。

3）保温法。在结构物基础底部或四周设置隔热层，增大热阻，以推迟地基土冻结，提高土中温度，减小冻结深度。

4）排水隔水法。采取措施降低地下水位，隔断外水补给和排除地表水，防止地基土潮湿，减小冻胀程度。

8.2.3 地基失稳造成的工程事故

地基失稳破坏往往引起结构物的倒塌、破坏，后果十分严重，土木工程师应予以充分重视。结构物不均匀沉降不断发展，日趋严重，也将导致地基失稳破坏。

在荷载作用下，当地基承载力不能满足要求时，地基可能产生整体剪切破坏、局部剪切破坏和冲切剪切破坏等破坏形式。地基破坏形式与地基土层分布、土体性质、基础形状、埋深、加荷速率等因素有关。土体不易压缩、基础埋深较浅时将形成整体剪切破坏；土体易压缩，基础埋深较深时将形成冲切或局部剪切破坏。产生整体剪切破坏前，在基础周围地面有明显隆起现象。

地基失稳造成工程事故在工业与民用建筑工程中较为少见，在交通水利工程中的道路和堤坝工程中较多。这与设计中安全度控制有关，在工业与民用建筑工程中对地基变形控制较严，地基稳定安全储备较大，故地基失稳事故较少；在路堤工程中对地基变形要求较低，相对工业与民用建筑工程其地基稳定安全储备较小，地基失稳事故也就相对较多。地基失稳事故在工业与民用建筑工程中虽较为少见，但时有发生。加拿大特朗斯康谷仓地基破坏是整体剪切破坏的典型例子。

地基失稳造成工程事故时补救比较困难，结构物地基失稳破坏导致结构物倒塌破坏，对周围环境产生不良影响，有时甚至会造成人员伤亡。结构物倒塌破坏以后往往需要重新建造。对地基失稳造成工程事故应重在预防。除在工程勘察、设计、施工、监理各方面做好工作外，进行必要的监测也很重要的。若发现沉降速率或不均匀沉降速率较大时，应及时采取措施，进行地基基础加固或卸载，以确保安全。在进行地基基础加固时，应注意某些加固施工过程中可能产生附加沉降的不良影响。

【例 8-4】加拿大特朗斯康谷仓地基承载力不足发生剪切破坏

图 8-14 所示为加拿大特朗斯康谷仓地基破坏情景。该谷仓由 65 个圆筒仓组成，高 31m，宽 23m，采用筏形基础。由于地质勘察不详细，不知基础下有厚达 16m 的软黏土层，建成后初次贮存谷物时，基底平均压力达到 320kPa 时，超过了地基的极限承载力，导致谷仓西侧突然陷入土中 8.8m，东侧则抬高 1.5m，仓身倾斜 27°，倾斜后筒仓完好无损。

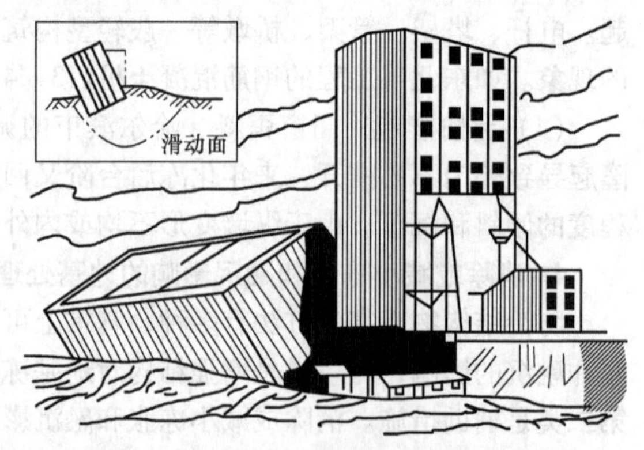

图 8-14 加拿大特朗斯康谷仓地基事故

这是地基发生整体滑动、结构物丧失稳定性的典型事例，常被教科书作为典型事例引用。事故原因是谷物入仓速度过快造成的。谷物活荷载约占总荷载的60%，谷仓建成后用不到一个月的时间就将荷载加满。软黏土的土颗粒细，孔隙中的水分和空气不容易排出，土颗粒不容易被挤紧导致土的抗剪强度上不去；荷载加得快，意味着土体内的剪应力增加快，致使土体抗剪强度的增长速度落后于剪应力的增长速度，从而导致失稳事故发生。处理措施为：在基础下增加 70 多根支承于基岩的混凝土墩，使用 388 个 50t 的千斤顶将仓体倾斜逐渐纠正，但谷仓高度比原来降低了 4m。

【例 8-5】美国纽约某水泥筒仓地基失稳破坏

该水泥筒仓地基土层如图 8-15 中所示，共分 4 层：地表第 1 层为黄色黏土，厚约 5.5m；第 2 层为青色黏土，标准贯入试验 $N=8$ 击，厚约 17.07m；第 3 层为碎石夹黏土，厚度较小，约 1.8m；第 4 层为岩石。水泥筒仓上部结构为圆筒形结构，直径 13.0m，基础为筏形基础，基础埋深 2.8m，位于第 1 层黄色黏土层中部。

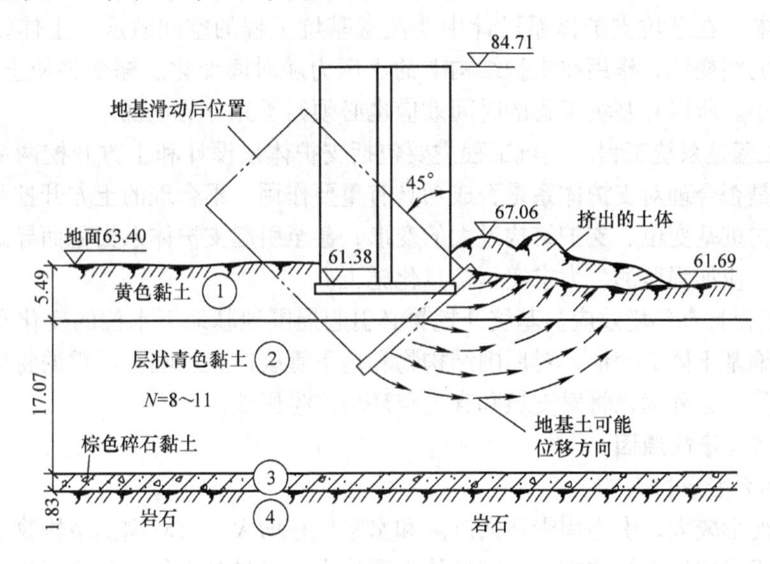

图 8-15 某水泥筒仓地基失稳破坏示意图

1914 年，水泥筒仓严重超载，引起地基整体剪切破坏。地基失稳破坏使一侧地基土体隆起高达 5.1m，并使净距 23m 以外的办公楼受地基土体剪切滑动影响产生倾斜。地基失稳破坏引起水泥筒仓倾倒约 45。地基失稳破坏示意如图 8-15 所示。

当这座水泥筒仓发生地基失稳破坏预兆，即发生较大沉降速率时，未及时采取措施，结果造成地基整体剪切滑动，筒仓倒塌破坏。

8.3 基坑工程事故

1. 基坑工程的特点

基坑工程是典型的岩土工程，随着高层、大跨、重载以及地下工程的不断发展，对基坑工程的要求越来越高。基坑工程具有下述特点：

1）基坑支护体系是临时结构，安全储备较小，具有较大的风险性。基坑工程施工过程中应进行监测，并应有应急措施。

2）基坑工程具有很强的区域性。如软黏土地基、黄土地基等工程地质和水文地质条件不同的地基中基坑工程差异性很大。同一城市不同区域也有差异。基坑工程的支护体系设计、施工和土方开挖都要因地制宜，外地的经验可以借鉴，但不能简单搬用。

3）基坑工程具有很强的个性。基坑工程的支护体系设计、施工和土方开挖不仅与工程地质、水文地质条件有关，还与基坑相邻结构物和地下管线的重要性、所处的位置、抵御变形的能力以及周围场地条件等有关。有时保护相邻结构物和市政设施的安全是基坑工程设计与施工的关键。

4）基坑工程综合性强。基坑工程涉及地基土稳定、变形和渗流三个土力学基本课题，不仅需要岩土工程知识，也需要结构工程知识，需要土力学理论、测试技术、计算技术及施工机械、施工技术的综合。

5）基坑工程具有较强的时空效应。基坑的深度和平面形状对基坑支护体系的稳定性和变形有较大影响。在基坑支护体系设计中要注意基坑工程的空间效应。土体，特别是软黏土，具有较强的蠕变性，作用在支护结构上的土压力随时间变化。蠕变将使土体强度降低，土坡稳定性变小。所以对基坑工程的时间效应也必须给予充分的重视。

6）基坑工程是系统工程。基坑工程主要包括支护体系设计和土方开挖两部分。土方开挖的施工组织是否合理对支护体系是否成功具有重要作用。不合理的土方开挖步骤和速度可能导致主体结构桩基变位、支护结构过大的变形，甚至引起支护体系失稳而导致破坏。同时在施工过程中，应加强监测，力求实行信息化施工。

7）基坑工程具有环境效应。基坑开挖势必引起周围地基地下水位的变化和应力场的改变，导致周围地基土体的变形，对周围结构物和地下管线产生影响，严重的将危及其正常使用或安全。大量土方外运也将对交通和弃土点环境产生影响。

2. 基坑工程事故原因

1）支护体系变形过大

支护体系变形较大，引起周围地面沉降和水平位移增大。若对周围结构物及市政设施不造成危害，也不影响地下结构施工，支护体系变形大一点是允许的。造成工程事故是指变形过大影响相邻结构物或市政设施安全使用。除支护体系变形过大外，地下水位下降以及渗流带走过多地基土体中细颗粒也会造成周围地面沉降过大，也应予以注意。

2）支护体系破坏

支护体系破坏形式很多，破坏原因往往是几方面因素综合造成的。为了便于说明，将其分为墙体折断、整体失稳、基坑隆起、踢脚失稳、管涌破坏和锚撑失稳六类。

当围护墙不足以抵抗土压力形成的弯矩时，墙体折断造成基坑边坡倒塌，如图 8-16a 所示。对撑锚支护结构，支撑或锚拉系统失稳，围护墙体承受弯矩变大，也要产生墙体折断破坏。

当支护结构插入深度不够，或撑锚系统失效造成基坑边坡整体滑动破坏，称为整体失稳破坏，如图 8-16b 所示。

在软土地基中，当基坑内土体不断挖去，坑内外土体的高差使支护结构外侧土体向坑内方向挤压，造成基坑土体隆起，导致基坑外地面沉降，坑内侧被动土压力减小，引起支护体系失稳破坏，称为基坑隆起破坏，如图 8-16c 所示。

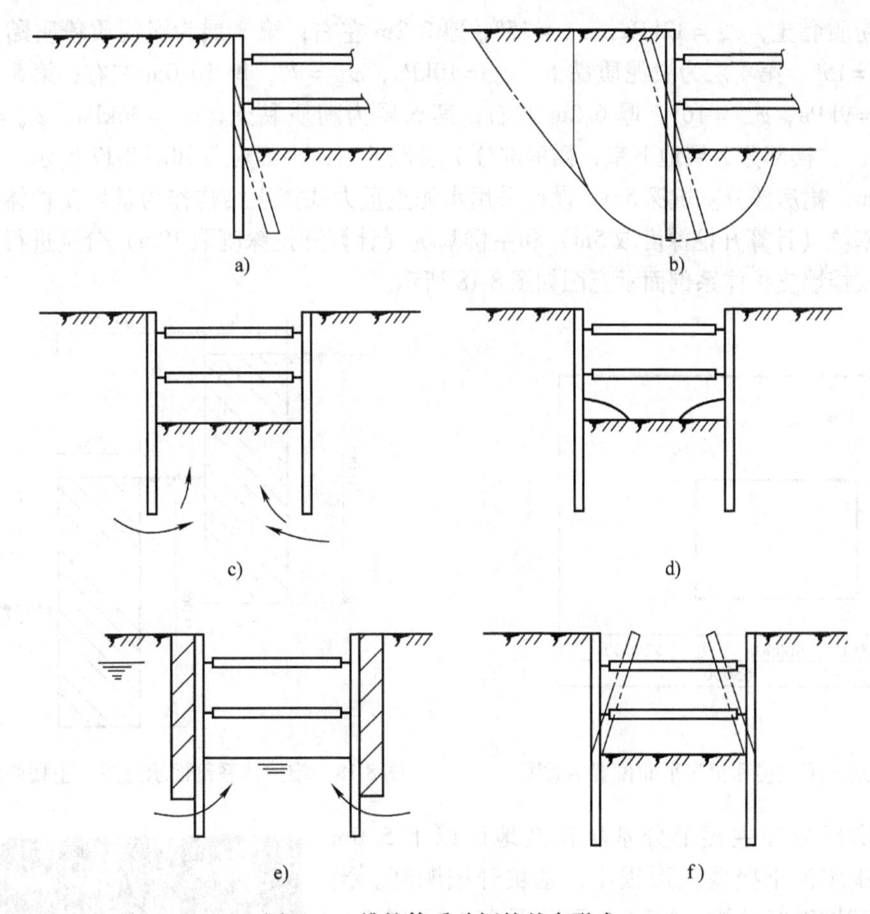

图 8-16 维护体系破坏的基本形式

a）墙体折断破坏 b）整体失稳破坏 c）基坑隆起破坏 d）踢脚失稳破坏 e）管涌破坏 f）支撑体系失稳破坏

对内撑式和拉锚式支护结构，插入深度不够或坑底土质差，被动土压力减小或丧失，造成支护结构踢脚失稳破坏，如图 8-16d 所示。

当基坑渗流发生管涌，使被动土压力减少或丧失，造成支护体系破坏，称为管涌破坏，如图 8-16e 所示。

对支撑式支护结构，支撑体系强度或稳定性不够，对拉锚式支护结构，拉锚力不够，均将造成支护体系破坏，称为锚撑失稳破坏。支撑体系失稳破坏如图 8-16f 所示。

诱发支护体系破坏的主要原因可能是一种，也可能同时有几种，但破坏形式往往是综合的。整体失稳造成破坏也会使基坑隆起、墙体折断和撑锚系统失稳；撑锚系统失稳造成破坏也会使墙体折断，有时也会使基坑隆起、踢脚破坏；踢脚破坏也会使基坑隆起、撑锚系统失稳现象。但仔细观察分析，造成破坏的原因不同，其破坏形式还是有差异的。

基坑工程事故影响较大，往往造成较大的经济损失，并可能破坏市政设施，造成较大的社会影响。基坑工程事故重在预防，除对支护体系进行精心设计外，实行信息化施工，加强监测，动态管理，也非常重要。及时发现险情，及时采取措施，把事故消除在萌芽阶段。

【例 8-6】某基坑水泥土重力式挡墙整体失稳破坏

沿海某城市一大厦坐落在软黏土地基上，土层描述如下：第 1 层为杂填土，厚 1.0m 左右；

第 2 层为粉质黏土，$c_{cu}=12\text{kPa}$，$\varphi_{cu}=15°$，厚 2.2m 左右；第 3 层为淤泥质粉质黏土，$c_{cu}=9\text{kPa}$，$\varphi_{cu}=15°$；第 4 层为淤泥质黏土，$c_{cu}=10\text{kPa}$，$\varphi_{cu}=7°$，厚 10.0m 左右；第 5 层为粉质黏土，$c_{cu}=9\text{kPa}$，$\varphi_{cu}=16°$，厚 6.2m 左右；第 6 层为粉质黏土，$c_{cu}=36\text{kPa}$，$\varphi_{cu}=13°$，厚 8.0m 左右。主楼部分 2 层地下室，裙房部分 1 层地下室，平面位置如图 8-17 所示。主楼部分基坑深 10m，裙房部分基坑深 5m。设计采用水泥土重力式挡土结构作为基坑支护体系，并分别对裙房基坑（计算开挖深度取 5m）和主楼基坑（计算开挖深度取 10m）分别进行设计。水泥土重力式挡墙支护体系剖面示意图如图 8-18 所示。

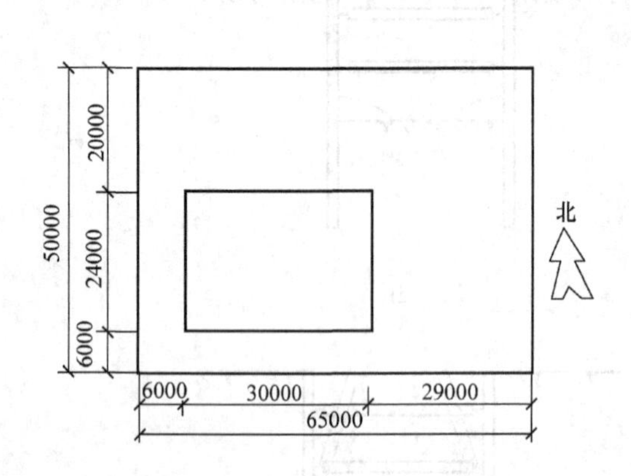

图 8-17　某大厦主楼和裙房平面位置示意图

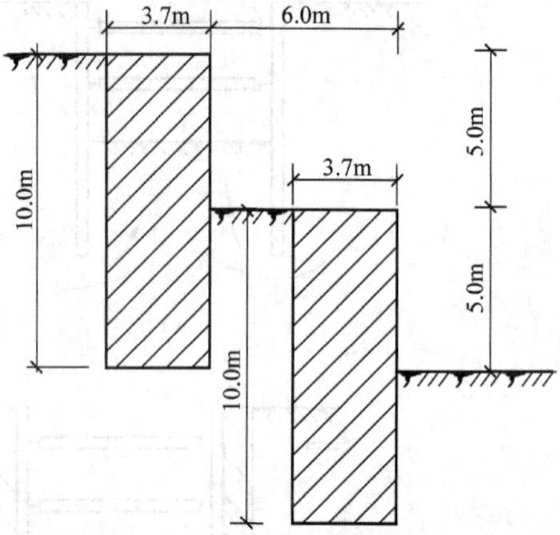

图 8-18　维护体系剖面示意图（主楼西侧和南侧）

当裙房部分和主楼部分基坑挖至地面以下 5.0m 深时，外围水泥土挡墙变形很小，基坑开挖顺利。当主楼部分基坑继续开挖，挖至地面以下 8.0m 左右时，主楼基坑西侧和南侧支护体系，包括该区裙房基坑围护墙，均产生整体失稳破坏，整体失稳破坏示意图如图 8-19 所示。主楼基坑东侧和北侧支护体系完好，变形很小。支护体系整体失稳破坏造成主楼工程桩严重移位。

图 8-19　整体失稳破坏示意图

该工程事故原因是围护挡土结构计算简图错误。对主楼西侧和南侧支护体系，裙房基坑支护结构和主楼基坑支护结构分别按开挖深度 5.0m 计算是错误的。当总挖深超过 5.0m 后，作用在主楼基坑支护结构上的主动土压力值远大于设计主动土压力值，提供给裙房基坑支护结构上的被动土压力值远小于设计被动土压力值。当开挖深度接近 8.0m 时，势必产生整体失稳破坏。另两侧未产生破坏，说明该水泥土支护结构足以承担开挖深度 5.0m 时的土压力。

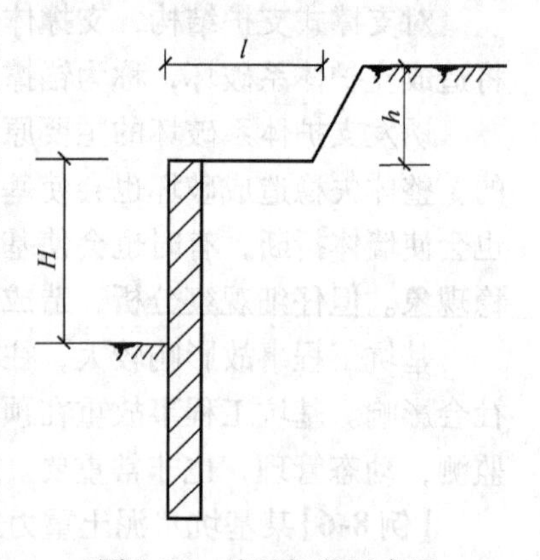

图 8-20　墙后卸载示意图

该工程实例较典型，但类似错误并不鲜见。在支护体系设计中，为了减小主动土压力，也为了减小围护墙的工程量，往往挖去墙后部分土，进行卸载，如图 8-20 所示。很多设计人员计算作用在挡土结构上的土压力值时，计算开挖

深度取图中 H 值，这样是不安全的。当 l 值较小时，一定要计算厚度为 h 的土层对作用在围护墙上土压力值的影响。作用在悬臂挡土结构上的土压力分布是深度的一次函数，支护结构的剪力是深度的二次函数，弯矩是深度的三次函数。支护结构是抗弯结构，对深度是很敏感的，设计人员应予重视。

【例8-7】某沉井管涌造成超沉倾斜

某过江隧道竖井作为隧道集水井与通风口，位于隧道沉管与北岸引道连接处。竖井上口尺寸为15m×18m，下口尺寸为16.2m×18m，深度为28.5m，竖井纵剖面如图8-21所示。竖井采用沉井法施工。地质柱状图和各土层主要物理力学指标如图8-22和表8-3所示。

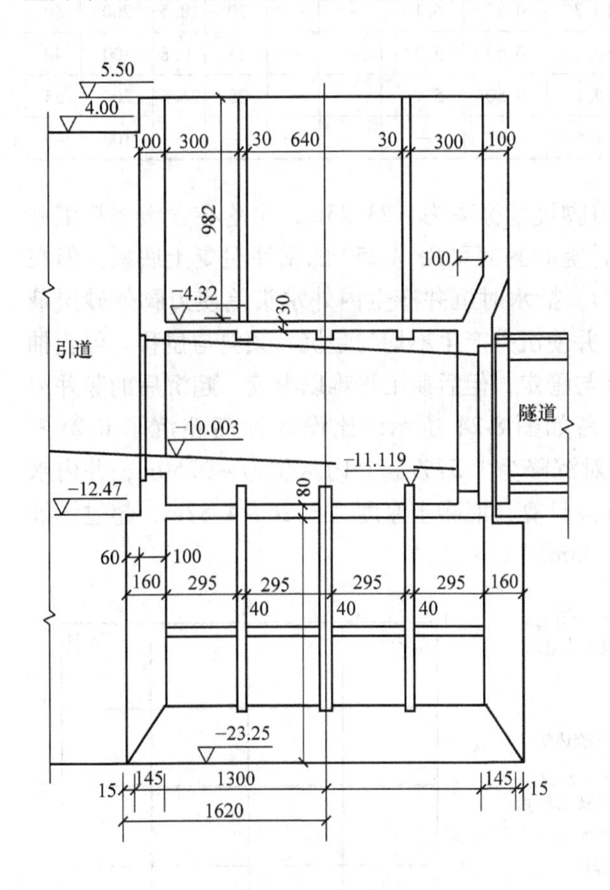

图8-21 竖井纵剖面图

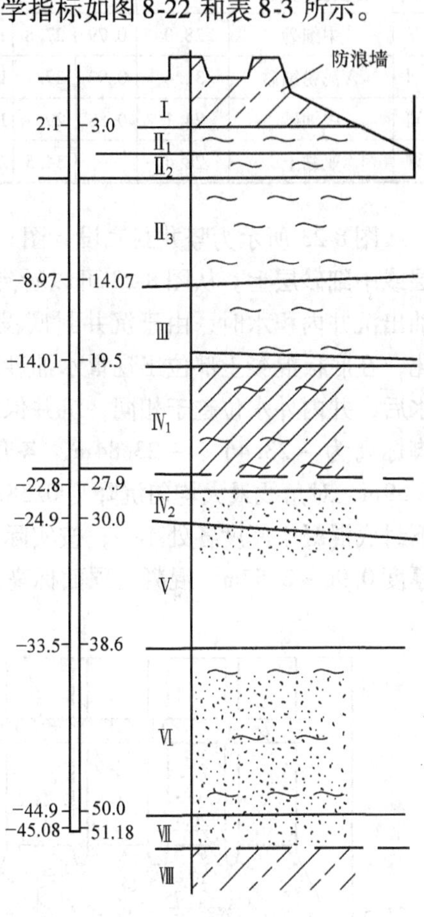

图8-22 地质柱状图

表8-3 各土层主要物理力学指标

土层编号	土层名称	天然含水量/%	孔隙比	液限/%	塑限/%	塑性指数/%	压缩系数/MPa^{-1}	压缩模量/MPa	固剪快剪		快剪		承载力推荐值	
									c/kPa	φ/°	c/kPa	φ/°	σ_m/kPa	τ/kPa
Ⅰ	亚黏土	30.5	0.856	32.1	21.2	10.9	0.29	5.91	25	25	—	—	100	30
$Ⅱ_1$	淤泥	41.4	1.125	34.3	21.3	13.0	0.65	3.12	—	—	—	—	70	20
$Ⅱ_2$	淤泥	46.5	1.249	39.9	23.5	16.4	0.98	2.46	16	13	18	5.6	70	10
$Ⅱ_3$	淤泥	48.8	1.552	44.5	25.0	19.5	0.91	2.43	21	12.9	17	19	70	10

（续）

土层编号	土层名称	天然含水量/%	孔隙比	液限/%	塑限/%	塑性指数/%	压缩系数/MPa^{-1}	压缩模量/MPa	固剪快剪		快剪		承载力推荐值	
									c/kPa	φ/°	c/kPa	φ/°	σ_m/kPa	τ/kPa
Ⅲ	砂、粉砂夹薄层淤泥	38.5	1.070	33.1	20.2	12.9	0.59	3.27	20	15.5	—	—	90	40
Ⅳ$_1$	淤泥质黏土	44.7	1.243	49.5	26.0	23.5	0.75	2.85	—	—	25	28	80	15
Ⅳ$_2$	含淤泥粉细砂	26.6	0.79	26.4	16.3	10.1	0.27	6.59	—	—	23	16.7	100	40
Ⅴ	中细砂	28.0	0.79	27.8	17.1	10.7	0.37	6.10	—	—	20	18.5	200	50
Ⅵ	含泥粉细砂	31.4	0.92	29.1	18.3	10.8	0.59	5.34	—	—	23	16.8	100	40
Ⅶ	中细砂	24.1	0.88	29.7	19.6	10.1	0.50	5.91	—	—	28	26.5	200	55
Ⅷ	亚黏土	28.4	—	34.5	20.0	14.5	—	—	—	—	—	—	100	40

图8-23所示为竖井封底设计图。竖井刃脚设计标高为－23.25m，坐落在含淤泥粉细砂层或中细砂层上。从图8-23可以看到原设计竖井封底采用M-250的钢筋混凝土底板。但在抽出沉井内积水时，由于沉井封底没有成功，抽水时沉井产生内外水头差使刃脚外砂层液化，在底板混凝土部位出现冒水涌砂现象，并使沉井产生不均匀超沉、倾斜与位移。停止抽水后，井内外水位趋于相同，沉井保持平衡与稳定，但后期工程难以继续。超沉后的竖井刃脚标高为－23.46～－23.84m，各角点标高如图8-24所示，比设计标高超沉了0.21～0.59m，对角线最大均匀沉降为0.38m，相对沉降为1.57%。井内水位为＋2.50m，井内水下封底混凝土厚度各处不一，按实际刃脚标高计算，混凝土厚度为3.26～4.87m，超过设计厚度0.96～2.57m，混凝土顶面标高差达1.95m。

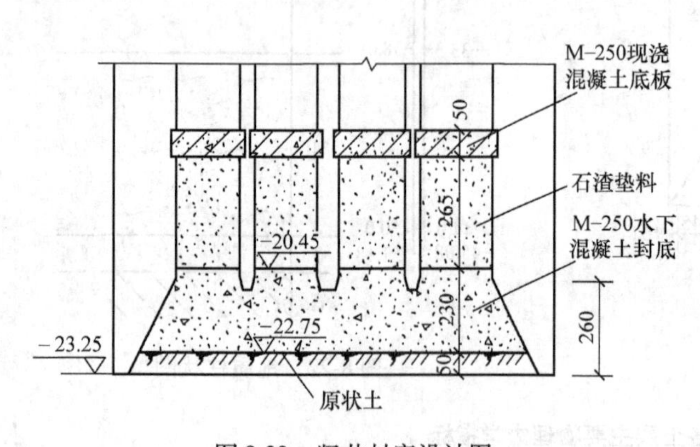

图8-23　竖井封底设计图

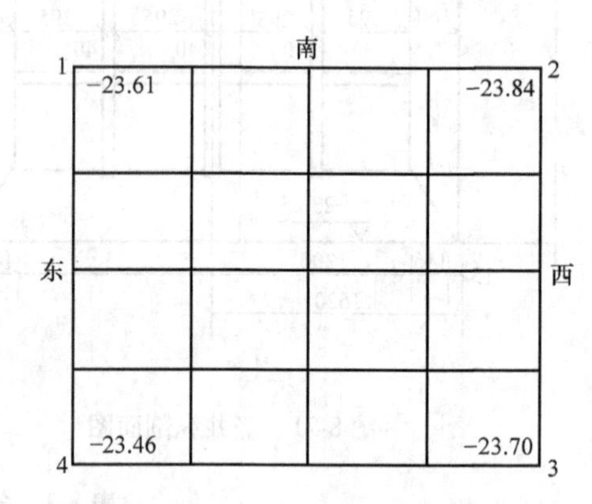

图8-24　超沉后竖井刃脚各角点高程

封底失败的原因是多方面的，通常在沉井封底时，应先抛石形成一定厚度的块石垫层再浇筑水下混凝土。此外，根据沉井底面积的大小，应采用足够数量的混凝土导管，浇筑混凝土应连续作业。为了使封底混凝土不出现夹泥层，在浇捣封底混凝土时导管应逐渐上提，但管口不应脱离混凝土。上述两方面在设计施工时均考虑欠周。

加固方案的基本思路是通过高压喷射注浆旋喷和定喷在竖井外围设置围封墙，然后在竖井封底混凝土底部通过静压注浆封底；注浆封底完成后抽水，然后凿去多余封底混凝土进行混凝土层找平；最后再现浇钢筋混凝土底板。竖井外围设置围封墙有两个作用：一是作为防渗墙，隔断河水与地下水渗入沉井底部；二可以限制静压注浆的范围，保证注浆封底取得较好效果。为了使围封墙具有防渗墙的作用，要求其插入相对不透水层中。完成钢筋混凝土底板后，再通过在深井底板进行静压注浆进行竖井纠偏。

围封墙通过高压喷射注浆旋喷和定喷形成。其高压喷射注浆孔孔位布置及围封墙位置如图 8-25 所示。围封墙底部插入土层Ⅵ中 2m，高程为 －35. 50m，从地面起算围封墙深度为 4. 6m，围封顶面与地面平。旋喷桩直径 1. 0m，围封墙厚度为 30cm。水泥土强度大于 5MPa。这样利用水泥土围封墙防渗性能及围封体下部的含泥或薄黏土夹砂层透水性较差的特点，形成了第一道防水系统。围封墙也为采用静压注浆封底创造了良好的条件。

围封墙施工完成后，再采用静压注浆封底。注浆孔布置如图 8-25 所示。每个注浆孔均进行多次注浆，直至完成封底为止。

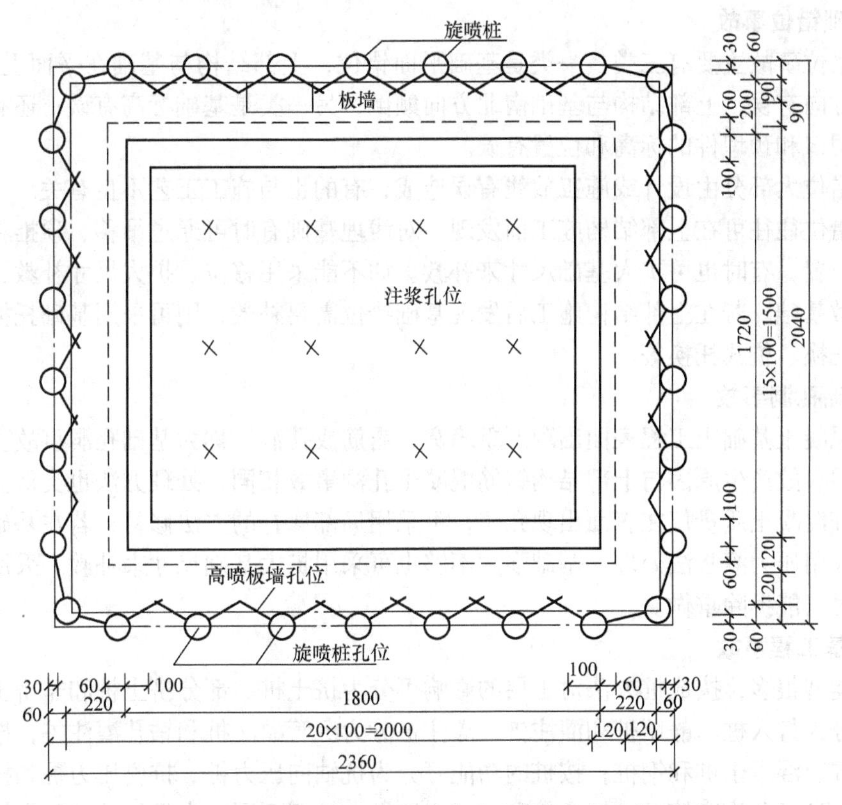

图 8-25 围封墙、高压喷射注浆孔、静压注浆孔位置图

完成灌浆封底后，再抽出沉井内积水，清底，凿去多余封底混凝土，找平，浇筑钢筋混凝土底板。

钢筋混凝土底板养护期后再通过静压注浆纠倾，直至满足后续工程要求为止。

按照上述加固方案施工，基本上达到预期目的。在围封墙施工过程中，竖井稍有超沉。围封墙完成后，在静压注浆封底过程中，竖井稍有抬升。静压注浆封底后，沉井抽除积水一次成功，围封墙和注浆封底达到预期效果。在抽水过程中竖井进一步抬升。抽水完毕清底时，发现原封底混凝土高低相差很大，说明原水下浇筑混凝土未满足要求。找平原封底混凝土后，现浇钢筋混凝土底板。待底板达到一定强度，在竖井底部注浆纠偏，基本满足了后续工程要求。考虑到费用和时间，沉井未纠倾到原设计位置，以满足后续工程要求为止。

实践表明，上述加固方案是成功的，可供类似工程参考。

8.4 基础工程事故

基础工程事故指结构物基础部分强度不够、变形过大或基础错位造成建筑工程事故。造成基础工程事故的原因可能来自地质勘察报告对地基评价不准、设计计算有误、未能按图施工和施工质量欠佳等方面。过高估计地基的承载力和压缩性能、设计计算有误造成选用基础形式不合理、基础断面偏小及所用材料强度偏低等均会导致基础工程事故，主要包括基础错位事故、基础孔洞事故、桩基工程事故以及大体积混凝土裂缝和地下室漏水事故。

1. 基础错位事故

基础错位事故主要有三类：一类是基础平面错位，上部结构与基础在平面上相互错位，有的甚至方向有误，上部结构与基础南北方向颠倒；另一类是基础标高有误；还有一类是基础上预留洞口和预埋件的标高和位置有误。

基础错位大部分由设计或施工放线有误造成，有的也与施工工艺不良有关。

基础错位往往可在上部结构施工前发现。对浅埋基础有时可通过吊移、顶推将错位基础移到正确位置，有时也可扩大基础尺寸来补救。如不能采用移位、扩大尺寸补救，则需在正确位置补做基础。若在上部结构施工后发现基础错位需要补救，则可采用基础托换技术，如基础加宽托换、桩式托换等。

2. 基础孔洞事故

钢筋混凝土基础土工程表面出现严重蜂窝、露筋或孔洞，称为基础孔洞事故。钢筋混凝土基础孔洞事故产生原因与上部结构钢筋混凝土孔洞事故相同，处理方法也类似。

若基础混凝土质量仅在表面出现孔洞，可采用局部修补的方法修补；若在基础内部也有孔洞，可采用压力灌浆法处理。基础强度不够也可采用扩大基础尺寸来补救。采用上述方法均难补救时只能拆除重做。

3. 桩基工程事故

桩基类型很多，按成桩方法对土层的影响可分为挤土桩、部分挤土桩和非挤土桩；按成桩方法可分为打入桩、静压桩和灌注桩，灌注桩分为沉管灌注桩和钻孔灌注桩；按桩身材料可分为木桩、混凝土桩和钢桩；按桩的功能可分为抗轴向压力桩、抗侧压力桩和抗拔桩。抗轴向压力桩又可分为摩擦桩、端承桩和端承摩擦桩。桩型不同，常见桩基工程事故不同。这里不可能全面介绍各类桩基础工程事故，仅简要介绍沉管灌注桩、钻孔灌注桩、预制桩常见质量事故以及软土地基中因挖土不当造成桩基变位的工程事故。

（1）常见沉管灌注桩质量事故　沉管灌注桩按沉管成孔工艺分为振动沉管、锤击沉管、静压沉管等多种工艺。在软土地基中，常用振动沉拔和静压沉拔工艺。工程事故也较多，主要反映在下述方面：

1）桩身缩颈、夹泥。主要原因是提管速度过快、混凝土配合比不良，和易性、流动性差。混凝土浇筑过快也会造成桩身缩颈或夹泥。

2）桩身裂缝或断桩。沉管灌注桩是挤土桩。施工过程中挤土使地基中产生超静孔隙水压力。桩间距过小，地基土中过高的超静孔隙水压力，以及邻近桩沉管挤压等原因可能使桩身产生裂缝甚至断桩。

3）桩身蜂窝、空洞。主要原因是混凝土级配不良，粗集料粒径过大，和易性差，黏土层中夹砂层影响等。针对产生事故的原因，采用下述措施预防事故发生：

① 通过试桩核对勘察报告提供的工程地质资料，检验打桩设备、成桩工艺及保证质量的技术措施是否合适。

② 采用合适的沉、拔管工艺，根据土层情况控制拔管速度。

③ 选用合理的混凝土配合比。

④ 确定合理打桩程序，减小相邻影响。必要时可设置砂井或塑性排水带加速地基中超静孔隙水压力的消散。

（2）常见钻孔灌注桩质量事故　钻孔灌注桩可分为干作业法和泥浆护壁法两大类。干作业法又可分为机械钻孔和人工挖孔两类。泥浆护壁法又可分为反循环钻成孔、正循环钻成孔、潜水钻成孔以及钻孔扩底等多种成孔工艺。这里仅介绍泥浆护壁法灌注桩质量事故。主要反映在下述几方面：

1）钻孔灌注桩沉渣过厚。清孔不彻底，下钢筋笼和导管碰撞孔壁等原因引起坍孔等造成桩底沉渣过厚，影响桩的承载力。

2）塌孔或缩孔造成桩身断面减小，甚至断桩。

3）桩身混凝土质量差，出现蜂窝、孔洞。由于混凝土配合比不良，流动性差，在运输过程中混凝土严重离析等原因造成。

预防措施主要有根据土质条件采用合理的施工工艺和优质护壁泥浆，采用合适的混凝土配合比。若发现桩身质量欠佳和沉渣过厚时，可采用在桩身混凝土中钻孔、压力灌浆加固，严重时可采用补桩处理。

（3）预制桩常见质量事故　打入桩或静压桩质量事故一般较少。常见质量事故为桩顶破碎、桩身侧移、倾斜及断桩事故。打入桩较易发生桩顶破碎现象。其原因可能是混凝土强度不够、桩顶钢筋构造不妥、桩顶不平整、锤重选择不当、桩顶垫层不良等。打入桩和静压桩会产生挤土效应，可能引起桩身侧移、倾斜，甚至断桩。根据产生桩顶破碎的原因采取相应措施，避免桩顶破碎现象发生。若桩顶破坏，可凿去破碎层，制作高强混凝土桩头，养护后再锤击沉桩。减小挤土效应的措施有合理安排打桩顺序，控制打桩速度，如需要可先钻孔取土再沉桩，有时也可在桩侧设置砂井或减压孔。采用空心敞口预制桩也要减小挤土效应。

（4）桩基变位事故　对先打桩后挖土的工程，由于打桩的挤土和动力波的作用，使原处于静平衡状态的地基土体遭到破坏。对砂土甚至会产生液化，地下水大量上升到地表面，原来的地基土体强度遭到严重破坏。对黏性土由于形成很大挤压应力，孔隙水压力升高，形成超静孔隙水压力，土体的抗剪强度明显降低。如果打桩后紧接着开挖基坑，由于开挖时的应力释放，再加上挖土高差形成一侧卸荷和侧向推力，土体易产生一定的水平位移，使先打设的桩产生水平位移。严重时桩顶位移可达1m多，而地面以下2m左右处桩身产生裂缝，甚至折断。软土地区施工，桩基变位事故屡见不鲜，应充分重视。

预防该类事故的要点是合理的施工组织设计。在群桩基础的桩打设后，宜停留一定时间，待土中由于打桩积聚的应力有所释放，孔隙水压力有所降低，被扰动的土体重新固结后，再开挖基坑土方，而且土方的开挖宜均匀、分层，尽量减少开挖时的土压力差，以避免土体产生较大水平位移。发生桩基变位事故后应认真调查位移情况，特别是桩身破坏情况，再根据事故情况酌情处理。变位情况不严重时，如是箱筏基础，经验算合格可不作处理。位移较大，而且桩身破坏严重时，可采用高压喷射注浆法加固处理，如图8-26所示。这样可以固定桩与桩之间的距离，使产生弯曲变形的桩连成一体，增大整体承载能力。桩基变位造成的工程事故很复杂，应慎重处理。

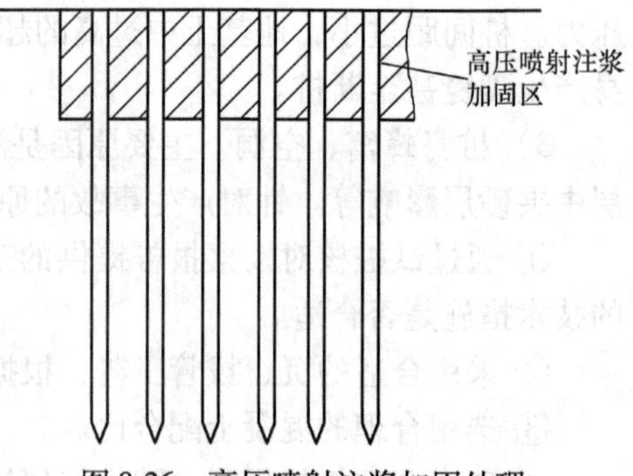

图8-26 高压喷射注浆加固处理

4. 大体积混凝土裂缝事故

高层建筑的箱形基础或筏形基础，多有厚度较大的钢筋混凝土底板，还常有深梁，桩基常有厚大的承台，都是体积较大的混凝土工程，常达数千立方米，有的超过1万m^3。这类大体积混凝土结构由外荷载引起裂缝的可能性较小。但水泥水化过程中释放的水化热引起的温度变化和混凝土收缩而产生的温度应力和收缩应力，往往使混凝土产生裂缝。大体积混凝土裂缝分为宽度在0.05mm以下的微观裂缝和0.05mm以上的宏观裂缝两种。

水泥在水化过程中要产生大量的热量。由于大体积混凝土截面厚度大，水化热聚集在结构内部不易散发，使混凝土内部的温度升高。混凝土内部的最高温度大多发生在浇筑后的3~5d。当混凝土内部与表面温度差过大时就会产生温度应力。当混凝土的抗拉强度不足以抵抗该温度应力时，便产生温度裂缝，这是大体积混凝土产生裂缝的主要原因。

另外，结构在变形时，会因受到一定的抑制而阻碍变形。大体积混凝土与地基浇筑在一起时，要受到下部地基的约束，混凝土就易产生裂缝，如图8-27所示。

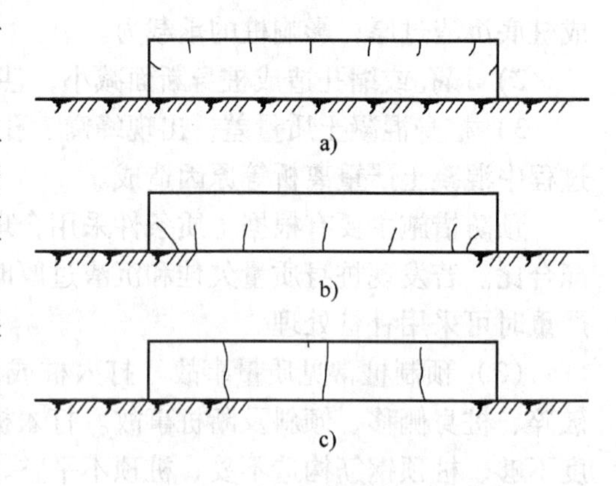

图8-27 温度裂缝

a）表面裂缝 b）深层裂缝 c）贯穿裂缝

施工期间外界气温的变化对大体积混凝土产生裂缝也有重要影响。外界温度越高，混凝土的浇筑温度也越高。外界温度下降，尤其是骤降，大大增加外层混凝土与内部混凝土的温度梯度，产生温差应力，使大体积混凝土出现裂缝。

混凝土收缩变形也会产生收缩应力使混凝土出现裂缝。

预防大体积混凝土产生裂缝的措施包括下述几个方面：

（1）材料选用方面　水泥选用水化热低和安全性好的水泥，如矿渣水泥、火山灰水泥。石子、砂子的泥含量不超过1%和3%。混凝土中掺加一定量的毛石，可减少水泥用量，同时毛石可吸收混凝土中一定的水化热，这是防止大体积混凝土产生裂缝的良好措施。在混凝土中掺入少量磨细的粉煤灰和减水剂，以减少水泥用量；掺入缓凝剂，推迟水化热的峰值期；掺入适量微膨胀剂或膨胀水泥，使混凝土得到补偿收缩，减少混凝土的温度应力。

（2）选择合理的施工方法　浇筑混凝土时分几个薄层进行浇筑，以使混凝土的水化热尽快散发，并使浇筑后的温度均匀分布。水平层厚度可控制在0.6~2.0m。相邻两浇筑层之间的间歇时间，一般5～7d。还可采用两次振捣的方法，增加混凝土的密实度，提高抗裂能力，使上下两层混凝土在初凝前结合良好。图8-28所示为采用分层法浇筑混凝土底板。

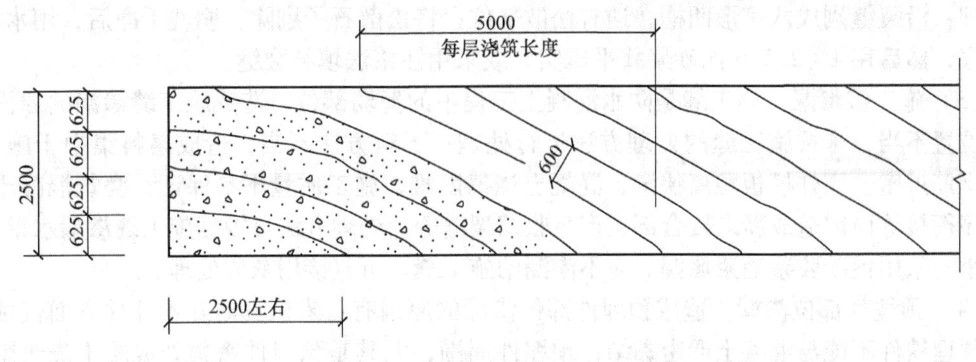

图8-28　基础底板混凝土分层浇筑

根据季节的不同，分别选用降温法和保温法。夏季主要用降温法施工，即在搅拌混凝土时掺入冰水，温度控制在5～10℃，在混凝土浇筑后采用冷水养护降温，但要注意水温和混凝土温度之差不超过20℃。冬季采用保温法施工，利用保温材料防止空气侵袭。

（3）改善约束条件　设置永久性伸缩缝将超长的现浇钢筋混凝土结构分成若干段，减少约束与被约束体之间的相互制约，以释放大部分变形，减小约束应力。设置后浇带将大体积混凝土分成若干段，有效地削减温度收缩应力，同时也有利于散热，降低混凝土的内部温度。在垫层混凝土上，先铺一层低强度水泥砂浆，以降低新旧混凝土之间的约束力。

（4）改善板的配筋　分层浇筑混凝土时，为了保证每个浇筑层上下均有温度筋，可将温度筋作适当调整。温度筋宜细而密。高层建筑基础一般配筋较强，有利于抵抗裂缝。

（5）利用混凝土的后期强度　由于高层建筑基础等大体积混凝土承受的设计荷载要在较长时间之后才施加其上，对结构的刚度和强度进行复算并取得设计和质量检查部门的认可后，可采用f_{45}、f_{66}或f_{90}替代f_{28}作为混凝土设计强度，这样可使每立方米混凝土的水泥用量减少40～70kg，混凝土的水化热温升可相应减少4～7℃。上海宝钢曾做过C20～C40的混凝土试验，其f_{60}比f_{28}平均增长12%～26.2%。

5. 地下室渗漏事故

地下室渗漏事故经常发生，在地下水位较高地区更为严重。东南沿海某省1996年高层建筑地下室工程有50%左右或多或少存在渗漏问题。

（1）混凝土蜂窝、孔洞渗漏　这是由于混凝土浇筑质量不良引起的。如未按顺序振捣混凝土而漏振；混凝土离析、砂浆分离、石子成堆或严重跑浆；有泥块等杂物混入混凝土等。补救措施可根据蜂窝、孔洞及渗漏情况，查明渗漏部位，然后进行堵漏处理。对于蜂窝，修补前先将面层松散不牢的石子剔凿掉，用钻或剁斧将表面凿毛，清理后用水冲刷干净。孔洞情况不严重时，可采用水泥砂浆抹面法处理。若孔洞较深，可采用压力注浆，并可在浆液中加入一定促凝剂。如蜂窝、孔洞严重，面层处理后，可在蜂窝、孔洞周围先抹一层水泥素浆，再用比原混凝土强度等级高一级的细石混凝土填补好，仔细捣实，经养护后将表面清洗干净，再抹一层水泥素浆和一层1∶2.5水泥砂浆，找平压实。

（2）混凝土产生裂缝造成渗漏　造成混凝土裂缝的原因有下述几种：混凝土搅拌不均匀或水泥品种混用，收缩不一产生裂缝；大体积混凝土施工时，由于温度控制不严而产生温度裂缝；设计时，由于对土的侧压力及水压力作用考虑不周，结构缺乏足够的刚度导致裂缝等。根据裂缝渗漏水量和水压大小，采用促凝胶浆灌浆堵漏。对不渗漏水的裂缝采用以下方法处理：沿裂缝剔成八字形凹槽，遇有松散部位，将松散石子剔除，刷洗干净后，用水泥素浆打底，然后用1∶2.5水泥砂浆找平压实，或采用注浆法填补裂缝。

（3）施工缝渗漏　施工缝是防水混凝土工程中的薄弱部位，造成施工缝渗漏的原因有：留设位置不当，未按施工缝的处理方法进行处理；下料方法不当，造成集料集中于施工缝处；钢筋过密，内外模板距离狭窄，混凝土浇捣困难，施工质量不易保证；浇筑混凝土时，因工序衔接等原因造成新老接合部位产生收缩裂缝等。处理方法可根据施工缝渗漏水量和水压大小，采用促凝胶浆灌浆堵漏。对不渗漏的施工缝，可直接用灰浆处理。

（4）预埋件部位渗漏　造成预埋件部位渗漏的原因有：未认真清除预埋件表面侵蚀层，致使预埋铁件不能与混凝土严密黏结；预埋件周围，尤其是预埋件密集处混凝土浇筑困难，振捣不密实；在施工或使用时，预埋件受振松动，与混凝土间产生缝隙等。对不同情况可采用不同处理方法。

1）预埋件周围出现的渗漏。可将预埋件周边剔成环形沟槽并洗净，将水泥胶浆搓成条形，待胶浆开始凝固时，迅速填入沟槽中，用力向槽内和沿沟槽两侧将胶浆挤压密实，使之与槽壁紧密结合。如果裂缝较长，可分段堵塞。堵塞完毕后经检查无渗漏，用素浆和砂浆将沟槽找平并扫成毛面，待其达到一定强度后，再做好防水层。

2）因受振使预埋件周边出现的渗漏，处理时需将预埋件拆除，并剔凿出凹槽以埋设预埋块，将预埋件制成预埋块（其表面抹好防水层）。埋设前在凹槽内先嵌入速凝砂浆(水泥：砂=1∶1和水：促凝剂=1∶1)，再迅速将预埋块填入。待速凝砂浆具有一定强度后，周边用胶浆填塞，并用素浆嵌实，然后再分层抹防水层补平。

（5）管道穿墙（地）部位渗漏　管道穿墙（地）部位是防止渗漏的薄弱环节。除与预埋件部位渗漏相同原因外，还会因热力管道穿墙部位构造处理不当造成的温差作用，使管道伸缩变形而与结构脱离，产生裂缝漏水。一般管道穿墙（地）部位渗漏的处理方法与上述预埋件部位渗漏的处理方法相同，要用膨胀水泥捻口。热力管道穿墙部分渗漏处理时，需先将地下水位降至管道标高以下，然后采用设置橡胶止水套的方法处理。

（6）变形缝渗漏　下面分粘贴式变形缝和埋入式止水带变形缝两种情况介绍。

1）粘贴式变形缝

①渗漏原因。基层表面不干净或潮湿，致使胶片粘贴不良；粘贴剂涂刷质量不合乎要求，粘贴时间不当，粘贴时没有贴严实，局部有气泡；橡胶片搭接长度不够，致使搭接粘贴不严；细石混凝土覆盖层过厚，造成收缩裂缝等。

② 预防措施。粘贴橡胶片的表面必须平整、粗糙、坚实、干燥，必要时可用喷灯等烘烤，或在第一遍胶内掺入10%～15%的干水泥，基面和橡胶片的表面在粘贴前一天分别涂刷两遍氯丁胶作为底胶层，待充分晾干，再均匀涂刷1～2mm厚界面胶。在用手背接触涂胶层不粘手时，粘贴橡胶片。每次粘贴橡胶片的长度以不超过2m为宜，搭接长度为100mm。若粘贴后发生局部空鼓，须用刀割开，填胶后重新粘贴，并补贴橡胶片一层。待全部粘贴完后，在橡胶片表面用胶粘上一层干燥砂粒，以保证覆盖层与橡胶片粘结；粘贴后搁置1～2d，待胶层溶剂挥发，再在凹槽内满涂一道素浆，然后用细石混凝土或分层水泥砂浆覆盖，并用木丝板将覆盖层隔开。若变形缝处渗漏水，应剔去重做。

2）埋入式止水带变形缝

① 渗漏原因。橡胶止水带有破损；橡胶止水带或金属止水带没有采取固定措施，或固定方法不当，埋设位置不准确或被浇筑的混凝土挤偏；橡胶止水带或金属止水带两翼的混凝土包裹不严，尤其是底板部位的止水带下面，混凝土振捣不实；混凝土分层浇筑前，止水带周围的灰垢等杂物未清除干净；混凝土浇筑方法不合适，钢筋过密，造成橡胶止水带或金属止水带周围集料集中。

② 预防措施。止水带在埋设前，必须认真检查，若有损坏必须修补好；止水带应按规定进行固定，保证其埋设位置准确；严禁在橡胶止水带的中心圆环处穿孔；在埋设底板止水带前，先把止水带下部的混凝土振实，然后将止水带由中部向两侧挤压捣实，再浇筑上部混凝土；由于钢筋过密难以保证混凝土浇筑质量时，应征得设计人员同意，通过适当调整粗集料的粒径或采取其他技术措施，保证混凝土浇筑质量。

【例8-8】某厂房柱基础错位事故

某厂房加工车间扩建工程，其边柱截面尺寸为400mm×600mm。基础施工时，柱基坑分段开挖，在挖完5个基坑后即浇垫层、扎钢筋、支模板、浇混凝土。基础完成后，检查发现5个基础都错位300mm（见图8-29）。

事故原因为施工放线时，误将柱截面中心线作为厂房边柱的轴线，因而错位300mm，即厂房跨度大了300mm。

根据现场当时的设备条件，未采用顶推或吊移法，而是采用局部拆除后，扩大基础的方法进行处理。其处理要点如下：①将基础杯口一侧短边混凝土凿除（见图8-30）；②凿除部分基础混凝土，露出底部钢筋；③将基础与扩大部分连接面全部凿毛；④扩大基础混凝土垫层，接长底板钢筋；⑤对原有基础连接面清洗并充分湿润后，浇筑扩大部分的混凝土。所采用的处理方案具有施工方便、费用低、不需专用设备、结构安全可靠等优点。

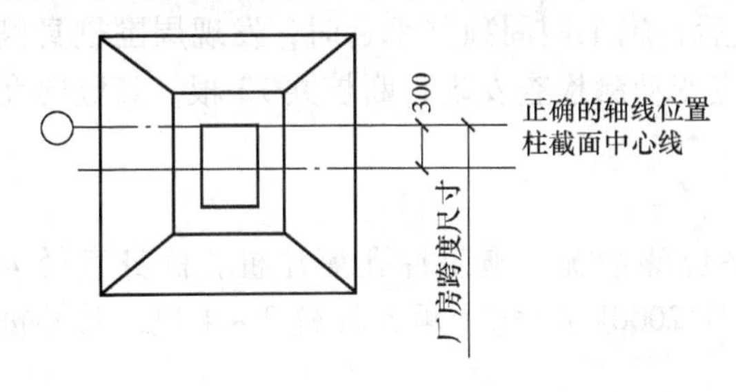

图8-29　柱基础错位示意图

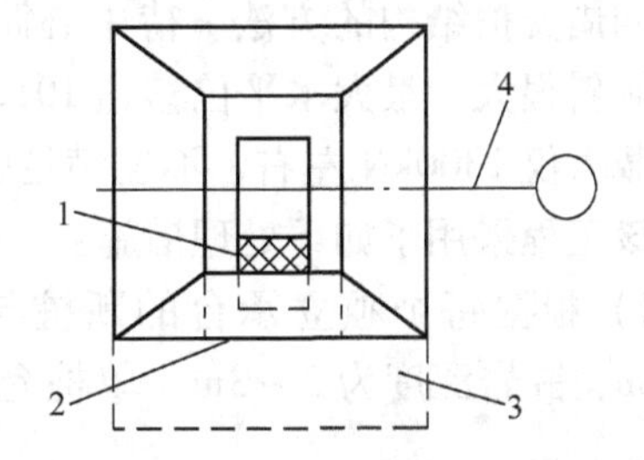

图8-30　错位基础处理示意图
1—杯口部分凿除　2—基础一侧部分凿除、露出底部钢筋　3—基础扩大部分　4—厂房边柱轴线

【例8-9】某住宅楼沉管灌注桩质量事故

某砖混结构7层住宅楼，基础采用锤击沉管灌注桩。桩径0.4m，桩长11.5m，总布桩418根。采用锤击式沉管灌注桩，桩径为377mm。

该工程的地质条件为：表层为厚1~4m的杂填土、素填土；下层为厚2.7m的饱和粉土层；最底层为软可塑的粉质黏土层。

场地地下水丰富，地下水位距地表为1.5m左右。施工完成180根桩后挖桩检查，发现多数桩在地表下1~3m范围内严重缩颈，甚至有断桩的情况。经分析，事故原因为：在锤击振动沉管过程中，高含水量的粉土层产生的挤压力超过管内混凝土的自重压力，当拔管到离地面大约3m时，管内混凝土严重不足，自重压力减小，管内混凝土不易流出管外，造成缩颈与断桩；其次是施工程序不妥，采用不跳打的连续成桩工艺，每天成桩数量较多（在10根以上），所以相邻桩的施工振动和挤压也是产生缩颈、断桩的原因之一。

应采取下列措施，防止事故的再次发生：

1）对用预制混凝土桩尖的锤击沉管灌注桩的打桩机械进行技术改造。在模管外增加一根钢套管，上下用管箍与模管连接。在拔管过程中钢套管暂不拔出，待混凝土流出模管外，才逐步用卡箍拔移钢套管。

2）改进施工工艺流程。采用间隔跳打，并采用慢拔、反插（用模管在钢套内对混凝土反插）、少振等措施。

3）改善混凝土的配合比，改用小粒径集料（不大于3cm），减少混凝土的用水量，掺用高效减水剂，增加混凝土和易性和坍落度。

4）控制沉桩速率，每台桩机每天成桩数不超过6根，并采取停停打打，打打停停的成桩方法。

5）对已缩颈与断桩的桩，进行挖开加固处理。

【例8-10】某大楼打桩事故

某大楼地上23层，地下1层，总面积3.2万m^2。上部结构为内筒和框架结构。内筒基础为一厚整板（厚度为2m），框架柱下为独立承台，厚度为1.5~1.8m，其下为预制方桩。桩断面450mm×450mm，桩长38m左右，桩距为1.8~2.25m。桩总数为372根。单桩承载力为1800~2000kN。采用3000kN静压力压入，压入桩5m左右，桩尖持力层为砾石层，基坑开挖深度为6.8m左右，中心承台加深1.5m左右。考虑到开挖基坑时，其支护结构侧移变形较大和周围房屋发生开裂的严重情况，后采取先施工中心筒承台，然后在承台上加钢管支撑四周支护结构的方法。待中心筒施工完成后，施工四周独立承台时，发现周围桩身侧移，倾斜很大，最大水平位移达101cm，经小应变动测检查发现，断桩共13根，其竖向允许承载力仅1300kN左右，不能满足设计要求。

该工程采用了如下处理措施：

1）根据每个独立承台的断桩与桩身水平位移情况，施工冲孔灌注桩。桩身直径为700mm，嵌岩深度为2~3m，单桩允许承载力为2000kN。每个承台补桩2~4根，共补桩17根。

2）加强独立承台之间的连接，合并独立承台，以增加基础的整体性。

3）修改地下室外壁与支护结构的回填方案。采用素混凝土回填，以增强基础的水平抗力。

4）加强沉降观察，逐层进行。采用Ⅱ级水平测量结构物沉降量和沉降差。

【例8-11】某大厦人工挖孔桩桩身质量事故

某大厦建筑面积41384m^2，主楼地面上30层、地下2层，上部结构为剪力墙体系。底板以上的总质量为8.63万t（863831.5kN），采用64根人工挖孔桩，桩径有1.4m、1.8m、2.0m、2.3m、2.5m五种，桩端扩大头直径比桩身扩大0.8m。

建设单位对第一批（5根）挖孔桩桩身混凝土有怀疑，因而钻孔取芯检查。发现3根桩在距桩顶16m以下处混凝土未凝固，呈松散层。桩身混凝土强度仅有9.8~23MPa，强度很不均匀。主要原因是施工工艺不妥，直接用串筒浇筑桩身混凝土，而桩孔中积水又没有排除。

事故发生后经研究采用高压注浆加固。

1）在同一根桩上按一定的间隔，预钻孔 4 个，穿过事故层 1m 左右。利用验桩钻孔注入高压水，对事故层进行冲洗，使事故层泥土杂物、浮浆等通过邻近孔返出，直至返出清水为止。

2）利用验桩孔作为压力灌浆通道，并事先固定孔口管，安装孔口压力逆止阀封闭装置，防止灌浆时浆液从孔口喷出。

3）配制灌浆液，水泥（强度等级为 42.5 级的普通硅酸盐水泥）：水：水玻璃：减水剂 = 100：50：1：0.6。利用高压泵将浆液注入钻孔，压力不能低于 5MPa。实测注浆最大压力为 6.5~7MPa。同时注意观察邻近钻孔返水情况。若返出浓水泥浆液，说明水泥浆液已充实事故层。灌浆液事先做 70.7mm × 70.7mm × 70.7mm 的试块，测强度不低于 C20（实测为 7d 期龄，强度为 19MPa、23.7MPa、33.0MPa）。

4）施工 C40 混凝土桩帽，进行大应变 PDA 测试其完整性与单桩承载力。待桩帽养护 7d 后，其试块（150mm × 150mm × 150mm）达到 31.1MPa 时，动测两根桩，另一根因起重机（150t）吊臂不够无法进行动测，结果见表 8-4。

表 8-4 动测结果与设计单桩承载力的比较

桩　　号	极限承载力/kN	其中桩尖阻力/kN	桩侧阻力/kN	允许单桩承载力/kN
55 号	28 376.1	22 464.4	5911.7	14 188.5
62 号	19 733.5	23 590.4	6143.0	14 866.7

检测结果证明，桩身完整性良好。55 号桩设计承载力 155801kN；62 号桩设计承载力 16420kN。55 号桩实测单桩承载力与设计允许承载力还差 1391.5kN；62 号桩实测单桩承载力比设计允许承载力还差 1553.3kN。因此，上部结构隔墙采用局部轻质隔墙，以减轻结构自重。并考虑到在设计承载力时，沉降量仅取 3.5mm 左右，实际允许沉降量可大一些。经研究分析认为桩基基本符合设计要求，可以不再进行补桩处理。

8.5 事故原因分析与处理措施

8.5.1 工程事故原因

1. 对场地工程地质情况缺乏全面、正确的了解

（1）工程勘察工作不符合要求　没有按照规定要求进行工程勘察工作，如勘察布孔间距偏大、太浅，造成勘察取土不能全面反映建筑场地地基土层实际情况。在取土、试样运输和土工试验过程中发生质量事故，致使提供的工程地质勘察报告不能反映实际情况。如提供的土的强度指标和变形模量与实际情况差距很大，不能反映实际性状。

（2）建筑场地工程地质和水文地质情况非常复杂　某些工程地质变化很大，虽然已按规范有关规定布孔进行勘察，但还不能全面反映地基土层变化情况。如地基中存在尚未发现的暗浜、古河道、古墓、古井等。这种情况导致地基与基础工程事故，为数也不少。

（3）没有按规定进行工程勘察工作　没有按规定进行工程勘察工作造成工程事故的情况虽然很少，但也存在。应严格按工程建设程序开展工程建设工作。

2. 设计方案不合理或设计计算错误

（1）设计方案不合理　设计人员不能根据结构物上部结构荷载、平面布置、高度、体型、场地工程地质条件，合理选用基础形式，造成地基不能满足结构物对它的要求，导致工程事故。

（2）设计计算错误　地基与基础工程设计计算方面的错误主要有下述三方面：

1）荷载计算不正确，低估实际荷载，导致超载，造成地基承载力或变形不能满足要求。

2）基础设计方面错误。基础底面积偏小造成承载力不能满足要求，或基础底平面布置不合理，造成不均匀沉降偏大。

3）地基沉降计算不正确导致不均匀沉降失控。产生设计计算方面的错误的原因多数是设计者不具备相应的设计水平，设计计算又没有经过认真复核审查，使错误不能得到纠正而造成的。也有一些设计计算方面的错误是认识水平问题造成的。

3. 施工质量造成地基与基础工程事故

1）基础平面位置、基础尺寸、标高等未按设计施工图的要求进行施工。施工所用材料的规格不符合设计要求等。

2）施工人员在施工过程中未按操作规程施工，甚至偷工减料，造成施工质量事故。

4. 环境条件改变造成地基与基础工程事故

1）地下工程或深基坑工程施工对邻近结构物地基与基础的影响。

2）结构物周围地面堆载引起结构物地基附加应力增加，导致结构物竣工后沉降和不均匀沉降进一步发展。

3）结构物周围地基中施工振动或挤压对结构物地基的影响。

4）地下水位变化对结构物地基的影响。

上述四方面原因造成的工程事故通过努力是可以避免的，也有一些地基与基础工程事故是难以避免的。如按 50 年一遇标准修建的防洪堤，遇到百年一遇的洪水造成的基础冲刷破坏；又如由超过设防标准的地震造成的地基与基础工程事故。因少数地质情况特别复杂而造成地基与基础工程事故也属于这一类。

地基与基础工程事故还与人们的认识水平有关，某些工程事故是由工程问题的随机性、模糊性及未知性造成的。随着人类认识水平的提高，可减小该类事故的发生。

8.5.2 事故处理对策

事故发生后，一方面通过现场调查，设计、施工资料（包括原设计图、工程地质报告和施工记录等）分析，必要时进行工程地质补充勘察，分析工程事故原因；另一方面对结构物现状作出评估，并对进一步发展作出估计。根据上述两方面的分析决定事故处理意见。

对地基不均匀沉降造成上部结构开裂、倾斜的，如地基沉降确已稳定，且不均匀沉降未超标准，能保证结构物安全使用的情况，只需对上部结构进行补强加固，不需对地基进行加固处理。

若地基沉降变形尚未稳定，则需对结构物地基进行加固，以满足结构物对地基沉降的要求。在地基加固的基础上，对上部结构进行修复或补强加固。

若地基与基础工程事故已造成结构严重破坏，难以补强加固，或进行地基加固和结构补强费用较大，还不如拆除既有结构物重建时，则应拆除既有结构物，进行重建。地基与基础工程事故处理程序如图 8-31 所示。

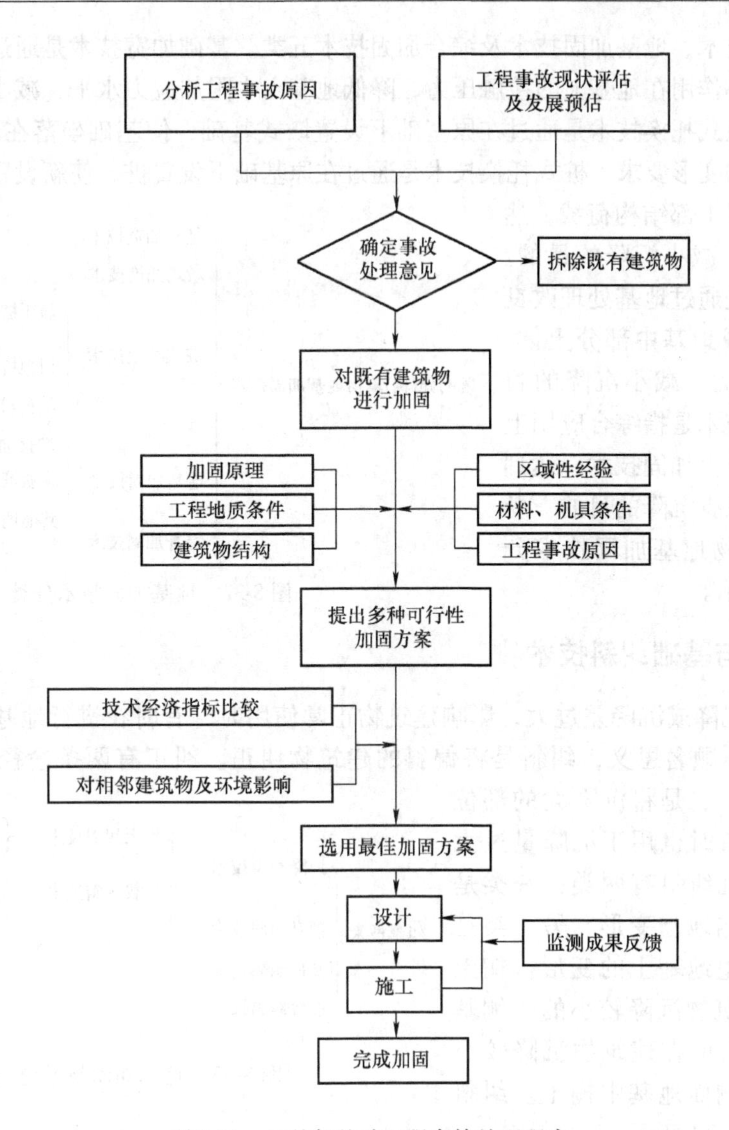

图8-31　地基与基础工程事故处理程序

决定进行地基基础加固的，应根据《既有建筑地基基础加固技术规范》规定对既有建筑地基基础进行鉴定。根据加固的目的，结合地基基础和上部结构情况，提出几种技术可行的地基基础加固方案。通过技术、经济指标比较，并考虑对邻近结构物和环境影响，因地制宜，选择最佳加固方案。在加固施工过程中进行监测，根据监测情况，如需要可及时调整施工计划以及加固方案。

8.6　地基与基础加固与纠斜技术

8.6.1　基础加固技术

既有建（构）筑物地基加固技术又称为托换技术，可分为基础加宽技术、墩式托换技术、桩式托换技术、地基加固技术及综合加固技术五类。基础加宽技术是通过增加建筑物基础底面积，减小作用在地基上的接触压力，降低地基土中附加应力水平，减小沉降量或满足承载力要求。墩式托换技术是通过在原基础下设置墩式基础，使基础坐落在较好的土层上，以满足承载力和变形要求。桩式托换技术是通过在原基础下设置桩，使新设置的桩承担或桩与地基共同承担上部结构荷载，达到提高承载力，减小沉降的目的。地基加固技术是通过地基处理改良原地基土体，或地基中部分土体，达到提高承载力、减小沉降的目的。综合加固技术是指综合应用上述两种或两种以上加固技术，达到提高承载力、减少沉降的目的。既有建（构）筑物地基加固技术分类如图 8-32 所示。

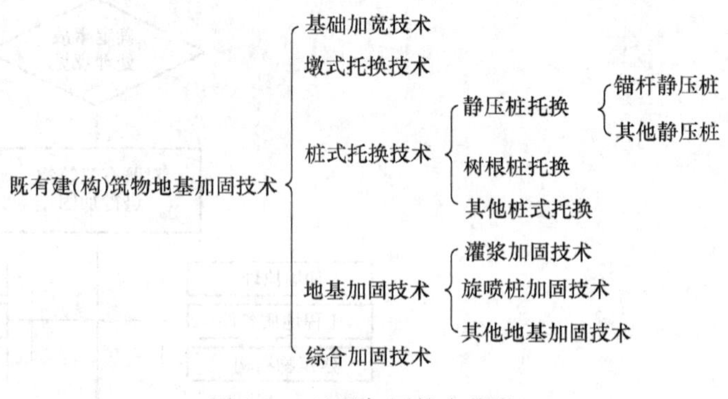

图 8-32 地基加固技术分类

8.6.2 地基与基础纠斜技术

当建筑物沉降或沉降差过大，影响建筑物正常使用时，有时在进行地基加固后尚需进行纠斜和顶升。顾名思义，纠斜是将偏斜的建筑物纠正。纠正有两条途径，一是将沉降小的部位促沉；二是将沉降大的部位顶升。顶升法有时也用于沉降量过大的建筑物。促沉纠斜有两类：一类是通过加载来影响地基变形，另一类是通过掏土来调整地基土的变形。掏土有的直接在建筑物沉降较小的一侧基础下面掏土，有的在建筑物沉降较小的一侧的基础侧面地基中掏土。纠斜技术分类如图 8-33 所示。

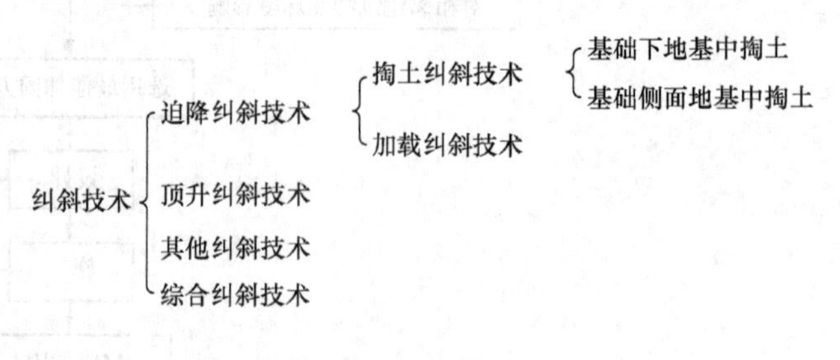

图 8-33 地基纠斜技术分类

既有建筑物地基加固与纠斜技术除应用于地基与基础工程事故补救外，还可用于既有建筑物加层改造地基加固和古建筑物保护中的地基加固。

思 考 题

1. 常见地基与基础工程事故分哪几类？
2. 造成地基与基础工程事故的原因有哪些？
3. 简述各种地基变形对上部结构造成的影响。
4. 简述基础变形的特征、原因及处理方法。
5. 简述地下水对工程的影响。
6. 简述湿陷性黄土地基的处理方法。
7. 简述软土地基常见的工程事故及处理方法。
8. 简述膨胀土地基常见的工程事故及处理方法。
9. 简述沉井基础各种事故的原因及处理方法。

10. 桩基事故按其性质可分为几类？
11. 简述桩基事故常用的处理方法。
12. 建筑物倾斜的原因是什么？
13. 建筑物纠斜应遵循什么原则？
14. 建筑物常用的纠斜方法是什么？

第9章　边坡工程事故

9.1　概述

由于我国山区、丘陵占地面积大，地质环境及地形变化情况复杂，结构物的环境工程，即建筑边坡工程成为实际建设工程中的重要组成部分，建筑边坡支护结构的安全性直接关系到结构物的安全，边坡失稳不仅危及边坡上的结构物，而且危及坡上及坡下附近的结构物安全。

边坡破坏的程度有几种，从表面坍塌到深处崩塌，也有以岩石坍落和表面侵蚀这种形式出现的。在某些情况下，几种形式的破坏同时发生，因而无法分辨出每种破坏形式的成因，但边坡破坏大致可分为落石、滑坡、滑坍和侵蚀几种。例如，在边坡上建造结构物或堆放重物，土坡排水不畅，或久雨地下水位上升，疏浚河道，在坡脚挖土等都能诱发边坡破坏，从而造成事故发生。在土木工程建设中遇到上述情况，需要进行土坡稳定分析，安全度不够时应进行土坡治理。

土坡治理可采用减小荷载、放缓坡度、支挡、护坡、排水、土质改良、加固等措施综合治理。

9.2　边坡滑动工程事故

【例9-1】河道疏浚引起岸坡滑动

某市在运河边建一新客运站，并在客运站河边建码头并疏浚河道。客运站大楼坐落在软土基础上，采用天然地基，建成后半年内未产生不均匀沉降。建码头疏浚河道后发现客运大楼产生不均匀沉降，靠近河边一侧沉降大，另一侧沉降小，不均匀沉降使墙体产生裂缝，如图9-1所示。

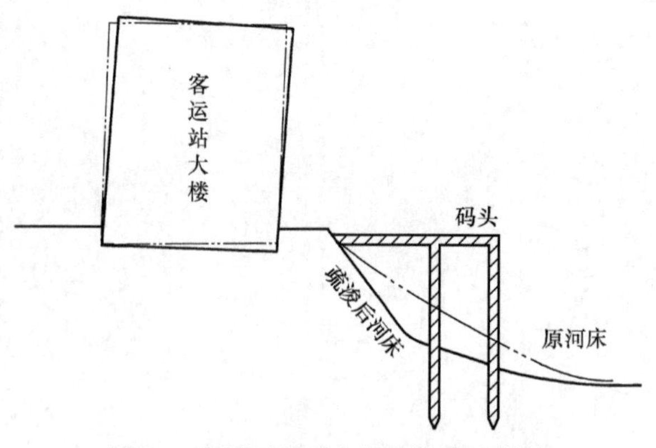

图9-1　河道疏浚引起岸坡滑动示意图

事故分析认为，岸坡产生微小滑动可能是客运大楼产生不均匀沉降的原因，造成岸坡产生微小滑动可能与疏浚河道在坡脚取土有关。采取下述治理措施：消除岸坡上不必要的堆积物；在岸坡上打设抗滑桩；设立观测点，监测岸坡滑动趋势。

设置钢筋混凝土抗滑桩后，岸坡滑动趋势得到阻止，几年来岸坡稳定，客运大楼不均匀沉降不再发展。客运大楼和码头正常使用。

【例9-2】某土坡滑动及治理对策

由于在土坡坡脚开挖形成4级垂直陡坎，造成土坡失稳，形成滑坡。滑坡后缘顶点标高

50m，前缘标高 30m 左右，相对高差 16 ~ 20m。滑坡未开挖段地面坡度 10° ~ 25°，平均长约 40m，宽约 50m；开挖段平均长 30 ~ 40m，宽约 85m。滑面最大埋深约 15m。滑体物质体积约 $4\times10^4\mathrm{m}^3$，属中小型土质滑坡。滑坡后缘发育有拉张裂隙，中部发育有一条近东西向剪裂隙，前缘发育两处鸭舌状隆起，隆起部发育一组张裂隙，密度 5 ~ 8 条/m。以剪裂隙为界，根据隆起的先后次序，把滑坡体分成 1 号滑体和 2 号滑体两个滑体。如图 9-2 所示。

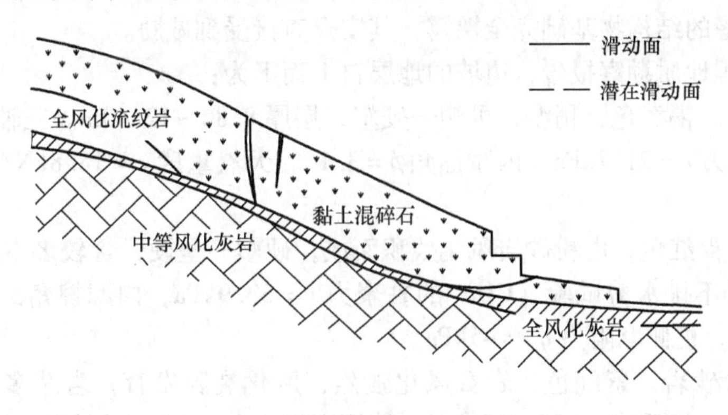

图 9-2　滑坡剖面示意图

1 号滑体由黏土混碎石和全风化流纹岩组成，土体力学性质相近，滑带不明显，推断滑动面在风化土体与中等风化基岩接触面处。2 号滑体滑带明显，滑带土为浅紫红色全风化灰岩（红黏土），成分以浅紫红色黏土为主，夹少量灰白色中等风化灰岩角砾、碎石，滑动（面）较为平缓，后缘张裂缝近直立。滑坡的滑床是震旦系基岩，岩性为中等-微风化灰黑色灰岩、灰白色白云质灰岩。

本工程采用锚固抗滑桩作为抗滑支挡结构，并辅以滑坡地表排水措施的滑坡综合整治方案。

抗滑桩具有受力明确、抗滑力强、桩位灵活、施工简便等优点。锚固抗滑桩是在抗滑桩基础上，在桩的顶部设置预应力锚杆并锚入稳定岩层，使抗滑桩形成简支梁受力系统。它使抗滑桩避免了悬臂梁受力，从而使桩截面大大减小，配筋减少，节省投资，并且主动受力。抗滑桩采用人工挖孔桩，桩身混凝土 C25，矩形截面，截面尺寸 2m × 3m，长边方向与滑坡运动方向一致。抗滑桩间距 6m，桩顶标高 31.200m，桩端进入中等风化灰岩深度不小于 3m。每根抗滑桩顶压顶梁处设一预应力锚杆，预应力锚杆方位与滑坡运动方向一致，并且与抗滑桩身成 45°，锚杆钻孔进入中等风化灰岩深度不小于 4m。抗滑桩及预应力锚杆设置如图 9-3 所示。

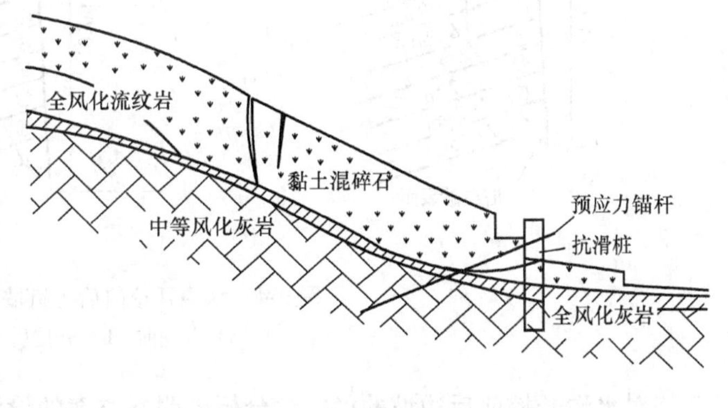

图 9-3　滑坡治理示意图

雨水和地下水可以降低岩土体强度，润化滑面，促使和加剧滑坡滑动。因此，在滑坡后部设一条环形截水沟，可拦截汇水区范围内的地表水，同时应对滑坡产生的裂缝进行填补压实，防止地表水的大量入渗。

【例9-3】某公司宿舍楼区西侧边坡事故分析

某公司宿舍楼区西侧，边坡高度8.3m，距坡顶边缘11m处为一幢四层高的宿舍楼，基础类型为天然基础。该边坡采用土钉墙支护结构，于2004年8月竣工。2005年5月某施工队紧贴边坡支护结构基础开挖了深达2m的水沟，在铺设排水管时，边坡突然发生大规模的位移，水平位移量最大达1.50m，垂直位移量最大达1.70m，地表出现数条弧形分布的塌陷裂缝，塌陷区后缘的结构物基础完全裸露，其安全直接受到威胁。

根据场地工程地质勘察报告，边坡的地层自上而下为：

1）粉质黏土：褐黄色，稍湿，可塑—硬塑，层厚8.80~12.40m。三轴固结不排水剪试验（CU）的黏聚力$c=21.7\text{kPa}$，内摩擦角$\phi=3.1°$。天然重度$c=18.8\text{kN/m}^3$，桩侧摩阻力$q_{si}=38\text{kPa}$。

2）残积土：褐红色，由粉砂岩风化残积而成，硬塑—坚硬，含较多中砂，层厚4.40~6.40m。三轴固结不排水剪试验（CU）的黏聚力$c=33.9\text{kPa}$，内摩擦角$\phi=26.1°$。天然重度$c=19.2\text{kN/m}^3$，桩侧摩阻力$q_{si}=45\text{kPa}$。

3）强风化粉砂岩：紫红色，岩石风化强烈，风化裂隙发育，岩芯多呈碎块状，层厚10.40~13.20m。天然重度$c=20.3\text{kN/m}^3$，桩侧摩阻力$q_{si}=80\text{kPa}$。场地地势较高，地下水为孔隙水、裂隙水，混合水位埋深11.30~13.60m。

边坡采用土钉墙支护结构。面层喷射C20混凝土，厚400mm，配筋为ϕ12@200×200，墙面胸坡为1∶0.1。基础埋置深度为1.0m，土钉水平间距1.2m，垂直间距1.0m，土钉向下倾角为15°。采用低压灌浆土钉，孔径150mm，土钉为ϕ25螺纹钢筋，土钉设计长度如图图9-4所示。

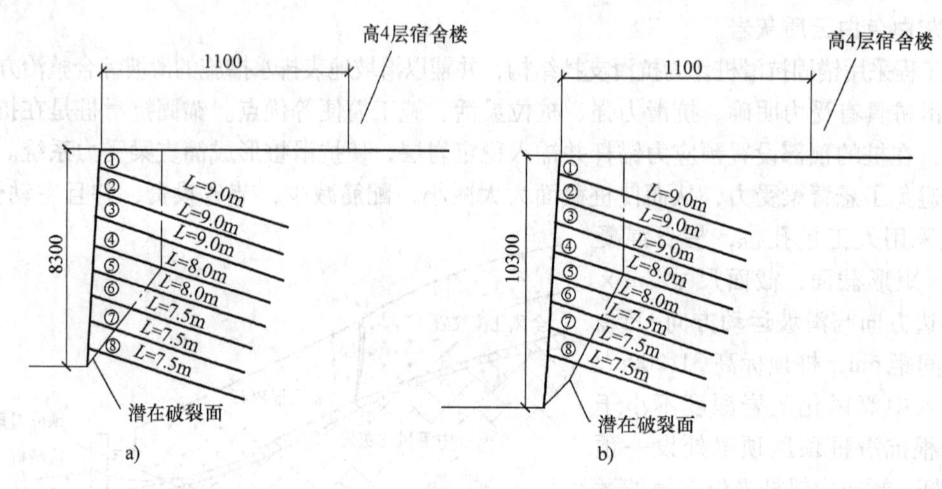

图9-4 水沟开挖前后土钉墙断面图

a）开挖前 b）开挖后

对水沟开挖前后边坡的稳定性分析表明本方案的设计是合理的，其安全系数均满足规范要求。水沟开挖时边坡失稳的根本原因如下：

1）水沟开挖后，土钉的有效锚固长度显著减小，土钉的抗拉力急剧降低，土压力却显著增大。

2）由于土钉材料抗拉力的限制，第⑧列土钉首先被拉断，之后，第⑦列面层土压力瞬间增大到超过土钉抗拉力的极限值而被拉断，紧接着，其他土钉依次被拉断，边坡稳定性被破坏，导致发生大规模的位移。

3）水沟开挖后，土钉抗拔稳定系数显著降低，第⑥、⑧列土钉在土压力的作用下首先被拔出，第⑥、⑧列土钉失效后，其承担的土压力由其他土钉分担，并超过抗拔极限承载力，于是其他土钉也依次失效。

4）水沟开挖后，边坡挡土墙出现吊脚情况，整体稳定系数显著降低，边坡整体失稳。

9.3 事故原因分析与处理

9.3.1 事故原因分析

根据边坡工程事故鉴定的工作经验，造成边坡工程事故的主要原因归纳如下：

（1）工程地质勘察失误　工程地质勘察失误主要表现为：①提供虚假的工程地质勘察报告；②工程地质勘察工作深度不够；③岩土参数取值错误；④未正确判断岩体结构面的位置、设计控制参数等；⑤水文地质勘察不充分。

（2）设计失误　设计失误主要表现为：①岩土工程参数未按地质勘察报告提供的设计参数取值或缺乏试验数据，仅凭个人经验设计；②外部荷载作用计算错误，如坡顶活荷载漏算；③支护结构设计错误；④支护结构选型错误；⑤边坡局部或整体稳定性漏算等。

（3）施工错误　施工错误主要表现为：①违规放炮施工，破坏了岩体的完整性和稳定性；②未严格按逆作法施工，大开挖形成高大直立未支护边坡，或大开挖引起岩体沿结构软弱面滑移；③支护结构施工质量未满足设计要求；④施工程序违规，如在上一道工序（或工程）未验收合格时，已进行下一道工序的施工；⑤发现工程事故先兆，隐瞒不报等。

（4）管理、监督不力。主要表现为：①对施工组织设计方案的认证走过场，明显不合理的施工方法不纠正；②违规施工不制止；③领导意志代替科学管理，按领导要求违规施工；④发现严重施工质量问题或安全隐患时，不及时停工，在未采取补救措施或补救措施不到位时，继续施工；⑤不按设计要求，请有资质的监测单位进行施工期间边坡变形监测等；⑥为节约建设费用，对设计、规范要求的必检工程项目，不检测或检测数量不满足国家有关标准、规范、规程的要求。

9.3.2 事故的预防

预防边坡滑坡的主要措施有：

1）严格按台阶开采或分层开采，不得采取一面坡的开采方式，不得掏采，不得形成反坡。

2）在最终边坡附近爆破时，要防止爆破导致最终边坡破碎。在最终边坡附近爆破时，每孔装药量要适量减少。可采取光面爆破或预裂爆破等先进的爆破方法，防止破坏边坡。

3）当采用人工开采时，台阶高度不得超过6m；采用中深孔爆破时，台阶高度不得超过20m。

4）边坡角应控制在设计规定的范围以内，最终边坡角不得大于60°。

5）当出现边坡开裂、连续滚石时，表明台阶可能发生局部滑坡事故，必须及时处理掉滑坡体，防止滑坡体突然垮落伤人。如不能立即处理，则应划定警戒范围，采取警戒措施，防止人员误入。

9.3.3 事故的处理

根据建筑边坡工程事故的特点，因地制宜地选择合理的边坡工程加固技术，合理地选择加固结构形式，才能使国家、人民财产损失降到最小。

1）查清建筑边坡的现状，确定合理的待加固建筑边坡的安全程度。工程实践经验表明，边坡的加固效果，除了与其所采用的方法有关外，还与边坡的现状有着密切的关系。一般而言，建筑边坡经局部加固后，虽然能提高建筑边坡的安全性，但这并不意味着建筑边坡的整体承载一定是安全的。因为就整个建筑边坡而言，其安全性还取决于原支护结构方案及其布置是否合理，构件之间的连接是否可靠，其原有的构造措施是否得当与有效等，而这些就是建筑边坡结构整体性或整体牢固性的内涵，其所起到的综合作用就是使建筑边坡具有足够的安全性。因此，要求专业技术人员在边坡加固设计时，应对该建筑边坡整体稳定性进行评估，以确定是否需采取其他加强措施。

2）根据业主的使用要求和建筑边坡自身的特点，确定建筑边坡合理的安全等级。被加固的建筑边坡，其加固前的服役时间各不相同，其加固后的使用要求可能有所改变，因此不能直接沿用其新建时的安全等级作为加固后的安全等级，而应根据业主对该建筑边坡下一目标使用期的要求，以及建筑边坡加固后的用途、环境变更和重要性重新进行定位，故有必要由业主与设计单位共同商定建筑边坡合理的安全等级。

3）增加建筑边坡的安全储备时，加固设计不应损伤原有支护结构的支护能力。建筑边坡加固应避免对未加固部分以及相关的支护结构、构件和地基基础造成不利的影响。因为在当前的建筑边坡加固设计领域中，经验不足的设计人员占较大比重，致使加固工程出现“顾此失彼”的失误案例时有发生，故有必要加以提示。

4）由其他原因引起的建筑边坡事故，应在消除其诱因后，再对建筑边坡采取相应的处理措施。由高温、高湿、冻融、腐蚀、放炮振动、超载等原因造成的建筑边坡损坏，在加固时应采取有效的治理对策，从源头上消除或限制其有害的作用。与此同时，尚应正确把握处理的时机，使之不致对加固后的建筑边坡重新造成损坏。一般而言，应先治理后加固，但也可能需在加固后采取一些防治措施。因此，在加固设计时，应合理地安排好治理与加固的工作顺序，杜绝隐患，这样才能保证加固后建筑边坡的安全和正常使用。

5）建筑边坡加固设计宜采用动态设计法，且应采用信息施工法。

6）加固后的建筑边坡在使用过程应进行必要的监测和检查，且应进行正常的维修和维护。

7）改变建筑边坡外部使用条件和环境，应进行相应的技术鉴定或设计许可。建筑边坡的加固设计，是以委托方提供的建筑边坡用途、使用条件和使用环境为依据进行的。倘若加固后任意改变其用途、使用条件或使用环境，将显著影响建筑边坡的安全性及耐久性。因此，改变前必须经技术鉴定或设计许可，否则后果的严重性将很难预料。

建筑边坡的支护结构类型较多，在不同的条件下建筑边坡的加固方法不尽相同，下面以几种常用的建筑边坡支护结构为例说明边坡加固的常用方法。

1. 重力式挡墙的加固

重力式挡土墙是较常采用的一种边坡支护结构形式，由于其取材方便，工程造价相对较低，在山区建筑边坡高度不大时（一般高度 $H<8\text{m}$）经常被采用。重力式挡土墙常见事故形式为：整体滑动破坏、挡墙变形过大（如鼓肚、墙体开裂、墙顶侧移过大等）、局部垮塌、整体垮塌等。不同类别和性质的重力式挡土墙事故原因不同，其加固方法也不相同。常用的方法如下：

1）新增抗滑桩。新增抗滑桩在多数情况下均可使用；但随地质条件、外部环境的不同，其加固费用差别很大。在下述条件下可选择新增抗滑桩加固方法：

① 重力式挡土墙墙身安全，抗滑稳定系数不足，岩质地基，在墙后新增抗滑桩。

② 重力式挡土墙墙身中、下部安全储备不足，抗滑稳定系数和抗倾覆安全性不足，岩质地基，在墙后新增抗滑桩，桩顶位于墙高下部1/2～1/3处。

③ 重力式挡土墙或衡重式挡土墙整体变形较大，岩质地基，受地形限制，可在墙前新增抗滑桩。

④ 重力式挡土墙墙身安全，抗滑稳定系数和抗倾覆安全性均满足要求，岩质地基，但坡顶新增使用荷载较大，可根据场地实际条件在墙前（或墙后）新增抗滑桩。

⑤ 原有分阶式重力式挡土墙破坏后（局部或整体破坏），建筑边坡坡高较大，可新增抗滑桩。

⑥ 其他适宜的情况。

2）因爆破震动或开挖坡脚引起的原有重力式挡土墙局部破坏，可采用新建重力式挡土墙或衡重式挡土墙加固。

3）重力式挡土墙抗滑稳定系数和抗倾覆安全件储备略微不足，地形条件许可，可采用增加卸荷平台的方法加固。

4）重力式挡土墙抗滑稳定系数和抗倾覆安全性储备略微不足，可对墙后土体采用灌浆加固。

5）重力式挡土墙抗滑稳定系数和抗倾覆安全性储备略微不足，可采用局部截面增大法加固重力式挡土墙。

6）重力式挡土墙抗滑稳定系数和抗倾覆安全性储备略微不足，可采用格构式锚杆进行加固。

7）重力式挡土墙抗滑稳定系数和抗倾覆安全性储备略微不足，可采用树根桩法加固边坡。

2. 锚杆（锚索）挡墙的加固

在岩质边坡中，存在各种原因可能导致锚杆挡墙结构安全储备不足、变形过大或支护结构失效。当锚杆挡墙出现上述问题时，可根据实际工程地质情况、边坡支护结构鉴定报告、边坡工程性质及安全等级、业主要求等综合因素选择合适的加固技术措施。

常用的几种加固技术方法如下：①增加锚杆数量，适当减小锚杆间距；②增设腰梁和预应力锚索；③场地条件允许时，适当放坡减小岩土作用；④增设抗滑桩。

3. 其他类型支护结构的加固

按照国家或地方建筑边坡的工程经验，当不同类别的岩土体建筑边坡高度超过某一界限时，建筑边坡将成为高边坡，建筑高边坡的失效将带来较为严重的生命财产损失。2001年5

月在重庆武隆发生的建筑高边坡失效造成了严重的生命财产损失和恶劣的社会影响，其工程教训是极为深刻的。

高边坡加固常采用以下方法：①增加锚杆数量，适当减小锚杆间距；②增设腰梁和预应力锚索；③场地条件允许时，适当放坡减小岩土作用；④增设抗滑桩；⑤增设预应力锚索抗滑桩；⑥改变支护结构设计方案等。

边坡工程的加固是一个系统工程，它需要考虑多种因素的作用，并为人类社会的可持续发展创造良好的岩土工程环境。因此，岩土边坡的加固配套措施是多方面的，它包含了岩土工程本身、结构加固配套技术、水文和气候等多个方面因素，以下措施可划分在加固配套措施要求中：①采用注浆技术改善岩土体特性，提高岩土体自身强度和稳定性；②增设防水、排水措施，消除、减少水力作用或减轻水对岩土体的不利作用；③坡顶削坡减载（土质边坡特别有效）。

思 考 题

1. 什么情况下容易发生边坡滑坡事故？
2. 预防边坡滑坡的主要措施有哪些？
3. 边坡加固措施主要有哪些？适用于什么情况？

第10章 隧道工程事故

10.1 概述

我国的交通建设迅速发展。近十年来，公路网交通逐渐向崇山峻岭穿越，向离岸深水延伸。由于我国国土中75%左右都是山地或重丘，而隧道具有能够穿山越岭，可大大缩短交通距离的巨大优越性，在交通建设中深受欢迎。同时，在城市建设中，以节约土地和保护环境为宗旨，城市道路隧道方兴未艾。因此，隧道的建设进入了快速发展时期，隧道已由重丘走向深山、由陆域走向水下、由山区走向城市。截止至2012年底，全国公路隧道为10022处，805.27万m，其中，特长隧道441处，198.48万m，长隧道1944处，330.44万m。相关规划显示，2001年至2020年要建设6000km隧道，2010~2020年间还要建设155km的城市公路隧道，这其中许多是长、大、深埋隧道。

隧道施工具有地质复杂多变、围岩稳定性不确定、作业空间狭小、施工机械化程度低、施工环境条件恶劣、多种危险有害因素相交织等特点，施工过程中的事故发生率比其他岩土工程要高。某一方面、阶段、环节的工作没有做好都有可能酿成事故，造成严重损失。2012年5月19日8时30分，由中国铁路工程总公司中铁三局集团第五工程公司承建施工的湖南省株洲市炎陵县境内炎汝（炎陵至汝城）高速公路十三标段，一辆农用车向隧道施工现场运送炸药，在进入隧道1862m的掘进工作面发生爆炸，造成20人死亡，2人受伤。

按事故原因，隧道工程事故的类别主要有坍塌、透水、物体打击、冒顶片帮、触电、放炮、瓦斯爆炸、火药爆炸、火灾、中毒和窒息、其他事故等。按事故发生的时间，隧道工程事故分为施工期事故和使用（运营）期事故，施工期事故按事故类型又可以分为洞口失稳、突水突泥、坍塌、软弱围岩大变形、洞内火灾、洞内爆炸等。使用（运营）期事故又分为隧道水害、衬砌裂损、冻害及火灾。

国内2004~2008年隧道施工过程中各类事故的统计表明，由于坍塌而导致事故发生占52%，透水导致事故发生占9%，物体打击导致事故发生占9%，冒顶片帮导致事故发生占9%，触电导致事故发生占2%，放炮导致事故发生占2%，瓦斯爆炸导致事故发生占2%，其他爆炸导致事故发生占7%，中毒和窒息导致事故发生占4%，火灾导致事故发生占2%，其他事故占2%。可以看出，坍塌、透水、冒顶片帮、爆炸、物体打击等事故类型占事故总数的主要部分，是事故预防的重点。

开挖过程中的事故类别主要有坍塌、冒顶片帮、透水、机械伤害、爆炸、中毒窒息等。事故的主要原因包括：①当隧道穿过断层、岩溶、破碎带及其他不良地质段时，由于对工程地质、水文地质勘察不力，认识不足，施工方案选择不合理、（临时）支护不及时或支护偏弱等，在开挖后潜在应力释放，承压快，围岩易失稳而发生塌方、透水、突泥等突发性灾害事故且难以治理；②当隧道穿过附近含瓦斯地段的岩层时，常因检测不力，通风不良造成瓦斯积聚，当遇电火或明火，极易引燃瓦斯发生爆炸、火灾及有害气体导致的中毒窒息等重大事故；③采用钻爆法和掘进机法开挖或搭设钢架进行支护时，使用凿岩及掘进机等未按照操作规程操作，易产生机械伤害、高处坠落等事故。

装岩运输过程中的事故一般占隧道施工总事故的25%。因隧道洞内工作面狭窄，空气污浊，能见度不高，装岩过程中车辆的调度和衔接不当等都可能造成事故。一般地，隧道装岩运输过程中发生的事故可以分成两类，一类是施工人员被自卸汽车、电机车或其他运输车辆碰撞；另一类是施工人员与岩块或其他障碍物相撞而受伤。

在一些长、大、宽的公用设施隧道、地下通道和地铁隧道中常采用大型高效的施工机械设备施工，隧道内铺设的施工电缆和高压风水管路也较多，因此触电、机械伤害、高压风水管路接头脱落击伤施工人员等事故也时常发生。

10.2 施工期事故与处理

10.2.1 洞口失稳事故

隧道洞口边仰坡作为一种特殊形式的边坡，其稳定性除受上述因素影响外，又有其特殊性。隧道进出口边仰坡往往具有地质条件脆弱、埋深浅等特点，在隧道设计和施工中虽然遵循“早进洞，晚出洞”的原则，但隧道开挖必然会导致坡体的内应力场及位移场发生调整，对坡体造成不同程度的影响，如造成古滑坡的复活或新滑坡的形成。

洞口段隧道工程，既属于隧道工程的范畴，又与边坡工程有密切关系，其稳定性取决于边坡与隧道相互作用的效果。隧道支护结构保护围岩不致发生过大变形，同时隧道围岩的变形对洞口段边坡的稳定性有重要影响。同时洞口边仰坡的稳定性又对支护结构的受力及变形产生重要影响。其中任何一项的不稳定性都将对隧道洞口边仰坡的稳定性产生重要影响。

此外，隧道洞口边仰坡的稳定性还与隧道与潜在滑动体的空间关系、隧道开挖方式、隧道埋深、地形引起的偏压、施工工艺技术等有重要关系。

由此可见，隧道洞口边仰坡稳定性问题本质上是边坡工程与隧道工程在洞口段这个特殊位置上相互作用、相互影响、相互稳定的问题。因此隧道进出口段坡体与隧道的相互关系及作用机理的研究对于隧道和坡体变形的预测及制定出有效的整治措施起着重要的作用。

影响隧道洞口边仰坡破坏模式的因素复杂多变，其表现形式也是多种多样，其破坏模式在外在表现上可以总结为边仰坡喷层剥落破坏、剪切破坏、张拉破坏、局部塌陷破坏、洞口初期支护失稳破坏、雨水冲刷破坏。比较常见的为剪切挤压破坏和拉裂破坏。洞口段隧道工程有其特殊性，按隧道开挖后坡体破坏的外在表现，其破坏模式可以分为平面破坏、楔形破坏、崩溃破坏、局部坍塌破坏和堆塌破坏。

【例10-1】某隧道洞口失稳事故

1. 隧道洞口失稳现状

某隧道全长约2.4km，位于剥蚀丘陵区，以构造剥蚀中低山为主，地形陡峭，植被发育。进口段为浅埋偏压段，穿越地质为第四系残坡积、泥盆系中统郁江阶等地层；表层为第四系残坡积粉质黏土和碎石土；基岩为泥盆系中统郁江阶地层，岩性以泥质砂岩、粉砂岩、灰黑色炭质页岩为主，全强风化，局部炭质页岩，为强弱风化，进口附近发育一向斜构造；根据测深资料：DK592+095～+115，DK592+325～+360附近存在物探低速、低阻异常带，隧道围岩以强风化泥质砂岩、强风化泥质粉砂岩、弱风化泥质页岩为主。进口段地下水类型主要为基岩裂隙水，除进出口附近富水外，其余地段均不发育，补给源主要为大气降水。某隧道地质纵断面如图10-1所示。

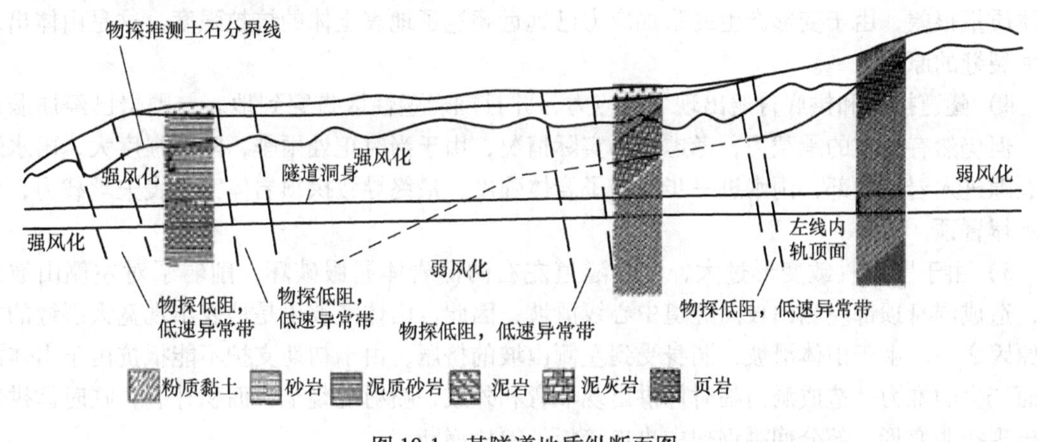

图10-1 某隧道地质纵断面图

2. 洞口失稳的现状分析

隧道进口洞口段先后出现了滑塌和山体地表开裂以及洞顶坍塌现象。第一次仰坡防护施工完毕后，仰坡发生坍滑导致洞口导向墙破坏。第二次在洞身开挖过程中，山体整体滑移，在隧道口附近形成了纵向长约80m，宽约34m的滑坡体，山体最大裂缝25cm，土体上下错缝40cm；第三次在隧道DK592+116～+126.8处洞顶地表出现塌坑，洞内掌子面失稳，坍塌体全部涌入隧道内。由于洞身顶部左侧山坡向隧道中心线和小里程方向滑动，洞身受到向右挤压和向小里程方向推动，洞内临时仰拱出现下弯和外鼓，喷射混凝土大面积开裂，临时仰拱钢架出现扭曲变形，部分仰拱钢架中央连接板处螺栓崩断。在山体开裂变形和滑移同时，隧道内中心水沟附近的仰拱填充混凝土顶面出现了纵向裂缝，裂缝发展比较快，已观测到3条纵向裂缝，裂缝长度16m，最大宽度8mm。隧道破坏及山体地表开裂见图10-2、图10-3。

图10-2 下台阶右侧洞室塌方

图10-3 山体地表表面开裂

3. 隧道洞口失稳破坏的原因分析

1）基岩为全风化泥岩，局部夹孤石，节理裂隙发育，掌子为粉质黏土，黏砂土，黄褐色，地层无自稳能力，且线路左侧拱腰以上富水，水流呈股状，施工中稍有扰动就会产生滑移、坍塌现象。

2）由于隧道埋深较浅，隧道开挖引起的塑性区从拱顶一直贯穿到地表，隧道拱顶岩体由于屈服丧失了强度，对于埋深较浅的隧道，易引起洞顶的坍塌。

3）由于隧道开挖，拱顶地表过大的变形导致土体中产生了较大的附加应力，隧道所处岩体质量很差，由于变形产生的附加应力已远远超过了地表土体的抗拉强度，这是山体出现较大裂缝的原因之一。

4）隧道拱顶和拱底普遍出现了拉应力，并且围岩塑性区贯穿到地表，围岩已经屈服破坏，但仍然有一定的承载力，考虑现场实际情况，由于当时正处雨季，降雨强度大，雨水通过裂隙进入岩体内部，雨水进一步削弱了岩体强度，最终导致拱顶岩体完全丧失承载力，出现坍塌冒顶。

5）由于围岩收敛变形过大，并且隧道左右两侧岩体屈服破坏，削弱了对左侧山坡约束，造成洞身顶部左侧山坡向隧道中心线滑坡，因此，山体滑坡也是地表出现宽大裂缝的主要原因之一。由于山体滑坡，洞身受到左侧山坡的挤压，由于初期支护不能抵抗由于山体滑坡而产生的推力，造成洞内临时仰拱出现下弯和外鼓，喷射混凝土大面积开裂，临时仰拱钢架出现扭曲变形，部分仰拱钢架中央连接板处螺栓崩断。

4. 防治处理

1）DK591 +886 ~ +058 段处理方案。路基通过地段为冲沟和半挖路基，基底为淤泥和软土，全段两侧设抗滑桩，桩间距6m。边坡采用预应力锚索加固，基底采用 ϕ500mm 钻孔桩或 ϕ50mm 高压旋喷桩加固处理，桩顶铺设 50cm 厚中粗砂或砾石层，上铺 2 ~3 层土工格栅，加强透水，以解决雨水充沛地区富含水软弱地段排水，保证路基的稳定。

2）DK592 + 090 ~ + 130 段处理方案。采用钻孔桩和护拱方案进行围护加固。在隧道初期支护左右两侧打设 ϕ1000mm 钻孔桩。钻孔桩顶部为条形冠梁，在冠梁顶做护拱，护拱采用 I20a 工字钢作为骨架，浇筑 80cm 厚钢筋混凝土，如图 10-4 所示。

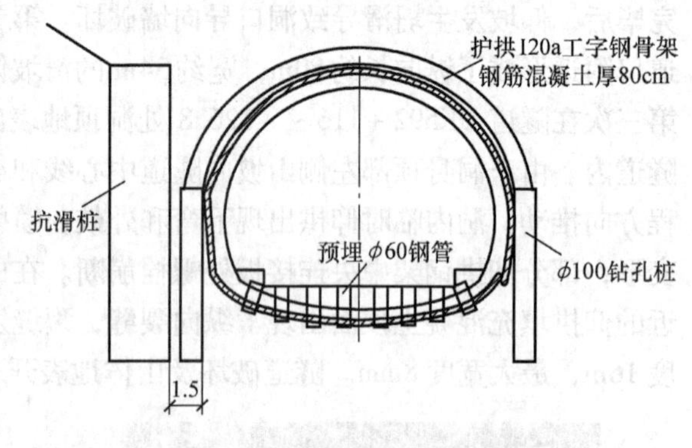

图 10-4 钻孔桩和护拱方案

3）DK592 + 170 ~ DK592 + 210 段处理方案。此段地形为山包隧道，埋深较深，对此段采用洞内和洞外加固相结合的方式。洞外在隧道洞身两侧设置抗滑桩，抗滑桩外侧 4 ~ 5m 范围施工 ϕ50mm 高压旋喷桩作止水帷幕，洞身段采用高压注浆进行土体改良。根据开挖揭露地质情况，在洞内采用双层小导管注浆支护，增强此段洞内初始支护刚度。

4）DK592 + 210 ~ DK592 + 340 段处理方案。隧道在此段穿越山坳沟地段，地下水位较高，且隧道存在偏压情况，在隧道两侧施工直径为 1000mm 钻孔桩，靠左侧钻孔桩外 4 ~ 5m 范围采用直径 50mm 高压旋喷桩作为止水帷幕，洞顶地表采用旋喷桩进行土体改良，改良完成后对此段地表进行硬化，避免地表水渗入隧道内。

10.2.2 突水、突泥事故

据不完全统计，至 20 世纪末，我国修建的铁路隧道 80% 以上在施工和运营过程中出现各种各样的地质灾害，尤以隧道岩溶突水、突泥最为突出。深埋山岭长隧道的突水、突泥问题主要是隧道所处地区的岩溶地质问题，隧道岩溶问题也是国内外隧道施工中的重大难题。

1. 隧道突水突泥的危害

隧道突水、突泥（见图10-5）是隧道施工和运营过程中常见的一种地质灾害。隧道的突水、突泥严重危害隧道施工的安全，影响隧道施工的进度，而且如果隧道施工措施不当，常常会使隧道建成后运营环境恶劣，地表环境恶化，给人们的生产和生活造成重大的损失。

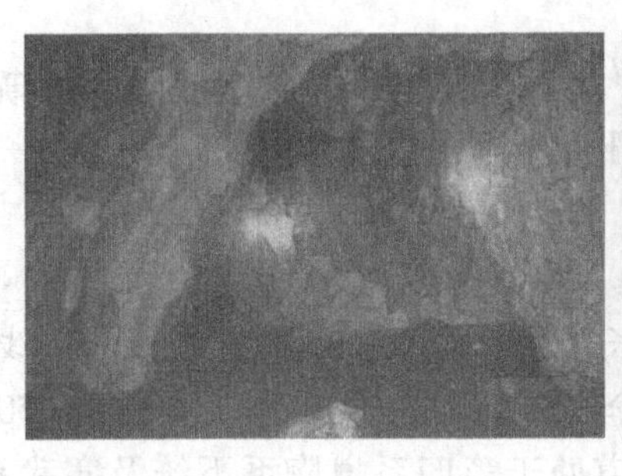

图10-5 突水、突泥的溶洞

危害具体表现在以下几个方面：

（1）发生几率高、突发性强、突水量大、水压高　岩溶隧道开挖过程中，突水事故时常发生，若突水过程中伴有大量的泥、砂则更具危害性，可淹没隧道，冲毁机具，造成隧道施工中断，甚至造成人员重大伤亡。由于地下水的高流动性、在地壳表层中分布的普遍性，以及大多数岩溶隧道都处于地下水富集带或其附近，只要存在导水通道，就有可能发生突水。

（2）引起地面塌陷和地面沉降　岩溶地区隧道地面塌陷绝大多数是由隧道岩溶突水、突泥引起的，隧道突水使地下水位急剧下降产生真空负压，而隧道突泥造成固体物质不断流失，使上部岩溶中的充填土层失去上托力，在上覆土层自重应力、真空吸蚀等作用下，造成地面塌陷。

（3）造成水资源减少和枯竭　隧道开挖后，由于其集水和汇水作用，岩溶地下水不断排入隧道中，随着地下水不断地涌入隧道，地下水的储存量被大量消耗，使降落（位）漏斗不断扩展，引起地下水渗流场和补排关系的明显变化，只要地下水系统的疏干水量满足不了隧道的排出水量，地下水位就将持续下降，继而导致地表井泉干涸，河溪断流。隧道突水，尤其是岩溶和断裂带的突水，因其量大，影响范围极广。

（4）导致水质变差及周围水环境的污染　在天然状态下，隧道地下水系统中各岩溶含水层基本是相对独立的，彼此间不存在水量交换。然而，由于隧道大量突水，疏干了充水围岩，打破了地下水系统内部原有的水力平衡，加速了水交替的速度，利于氧化作用充分进行，从而促使地下水中一些酸根离子含量增加或pH值发生显著变化，使地下水具有较强的腐蚀性，从而腐蚀和毁坏隧道的二次衬砌结构和其他施工设备，危害作业人员的健康。另外，隧道周围水体补给时被污染的或在隧道施工环境中被污染的地下水不经处理就直接排入周围环境，引起地表水和地下水二次污染。

2. 隧道突水、突泥特征

（1）时间特征　隧道施工过程中揭穿岩溶管道时，含有大量地下水的岩溶管道水因为水压突破阻隔层（或隧道支护），突然突入坑道，在时间上主要表现为突发性。隧道突水发生时间一般不会随着隧道的开挖而突水，而是在时间上往往滞后几十个小时，有的滞后数月之久，表现为滞后性（缓发性）。该类突水、突泥的规模一般较大，破坏性较强。

（2）空间特征　岩溶区水岩相互作用决定了岩溶发育形态及地下水的赋存形式，同时决定了隧道突水在空间上的分布。垂直渗流带中的突水，施工时揭穿垂直岩溶管道致使岩溶管道中的岩溶水因水压而倾泻入隧道。

（3）突水量特征　对于上述突水、突泥，突水量基本上从突出时最大逐渐减少，直至稳定，若水流管道与地表水相连通，则还应受地表降雨的影响。

【例 10-2】八卦山隧道突水、突泥分析

1. 工程概况

八卦山隧道是铜（陵）九（江）铁路最长隧道，全长 1950m，设计为单线隧道。进口里程 DK131 + 005，出口里程 DK132 + 955，全长 1950m。隧道进口位于 $R = 5000$m 圆曲线上，隧道内坡度为 4.5‰上坡和 4‰下坡。隧道处于第四系奥陶系下统及寒武系下统地层，最大埋深 187m，以白云质灰岩、泥灰岩、泥岩、页岩、炭质岩为主，穿越多处岩溶溶洞、两个破碎带断层，对施工影响较大。施工主要采用三台阶预留核心土法施工。

2. 隧道突水、突泥现状

2006 年 1 月 3 日，在距隧道出口约 610m 的上导坑 DK132 + 340 处实施爆破后清危时，一股水流从上导坑 ϕ150mm 超前水平地质探孔喷射而出，瞬间，探孔开裂并迅速扩展蔓延，夹带泥渣的水流速、流量随之增大，人员立即撤离，部分机械设备未及时撤出；约 1min 后，暴发突水、突泥，伴随着巨大轰鸣，水渣狂泻而出；1h 后，泥渣塞满 50m 长洞内空间，掌子面被渣体淹没，水势减弱，总涌水约 15000m^3，突出角砾碎石约 1800m^3。1 月 4 日上午，建设、设计、施工、监理四方研究决定：先分段清理涌出的碎渣，据围岩揭示情况再定设计方案；当晚 23：30，清渣距掌子面约 30m 时，洞内水流增大，2min 后，又一次突水、突泥，约 20 ~ 30m^3/s，夹带大量碎石及黏土，冲击力很大，涌出物急速蔓延至整个洞口，淹没了距掌子面约 100m 的挖掘机、注浆机等设备，15min 后，趋向平缓，洞口水深 60cm，涌出泥渣达 4000m^3。其后 3 个月，该处掌子面连续间歇式突水、突泥 13 次，拱顶时有轰隆声传出，涌出物灌满、淹没了约 200m 长已开挖的坑道，施工一度中止。

3. 隧道突水、突泥的原因分析

1）水文地质方面　对隧道中线两侧 2km 范围内水库池塘、深沟水井、天然洞穴、地表结构进行调查勘测，突水、突泥段埋深约 120m，地表水位未有变化，地形无明显沉降。隧道洞内水流随大气降雨有一定变化，根据排水流量、流速，推测隧道内水系补给范围较广，致使洞内流水不断，时缓时急，并发生多次小型突水、突泥。

突水、突泥处为可溶岩地层，溶蚀严重，构造裂隙水较丰富。掌子面已开挖段岩层较硬，岩体完整，微风化，有细小裂隙水渗出，多次突泥后，都没有变形、下沉、收敛。掌子面围岩破碎，左侧拱部揭示一个较大溶洞，深度延伸很长，且有较大水流不断鼓涌。掌子面上导坑突水时，拱部伴有重物翻滚的轰鸣声，显示掌子面拱顶上方可能存在较大的溶腔。中导、下导坑掌子面未溃塌。

施工单位采用地质超前预报系 TSP203 探测开挖方向地质。探测结果：预测 DK132 + 345 拱顶部和前方 80m 内地质构造均质性差、富水；掌子面处在断层裂隙岩溶发育带，围岩破碎，含水量较大，反射强烈；拱顶存在强烈反射波异常区，可能存在因突泥而形成的岩溶孔穴。

(2) 施工、设计方面　根据设计说明和围岩揭示情况，该段围岩为Ⅲ~Ⅳ类，岩体较硬，时有间隙水渗出，现场正确采用三台阶掘进方法，但采用每循环 5m 超长水平地质钻杆探查地质有限度，超过 5m 的前方地质情况不能详细探测，对超前预防不能提供完整的资料。

(3) 突水、突泥的成因　该段地层为寒武系中上统角砾灰岩，区域构造（断层）发育，造成岩体节理、裂隙贯通性好，沿裂隙有溶蚀现象，多为溶槽、溶沟、溶洞，呈串珠状分布，形成网络通道，并填充沉积了大量的角砾石，加之该地区降水量大，植被发育，地表水有较好的下渗条件，使山体富水。施工至该断层带和溶洞时，开挖影响了断层的稳定，在流体泥渣的高压作用下溶腔壁被压溃，导致突水、突泥地质灾害。

4. 防治处理

(1) 稳定突出的泥渣　为给大管棚作业提供一个平稳的作业面（工作室），同时确保开挖时掌子面的稳定，预留并平整掌子面前方 45m 范围内涌出的泥石渣进行小导管注浆固结，类似预留核心土作用。

(2) 排水处理　合理的防排水措施是安全通过突水、突泥段的关键，主要作用是排水降压。施工采取以引为主、防堵结合的处理措施。该段裂隙水较多，增设 ϕ50mm 透水盲管引排围岩裂隙渗水。环向透水盲管间距由原来的 8m 变为 1m，纵向由 1 道增加为 4 道；纵向与环向盲管相互连通，水流经环向盲管引入排水管，再排入水沟。

(3) 采用止浆墙，并进行部分帷幕注浆　掌子面掘进方向松散的涌渣及间隙采用帷幕注浆固结改良处理，水平打设长 6mϕ42mm 小花导管，孔距 30cm，梅花形布置。

(4) 大管棚施工及超前小导管注浆　依据破碎带宽度，管棚长度设为 20m，采用 ϕ108mm 无缝钢管，$t=6$mm，环向布设，环向间距 30cm，外插角 5°~10°。选用地质钻机错位钻孔，先单号后双号。在大管棚间隙设置 ϕ42mm 小导管（带花孔）注双液浆处理（需先做压浆试验，选定参数），主要是固结松散的围岩及填塞破碎带。

(5) 掘进作业　在大管棚保护下，按常规预留核心土三台阶方法掘进，每循环进尺控制在 0.5~0.75m。同时，在地质预报 TSP203 勘测基础上，采用 5m 超前地质水平钻探探测前向地质，准确掌握前方围岩情况，便于及时调整支护参数，保证施工安全。严格控制掘进速度，掘进一段及时支护一段。

(6) 初期支护补强　初期支护紧跟掘进作业，及早形成闭环，以承受围岩应力。为加强 DK132 +345 ~ +340 段支护刚度，实际施工时，提高局部支护参数。开挖进尺后，迅速安装拱架，拱架必须立在稳定基岩上，拱架与地层之间紧密接触，以有效控制围岩变形；及时打入锚杆，挂网初喷支护，锚杆长度要保证，喷射混凝土要平整密实。

(7) 二次衬砌浇筑　突水、突泥时，二次衬砌距掌子面 130m，仰拱距掌子面 30m。为避免隧道突泥段拱部塌方，二次衬砌需尽快施工至掌子面。实际采用跳跃式施工即分段浇筑衬砌，用 9m 衬砌台车继续向前完成 60m 后，台车直接移至突水、突泥段，完成该段二衬，然后反方向施工剩余区段。要求仰拱必须全长紧跟，不能隔断，二次衬砌施工需在围岩和初期支护稳定后作业。

【例 10-3】齐岳山隧道突水、突泥分析

1. 工程概况

齐岳山隧道全长10523m，洞身最大埋深670m，全洞单面排水，线路左侧30m设贯通平行导坑一座，为宜万铁路的控制性工程，是宜万铁路八座Ⅰ级风险隧道最后贯通的一座隧道。隧道穿越齐岳山背斜构造，地表大小天坑、竖井、落水洞星罗棋布，通过15条断层、3条暗河，施工管段均为可溶岩地层，设计最大涌水量$74.3\times10^4m^3/d$，地质条件异常复杂。

F11超高压富水大断层长达200m以上、最大水压力达2.5MPa以上，存在突水、突泥等高风险问题，该断层的具体地质情况如下：断层出露在DK365+030～+145，走向NE35°～45°，倾角50°～70°，物探确定倾角67°，DK365+030～+340为主断裂带，具有多期性、次级构造发育，岩性成分复杂，胶结松散，岩体破碎，饱和水使岩土性态恶化。F11断层分为上下盘破碎岩体接触带和核部破碎软弱带，构造裂隙发育，透水性较强；中间核心地带以类似于含碎石粉质黏土或碎石土状的松软物质为主，饱和富水泥质含量大，透水导水能力偏弱。该段单日正常涌水量为$11000m^3$，最大涌水量为$114000m^3$，是齐岳山隧道受水威胁最严重的地段。工程性质表现为围岩强度低，稳定性差，在隧道的施工开挖中将会面临突泥、突水、大型塌方和泥石流等地质灾害。

2. 隧道突水、突泥现状

在进行5#孔（隧中，距轨面高度为3m，孔深21m）钻探时，掌子面喷射混凝土距拱顶约1m高度处出现水平裂缝，裂缝宽度1cm。2#（右边墙，距轨面高度90cm，孔深13m）、4#（左边墙，距轨面高度110cm，孔深21m）和5#孔分别出水，涌水量各为$120m^3/h$、$100m^3/h$和$50m^3/h$。随即撤出钻探设备，上报相关人员，同时进行水量变化观测。

5#孔出水12h后，孔内水质发生变化，开始涌浑水，灰黄色，涌水呈间隙性喷射并伴有轰鸣声。30min后涌水量突然增大，并将掌子面防护右下角冲出约$0.6m^2$豁口，开始伴有喷砂、石现象。高峰时水量为$900\sim1200m^3/h$，持续约1h；后水量为$650m^3/h$，持续约1h，拱部原裂缝位置新裂缝，张裂并变化明显，同时轰鸣声进一步加大，5#孔喷砂、喷水突然增大为$1000m^3/h$。为了确保施工人员安全，撤离平导施工人员。1h后水量为$465m^3/h$；20min后再次喷水，水质浑浊内含泥砂，水量增大；在随后观测的11h内，掌子面5#探孔出现9次喷砂石、水量剧增，持续时间从几秒到十几秒，最长时间为30s，并出现了3次5#孔停止出水现象，掌子面喷混凝土防护多处开裂。此后3h水质变清，水量稳定在$380m^3/h$。

在掌子面钻孔取芯过程中，当取芯孔钻至10m左右时，涌水稳定45h后，5#孔停止出水，掌子面右上侧拱腰部位出现涌水。随后5min，涌水突然增大至$2000m^3/h$，并伴有轰鸣声，水质为黄色，浑浊，掌子面加厚的喷射混凝土多处出现不规则裂缝，并且有明显位移。为了确保施工人员安全，立即撤离掌子面施工人员至最近横通道处。18min后掌子面处轰鸣声增大，随即横通道口处流水面水头增高30cm，水质为泥黄色、极浑浊。105min后涌水减弱，掌子面支护发生严重变形（鼓出约1.5m），工字钢严重扭曲变形，在左侧拱腰部位出现约$0.5m^2$大小冲洞，钻机被冲出物掩埋约1m。20min后再次出现轰鸣声，并伴有涌水，水量约为$10000m^3/h$，10min后出现高峰值突水量$50000m^3/h$并持续10min。掌子面冲出物堆填高度为$2.5\sim3m$（钻机已经全部被掩埋），可见最大岩体颗粒粒径为80cm（距掌子面约50m处）。

3. 突水、突泥情况分析

1）突水发生的工程地质环境是富水断层破碎带。

2）突水发生在超前钻探过程中。

3）突水前后探孔多次出现间歇性涌水，且涌水携带大量泥砂。

4）在突水前掌子面前方的围岩形变和水压的推动下，增设有工字钢加强的1.0m厚纤维混凝土止浆墙位移达1.5m。

5）突水携带石渣将24m洞身完全填塞。

4. 防治措施

根据对齐岳山隧道F11断层地质的总体分析，考虑堆积在平导掌子面的松散体在局部清理后可能失稳而产生新的突涌，带来后续安全风险，故本次突水总体原则是注浆加固，分水降压，平导先行，带水作业。具体处理措施如下：

（1）分水降压措施　通过12#横通道在正洞和平导之间略靠近平导一侧施工高位泄水支洞，纵向坡度8%，泄水支洞底部达到正洞拱顶标高后与正洞坡度一致推进，并在条件许可的情况下泄水支洞超前正洞向前施工，达到为正洞施工分水降压的目的。施工过程中根据遇到的水量的大小，采用不同孔径的超前探孔进行泄水，泄水孔径根据钻孔设备而定，尽量满足泄水的水量对过水断面的要求。

（2）外绕迂回平导　在平导外侧（相对正洞而言）设置迂回平导，距平导中线25m。具体位置根据现场清理掌子面松散体的里程和原先平导施工揭示地质条件较好地段确定，坡度按平导坡度前行。

（3）注浆加固　泄水支洞原则上不进行注浆加固，在施工过程中通过超前小导管进行超前棚架支护，尽可能向前施工。迂回平导根据遇到的地质情况，进行科研性注浆试验施工，根据前期的经验，一般情况下纵向加固段长20m，周边加固范围3～5m，隧道纵向底部3～5m岩盘注浆。

（4）突水部位处理　为保证施工安全，在施工过程中，做好平导泄水引、排、防护工作，用砂袋进行适当防护，并加强水量、水质观测。

（5）其他措施　加强对所有工作面的视频监控；完善隧道内报警系统、逃生设备及逃生线路；并做好降雨量、水量观测和地表沉降观测工作。

10.2.3 隧道坍塌事故

随着我国国民经济的发展，对基础设施，尤其是对交通设施建设的需求不断增加，高等级的交通干线也得到了前所未有的发展。随着公路技术标准的提升，隧道工程所占比重越来越大，所穿越地层地质条件空前复杂，施工倍受各种地质灾害困扰，工程事故频发。隧道工程的建设具有其特殊性：地理位置特殊、质量和安全要求高、涉及工程专业多、工程量巨大、地下和露天作业多、工程和周边环境关系密切、生产的流动性、生产的单件性、生产的周期长。这也决定了隧道施工具有大量不确定安全风险，使得施工过程中出现塌方事故的概率极高，事故后果一般都很严重。

隧道坍塌是指在隧道施工中，洞顶及两侧部分岩石在重力作用下向下崩落的一种不良地质现象。围岩变形和坍塌，除与岩体的初始应力有关外，主要取决于围岩的岩性、结构和构造。隧道坍塌的原因很多，形成机制也十分复杂。坍塌产生的主要原因，主要有地质因素、设计因素、施工因素和人为因素。

(1) 地质因素　隧道工程属地下工程，地质情况千变万化。各种不可预见的地质现象及地质构造对公路隧道施工影响巨大。多变的地质条件（如地下水、岩溶、岩爆、膨胀土等）加大了隧道施工难度，使得隧道施工安全性差。而且受现有的勘察水平及其他相关因素的制约，隧道设计中的地质勘察在很多情况下都不彻底、不完善，这些无疑加大了隧道的施工难度和坍塌事故产生的可能性。

(2) 设计因素　隧道工程设计方法当前主要有工程类比法、理论计算法及现场监控法等，这些方法又以工程类比法运用得最为广泛。在设计过程中若对围岩判断不准或情况不明，从而设计的支护类型与实际要求不相适应，也是导致施工中产生松弛坍塌等异常现象的原因。

(3) 施工因素　隧道是施工难度大、技术要求高的一项地下工程，它要求施工单位的应变及处理能力要强，施工队伍本身的素质及施工经验、水平等要高。施工时若不能做到超前有效的防护来预防坍塌，或是在坍塌出现后，不能采取合理和及时的有效措施来补救，将导致坍塌不断扩大，从而使处理越来越困难。我国目前的现状是，施工单位众多，隧道施工队伍的技术水平发展很不平衡，管理及施工水平参差不齐，加上一些建设环节的操作不规范，而且有的施工企业及人员对新奥法原理缺乏深入学习、认识、研究和应用，导致不规范施工现象还较为普遍。如新奥法为限制围岩的松弛和变形，要求洞室开挖后及时提供支护反力，以便实现围岩的自承和自稳。若在隧道开挖后不能及时地喷射混凝土予以封闭，围岩因有了新的临空面而应力重分布，使松弛范围逐步扩大，从而不仅加大了荷载，与新奥法理论的初衷相悖，而且极易产生坍塌等工程事故。超挖部分本应该要用同标号混凝土或喷射混凝土回填密实，有的施工单位不按施工规范的要求，只在表面用喷射混凝土喷射圆顺，超挖部分并没有回填密实，使得初期支护与围岩之间产生了空洞，最终导致坍塌。

(4) 人为因素　施工单位的施工人员未经上级技术部门同意，擅自改变施工方法，如开挖方式、支护方式等；不严格遵守设计文件、施工组织设计、《隧道施工技术规范》、《隧道验收评定标准》的要求和规定组织施工，达不到“均衡生产、有序施工”的要求，质量意识淡薄，在施工中存在侥幸心理，偷工减料、弄虚作假等，造成支护质量远远达不到设计要求。从而引发坍塌。

【例 10-4】白露一号隧道坍塌实例分析

1. 工程概况

新建铁路衡茶吉线白露一号隧道位于湖南省茶陵县浣溪镇白露村，为单线铁路隧道，设计时速为 200km/h，单面上坡，最大坡率为 12‰，隧道位于 $R=2800$m 的曲线上。隧道总体埋深较浅，受大气降水和冲沟地表水影响明显，施工难度大。

隧道位于剥蚀丘陵区，地形起伏较大，丘谷相间，谷地狭窄，平坦；丘坡自然坡度为 35°~45°，地面标高为 190~252m，相对高差为 30~50m，植被茂密。地层为第四系全新统冲洪积粉质黏土、粗圆砾土；人工填筑粉质黏土；白垩系上统紫红色砾岩。隧道处于丘陵区，冲沟发育，沟内多为季节性流水，平时无水或水量很小。隧道洞身 DK90+440 右侧分布一个废弃水塘，常年有少量积水。地下水主要为基岩裂隙水，接受大气降水及地表水补给，地下水对混凝土不具侵蚀性。

2. 坍塌现状

DK90 +765 ~ DK90 +780 段经开挖揭示，围岩为白垩系上统全风化砾岩、砂岩，松散、松软构造，掌子面有面状渗水现象，围岩自稳性差，开挖后掌子面有溜坍现象。支护措施按Ⅴ级围岩复合式加强衬砌施工，I18 型钢架间距为 0.6m，超前小导管纵向间距为 1.2m。每榀钢架为 16 根 ϕ42mm 注浆锚管。按三台阶临时仰拱法施工。

现场施工人员在 DK90 +787 处线路右侧上台阶进行初喷作业时，发现 DK90 +778 掌子面处拱顶有脱空现象，0.5h 后 DK90 +778 ~ DK90 +787 段出现两道环向裂缝，4h 之内该段拱顶下沉约 60cm。12h 之后 DK90 +778 ~ DK90 +787 段上台阶完全坍塌，塌体呈松散状。坍塌土方约 600m^3。由于施工单位及时组织人员撤离，未造成人员伤亡。图 10-6 所示为 DK90 + 778 ~ DK90 + 787 段坍塌照片。

图 10-6　DK90 +778 ~ DK90 +787 段坍塌照片

3. 坍塌原因分析

1）工程地质条件差是本次坍塌的主要原因。白露一号隧道洞身穿行白垩系上统泥砾岩全风化带与第四系坡残积物的接触带，土体表现为结构松散、饱水，呈软塑 ~ 流塑状态，开挖面土体呈弥漫式向下渗水，围岩易失稳。

2）由于隧道洞身与线路中线两侧的冲沟地表相比低 10m 左右，隧道洞身所处的全风化砾岩透水性强，隧道开挖后地下水渗流使围岩稳定性降低。

3）施工时未采取有效的超前地质预报工作。

4. 处理措施

1）洞内坍塌堆积体进行封闭，在坍塌体上喷射 20cm 厚的 C25 早强混凝土，由于 DK90 +800 ~ DK90 +787 段坍塌体松软，在底部堆码砂袋，保证人员、设备能够进入掌子面。

2）DK90 +797 ~ DK90 +787 段拱墙采用 ϕ42mm 小导管(L =3.5m)径向注浆加固，纵环向间距采用 1.2m×1.2m 梅花形布置。加强该段监控量测，必要时采用堆码砂袋至拱墙交接处，其上设临时钢支撑。

3）加强洞内渗水的引排工作，集中引排，避免冲刷拱脚。

4）对坍塌段山体地表加强监测，观察地表变化情况，并设置警戒线，若发现裂缝、塌陷及时报告。通过设置截排水沟、防水塑料布等措施，防止地表水渗入洞内。

5）DK90 +787 ~ DK90 + 778 段拱部采用 ϕ89mm 管棚 + ϕ42mm 小导管超前预支护。ϕ89mm 管棚长度为 16m，环向间距为 30cm，外插角为 2° ~ 3°。ϕ42mm 小导管纵向间距为 1.2m/环，环向间距为 30cm，长度为 6m/根，外插角为 25°，注浆材料为水泥浆。

10.2.4　软弱围岩大变形事故

目前，关于围岩大变形还没有一个明确和清晰的定义。隧道围岩大变形是高地应力地区隧道围岩柔性破坏时应变能缓慢释放造成的一种动力失稳现象。软弱围岩具有岩石的单轴抗压强度低，应力强度比大，自然含水率大，有一定的膨胀性等特征。

根据国内外隧道施工的实践总结，在下述条件下的施工过程中发生大变形现象，是必然的：①挤压性围岩的挤压变形；②膨胀性围岩的膨胀变形；③断层破碎带的松弛变形；④高地应力条件下软弱围岩的大变形等。

1. 隧道围岩变形的影响因素

隧道围岩变形与多种因素有关，一方面与隧道所处的地理位置有关，另一方面又与地质、埋深、施工等条件有关。这使得隧道围岩的变形既具有空间效应，又具有时间效应；在新奥法施工中，隧道围岩变形的影响因素归纳起来主要有以下几个方面：

1）隧道设计。隧道经过何种地层穿过山体，采用哪种角度与岩层相交，以及隧道埋深等因素将直接影响隧道围岩的变形。此外，隧道本身的断面形状、高度、跨度等对变形也有影响。

2）围岩工程性质。穿过的围岩越坚硬，隧道内空变形相对越小，如果隧道穿过的岩层较软弱，那么围岩变形就较大；穿过的围岩越完整，隧道内空变形相对越小，如果所穿过的围岩较松散破碎，隧道围岩变形就较大。

3）施工方法。隧道开挖方式的选择对隧道围岩变形也有一定影响，由于半断面开挖时，上半部监测点受到两次扰动，导致在同种岩体中半断面开挖较全断面开挖变形相对较大。

4）支护类型及支护时机。隧道内空变形受支护类型及支护时间的影响很大，隧道内柔性支护较刚性支护产生较大的变形，但刚性支护结构所受的围岩压力要大很多。此外，较厚的初期支护喷射混凝土和架设较密的锚杆，可减小隧道的内空变形。隧道开挖后及时进行支护，隧道内空变形相对较小。

5）爆破震动效应。爆破开挖对隧道围岩产生的强烈震动与冲击，会引起围岩在较短时间内出现不连续性变形，一些变形呈跳跃性突变。爆破对围岩的扰动作用随时间延长而减小。

2. 围岩变形破坏的模式

（1）坍塌　主要发生在砂质泥岩、炭质泥岩或互层的围岩中。坍塌有以下几种情况：由于岩体结构破碎导致围岩稳定性差，或受结构面控制，沿节理、层面或软弱夹层滑移，开挖后或受极小的扰动即坍塌；开挖后能保持稳定，或局部坍塌后保持稳定，但在喷锚支护后围岩持续变形，支护结构破坏，从而坍塌（见图10-7）。

图10-7　隧道塌方图

（2）全断面挤出大变形　主要发生在以炭质泥岩、板岩为主的软弱或碎裂围岩段，开挖后往往伴有局部坍塌或剥落，之后能形成自稳。初期支护后，围岩在二次应力场下屈服并缓慢挤出变形，作用于支护结构的围岩压力逐渐增大，最终致其变形破裂，侵限（见图10-8），严重时造成大规模坍塌。

（3）拱顶下沉，边墙收敛　发生在拱顶、拱腰、边墙部位，危害很大，处理不当会造成坍塌（见图10-9）。如龙溪隧道出口段LK24+571～653、K24+649～669段，蚀变的花岗闪长岩及变质砂岩，节理、39裂隙密集发育，为剪切破碎带，碎块状镶嵌结构，地下水发育，边墙挤出，拱顶下沉最大达147.1cm，初期支护变形开裂（两侧拱腰至拱顶）、剥落。

图 10-8 隧道全断面挤出

图 10-9 拱顶下沉

（4）边墙挤出、内鼓 发生在拱腰、边墙部位（见图 10-10）。分两种情况，一是层状岩体在应力作用下发生横弯或纵弯而挤出变形；二是碎裂结构岩体受软弱夹层或结构面切割为倾向洞内的不稳定块体，在应力作用下向洞内滑移挤出变形。

（5）底鼓 岩性多为薄层的炭质泥岩或砂质泥岩、板岩，层状碎裂机构或镶嵌碎裂结构，局部摩擦镜面发育，但地下水不发育。隆起变形滞后仰拱施工 1 ~ 3 月，最大达 43.2cm（见图 10-11）。

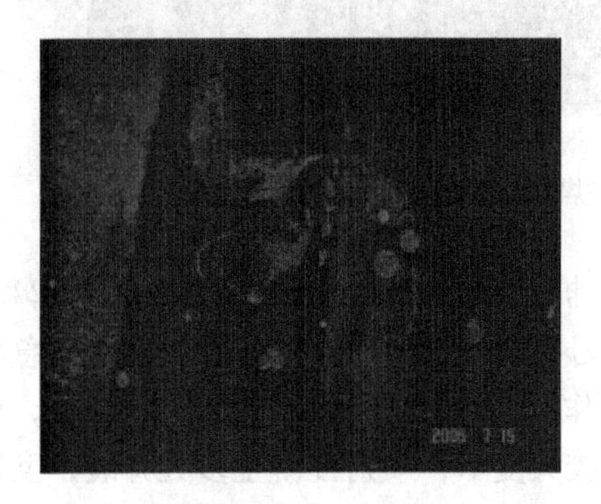

图 10-10 边墙挤出

图 10-11 隧道底鼓

【例 10-5】安远隧道软弱围岩大变形分析

1. 事故概况

安远隧道位于黄土高原、内蒙古高原和青藏高原的交汇地带，隧道穿越祁连山河西走廊地震带，沿线地震动峰值加速度系数为 $0.20g \sim 0.40g$，历史上地震活动明显。

安远隧道穿越的 F9 段断层长约 720m，断层规模大、结构复杂、富水性多变。另外，隧道位于祁连山系高中山区，洞身海拔 2400m 以上（其中乌鞘岭隧道洞身海拔 2800m 以上），海拔较高，气候条件恶劣，冬季气温寒冷，常年积雪。

安远隧道位于寺坡根-马家台一线，海拔 2567 ~ 3137m，属高原地区。该区地貌类型属中高山岭谷地貌区，沟谷深切呈 V 形谷，山势陡峻，相对高差大。

水文地质条件受地域、地质构造、地层岩性、地形地貌和气候气象等因素控制，测区天祝-古浪多年平均降水量 320 ~ 400mm，多年平均蒸发量 1592 ~ 1800mm，夏季酷热，冬季严寒，属典型的高原半干旱气候带。区内的地下水类型可分为第四系孔隙、基岩裂隙水和基岩承压水。

2. 软弱围岩大变形情况

安远隧道围岩初期支护发生大变形导致二次衬砌建筑界限受侵里程范围：左线进口ZK2403 + 440 ~ ZK2403 + 380；右线出口 YK2403 + 430 ~ YK2403 + 380 段，该里程段包括了隧道紧急停车带的加宽带部分，加宽带里程为左线 ZK2403 + 440 ~ K2403 + 400、右线 YK2403 + 440 ~ YK2403 + 400。

在黑色炭质页岩夹煤线地层条件下（见图 10-12），隧道上台阶开挖时，发现掌子面有较多厚度不等的软弱泥岩夹层。这些泥岩充填的结构面处，围岩经常发生滑动性掉块甚至坍塌。另外，岩块的节理面触摸非常光滑，对岩块很难产生摩擦阻力，降低了岩体的整体稳定性。打钻过程中发现，围岩遇水后强度急剧下降，类似泥土状。

图 10-12 炭质页岩夹煤线地层

安远隧道使用上下台阶法并采用原设计初期支护方案施工至 ZK2403 + 430 ~ ZK2403 + 380、YK2403 + 440 ~ 2403 + 380 炭质页岩、泥质板岩夹煤线软弱地层时，由于加工紧急停车带二次衬砌模板台车，二次模板衬砌支护未及时施作（两个多月没有施作二次衬砌），后期围岩变形不稳定。通过监控量测结果发现围岩发生较大变形，喷射混凝土多处开裂，型钢拱架扭曲变形严重，多处初期变形已侵入二次衬砌净空。变形段包括隧道紧急停车带里程段落，隧道断面大，设计开挖断面尺寸为 12. 38m × 10. 35m，加宽带断面尺寸 15. 53m × 11. 35m，该段隧道埋深平均约为 80m。

据观察（见图 10-13 照片），该里程段隧道围岩大变形表现出的特征为：

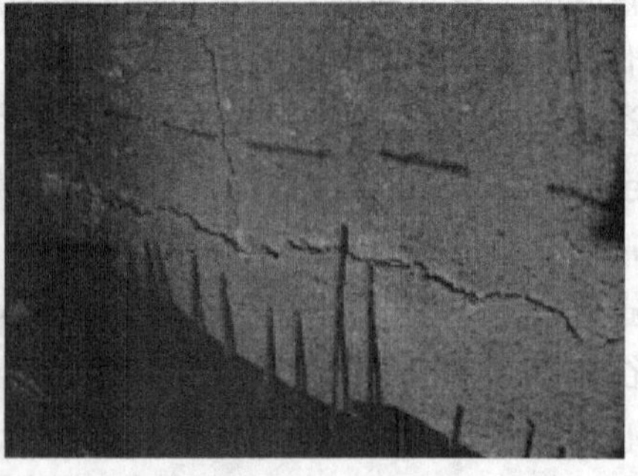

图 10-13 初期支护结构变形形态

1）初期支护喷射混凝土发生环向开裂、剥落，拱顶下沉及边墙收敛变形量和变形速率均较大，变形较大处已经严重侵入了二次衬砌建筑限界。

2）施作仰拱后边墙内鼓、严重变形，初期支护多处破坏，钢架间出现程度不等的环向裂缝，拱腰、边墙处纵向裂缝较多。

3）初期支护多处型钢混凝土保护层剥落，钢拱架发生倾斜错动，扭曲变形严重，边墙位置几处连接处钢架发生较大弯曲变形。

3. 安远隧道软弱围岩大变形原因分析

1）原始地应力场对隧道变形的影响。相比于砂岩、泥岩等周边岩体产生的地应力场，炭质页岩的单轴抗压强度较低（3.9～4.5MPa）。安远隧道纵穿软弱易变形的炭质页岩夹薄层泥夹层地层，围岩很容易发生严重的流塑性变形而导致岩体破坏，尤其是长时间未跟进二次衬砌形成受力拱圈情况时。

2）地下水对隧道围岩变形的影响。地下水的存在和运动将导致岩体强度降低，孔隙率变大，开挖后围岩自稳能力降低。同时，炭质页岩遇风成土、遇水成泥的特性加大了地下水对围岩工程力学性质的损伤作用。隧址区前方围岩含水量大，地下水位根据钻孔实测为15m左右，隧道开挖之后对地下原始径流有一定扰动作用。

3）围岩强度对隧道变形的影响。隧道左、右线都穿过炭质页岩夹薄层泥夹层地层，节理发育，岩体软弱结构面较多且充填物极易诱发岩层产生滑动。根据岩体变形破坏理论，当围岩压力超过岩体的抗压强度时，岩体将发生变形破坏。由于炭质页岩岩体的抗压强度（3.9～4.5MPa）明显低于隧道周边其他岩体的抗压强度，属于软弱围岩，开挖后围岩易发生流塑性变形，而且变形长时间内难以被有效控制。因此，工程性质软弱的围岩是安远隧道发生大变形的物质因素。

4）初期支护对隧道变形的影响。通过对锚杆的监测及地质雷达探测分析可知，炭质页岩地段围岩的松动圈最大值范围较大。而V级围岩隧道初期支护的锚杆长度只有4m，锚杆未能打入稳定岩体中形成可靠的围岩加固圈，不能起到充分控制围岩流塑性变形的作用。间距较大的单层钢架也不足以抵抗巨大围压，因而促使ZK2403+440～ZK2403+380、YK2403+430～YK2403+380等里程段的围岩产生较大的变形，以致严重侵入了二次衬砌净空。

5）隧道紧急停车带断面面积大，上下台阶工法开挖后形成了较大的临空面，为围岩的大变形提供了空间条件。

4. 处治方案

在初期支护发生严重变形侵入建筑限界事故发生后，首先应立即封闭掌子面，停止掘进，保证施工安全。对大变形段的处理措施应以加固已经发生变形的围岩入手，加固大变形围岩、防止变形量的进一步扩大是关键。随后，加强监控量测工作，待变形稳定后适时地确定更换拱圈初期支护方案并更换拱圈，施作仰拱及二次衬砌。

（1）进行大变形围岩加固　沿着左、右洞两侧起拱线纵向裂缝位置施作两排木支撑临时加固开裂部位钢拱架，靠近喷射混凝土表面需设置木背板，以提高临时支撑加固的整体性；对于拱顶部位存在较大开裂，喷射混凝土表面掉块、剥落的段落，需设置临时竖向立柱支撑和角撑、琵琶撑，确保锚杆加固期间的结构安全和施工安全。上述工序施作完成后，需全程进行拱顶沉降、水平收敛及断面收敛变形监控量测，拱顶沉降、水平收敛及断面收敛变形监控量测需布设在相同断面，以备校核，并及时反馈相关监控量测数据。

（2）大变形段初期结构的更换　由于初期支护已经侵入了二次衬砌建筑限界，待监控量测所得数据说明围岩加固稳定后，必须进行拱圈的更换（见图10-14）。根据监控量测资料在合理的时机提出安全可行的拱圈更换方案。由于C25钢筋混凝土强度明显高于后方围岩强度，隧道净空断面较大，所以原有初期支护拱圈拆除时应遵循弱爆破、逐圈更换、加强监测的原则。采用加强初期支护的措施进行更换拱圈，加密型钢拱架间距，由原来的80cm调整至50cm，对初期喷射混凝土的厚度也可适当加大。

图10-14　拱圈更换

10.2.5　洞内爆炸事故

隧道爆炸包括瓦斯爆炸和炸药爆炸。大型交通隧道内一旦发生爆炸事故，由于局部环境密闭，爆炸冲击波对隧道衬砌结构的破坏和杀伤力极大，并且爆炸后引起的火灾、坍塌等现象会带来极大的人员伤亡和财产损失。隧道爆炸如图10-15所示。

【例10-6】四川董家山隧道瓦斯爆炸分析

1. 事故概况

2005年12月22日14日40分，四川省都江堰至汶川高速公路董家山右线隧道发生特别重大瓦斯爆炸事故，造成44人死亡，11人受伤，直接经济损失2035万元。董家山隧道左线全长4090m，右线全长4060m，事故发生时右线隧道完成开挖1487m、衬砌1419m。

图10-15　隧道爆炸

2. 事故分析

（1）直接原因　由于掌子面处坍塌，瓦斯异常涌出，致使模板台车附近瓦斯含量达到爆炸界限，模板台车配电箱附近悬挂的三芯插头短路产生火花引起瓦斯爆炸。

（2）主要原因

1）施工企业违规将劳务分包给无资质的作业队；施工中安全管理混乱；通风管理不善，右洞掌子面拱顶瓦斯含量经常超限；部分瓦检员无证上岗，检查质量、次数不符合规定等。

2）监理单位未正确履行职责，关键岗位人员无证上岗。

3）项目法人对施工单位违规分包、现场管理混乱等问题未能加以纠正，对施工中出现的瓦斯隐患未采取有效措施。

4）设计单位四川省交通厅公路规划勘察设计研究院对涉及施工安全的瓦斯异常涌出认识不足，防范不到位。

3. 事故教训和防范措施

1）瓦斯隧道必须按照设计文件、合同所指定采用的技术规范和相关安全规定，作出施工组织安排，制定各项安全规章制度，对瓦检、通风、防爆、防燃的措施要细化具体，严格规范施工，做到作业规范化、标准化。

2）瓦斯隧道的施工，一定要及时喷锚，加强初期支护，衬砌紧跟，尽快封闭围岩，最大限度降低瓦斯逸出，超前加固措施到位，避免塌方。

3）瓦斯隧道施工，一定要注意低瓦斯隧道施工可能出现高瓦斯段，要加强观察和检测，防止瓦斯异常涌出和突出可能造成的灾害发生。施工中一旦发现瓦斯逸出出现异常或与设计不符，应积极采取必要措施保证安全，同时向监理、设计、业主报告，提出设计修改的意见，重新制订施工组织计划，报业主批准后实施。

4）瓦斯隧道施工必须加强管理，严格执行煤矿瓦斯防爆规定，在非衬砌地段，必须采用防爆、大功率通风、自动检测报警等措施。

5）瓦斯隧道施工，必须制定防爆措施方案，除经建设、设计、监理三方签字确认外，尚需请有关专家论证，做到万无一失。

6）隧道施工必须制定瓦斯突出抢险救援应急预案，一旦发生突发事件造成人员伤害时，要做到临危不乱、各负其责，全方位做好现场施救工作，最大限度降低影响和损失。

【**例10-7**】温福线瑄头岭隧道爆炸分析

1. 事故概况

温福线瑄头岭隧道出口位于福建省连江县头镇，为双线铁路隧道，开挖断面约120m^2，岩质为中硬致密石灰岩。隧道洞口段60m采用台阶法施工，后采用简易钻孔台架人工钻孔全断面开挖施工。2006年2月28日，隧道全断面开挖掌子面离洞口近100m时，在洞口约50m的位置，施工人员支矮边墙钢模板，几位工人用电钻钻孔插入钢筋，用来支撑模板斜撑的支撑点时，钻孔瞬间突然发生爆炸，当场造成3人死亡，1人重伤的事故。

2. 事故分析

通过调查取证，并对事故现场施工人员、被炸物品及爆堆的综合分析，施工人员平时交往密切，没有工作及生活之间的矛盾，现场没有作案的证据及事实，因此排除人为造成爆炸的可能。人工手持电钻本身不具备爆炸的高温、高压、封闭体积等爆炸条件，电钻机械只可能会发生漏电产生“电击”，也不会有如此大的破坏威力，因此应排除机械本身的可能。从爆炸现场的残留物和爆堆情况分析：电钻钻孔时，高速运转冲击、摩擦隧道路面渣堆中的雷管及少量的残留炸药，引发爆炸。电钻因爆炸而支离破碎，爆堆抛洒约3m远。引起爆炸的原因是隧道爆破时残留在石渣中的雷管和炸药没有清除，隧道施工时将残渣进行铺底整平，铺底残渣厚度10～20cm，作为隧道机械的进出道路，实现文明施工。后续工序在残渣上进行钻孔作业时，混在残渣里的雷管和炸药不易被发现，因电钻高速撞击使混合在残渣里的雷管、炸药（及少量起爆炸药未完全分离）达到起爆感度而引起爆炸。

3. 事故预防对策

隧道爆破出现的哑炮和残炮是这次爆炸事故的根源，如何防止、杜绝及排除隧道出现哑炮和残炮，保证隧道施工的安全呢?

（1）出现哑炮与残炮的原因　从温福线瑄头岭和青芝寺等隧道工程爆破的现场来看，出现哑炮的现象较为突出，甚至有些隧道每个循环爆破作业都有哑炮出现，通过调查发现出现哑炮的原因有以下三个方面：

1）产生断路现象。隧道掘进实现光面爆破技术，周边孔采用间隔装药结构，孔内外采用导爆索起爆网路，孔外连接主导爆索与支导爆索搭接长度没有达到15cm以上，主索与支索传爆方向夹角没有达到小于90°的要求，因此发生断路造成哑炮。

2）隧道采用毫秒延时爆破时，孔内应采用高段别雷管，孔外应采用即发雷管组成的爆破网路。否则，孔外出现高段别雷管，致使传爆网路受损造成哑炮。

3）隧道中部炮孔爆破后岩石松动，抛掷瞬间造成孔外雷管脱落，孔外雷管未爆（或周边孔孔口支导爆索脱离），造成哑炮。

（2）技术措施　为确保爆破作业安全，提高光面爆破效果和质量，采取以下技术措施：保证每循环准爆，不出现哑炮和残炮。目前所有隧道爆破均采用塑料导爆管而非电起爆系统，可做到安全爆破，准爆率高。爆破网路必须采用孔内延时爆破，禁止采用孔外延时，以免出现因孔外延时雷管传爆线受损而造成簇联哑炮。孔外均采用即发雷管，实现簇联式并联网路，每簇连接不超过25根传爆线，连接处用毛巾擦干净，雷管用胶布包裹紧密牢固。孔外采用复式连接。周边孔可采用间隔装药结构和小药卷不耦合的连续和间隔装药结构，保证光面爆破效果。如果采用间隔装药结构，孔内均采用导爆索串联连接。周边孔应采用孔内装延时雷管，孔外采用即发雷管起爆；装药前应检查和清孔，起爆体应加工牢固，放置孔中1/4或3/4处，每节药卷应紧贴，以免出现断装发生残爆的可能。

（3）现场管理措施　为避免隧道施工中出现哑炮、残炮给后续的工序带来安全隐患，必须加强现场管理并采取以下措施：

1）爆完15min后，技术人员及施工负责人应到掌子面检查爆破情况，有无大块，周边轮廓圆顺情况，有无欠挖、哑炮、危石等，掌子面规则情况，是否有炮根，炮根深度，是否有残炮等，并做好记录。

2）出渣完毕应进行测量放样，同时应对剩下掌子面底部进行检查，重点是边墙角和底板孔是否有欠挖和残炮情况，并做好记录。

（4）及时排除哑炮与残炮　针对哑炮与残炮的危害，一方面采取技术措施和加强管理，避免产生哑炮和残炮，另一方面在哑炮、残炮出现后，及时采取有效的处理办法：

1）掏入法。采用木制钩体清出孔内药卷和起爆体，掏出孔内起爆雷管。

2）水洗法。用水冲洗孔内药卷，冲洗稀释炸药，然后清出雷管。

3）补炮法。距离哑炮一定的安全位置钻孔装药，重新爆破。若哑炮和残炮抛散在渣堆中，此法对残留的雷管和炸药不能有效地进行回收，因此应谨慎回收抛散在渣堆中原哑炮中的起爆体。

4）重新连接起爆法。如孔外线路完好，检查确认后应重新连接起爆。

【例10-8】炎汝高速隧道爆炸案例分析

1. 工程概述

2012年5月19日8时30分左右，湖南省株洲市炎陵县境内的炎汝（炎陵至汝城）高速公路第十三合同段，一辆运送炸药和雷管的低速载货汽车，在八面山隧道内施工层面卸货时发生爆炸，造成20人死亡，2人受伤。据隧道附近多名工人介绍，此次事故中，炸药雷管存放在隧道内，工人打炮时，炸药和雷管经常一起堆放在施工处，不会分开存放，工人与炸药雷管同车进入隧道。事故暴露出部分建筑施工企业主体责任不落实，民用爆炸物品管理混乱，也暴露出一些地方、部门在建筑施工领域“打非治违”和安全监管工作中还存在一些薄弱环节和突出问题。

2. 事故分析

运用事故树（见图10-16）作为主要工具对爆炸安全事故的可能原因和原因组合、潜在的风险状况进行分析。

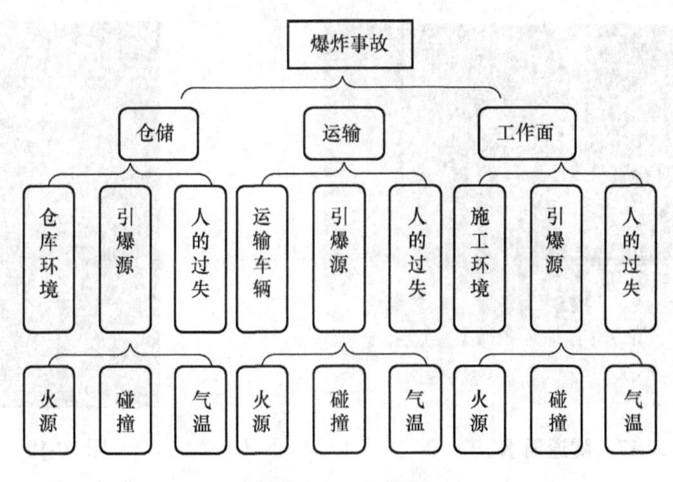

图 10-16 事故树

从上图可以总结出有几个主要方面的原因：

1）环境管理方面。包括仓储、运输和施工现场的相关危险品管理。

2）人的过失导致的不安全行为，如工作态度、认识的局限性。

3）制度上、细节上落实与责任缺位。

3. 防治措施

1）完善安全操作规程，标准化生产体系，在操作中严格落实相关规章制度。如爆炸物品在使用过程中要轻拿轻放，不准敲击、摔落和挤压。

2）落实责任人制度，定人管理，定人领取，定人使用，专车专运，定人督查。

3）健全制度，制定国家防爆行业准入规范，对地下工程项目实行严格的管理人员资格认证、使用人员资格认证和企业资格认证，责任人与责任企业匹配终身制责任。

4）明确监督管理部门，引入第三方评价体系，防爆监督部门与管理责任人有连带责任。

5）落实人员定期安全生产培训制度、工前警示制度。务必做到不大意、不随意，端正工作人员工作态度和对待生命的态度。

10.3 使用期事故与处理

10.3.1 隧道水害及处理

1. 隧道水害的类型

（1）隧道渗漏　按发生的部位分为拱部有渗水、滴水、漏水成线和成股射流四种，边墙有渗水、淌水两种，少数有涌水灾害（见图 10-17）。随着渗漏对隧道稳定、洞内设施、行车安全、地面建筑和隧道周围水环境产生诸多不利的影响甚至威胁。

（2）衬砌周围积水　主要指运营隧道中地表水或地下水向隧道周围渗流汇集（见图 10-18）。其危害有：水压过大导致衬砌破裂；软化围岩，从而加大衬砌压力，导致衬砌破裂；寒冷地区引发冻胀病害。

图 10-17　隧道涌水

图 10-18　边墙溶洞出水

（3）潜流冲刷　主要是指由于地下水渗流和流动而产生的冲刷和溶蚀作用。其危害有：衬砌基础下沉、边墙开裂或仰拱、整体道床下沉开裂；围岩滑移错动导致衬砌变形开裂；超挖回填不实引起围岩坍塌。

2. 隧道水害产生的原因

（1）勘测与设计方面　在防水设计之前，设计人员对工程地质和水文地质情况了解得不够仔细，对衬砌周围地下水源、水量、流向及水质情况掌握不准等因素导致了隧道的防排水设计很难在隧道的使用期内完全满足防排水的要求。

（2）施工方面　施工不当可产生水害，施工单位一味追求施工速度，忽视二次衬砌质量，对排水设施不按施工规范要求操作等，使地下水丰富地区的隧道造成严重的渗漏水。

（3）材料方面　如果所选用的防水材料达不到国家质量标准，会导致隧道的渗漏水病害。

（4）监理方面　监理工程师应对防水材料的选择和使用、铺设基层的处理、铺设工艺等进行跟踪检查，确保防水质量。

（5）验收方面　工程竣工后，从衬砌表面往往看不出什么问题，管理单位缺乏检验手段，有时又接近运营期限，往往对交验前的渗水情况缺乏进一步查验，只好按竣工报告及施工总结，勉强验收，导致运营后渗漏水逐渐严重。

3. 隧道水害的处理

为避免和消除地下水对隧道的危害，目前我国有关施工规范明确规定采用“截、堵、排综合使用”的治水原则，以浇筑混凝土衬砌作为防水（堵水）的基本措施。隧道治水的具体措施就是以排为主，排、堵、截相结合，因地制宜，综合治理，形成一个完整的隧道治水体系。

（1）防、排水设施　在衬砌外面设置排水措施，如盲沟（竖向盲沟、纵向盲沟和环向盲沟）；围岩排水钻孔；纵向、横向排水沟等。在衬砌里面设置排水设施，如引水管、泄水孔、引水暗槽等，其主要优点是可以不开凿衬砌，工程量小，施工简单；缺点是不易对准地下水露头位置，疏干围岩范围小，在冬季发生冰冻的段落不能采用。衬砌自防水是以衬砌结构本身的混凝土密实性实现防水功能的一种防水方法，造价低、工序简单、施工方便。常用的防水混凝土有普通防水混凝土、外加剂防水混凝土、膨胀性防水混凝土，一般在运营隧道更换衬砌条件下采用，也可以采用外贴防水层和内贴防水层法，或采用压注法。压注法就是用压力把某些能固化的浆液注入隧道围岩及衬砌混凝土的裂缝或空隙，以改善其物理力学性质，达到防渗、堵漏和加固的目的，主要的注浆材料有水泥砂浆水玻璃类和化学浆材。

（2）衬砌漏水封堵　对某些隧道衬砌的渗漏水，除采取排水措施外，还可以用堵漏材料进行封堵。常用的堵漏材料有硅酸钠防水剂、无机高效防水粉、水泥类堵漏材料。

（3）截水设施　截水就是截断流向隧道的水源，或尽可能使其流量减小，从而使隧道围岩的水得不到及时补充，达到疏干围岩、根治水害的目的。主要措施有地表截水、地下截水。

【例10-9】宝鸡至牛背高速公路水害

1. 病害发展情况

（1）明洞段边墙渗水　明洞段主要是隧道出口靠山一侧检修道盖板以上20cm范围内的边墙位置渗水，渗水段长达40m，夏季雨水充沛，渗水量较大，造成路面湿滑、眩光；冬季发生渗水时，由于气温较低，渗水在检修道盖板上结冰，水流顺势沿结冰体蔓延至路面，在洞口段路面形成了大面积的结冰层，给隧道行车安全造成影响，严重时运营单位需封道单侧指挥行驶。隧道边墙在渗水的侵蚀作用下，表面的装饰层被剥蚀。

（2）正洞段边墙渗水　正洞段边墙渗水的位置主要在两板二衬的环向接缝处，受季节影响较小，雨季稍大，冬季也经常出现渗水。检查附近的检查井，均发现检查井里蓄满水，严重时会从井里流出到检修道盖板上。

（3）路面冒水　路面冒水出现在正洞边墙渗水处及下游一段距离，局部地段隧道路面冒水，冒水主要出现在路面板的纵向及横向板缝处及中央排水沟的检查井处，水汇到低侧的路面侧沟内流出洞外。路面冒水造成路面湿滑、眩光及路面破损，严重影响行车安全。

（4）水害的并发质量问题　水害致使整个隧道的排水系统发生紊乱，在水害发生的位置，相邻检查井与隧道两侧排水沟存在不同程度的堵塞，致使下游水自行疏导自行结束，而上游源源不断的供给使堵塞段的二次衬砌背后的水压逐渐增大，导致衬砌出现裂缝。

2. 水害原因分析

隧道水害是公路隧道最常见也是最主要的质量通病，虽然表现形式多种多样，但其产生的机理是一致的。首先必须有水源，即水害处的隧道外侧存在着压力水并有补给；再就是压力水不能及时排出。

（1）地质因素　隧道的地质、水文条件不是一成不变的，隧址区地形地貌、地质、水文条件随着时间的变迁而变化，尤其是冰雪冻融、山洪暴发、山体崩塌等突变的影响更严重。经过现场调查及取样分析，初步得出如下结论：隧道出口明洞洞顶截水沟、排水沟因2010年夏季的暴雨而淤塞，排水不畅，失去了作用，再加上明洞一侧靠山，山体内的压力水也要从隧道内的排水系统排出，原设计防排水系统已经不能满足实际需要，所以明洞段出现了边墙渗水。隧道地表水主要为出小牛沟河水与黄吧沟溪水，原均属常年性流水，但经过走访发现，这两处地表径流及村民自家的水井均比修建隧道之前水量小，甚至出现断流、水井干涸现象，由此说明隧道的修建破坏了山体结构及原有自然水系，地表水和地下水的走向受到了影响，并最终有一部分流向了隧道排水系统。

（2）设计因素　该项目2005年开始前期工作，2006年完成了勘察设计以及路基桥隧工程的施工和监理招投标等工作，同年8月29日开工，设计、修建得早，防水等级较低，不能满足现有防渗水要求；设计排水系统单位时间排水量较低，不能及时把隧道周围压力水排出。如隧道中心排水沟仅为内径 30cm 的钢筋混凝土管，而后期设计的高速公路隧道中心水沟均为 90cm×60cm 钢筋混凝土盖板沟。

（3）施工因素

1）施工单位在施工过程中对防水板造成了破坏，造成防水设施失效，导致隧道渗水。防水板破坏有三种原因：一是施工初期支护平整度较低，挂防水板过程中没有紧贴岩面，在二衬混凝土施工时，防水板被凸起部分顶破；二是防水板接缝处焊接不密实；三是二衬混凝土施工时台车挡头板顶破水板或电焊作业时防水破坏，未进行修补。

2）部分橡胶止水带质量不过关或者安装不到位，甚至局部部位未安装橡胶止水带。

3）在隧道横向排水管施工过程中，安装不到位，或者在浇筑混凝土的过程中移位、破碎，使得横向排水管不起作用，边墙后面的水排不到中心排水管内。

3. 水害治理原则

隧道水害治理是一项长期的工作，虽然这次把发生水害的部位处理好了，但随着时间及地质条件的变化，此处或者它处可能继续发生水害，所以对隧道应该定期进行检查，特别是在大雨、大寒期间，更应加紧巡查。水害治理要“标本兼治”，不能只注意表面。在治理的过程中应“防、截、堵、排”相结合，综合治理，使压力水通过有效排水通道顺利排出洞外。

由于渗水具有侵蚀性，在混凝土修补的过程中必须采用防腐抗渗混凝土进行施工，边墙渗水处理完毕后要按原设计进行墙面装饰，做到颜色一致；路面施工，要在混凝土强度达到设计要求后才可开放交通。

4. 治理方法

1）清理并修补明洞段洞顶截水沟、排水沟，迅速引导地表水排入排水沟，尽可能减少地表水通过洞顶回填土渗入到地下；在明洞段挡墙上向山体内打排水孔，将山体内地下水直接排出，防止地下水汇聚并向隧道渗水。

2）打开路面中心水沟检查井井盖，疏通中心水沟；疏通边墙检查井到中心水沟横向排水管；对于已经破损的路面进行凿除并重新施工。

3）对边墙渗水处进行凿沟，安放橡胶止水带及引水管，引水管在边墙底部接向路边沟，沟槽表面用高强度等级抗渗砂浆抹平。

4）提高巡查人员的责任感，运营部门制定严格的巡查养护制度，对隧址区的水文地质条件、地形地貌的变迁进行观察，尤其是发生自然灾害时，更应加大巡查的力度，同时更要杜绝人为的破坏。养护的重点是保证排水畅通，特别是隧道边沟及中心水沟要定期进行清理、疏通。

【例 10-10】青藏铁路羊八井隧道水害

1. 病害概况

水害段位于堆龙曲峡谷区羊八井 2 号隧道出口前南侧山谷。峡谷区内沟岸陡峻，沟谷两岸冲沟发育，地形起伏大，地面高程大于 4100m。线路通过处为堆龙曲右岸一个宽达 80 ~ 150m 的古冰川谷沟口，其地貌为一长舌状冰水堆积体。堆积体已凸向堆龙曲，挤压了堆龙曲河床，此段河床宽仅 20 ~ 40m。堆积体表面植被较发育，其后缘局部有湿地发育。在中后缘较缓处有村舍分布。

水害发生区内主要地层由第四系全新统人工填筑土、崩积及坡积块石、冰水沉积块石和角砾、粗砂组成；基岩主要为喜山期花岗岩。根据钻探资料显示，堆积体厚度普遍大于30m，前缘部厚度可达45m以上。

在构造上，峡谷区处于墨竹工卡东西向构造带（羊八井）直孔断裂F11与西端念青唐古拉北东—南西向构造带（当雄—羊八井盆地东南缘断裂F19交汇复合区（两构造带的挤压处）。

2. 冲沟现状

冲沟位于冰川谷西侧坡脚，NW、SE向延伸，长约600m，呈V形。沟谷狭窄、顺直，沟头相对高差达300~400m，沟床纵坡达30%~40%。冲沟两侧部分坎壁上有植被生长。冲沟下切作用明显。该冲沟是一正在发育期的泥石流沟。冲沟左岸多处沟岸坍塌，其坍塌体堆积在狭窄的沟谷中，为泥石流的形成提供了丰富的固体物质来源。冲沟上游两侧出露地层主要为坡积砂类土，中下游两侧出露冰水沉积的碎石类土及块石、漂石，冲沟底部形成了松散堆积的块石层。冲沟中常年流水。DK1933+081.5处1~2.0m盖板涵每年冬季均发生冰堵现象。冲沟上游右岸为防止水冲蚀房屋及农田，采用截、堵等形式将流向冲沟南侧坡面部分水流集中排向该冲沟。冲沟现状如图10-19所示。

图10-19 冲沟现状

3. 原因分析

根据勘测资料，2000~2001年当雄—拉萨段勘测时，即确定该段以堆龙曲峡谷区地质勘察为重点。峡谷区两岸曾进行过多方案的比选工作，对各支沟沟口的洪积扇及冰川谷谷口的冰水沉积堆积体均进行了稳定性评价。由于发生水害的堆积体后缘部分已被辟为耕地，并建有房屋，各冲沟的规模、范围及下切深度都很小，而且沟岸稳定，岸壁多有植被生长，未见有冲刷淤积的痕迹。访问当地居民，近几十年来所发生的几次大暴雨，均未出现泥石流现象。工程自2001年建成后，也没有发生过大的病害与泥石流。由此分析可知，该泥石流冲沟形成的原因主要是2006年8月25~26日的特大暴雨。泥石流的形成与人类活动也有密切关系。通过对本次泥石流区的全面测绘、调查，综合各种物理地质现象，泥石流形成的主要原因有以下几方面。

（1）猛烈而且集中的暴雨　根据羊八井水文观测站提供的资料显示：当年7月份进入雨季以后，羊八井地区发生过多次降雨，特别是2006年8月25日的降雨量达3911mm，为多年不遇。集中的暴雨引发猛烈的山洪，严重破坏了冲沟底部及岸坡的稳定，冲沟严重下切，形成了更大的沟谷，为泥石流提供了大量的固体物质。

（2）流域内丰富的松散物质　堆积体主要地层为第四系冰水沉积的块石、角砾。受水流冲蚀，沟岸坍塌后堆积于狭窄的沟谷中，为泥石流提供了物质基础。

（3）坡陡、水急及下切剧烈　8月25日暴雨强度大，沟谷内水量大增。由于沟谷纵坡较陡，加大了流速，堆积物未被冲垮前，使水位雍高，形成陡坎跌水。在冲垮瞬间，水流动能增大，为水流带走大量固体物质创造了有利条件。在洪水流速加大、动能增加后，水流的下切能力加强，岸坡坍塌明显，阻塞沟床，形成新的陡坎跌水，致使下切更加剧烈。如此交替进行，形成了大量固体物质泄下的泥石流灾害。

（4）人为改变地表径流　人为改变地表径流破坏了原来沟谷中流水自然分配状况，致使大暴雨时冲沟中流量急增，从而加剧了对冲沟的冲切破坏，产生大量的坍塌物质。涵洞及路基工程施工中不合理的开挖，特别是下挖设涵，降低了原沟谷的侵蚀基准面，加剧了沟床下切。这些也是导致泥石流发生的原因之一。

4. 防治处理

对岩堆体冲沟采取防护、排导、拦挡等综合治理措施，确保上游洪积区稳定，彻底消除泥石流物质来源。同时，正对冲沟设置涵洞。此方案工程造价小，施工条件相对较好，施工对行车影响相对较小。其缺点是冲沟深、岸坡较陡，需大面积开挖边坡，下挖设涵时，施工有一定的难度。

考虑到本次产生泥石流的范围较小、规模不大，水害的整治应以消除产生泥石的条件为主要原则，选用固稳、拦堵、排导、分水工程，上、中、下游相结合，减少泥石流量。具体处理措施为：将原来1孔2.0m涵洞改为1孔6.0m的涵洞，同时将涵洞上下游冲沟顺直，保证沟内水流畅通；对泥石流冲沟进行全断面铺砌，并辅以栅栏拦挡石块及截水等综合处理措施，以消除泥石流的物质来源。

10.3.2 隧道衬砌裂损及处理

1. 衬砌裂损病害类型

衬砌裂损病害类型主要有衬砌变形、衬砌移动、衬砌开裂。其中衬砌开裂是衬砌裂损病害的主要表现形式。衬砌变形有横向变形和纵向变形两种，其中横向变形是主要变形。横向变形是指衬砌受力引起拱轴形状的改变。衬砌移动是指衬砌的整体或其中一部分出现转动、平移和下沉等变化，也有纵向和横向之分。衬砌开裂是指衬砌表面出现裂纹、裂缝或贯通衬砌全部厚度的裂纹，是衬砌变形的结果。衬砌开裂包括张裂、压溃和错台三种。张裂是弯曲受拉和偏心受拉引起的裂损。压溃是弯曲或偏心受压引起的衬砌裂损。错台是由剪力引起的裂缝，裂缝宽度从表面至深处大致相同（见图10-20）。

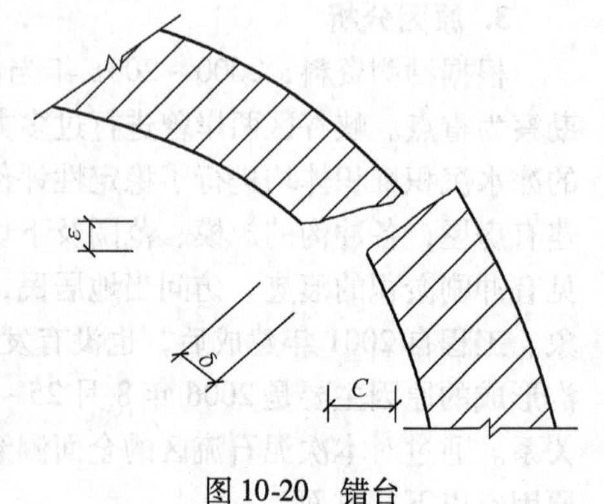

图10-20　错台

隧道衬砌裂缝根据裂缝走向及其和隧道长度方向的相互关系，分为纵向裂缝、环向裂缝和斜向裂缝三种。环向缝裂对衬砌结构正常承载影响一般不大。拱部和边墙的纵向和斜向裂纹会破坏结构的整体性，危害较大。

2. 衬砌裂损的成因分析

（1）设计、地质方面的原因　客观上，隧道穿越山体的工程地质与水文地质条件复杂多变，受地质勘察的数量、深度及技术所限，最后的勘察结果很难保证完整、准确，特别是对地质构造特殊岩性特异及地下水破坏作用较强的围岩的勘察不准确，在进行设计工作时可能对某些地段的围岩级别划分不准确，从而导致衬砌的类型选择不当，为日后的衬砌裂损埋下隐患。

（2）施工方面的原因

1）施工方法选择不当。施工方法的选择应根据隧道所处的地质条件、隧道断面、隧道长度、工期要求、机具装备、技术力量等情况确定。但由于施工工艺、施工设备等方面的原因，很难达到施工方法的要求（如围岩稳定性、水影响等），因此，在一些情况下衬砌裂损在所难免。

2）施工质量不过关。运营隧道衬砌裂损除少部分与设计、地质、环境、结构老化等因素有关外，大部分都与施工质量有关。主要表现在施工单位管理不善，追求施工速度，造成施工质量不良，例如工程测量发生误差、欠挖、模板拱架支撑变形、坍塌、过早拆除支撑、混凝土捣实质量不佳、对超挖部分回填不实、防排水处理措施不当等。

（3）地下水方面的原因　地下水的动、静压力作用，也可使衬砌裂损。严寒地区冻胀也是衬砌裂损的原因之一。当围岩背后存在空洞时，地下水便会存积在其中，从而增大围岩压力而引起裂损。尤其当隧道处于软质围岩环境中，软质围岩因水浸发生泥化或软化而失去承载力或产生塑性流动，对衬砌的压力增大；围岩的结构面及软弱夹层因水浸发生软化、滑动失稳对衬砌压力增大，均会导致衬砌的裂损。根据有关实测资料表明，雨季与旱季相比，围岩压力有的要增加一倍，而这一因素极易产生隧道衬砌裂损，并使已有裂损发展。

（4）运营维护方面的原因　运营中，若养护工作跟不上，如对隧道的设计施工情况，特别是围岩地质，地下水分布及处理，坑道开挖，支撑拆除，衬砌背后回填，防排水设施，衬砌质量情况，施工中有关技术、质量、安全等方面的问题和处理措施缺乏全面的了解；对衬砌裂损缺乏定期的检查监测，缺乏较长期的系统的观测与分析，对裂损变形的发现与发展情况不明，难以对造成原因及其安全影响作出正确判断，更难以做到及时有效的治理，均会使施工中发生的裂缝继续发展，整治达不到应有效果，或原来没有裂损的衬砌也会出现新的病害。

（5）其他方面的原因　除上述因素外，运营阶段的振动与空气污染、人为破坏与突发荷载也是衬砌裂损的重要原因。

3. 衬砌裂损的防治措施

衬砌裂损的防治原则：防治衬砌裂损病害首先要消灭已有的衬砌裂损对结构及运营的一切危害，并防止裂损加大；其次是采用以稳固围岩为主，稳固围岩与加固衬砌相结合的综合治理措施。

（1）稳固岩体的工程措施

1）治水稳固岩体。地下水的浸泡与活动对各种围岩的稳定性削弱最大。疏干围岩含水，并采取相应治水措施是稳固岩体的根本措施之一。

2）锚杆加固岩体。对较好的岩体，自衬砌内侧向围岩内打入一定数量和深度（3～5m）的金属锚杆、砂浆锚杆，可以把不稳定的岩块锚固在稳定的岩体上，提高破损围岩的黏结力，形成一定厚度的承载拱：在水平层状的岩石中把数层岩层串联成一个组合梁，与衬砌共同承受外荷载。对松散破损的岩体采用锚杆加固不仅可以有效地控制岩体的变形和提高其稳定性，而且可以使岩体对衬砌的压力大小和分布图形产生有利的转化。

3）注浆加固岩体。通过向破损松动的岩体压入水泥浆液和其他化学浆液（如铬木素、聚氨酯等）加固围岩，疏散地下水对围岩的浸泡与渗入衬砌，使衬砌背后形成一个1～4m厚的人工固结圈，就能有效地稳固岩体，防止地下水的渗入，甚至使作用在衬砌上的地层压力大小和分布产生有利的转化，有利于衬砌结构的受力和防水。

4）支挡加固岩体。对靠山、沿河的偏压隧道或滑坡地带，除治水稳固山体外，尚可采取支挡措施，包括设支挡墙、锚固沉井、锚固钻（挖）孔桩等来预防山体失稳与滑坡，这种工程措施只能用于洞外防治。

5）回填与换填。如果衬砌外围存在着各种大小的空隙（如超挖而没有回填等），不仅对地层压力分布产生不利影响，而且使得衬砌结构失去周边的有利支撑条件，不能使衬砌的承载能力得到更大的发挥。此时应采取回填措施，用砂浆或混凝土将围岩空隙回填密实。如果隧底存在厚度不大的软弱不稳定的岩体或有不稳定的充填物，可以采取换填办法处理。

（2）衬砌更换与加固

1）压浆加固。包括圬工体内加固和衬砌背后加固。前者主要适用于衬砌裂损非常缓慢或者已呈稳定状态，一般以压环氧树脂浆液为主，并选择无水季节施工；后者主要针对衬砌的外鼓和整体侧移，在拱后压浆以增加拱的约束，起到提高衬砌刚度和稳定性的作用。

2）嵌补加固。对已呈稳定状态暂不发展的裂缝，不能采取压浆加固时可以采用嵌补，即将裂缝修凿剔深，在缝口处用水泥砂浆、环氧树脂砂浆或环氧树脂混凝土进行嵌补。

3）锚喷加固。可用于裂损衬砌的所有内鼓变形和向内移动的裂损部位。采用锚杆加固岩体（见图10-21），可将衬砌与岩体嵌固在一起，形成一个均匀压缩带，以增强围岩的稳定性。

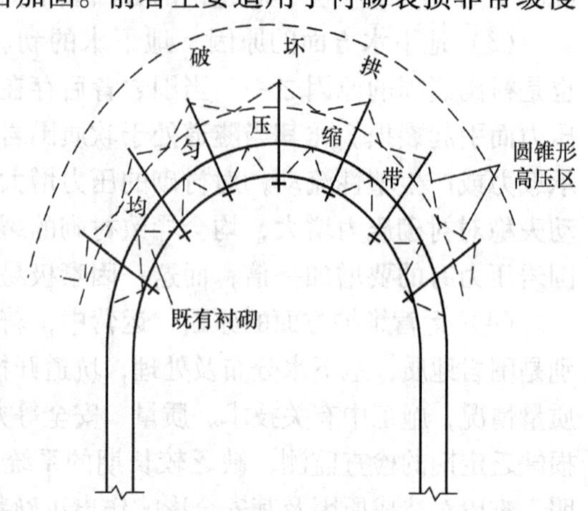

图10-21 锚喷加固

4）套拱加固。如果混凝土质量差，厚度不够，或受机车煤烟侵蚀，掉块剥落严重，并且拱顶净空有富余时，可对衬砌拱部加筑套拱（见图10-22）或者全断面加筑套拱(见图10-23)。

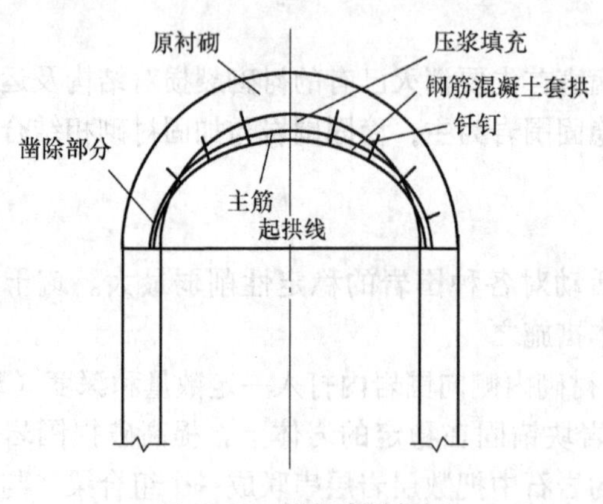

图10-22 拱部套拱加固

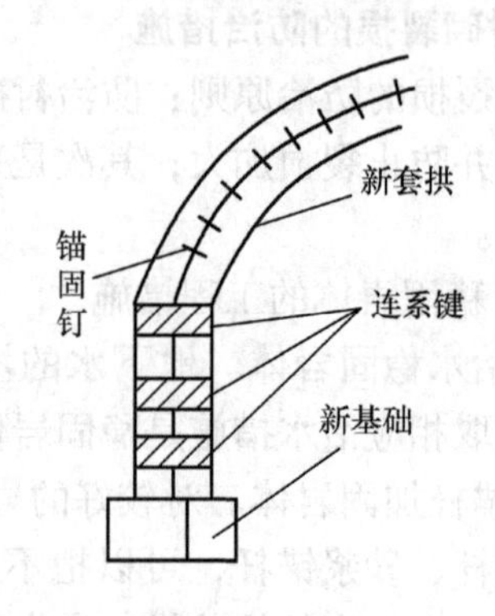

图10-23 全断面套拱加固

5）更换衬砌。拱部衬砌破坏严重，已丧失承载能力，用它整治补强手段难以保证结构稳定，或者衬砌严重侵入限界，采用其他整治措施有困难时，采用全拱更换，彻底根除病害。

【例10-11】九龙连拱隧道衬砌裂损

1. 工程概况

九龙隧道位于国道213线小勐养至磨憨高速公路，全长520m，隧道设计为连拱结构形式，进口K6+085~+266.746位于直线上，出口K6+266.746~+520位于圆曲线上（$R=$

350m，L_s=80m)。纵坡-4%（线路前进方向下坡为负），计算行车速度60km/h；隧道净宽10.5m，拱高6.75m，为单心圆曲边墙结构。该段埋深25~69m，在K6+110~+350段，存在挤压破碎带，宽12~14m，走向NE255，倾向195°，倾角70°~80°。K6+285~+290段原设计Ⅲ级围岩，花岗岩，岩体有两条裂隙斜向45°角分布中夹泥，无裂隙水；K6+255~+285段设计Ⅳ级围岩，弱风化花岗岩，岩体破碎，风化裂隙发育；K6+160~+255段设计Ⅴ级围岩，强风化岩，结构松散，有少量裂隙水，稳定性差。

2. 衬砌裂损及施工情况

该隧道现场施工方案：中导洞贯通后进行中隔墙施工及中隔墙顶部、中隔墙右侧回填，左线先开挖，掌子面与二衬距离不大于60m，左线二衬施工完后才能进行右线开挖，且右线二衬与掌子面距离保持在20m。

左洞K6+290~+160区段二衬施工完成后，在左洞右侧拱部出现不规则裂纹，宽度1~3mm。该段初期支护施工时间为2005年11月中旬至2006年5月上旬，二次衬砌施工时间为2006年2月中旬至2006年5月底。此外，2006年5月底，在左洞K6+290~+273段中隔墙顶1.5~2m位置发现裂纹，裂纹宽度1~2mm。

根据以上情况，工地及时从右洞（K6+290~+270）中隔墙顶2m位置打小导管对左线拱部围岩进行注浆。通过2006年6月上旬到6月底的观测，未发现裂缝进一步发展，表明该段已稳定。随着右洞开挖，2006年8月中旬，K6+273~+160段中隔墙顶至拱顶位置陆续出现裂纹，裂纹不规则，纵向连续，呈网状、树枝状，宽度1~2mm。通过处理，2006年8月中旬至10月上旬观测，裂纹没有变化，表明K6+290~+235、K6+205~+160段已稳定；但K6+235~+205段裂纹由1~2mm发展到1~3mm。根据观察，发现二衬基本在拆模45天后出现裂纹。衬砌裂纹分布如图10-24所示。

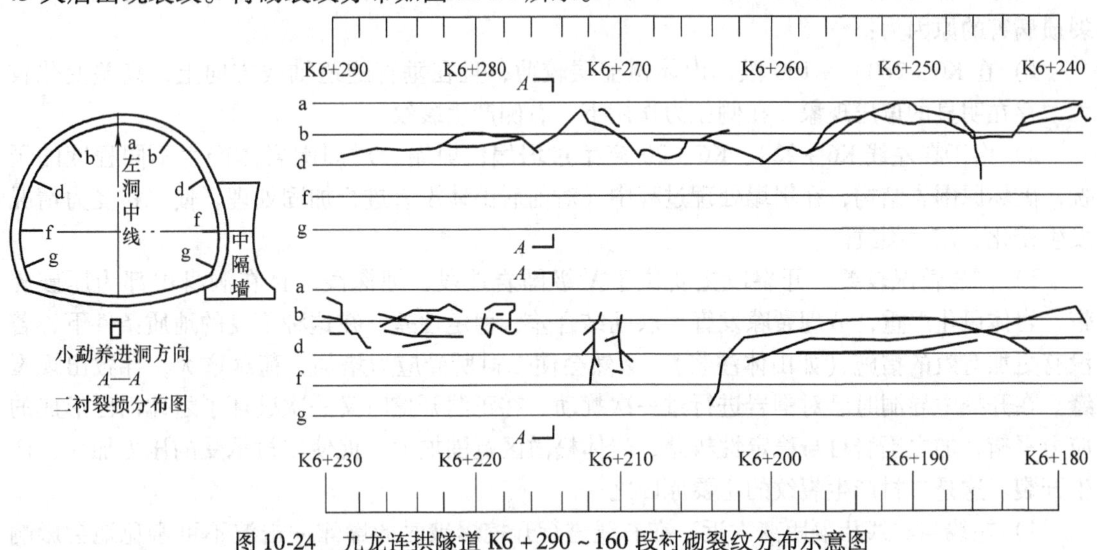

图10-24 九龙连拱隧道K6+290~160段衬砌裂纹分布示意图

3. 裂损原因分析

从现场施工情况分析，施工严格按设计图进行，在部分地质情况变化的不良地段，进行了方案变更。但在这些地段，仍然高估了围岩的自承能力。如2006年1月4日开挖到K6+228，拱顶孤石岩体侵入开挖面，围岩松散，拱顶小面积掉块，马上进行初喷（厚5~8cm）。

采用风镐把侵入开挖面岩体凿除，并及时进行支护，19 点 20 分拱架立好准备喷浆时，孤石从掌子面挤出，直径 3m，压塌 3 榀拱架，地表透顶，K6 + 250 到掌子面初期支护开裂、下沉。

根据实际地质围岩情况、检测情况，开裂地段隧道埋深浅、线路与山体斜交，左右线地表高差大，形成了偏压，提出对该段(K6 +245 ~ +205)进行地表注浆固结山体的处理方案。确定的处理方案为：洞内注浆，洞外塌陷区夯填恢复原貌。由于围岩完全风化为土，极其松散，在拱顶仰角 25°纵向打入 18kg 级小钢轨 18 根，每根长 5 ~8m。后经观测发现，K6 +245 ~ +225 段初期支护不断下沉，最多达 14 ~20cm。2006 年 3 月 22 日 K6 +205 拱顶靠中隔墙出现小坍塌，形成直径 2m 空腔。处理措施为：马上封闭掌子面，支护，注浆；由于围岩完全风化为土，大量掉块引起 K6 +225 ~ +205 段初期支护开裂，经专家组研究决定该段增加背拱加强措施

2006 年 5 月 28 日，右线里程 K6 +288 开挖进尺 3m 后，发现左线 K6 +290 ~ +285 段靠中隔墙顶二衬出现微裂，在后几天的控制开挖中，左线二衬裂缝连续纵向延伸至 K6 +273。项目部马上组织相关人员进行二衬开裂区观测，从右线（K6 +290 ~ +270）中隔墙顶 1.5m 处向左线拱顶打小导管进行注浆，环向 3 排，小导管长 6m，每根间距 2m，梅花形布置。经过后续观测，二衬开裂没有发展。

在 K6 +245 ~ +205 段（坍塌及坍塌影响区），衬砌严重开裂，分析后认为，处理该段坍塌时没有对山体松散围岩进行固结而形成松散体，且施工正值雨季，在地表水的作用下松散体不断下沉挤压密实，围岩应力重新分布，造成山体表面大面积滑坡，于 2006 年 8 月 1 日发现 K6 +223 ~ +215 段（靠中隔墙）二衬混凝土表面剥落面积 $2m^2$左右，拱部纵向出现呈网状、树枝状裂纹。

通过综合地质雷达探测、混凝土强度检测以及对地形、地质条件的分析，认为造成衬砌裂损病害的原因为：

1）在 K6 +260 ~ +160 段，山体覆盖层较薄，且在垂直隧道轴线方向上，高差变化较大，存在明显的偏压现象。在侧压力作用下，右侧产生裂纹。

2）由于在左线 K6 +228、K6 +20 产生过坍塌，坍塌会对周围岩体产生不同程度的干扰，破坏原围岩结构，在坍塌处理过程中，对前后山体没有进行加固处理，使二衬受力情况发生变化，产生裂纹。

3）围岩情况较差，开裂段主要位于Ⅴ级围岩地段，埋深浅，且在洞身中部为压破碎带，岩体风化严重，节理裂隙发育，层间结合差，稳定性差。在这种不良的地质条件下，若没有更加有效的措施（如山体注浆），必然会使二衬所受应力增加，荷载增大，导致出现裂缝。在开挖中导洞时已对围岩进行过一次扰动，在正洞开挖时又一次破坏了岩体内已形成的应力平衡，加之围岩自身稳定性较差，岩体松散区范围加大，促使二衬承受的压力加大，产生开裂。这是二衬产生裂纹的主要原因之一。

4）左线与右线相隔距离太近，在右线进行开挖爆破时的爆炸冲击波不可避免地会影响左线已经施工好的二衬。

4. 处理方法

根据检测结果判断，结构裂缝经修补后不影响长期运营，决定采用衬砌修复、地表山体加固方案处理。在洞外地表注浆加固围岩，洞内裂缝采用注射环氧树脂封堵裂缝，并在混凝土表面粘贴碳纤维布对混凝土进行补强。

（1）洞外处理 根据工程现状、地质情况、地貌和该段雷达检测报告，对开裂发展里程段和雷达检测围岩松散里程段，从地表对地层进行注浆固结处理，在冲沟地带，地表采用喷锚及截水沟进行防水处理。

（2）洞内裂缝修补 采用双轴向持续加压注射器（AE150）向裂缝内注射高分子树脂（AE160），封堵裂缝。

【例10-12】南昆线隧道衬砌裂损病害分析

1. 工程概述

南昆线跨越三省区，地质、地形条件十分复杂，从大地构造看，跨越了两个大的一级构造单元，即南盘江以南为华南褶皱带，以北为扬子准台地。广西境内位于广西山字形构造前弧西翼的延伸部位，云南省境内处于昆明山字形构造体系中，贵州省境内的线路则处于两个山字形构造之间，同时受控于南岭巨型复杂纬向构造带。由于褶曲、断裂发育，岩层挤压强烈，岩体破碎，使得线路的工程地质条件十分复杂。

沿线出露地层以沉积岩为主，碳酸盐岩分布面广，沿线长374.6km；第三系膨胀岩及第四系膨胀土长约137.6km；软土约7km；其余为砂岩、页岩，局部有玄武岩，含煤地层带自新生代至元古代均有出露。

2. 病害简介

南昆线柳州铁路局管辖内共有隧道135座，长度约100km。自1997年11月南昆线开通运营以来，先后发现多座隧道衬砌产生裂损病害，有的病害发展很迅速，严重危及行车安全。裂损的主要病害有：

1）离钢轨面一定高度范围内，边墙产生纵向水平裂纹。如那贯一号、平林一号隧道的边墙开裂高度距离钢轨面1.0～2.0m。

2）拱圈及边墙产生纵向、横向、斜向裂纹，有些地段裂纹形成网状，严重时拱顶纵向开裂，混凝土被压溃掉块。如平旺三号、平林一号、尾芽一号、石头寨二号隧道，病害段衬砌裂纹纵横交错，掉块在0.2～2.0m^2，厚度在5～22cm之间。

3）病害严重段，拱圈支离破碎，边墙内挤，线路垄起，隧道限界收敛。如平林一号隧道，自1999年5月后的一年时间内，隧道限界收敛最大处就达19mm，平均每月收敛1.5mm。

3. 病害原因分析

距离钢轨面一定高度范围内的边墙纵向水平裂纹病害，主要是边墙基础下沉形成吊拉效应造成的。从那贯一号、平林一号、石头寨二号、八坎二号等多座隧道的情况来看，病害是工程遗留问题造成的：一方面，隧道底部铺砌遭破坏，底渣、淤泥清除不彻底，造成局部翻浆冒泥；另一方面水沟无铺砌，水不能及时排出洞外，基岩泥岩、灰岩类长期浸泡后膨胀、溶化。

拱圈、边墙的网状裂纹和拱顶压溃掉块原因有：

1）山体偏压、围岩坍塌或内挤，衬砌受力不均匀，局部产生拉应变。如平林一号、石头寨二号隧道的病害地段，施工时发生过严重的坍塌；尾芽一号隧道受右侧山体偏压，造成左拱部混凝土开裂和左起拱线部位掉块。

2）施工不当，超挖、回填不密实，造成衬砌与围岩分离，衬砌变形空间过大，局部产生应力集中而裂损。

3）对围岩强度估计或判断不准，采用衬砌类型不当。如平林一号隧道，在离洞口

1728～1815m段，原设计为曲墙式衬砌，施工时取消了仰拱，改为20cm厚混凝土铺砌。建成后在围岩的强大挤压作用下，隧道左侧水沟被挤压变形，线路隆起，限界收敛，衬砌支离破碎。又如那贯一号隧道，围岩判断为页夹砂岩、灰岩，石灰岩夹泥质灰岩，由于采用了直墙式衬砌，泥质灰岩遇水膨胀溶化后，全长320m的隧道，边墙下沉开裂就有150m。石头寨二号隧道病害地段，由于不恰当地采用了直墙式衬砌或取消仰拱，虽然用钢轨拱架进行加固过，但在强大的挤压力下，致使边墙内挤，侧沟歪斜、隆起，拱顶开裂、掉块。

4）施工控制不严，与竣工资料也不符。结构关键部件缺少，隧道衬砌厚度、强度未能达到设计要求，结构难以承受应力。例如，按竣工资料，平林一号隧道离洞口1500～1900m段，拱圈混凝土厚度应在40～50cm，可实际厚度只有10～23cm。

4. 病害预防及整治措施

1）为了预防和整治病害，应采用较先进的探测手段，对南昆线所有隧道进行调查摸底，查清水害、地质不良及工程质量等问题。

2）隧道排水系统病害，应清理隧道侧沟，增补铺砌，确保水沟通畅。隧道基床底部处理，应重新对隧道底部进行铺砌，必要时加设排水板封闭，或加设土工布，并加设横向排水设施。

3）围岩地质不良，应对围岩进行加固。根据围岩类型采取相应的压浆加固手段，增强围岩整体性或使之形成拱体效应，达到减轻围岩对衬砌荷载作用的目的；破碎围岩，采用压水泥浆使其固结；强度较低的围岩（如松散砂黏土类），沿断面对围岩压灌化学浆液，使砂黏土固结形成拱体，与衬砌共同承受荷载。

4）填充衬砌背面空隙，根据墙背空间大小、衬砌厚度、裂损程度等方面情况，采用适宜的填充方法。

5）衬砌裂损隧道，根据现有衬砌利用的程度，作出相应的整治方案。边墙基础下沉引起的吊拉裂损，可以进行基础加固，解决排水问题后，再做压浆填缝。边墙完好，拱部裂损，可先用锚杆锁住边墙，再采用嵌设钢拱架、挂网等加固手段重做拱部。如有限界收敛现象，隧道底部应加设钢轨或钢筋混凝土梁支撑，必要时也可以加设仰拱。原设计有仰拱，而施工实际未做的，应进行补做。衬砌厚度或混凝土强度不足，可以全部凿除，重新浇筑混凝土。围岩稳定性较差，可以采用钢筋混凝土衬砌。对于强度较差的围岩衬砌横断面设计时，应让衬砌形成全封闭的圆顺的受力壳体，尽可能取消应力集中点。

【例10-13】隆务峡1号公路隧道衬砌裂损病害分析

1. 工程概述

隆务峡1号隧道位于省道阿赛公路阿岱至同仁段，隧道设计长度为157m。阿赛公路阿岱至同仁段原为三级公路，现改建为二级公路。考虑到资金问题，隆务峡1号隧道原则上加以利用，但改建过程中由于路线平面线形需要，对隆务峡1号隧道出口段41m按二级公路标准进行改建，新老隧道相接处出现了明显的错台。

隆务峡1号隧道穿越隆务河蛇曲段马鞍形山体，隧址区属于低中山地貌单元，最大相对高差80m。隧道进口段为第四系坡、残积层，成分为碎石夹少量亚黏土，结构松散，厚薄不均，最大厚度13m；隧道洞身及出口段为三叠系下统的强～弱风化板岩。强风化板岩为灰褐色，变晶结构，板状构造，倾角陡83°，岩体破碎，节理发育，厚度不均，一般为8.0～

9.0m，最大厚度11.0m；弱风化板岩灰褐色，其岩体完整性相对较好，变晶结构，板状构造，岩体较破碎，节理较发育。

2. 病害情况

原建隧道衬砌裂损较严重处有6处，除进口处为斜向裂缝外，其余均为环向裂缝，且在施工缝处；4处有衬砌渗漏水现象，均在衬砌裂损处。隧道进口（K76+039.6）右侧边墙开裂，裂缝与路面交角约70°，裂缝长约2.3m，最大裂缝宽度20mm。拱部接边墙处也有裂缝，裂缝长80cm，宽10mm。该处还存在不均匀沉降的迹象。隧道洞身K76+048、K76+054两处裂缝长度为16.5m，宽度约为5mm，有渗漏水痕迹，雨季衬砌上有明显湿渍；K76+068、K76+074两处裂缝长度为12.5m，宽度为15mm，有渗漏水现象，雨季可在路面形成较大湿渍；K76+080处裂缝长度为12.5m，宽度约为8mm。

3. 成因分析

隧道衬砌裂损问题集中出现在隧道进口段（K76+039~K76+080），经试验、检测及综合计算、分析，认为是以下几方面因素造成的结果：

1）隧道进口段为第四系坡、残积的碎石土和三叠系下统的强风化板岩，且基岩节理裂隙发育，应采用钢筋混凝土结构，但在设计中采用素混凝土结构，支护设计参数偏弱，衬砌强度不足，造成衬砌裂损。

2）隧道进口段围岩差，应设置仰拱，但设计时未设置，没有形成封闭结构，对结构受力不利，容易造成衬砌的不均匀沉降及衬砌裂损。

3）隧道采用矿山法施工，短掘短衬，施工缝过多，掌子面距衬砌太近，施工爆破使未达到设计强度的混凝土衬砌受到振动损伤，产生隐裂隙；加之地下水长期作用，围岩松弛卸荷加大，作用在衬砌上的压力增加，引起衬砌混凝土开裂。

4）通过地质雷达检测，发现衬砌背后空洞较多，不能形成衬砌与围岩的联合受力，也改变了衬砌的受力状态，引起衬砌开裂。

5）不规范施工造成衬砌外侧凹凸不平，衬砌厚度没有达到设计要求，情况严重段落（K76+044~K76+095）拱顶厚度不足10cm，严重减弱衬砌强度。

4. 隧道病害治理

隆务峡1号隧道地质条件差，加上设计和施工存在诸多问题，造成隧道衬砌裂损等问题，经过综合分析可采取以下措施进行治理。根据裂缝对衬砌结构稳定性的影响，考虑到隧道防渗漏要求以及隧道运营期的安全隐患，针对衬砌裂损的不同程度，做出了加固围岩及基础、加强衬砌结构、补强衬砌裂缝、埋管排水的设计方案。

1）对隧道衬砌外侧围岩注浆加固。拱脚上1.5m至拱腰处作为重点加固区，采用542注浆管，注浆孔深2.5m，间距2m，排距1.5m，梅花状布置；压注纯水泥浆，注浆压力0.5~1.2MPa，注浆加固范围为进口段前50m以及拱腰以下存在空洞的段落。考虑到拱顶处普遍存在空洞现象，为改善衬砌受力状况，提高衬砌承载力，对拱腰至拱顶处以充填为主，压注水泥砂浆，灰砂比为1∶0.5，水灰比1∶1，采用542注浆管，注浆孔深2.5m，间距1.5m，排距1m，梅花状布置，注浆压力宜0.4~0.6MPa，注浆加固范围为原建整座隧道。注浆加固的施工顺序为由下往上逐级灌注。为了确保注浆时隧道衬砌的安全，采用I16钢拱架进行临时支撑。在通车情况下进行施工，为保证行车安全和施工安全，必须实行单边放行交通管制，以便对过往车辆进行有效交通引导，并在洞外及洞内施工段设置警示标志。

2）隧道衬砌注浆加固完成后，对衬砌裂损不渗漏水处凿出U形沟槽，宽5cm，深5cm。先对沟槽及其外侧5cm内进行清洗，不让沟槽内存有杂物，再嵌补环氧砂浆对裂缝粘结补强，然后对其表面涂刷2cm环氧煤焦油涂料，进行防水处理并补槽。对衬砌裂损渗漏水处，凿出梯形沟槽，宽5~10cm，深10cm，先对沟槽及其外侧8cm内进行清洗，不让沟槽内存有杂物，再在沟槽内固定550mmPVC排水半管，然后嵌补环氧砂浆粘结补强，最后对其表面涂刷2cm环氧煤焦油涂料，进行防水处理并补槽。

3）对洞口斜向裂缝，在注浆加固的基础上采用ϕ22mm径向锚杆与纵向锚杆加固，径向锚杆、纵向锚杆各3根，径向锚杆长2.5m，纵向锚杆长1.5m。然后再凿出U形沟槽，嵌补环氧砂浆粘结补强。

4）为防止隧道进口段在以后的运营期产生沉降，在K76+039~K76+089段对基础进行注浆加固。在隧道两侧边沟内采用550注浆管注浆，管长3.0m，间距1.5m，注浆压力1.5~2.0MPa。

10.3.3 隧道冻害及处理

隧道冻害指寒冷地区和严寒地区的隧道内水泥和围岩积水冻结，引起隧道拱部挂冰、边墙结冰、衬砌胀裂等，是寒冷地区最具有代表性的劣化现象之一。

1. 隧道冻害的类型

1）冰柱、冰溜子。渗漏的地下水通过混凝土裂缝渗出，在渗出点因低温影响积成冰柱，尤其在施工接缝处渗水点多，结冰明显，累积十至几十厘米厚的冰溜子。如不清理，冰溜子越积越大，侵入限界，危及行车安全。拱部渗漏逐渐形成冰柱子（见图10-25），一般地区仅仅是影响限界。隧道排水沟槽设施保温不良引起冰冻（称为冰塞子），水沟地下排水困难，因结冰堵塞，使水沟冻裂破损，地下水不易排走，衬砌周边因水结冰而冻胀，致使隧道内各种冻害接踵而来。

图10-25 拱部渗水挂冰

2）衬砌发生冰楔。隧道砌筑在围岩良好地段，一旦衬砌壁后有空隙，渗透岩层的地下水，在排水不通畅时水就积在衬砌与壁后围岩间，结冰冻胀产生冰冻压力，传递给衬砌，使衬砌施工缝处充水冻胀，衬砌开裂、疏松、剥落。

3）围岩冻胀破坏。主要包括隧道拱部衬砌发生变形与开裂，隧道边墙变形严重，隧道内线路冻坏，衬砌材料冻融破坏，隧底冻胀与融沉。

2. 隧道冻害的原因

1）寒冷气温的作用。隧道冻害与所在的地区气温（低于0℃或正负交替）有直接关系。

2）季节冻融圈的形成。沿衬砌周围各最大冻结深度连成一个圈叫季节冻融圈。隧道的排水设备如果埋在冻融圈内，冬季易发生冰塞。在冻融圈范围内的岩土，由于受到强烈频繁的冻融破坏，风化破碎程度与日俱增，也是冻害原因之一。

3）围岩的岩性对冻胀的影响。

4）隧道设计和施工的影响。

3. 隧道冻害的整治措施

1）综合治水。

2）更换土壤。

3）保温防冻（在隧道内加筑保温层、降低水的冰点、供热防冻）。

4）防止融塌。

5）加强结构。加大侧向拱度，使拱轴线能更好地抵抗侧向冻胀。增加拱部衬砌厚度，一般加厚 10cm 左右。提高衬砌混凝土强度等级或者采用钢筋混凝土。隧底增设混凝土支撑。

【例 10-14】北限子寒区公路隧道冻害处理

1. 工程概述

北限子隧道位于凤城市通远堡镇，分左右幅两个隧道，均位于直线段上，隧道测设中线间距为 40m。右线隧道起止桩号为 YK92 + 927 ~ YK93 + 951. 5，全长 1024. 5m，设计高程 212. 21 ~ 220. 07m；左线隧道起止桩号为 K93 + 895 ~ K92 + 945，全长 950m，设计高程 212. 53 ~ 219. 62m。该隧道为长隧道，隧道左右线各设一处紧急停车带，一处车行横通道，两处人行横通道。隧道区域地层围岩主要为下元古界盖县组千枚岩，局部夹大理岩、变质砂岩，表层为黏性土混碎石。

2. 冻害情况

2010 年 12 月 14 日夜至 15 日凌晨，辽宁部分地区出现 - 34. 6℃的低温，接连几天，辽宁中、东部地区连续遭遇两次大雪，局部暴雪和寒潮天气。强降雪过后，强冷空气将辽宁的气温推进入冬以来低谷。沈阳、西丰等地 14 日最低气温创 1951 年以来 12 月 1—14 日历史同期极低值。在此极端气象条件下，北限子隧道右线沿行车方向左侧（纵向上靠近隧道中间位置）YK93 + 376. 6 位置电缆槽出水，并伴路面结冰现象（见图 10-26），形成冻害，危及行车安全，影响高速公路的正常营运。

3. 原因分析

根据现场观察，右线 YK93 + 266 电缆槽加深井处为出水点，伴有路面结冰现象，水流方向为丹东方向。采用地质雷达方法对路面下中心水沟进行探测，结果发现局部区域内的雷达图像存在较为明显的差异。YK92 + 853 ~ YK93 + 253 之间所测雷达图像基本一致；YK93 + 253 ~ YK93 + 266 之间雷达图像相对变化较大（见图 10-27），YK93 + 266 ~ YK93 + 278 之间所测雷达图像基本一致，由此推测隧道中心水沟堵塞冰冻在 YK93 + 253 ~ YK93 + 266 段落内。

图 10-26　隧道行车方向左侧电缆槽出水结冰

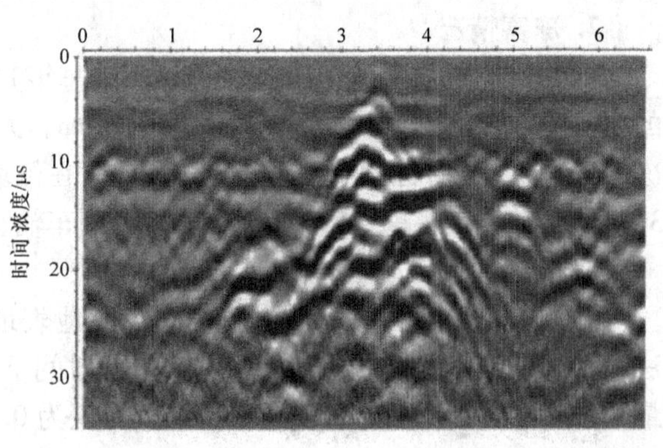

图 10-27　YK93 + 253 ~ YK93 + 266 段雷达探测图像

4. 整治措施

根据中心水沟检测结果，需对隧道中央水沟拥堵段进行疏通。2011 年冰冻期结束后，揭开隧道冰冻堵塞的 YK93 +253 ~ YK93 +266 段落内两处中心水沟，发现其下半段断面基本被结晶可溶盐、杂质等堵塞（见图 10-28）；进一步揭开丹东端中心水沟出口，也发现中心水沟下半段断面被堵塞。目前的疏通技术为顺水流方向的单向疏通，疏通最大距离为 50m，处理方案如下：

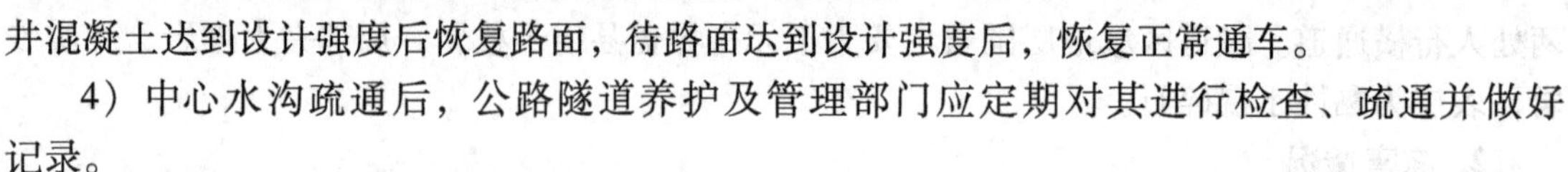

图 10-28　中心水沟堵塞情况照片

1）从堵塞电缆槽出水点对应的中心水沟处开始向丹东方向每隔 50m 增设 1 处检查井，检查井井盖应埋置于路面面层以下，避免危及行车安全。

2）检查井形成后，对中心水沟进行疏通清淤，并及时将淤堵物清除至洞外。

3）检查井侧壁外空间回填煤渣保温层，待检查井混凝土达到设计强度后恢复路面，待路面达到设计强度后，恢复正常通车。

4）中心水沟疏通后，公路隧道养护及管理部门应定期对其进行检查、疏通并做好记录。

【例 10-15】梯子岭隧道冻害处理

1. 工程概述

秦青公路梯子岭隧道位于青龙县，青龙县属半干旱大陆性气候，温差很大，降雨量较少。隧道位于青龙县北部山区，冬季气温低，年平均气温 8.9℃，而年最低气温达 -29.2℃。隧道衬砌最大厚度为 0.55m，年冻结深度为 0.91 ~ 1.09m。

梯子岭隧道为直线隧道，总长 1142.72m，纵坡 4.1%。原梯子岭隧道于 1993 年 8 月开工建设，1994 年 12 月竣工交付使用。隧道因未考虑防排水问题，交付使用后就发生了冻害现象。

1997 年 3 月 1 日开始，对隧道进行了改建，增设了防排水设施，同年 8 月 30 日竣工并投入使用。经过 4 年的运营，发现尽管隧道改建时采取了防排水措施，但渗漏问题仍未得到很好的解决。每年逢雨季，在隧道的衬砌表面都会出现大面积的渗漏现象；到了冬季，在衬砌表面的渗漏处仍有结冰现象，所形成的冰溜子延伸到路面，拱顶滴水在路面也形成了冰溜子，衬砌和排水沟均因冻胀出现了明显的开裂病害，严重地影响了隧道的正常运营。

2. 冻害情况

据 1994 年和 1995 年的两个冬季观察，每年 11 月份到第二年 4 月份，隧道洞内形成大面积的冰柱及冰溜子，冰柱直径大多为 0.5 ~ 1.0m，大者可达 1.5m，高度均在 1m 左右，小者滴水冻结于洞顶，形成冰溜子，倒挂与洞顶或附在侧墙上，最大冰溜子直径达 40cm 左右，长 2 ~ 3m；大部分路面冬季结冰。整个冬季隧道内车辆、行人难以通行，无法安全运营。

3. 冻害原因

（1）自然地理因素　隧道内渗漏段的地表地势相对低洼平坦，有一定的汇水面积，无法较好地迂流排泄，造成地面积水大量长时间下渗。冬季气温低，年平均气温 8.9℃，而年最低温度达到 -29.2℃。隧道衬砌最大厚度为 0.55m，而年冻结深度为 0.91 ~ 1.09m，故冻结深度到了衬砌背后一定范围的围岩。在冬季结冰期，隧道衬砌内外侧均结冰，环状排水盲沟也难免被冰充填，使其排水不畅或完全堵死。混凝土几经反复冻融，引起开裂，不仅降低了结构的安全度，而且会引发更严重的渗漏病害，导致病害的恶性循环。

（2）地质因素　隧道穿过距离东洞口220~250m和685~710m的两条断层，总长55m，断层破碎带影响宽度100~132m，两组横向裂隙发育，断层和裂隙相互连通，为地表水的渗流提供了通道和储水空间，使其源源不断地流经隧道衬砌。

（3）设计与施工方面的因素　隧道防排水设计措施不完善，是造成渗漏的原因之一；隧道施工质量差，也是造成渗漏的原因之一。混凝土内部缺陷（不密实或架空等）比较严重；拱形部位混凝土衬体与围岩接触普遍脱空；模筑混凝土衬砌采用先拱后墙法施工，施工接缝处理不当，盲沟没有完全沟通，防排水系统没有起到应有的作用，这些都是导致冻害的原因。

4. 冻害处理

1）完善隧道防排水设施。

2）加强衬砌结构。如采用防水混凝土曲墙加仰拱衬砌、防水钢筋混凝土衬砌、网喷混凝土加固，应加设抗冻胀锚杆，增大衬砌抵抗侧压力的能力。

3）保温、防冻、解冻。如在衬砌与围岩间加设保温层（加气混凝土等）、洞口设防寒帘幕（可用厚帆布缝成帘幕，与信号机连锁，自动开闭，为安全计备有手动开闭，以保持长隧道中部气温有效果）、排水沟采暖防冻（在洞口段上下层水沟间铺设暖气管道冬季供热）、泄水洞夏季通热风解冻（机械送热风融化泄水洞内结冰）。

10.3.4　隧道火灾及处理

1976—2008年，我国发生的铁路隧道重大火灾事故有9起（见表10-1）。

表10-1　铁路隧道重大火灾事故

发生时间	隧道名称	事故原因	伤亡情况	中断行车时间/h
1976年3月23日	丰沙线旧庄窝东46号隧道	罐车脱轨		
1976年10月18日	宝成线白水江140号隧道	罐车破裂燃烧爆炸	死75人 伤38人	382.25
1987年8月23日	陇海线兰州十里山2号隧道	货物列车火灾	死2人	201.93
1990年7月3日	襄渝线梨子园隧道	爆炸火灾	死4人 伤14人	576.00
1991年7月18日	京广线大瑶山隧道		死12人 伤20人	
1992年9月15日	青藏线岳家村隧道	货物列车脱线起火		82.32
1993年6月12日	西延线蔺家川隧道	货物列车火灾	死8人 伤10人	579.33
1998年7月13日	湘黔线贵州段朝阳坝2号隧道	泄漏燃烧爆炸火灾	死6人 伤50人	504.00
2008年5月12日	宝成线109号隧道	地震导致		283.00

1. 隧道火灾特点

1）随机性大。隧道火灾发生的时间、地点、规模、形态等都具有很大的随机性。

2）成灾时间短。汽车起火爆发成灾的时间一般为5~10min，并且发展过程很短。较大火灾的持续时间与隧道内的环境有关，一般在30min和几个小时之间。

3）烟雾大，温度高。隧道内一旦发生火灾，由于隧道空间小，近似处于密闭状态，不可能自然排烟，因此烟雾比较大，燃烧产生的热量不易散发；火灾可能将隧道照明系统破坏，能见度低，给扑救火灾和疏散人员带来困难（见图10-29）。

图10-29 隧道火灾

4）隧道火灾多半是缺氧燃烧，产生高毒性一氧化碳气体，观察到火灾时，隧道内一氧化碳的含量竟达7%。

5）疏散困难。隧道横断面小，道路狭窄，发生火灾时除了人员疏散困难以外，物资疏散也极其困难。车辆一辆接着一辆，要疏散几乎是不可能的。因此，火灾在车辆之间的蔓延也比较快，且每一辆汽车都有油箱，如果汽油燃烧将加剧火势发展。

6）进攻、扑救困难。隧道发生火灾，消防人员进攻道路缺乏，很难接近火源扑救。如发生在整条隧道中心，即使从隧道口进攻，到火灾现场有时也有几百米或更长的距离，加之缺乏照明，扑救更加困难。而长距离隧道火灾，进行内攻灭火几乎是不可能的。

7）洞内火灾产生的热烟，首先集中在隧道顶部，而很长一段隧道的下部仍是新鲜空气。当洞内有较大的纵向风流时，才会使隧道全断面弥漫烟气，使人迷失方向并可能中毒死亡。

2. 隧道发生火灾的原因

（1）隧道因素　隧道内火灾事故的危险性与隧道长度和交通量成正比。随着交通量的增长，带有各种可燃物质（油、化工原料等）的车辆的数量和频率也在增长。长大隧道内电气设备增多，隧道内电路或电器设备短路的几率也呈现上升趋势，火灾事故也就相应增多。隧道内由于道路比较狭小，能见度较差，情况比较复杂，容易发生车辆相撞事故。

（2）车辆因素　据有关资料介绍，汽车每行车1000万km平均发生0.5～1.5次火灾。引起汽车火灾的原因是电气线路短路起火、汽化器起火、载重汽车气动系统起火等。

（3）货物因素　隧道内有各种车辆通过，它们所载的货物有的是可燃或易燃物品，遇明火发生燃烧或自燃。

（4）道路因素　据研究表明：在公路上，当车辆以50km/h行驶时，其制动距离在冰路上为98.1m，雪路上为49m，潮湿混凝土路面为32.7m，潮湿沥青路面为24.5m，碎石路面为19.6m，干沥青路面为16.3m，干混凝土路面为14.8m。所以路面状况直接影响行车安全性。另外铁路隧道铁轨的状况也影响列车的行车安全。

（5）驾驶员因素　驾驶员的技术熟练程度、精神状态、强行超车、超速行驶等是诱发事故发生的主要因素。据美国高速公路安全保险公司统计：在高速公路上发生的2325起小汽车火灾事故中，大多是撞击后起火的。

（6）气候环境因素　高温酷暑天气，对热敏感性强的易燃易爆物品、低沸点液体、压缩液化气体、装载的气瓶与槽车极易发生爆炸、泄漏等事故；另外降雨、降雪、大雾等天气造成视线不清、车轮打滑等对安全也有很大影响，雷雨天气还有可能遭受雷击等。隧道火灾形成原因统计如图10-30所示。

3. 隧道火灾的防范

（1）隧道的耐火等级　隧道内发生火灾时，隧道顶部的温度将会很高。而公路隧道墙体内一般埋有电缆等设施，如果墙体耐火等级太低，火灾时极易将电缆烧坏，影响隧道内设备的使用。隧道内的拱顶和侧壁的表面应喷涂隧道防火涂料或其他措施予以保护，提高其耐火等级，使耐火极限达到2h以上，防止隧道内混凝土在火灾中迅速升温而降低强度，避免混凝土炸裂、衬砌内钢筋破坏失去支撑能力而导致隧道内垮塌，防止墙体内埋的电缆等设施烧坏。

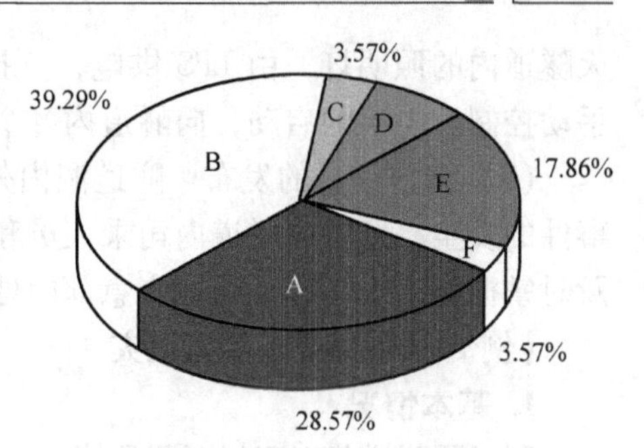

图10-30 隧道火灾形成原因统计

（2）隧道内的消防设施　隧道是一个近似密闭状态的交通设施，为了能及时了解隧道的营运情况，应在隧道内安装电视监控系统。此外，为了使火灾或其他突发事件能及时得到解决，隧道内还应安装应急设施，主要包括报警设施（宜采用感温探测器或火焰探测器）。在安装自动报警设施的同时还应安装手动报警装置，以便发现火情的人员能够迅速报警。另外，宜在每隔一定距离设置消防应急电话，手动报警设施和应急电话可设在消火栓箱旁。短距离的隧道可用自然通风，如果隧道内采用纵向通风系统，火灾时烟气将会顺车道扩散，则应设置避难设施。隧道内应设置事故照明和安全疏散引导标志，以便火灾时指示避难方向。在隧道内应配备必要的灭火器材，应设置消火栓系统及便携式灭火器材。

（3）隧道的消防管理　隧道的火灾主要是通过隧道内的车辆引起的，加强安全管理首先应从加强车辆管理入手，隧道管理部门通过监控系统对隧道内车辆进行监控，如果发生事故，隧道管理部门应立即派车进行疏散。公安交警应加强对进入隧道的车辆以及驾驶人员的检查，对酒后驾车和疲劳驾驶的驾驶员不许进入隧道。另外，隧道管理部门还应定期检查隧道内的消防设施、火灾隐患和消防安全工作等。

（4）隧道内送风、排烟系统　与地面建筑相比，隧道工程结构复杂，环境密闭、通道狭窄，连通地面的疏散出口少，逃生路径长。发生火灾，不仅火势蔓延快，而且积聚的高温浓烟很难自然排除，并会迅速在隧道内蔓延，给人员疏散和灭火抢险带来困难，严重威胁被困人员和抢险救援人员的生命安全。因此，通风系统应具备双向排烟功能，在事故发生时能控制烟雾和热量的扩散，可根据消防及救援人员的现场要求控制和调节隧道内的风向和风量。

（5）隧道交通管理　加强危险化学品运输车辆的动态安全管理，交警部门加强路面巡逻勤务，加强路面运输危险化学品车辆的管控，及时纠正和消除危险化学品运输车辆的交通违法和违规行为，全力维护公路行车通行秩序。同时，严查车辆违法行为，严格车辆禁行管理。有针对性地加强对违反“禁行”规定车辆和驾驶人员的“严打”力度，对不按规定行驶路线和时间行驶的危险化学品运输车辆依照有关规定予以严处。

（6）隧道内照明系统　隧道的照明控制应确保车辆驾驶员在进出隧道时实现洞内外光线平稳过渡，避免因“黑洞”或“白洞”现象而影响车辆行驶安全。照明控制一般根据洞口光强检测值或人工设定的时序参数进行自动控制。但是在隧道发生火灾时，应与事件处理要求实现联动控制，为疏散人员和事件处理部门提供照明。在监控系统检测到火灾报警后，由监控中心下达命令，切断市电供电，由市电切换到配电柜处安装的应急电源LPS，同时熄灭隧道内的照明灯，由 LPS 供电，支持应急灯照明和风机的运行，依照设计方案，自动或手动控制发电机的启动，向隧道内各个设施供电。

（7）情报信息的发布　隧道洞内外情报板和可变限速标志信息发布主要是配合隧道内事件的发生，及时向隧道内司乘人员和救助人员提供疏散路径、隧道环境状况等信息，以便及时掌握隧道内情况，配合应急部门处理应急事件。

【例 10-16】梨子园隧道火灾

1. 基本情况

梨子园隧道位于四川万源县境内，长 1776m，宽 5.6m，总高 6.5m（其中拱高 2.5m），总容积约 54 000m^3。南口坡度 4‰，北口坡度 2‰，变坡点约在距北洞口 700m 处。此隧道建于 20 世纪 70 年代，无排气孔之类的安全措施。

1990 年 7 月 3 日 14 时 55 分，由 46 节航空汽油槽车（槽车容量 60t，实际装载 40t）和 9 节货车（装运大蒜）编组的 0201 次列车行至梨子园隧道内时发生爆炸燃烧，造成 4 人死亡，14 人受伤，18 节油槽车和 5 节货车遭到不同程度损坏，使襄渝铁路停运 24d，是我国铁路史上一次罕见的特大事故。爆炸燃烧发生时，大量油品喷出，火势迅速向公路、河滩蔓延。

2. 火灾原因分析及特点

1）火灾原因。由于油罐孔盖密闭不严，在大气中温度急剧增高，罐内压强增大，产生油气外溢，甚至喷出油柱；襄渝线 511 公里 127 米处正是隧道圆曲线的中部，挥发的油气易积累，形成气团，当油气含量达到一定程度，遇火种即可爆炸；此处有接触网悬挂点，绝缘表面放电而引起火灾爆炸；该隧道安全措施不严密，且无排气孔。

2）火灾特点。爆炸发生后，由于油品从排水沟外溢，形成大面积流淌火；火场温度高，洞内槽车可能发生爆炸，火焰外窜，近战十分艰难；由于铁轨中断，槽车颠覆，槽车起复作业困难。

3. 处理措施

采用封洞灭火的方案。其理论依据是 1kg 汽油完全燃烧需耗空气 11.1m^3。

1）泡沫管枪与水枪扑灭洞外流淌火，堆砌沙袋堤坎，控制火势蔓延。

2）准备供水，备足沙袋，明确分工。

3）不断向洞口射水降低燃烧强度及温度。

4）随即喷射泡沫，扑灭油品溢流火焰。

5）再用水炮射水，向洞口推进。

6）堵洞成功后加固封死，并适当注水，不断抽出高温油蒸汽。

7）最后启洞，起复槽车，完成灭火作业。

思考题

1. 常见隧道工程事故分哪几类？
2. 造成隧道工程事故的原因有哪些？
3. 作为工程师，当您将来从事隧道工程设计、施工、监理及使用时，如何防范事故的发生？

第11章　地铁工程事故

11.1　概述

近年来，我国城市轨道交通进入了快速发展阶段。目前全国多个城市的轨道交通近期建设规划获得国务院批复，到2015年前后，我国将建设87条轨道交通线路、总里程达2495km。在未来的20~30年中，我国将进入城市地下空间开发的高潮期，城市地下空间的安全建设已成为我国经济、社会和国家安全的重大需求。

城市地下工程现场环境条件复杂、施工难度大、技术要求高、工期长、对环境影响控制要求高，是一项相当复杂的高风险性系统工程。城市地下工程所赋存的岩土介质环境复杂，设计施工理论尚不完备，建设过程中带有很强的不确定性，而且，随着地下空间开发进程的推进，新建工程往往要近邻地下或地上的基础设施及结构物施工，必然会对其造成一定的影响，若控制不力，这种影响将造成重大安全事故。由此可见，城市地下工程建设存在很大的风险，工程建设中一旦发生工程事故，将造成巨大经济损失并造成严重的社会影响。

由于我国城市地下空间开发历史较短，经验不足，在建设中存在着一些不容忽视的问题和安全隐患，对潜在的技术风险缺乏必要的分析和论证，以及人们对客观规律的认识不足、管理不到位，北京、上海、南京及其他城市在地下工程建设过程中都出现过不同程度的安全事故，其中部分事故造成了重大经济损失，严重威胁着城市的生产和生活，甚至造成了恶劣的社会影响，这已引起社会各界的广泛关注。这些工程事故在留给人们惨痛教训的同时，也为我们鸣响了城市地下工程安全建设的警钟。

我国现阶段地铁建设的高速度也为地铁事故频发埋下了隐患。轨道交通工程建设参与各方处于超负荷工作状态，专业技术人员不足，管理浓度稀释，导致工程建设中出现了不少薄弱环节，尤其是在工程安全风险管理方面，更是造成了地铁工程建设非常严峻的安全形势。

在这种形势下，有必要对城市地下工程建设中出现的事故原因进行深入的分析，在明确事故原因的基础上，提出相应的控制对策，以有效降低安全事故的发生率。

11.1.1　我国地铁工程事故

近年来，随着我国地铁工程交通事业的发展，工程建设速度的加快，因忽视工程质量造成的重大地铁工程事故也触目惊心。

1）2003年7月1日，上海地铁4号线浦西联络通道发生特大涌水事故。大量流砂涌入隧道，引起隧道部分结构损坏，周边地区地面沉降严重，导致黄浦江大堤沉降并断裂，周边结构物倾斜、倒塌，对周围环境造成严重破坏。事故造成直接经济损失约1.5亿元人民币。

2）2003年10月8日，北京5号线崇文门站发生地梁钢筋整体倾覆导致死伤4人的重大事故，是一起典型的由于管理层、作业层人员安全意识不强，执行技术标准和遵守施工纪律不严格，工人违章操作所造成的重大责任事故。

3）2004 年 9 月 25 日，广州地铁 2 号线延长段琶洲塔至琶洲区间工地基坑旁的地下自来水管被运泥重型工程车压破爆裂，大量自来水注入基坑并引发大面积坍塌，坍塌面积超过 $400m^2$，导致琶洲村和教师新村数千居民的用水近 8h 处于停水状态。

4）2005 年 3 月 15 日，北京地铁 4 号线与 10 号线换乘站黄庄站发生路面塌陷事故。经调查，该区域雨污水管线较多，因管线施工土体回填不密实及管线长期渗漏等原因形成较大地下空洞及水囊（见图 11-1，空洞平均深度约 22m，洞内面积约 $21m^2$）；同时施工降水和地层扰动破坏了不良地层结构的受力状态及其周围土体的稳定性，加之路面交通荷载作用，最终导致了大范围路面塌陷。

5）2005 年 11 月 30 日，北京 10 号线熊猫环岛奥运支线站主体基坑坍塌，由南侧开始迅速发展，最终造成基坑东、南、西侧围护桩均相继倒塌，周边电缆裸露悬空，燃气管线外露，自来水管、污水管及多根电信管线弯曲断裂（见图 11-2）。坍塌范围之大、造成破坏之严重，在国内地铁工程建设中非常罕见。主要原因是污水管长期渗漏形成水囊，长期浸泡土体，严重破坏土体稳定、降低了土体强度；另外基坑周边堆载过量等人为因素也是导致事故的原因。

图 11-1　造成黄庄站严重塌陷事故的地下空洞

图 11-2　熊猫环岛站基坑坍塌现场

6）2005 年 12 月，台湾高雄捷运地铁工程发生前所未有的坍塌事故，高雄县市交通要道因此陷入瘫痪，至少有 11 万人受影响。此次事故的主因可能是施工联络通道时，未预先大规模灌浆，导致地基不稳，引发坍塌。

7）2006 年 1 月 3 日，北京地铁 10 号线呼家楼—光华路站区间左线南侧掌子面突发涌水事故，所在部位地面随后发生坍塌，造成东三环路由南向北方向部分主辅路塌陷，形成一个面积达 $200m^2$、深约 17m 的大坑（见图 11-3）。经分析，在掌子面前上方土体中污水管线长期渗漏形成水囊及饱和水淤泥层，开挖后由于土体受力改变造成水囊及淤泥层涌水坍塌，而后污水管断裂，引发更大面积坍塌。

图 11-3　呼家楼—光华路站区间坍塌事故

8）2007 年 2 月 5 日，江苏南京牌楼巷与汉中路交叉路口北侧，南京地铁 2 号线施工造成天然气管道断裂爆炸，导致附近 5000 多户居民停水、停电、停气，金鹏大厦被爆燃的火苗“袭击”，8楼以下很多窗户和室外空调机被烧坏（见图11-4）。

9）2007年3月28日，位于北京市海淀南路的地铁10号线工程苏州街车站东南出入口发生一起坍塌事故，此事故导致地面发生塌陷（见图11-5），并造成6名工人死亡。

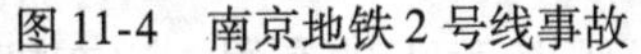

图11-4 南京地铁2号线事故

图11-5 北京市海淀南路地铁10号线苏州街车站事故

10）2007年11月29日，北京西大望路地下通道施工发生坍塌，导致西大望路由南向北方向主路4条车道全部塌陷，主辅路隔离带和部分辅路也发生塌陷，坍塌面积约$100m^2$，事故虽未造成人员伤亡，但导致该路段断路，交通严重拥堵。

11）2008年1月17日下午3时，广州地铁五号线大西盾构区间2#联络通道在施工中突然涌水发生坍塌，造成双桥路旁边花圃内$100m^2$的地面坍塌，深约5m，事故过程没有人员伤亡，地面交通局部（入城方向）被迫暂时封闭。

12）2008年4月15日傍晚6时15分，广州地铁六号线东湖站至黄花岗站施工现场发生事故，造成2死5伤。事故发生前一天傍晚6时10分，六号线东黄盾构区间在盾构机开仓作业时，遇不明气体导致死亡事故。现场距地面约23m深，作业面进尺2km。事故等级定位为重大事故。

13）2008年12月30日16时39分，西安地铁二号线F9地裂缝施工点（会展中心站以北约500m）发生着火事故，原因是施工人员在进行立模钢板切割的过程中，钢板掉落地面引发防水材料着火，现场烟雾较大并从隧道两端冒出。

14）2009年8月2日，西安地铁1号线施工现场因沟槽开挖支护不及时导致坍塌，造成2人死亡。

15）2010年7月14日，北京地铁15号线车站施工过程中，支撑钢架脱落，导致2死8伤。

16）2012年12月31日，上海地铁12号线某停车场在施工中发生坍塌，造成5死18伤。

17）2013年1月2日，广西南宁一在建地铁工地的污水管线迁改施工中发生坍塌，3人被困，其中2人最终死亡。

18）2013年5月6日，西安地铁三号线施工现场发生坍塌事故，造成5名施工人员遇难。

以上事故仅仅是我国城市地下工程建设事故的缩影，实际发生事故的数量是惊人的，其中造成巨大经济损失、引起严重社会影响的例子不胜枚举，这使我们深刻认识到在城市地下工程建设中面临着巨大的挑战。

11.1.2 地铁工程事故的分类

土木工程事故的分类方法很多，就地铁工程事故而言，事故的分类方法可以有以下四种。

按事故发生时间可以分为施工期事故和使用（运行）期事故。施工期的事故按发生因素又分水患事故、地质因素事故及其他安全事故。使用（运行）期事故又分为脱轨翻车事故和地铁火灾两大类。

按施工工法可分为明挖法、盖挖法、浅埋暗挖法、盾构法和矿山法五种。

1）明挖法。明挖法是从地表面向下开挖，在预定位置修筑结构物的方法的总称。

2）盖挖法。盖挖法是先建造地下工程的柱、梁和顶板，然后以此为支撑构件，上部恢复地面交通，下部进行土体开挖及地下主体工程施工的一种方法。

3）浅埋暗挖法。浅埋暗挖法是依据新奥法的基本原理，采用多种辅助措施加固围岩，充分调动围岩的自承能力，开挖后及时支护、封闭成环，使其与围岩共同作用形成联合支护体系的一种抑制围岩过大变形的施工技术。

4）盾构法。盾构法是使用盾构机在地下掘进，边防止开挖面土砂崩塌，边在机内安全地进行开挖作业和衬砌作业的施工方法。

5）矿山法。矿山法是指在基岩中采用钻眼爆破法进行开挖的地下工程的施工方法。

按事故类型可以分为坍塌、涌水涌砂、沉降、火灾、地下管线破坏、高空坠落、爆炸等。

按事故后果可以分为灾难性、极严重性、严重性、重大性和轻微性五种。

11.1.3 地铁工程事故的特征

事故会导致人员伤亡，财产损失，而且不同类型事故的表现形式千差万别，但大部分事故发生都基本上具有以下基本特征：

（1）关联性　事故的发生需要很多相互关联的因素共同作用。最常见的因素就是人的不安全行为、物的不安全状态以及安全经费的投入不足。

（2）潜伏性　事故尚未发生或尚未造成后果的时候似乎一切都处于“正常”和“平静”状态。但是只要事故隐患没有消除，事故就会存在发生的可能，事故发生的时间、地点，造成的伤害等很难预测的。

（3）突发性　事故的发生往往具有突发性，因为事故是一种意外事件，是一种紧急情况，常常使人感到措手不及。由于事故发生很突然，所以一般不会有太多时间来仔细考虑如何处理事故，于是往往会忙中出乱而不能有效控制事故。

（4）可预防性　事故的发生、发展都是有规律的，只要秉持严谨的态度，按照科学的方法进行分析并做好现场监测、风险评估、事故预警机制等有关预防工作，事故是完全可以预防的。对企业和施工人员来说，人们在生产生活过程中积累了相当多的安全知识和安全技能，只要积极学习并运用这些现成的知识和技巧，就基本上能够确保生产的安全。通过有关职能部门有力的监管，采取行政、法律、经济的手段，人类完全能够有效防止或减少各类事故的发生。

11.1.4 地铁工程事故的原因分析

国际隧道工程保险集团对施工现场发生安全事故原因的调查结果表明，地下工程发生事故原因是多方面的，其中，地质勘察不足占12%，设计失误占41%，施工失误占21%，缺乏信息沟通占8%，不可抗力占18%。地铁建设安全事故的原因，归结起来主要有以下几个方面：

1. 内在原因

地铁一般都处在地下或高架桥的半封闭空间里，自身结构复杂，具有以下特性：隐蔽性大、作业循环性强、作业空间有限，而且动态施工过程中的力学状态是变化的，围岩的力学物理性质也在变化，作业环境恶劣。随着城市发展的需要，城市地下工程建设面临着开挖断面不断增大、结构形式日益复杂、结构埋深越来越浅的技术难题。地下工程，其跨度尺寸均达到10m甚至20m以上，而且结构复杂，施工中力学转换频繁。随着地下工程埋深的减小，施工对地面的影响越来越大，在超浅埋条件下，开挖影响的控制与开挖方式、施工工艺、支护方法等众多因素有关，是地下工程施工中极为复杂的问题。

2. 环境原因

（1）地质水文条件复杂　地铁工程属于精密岩土工程，其建设安全深受地质水文条件的复杂性和变异性的影响。由于地下工程的隐蔽性、地质构造、土体结构、节理裂隙特征与组合规律、地下水、地下空洞及其他不良地质体等在开挖揭示之前很难被精细地判明，且城市地下工程埋深一般较浅，而表土层大多具有低强度、高含水率、高压缩性等不良工程特性，甚至有的土层呈流塑状态，不能承受荷载，且大量的试验统计表明，岩土体的水文地质参数具有离散性、不确定性和很高的空间变异性，这几个复杂因素的存在给城市地下工程建设带来了巨大的风险，也蕴含了导致地铁建设安全事故的深层因素。另外，水囊、空洞等不良地质体的存在也是引起施工过程中突发事故灾害的主要原因。因此，把握好工程所在地的地质水文资料是减少城市地下工程施工安全事故的根本前提。

（2）城市地下管线错综复杂　城市地下管线的错综复杂是影响地铁工程建设安全的重要原因之一。隧道施工前对管线准确位置、现状等具体信息调查不详、资料欠缺，或者在未落实现场管线情况前就盲目施工等都容易引发施工安全隐患。管线的渗漏破裂对周围土层的密实性及稳定性产生了极大影响，促进了不良地质体的形成。一方面，管线长期泄漏在地层中形成水囊，或管线周围土体松散、填埋不实而产生较大空洞，在开挖卸载及水压力等作用下使土体坍塌；另一方面，不良地质体也反作用于管线，恶化其支承条件，增大受力超限，增大变形破坏甚至断裂的安全风险。

（3）地层变形和围岩失稳　地层变形和围岩失稳是城市地铁工程建设环境风险的主要风险因子。主要表现为隧道施工引起地层扰动和失水，从而造成地层颗粒间结构的失稳，引起地层的破坏和变形。当地层变形传递到地下结构周围并与其发生作用，导致变形量增大，更容易造成结构破坏，甚至会出现伴生灾害和事故。地形变形对地下管线的破坏作用往往会使安全事故更加严重。

3. 技术原因

（1）设计理论尚不完善　因地质水文条件异常复杂，地下结构形式多样，地下结构体与其赋存的地层之间的相互作用关系至今仍不明确，使得目前的城市地下工程的设计规范、设计准则和标准均存在一定程度的不足，导致工程设计中所采用的力学计算模型及分析判断方法与实际施工存在一定的差异。因此，在设计阶段就可能孕育导致工程事故的风险因素。

（2）施工单位的施工设备及操作技术水平参差不齐 施工企业安全文化缺乏、安全制度不落实、安全监管不力，施工组织结构和隶属关系复杂，一线操作人员安全技术差、安全意识不强、缺乏建筑工地安全环境文化等现象是现在工程建设过程中存在的普遍问题，也是安全管理的重大障碍。一线操作人员不了解或不熟悉安全规范和操作规程，又因缺乏管理，违章作业现象不能得到及时纠正和制止，事故隐患未能及时发现和整改是造成事故发生的重要原因。地铁工程施工技术方案与工艺流程复杂，不同的施工方法又有不同的适用条件，因此，同一个工程项目，不同单位进行施工可能会达到完全不同的施工效果。施工设备差、操作技术水平低的队伍在施工中更容易发生意外安全事故。

4. 管理原因

（1）施工管理水平 城市地铁工程与其他工程项目相比，会遇到更多更复杂的决策、管理、组织问题，安全事故隐患在施工现场几乎无处不在。施工管理工作涉及地铁施工的方方面面，若没有完善的管理制度、强大的监管力度，再加上施工人员疏忽麻痹，则极易引起突发事故。目前，地铁施工管理涉及的深层问题主要表现在大规模的建设使得施工经验丰富的技术人员相对紧缺而聘用经验不足的管理人员，从而引起管理上的盲区，使项目管理层及施工人员存有侥幸心理。

（2）第三方的安全监督管理 在目前的安全监督工作中，仍不可避免地存在着某些形式主义。在实际的安全监督过程中，安监部门不但要对施工现场的安全状况进行检查，还应与安全管理的资料相对照，这样才能更深入地了解施工现场的安全情况。应该强调的是安全监督部门在施工过程的跟踪检查与管理过程中，应重视隐患治理，不能只着重于外在的一些安全表象，否则就无法达到预先诊断、超前控制的目的。

5. 其他原因

（1）低价中标对施工的不良影响 在建筑市场竞争日益激烈的情况下，承包商为了求生存，图发展，迫不得已压低标价甚至采取低于成本价方式竞标。中标企业为了追求利润，不惜偷工减料以降低工程成本，或以更低的价格进行分包，而分包单位又再次将工程分包给技术水平差的施工队伍。分包后，中标企业只管协调、收费和整理资料以便交工使用，施工由分包单位自行组织。分包单位为了抢工期和节约资金，便一切从简，施工组织设计只是为了投标而编制的，不是用于指导施工的，其他的安全制度，也是能免则免，不能免的也只是走走形式。当前，工程项目不论是由具有多高资质的施工企业中标，工程的直接建设者大多缺乏专业知识和操作技能，施工水平低下，安全意识薄弱，导致安全施工没有保障。

（2）挂靠施工的影响 “挂靠”工程的承包商多以追求最大利益为目的，要把一切非法的、不合理的费用从建设工程中扣回，唯一的办法就是降低工程成本、偷工减料、使用次材、降低质量标准，而这些都有可能成为安全隐患。

（3）投资、工期等的影响 地铁建设单位资金不能按时到账也会在一定程度上影响施工安全，盲目地缩短工期是引发施工事故的重要原因之一。

11.2 地铁明挖法工程事故及分析

地铁工程中常见的施工工法主要有明挖法、盖挖法、浅埋暗挖法、盾构法和矿山法等5种。明挖法是地铁工程中最常用的施工工法之一，图11-6的统计结果表明，明挖法引起的事故居所有施工工法之首（占总事故的56%），其安全问题尤为突出，应重点研究相应的施工安全措施。

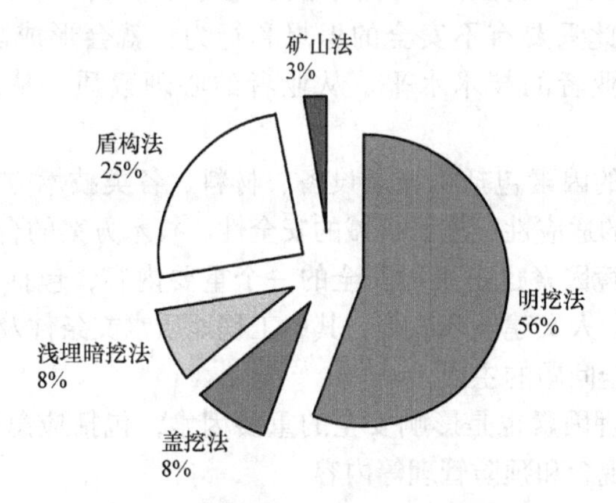

图11-6 地铁事故统计分析（按施工工法）

表11-1列举了我国近年来地铁明挖法施工的安全事故案例。

表11-1 明挖法重大安全事故案例表

事故名称	事故类型	事故后果
熊猫环岛站基坑坍塌事故	坍塌	多根雨水管、污水管、电信管线断开
杭州地铁湘湖站基坑坍塌事故	坍塌	造成21人死亡，24人受伤，直接经济损失4961万元
广州海珠区江南大道南海珠城广场基坑坍塌事故	坍塌	导致3人死亡，4人受伤，临近的7层宾馆倒塌，1栋住宅楼严重损坏，地铁2号线停运1d
珠海市祖国广场特大基坑坍塌事故	坍塌	3栋民房、37间商铺和1间员工饭堂倒塌陷入坑中，直接经济损失为1377.6万元
上海地铁某车站基坑事故	涌水涌砂	临近的房屋外侧围墙出现了裂缝
广州市某大厦基坑工程事故	涌水涌砂	水渠破坏，冲垮基坑边壁，基坑水满为患
连续墙接缝漏水漏砂、水土流失	涌水涌砂	地面严重下沉，邻近的结构物倾斜
北京地铁5号线地下电缆破坏事故	地下管线破坏	北京通信公司30孔电信、电缆管块被打断
上海地铁9号线某站临近结构物沉降、开裂事故	周边结构物破坏	地面出现多处裂缝，房屋出现了较严重的开裂现象
北京地铁黄庄站黄庄路口地面沉陷事故	地面塌陷	出现了大范围的地层沉降，最大沉降量达25cm
北京地铁15号线顺义站钢管架倒塌事故	支护结构破坏	在场施工的10名工人被砸，最终2死8伤
深圳地铁某站现场起重机倾覆事故	机械事故	造成2死4伤

地下工程的事故原因是多方面的，错综复杂的，根据人-机-环境工效学系统的安全评价指标体系，明挖法地下工程安全事故的成因一般可以归结为4类，通常称为“4M”要素，即人、物、环境和管理的因素。

（1）人的因素　人的不安全思想和行为对事故的发生起着决定性的作用，这是因为在伤亡事故的发生和预防中，人的因素占据特殊的位置，人的不安全行为占有很大的比重人是事故的受害者，但往往人又是事故的肇事者。绝大多数施工事故发生的原因都与人的不安全行为和思想有关，据统计，人的不安全思想和行为中，违章操作引起的安全事故占有很大一部分，因此只要有不安全的思想和行为，就会形成隐患，并极可能演变成事故。人的因素包括从业者的技术水平、从业者的心理素质、从业者身体及精神状况、从业者个人防护等。

（2）物的因素　物的因素包括机械及设备、材料、各类技术方案、安全防护，如勘察的详细程度、施工工法的适应性、施工机械的安全性、技术方案的合理性等。

（3）环境因素　环境因素也是工程安全的一个重要内容，包括工程地质水文条件、气候条件、周围建筑环境、人文建筑环境等，其中工程地质水文条件及其在特殊条件下的变化是导致许多工程出现安全问题的主因。

（4）管理因素　管理因素也是影响安全的重要因素，包括应急管理机制、施工动态管理体系、安全过程管理观念和预防管理等内容。

【例 11-1】深圳某地铁明挖基坑事故原因分析及处理方法

1. 工程概况

某地铁车站位于深圳市南山次中心前海片区，区间基坑总长 392.348m，宽 21.1 ~ 41.03m，深 14.23 ~ 19.098m。基坑平面如图 11-7 所示。

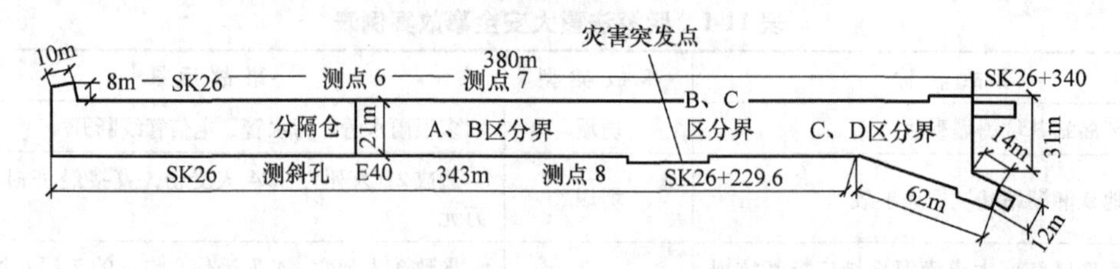

图 11-7　基坑平面布置示意图

（1）地质条件　该区是以填海为主的 $75km^2$ 的新兴区域，正在进行填海施工，周围空旷，无结构物、管线、道路等。工程地质水文条件复杂，淤泥层厚。土质不均，呈坚硬 ~ 流塑状态，有球状风化残留体存在，容易引起不均匀沉降，施工开挖容易坍塌，属较不稳定土体。从地面往下工程地层如下：①第四系全新统人工堆积层；②第四系全新统海积层；③第四系全新统海冲积层；④残积层，由花岗岩风化残积形成；⑤燕山期花岗岩，呈黄褐色、褐黄色、肉红色、灰白色，中粗粒结构，块状构造，主要成分为石英、长石、云母。

（2）水文条件　本场地地下水按赋存条件主要分为孔隙水及基岩裂隙水。标段范围内的含水层主要为砂层，与双界河河水及海水有水力联系，结构松散，自稳性差，施工易发生坍塌、涌水、涌砂等现象。随着基坑地下水涌出，砂土中细颗粒也随水流失，造成砂层结构更加松散，渗透性加强，地下水和细颗粒土流失加剧，花岗岩残积土和全风化岩的透水性加强。基坑开挖后，具承压性的强风化岩中地下水会通过残积土和全风化岩以越流的形式向基坑内渗透，加大基坑出水量，给施工带来困难。基坑开挖引起基坑内外水头差加大，易引起基坑隆起、管涌等不良现象。

（3）支护结构

1）基坑底部、外围有大片淤泥区，在基坑的东侧设挡淤泥围堤，以控制淤泥的扰动与变化。此地段采用 1000mm@1.2m 冲孔桩 +600mm 旋喷桩止水支护结构，如图 11-8 所示。

2）采用带活络接头的 ϕ600mm×12mm、ϕ600mm×16mm 圆钢管支撑，水平间距一般为3m，并根据主体侧墙、中墙、格构柱布置等适当调整。本段区间标准段采用3道支撑，盾构井段采用5道支撑。

3）支护结构采用荷载结构模式，按荷载增量法进行计算，为减小支护结构的侧向位移，各道钢支撑按设计轴力的30%～50%施加预应力，根据现场施工桩体的变形、受力监测情况复加支撑预加力。

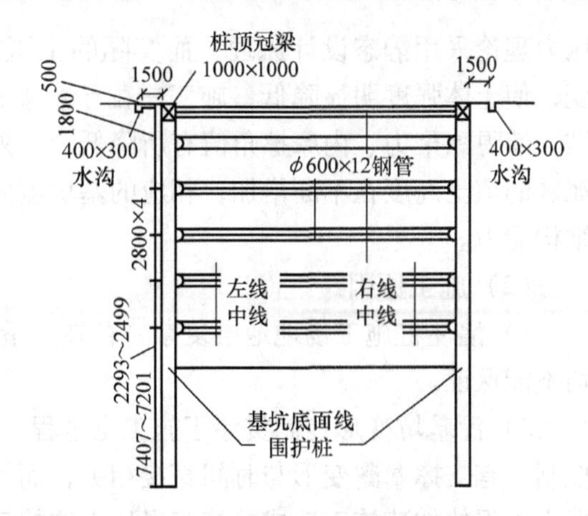

图11-8 标准段基坑断面示意图

4）由于基坑纵向很长，整个基坑共分4个开挖工作段（面），每个开挖段分为9个小段，开挖前首先确保基坑封闭，然后进行基坑内降水，两端向中间开挖。盾构井及2、3段基坑采用分段放坡开挖，纵向由两端向中间依次推进，竖向每一段内从上到下分6层开挖。

5）为掌握基坑开挖引起支护结构位移和基坑周边土体的沉降、位移情况，在基坑角点及沿纵向每60m对基坑边缘设置土压力监测点、沉降位移监测点和水位监测孔，垂直于基坑边方向间距5m设置3个沉降监测点；在基坑角点及沿纵向每60m设置桩体变形监测点；在基坑角点及沿纵向每30m设置桩顶位移监测点；每3道钢支撑设置一个支撑轴力监测点。

2. 事故概况

灾害发生前，已完结构盾构井16.5m到中板，标准段正线36m，23m完成底板，32m完成垫层，已挖36m到基底；从北已经开挖143.5m。

2008年3月9日20时30分，B区与C区交界处第2层一根钢支撑中间部位产生侧向挠曲，随即发生断裂，掉入基底。其上层第1排多根钢支撑产生上拱现象，基坑内出现异常声响。项目部立刻紧急疏散人员，同时从基坑南侧进行土方回填。22时至23时，陆续有钢支撑发生变形并伴随异常声响，特别是第1层支撑向上挠曲较大，并且东侧支护结构向内变形较大，桩间土块和支护结构层混凝土掉落。23时零6分，基坑东侧SK26+190～SK26+233中间部位支撑体系和支护结构瞬间向内崩塌。淤泥从C、B区交界处开始涌入基坑直至盾构井，高度至第1层钢支撑下约20cm处。基坑40m外淤泥塌陷影响范围东西长约210m，南北宽约120m，最深处下陷约3m，淤泥从裂缝向上涌起，并破坏供水管道及电力设备，造成断水停电。

3. 事故原因分析

根据现场查看及调查情况分析，导致这次严重基坑灾害的原因主要有以下几点。

（1）设计原因

1）地质方面。工程处于深圳填海区，未形成陆地之前，分布大片的鱼塘与滩涂，淤泥层范围很广，且淤泥层分布因场地不同而有差异，在基坑东侧有大片淤泥区，为发生灾害埋下了安全隐患。

2）支护结构选型。排桩支护结构多用于深7～15m的基坑工程，本基坑深度局部达19m，且基坑纵向长达290m，导致基坑支护结构的整体性较差。

3）土压力计算。支护结构土压力计算采用朗肯土压力理论，要求墙后土体为匀质无黏性土，而此深基坑场地内填土、淤泥分布不均，与土压力理论的假设条件相差很大。朗肯土压力理论采用静态设计原理，而实际的土压力存在显著的时空效应，基坑开挖造成土体蠕变，使土体强度明显降低，施工中由于桩基的施工以及基坑降水引起的挤土效应和土体固结，使得黏聚力、内摩擦角值有所降低。此外，基坑东侧的市政填土工程还在不断加快，淤泥区的填土高度在不断增加，相应的基坑侧向土压力也在不断增加，以致很难准确计算支护结构受力。

（2）施工原因

1）灌注桩施工场地地层复杂，存在大量孤石，桩基施工困难大，成孔质量和桩身强度均不能保证。

2）深基坑变形控制贯穿于施工全过程，可分为无支撑暴露变形控制和有支撑暴露变形控制。有支撑暴露变形与时间直接相关，而深基坑施工时，主体结构进度跟不上，另外市政填土工程的加速施工造成的施工场地土体扰动及主动区土压力变化、支撑应力松弛，均导致了钢支撑轴力损失。

3）基坑东侧淤泥区层厚片大，呈连通流动状态，东侧填土堆载的不断加速，迫使淤泥向基坑大量涌进，对支护结构造成很大压力。

（3）施工监测原因

1）监测方案存在很大漏洞，监测点布置太少。

2）监测工作进行的同时，没有对监测数据进行实时正确的处理，有隐患的地方没有引起足够重视。基坑崩塌之前，曾经出现部分钢支撑产生侧向挠曲及基坑内钢支撑出现异常响声，施工方未给予足够重视。当发现桩体位移测点破坏时，未采取补救措施，监测不能反映施工现场的真实情况。

4. 处理措施

灾害事故发生后，施工单位与设计院讨论并提出了相关的处理措施。

1）在原有挡淤围堤的基础上，在基坑东侧外30m处增设一道上口宽15m、南北方向长50m的挡淤围堤，南侧与原挡淤围堤相接，北侧填筑至黏性土，将淤泥隔断，加强基坑安全。

2）围护桩以西范围内，场地标高降至3m（原标高4~6m），挡淤围堤东侧对土体进行卸载，减少淤泥对基坑支护结构的压力，同时将围堤西侧与基坑之间的淤泥用干土换填2~4.5m高，以便搅拌桩进入施工，待围堤与搅拌桩施工完毕后，降低围堤东侧的场地地坪至4.5m。

3）对缺口处进行地基加固，基坑SK26+190~SK26+233外侧3.00~-9.40m深度范围内为淤泥，在补桩西侧1.5m、东侧2.85m范围内采用600mm搅拌桩咬合加固，加固深度至淤泥底面下2m，如图11-9所示。

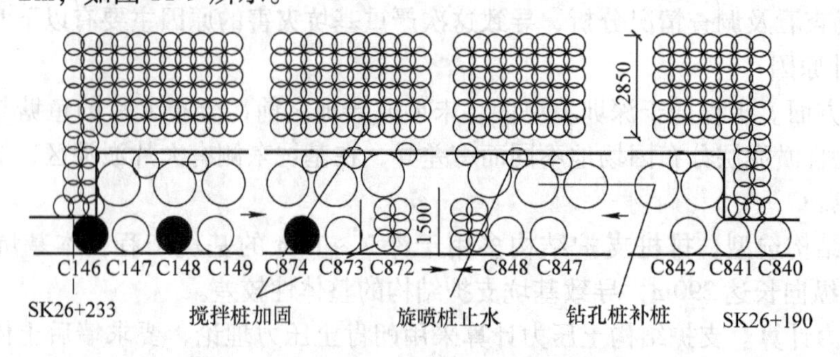

图11-9 地基加固以及支护结构补桩示意图

4）根据现场开挖情况和抽芯检测报告，确定补桩范围为C147～C842共36根，在原支护结构外侧500mm处采用1200mm@1350mm的钻孔桩进行补桩，嵌固深度9m，桩间采用600mm旋喷桩进行止水，如图11-9所示。

5）基坑采用内分仓施工，在SK26+247975处基坑横向增设一排1000mm@1200mm的冲孔桩将基坑分为两段，增加1000mm×1000mm冠梁与原冠梁相连，加强整体性。开挖时，在围护桩两侧对称开挖，并架设斜撑，确保分隔桩不倾斜。待其两侧主体完成后，将其凿除。

6）在断口两侧各20m范围内竖向架设6道支撑，其余断面将原设计4道支撑统一调整为5道，并确保新旧钢支撑架设无冲突；对原有支撑复加支撑轴力。

7）完善施工监测方案，将基坑周边土坡的位移也纳入监测范围内；在后续施工的钻孔灌注桩中增加部分测斜管；崩塌部分的深基坑在后续开挖过程中，加密钢支撑轴力的监测点，基坑纵向每4m设置一组钢支撑轴力监测点。

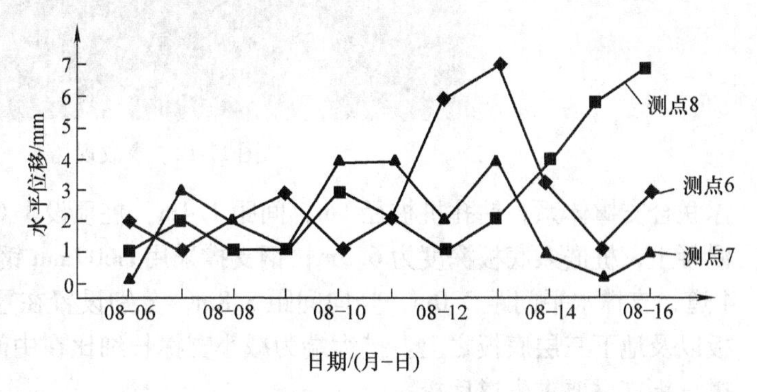

图11-10 监测点水平位移-时间曲线

上述处理办法实施后，支护结构的质量基本得到保证。监测点6、7、8水平位移-时间曲线（见图11-10）显示，对灾害采取一定的处理措施后，基坑开挖的一段时间内，基坑桩顶水平位移相对稳定，未出现过大的变化，基坑的稳定性良好。

图11-11为测斜孔E40（见图11-7）桩身测斜点一段时间内的桩身位移曲线。从图可以看出，桩身位移相对稳定，均在控制范围内，说明桩身质量良好，没有发生异常情况。

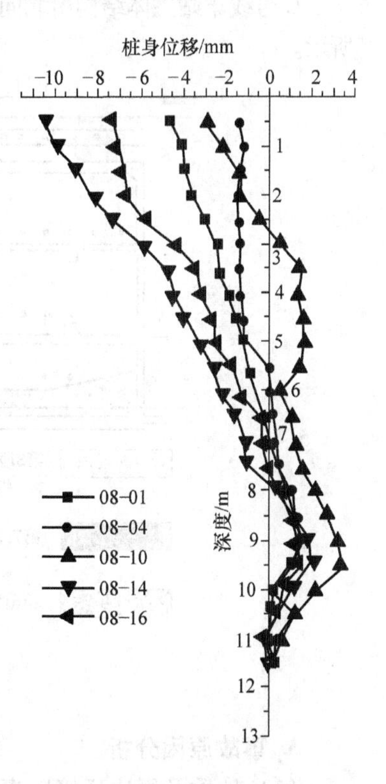

图11-11 测斜孔E40深度位移变化曲线

【例11-2】北京某地铁车站基坑坍塌事故及分析

1. 事故概况

2005年11月30日下午，北京地铁某明挖车站基坑发生坍塌，事故造成基坑东侧一根直径0.6m的自来水管断裂，自来水注入基坑内，同时造成一根直径1.4m的上水管弯曲，一根燃气管线外露，多根通信电缆断裂。坍塌面积约2400m²，如图11-12所示。事故造成经济损失上千万元，工期延误2个半月，所幸没有造成人员伤亡。经论证，该事故是北京市近几十年来最为严重的基坑坍塌事故。

2. 工程概况

A车站是北京地铁B号线（东西向）与C号线（南北向）的换乘车站，B号线在上，C号线在下，呈T形布局，总建筑面积27740m²，采用明挖法施工。C号线车站为三层三跨框架结构，车站基坑深22m，长153m，北端标准断面宽25m，南端扩大端宽29.8m。支护结构采用钻孔灌注桩与钢支

图 11-12 事故现场

撑联合支撑体系，钻孔桩桩径 1m，间距 1.4m，桩顶设 1.0m×1.0m 的冠梁，桩间挂网喷射混凝土，桩嵌入底板深度为 6.3m；钢支撑采用 ϕ609mm 钢管（壁厚 14mm），从上向下设置 4 道，支撑水平间距 3.0m，竖向间距 5.8m，分别设置在冠梁、地下一层底板、地下二层底板以及地下三层底板之上。扩大端为减小支撑长细比在中间设置临时立柱支挡，拐角处设斜撑。钢支撑要求先撑后挖。

C 号线车站主体结构由北向南施工，共分 8 个施工段，事故发生时施工形象进度如图 11-13 所示。

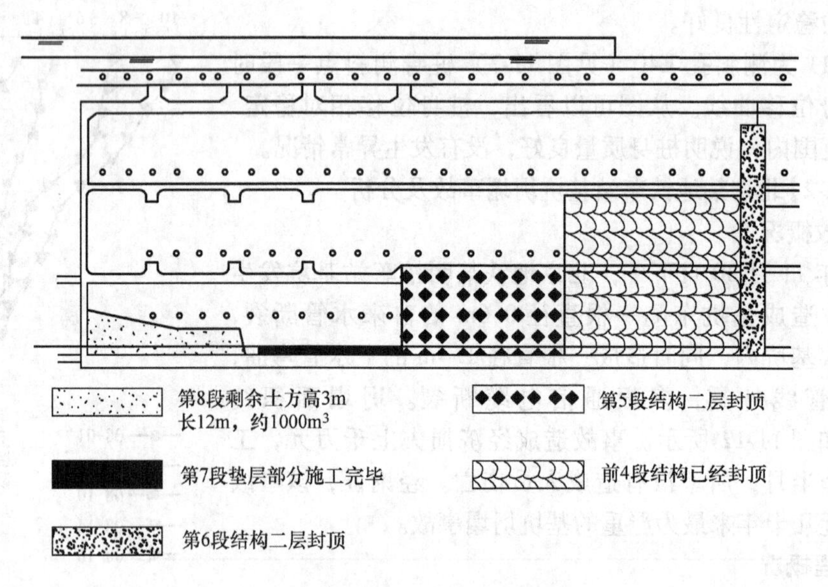

图 11-13 施工形象进度

3. 事故原因分析

（1）地质及周边环境因素

1）从地质情况看，工程所处地质情况复杂，地层多为粉土、粉质黏土、粉细砂层及细中砂层，各层交叉出现，土体自稳性较差。粉土、粉质黏土为饱和土层，属 VI 级围岩，土体自稳性差，在地下水的作用下强度大大降低，易发生坍塌。粉细砂、中粗砂为含水层，属 VI 级围岩，在地下水作用下易发生漏水、流砂、坍塌等地质灾害。卵石层为富含水层，密实，属 V 级围岩，有一定的自稳性。

2）从现场基坑开挖情况看，开挖地层内有一层粉细砂层和一层细中砂层。第一层粉细砂在地面以下4.5~6.5m，第二层细中砂层在地面以下15.0~16.5m，两砂层渗水量大。从事故现场可以看出，破坏滑裂面底部位于第二层细中砂上。基坑坍塌横断面示意如图 11-14 所示。

3）事故发生前，施工单位发现基坑南端渗水量加大，委托某勘察设计院对基坑周边地质情况进行了探地雷达监测，根据其 2005 年 11 月 28 日提供的《探地雷达监测报告》，在检测区车站基坑南端、地下 8.0m 左右深度范围内发现明显的异常区域，面积为 300m²。雷达图像显示，异常区内反射波杂乱，局部雷达反射信号较强，反映地下土层局部含水量较高，在管线下部尤其严重，可能有积水渗入。此异常区域为雨水管、污水管等多条管线穿越区，且在基坑南端设有污水井及雨水井。此区域距奥运支线基坑南端仅有 6m，坍塌后多条通信线路及污水管暴露于坍塌土体上方。

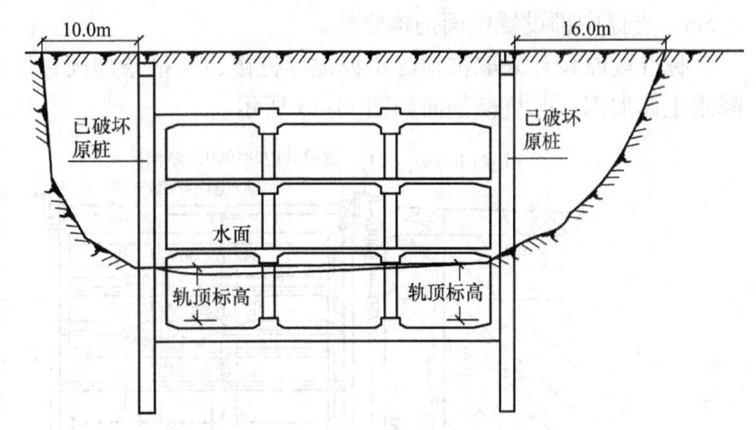

图 11-14 基坑坍塌横断面示意图

（2）设计施工因素 设计工况与施工工况不符。从相关设计文件中可看出，设计工况为严格按先撑后挖施工，桩基无支撑长度为两个钢支撑设计垂向间距。北京地区类似基坑的习惯做法是，在本道钢支撑不影响下层施工作业时才予以安装。该基坑采用挖掘机施工，基坑土方开挖接近尾声，第八施工段第三、四道钢支撑都没有完全架设完毕，造成部分围护桩无支撑长度与设计工况相比加大两倍以上，实际工况与设计工况严重不符，在降水施工未能将下层土体受水浸泡的不利工况改变的情况下，造成下层土体承载力大大降低，最终导致支护体系破坏，基坑坍塌。

（3）基坑边堆载 为节省费用，施工单位在基坑东南角堆载约 9000m³ 土方，坡脚距基坑边缘约 3m，用于明挖基坑回填。这部分堆载使基坑支护体系承担的土压力加大，导致支护结构受力状态与设计工况往更不利方向发展。基坑坍塌时一部分堆载土方滑入基坑，另一部分土方事故发生后才紧急运出。

（4）监控量测工作开展不力 事故发生后检查发现，施工单位上报的监控量测数据一切正常，桩体变形、地表沉降、钢支撑轴力等数据没有发生明显变化，从资料中看不出任何事故发生的征兆。基坑坍塌是由量变到质变的过程，之前会有事故征兆出现，如钢支撑轴力变化速率会增大，围护桩侧向变形会加大，下层土体受水浸泡承载力大大降低的情况下地表沉降会加速、地表应出现裂纹等。这些事故征兆在监控量测数据中都没有体现，可见监控测量人员素质不高、责任心不强。

【例 11-3】某地铁站深基坑坍塌事故原因分析

1. 工程概况

该地铁基坑长 107.8m，宽 21.05m，开挖深度 15.7～16.3m。基坑西侧紧邻大道，交通繁忙，重载车辆多，道路下有较多市政管线（包括上下水、污水、雨水、煤气、电力、电信等）穿过，东侧有一河道。

基坑围护设计采用地下连续墙加钢管内支撑方案。地下连续墙厚 800mm，深度分别为 31.5m、33.0m、34.5m，标准段竖向设置 4 道 ϕ609mm 钢管支撑，支撑水平间距 2.0～3.5m，支撑中部设置中间钢构立柱。

标准段原设计采取被动区水泥搅拌桩裙边和抽条加固，后图样会审时取消改为自流深井降水土体加固。基坑横剖面如图 11-15 所示。

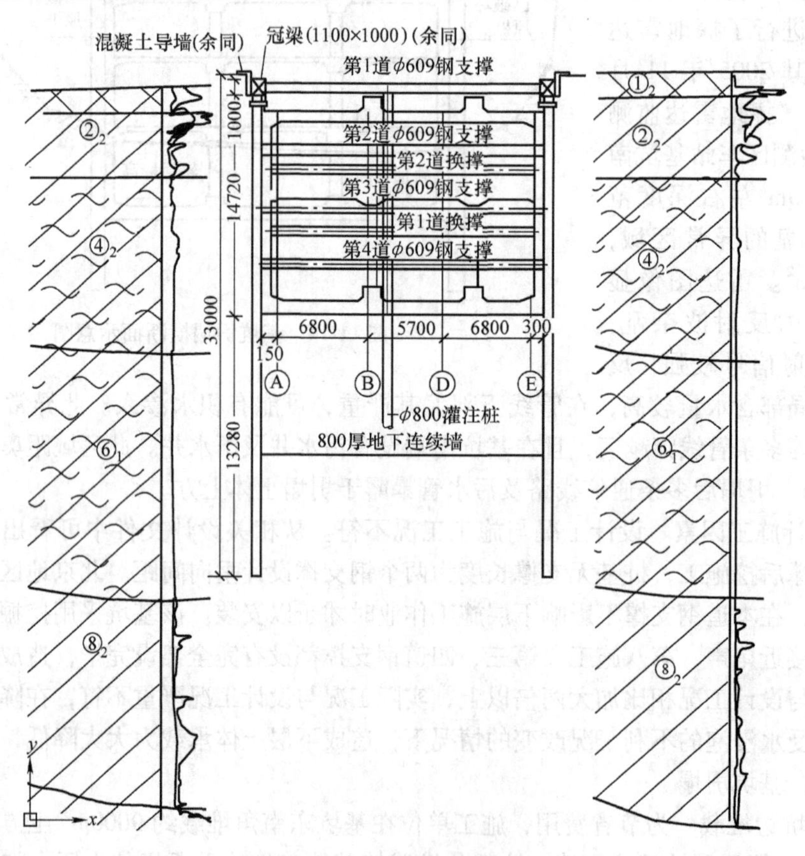

图 11-15 基坑横剖面示意

地质情况从上到下依次为：①$_2$ 素填土、②$_2$ 黏质粉土、④$_2$ 淤泥质黏土、⑥$_1$ 淤泥质粉质黏土、⑧$_2$ 粉质黏土夹粉砂。地下潜水位为 0.5m，无承压水。其中，深度 5～21m 为④$_2$ 淤泥质黏土，灰色，饱和，流塑，含少量有机质，天然含水率 40%～67%，孔隙比 1.10～1.85，具有高压缩性、低强度和低渗透性特点。深 21～33m 为⑥$_1$ 淤泥质粉质黏土，灰色，饱和，流塑～软塑，含少量有机质，夹薄层状粉土，天然含水率 34%～52%，孔隙比 0.95～1.50，具有高压缩性。

基底坐落在④$_2$ 淤泥质黏土上，地下连续墙的墙脚大部分位于⑥$_1$ 层淤泥质粉质黏土中。

2. 事故概况

基坑土方开挖共分为6个施工段，总体由北向南组织施工。至事故发生前，第1施工段完成底板混凝土施工；第2施工段完成底板垫层混凝土施工；第3施工段完成土方开挖及全部钢支撑施工；第4施工段完成土方开挖及3道钢支撑施工，开始安装第4道钢支撑；第5、6施工段已完成3道钢支撑施工，正开挖至基底的第5层土方。同时，第1施工段木工、钢筋工正在作业；第3施工段杂工进行基坑基底清理，技术人员安装接地铜条；第4施工段正在安装支撑、施加预应力；第5、6施工段坑内2台挖机正在进行第5层土方开挖。

部分支撑首先破坏，西侧中部地下连续墙横向断裂并倒塌，倒塌长度约75m，墙体横向断裂处最大位移约7.5m，东侧地下连续墙也产生较大位移，最大位移约3.5m。由于大量淤泥涌入坑内，大道随后出现塌陷，最大深度约6.5m。地面塌陷导致地下污水等管道破裂、河水倒灌造成基坑和地面塌陷处进水。道路下的排污、供水、供电设施受到破坏（见图11-16）。

图11-16 事故现场

3. 事故原因分析

委托工程勘察单位进行了土体滑动面和西侧断裂地下连续墙破坏形态勘查，根据勘查结果对基坑土体破坏滑动面及地下连续墙破坏模式进行分析，得出基坑土体滑动面与地下连续墙破坏形态如图11-17所示。

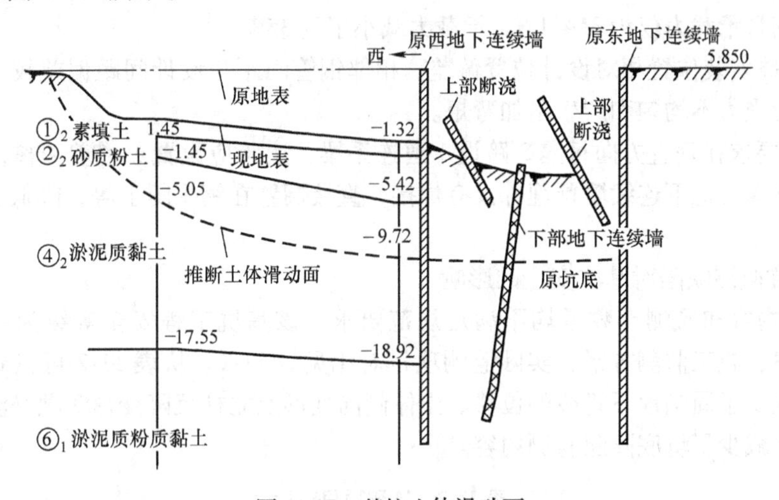

图11-17 基坑土体滑动面

调查分析表明：由于土方开挖过程中，基坑超挖，钢管支撑架设不及时，垫层未及时浇筑，钢支撑体系存在薄弱环节等因素，引起局部范围地下连续墙产生过大侧向位移，造成支撑轴力过大及严重偏心。同时基坑监测失效，隐瞒报警数值，未采取有效补救措施。以上直接因素致使部分钢管支撑失稳，钢管支撑体系整体破坏，基坑两侧地下连续墙向坑内产生较大位移，其中西侧中部墙体横向断裂并倒塌，大路塌陷。

（1）土方超挖对基坑安全的影响　调查分析发现，基坑开挖过程中不同程度地存在超挖现象，特别是在第4道支撑未设置的情况下一次性开挖到基底，而且垫层和底板跟进不及时。设计工况与施工工况对比可以发现：土方超挖状况下，支撑轴力、地下连续墙的弯矩及剪力等大幅度增加。与设计工况相比，如第3道支撑施加完成后，在未设置第4道支撑的情况下，直接挖土至坑底，第3道支撑的轴力增长43%～47%，作用在围护体上的最大弯矩增加37%～51%，最大剪力增加38%～40%；由于超挖，第3道支撑的轴力及地下连续墙弯矩均超过其设计承载能力。如果整个基坑施工过程中均存在土方超挖、支撑施加不及时的情况，则各个工况累计的支撑轴力、围护体内力变形将更大。

（2）钢支撑体系缺陷对基坑安全的影响　调查分析发现，基坑钢支撑体系存在系统性缺陷，主要反映在以下方面。

1）钢支撑体系均采用钢管结合双拼槽钢可伸缩节点，施加预应力后钢楔塞紧传递荷载。但该节点的设计、制作加工、检测验收、安装施工等均无标准可依，处于无序状态。现场取样试验结果表明，正常施工状态下该节点的承载力为3000kN。

2）如果在未设置第4道支撑的情况下直接挖土至坑底，第3道钢管支撑的最大轴力均超过钢管支撑轴心受压承载力设计值3000kN。如果进一步考虑活络头偏心、钢楔未塞满活络头间隙等节点薄弱因素，实际作用于第3道支撑的轴力与钢管节点的承载能力之间的差距将更大。现场钢支撑体系的破坏状态表明，大部分破坏均为该节点破坏，充分说明该伸缩节点不满足与钢管等强度、等刚度的连接要求。

3）按设计要求，钢管支撑在连系梁搁置处需采用槽钢有效固定，实际情况是部分采用钢筋（有的已脱开）固定、部分没有任何固定措施，这使得钢管计算长度大大增加，存在不同程度的钢管弯曲现象。本工程采用焊接钢管，中间有支点时的钢管承载力为5479kN，无支点时的钢管承载力仅为3541kN，承载力减小了约35%。

4）钢支撑安装位置相对设计位置偏差、相邻钢管间距与设计间距偏差较大。安装偏差导致支撑钢管受力不均匀和产生附加弯矩。

5）设计要求在垂直方向每隔3跨设1道连系梁，边跨应设置1道剪刀撑，实际情况是未设；钢管支撑与地下连续墙预埋件没有焊接，直接搁置在钢牛腿上等，降低了支撑体系的总体稳定性。

（3）基坑监测缺陷对基坑安全的影响

1）监测内容和监测点数量均不满足规范要求。该基坑工程安全等级为一级，地方规程、设计方案、施工监测方案、实际监测项目对比见表11-2。从表11-2可以看出，设计相对地方规程减少了周围地下管线的位移、土体侧向变形及立柱沉降变形3项必测内容；监测方案相对设计减少了坑底隆起监测内容。

表11-2　监测项目对比

监测项目	规程要求	设计方案	施工监测方案	实际监测内容
周围建筑物沉降和倾斜（地表沉降）	√	√	√	√（地表沉降）
周围地下管线的位移	√	×	×	×
土体侧向变形	√	×	×	×
墙顶水平位移	√	√	√	√
墙顶沉降	√	√	√	√

（续）

监 测 项 目	规 程 要 求	设 计 方 案	施工监测方案	实际监测内容
支撑轴力	✓	✓	✓	✓
地下水位	✓	✓	✓	✓
立柱沉降	✓	×	×	×
孔隙水压力	△	×	×	×
墙体变形	△	✓	✓	✓
墙体土压力	△	×	×	×
坑底隆起	△	✓	×	×

注：✓为必测项目；△为选测项目；×为未测项目。

2）实际监测点数量相对监测方案减小较多，并且大量监测点破坏未进行修复，造成监测点数量极少，形成多处监控盲区。实际监测点数量相对设计和施工方案见表11-3所示。从表11-3可以看出，基坑实际监测点数量相对设计和施工方案均有所减少。特别是支撑轴力、墙体变形及地下水位3项监测内容减少数量明显。基坑西侧只在围护结构内设置了地表沉降监测点（距基坑边最远距离仅约7.5m）进行监测，对围护结构外的大道等周围环境均未进行监测，地面沉降监测点布置范围不符合规程要求（1~2倍开挖深度范围）。

表11-3 基坑监测点数量对比

监 测 项 目	设 计 数 量	施工监测方案数量	实际监测点数量
地表沉降	12	8	8
墙顶水平位移	8	8	8
墙顶沉降	8	8	8
支撑轴力	22	4	4
地下水位	20m/孔(5孔)	20m/孔(5孔)	1
墙体变形	10	8	8
坑底隆起	5	0	0

3）测试方法。墙体侧向位移和钢支撑轴力的测试方法存在严重缺陷。

① 该工程地下连续墙的墙脚大部分位于⑥$_1$淤泥质粉质黏土中，肯定存在墙脚位移。墙内测斜管以墙脚作为位移零点，测斜数据只是一个相对墙脚的位移值，并不是绝对值，测斜数据失真。

② 根据钢筋应力计测试方法，报表数据中的支撑轴力数据均应为拉力，与事实不符，测试数据失真。

③ 第1道支撑钢管实际壁厚为16mm，但实际监测仍以设计的12mm厚计算，造成换算的支撑轴力减小25%，导致第1道支撑轴力监测数据失真。

④ 监测报表隐瞒实测数值。事故调查得到的原始监测数据表明，事发前实际地表沉降及墙体侧向位移均大大超过设计报警值，但监测报表隐瞒实测数值，没有报警及通知相关方处理。

4. 事故总结

1）施工、监理、设计、监测和业主对基坑工程特点应有深刻的认识，基坑工程时空效应强，环境效应明显，挖土顺序、挖土速度和支撑速度对基坑支护体系受力和稳定性具有很大影响。基坑工程施工应严格按经审查的施工组织设计进行。应及时安装支撑（施加预应力）、分段浇筑垫层和底板，严禁超挖。

2）基坑工程不确定性因素多，应实施信息化施工。监测点设置应符合规范和设计要求。监测单位应认真科学测试，及时如实报告各项监测数据。施工、监理、设计和业主单位要重视监测工作，通过监测施工过程中的土体位移、支护结构内力等指标变化，及时发现隐患，采取相应补救措施，确保基坑安全。

3）对钢支撑体系应研究和改进节点连接形式，加强节点构造措施，确保连接节点满足强度及刚度要求。应明确钢支撑特别是钢支撑连接节点的质量检查及验收标准，加强对检查和验收工作的监督管理。

4）加强基坑工程风险管理，建立基坑工程风险管理制度，落实风险管理责任。提高基坑工程风险意识，从规划、勘察、设计、施工、监理、监测以及工程投资和工期控制，每个环节都要重视工程风险管理，要加强技术培训、安全教育和考核，严格执行基坑工程风险管理制度，确保基坑工程安全。

11.3 地铁暗挖法工程事故及分析

城市地铁土建施工一般都采用明（盖）挖法、浅埋暗挖法和盾构法来修建地铁车站与区间隧道。工程实践表明：浅埋暗挖法与明（盖）挖法、盾构法相比较，由于其避免了明（盖）挖法对地表的干扰性，又较盾构法具有对地层较强的适应性和高度灵活性，故广泛应用于世界各国的城市地下工程建设。

浅埋暗挖隧道施工不可避免地对岩土体产生扰动，引起地层变形，当变形达到一定程度时将影响地面结构物的安全和地下管线的正常使用，如若发生地表塌陷，其影响将更加严重，不仅会造成地面环境的严重破坏，还将危及隧道结构的自身安全，甚至威胁相关人员的生命安全，从而产生非常恶劣的社会影响，这一点可以从近年来国内外城市地铁建设中出现的地表塌陷事故得以说明和体现（见图11-18）。

a)

b)

图11-18　地铁隧道施工引起的地表塌陷图片
a）北京地铁某区间隧道　b）深圳地铁某区间隧道

在浅埋暗挖法地下工程施工过程中，由于存在掌子面临空的时段（地层应力释放和重分布过程）及地层损失，对土体产生扰动，会相应地引起地层的移动与变形。这种移动和变形与土在自重及附加应力作用引起的土体固结沉降相比，在沉降速度和空间分布上有不同的特点，其通常可以在较短的时间内引起较大的地层移动与变形，且危害较大。其危害主要体现在两个方面：一是可能造成洞内的坍塌，并由此可能造成地下工程结构的破坏或人员伤亡；二是由于这种地层移动和变形的影响范围常常会波及到地表，当这种地层的位移和变形过大时，可能导致地表的过大沉降或地面的塌陷，同时也可能引发城市道路、地表结构物及桥梁、地下管线和地下建、构筑物（如既有地铁线路或车站等地下建、构筑物）的破损或破坏，也可能由此造成人员伤亡或财产损失。因此，控制地层的移动与变形，是控制浅埋暗挖法施工风险的关键所在。

造成地层移动与变形过大的主要原因有：主观失误和系统固有的风险因素（各种不确定性因素）的影响。主观失误主要指人为的风险因素，包括：前期勘查不详细、设计经验不足（施工方法选择不当、初期支护强度不足、群洞效应等）、施工经验不足导致的差错，以及施工组织不当、施工准备不充分和施工管理不善（格栅钢架连接不当、初期支护不及时等）等方面带来的风险影响。系统固有的风险因素包括：浅埋暗挖法施工方法自身特点所限（允许围岩部分应力的释放）、水文地质条件的不确定性（地下管线漏水、不良水文地质条件等）、复杂性和变异性等。虽然浅埋暗挖法施工风险有许多影响因素，但这些因素都不是彼此孤立和单独存在的，而是彼此关联和相互影响的，很难把它们单独区分出来逐一进行评价，也没有必要将它们单独区分出来进行专题研究。所有上述因素的影响最终都综合体现在如下四个方面：地铁工程施工过程自身的安全保障；地表沉降对地表建、构筑物以及道路、桥梁等方面安全性的影响；地表沉降对地下建、构筑物及地下管线安全性的影响；地铁工程施工对地下空间环境（主要是对地下水资源环境方面）的影响。

【例11-4】某城市地铁暗挖隧道地表塌陷原因分析

1. 工程概况

某城市地铁区间隧道位于主干道下方，交通繁忙，车流量大。隧道上方覆土厚10.0～11.0m，隧道通过围岩主要有中砂、圆砾、砾（砂）质黏性土、全风化花岗岩、强风化花岗岩。本区间范围地下水主要有第四系孔隙水、基岩裂隙水。第四系孔隙潜水主要赋存于冲洪积砂层及沿线砂（砾）质黏土层。地下水位埋深2.6～5.3m，以孔隙潜水为主，主要由大气降水补给。岩层裂隙水较发育，但广泛分布在花岗岩的中强风化带及构造节理裂隙密集带中，主要由大气降水、孔隙潜水补给，局部具有承压性。隧道上方主要有电力管沟、污水管、给水管、雨水箱涵、通信管道等管线。本区间采用矿山法暗挖施工。

2. 事故概况

2009年6月15日，暗挖隧道右线上台阶正在进行拱部喷混凝土作业，下台阶（YDK11＋525）进行仰拱开挖时，突然下台阶右侧侧墙脚涌水涌砂。施工单位迅速采取应急措施进行处理，并派人在涌水点对地表进行观察。由于涌水量大，难以控制，16日5时30分地面坍塌形成宽约11m、长约14m、深约6m的深坑。隧道上方*DN*800mm污水管断裂，污水不断流入陷坑内，ϕ400mm给水管线和11kV高压电力电缆悬空。隧道内涌水量约2600m^3、涌泥量约450m^3。隧道内YDK11＋525处上台阶2榀钢架严重变形，下台阶4榀钢架变形，上台阶及下台阶洞内情形如图11-19、图11-20所示。

险情发生后，施工单位本着“防止险情扩大、预防次生灾害发生”的原则来进行抢险工作。

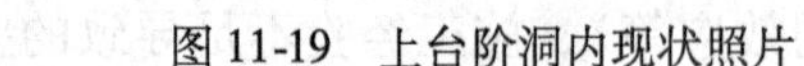
图 11-19　上台阶洞内现状照片

图 11-20　下台阶洞内现状照片

1）污水管截流。污水管破裂后大量污水灌入隧道会引起塌陷范围的进一步扩大，为此，在上、下游采用砂袋封堵，切断污水来源。采用污水泵将污水临时导排至附近的雨水管网中，确保污水不再渗入隧道。

2）塌坑回填。在污水管截流后立即用砂袋、加气砖和混凝土进行塌坑回填。考虑到后期管线恢复的便利，混凝土回填灌注高度至污水管底部，最后地面剩余宽约 11m、长约 14m、深约 3m 的基坑。

3）塌坑周边防护。在回填混凝土达到一定强度后，对基坑边采取了挂网喷混凝土（厚 10cm）防护，防止基坑两侧的土体垮塌。在陷坑周边修筑 30cm 高的挡墙，防止雨水回灌入塌坑内。

4）管线处理。对悬空的电力管线，采用 2 排 28m 长军便梁进行悬吊保护。军便梁两端架设在塌坑两侧原电力管沟稳固的位置上，对其进行悬吊保护；用加气砖垫至 *DN*400mm 的给水管底部，并用砂袋填充给水管与加气砖之间的缝隙，防止给水管下坠断裂。

5）接通污水管。将污水重新引入活水管中，防止污水对雨水管网产生严重污染。

6）加强地表监测。基坑周边 10m 范围内加密地表沉降观测点，并加强周边结构物的沉降观测。

3. 事故原因分析

地表塌陷的原因可归纳为主观施工因素和客观外部管线因素。

（1）施工因素

1）隧道开挖引起地层沉降值过大。本隧道采用台阶法施工，涌水点位置距上台阶掌子面距离为 8.5m，上台阶开挖时涌水点前后 5m 范围的对应地表沉降值达 50～85mm，已远超过设计控制值 30mm。隧道上方土层已产生不均匀沉降，污水管底部垫层也会随土层下沉而产生不均匀沉降，造成污水管相连的承插口逐步脱离，污水不断渗入隧道上方土体中，形成水囊，隧道开挖时，使岩壁安全墙厚度减弱，地层中的水通过薄弱缝隙渗入隧道，地层的逐渐损失导致缝隙扩大，从而产生了涌水涌泥险情。

2）隧道超前预注浆工艺不达标。原设计洞内采用全断面深孔注浆（每循环 20m）进行超前预加固，注浆加固范围：隧道开挖轮廓线外 3m（拱部和边墙）、1.5m（仰拱），而现场施工中，因下台阶注浆布孔数量不足、注浆压力偏小，边墙和仰拱部位未达到加固效果，没有形成足够的安全墙厚度，为带压水囊外涌创造了有利条件。

（2）客观因素 地下管沟多为 20 世纪 80 年代施工，管沟已陈旧，污水管为承插式预制混凝土管，接缝不严，且受地层不均匀沉降影响容易脱口；电力管沟为素混凝土结构，底板厚仅 10cm，容易断裂。

据以上分析，地表塌陷的原因为：由于隧道上方市政管线陈旧，隧道上台阶开挖引起地层沉降过大，污水管受地层沉降变形开裂，污水逐渐渗入隧道上方地层中形成水囊，下台阶施工时由于超前注浆未达要求，周边土体加固效果不好，形成通道后造成压力水携带土体涌入隧道，水土流失过多，从而造成地表塌陷。坍塌部位横断面如图 11-21 所示。

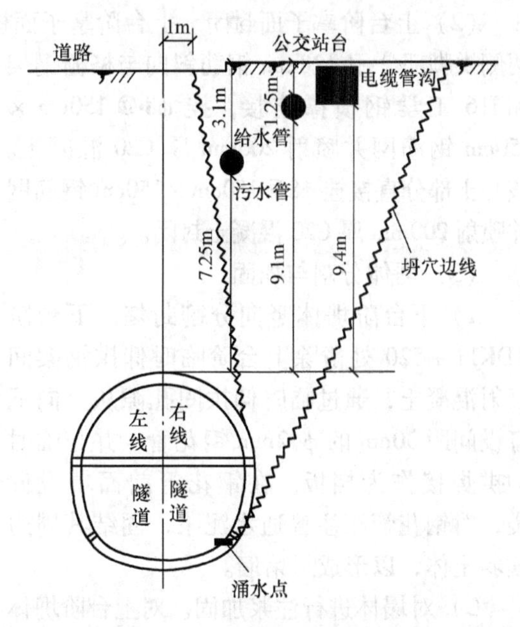

图 11-21 坍塌部位横断面图

4. 事故处理

按照“先洞内、后洞外”的处理原则，制定初期支护加固→上台阶掌子面封闭→坍体加固→地表注浆加固→洞内径向补充注浆→换拱→临时支撑拆除→管线及道路恢复施工的总体实施方案。

（1）初期支护加固

1）加固范围。上台阶掌子面后退 32m 范围，下台阶涌水点后退约 15m 范围。

2）加固方法。上台阶采用工18 工字钢临时横撑 + 100cm@ 100cm 的方木扇形支撑体系。扇形支撑底梁在原有临时仰拱上加设工18 工字钢与原初支格栅钢架连接。扇形支撑纵向间距 1m（对应隧道初支钢架设置）。下台阶采用一排中间竖向 ϕ100mm 钢管支撑，竖向钢管撑尽量与上台阶竖向木撑在同一断面。支撑布置形式如图 11-22、图 11-23 所示。

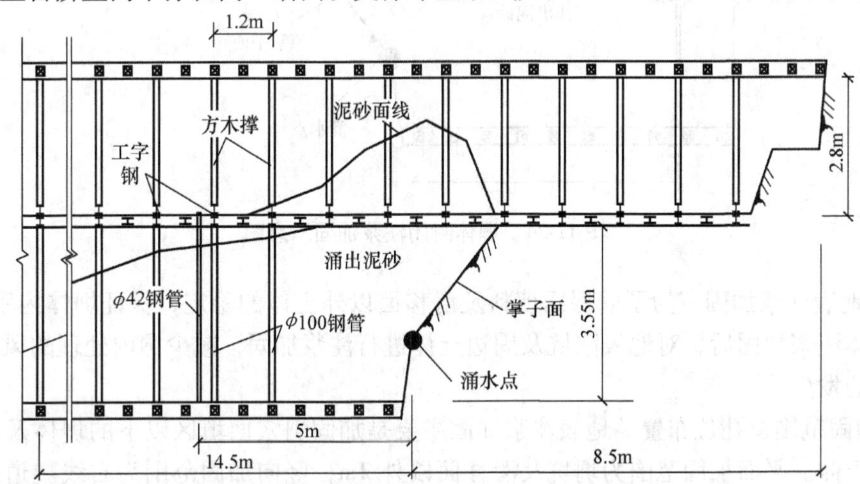

图 11-22 隧道初期支护加固纵断面

（2）上台阶掌子面封闭　上台阶掌子面核心土上方采用 I16 工字钢横向与初支钢架相连，两侧拱脚部分用 ϕ28mm 钢筋斜向与格栅钢架和 I16 工学钢横撑连接，挂 ϕ8@150cm×150cm 钢筋网并喷射 200mm 厚 C20 混凝土。核心土部分直接挂 ϕ8@150cm×150cm 钢筋网并喷射 200mm 厚 C20 混凝土封闭。

（3）坍体分割与加固

1）下台阶坍体竖向分割封堵。下台阶 YDK11+520 处凿除上台阶临时仰拱钢架间喷射混凝土，通过临时仰拱间孔隙从上向下打设间距 30cm 的 ϕ42mm 钢花管，并与临时仰拱焊接作为挡板，在钢花管前面填设砂袋，对钢花管压注普通水泥浆，固结其周边软弱土体，以形成封堵墙。

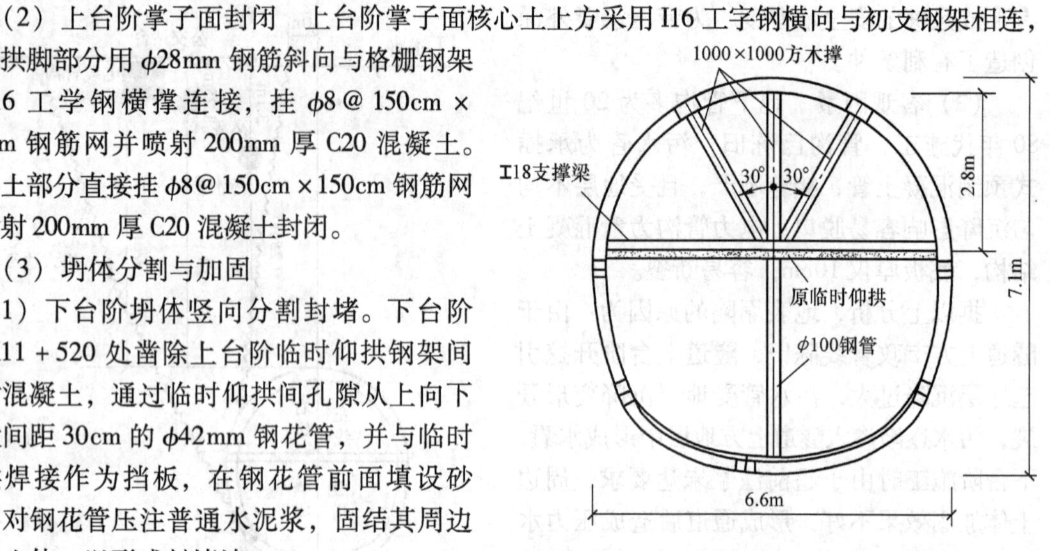

图 11-23　隧道初期支护加固横断面图

2）对塌体进行注浆加固。对上台阶坍体下部采用砂袋反压堆砌，并对整个塌体表面采用网喷混凝土封闭（300mm 厚 C20 混凝土+ϕ8@100cm×100cm 钢筋网片），然后从上台阶斜插打设 2~6m 长 ϕ42mm 钢花管（见图 11-24），采用间隔注浆方式对塌体进行注浆加固，注浆压力以塌体上表面不冒浆为准，注浆材料采用双液浆。

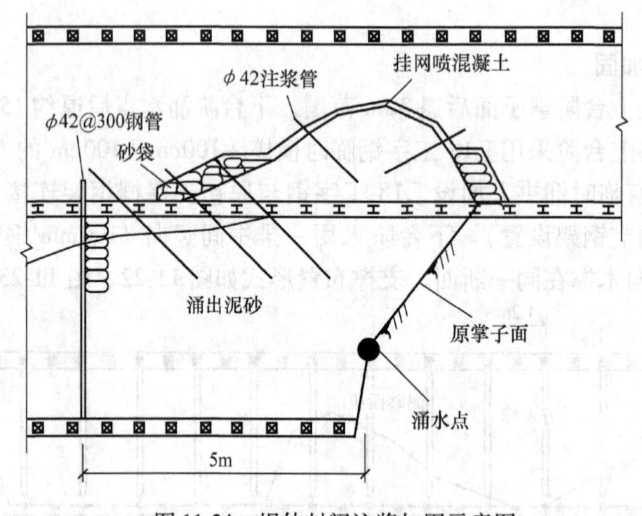

图 11-24　塌体封闭注浆加固示意图

（4）地表注浆加固　为了确保回填料及滑移面以外土体的稳定，保证坍体内不留空洞，在洞内坍体注浆加固后，对地表陷坑及周边土体进行注浆加固，减少洞内处理的风险，防止后期灾害的发生。

1）加固范围及孔位布置。地表注浆加固主要是加固坍穴回填区以下的坍体及坍穴滑移面以外的土体。平面加固范围为坍坑及滑移面以外 2m；竖向加固范围为右线隧道拱顶上方及隧道周边仰拱下 2m。注浆孔坍穴内布置 2 排，坍穴周边布置 2 排，环向间距 1.5m，排距

1.0m，地表加固示意图如图11-25、图11-26所示。

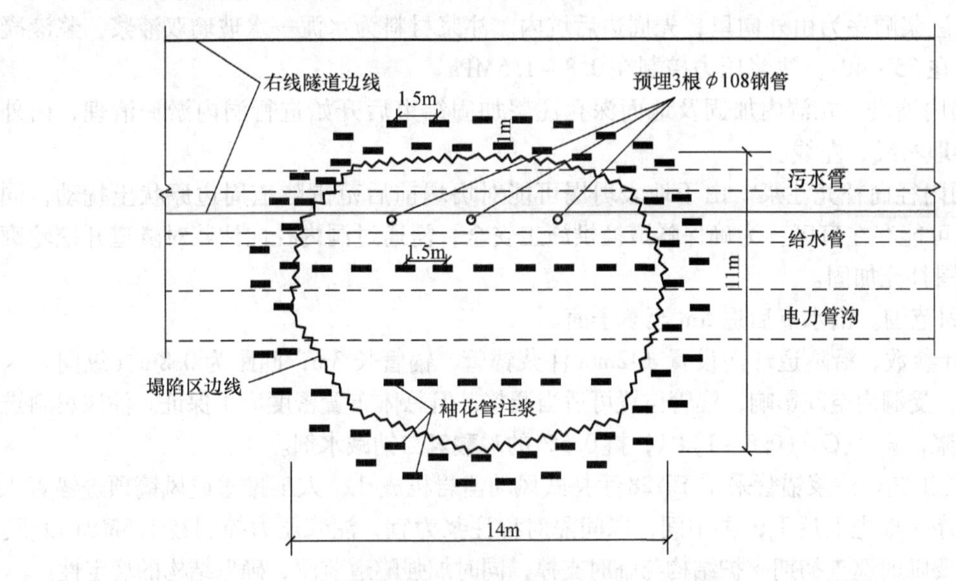

图11-25 坍塌地表加固平面示意图

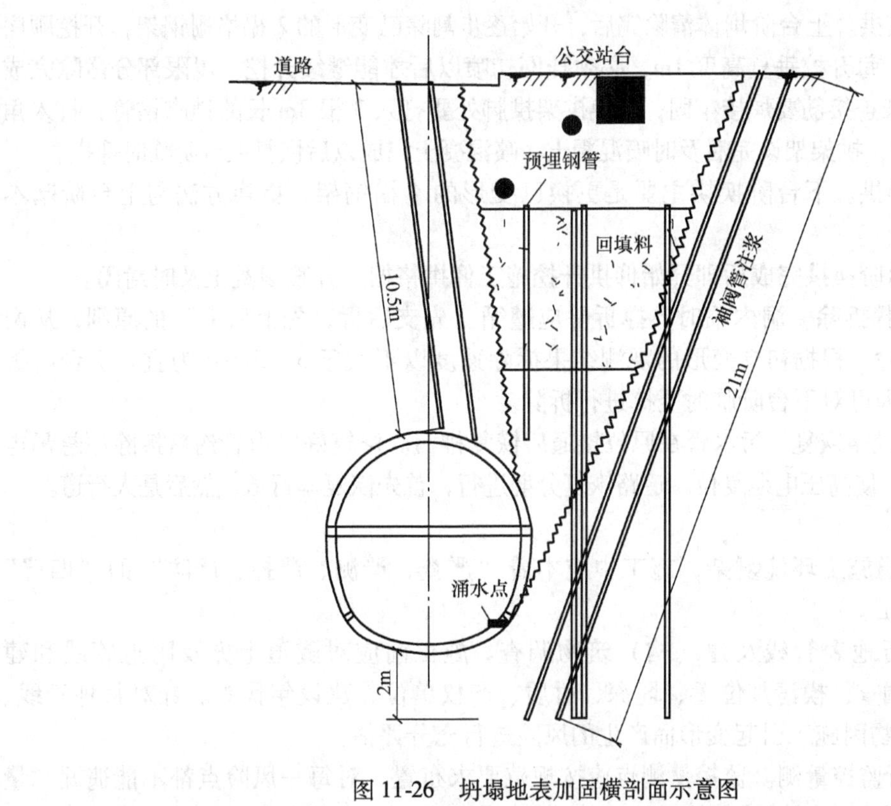

图11-26 坍塌地表加固横剖面示意图

2）加固方法及工艺参数　主要采用灌浆填充和袖阀管注浆两种方式。在坍穴素混凝土回填时，已经预留了3根 φ108mm 钢管作为灌浆孔，采用砂浆泵灌水泥砂浆。水泥砂浆常用的质量配比为水：水泥：砂＝（0.5～0.6）：1：0.3，砂粒粒径一般不大于0.5mm。注浆压力可控制在0.3~0.5MPa。袖阀管注浆加固采用地质钻直径为90~110mm，孔下袖阀管后退式注浆。注浆顺序为由外向里，先周边后坑内。注浆材料为水泥—水玻璃双液浆，浆液凝结时间控制在35~40s，注浆压力控制在0.8~1.5MPa。

（5）洞内清淤　在洞内加固及地面深孔注浆加固结束后开始进行洞内淤泥清理，由外向内依次清理右线、左线。

（6）洞内径向补充注浆　由于地表坍塌可能对坍塌前后范围隧道周边原状土扰动，同时地表注浆可能存在盲区，为确保隧道换拱施工安全，需通过洞内径向注浆对隧道开挖轮廓线外3m范围补充加固。

1）加固范围。出水点后退5m至掌子面。

2）设计参数。沿隧道环向设置ϕ42mm注浆锚管，锚管长3m，间距为0.8m（纵向）×1m（环向），受洞内空间影响，锚管位置可适当调整，但总体布置密度应予保证。注浆材料选用单液水泥浆，W：C=(0.8~1)∶1，掺0.5%的磷酸氢二钠减水剂。

3）施工工艺。注浆锚管采用YT-28手持式风动凿岩机成孔，人工推送或风镐顶进锚管入孔。注浆顺序一般先上后下，再中间，以间隔对称注浆为宜，注浆压力控制在1.5MPa以下。注浆过程中要随时巡查初期支护结构与临时支撑，同时加强隧道监测，确保结构的稳定性。

（7）换拱　换拱应遵循“先上后下、逐榀更换”的原则。

1）上台阶换拱。上台阶坍体清除完后，开始逐步割除已变形的2榀格栅钢架，开挖顺序由拱脚向上开挖，每开挖垂直高度1m，必须挂网初喷以后才能继续开挖。侵限部分凿除完成后开始换拱，拱架连接筋要焊接牢固，新换拱架拱脚处要打入3根3m长的锁脚锚管，打入角度为水平向下45°，拱架架设完后及时喷混凝土，喷混凝土完成以后恢复上台阶临时仰拱。

2）下台阶换拱。下台阶换拱主要是更换已变形的4榀钢架，更换方法与上台阶基本一致。

3）上、下台阶换拱完成后即开始仰拱开挖施工仰拱格栅，并喷混凝土及时封闭。

（8）临时支撑拆除　洞内临时支撑拆除应遵循“先支后拆，先上后下”的原则，从两端向中间进行拆除，根据初支变形的观测结果拆除速度以不大于3~5m/d为宜。上台阶拆除后未出现异常即可对下台阶临时竖撑进行拆除。

（9）管线及道路恢复　污水管在原位接通后恢复排污。修筑好电力管沟后拆除原悬吊电力管线的军便梁，使高压电缆复位。道路恢复分期进行，首先恢复车行道，然后是人行道。

5. 事故总结

城市暗挖隧道施工环境复杂，施工中应本着“严查、严测、严控、严防”的“四严”指导思想进行施工。

1）严格进行地表管线及建（构）筑物调查。施工前应对隧道上方及附近管线和建（构）筑物进行调查，摸清其位置、埋深、材质、产权单位、建设年代等。针对每种管线、每个建（构）筑物因施工引起变形而产生的风险进行充分评估。

2）严格进行监控量测。监控量测点应按规范要求布置，对每一风险点都不能遗漏，量测数据要真实可靠并及时反馈。技术管理人员要及时掌握监测数据的变化情况，做到及时分析原因，加强施工措施，建立良好的反馈机制。

3）严控施工工艺。施工工艺是否达标是施工安全控制的关键点，施工中应加强超前预注浆和开挖支护工艺控制，做到预注浆未达到效果不开挖，开挖一榀支护一榀，及时封闭成环。

4）严格落实应急预案。建立应急预防制度后应严格落实到位，应急指挥、联络、物资、救援等措施都要时刻体现在施工现场，不能只重视演练而不重视落实。

11.4　地铁盾构法工程事故及分析

近年来，越来越多的地铁项目采用盾构法进行施工，盾构法基本成为地铁施工的首选，出于安全性与可靠性的考虑，非常需要归纳总结盾构施工过程中的事故，进行系统和全面的分析，以供后续建设项目借鉴，杜绝类似事故的发生。

在盾构隧道施工中，按照盾构法施工事故的发生特点，主要分为机械事故和施工技术事故两大类。

1. 机械事故

一般的盾构项目，机械使用较多，相对应的事故也较多，约占一半以上，主要有盾构机事故、管片安装机事故等。

（1）管片安装机事故　上海地铁4号线6标段施工中，盾构管片安装机起吊密封突然失效，导致管片脱落，砸伤下部的2名安装工人。原因：密封失效，没有及时发现，管片失去吸力而突然下落。防范措施：严格设备维护检查制度，尤其要重视管片安装机的可靠性检查，如密封胶圈有无损坏、起吊绳具是否可靠等，消除安全隐患；同时，管片拼装过程中，安装机下部严禁有人工作。

（2）电气事故　施工过程中，由于盾构掘进中功率大，能耗高，容易出现电力安全事故，必须给予重视。某盾构的10kV高压电缆，由于安装接头保护不当，突然击穿（见图11-27），造成火灾，并导致盾构掘进停止10h。因此，要重视施工动力线的安全保护措施，严格执行电力高压进洞的安装与施工规范，做到安全第一，万无一失。

（3）运输设施的安全施工　注意与盾构配套的有轨运输设备，如电瓶车的溜车防撞（包括管片车、砂浆车等），以及轨道道岔的安全运营等。武汉地铁施工中就曾经出现电瓶车制动失灵，导致电瓶车溜车撞坏盾构机的严重事故（见图11-28），损失200多万元，停工近1个月。因此，对轨道运输车辆的制动性能检测，轨道、道岔设备的安全性能检测等应给予足够的重视。

图11-27　击穿后的高压电接头

图11-28　电瓶车溜车事故

（4）盾构机事故。盾构机长时间停止掘进，或者转弯、泥饼形成、被不明物质困住等，都会导致盾构掌子面坍塌，使盾构无法驱动。措施：制订严格正确的操作掘进方法，随时根据实际情况，调整掘进参数和施工工艺。

对于机械事故来讲，多与不规范、不正确的违章操作有直接关系，所以严格操作规范，是避免事故的必要条件；同时，人员的责任心非常重要，要抓好岗前培训，特别是一些特种设备要严格持证上岗。由于盾构机是一个集液压、电子、机械等多学科综合为一体的现代化施工机械，配套设备多、施工牵涉的方面较多，所以，事故的隐患也多，这就要求现场必须重视机械设备的正常保养维护，加强对盾构机的熟悉和了解，要定人定岗，不轻易更换操作人员。

2. 施工技术事故

主要是指由于施工工艺不当导致的技术事故。这类事故多为恶性事故，往往造成人员伤亡或造成一定经济损失。

（1）地面沉降导致的安全事故　地面沉降一般可分为三类。第一类：非正常沉降，主要是施工中盾构操作失误引起的，如盾构操作过程中各类参数设置错误、超挖、注浆不及时。第二类：灾害性沉降，主要指施工中盾构开挖面有突发性急剧流动，甚至暴发性崩塌，使地面塌陷。主要原因是遇到地下水压大或透水性强的颗粒状土体不良地质条件。广州地铁1号线在中山路四路路段采用盾构法施工，由于铸铁供水管漏水，硬路面下的土体部分流失，形成空洞，盾构通过时，小的地层变形造成供水管断裂，大量水土流失，导致路面塌陷（见图11-29）。第三类：盾构的选型不合适或出现较大失误，如成都地铁由于选型失误，多次造成掘进过程中的地表沉陷事故，无法正常施工。

（2）盾构隧道的防洪排水设施不具备排水能力或能力不足导致的安全事故　武汉过江公路隧道、重庆嘉陵江排污隧道等盾构隧道施工过程中，均出现过水从洞外倒排进隧道的事故（见图11-30），造成较大的损失。

图11-29　广州地铁1号线在中山路四路路边塌陷

图11-30　洞外水倒排进隧道

（3）管片拼装事故　拼装过程中，管片挤损或破裂，导致涌水，使施工面临较大的技术风险（见图11-31）。所以，必须重视管片的安装工艺和技术方法，注意掘进参数的控制，采用相应的技术手段，制定科学的管片安装步骤。同时注重管片拼装的质量，防止漏水，防止管片破裂等。施工中管片的上浮是一般盾构施工中比较常见的问题，如果得不到有效的控制，会引起很大的麻烦，故要采取相应的技术措施，严格控制管片上浮。

（4）气体爆炸事故　盾构施工中，需要采取相应的消防、通风措施以及灭火措施，要加强自动报警与预防手段，同时注意检测气体。2008年5月，广州地铁6号线施工中发生的不明气体爆炸事故，造成人员伤亡。

（5）盾构机掘进参数导致的事故　在操作上，注意调整盾构机掘进参数，尤其是在始发和到达阶段，要采取一定的技术手段，防止盾构机抬头或掉头，要均匀掘进，避免盾构机蛇形。对于泥水盾构而言，要防止掘进参数不当导致管片上浮，还要注意泥水仓的压力建立不当以及泥水仓压力不正确，导致地面冒顶事故等。

图11-31　管片挤损、破裂

（6）土压平衡盾构喷涌事故　广州和武汉等地均发生过多次施工喷涌事故，可以考虑在螺旋输送器出渣口（带式输送机前端）安装保压泵渣设备，既能使土仓压力不会通过螺旋输送器卸压，同时能将含水量高的渣土运走，防止喷涌的发生。土压平衡盾构机螺旋输送机保压泵渣系统，是补充增加的泥水加压出渣系统。该系统能在喷涌等难以保持土仓平衡的情况下，继续保持土仓压力并且保证渣土能顺利出至矿车，防止污染隧道，更有利于连续施工。

盾构施工过程中，发生事故多与施工方案不合适、掘进参数不合理等密切相关，要注意施工方法与盾构机性能的结合，采取科学合理的掘进方式和掘进参数，不断进行优化处理，选择适合于某一种地质条件的最好的掘进参数和方式。另外，选择合适的盾构机，在盾构机选型上要给予高度的重视，要选用与该盾构机相适应的施工方法；施工中要杜绝不合理工期、不切实际的进度、不合理的造价等，这些都是造成安全事故的罪魁祸首和最直接原因，只有采取科学的态度和施工手段，才可以最大限度地避免施工事故的发生。

【例11-5】北京地铁黄村火车站盾构到达端头坍塌事故

1. 工程概况

北京地铁大兴线八标段黄村火车站站至义和庄站区间工程采用盾构法施工，右线盾构首先从义和庄站始发，左线随后平行施工，左右两线均从黄村火车站接收盾构。盾构左右两线都采用海瑞克的土压平衡盾构，盾构直径6.25m。黄村火车站站端头处有3条管线，+300mm污水管道，管顶埋深2.2m，管中心离围护桩2.2m；雨水管沟3.0m×1.2m，内径2.0m，管顶埋深1.6m，中心线离支护结构5.2m；6孔电信管道管顶埋深1.8m，离围护桩约7.2m。

盾构到达黄村火车站站前100m的土层性质从上至下分别为：素填土①$_1$层、杂填土①$_2$层；粉土②层、粉质黏土②$_1$层、粉细砂②$_2$层，土层厚度0.8~6.7m；粉质黏土③层、粉土③$_1$层、粉细砂③$_2$层、黏土③$_3$层，土层厚度12.9~19.3m；粉细砂④$_1$层、粉土④$_2$层，土层厚度1.2~9.3m；粉土⑤$_1$层，土层厚度1.5m；圆砾⑥层、粉细砂⑥$_1$层，粉质黏土⑥$_3$层，土层厚度2.0~14.5m；粉质黏土⑦层、细砂⑦$_1$层、圆砾⑦$_2$层，土层厚度2.1~7.8m。

隧道断面上部2m及隧道顶部4m范围内的土体都为疏松的粉细砂层，自稳性极差，受外力影响极易塌落。隧道结构主体地基持力层主要为③层粉质黏土和$③_1$层粉土及$③_2$层粉细砂，属中压缩性土。

本区间隧道结构在地下稳定水位以上，因此基本不受地下水的影响，地层情况如图11-32所示。

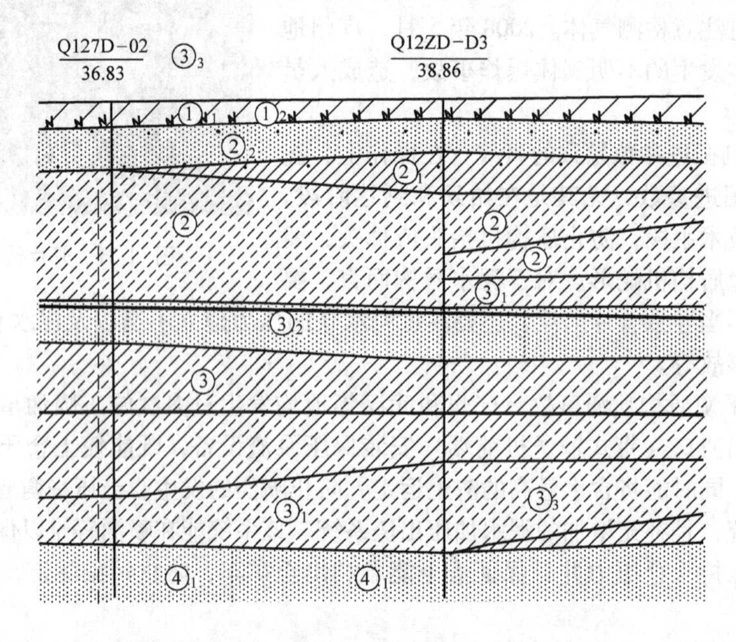

图11-32 黄村火车站前100m局部地质剖面图

盾构到达端头除了在洞门处做了ϕ800mm的围护桩外，并没有在纵向和横向范围对端头土体进行加固处理。

2. 事故概况

2009年10月9日下午，破除洞门，等待盾构到达工作井，洞门情况如图11-33所示。2009年10月9日晚上，刀盘即将顶上围护桩，洞门情况如图11-34所示。2009年10月10日凌晨，盾构端头井端头区域地表沉降较大，地表混凝土地面开始出现裂缝，裂缝逐渐开始扩展，随后地表出现坍塌，形成一个长约3m、宽2.5m、深2m的大坑，如图11-35和图11-36所示。同时大量的水和砂涌入盾构接收井内。

图11-33 破除洞门等待盾构到达

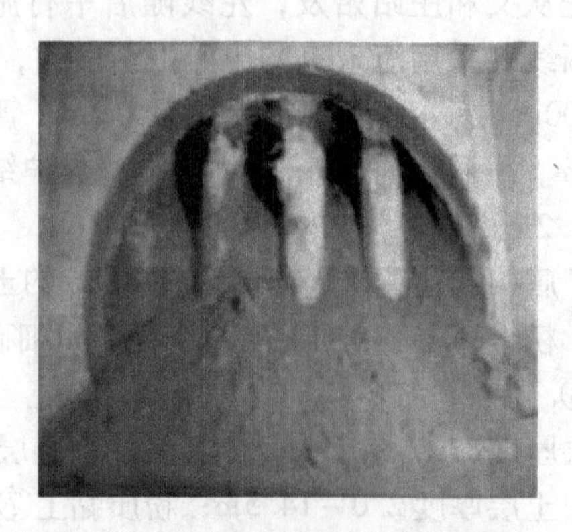

图11-34 盾构即将到达洞门情况

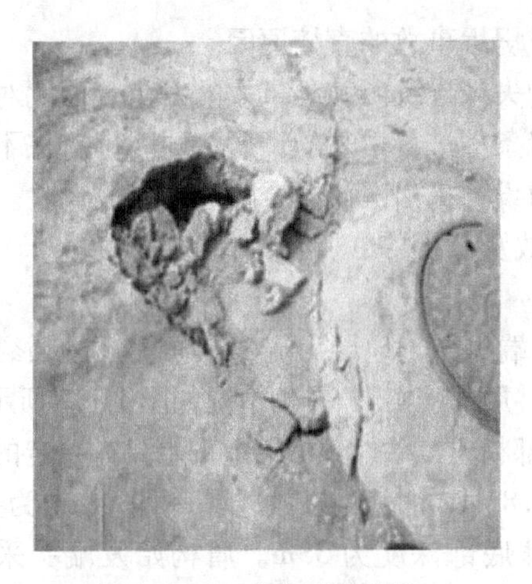

图11-35 地表裂缝情况

图11-36 洞门上方地表坍塌情况

事故发生后，施工单位立即成立事故应急处理指挥小组，对事故进行抢险，防止事态进一步恶化。首先根据事故的特征，分析发生事故的原因，经探明，主要是盾构掘进过程中端头区域污水管断裂，大量污水进入地层，端头地层中存在砂层，砂土遇水后强度急剧降低，发生失稳破坏，大量的水和砂透过洞门支护结构进入到达井，地层损失较大，使得地表出现裂缝和坍塌。事故处理过程中主要采取了以下措施：

1）首先堵水，截断污水管，用水泵将污水抽走，防止污水大量流入地层，造成更大水土流失，防止再次坍塌。

2）密切监测地表变形情况，及时采取相应的补救措施。

3）已经发生的坍塌，用混凝土进行回填，确保回填密实，弥补地层损失。

4）为了确保事故处理完后，盾构施工中不会再次出现地下市政管线断裂等事故，将接收井加固区内的污水和雨水管线截断，上游的污水和雨水直接用水泵跨过加固区从上游管井直接导流到下游管井。

3. 事故分析

（1）地质因素　盾构端头区域隧道断面上部2m及隧道顶部4m范围内的土体都为疏松的粉细砂层，自稳性极差，受外力影响极易塌落。盾构到达之前对地层估计不足，没有采取相应的辅助措施。

（2）施工因素　对端头土体进行加固处理，是导致事故的主要原因。虽然该地层中没有地下水，但是端头地层中有压力管线，有补水来源，该地层应该视为“盾构有水到达”的情况，因此端头加固必须在满足强度和稳定性的要求的同时，还需要考虑几何准则和渗透性的要求。由于地层中还有疏松的粉细砂层，土体的自稳能力差，稍微扰动土体就有可能发生坍塌事故。经验欠缺，对端头地层存在有压管线的砂土地层盾构到达风险意识不足，并没有采用相关的辅助措施对地层进行加固，虽然已经知道地层中存在污水管，但是没有采取相关的措施对管线进行保护。

4. 事故总结

车站端头除了ϕ800mm的围护桩外，并没有对端头地层进行加固处理，因此盾构到达时发生了坍塌事故。从事故的发生过程可知，端头地层中的污水管因老化而爆裂，污水进入端头地层，使得土体的强度和整体稳定性下降，是造成坍塌事故的直接原因。

本工程正是由于端头加固施工中对地层判断上的失误导致了工程事故的发生，因此对类似工程的施工，一定要对工程的地层条件与施工环境条件进行重复的调研，同时，应该不断提高施工方工作人员的业务水平和判断能力，及时对设计提出建议，合理规避事故风险。

【例 11-6】南京地铁油坊桥站—中和村站盾构事故及分析

1. 工程概况

南京地铁油坊桥站—中和村站盾构区间隧道始发端头穿越地层为流塑状淤泥质粉质黏土（②-2b4、②-3b3-4）和粉质细砂层（②-3d2-3，中密，局部密实），具体情况如图 11-37 所示。

赋存于黏性土中的地下水属孔隙潜水，赋存于下部粉土、砂性土中的地下水具有一定的承压性，地下水水位埋深为 0. 60 ~2. 30m，高程 5. 50 ~6. 82m、地基土以微透水—弱透水层为主。

盾构始发洞门处的支护结构采用 SMW 桩，桩体底部深度为 33m。盾构始发端头采用 ϕ850mm 三轴深层搅拌桩对端头地层进行加固。搅拌桩施工完成后，再对二轴深层搅拌桩与支护结构接合部分（约 20cm）采用 ϕ600mm 二重管高压旋喷桩进行补强加固。

盾构始发端头横向加固范围为盾构轮廓线外 3m，纵向加固长度为 9m，如图 11-38 所示。

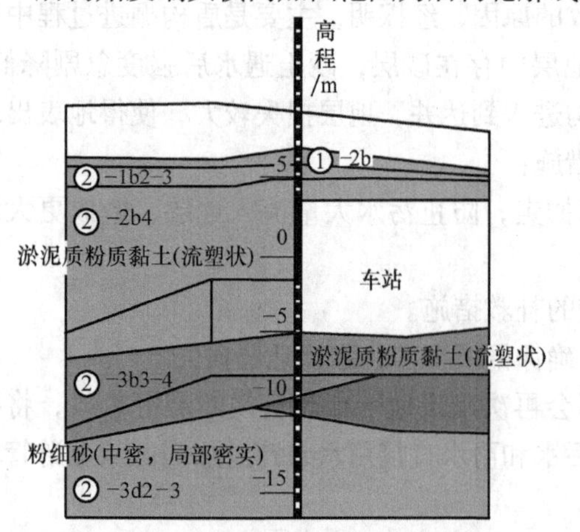

图 11-37 盾构始发端头地质剖面图

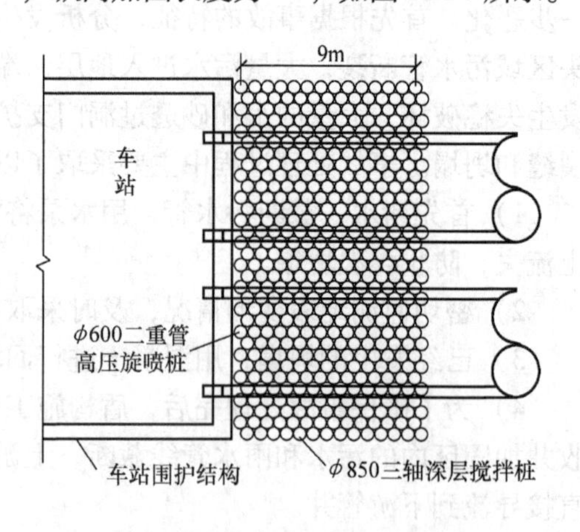

图 11-38 盾构始发端头加固情况

当端头加固施工完毕后，对加固效果进行检测，具体的检测方法：第一，对端头加固土体进行垂直抽芯取样，然后对芯样进行室内物理试验，试验结果表明端头土体的加固强度满足设计要求；第二，在洞门处均匀布置 5 个水平探孔，打开探孔后，5 个水平探孔均无渗水。

2. 事故概况

2007 年 9 月 7 日，油坊桥站—中和村站盾构隧道右线已始发掘进至 18 环位置，大约在中午 12 点 50 分，在洞口右下侧 5 点位置突然出现涌水涌砂，且涌水涌砂量较大，如图 11-39 所示。

图 11-39 泥砂涌入工作井

下午 13 点 25 分，右线隧道始发端头加固体外侧出现地面塌陷，面积在 4m^2，深度 1. 4m；地表塌坑四周不断有小裂缝增加，降水井被破坏；在隧道正洞的顶部地表出现明显的沉降，并且有横向裂纹，裂纹长度约 10. 2m；地表门式起重机（又称龙门吊）轨道两侧出现明显的土体沉降。洞门右下侧5点位置开始时涌水涌砂量约120m³/h，含砂量约20%．随着时间的推进，涌水涌砂量不断增多，出水出砂量大时达到200m³/h，整个车站盾构始发井内水深上升到0.7m后，涌水涌砂量才逐渐趋于稳定，大约在50m³/h。

涌水涌砂险情于9月13日17时40分封堵成功，共计149h，估算累计涌水量约11950mL，涌砂量约1140m³。左线隧道发生沉降和水平位移，严重开裂渗水，第8、10环下部环缝张开，出现漏水漏砂和地面塌陷现象，如图11-40和图11-41所示。

图11-40 地面塌陷情况（一）

图11-41 地面塌陷情况（二）

3. 事故处理

9月7日发生渗漏后，工程参建各方组织相关人员进行抢险工作，分盾构始发端头井内排水和涌水涌砂处堵漏两部分进行，并确定了井内聚氨酯封堵、地面注浆填充、隧道加强保护的抢险原则。具体采取了以下措施：

1）对漏水点周边进行封堵，减少其渗流通道，并通过降水井减压后，注入聚氨酯封堵渗流通道。初期主要采用在盾构两侧装水泥、棉被相结合叠加堆放，堆压水泥袋封堵；同时，采用先在管片吊装孔注入双液浆，随后注入聚氨酯的方案。

第一次注入油溶性聚氨酯8t，注入位置为第10环5点吊装孔位，本次注入作业将盾构进洞方向右侧渗漏通道封堵，但再次从左侧及负环管片下部产生新的渗流通道，效果不理想。

第二次在相同的位置注入约8t聚氨酯后，渗流的含砂量大大减少。本次注入的另一现象是，注入量到6t多时渗涌主通道才出现聚氨酯，据推断大部分聚氨酯可能留在隧道内填充可能存在的空隙，但最终仍未能堵住渗流。经分析，由于盾构始发台下面未采取封堵措施，因而成为渗水通道封堵薄弱位置。于是在反力架与站台间、负环两侧支模浇筑混凝土，在混凝土浇筑时预留泄水孔。为减小渗流压力，又在地面打了4个降水井。

第三次注入聚氨酯前4h开始降水，并在注入聚氨酯前打开泄水预埋管，让水从此处流出，然后先后在第1环7点和第4环5点注入7t聚氨酯，边注边对各个渗漏点进行棉纱封堵，当泄水孔出现大量泡沫状物时立即封堵泄水孔，最后完成对涌水的封堵工作。

2）地面塌陷和沉降处理。对于塌陷部位，采用土方或混凝土填充，其中，右线隧道北侧出现的塌陷坑，共填充36m³；左线隧道南侧塌陷坑，共用混凝土14m³。对于沉陷较大的部位（地表最大沉降为110.40cm），采取地面跟踪注浆回填和洞内二次注浆填充的方式进行处理。从沉降曲线图（见图11-42）可以看出，在险情第一天沉降值最大，但通过加固等措施后，地表沉降趋于稳定。

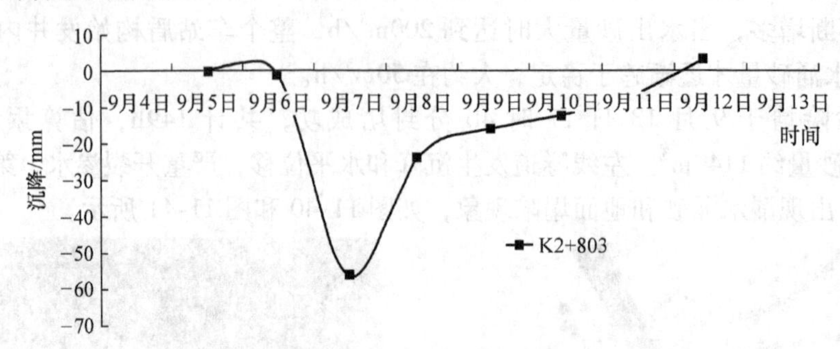

图 11-42　右线陡道正上方地面沉降时程曲线圈图

3）隧道变形处理。隧道检测结果表明，隧道两侧沉降和水平位移均较大，且出现水平向多道裂缝和环缝渗漏。对左线隧道竖直方向 1 ~ 20 环有影响，最大沉降 56mm，水平位移最大为 8mm。右线隧道刚出加固体不远，测量数据显示涌水险情对隧道影响相对于左线较小，水平最大位移为 5mm，最大沉降 11mm。

隧道发生沉降的主要原因：隧道下方土体流失，隧道结构在自重作用下沉降，各环管片沉降不均，导致管片错台、错缝。其中，右线第 3、7、14 环破坏最大，隧道漏水有 5 处。左线 1、2、7、9、10、13、15 环有破损现象，1、2 环之间及 9、10 环之间错台较大，最大达 38mm。10 ~ 13 环有线流现象，前 15 环渗水点较多。对左线隧道第 5、9、12、15、18 环进行沉降监测，其中，第 9、12 环沉降量较大。

为控制左线隧道变形，采取了以下措施：靠近洞口的 30 环管片采用 150mm × 150mm 的方木对左线盾构隧道进行“米”字形支撑，中间一根设置在隧道中心高程位置，每环各块管片均需用方木支撑。“米”字形方木支撑须与管片内面楔紧，各方木间采用扒钉连接牢固。环间支撑采用方木连接，使其形成整体（见图 11-43）。采用 14b 的槽钢将前 10 环管片进行纵向连接，连接四道，使管片连接成整体，防止个别环管片沉降及变形过大（见图 11-44）。

图 11-43　洞口支撑

图 11-44　隧道纵向连接

隧道内加强监测，同时从隧道内压注双液浆封堵，为了在隧道洞口形成永久性的封堵环，对隧道前 5 环均匀、低压力注浆，按 5、4、3、2、1 环的注浆顺序，每环注入顺序为由底部往顶部（有些孔位受盾构拖车限制无法施工时跳开进行）左右对称注浆。注浆量每环每次按 1m³ 控制，注浆压力控制在 0.3～0.4MPa，注浆共用水泥 11.7t，地面由最初的 6～8m 深度注浆转为隧道两侧地面以下 15～16m 深度注浆，补充加固隧道周围地层，其中，浅层注浆量为 1022m³，深层注浆量为 465m³。

在隧道前 5 环注浆压力达到 0.4MPa 以上时，移至后续管片位置，按 5～12 环的顺序再对隧道底部注浆，注浆压力不超过 0.4MPa，隧道底部注浆水泥用量为 5t，经过二次注浆后，沉降逐步稳定。

4. 事故分析

（1）地质因素　南京地铁 2 号线油坊桥站至中和村站盾构区间隧道始发端头穿越地层为流塑状淤泥质粉质黏土和粉质细砂层，地下水丰富，埋深较浅，地下水压力较大。不良的地质条件给盾构顺利始发带来了很大的困难，该类型的地层容易引发涌水涌砂事故。

（2）施工因素

1）车站支护结构的 SMW 桩采用 H 型钢插入到承压水层，当盾构推进至 18 环时，过早地拔除了靠近隧道洞门的一根 H 型钢，导致承压水沿着 H 型钢拔除后留下的孔洞上涌，很高的水压力导致隧道右下角密封洞门的压板被拉脱，使承压水击穿洞门密封系统，隧道底部的粉细砂层随着水进入隧道。

2）同步注浆浆液质量的控制存在一定问题，如凝结时间过长。隧道洞门处的 2 环管片二次注浆工作较为滞后，在拔除 H 型钢时，管片与加固体之间的浆液尚未达到设计所要求具备的强度。

3）洞门密封系统的设计和实施存在问题，压板的角度、螺栓的强度值得关注，特别是压板销轴和销套的计算是整个问题的关键。如图 11-45 为盾构始发端头地质情况及洞口密封系统。

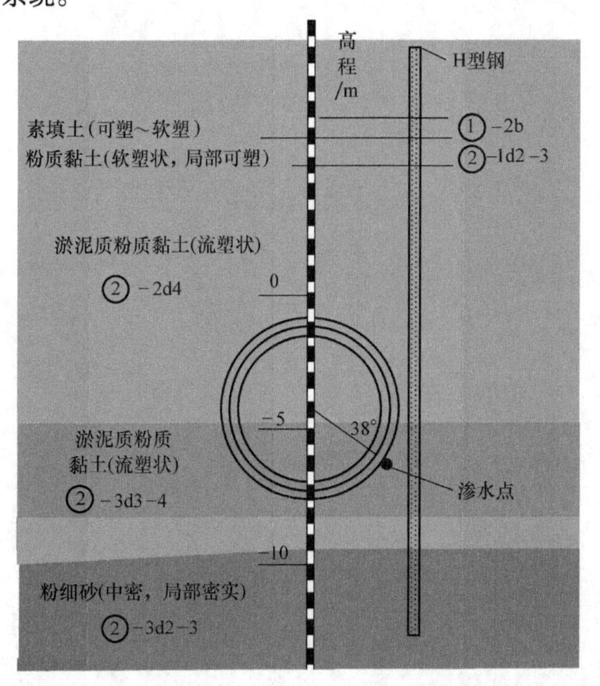

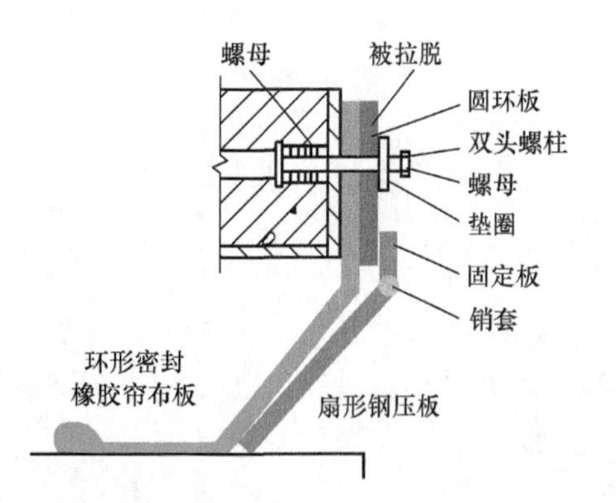

图 11-45　盾构始发端头地质情况及洞口密封系统

5. 事故总结

不良的地质条件增加了工程的施工难度，带来了很多不确定的因素，各方必须予以重视，充分认识到事故可能造成的影响。

事故的发生除了地层因素以外，施工单位对地层情况认识不足，施工操作不当导致洞门密封失效是事故的直接原因。洞门密封涉及的因素较多，且没有一个因素是不重要的，任何一个环节出现问题，都有可能导致整个洞门密封系统的失效，尤其是压板栓轴和栓套的计算，目前尚没有相关经验可以参考。

因此，由于盾构始发与到达端头是事故的多发地段，特别当端头地层条件较复杂时，必须予以重视，盾构始发或者到达之前，制订好专项施工方案，同时，对可能发生的事故做好应急预案，尽量避免风险的发生。

思 考 题

1. 常见地铁工程事故分哪几类?
2. 造成地铁工程事故的原因有哪些?
3. 作为工程师，当您将来作为地铁工程设计、施工、监理及使用方时，如何防范事故的发生?

第四篇

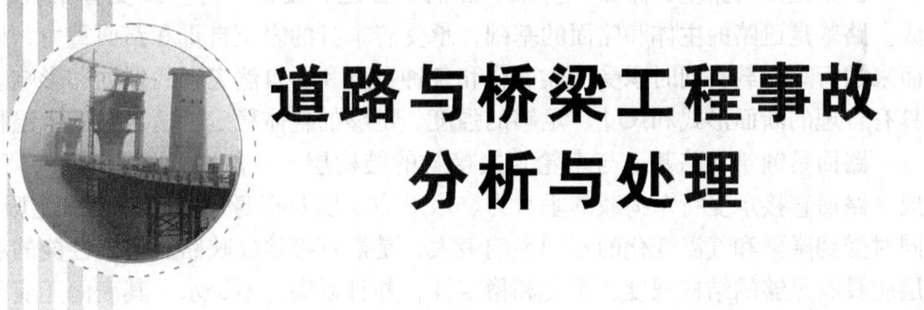

道路与桥梁工程事故分析与处理

第12章　道路工程事故

12.1　概述

交通设施建设关系国计民生，是影响经济与社会发展、提高人民生活水平的关键所在。我国的道路建设取得了巨大成绩，截至2012年末，全国公路总里程达423.75万km，包括等级公路里程360.96万km、高速公路9.62万km。全国有铺装路面229.51万km，其中沥青混凝土路面64.19万km，水泥混凝土路面165.32万km。然而，施工过程中的道路工程质量事故和使用过程中的病害屡见不鲜，为交通安全埋下了安全隐患，危害了人民的生命财产安全。

公路主要由路基、路面、桥梁、涵洞、隧道、渡口、防护及支撑工程、附属设施等组成。路基是道路的主体和路面的基础，承受着本身的岩土自重和路面重力，以及由路面传递而来的行车荷载，同时承受气候变化和各种自然和非自然灾害的侵蚀和影响。因此，路基应具有合理的断面形式和尺寸、足够的强度、足够的整体稳定性、足够的水温稳定性。

路面是铺筑在路基上与车轮直接接触的结构层，一般由面层、基层、底基层与垫层组成。路面直接承受行车荷载的垂直力、水平力，以及车身后所产生的真空吸力的反复作用，同时受到降雨和气温变化的不利影响最大，是最直接地反映路面使用性能的层次。因此，面层应具有足够的结构强度、刚度和稳定性，并且耐磨、不透水，其表面还应具有良好的抗滑性和平整度。道路等级越高、设计车速越大，对路面抗滑性、平整度的要求越高。

路基路面是公路养护的重点内容和部位，统计表明，路基路面病害的处理约占养护费用的80%以上。路基的病害有路基沉陷、路基滑移、边坡滑塌、剥落碎落和崩塌等。常见的路面病害有裂缝、坑槽、车辙、松散、沉陷、桥头涵顶跳车、表面破损等。

12.2　路基工程事故

道路的路基部分由于裸露在大气中，经受着路面、行车荷载和各种自然因素的作用，路基的各个部位将产生变形。路基的病害大致有路基沉陷、路基滑移、边坡滑塌、剥落碎落和崩塌等，这些病害与路基沉降的过程及其变化规律密切相关。

1. 路基沉陷事故

路基沉陷是指路基表面在垂直方向产生较大的沉降。可有两种情况：一是路基本身的压缩沉降；二是由于路基下部天然地面承载能力不足，在路基自重的作用下引起沉陷或向两侧挤出而造成的。前者的主要原因是因路基填料选择不当，填筑方法不合理，压实度不足，在堤身内部形成过湿的夹层等因素，在荷载和水湿综合作用之下，引起路基沉缩。后者的主要原因是原天然地面有软土、泥沼或不密实的松土存在，承载能力极低，路基修筑前未经处理，在路基自重作用下，地基下沉或向两侧挤出，引起路基下陷。

【例 12-1】某道路工程局部路段路基沉陷事故

1. 事故概况

某道路工程长约 10km，路宽约 70m，其场区处于山前的泉水溢出带，因此当地的农田多以稻田为主，田间分布有较多的排水沟、池塘等，需进行较大面积的填方施工和地基加固处理。

在道路建成通车后 1 个月左右，发现在道路的局部路段出现了不同程度的路基沉陷、路面开裂现象，为此进行了专门的调查，通过勘测，分析路面产生沉陷、开裂的原因。

2. 事故原因分析

经过沿线的现场调查并结合沿线原地形地貌，发现路面沉陷、开裂的地段基本位于穿越池塘及排水沟地段。因此初步判断：路面产生沉陷、开裂的原因是填方的质量造成的。

为保证道路的正常通车，不能在道路上挖探槽以查明路基土层的分布特征。因此，在沉陷、开裂较为显著的地段，采用有限的有损检验并配合以无损检验。有限的有损检验方式为布置勘探钻孔进行钻探取样，无损检验方式为采用地质雷达及面波物探方法。

根据检验结果，就其中两段典型路段情况为例，分析其沉陷、开裂的原因。

（1）路段 1　由图 12-1 可知，南侧主路、辅路及北侧辅路均处于池塘、排水沟范围内，表现为路面向南北两侧倾斜，在路面与隔离带结合处有较大裂缝。根据现场勘探结果，本段道路池塘、排水沟内的淤泥质土已基本挖除，路基填料为卵石、圆砾填土，级配一般或较差，并混有黏性土。路床部分的密实度较好，重型动力触探锤击数较高；路堤部分的密实度较差，重型动力触探锤击数较低。根据雷达图像，表层 1 ~ 1. 20m 左右层理影像平整连续，且剪切波速值较高，回填较均匀，密实度较好；1m 以下层理不清楚，回填不均匀，密实度较差。

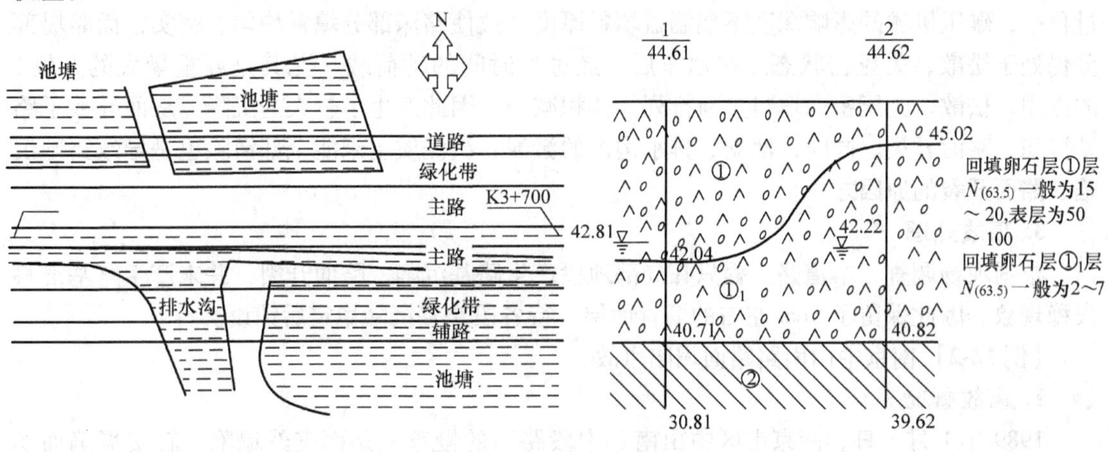

图 12-1　路段 1 的示意图

（2）路段 2　由图 12-2 可知，北侧主路辅路均处于池塘范围内，表现为路面向北侧倾斜，在路面与隔离带间有较大裂缝；同时，在路口处路面沉陷显著，有多条南北向开展的裂缝。根据现场勘探结果，本段道路池塘内的淤泥或淤泥质土尚未完全挖除，路基填料为卵石、圆砾填土及黏性土填上。路床部分卵石、圆砾填土的密实度较好，重型动刀触探锤击数较高；路堤部分卵石、圆砾的密实度较差，重型动力触探锤击数较低。淤泥、淤泥质土及黏性土填土处于软塑—流塑状态。根据雷达图像表层 5m 左右层理影像平整连续，且剪切波速值较高，回填较均匀，密实度较好；1m 以下影像不连续，具有明显的回填特征；0.80～3.50m 的影像界限均向下弯曲，说明路基土层产生了较大的沉降。

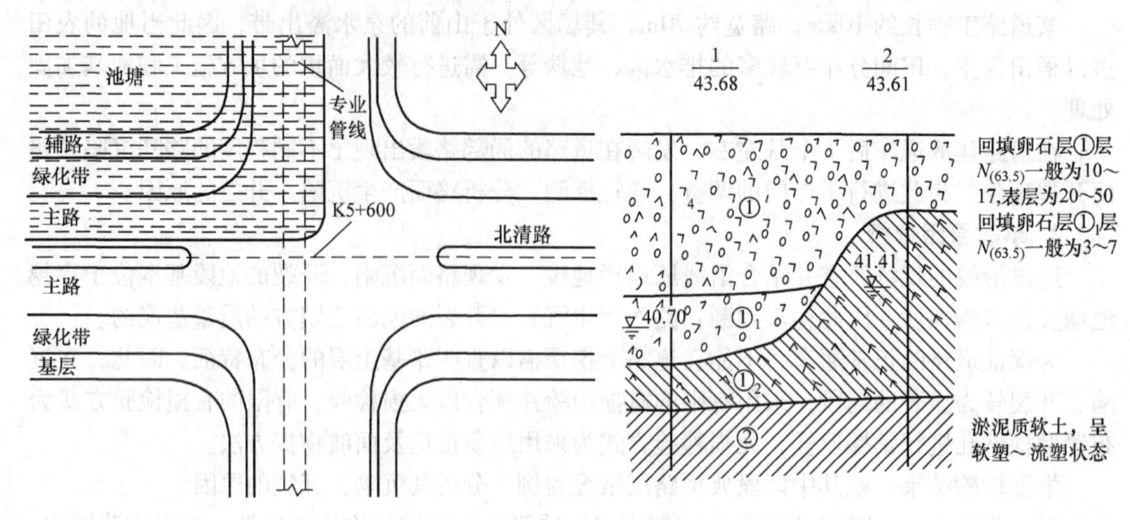

图 12-2 路段 2 的示意图

根据勘察及物探成果，道路表层（路床）部分填料均匀、压密效果好，重型动力触探锤击数均较高，一般为 20～100；但路堤部分填料不均，压密效果较差，重型动力触探锤击数均较低，一般为 1～7。同时，部分地段池塘、排水沟内土质软弱，呈软塑—流塑状态的淤泥，尚未全部挖除。

经分析，道路路基的填料可能为一次性完成后再进行碾压，由于填料的厚度大，在碾压过程中，碾压机械的影响深度不能涵盖填料厚度，致使路床部分填料均匀、密实，而路堤部分仍处于松散、欠压密状态。在通车后，经过长时间的动荷载（尤其是载重量大的车辆）的作用，松散、欠压密的填料重新排列，体积减小，因此产生了较大的沉降，从而导致了路基沉陷、路面开裂。同时，池塘、排水沟内的淤泥、淤泥质土未能全部清除也是导致路基沉陷、路面开裂的原因之一。

3. 事故处理

根据现场调查，本道路工程只在局部地段产生路基沉陷、路面开裂，并未产生路基滑移失稳现象，因此保留了 5cm 左右的沥青面层，待各段路基沉降稳定后铺设。

【例 12-2】 南京中山南路路面塌陷事故

1. 事故概况

1989 年 1 月 1 日，南京市区中山南路中段路西的慢车道路面突然塌陷，直接塌陷面积约 $30m^2$，深度近 2m，陷坑周围的路面“架空”，路面下的大片石、木桩等裸露，路边一根电线杆下沉 1.03m，慢车道旁树木严重倾斜。

2. 事故分析

中山南路塌陷段位于秦淮河古河道沉积物分布范围内，下水道置于古秦淮河的不良沉积物质中，塌陷地段下水道开挖深度内主要为粉砂层，自上而下为：人工填土约 1.5m；灰色轻亚黏土（亚砂土）；逐渐过渡到黄灰色粉砂层。轻亚黏土及粉砂层是饱水地层，尤其粉砂层属较好的含水层，在扰动情况下极易产生流动。

中山南路下水管道的特点是管径大，直径达1.7m，开挖深度约5m，开挖施工过程中采用了相应的护壁挡土措施，由于隔水性较差，施工过程中曾出现险情，较长时间的降水，形成了地下水的降落漏斗。漏斗范围内的地层因疏干而密实下沉，而地表路面基本是钢筋混凝土及沥青组成的“刚性”结构，路面下并不密实。另外开挖施工下水道的基坑回填密实性差，时间短，路面恢复后，路面下仍虚而不实。

在塌陷处清挖深度已超过2m，此处1月份浅水水位埋深应是1.5m左右，由于毛细作用，0.5m以下就显潮湿。异常的是坑内砂性土干而不湿，这充分说明已安装好的大直径下水管道由于某种因素导致出现缝隙，地下潜水沿缝隙连续不断涌入管道，客观上对周围的地下水起到了疏干作用，土（砂）层进一步密实，与上部慢车道沥青路面的空隙也在逐渐扩大，路面被架空，在重力及动载的作用下，塌陷的产生也就不可避免。至于浅部的老下水道及自来水管变形断裂，是因为较大面积塌陷产生的剪力作用所致。

3. 事故防治

在秦淮河古河道地区进行具有一定深度（5m左右）不能放坡的开挖工程或其他地下管道工程，应该进行相应的工程地质勘查，了解地层岩性及其分布情况，以便在施工过程中采取相应措施，如在粉砂为主的地层分布区施工，为了相邻建筑物、道路及树木的安全，可根据不同情况采用地下连续墙、旋喷及钢板桩等方法护壁阻隔地下水向开挖基坑汇集，控制基坑外地层的稳定。在有淤泥、淤泥质黏土地层中深开挖施工时，可采取有效的挡土护壁措施，防止周边淤泥层产生流变。

地下大于2m深处构筑的工程设施，尤其是长距离大直径管道，如下水管道、隧道拱体等，要保持其牢固完整性，不能有裂缝，管道接头处不得有缝隙，工程完工后对此进行验收，在今后的运营使用过程中进行定期探测，检查有无缝隙渗漏现象。

【例12-3】 某生活小区南侧人行道路面塌陷事故

1. 事故概况

某生活小区南侧沿主干路人行道近100m范围内发生地面塌陷、局部空洞，给居民交通及邻近建筑物造成重大安全隐患。原因是地下-5.6m深直径600mm的主排污管道破裂，冲刷地下土层并随地下水流将周边部分土体带走，造成地面沉陷及该小区靠近主干路的38#、32#、29#住宅楼不均匀沉降、倾斜。

2. 事故分析

该区域周边情况复杂，施工段沿线管道离38号楼最近处仅6.5m，管道上部埋设有一道煤气管道、一道暖气管沟及六孔通信电缆一道。埋置深度在1.0~2.0m。利用管线探测仪（德国IPEK-摄像检测系统）深入地下管道内进行探测，检测出管道破裂的准确位置、破裂程度，为正确处理方案提供最直接依据。经测量，38号、32号、29号楼均有不均匀沉降，38号楼稍大，但都在倾斜度允许范围内（$\Delta/H \leqslant 1/1000$），必须立即采取有效控制。

3. 事故处理

采用基坑支护方案。根据基坑开挖深度、场区内地质条件及现场周边实际情况以及规范要求，并考虑工期、经济、施工方案便捷可行，决定采用深层搅拌桩支护止水方案。

深搅桩的设计应用重力式挡土墙设计原理，以最不利点考虑，选取三排格构式布置，加固宽度2.9m，桩长9m（-9m以下为不透水黏土层），有效桩长8m；经计算抗倾覆K_P值≥1.5，满足支护要求。在38号楼南侧沿线43.1m及29号、32号楼南侧沿线40.9m采用

ϕ700mm 双头桩、三排格构式布置。在 38 号、32 号之间暖气管膨胀弯 10m 范围内三排桩布置。深搅桩间相互咬合，两桩间相互咬合横向≥15mm、纵向≥20mm，形成可靠的止水帷幕。深搅桩中插入 ϕ100mm、长 3m 的毛竹作为插筋，顶高控制在自然地面下 -1m。插筋有利于与桩协同变形，保证基坑边坡稳定性。毛竹在桩成型后插入。实施效率高，效果可靠。

总体施工顺序为：测量放线定位→深搅桩施工（同时插入毛竹筋）→养护→上部压顶施工→土方开挖及管线支护→井点降水→污水导流排放→施工测量监控→污水管道的修复→路面恢复。

（1）深层搅拌桩施工工艺流程　采用四搅二喷成桩工艺，水灰比 0.6～0.7，$\alpha_w=15\%$。流程如下：测量定位→就位对中→制做固化剂浆液→开钻→延时 9min→预搅下沉至设计深度→延时 13min→搅拌提升→延时 9min→重复下沉→延时 13min→重复提升→桩基移位。

（2）土方开挖、管线支护及测量监控　维修工作在桩施工结束 28 天后进行。为防止机械挖断支护桩，造成质量安全事故，土方开挖应分层进行。首先土方挖至地面下 -1m 处，做好桩顶压顶 200mm 厚、C20 混凝土、φ10@200 双向配筋，混凝土内掺早强剂。同时开挖管道上部埋置深度在 1.0～2.0m 煤气管道、暖气管沟及六孔通信电缆，并在土方开挖区域内用钢管桩、钢桁架分别进行有效支撑。最后分层挖至维修基底。土方的开挖量以满足基底维修工作面为准。基坑上部除桩基垂直面外其余三面注意安全放坡。基底向上 1.5m 部位可利用桩基做支点，用木板加水平支撑临时支护。开挖施工期间紧密做好测量监控，发现异常情况及时处置，确保管线、建筑物及人身安全。

（3）井点降水　由于止水支护桩已阻断北侧南向的地下水流，故降水不宜太深，以满足污水管道底以下 500mm 为宜。采用单排井点降水，井点埋设在维修管道南侧。施工中持续降水，确保地下水位低于土方开挖面 500mm。

（4）污水导流排放　为在施工期间保证排污畅通，保障附近三个居民小区的正常生活，在污水上游实施截流，用污水泵抽出，通过临时排水管对被截流的污水进行导流排放至下游污水井。下游污水井在本管道口侧同时封堵，直至污水管道修好后恢复。

（5）污水管道的修复及路面恢复　挖至维修基底，重新做好管底基础，按规范要求做好防水接口。修复管道结束，拆除井点，分层夯实回填土方。逐一将通信线路、暖气管沟特别是煤气管道的支承回归地面。待管道接口养生结束后，清除两端堵塞，恢复污水流通。最后恢复路面。

2. 路基滑移事故

路堤滑移是指路堤沿基底土层层面或基岩层面产生的整体滑动，常发生在陡坡上的路堤与基岩的接触部位。陡坡上常覆有坡积、残积层或其他成因的土层，岩性不均一，厚度不等。在这类地层上建筑路堤，由于地表水的浸润及地表荷载的增加，常产生沿路堤基底面，或连同整个盖层沿下伏基岩面（基破碎带、风化带）产生滑动，破坏路堤的现象。

【例 12-4】 临河软基路堤滑移事故分析

1. 事故概况

某工程位于珠江三角洲冲积平原，沿线沟渠纵横交错、水塘密布，地下水位高，全线长 29km，大部分处于深厚软土地基区域，该线路的大部分路堤位于东引运河的河岸，公路的地质条件更加复杂。据勘察钻孔揭露，沿线的软基厚度大部分在 16～22m，最厚达 28m。该路段的主要路基工程地质问题表现在沿线第四系地层全段存在厚度较大的淤泥或淤泥质土，沿线均有分布，范围广，厚度大，呈流塑状。

路堤失稳情况：K12 +500 路段位于东引运河与厚街水道河之间，在回填0.4m 的砂垫层过程中，当回填约0.2m 的第一层土，碾压后1天发生了滑塌，经过现场测量与勘探，该处滑移沿线路纵向长18.0m，沿线路横断面最大宽度（至填筑后路肩）约为2.0m。

2. 事故分析

从现场滑移特征来看，该处滑移范围较小，由于珠江三角洲地区软基路基整体滑移一般为平面应变问题，滑移长度一般在70m 左右，本路段的路堤失稳为局部塌滑。另一方面，该处目前的累积填土厚度为0.6m，荷载远小于珠江三角洲地区软土地基极限填土一般高度(1.5~3m)，可以初步确定该处滑塌不是填土的自重荷载引起的。从现场施工情况来看，施工中采用22t 振动式压路机进行碾压，根据经验，其竖向影响深度在1.5m 以上，碾压施工时较靠近河岸边缘。根据原位测试结果得知，淤泥及粉细砂灵敏度为3.1~4.5，属于中等灵敏度土，在振动荷载作用下，淤泥强度迅速下降（可减小3.1~4.5倍），同时由于临河部分存在临空面，侧向约束小，从而出现滑塌现象。综合以上各种因素可以判断，该处滑塌属于在填土较薄情况下，采用施工机械振动碾压引起了淤泥强度骤降，造成了路堤边坡失稳。

3. 事故处理

靠河岸软基采用水泥搅拌桩处理，水泥掺入量15%，处理宽度由计算确定；远离河岸的软土路基采用插排水板联合超载预压法处理软基。施工顺序为先进行临河岸的水泥搅拌桩施工，再进行排水板施工，后进行碾压土填筑，鉴于水泥土强度在龄期内随时间延长而增长，填土初期应严格控制填土速率并进行稳定监测。

根据设计与施工要求，施工期的安全系数 $k=1.10$，运营期的安全系数 $k=1.30$。稳定性验算时根据工程地质勘查报告来选取碾压土、素填土、淤泥质黏土、中砂以及亚黏土的土工参数，同时采用工程类比方法确定水泥搅拌桩复合地基的黏聚力以及内摩擦角。通过多次试算确定沿河岸水泥搅拌桩为9排，采用梅花形布置，间距为1.2m，桩体直径为0.5m，处理深度至淤泥下部中砂层或碾压层。通过计算得出了该段软基的稳定安全系数为1.326，由此可以说明，通过水泥搅拌桩加固后，该段软基的稳定性有了提高，并处于稳定状态。

【例12-5】 山西省灵石岭煤矿矿区道路滑移事故

1. 事故概况

山西省灵石岭煤业有限公司，所属煤矿矿区山坡非重载道路，主要用途是为行人、轻型车辆行驶。道路宽度约6m，需处理道路长度约为80m，混凝土浇筑路面，山石杂土夯填路基。道路靠近坡底半幅路面中部偏坡底位置出现明显路基滑移裂缝，路面开裂长度约为100m，裂缝宽度30~60mm，从现场分析裂缝深度在1.6m 以上，局部已贯穿滑移土体的底部（从侧面喷锚面鼓出可以判断）；路基侧面喷锚保护层外鼓，坡底一侧的喷锚面层破裂鼓起约20m 长，位于该斜坡的中间部位（见图12-3）。

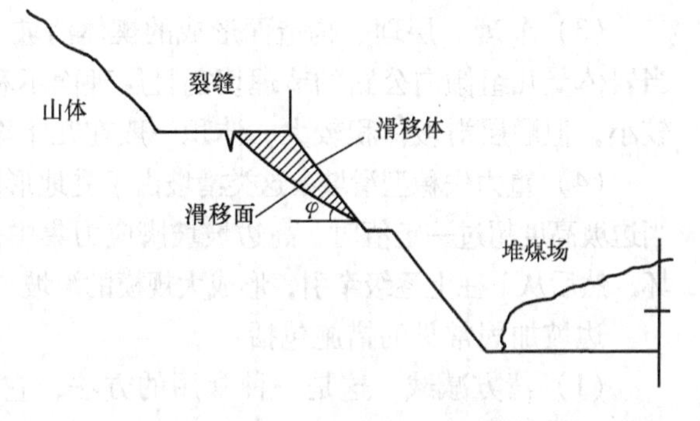

图12-3 裂缝段的示意图

2. 事故分析

由于前期山坡道路施工资料缺失，当初施工情况无法充分了解，以致不能进行破坏性勘查。通过公司工程技术人员的描述，结合多年专业经验，同时咨询业内岩土、地质专家得出以下结论：

1）道路所在的整座山体基本稳定。

2）裂缝段道路路基已经整体滑移。

3）裂缝两端未产生裂缝的道路路基由于是同性质的路基也存在滑移（尚未到临界点故而暂未产生裂缝）。

4）此裂缝段道路非常危险，在外力作用下（车辆的动荷载、滑移体自身重力、雨水冲刷）随时可能脱离山体，后果严重，必须立即实施抢险施工。

3. 事故处理

（1）加固方案　采用竖向锚杆拉结、滑移体注浆固结、坡脚止滑桩相结合的综合性路基加固方案。该方案涉及锚桩拉结、土体固结、边坡止滑三个方面的技术和工程施工经验，较充分地考虑了工程的经济性、机械施工的可行性、施工本身安全性以及加固效果的相对长久性。

（2）工艺流程

1）止滑桩施工流程。DZ-30 型桩机止滑桩竖向成孔→ϕ35mm 钢管锚入稳定岩体→桩口封堵。

2）路面竖向锚桩施工流程。混凝土路面钻孔→混凝土路面钻孔 DZ-30 型桩机竖向成孔→ϕ48mm 钢管锚入稳定岩体→高压注浆固结土体并握裹钢管→路面现有裂缝灌浆处理。

4. 路基边坡工程事故

滑坡是指斜坡上的土体或者岩体，受河流冲刷、地下水活动、雨水浸泡、地震及人工切坡等因素影响，在重力作用下，沿着一定的软弱面或者软弱带，整体或者分散地顺坡向下滑动的自然现象。路基高边坡滑坡的类型包括：

（1）古滑坡　指古滑坡体（一般为块石土）沿老滑面（一般为基岩顶面）滑动或沿一新滑面滑动，引起其局部或整体复活。这类滑坡往往规模较大，厚度较深，滑体体积有时达几十万甚至超过上百万立方米。

（2）堆积层滑坡　当公路以切坡通过堆积层时，由于堆积层物质为第四系坡残积层，一般处在泥岩顶面上，界面易积水，力学强度低，往往形成滑坡。这类滑坡一般在几千至几十万立方米。

（3）节理、层理、构造面形成的楔体滑坡　该类滑坡多出现在节理裂隙发育的边坡上，当岩体受几组倾向公路的节理切割且层理面不利时，往往形成楔体滑坡，这类滑坡一般规模较小，但顺层滑坡体积较大，体积一般在几十至上千立方米。

（4）重力失稳型滑坡　这类滑坡由于受地形限制，往往边坡坡率过陡（1∶0.5～1∶0.75），当边坡高度超过一定值时，高边坡坡脚应力集中，超过岩体自身强度时即先在坡脚引起压溃破坏，然后从下往上逐级牵引，形成大规模的滑坡。

边坡加固常见的措施包括：

（1）清方减载　这是一种常用的方法，它见效快、投资省，但应慎重选用，只有当滑坡地面横坡较缓且清方后不致牵引其后山体失稳时才采用。

（2）锚索桩板墙（桩板墙）、锚索抗滑桩（抗滑桩） 当滑坡规模较大，且滑体物质较松散时，可在一般悬臂桩的桩头增设锚索，以改善桩身受力状态，减少埋深及截面尺寸。

（3）地梁（框架梁）锚索 当边坡较高分为多级时，滑坡存在多级剪出的可能，可分级采用地梁（框架梁）锚索加固。当地层较松散时，采用框架梁加强坡面约束；当坡面较硬且完整时，可采用地梁（或短梁）锚索。

（4）地梁（框架梁）锚杆 当滑坡规模较小、厚度较薄（3~5m）、下滑力在150~300kN/m时，可采用地梁（框架梁）锚杆加固。当边坡较陡或较松散时，采用框架锚杆。

（5）地梁（框架梁）自钻锚杆 当滑坡体较松散难以成孔时，可采用自钻锚杆。但200kN以下设计吨位的自钻锚杆较经济，吨位较高时用锚索较好。

（6）抗滑挡墙 抗滑挡墙适用于小型浅层滑坡，当下滑力为100~250kN/m时较为经济，石料丰富处可选用，否则用小桩也许会更好。

（7）花管注浆（或灌浆锚栓） 对于滑体厚度薄（6~9m），滑面较缓的滑坡，可采用钢花管注浆加固。

【例12-6】重庆万梁高速公路K47+400~+500滑坡事故

1. 事故概况

重庆万梁高速公路自重庆市万州区至梁平县，全长67.2km。K47+400~+500护坡滑坡段位于重庆市万州区郜家乡境内路线的左坡。原设计考虑到该边坡为顺层岩石高边坡，易产生滑动，在一级边坡设抗滑桩进行预加固处理，二、三级边坡坡面刷成与岩石层面倾角一致并采用浆砌片石防护。2001年7月中旬边坡开挖成型，据现场监测资料，至10月初边坡未见明显变形，10月上旬连降大雨，10月14日边坡突然产生急剧滑动，滑动从二级边坡中部剪出，在边坡顶部形成走向NE70°，长约20m，宽约8m，深6m的拉张裂隙带；边坡的西侧走向NW50°~45°，宽6~0.5m裂缝；东侧浆砌水沟被完全挤裂，形成的剪裂缝宽0.2~0.6m。在滑坡前部形成走向NE70°，长35~40m，宽2.9~6.0m的鼓胀。

2. 事故分析

1）不良的地质条件是滑坡生成的基础。K47+400~+500滑坡段位于单斜岩层分布区，边坡由砂岩、泥岩组成，为顺倾层状坡体结构，顺倾层状坡体结构的边坡易产生顺层滑动，特别是当岩体中存在多层软弱夹层时，由于软弱夹层强度低、受水易软化，易产生多层、多级滑动。

2）工程活动是滑坡滑动的主要诱发因素。K47+400~+500路段为路堑地段，开挖形成的边坡高度达30~40m。边坡开挖引起的卸荷作用改变了坡体原有的应力状态，边坡的松弛效应使节理、裂隙进一步张开，加速了岩体的风化，有利于地表水的下渗，在滑坡前部形成的高陡临空面为滑坡的滑动提供了良好的临空调节。开挖过程中爆破引起的振动作用对滑坡稳定极为不利，主要表现为振动使原有裂隙进一步张开、贯通，增大坡体的下滑力，加速滑坡的发生。

3）降雨也是滑坡滑动的诱发因素之一。在滑坡发生滑动前一段时间，曾有长时间、较大强度的大气降水。雨水的下渗增加滑体重量，软化了滑动带物质，降低了强度，加速了坡体的变形。

3. 事故处理

滑坡滑动后坡体处于相对松弛的状态，裂缝张开，有利于地表水下渗和滑坡后部基岩裂隙水对滑坡体的补给。如遇长时间的降水，加之施工期间爆破所引起的震动作用，滑坡有二次滑动的可能，因此应及时处理。

原路线设计中该段边坡采用抗滑柱加固，一级坡采用护面墙防护，二、三级边坡坡面刷成与岩石层面倾角一致并采用浆砌片石护坡防护。经计算分析，抗滑桩能够抵挡滑坡深层滑动，在边坡发生浅层滑动后的加固工程设计中不考虑深层滑动问题。但对该滑坡的浅层滑动，原来的浆砌片石护坡无法使坡体保持稳定，为此，考虑到滑坡性质和变形特征，对浅层滑动采用锚杆框架进行加固，K47 +400 ~ +500 段滑坡整治工程断面图如图 12-4 所示，加固工程措施如下：

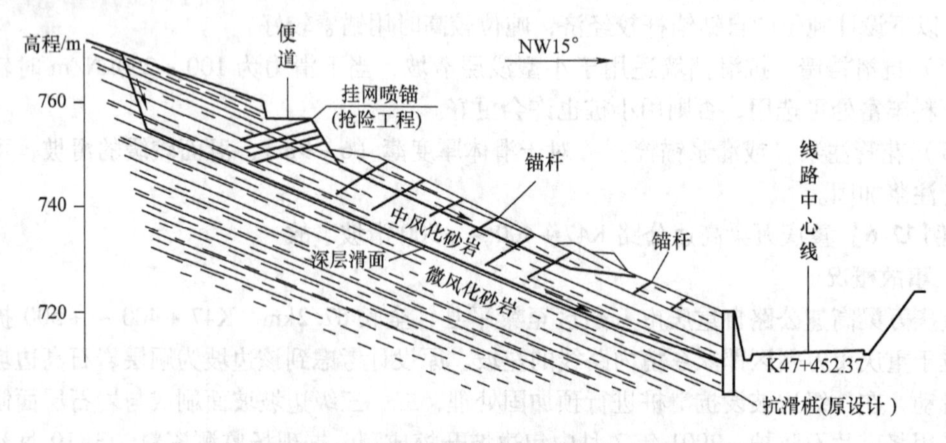

图 12-4 K47 +400 ~ +500 段滑坡整治工程断面图

1）二、三级坡采用锚杆框架防护。二级坡锚杆长度为 4m，间距 6.0m×6.0m；三级坡锚杆长度为 10m，间距 3.0m×3.0m。锚杆由 ϕ28 螺纹钢组成，钻孔直径为 110mm，倾角 30°。框架梁采用 C20 钢筋混凝土现浇而成，截面 25cm×25cm；框架中间种草或植草皮进行绿化，美化环境。由于滑坡后部的施工便道承担大量的施工材料运输任务，不能断道，为此通过充满滑坡后缘拉裂槽和采用长锚杆挂网喷浆加固，防止便道产生破坏。同时夯填滑坡后部及两侧裂缝以防止地表水下渗。

2）滑坡体含水丰富，地下水位较高，这对滑坡的稳定极为不利，在一、二级边坡采用仰斜排水孔疏排地下水；恢复已破坏的排水沟，在滑坡后部修建截水沟防止后坡地表水流入滑坡体。

上述工程措施实施后，经过两个雨季的观测，边坡处于稳定状态。

【例 12-7】 贵州三凯高速公路 K106 滑坡的特征与整治

1. 事故概况

贵州三穗至凯里高速公路是上海至瑞丽国道主干线贵州境东段中的一段。三凯高速公路 K106 段路线边坡自 2003 年 8 月开挖成型后（见图 12-5），在三、四级坡做了锚杆框架护坡处理，随之边坡出现变形，至 2004 年 3 月，三、四级坡出现较大范围坍塌，已施工的锚杆框架完全破坏，边坡后缘裂缝发展至距路线中线约 105m 处，在后缘平台处可见多条走向为 NE20°，长 5 ~25m，宽 5 ~10cm 的拉张裂缝，在一级平台附近滑坡剪出口已形成，已剪出达 15cm。根据该边坡的地貌形态、坡体结构、变形特征分析，该边坡为一破碎岩石滑坡。

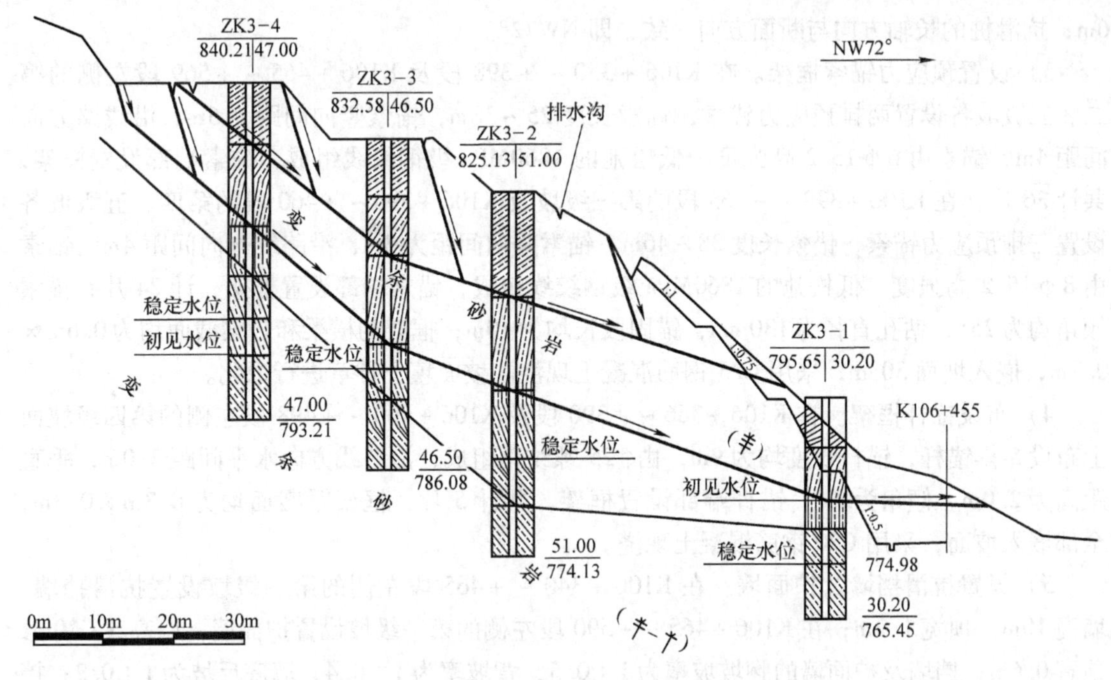

图 12-5 滑坡工程地质剖面图

2. 事故分析

路线修建过程中，边坡开挖是滑坡复活的主要诱发因素。滑坡调查和分析结果表明：路线位于滑坡前部抗滑地段，在路线的修建过程中，边坡开挖切断了滑坡的抗滑地段，使滑坡下滑力增大，滑坡产生变形，同时边坡在开挖过程中侧向卸荷作用使坡体松弛，原有的结构面进一步张开，有利于地表水的下渗，地表水渗入后软化结构面强度，加剧了坡体的变形。

3. 事故处理

由于滑坡滑体较厚，最后处在30m左右；滑动带较陡，滑坡有多层剪出口，出口较高，最高处浅层滑动带剪出口在路基面以上21m左右，基本无抗滑段，故滑坡推力较大。为此，方案设计首先考虑放缓边进行清方减载。根据地形条件将浅层滑体清除，然后再分级进行支挡。曾考虑在浅层刷方的基础上进一步清方，即将深层同时基本清除的设计方案。由于该处为一老滑坡，虽然坡顶有多级较缓平台，具有进一步清方的地形条件，但如进一步清方，不仅清方量大量增加，而且边坡会更加高陡，也可能会引起坡体变形范围扩大，支挡工程量会相应增加。为此，方案设计时，对清方的范围周界以松弛的范围为限，不主张进一步清方扰动。工程在选择上考虑滑坡整体与局部的稳定性，按照滑坡及高边坡中“固脚强腰”的设计思路考虑工程的布置。

1）刷方减载。为减小滑坡推力，结合现场地形，对坡面进行刷方，刷方后边坡分为五～六级，每级坡高度均为10m，其中第一级坡的坡率为1∶0.5，二级坡的坡率为1∶1，三级坡的坡率为1∶1.25，四、五、六级坡的坡率均为1∶1.5；各项坡顶均设宽为5m的平台。

2）布置抗滑桩。在K106+398+468段左侧的第二级平台上布置一排抗滑桩，共计11根，抗滑桩截面为2.0m×3.0m，桩长为27～30m；在K106+468～+538段左侧的第一级平台上布置一排抗滑桩，共计19根，抗滑桩截面为1.6m×2.0m，桩长为17m；桩间距中到中

6m；抗滑桩的长轴方向与断面方向一致，即 NW72°。

3）设置预应力锚索框架。在 K106 + 350 ~ + 398 段及 K106 + 465 ~ + 569 段左侧的第二、三级坡各设置两排预应力锚索，锚索长度 25 ~ 38m，锚索竖向间距为 5m，沿线路方向间距 4m，锚索由 6 ϕ^s15.2 高强度、低松弛的 1860MPa 级钢绞线组成，锚索端部设置框架，共计 36 片；在 K106 + 398 ~ + 465 段的第三级坡及 K106 + 390 ~ + 460 段的第四、五级坡各设置三排预应力锚索，锚索长度 38 ~ 46m，锚索竖向间距为 3m，沿路线方向间距 4m，锚索由 8 ϕ^s15.2 高强度、低松弛的 1860MPa 级钢绞线组成，锚索端部设置框架，计 24 片；锚索倾角均为 25°，钻孔直径为 130mm，锚固段长均为 10m；框架的横梁和竖梁截面均为 0.6m × 0.7m，嵌入坡面 30cm，采用 C25 钢筋混凝土现浇。坡面填土种草进行绿化。

4）布设锚杆框架。在 K106 + 366 ~ + 390 段及 K106 + 460 ~ + 498 段左侧的第四级坡面上布设 5 排锚杆，锚杆长度均为 9m，由 ϕ25 螺纹钢组成，沿路线方向水平间距 3.0m，垂直距离为 2.0m，倾角为 20°；锚杆端部设置框架，共计 5 片，框架梁截面均为 0.3m × 0.3m，全部嵌入坡面，采用 C20 钢筋混凝土现浇。

5）设置抗滑挡墙及护面墙。在 K106 + 340 ~ + 465 段左侧的第一级坡设置抗滑挡墙，墙高 10m，顶宽 1.2m；在 K106 + 465 ~ + 590 段左侧的第一级坡设置护面墙，墙高 5 ~ 10m，顶宽 0.6m；挡墙及护面墙的胸坡坡率为 1 ∶ 0.5，背坡率为 1 ∶ 0.4，墙底反坡为 1 ∶ 0.2；挡墙及护面墙均采用 M7.5 浆砌片石砌筑。

6）设置拱形骨架护坡。在第二、三、四、五级坡除框架所在坡面外的坡面上均设置 M7.5 浆砌片石拱形骨架护坡。

7）设置仰斜排水孔。在 K106 + 398 ~ + 468 段左侧的第二级坡设置一排仰斜排水孔，共计 32 孔，长度 18m，间距 4m，仰角 6°，中孔孔径 110mm，孔内置 ϕ90mm 渗水软管。施工时可根据出水情况调整排水孔的位置与长度。

8）设置截排水沟。在第一、四级平台上设置截排水沟，水沟采用 M7.5 浆砌片石砌筑。

【例 12-8】 青海平阿高速公路 K37 滑坡特征及整治措施

1. 事故概况

平安至阿岱高速公路（平阿高速公路）起自青海省海东地区平安县，终点位于化隆回族自治县扎巴乡阿岱镇，总投资 17.8 亿元，全长 41.2km，于 2006 年 10 月 1 日正式通车。

平阿高速公路在某路段以深路堑的形式通过，路线中线的最大挖深约为 20m，线路右侧边坡最高约 30m，原设计将边坡分为三 ~ 四级，每级边坡最高 8.5m，坡率均为 1 ∶ 0.6，每级边坡间均设置一宽 2m 的平台，坡面均采用护面墙防护。边坡属于中低山侵蚀地貌，总体走向近东西向。坡面边坡区出露的地层主要为下第三系（E）紫红色泥岩夹薄层砂岩，边坡区为一倾伏背斜，岩层产状变化较大，受构造作用强烈，结构面发育。

2003 年 8 月中旬，在路线边坡开挖已基本完成时，该段边坡产生变形破坏，变形范围发展至堑顶以北约 30m 处，形成数条裂缝，裂缝贯穿整个坡体，裂缝走向为 NW80°，倾向 NE，裂缝宽度 0.5 ~ 1.5m，可见深度 2.0 ~ 2.5m，裂缝还在进一步发展扩大。根据边坡变形特征及物探资料分析，该边坡的变形类型为倾倒，变形深度为 10 ~ 20m。但由于边坡岩体中结构面发育，特别是倾向线路结构面的发育，为坡体的坍塌、滑动提供了有利条件，因此，在不利条件下，边坡的变形可能转化为沿坡体中软弱结构面的滑动。

2. 事故分析

不良的地质条件是边坡产生变形的基础。该段边坡由第三系（E）中~强风化紫红色泥岩夹薄层砂岩组成，岩性软弱，其中砂岩泥质胶结、钙泥质胶结，成岩程度差，强度较低。受构造强烈作用的影响，岩体中结构面发育，为坡体的变形提供了有利条件。

边坡在开挖过程中，弱膨胀的泥岩产生侧向膨胀和卸荷，当边坡开挖至坡脚时，坡脚棕红色的泥岩产生较强烈膨胀和卸荷，进而出现剥落和坍塌，使坡脚的支撑力进一步削弱，边坡上部岩体沿层面首先产生开裂和剪切变形，岩层弯曲，这是边坡中出现5条岩层面发育的反倾裂缝、坡体表面岩层倾角变缓的主要原因。

暴雨是边坡滑坡的主要诱因。暴雨使坡体含水量增大，边坡的稳定性进一步恶化，变形范围进一步发展，并出现边坡表面坍塌现象。综上所述，边坡的变形主要为倾倒变形并伴有表层坍塌。

3. 事故处理

根据目前边坡变形性质和特点，确定了“以减重刷方为主，辅以支挡工程”的治理方案，具体治理措施如下（见图12-6、图12-7）：

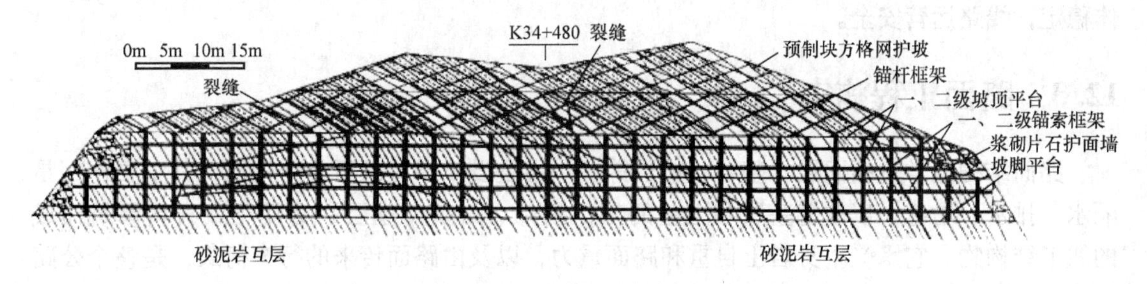

图12-6 坡面及治理工程立面图

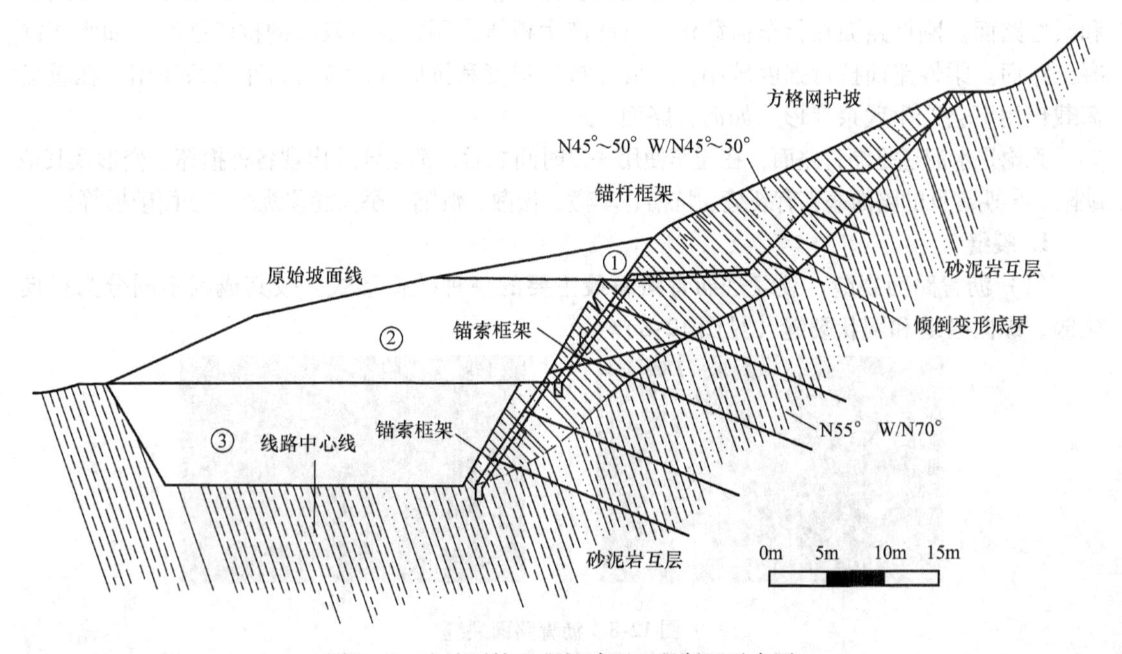

图12-7 边坡开挖工程机治理工程断面示意图

1）改变边坡形式。改变原线路设计中该段的线路右侧边坡坡形。改变后一～四级边坡坡高均为0～8.5m，一、二级边坡的坡率为1∶0.75，三级边坡的坡率为1∶1，四级边坡的坡率为1∶1.5；一、二级边坡之间和三、四级边坡之间设置一宽2m的平台，二、三级边坡之间设置一宽10m的平台，每级平台均采用浆砌片石封闭。

2）设置预应力锚索框架。在该段线路右侧的一、二级边坡坡面上布设2～4排预应力锚索。在锚索端部设置框架以提供反力，框架由两根竖梁和两根横梁组成一片。为防止坡面岩石风化，框架悬空，降低预应力损失，框架间坡面采用浆砌片石填充。

3）布设锚杆框架。在该段线路右侧的三级边坡坡面上布设4排锚杆。在锚杆端部设置钢筋混凝土框架，框架间种草绿化。

4）设置挡墙及实体式护面墙。在一、二级边坡高度不足8.5m段设置挡墙，顶宽0.8m，胸坡1∶0.75，背坡1∶0.65；在三级坡面两端设置实体式护面墙。

5）社会方格网护坡。在四级边坡上设置预制块方格网护坡。

6）设置截排水沟。在设计坡口线外不小于10m处设置截水沟；在各级平台上设置排水沟。

该段边坡治理工程于2004年8月基本完工，在经历了近3年的强降雨后，经监测，坡体稳定，线路运营安全。

12.3 路面工程病害

路面结构通常包括面层、基层、垫层等。垫层是设于基层以下的结构层，其主要作用是隔水、排水、防冻，以改善基层和土基的工作条件。路基（基层）为用土或石料修筑而成的线形结构物，它承受本身岩土自重和路面重力，以及由路面传来的行车荷载，是整个公路构造的重要组成部分。面层是用筑路材料铺在路基上供车辆行驶的层状建（构）筑物，具有承受车辆重量、抵抗车轮磨耗和保持道路表面平整的作用。面层按力学特征分为刚性路面和柔性路面。刚性路面在行车荷载作用下能产生板体作用，具有较高的抗弯强度，如水泥混凝土路面。柔性路面抗弯强度较小，主要靠抗压强度和抗剪强度抵抗行车荷载作用，在重复荷载作用下会产生残余变形，如沥青路面。

无论是水泥还是沥青路面，在通车使用一段时间之后，都会陆续出现各种损坏、变形及其他缺陷。早期常见的路面病害有裂缝、坑槽、车辙、松散、沉陷、桥头涵顶跳车、表面破损等。

1. 裂缝

（1）沥青路面裂缝　裂缝是沥青路面最主要的一种破损形式。按其成因不同分为横向裂缝、纵向裂缝和网状裂缝（见图12-8）。

a)

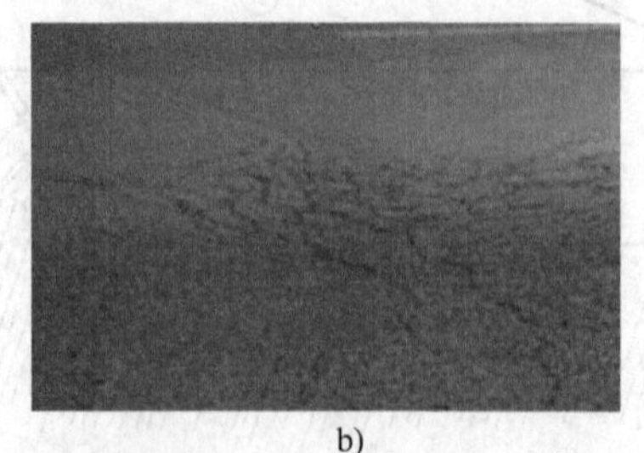
b)

图12-8　沥青路面裂缝

a）横向和纵向裂缝　b）网状裂缝

1）横向裂缝又分为载荷型裂缝和非载荷型裂缝。载荷型裂缝是由于路面结构设计不当或施工质量低劣或由于车辆严重超载，致使沥青面层或半刚性基层内产生拉应力超过其疲劳强度而断裂；非载荷型裂缝是横向裂缝的主要形式，分为沥青面层温度缩裂和基层反射裂缝。横向裂缝产生的原因主要是由于路面横向施工缝未处理好，接缝不紧密，结合不良，或温度下降路面收缩引起横向开裂。

2）纵向裂缝分两种情况：第一种情况是沥青面层分幅摊铺时两幅接茬处未处理好，车辆载荷与环境因素作用下逐渐开裂；第二种情况是由于路基压实度不均匀（含半填半挖路段）或由于路基边缘受水浸泡产生不均匀沉陷而引起。

3）沥青路面产生网裂和龟裂的原因：一是路面结构中夹有柔软和泥灰层，粒料层松动，水稳定性差，在荷载作用和雨水浸入下发生唧浆，产生龟裂，从而引起路面损害；二是沥青与沥青混合料质量差，即沥青混合料的粘结性差，或沥青延度低，从而抗裂性差，加之水分的渗入，造成路面龟裂，进而引起路面破坏。

沥青路面出现裂缝后，路面水下渗浸泡路面结构层，降低路面承载力。一方面使沥青粘附性减少，从而导致沥青混合料强度、劲度减少，并使沥青从集料表面剥落；另一方面在雨季，路面裂缝中的自由水在行车载荷的作用下，会产生相当大的动水压力，压力水不断冲刷基层材料中的细料，细料浆被逐渐压挤出裂缝，形成沥青面层裂缝处的唧浆，细料浆一旦被挤出，沥青面层就会沿着裂缝产生下陷现象，同时在裂缝的两侧引起新的裂缝，导致路面裂缝两侧破碎，并逐渐引发路面大面积损坏。

（2）混凝土面板的裂缝　混凝土面板的裂缝可分为表面裂缝和贯穿板全厚度的裂缝（贯穿裂缝）（见图12-9）。表面裂缝主要是由混凝土混合料的早期过快失水干缩和碳化收缩引起的，一般只给混凝土路面的耐磨性带来不利的影响。贯穿裂缝分为横向裂缝、纵向裂缝、斜向裂缝、板角裂缝等。

图12-9　混凝土路面裂缝

混凝土路面出现裂缝以后，雨水就可透过裂缝进入路面基层或垫层，车辆通过路面裂缝所在区域，受车辆或轮胎后的真空抽吸作用，雨水连同经雨水浸泡的基层浆液将会挤出路面，形成板下脱空，混凝土路面逐渐形成大面积断裂破碎。

2. 车辙

车辙是路面上行车轮迹产生的纵向带状凹槽，深度在1.5cm以上，数量按实有长度乘以变形部分的平均值计算。车辙在行车荷载重复作用下，有扩展和累积的趋势。车辙的产生受内外因综合影响，内因包括沥青路面结构设计，外因包括施工、交通、气候条件等。

车辙的类型分为结构性车辙、流动性车辙、磨损性车辙和压实不足引起的车辙。结构性车辙是由于荷载作用超过路面各层的强度，从而发生在沥青面层以下包括路基在内的各结构层的永久变形。这种车辙宽度较大，两侧没有隆起现象，横断面呈凹形（见图12-10a）。流动性车辙是在高温条件下，车轮碾压反复作用，荷载应力超过沥青混合料的稳定度极限，使流动变形不断累积而形成的车辙。这种车辙一方面车轮作用部位下凹，另一方面车轮作用甚少的车道两侧反而向上隆起，在弯道处还明显往外推挤，车道线或者停车线因此可能成为变形的曲线（见图 12-10b）。磨损性车辙是由于车辆不断磨损地面，特别是大量重型超载车辆渠道化地行驶在主车道上而形成的车辙。压实不足引起的车辙属于非正常情况车辙，是施工质量控制不严造成的。若沥青面层本身压实不足，通车后的第一个高温季节混合料继续压密，在交通车辆反复碾压作用下，空隙率不断减小，达到极限后趋于稳定。它不仅产生压实变形，而且平整度迅速下降，形成明显的车辙。这种由于施工质量不良造成的非正常性车辙在我国是非常普遍的。

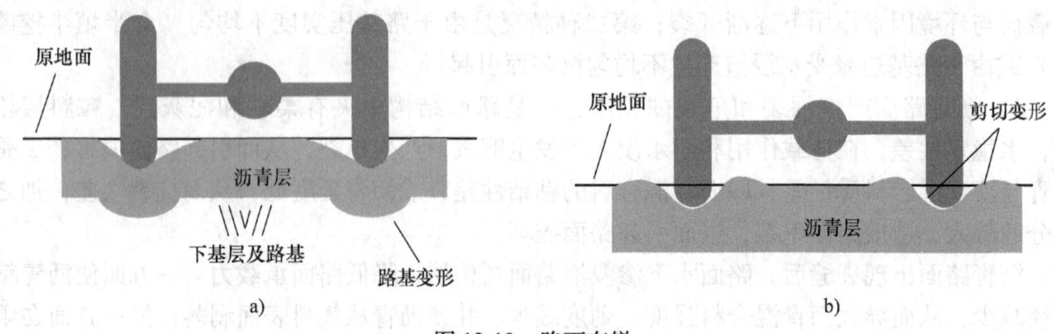

图 12-10 路面车辙
a）结构性车辙示意图 b）流动性车辙示意图

3. 坑槽

路面坑槽是在行车作用下，路面集料局部脱落而产生的坑洼。坑槽深度一般大于 2cm，面积在 $0.04m^2$ 以上。如小面积坑槽较多，又相距很近（20cm 以内），应合在一起计算。沥青路面坑槽都有一个形成过程，起初局部龟裂松散，在行车荷载和雨水等自然因素作用下逐步形成坑槽（见图 12-11）。

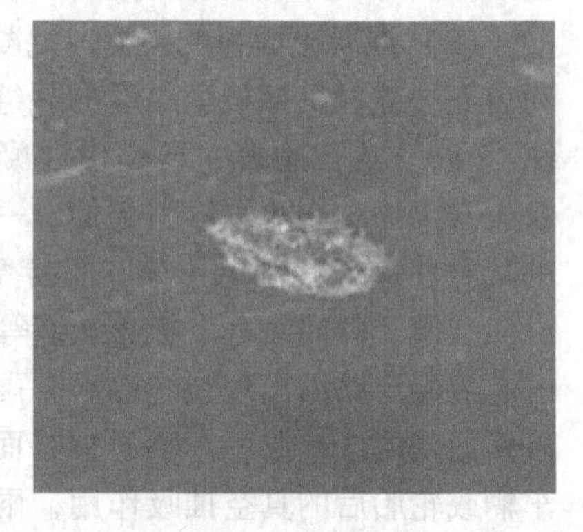

图 12-11 路面坑槽

坑槽分为压实不足性坑槽、厚度不足性坑槽和水损害性坑槽。压实不足性坑槽是由于施工时混合料温度太高，使沥青老化，粘结性降低、脆性增加，导致压实不够，粘结不牢，在行车荷载的作用下，形成坑槽；或由于混合料温度太低，摊铺不均匀，压实不充分，导致压实度不够形成坑槽。厚度不足性坑槽是由于路面下层局部标高控制不严，导致沥青面层个别地方厚度不够，在行车作用下，部分混合料易被带走，形成坑槽。水损害性坑槽是沥青路面早期破坏中最常见的坑槽，其形成过程如下：在开始阶段，水分侵入沥青和集料的界面，以水膜或水汽的形式存在，影响沥青与集料的粘附性；在反复荷载的作用下，沥青膜与集料开始剥离；渐渐地，路面开始麻面、松散、掉粒；最后形成坑槽。

4. 路面表面功能下降

路面表面功能下降是指表面功能衰减、抗滑、噪声、溅水和水雾等功能下降，主要原因有：沥青标号过大（针入度偏大），沥青用量多，路面渐渐泛油，构造深度下降，甚至变成光滑油面；粗集料不耐磨，迅速磨光。石料磨光是表面功能衰减的主要原因，它取决于粗集料的品种。石灰岩集料路面的摩擦系数在通车半年到一年便可能下降到最低值，坚硬耐磨石料的磨光期则可以维持很长时间。

5. **路面沉陷、错台、桥头涵顶跳车**

路面沉陷是路基产生竖向变形导致路面下沉所致，包括均匀沉陷、不均匀沉陷和局部较大面积沉陷（见图12-12）；错台是指路面接缝处或裂缝相邻面板出现垂直高差的现象；桥头涵顶跳车是由桥台台背填土压实不够引起路基不均匀沉降，使路面产生沉陷，形成跳车（见图12-13）。沉陷与桥头跳车的产生除了上述原因之外，很多时候都是施工质量没有严格控制造成的。

图12-12 路面沉陷

图12-13 桥头跳车

【例12-9】天津市公路沥青路面裂缝病害

1. **病害情况**

天津市津汉公路、津同公路、津霸公路等均在1998年夏季施工。路面结构为在原沥青路面上铺5%，18cm厚水泥稳定碎石和6~7cm厚的沥青混凝土面层。沥青采用AH—90重交通石油沥青，施工质量优良。当年入冬之后，先后出现横向裂缝，开始的横向裂缝的间距一般为13~15m，接着又在原裂缝间约1/2处出现较大的裂缝宽度。经钻孔检验，路面裂缝部位有的仅是沥青面层开裂，有的面层与基层在同一位置开裂。裂缝宽一般是路面上方较大，越往下越小。用沥青灌缝养护，来年气温回升后裂缝逐步缩小至不明显。

2. **病害分析**

经分析，产生裂缝是因为温度变化产生温度应力，当路面混合料抗拉强度小于温度应力时，路面被拉裂，直至混合料抗拉强度等于或小于温度应力时即停止发生裂缝。该公路水稳基层和沥青面层均在炎热的夏季施工，成形时温度较高，秋天完工，放行后，路面温度仍很高，初冬寒流突临，气温骤降至0℃以下，路面遇冷快速收缩，由于层间粘结较好，约束了路面的收缩即产生了约束应力，致使路面开裂。

3. **病害处理**

天津市津围公路改造工程全长101km，在原沥青路面上加铺15~18cm厚二灰碎石和15~18cm厚5%水泥稳定碎石基层、15cm厚三层式沥青面层，中下面层采用PG64-22级（美国标准），上面层采用PG70-22 SBS改性沥青。沥青混合料参照美国高性能沥青路面规范设计，空隙率为4%，集料级配在控制点内并尽可能地避开禁区。公路先后于1999年、2000年施工，完工放行通车后，全线除两道横裂外至今未发现温度裂缝。

实践证明按照公路项目所在地的最高、最低温度选用沥青胶结料，科学合理地设计沥青混合料，严格控制半刚性基层混合料的材料计量及压实度，可以防止路面产生裂缝及车辙。

【例12-10】广东阳茂高速公路沥青路面病害

1. 病害情况

广东阳茂高速公路是国道主干线（沈阳至海南）广东境内的组成部分，全长79.76km，双向四车道，设计车速120km/h，于2004年年底建成通车。全线均为沥青混凝土路面，面层设计总厚度为18cm，桥面沥青混凝土铺装层厚度为10cm。该路段通车使用五年多来，路面综合状况良好，主要的问题是裂缝、唧浆、车辙以及横向力系数偏低，特别是裂缝比较严重。通过对该路段路面各项指标的检测和调查，路面状况性能为：平整度评价结果全部为优，车辙检测有42m不满足要求（车辙深度>15mm，茂阳方向），结构强度有752m评定达不到养护技术标准（茂阳方向）；抗滑性能全线基本上都不满足要求，需要尽快处理；在路面损坏评价中，裂缝（包括横向裂缝和纵向裂缝）病害最为突出，其次是车辙和唧浆。

可以得出的基本结论是：该路段目前基本不存在结构性的问题，但抗滑能力和表面损坏（裂缝）问题比较严重，必须要尽快解决。

2. 病害分析

通过对该路段沥青路面水损坏调查发现，发生在阳茂高速公路的水损坏有两种表现形态：表面水损坏产生的坑槽和沥青混合料内部水损坏产生的车辙。将几处发生严重车辙的位置挖开后发现，中面层松散，集料颗粒上油膜脱落，且沥青上浮至上中面层的界面处，表现出明显的深层水损坏特征。通过裂缝与车辙的相关分析，可以认为裂缝率和车辙率高度相关，也就是说裂缝病害和车辙病害有着很强的关联性。从而可以推断，阳茂高速公路沥青路面的车辙与裂缝漏水有关。

唧浆的主要原因是水进入了路面结构的内部，从而导致了唧浆。经过调查研究发现，唧浆水的来源主要有以下几种：

1）中央分隔带渗水。中央分隔带的绿化使其土层成为富含水层，如果排水系统不畅，那么这部分土壤中的饱和水在降雨时即从侧面沿路面以下结构层中的缝隙或沿具有渗水功能的水泥碎石稳定层，向道路较低的外侧渗透，在沥青混凝土面层与水稳碎石层之间形成渗水层面，这一层面中的收缩裂缝又集中容纳了这些水分，在行车荷载的作用下极易产生唧浆。

2）路面结构渗水。施工完成后，由于面层材料的不均匀性和施工过程中局部地方的轻微离析，使沥青面层本身透水，雨水顺着空隙渗入路面结构内部。

3）裂缝渗水的影响。由于沥青面层产生了裂缝，雨水沿着裂缝进入了路面结构内部，而随着路面结构排水功能失效，水会长时间积累在路面结构当中。此外，路面在通车期间由于局部不均匀沉降而造成面层与基层的凹陷，同时伴随着沥青路面的开裂，使雨水大量涌入并汇集于此，使该处沥青面层浸泡在水中。

3. 病害处理

（1）裂缝的处理　对于裂缝宽度在6mm以上的重度裂缝，先开槽，清理并灌入热沥青，然后填入热拌沥青混合料，捣实，再用压缝带封缝。对于裂缝宽度在6mm以下的轻微裂缝，开槽灌缝、压缝带封缝，以处理裂缝的渗水、啃边和崩边，同时防止裂缝继续发展。

（2）路面抗滑处理　交通量较少，车载相对较轻的阳茂方向采用1cm微表处进行处理，使用微表处设备的车辙专用摊铺箱，在原有路面摊铺一层沥青混合料，在路面上形成沥青稀浆封层；交通量较大、车辆超载相对较重的方向采用2cm超薄磨耗层。

（3）唧浆处理　对重度唧浆，使用水泥混凝土置换基层，同时在路肩处增设多孔水泥混凝土横向盲沟的方法进行处理。对于轻微唧浆，采用开槽清理灌缝及压缝带处理。对于由中央分隔带的水渗入路面结构内部引起唧浆的路段，做好中央分隔带封水措施，目前采用的主要方式为半封闭和全封闭的措施。全封闭就是将原有的绿化撤出改为全封闭，半封闭的处理措施是除了植树只留小地方浇水。封闭措施可用预制混凝土小块铺砌或现浇混凝土，厚度一般为40~80mm，其下设砂垫层。

(4) 坑槽修补　采用圆洞方补，同时涂上防水剂，在新旧界面上贴压缝带。

【例12-11】 西宝高速公路沥青路面病害

1. 路面病害情况

西宝高速公路是国道主干线GZ45在陕西省境内的重要路段，也是陕西省“米”字形公路主骨架的重要组成部分。西宝高速公路分别于1993年、1994年、1995年先后分段通车，运营时间8~10年。由于西宝高速公路路基填土高度较高等原因，通车初期即产生路基不均匀沉陷，路面纵、横向裂缝等病害。近年来，随着交通量的增长和超载车辆的增多，路面各种病害反复出现，给行车安全造成隐患，同时也给日常养护工作造成了很大困难，部分路段已不适应交通运输的要求。

从弯沉检测结果看，K75+000~K125+000路段超车道路面计算弯沉值在30~79.2(0.01mm)变化，路面整体强度较高。行车道路面计算弯沉值在34.1~203.2(0.01mm)变化，路面整体强度较低。路面破损主要发生在行车道上，超车道破损较轻，破损率在1.1%~40.3%变化。

路面病害的主要类型包括：①网裂、龟裂，西宝高速公路路面主要病害之一，行车道轮迹处最为严重；②横向裂缝，部分横向裂缝贯通全断面，部分裂缝发生在行车道上或超车道上，行车道上的裂缝远多于超车道裂缝；③路面唧浆，网裂、龟裂一般都伴随着路面唧浆现象；④路面沉陷、局部出现坑槽；⑤车辙，行车道车辙严重，超车道车辙很小；⑥个别路段路面沥青混合料松散；⑦局部路段路面泛油或由于路面养护时灌缝料溢出形成光面，外观非常难看，而且对行车安全构成威胁。

从路面现场检测、取样的分析来看，面层各层的施工厚度均匀，某些路段面层矿料颜色不一，说明施工过程中对矿料来源控制不严，局部路段沥青面层存在离析，加之压实度不足，面层空隙率较大，在雨水及动水压力的作用下形成路面坑槽，甚至坑洞；部分路段二灰砂砾基层松散，没有形成板体，厚度均匀不一，级配不稳定，含泥量较大，有些路段石灰土底基层顶部有裂缝，板体性较好；从开挖后的路槽看，有些路段路基顶部含水量较大，在18%~28%之间。

2. 路面病害成因分析

1) 路基含水量较大，压实不足。路基压实是路基施工中的重要工序，也是提高路基路面整体强度与稳定性技术措施之一。由于路基压实不足和压实不均匀，含水量较大（中央分隔带宽度范围内无路面结构层，仅做一般填土而不压实，雨水可能由此下渗到路基顶部），导致公路路面出现纵向裂缝和横向裂缝；路面修补后其裂缝又反射上来，出现新的裂缝。由于局部路段路基压实度不足出现路面坑洞、坑槽等。

2) 路基基层施工质量较差。由于抢工期、赶进度，基层原材料质量难以保证，二灰砂砾中含泥量普遍较大，有些路段基层细集料含量较少，级配不稳定，造成基层松散，强度较低，在行车荷载的反复作用下，基层出现网裂破坏，反射到面层，面层出现网裂，水从裂缝处下渗到路基中出现唧泥。

3）面层矿料来源不稳定。沥青面层矿料性质不同，造成了沥青混合料的抗压强度、抗剪强度下降，是多种路面病害形成的原因之一。

4）原路面结构设计中下面层为粗粒式沥青碎石，设计抗弯拉强度为0.6MPa，在车辆的反复作用下，疲劳应力超过面层底部拉应力，面层底部首先产生裂缝，进而反射到上面层，使面层产生贯通裂缝，雨水由裂缝处渗入到基层顶面，在动水压力的作用下，整个路面结构的破坏加剧。

5）平整度不佳。路面平整度不好，造成行车颠簸，加重了路面结构的承重负担，也造成路面积水，使得路面出现多种病害。

6）水冻融循环。由于沥青混合料在施工过程中存在离析，局部路面压实度不足，造成实际路面空隙率较大，或沥青面层开裂，雨水渗入面层中无法排出，沥青混合料在饱水后石料与沥青粘附性降低，易发生剥落、松散，降低沥青路面的抗剪强度。冬季降水后，水在冻结时体积增大约9%，在沥青面层内部产生冻胀应力；温度升高，冰冻融化，在冻融循环的作用下，沥青混合料松散，从而出现坑洞等早期破坏。

7）车辆超载现象严重。由于货车的严重超载，半刚性基层底部产生拉应力，拉应力大于半刚性基层材料的抗拉强度，半刚性基层底部很快开裂。在行车荷载的反复作用下，底部的裂缝逐渐扩展到上部，并使沥青面层开裂破坏，造成路面出现严重车辙、沉陷和裂缝。

8）气候。西宝高速公路地处关中平原，冬季极端气温－19℃。随着温度下降，沥青材料变得越来越硬，并开始收缩，当气温大幅度下降时，沥青面层中产生的收缩应力或拉应变超过沥青混合料的抗拉强度或极限拉应变，造成面层开裂。另外，日复一日的温差反复作用使沥青面层产生疲劳开裂。

9）以设计年限末年的允许弯沉控制施工质量，实际上放宽了标准。西宝高速公路路面设计依据 JTJ 014—1986《公路柔性路面设计规范》，路面施工以允许弯沉作为质量控制标准之一，不能直接反映施工期间的质量控制要求。

3. 路面整修

西宝高速公路大部分路段的路面整修方案采取只处理行车道宽度的面层、基层、底基层，在全宽度范围内实行沥青面层罩面。

（1）路面整修的基本原则

1）对于行车道，根据路面强度的不同，采用不同整修方案。

① 当路面计算弯沉值＜50（0.01mm）时，挖除路面面层后，铺筑7cm厚AC-25I沥青混凝土＋5cm厚AC-20I沥青混凝土＋4cm厚AC-16I沥青混凝土面层；

② 当路面计算弯沉值＞50（0.01mm）且＜100（0.01mm）时，挖除路面面层、基层后，铺筑基层＋7cm厚AC-25I沥青混凝土＋5cm厚AC-20I沥青混凝土＋4cm厚AC-16I沥青混凝土面层；

③ 当路面计算弯沉值＞100（0.01mm）时，挖除路面面层、基层、底基层后，铺筑底基层＋基层＋7cm厚AC-25I沥青混凝土＋5cm厚AC-20I沥青混凝土＋4cm厚AC-16I沥青混凝土面层。

2）对于超车道和硬路肩路面。超车道路面部分强度也较低，考虑到行车荷载主要分布在行车道上，故对超车道不进行路面补强，但由于超车道和硬路肩路面也有破损，故对超车道和硬路肩加铺4cm厚AC-16I沥青混凝土进行罩面，以改善路面行车条件和防止路面病害进一步扩大。如果超车道路面车辙较大（>2.5cm），为了保证路面平整度，先进行铣刨路面4cm，用AC-20I沥青混凝土铺筑4cm后，再进行罩面。

（2）路面结构层方案选择

1）对于基层和底基层，考虑到该工程是在通车条件下的大修工程，而且要求施工期短，质量高，故基层和底基层选用相同的材料，以方便施工；又由于水泥稳定碎石强度形成快，容易压实，承载能力大等优点，便于提早通车，所以基层和底基层均选用水泥稳定碎石。

2）对于上面层4cm厚AC-16I沥青混凝土罩面，考虑到原路面超车道横向裂缝等病害较多，为了提高路面抗疲劳开裂、抗永久变形的能力，延长路面使用寿命，选用改性沥青混凝土。

3）为了减缓反射裂缝，延长路面使用寿命，在中面层顶面新旧路面接茬处和旧基层顶面铺设玻纤网。

【例12-12】广三高速公路水泥混凝土路面病害

1. 路面病害情况

广东省广三（广州—三水）高速公路主线长29.986km，匝道长7.031km，其中水泥混凝土路面主线长18km，匝道长7km。工程分别于1994年和1996年建成通车。广三高速公路为双向四车道，行车道路面结构设计采用24cm厚水泥混凝土面层+15cm厚6%水泥稳定级配碎石+15cm厚4%水泥稳定砂砾；但硬路肩路面结构为18cm厚水泥混凝土面层+21cm厚6%水泥稳定级配碎石+15cm厚4%水泥稳定砂砾。目前交通量达3.3万辆/d。由于多种因素的影响，近年来水泥混凝土路面产生了比较严重的病害，其中纵向开裂、唧泥等现象十分突出。路面的大面积开裂严重影响了行车的舒适性和安全性，必须进行及时的养护和维修。

2. 病害原因分析

调查发现，路面病害的产生呈现一定的规律：大部分裂缝出现在主车道外侧距车道外边线50~60cm处，有的延续几百米甚至几千米，裂缝一经产生，就会迅速扩展，继而开裂、沉陷形成破碎板。路面与路肩的接缝处有明显的渗水、唧泥现象，开裂板底脱空现象很普遍。从病害的形态和特征可分析其形成的主要原因有以下几个方面。

1）缺乏早期养护，使雨水渗入板底，在荷载作用下，高压水反复、强力冲刷接触面，使水泥板失去支撑，变成悬空板，最后被折断。广三高速公路路面并非全幅机械化摊铺，超车道与主车道以及主车道与路肩之间的纵向施工缝在建设时期没有灌缝，在混凝土收缩及车辆荷载的作用下产生通缝，早期养护时又未能采取适当的措施进行处理，雨水便从这些缝隙渗入。由于硬路肩基层高出行车道基层6cm，使混凝土板底形成积水槽，渗入的水不能及时排出，经过车辆荷载特别是重车荷载的碾压，形成高压水反复冲刷板底与基层间的接触面，造成板底脱空并使之失去支撑而断裂。通过对破坏处的水泥板取芯并进行劈裂试验发现，换算的抗折强度均大于设计值（5.0MPa），而且板厚一般也能满足设计要求，进一步证明了上述分析。

2）广三高速公路平均车流量达3.3万辆/d，而且重车比例较高，超载现象普遍。由于重车一般在主车道行驶，在路面2%横坡的作用下，外侧车轮受偏载影响，使主车道外侧距车道外边线50~60cm处（重车外侧轮迹处）处于最不利荷载位置，最终导致开裂。另外，在同一路段，左幅因重车交通量比右幅大（重车占总量的61%），特别是超载运料车明显多于右幅，其裂缝病害较右幅严重得多。因此，超载和重车是影响路面开裂的另一个重要因素。

3）从破碎板块的挖补现场和钻孔取芯发现，有些基层也已出现裂缝，强度分布不均匀，个别地方基层厚度只有15~20cm，或经冲刷浸泡后呈松散状态，表明基层整体承载力不足，使路面板失去有效的整体支撑而产生裂缝，形成断板。

4）路基的压实度和稳定性不足导致横向侧移也是水泥混凝土路面发生纵裂的因素之一。广三高速公路大多处于深层淤泥软基地段，在一些纵向开裂较严重的路段，常常发现明显的路基横向侧移现象，说明它们之间具有一定的相关性。

5）广三高速公路水泥混凝土面层设计层厚24cm，基层、底基层共厚30cm，而广东省内目前设计建设的高速公路路面水泥面层厚度一般均为26~30cm，基层、底基层厚度达35cm以上，因此广三高速公路路面结构偏薄可能也是导致早期开裂的原因。

3. 病害处理

（1）重视日常养护工作　及时清除路面的砂石等杂物，保持路面干净整洁，避免杂物嵌入路面接缝。积极疏通路表的排水系统，尽量减少雨水渗入路面结构内部。同时对接缝的填料进行及时修补或更换，封闭渗水通道。对于正常的板块接缝养护，采用机械灌缝方法，清缝深度为2~3cm，宽度0.6cm。对于板块不规则的纵横裂缝，灌缝机无法作业，而手工灌缝方法也难以将填缝料灌入缝内时，采用沥青砂填封的方法处理：先将缝内的尘土、杂物清理干净，沿裂缝洒上热沥青，然后铺上0.5cm厚的沥青砂，再用热铁铲烫面并夯实。

（2）板底灌浆　板底脱空是已发生或将发生路面开裂破坏前的普遍现象。多年的实践证明，灌浆是水泥混凝土路面养护维修的有效手段，但及时准确判断板底脱空是重要的前提条件。主要按以下几种方法进行：

1）地质雷达检测。该方法方便快捷，但必须进行反复验证，总结一套可行的判断标准。

2）出现唧浆现象。路面开裂前后均存在唧浆现象，在开裂前对唧浆的路段及时进行板底灌浆，并进行接缝封闭，对保护路面非常有利。

3）让有经验的人员巡路，根据车辆通过时的声音判断是否板底脱空。该方法需由经验丰富的人员进行，一般仅作为辅助手段。

4）从明显的错台判断板底脱空。

5）已发生开裂甚至明显沉陷的部位，可以直接判断。对还有保留价值的板块进行板底灌浆和封缝。灌浆质量直接影响养护质量，压浆时的压力和浆体形成后的强度、体积均是技术关键问题。一般在每块板开4个压浆孔以上，并以一定的压力压入灰浆。灰浆主要由水泥、粉煤灰和水组成，水泥与粉煤灰比为3∶1左右，水胶比约为0.5，并掺入10%~12%的膨胀剂。具体配合比应根据不同材料通过试验确定。

（3）严重破碎板块挖补更换　这项工作需要比较大的养护费用，只能对影响行车安全的严重破碎板进行挖补。整板挖补时考虑到大型破碎机械在破碎面板时对基层的破坏以及原基层已经存在缺陷等因素，将原有的基层全部挖除，并对土基进行充分夯实后浇筑30cm厚的C15素混凝土做基层，然后再浇筑25cm厚抗折强度为5.0MPa以上的混凝土路面或钢筋混凝土路面。条件许可时，疏通水泥混凝土与基层的层间排水通道，并对周边的接缝进行封填。

（4）加铺沥青面层　对发生严重开裂、路面结构（包括面层和基层）整体承载力不足的路段，加铺沥青面层是可行的养护方案。这种措施适用于整段路面，虽然投资较大，但有效提高了路面的承载力水平、行车舒适度和高速公路的服务水平。广三高速公路在2001年底完成了5.24km沥青加铺试验段，到目前为止使用状况良好。为保证沥青加铺工程的质量，必须先对破碎的板块进行挖补，对脱空、渗水、唧泥和断板的板块进行压浆处理。为防止反射裂缝，还使用了满铺土工布以及沿板块的纵横接缝1m宽范围内铺设土工格栅。沥青加铺层结构为：下层为5cm厚的AC-20I粗粒式普通沥青混凝土，上层为4cm厚的AK-16A改性沥青混凝土，路面横坡为2%。

【例12-13】G321线肇庆西段旧水泥混凝土路面病害

1. 路面病害情况

G321线肇庆市西段，起于广东省肇庆市高要与德庆交界处，途经德庆、封开，终于广西梧州市，路线长118.2km，于1992年开始分别按一、二级公路技术标准进行全面改建，至1995年底全线建成通车。除约5km作为软土路基中间过渡的沥青路面外，其余均为水泥混凝土路面。

由于多种原因，通车后在交通量和超载车增长较快的情况下，路况日益下降，路面损坏不断加剧，水泥混凝土路面板出现大量病害和缺陷，主要有面板破碎、角隅断裂、交叉纵横向裂缝、错台、脱空等。严重影响了道路的使用性能。每年需投入较大的资金进行维修、养护和处理，但是，维修的范围和数量跟不上路面破坏的速度，多数路段无法快速顺畅通行，长期处于维修和待修状态，严重影响了公路的通行能力，降低了公路的服务水平。

2004年3月至6月对该路段进行了调查、评价。路面表观调查结果表明，G321线肇庆市西段水泥混凝土路面状况评定为优和良的路段只占9.6%，而评定为中及以下的路段占90.4%。根据计算分析，全路段路面状况指数（PCI）为65.8%，断板率（DBL）为21.6%。路面状况评定为“差”级，即路面破损已非常严重。

利用FWD对路面板的承载与传荷能力进行检测，结果表明：旧水泥混凝土路面路段代表弯沉在37.59～195.74μm之间，全线的路面结构强度和刚度及接缝传荷能力变异性大、均匀性差，表明全线现有路面结构出现了大量的板底脱空、错台、面板断裂、接缝损坏和基层松散等病害；各路段车道的板边弯沉差代表值在2.24～428.50μm之间，板边弯沉差变异性大，极不均匀，表明沿线接缝存在大量的损坏和板底脱空现象。模量反算结果显示，60%以上路段的面板模量及70%以上的基层模量偏低，且变异性大，均匀性差，表明面板存在较多的破损和病害、板底脱空和基层松散。

利用路面雷达检测路面板厚度与脱空情况，结果表明：面板厚度分布的均匀性很差，部分路段厚度偏薄，达不到原设计厚度的要求；全线各路段存在不同程度的脱空现象，且脱空范围大，严重脱空（脱空高度>10mm）比例高，全线脱空率达到50%，中等以上脱空（脱空高度>5mm）超过40%。

采用路面钻芯取样测定路面板厚度和强度，结果表明，路面板厚度大于设计厚度的占78.48%，芯样强度大于设计强度的占96.20%。全路段路面强度基本满足要求，但厚度整体偏小。

路面行驶质量检测结果表明，全路段路面行驶质量评定为优和良的路段只占6.6%，而评定为中、次、差的路段占93.4%。

2. 病害原因分析

通过实地调查，道路出现大面积的严重病害现象，分析原因主要有以下几点：

(1) 交通量大、重车多、超载现象严重　G321线肇庆市西段建成通车以来，交通量增加迅速，而且超载现象特别严重，2003年日平均交通量为15 228辆/d。根据轴载谱调查，通车至今的设计车道标准轴载累计作用次数已达1.975×10^{12}次，而原设计路面的累计轴次为2.90×10^{7}次，可见该路段早已达到了设计使用寿命。因此，交通量大、重车多，超载现象严重是路面产生结构性破坏的直接原因。

(2) 排水设施不完善　受当时国内技术水平和认识水平限制，对水泥混凝土路面结构渗透排水设计和施工重视不够，基本未设置渗透排水，路基一旦发生沉降，局部面板不仅破碎，而且大量透水；同时中央分隔带没有排水设施，超高路段采用漫流方式，由于路面接缝填缝料的剥落，致使雨水从中央分隔带和接缝处下渗到路基无法排出，导致水损害，产生严重的唧泥现象，致使每年断板破坏的增长率相当快。

(3) 施工技术和工艺滞后　受当时国内施工技术及设备条件限制，水泥混凝土路面的施工工艺落后，大部分采用小型机具施工，存在着原材料质量较差，粗集料粒径过大，使用不分级配的统料，砂石中含泥量超标，拌和采用自落式小滚筒搅拌机，不使用外加剂，面板振捣不密实等一系列问题，导致路面强度降低。另外路基压实不足，沉降严重，也是导致路面板断裂破碎的主要原因之一。

3. 病害处理

根据G321线肇庆市西段的实际情况，路面大修将在对原水泥混凝土路面进行冲击破碎、换板、压浆、清缝、灌缝等处理的基础上，根据需要进行调平后再加铺9cm厚沥青混凝土面层。

(1) 旧路处理方案设计　根据路况调查情况和检测结果，为了改善和提高旧路面结构的承载能力，为沥青混凝土加铺层提供稳固而坚实的基础，必须对旧路进行彻底处理，以提高路面的使用性能和使用寿命，处理方案为：

1) 对于轻微裂缝、中等裂缝、接缝严重剥落、填缝料损失、纵缝张开等采用灌缝处理。

2) 对于中等脱空、严重脱空及唧泥的板块采用板下封堵的方法进行高压灌浆处理。

3) 对于全板严重破碎、板块一端严重破碎和角隅严重断裂等病害板，采用换全板、换半板和断角修补处理。

4) 对于水泥混凝土路面断板率（DBL）≥40%的路段，考虑到工期和费用等原因，参考国内外水泥混凝土路面加铺沥青面层的工程实践经验，将旧混凝土路面板强夯破碎作为底基层。通过冲击破碎达到稳固原水泥混凝土路面的目的；冲击破碎不仅可以消除混凝土面板下脱空，同时使碎块之间形成集料嵌锁，使旧混凝土面板及土基的整体性和强度明显提高，有效地减少和缓解反射裂缝。

(2) 沥青加铺层结构设计

1) 表面层沥青混合料类型的选用。表面层是车辆直接作用的结构层，除了考虑沥青混凝土的结构稳定外，还要考虑抗滑、降噪、防止眩光等要求，表面层采用SBS改性沥青抗滑表层AK-16。

2) 中面层沥青混合料类型的选用。考虑到中面层的一个重要作用是延缓旧水泥混凝土路面的反射裂缝，同时考虑承重、密水及抗车辙的要求，中面层采用密级配重交沥青混凝土AC-16I。

3) 调平层结构类型选择

由于路基沉降、路面病害和养护等原因，使现有路线标高改变，应根据不同路段纵断面情况进行调坡设计并确定调平层厚度。为此，根据经济合理的原则，按照不同路段的平均调平层厚度选取不同的调平层材料。对于平均调平层厚度小于4cm的路段采用沥青混凝土调平层；对于平均调平层厚度为4~9cm的路段采用沥青碎石调平层；对于平均调平层厚度为9~15cm的路段采用贫混凝土调平层，施工时注意防止收缩裂缝的产生；对于平均调平层厚度大于15cm的路段采用水泥稳定碎石调平层，为增强其稳定性，减少低温收缩裂缝，可掺入一定比例的粉煤灰。

（3）延缓反射裂缝的措施　在水泥混凝土路面上铺筑沥青路面，延缓和减少反射裂缝是一个需重点考虑的问题。目前处理反射裂缝的措施主要有高延度的橡胶沥青应力吸收层、玻璃纤维格栅或土工织物夹层及用上述两种或两种以上方案复合的夹层，这些措施在一定程度上都能延缓裂缝反射时间和数量。从工程造价、施工工艺的方便性和使用效果综合考虑，该路段采用了土工布方案。对于直接加铺层结构并且调平层厚度小于9cm的路段，采用满铺土工布方法；对于调平层厚度在9~15cm之间的采用贫混凝土调平的路段，则在贫混凝土和沥青混凝土面层之间满铺土工布，同时在铺筑贫混凝土前，在旧水泥混凝土路面板的接缝两侧1m范围内采用缝铺油毛毡；对于调平层厚度大于15cm的情况可以不采用延缓反射裂缝措施。

（4）沥青加铺层结构设计方案　根据G321线肇庆市西段的投资控制、施工进度、交通组织与交通安全等方面的要求，通过分析与计算，采用的路面加铺层结构设计方案见表12-1。

表12-1　G321线肇庆市西段路面加铺层结构设计方案

<table>
<tr><th>方案类型</th><th>结构层次</th><th>厚度/cm</th><th>材料类型</th><th>适用路段</th></tr>
<tr><td rowspan="12">直接加铺</td><td>表面层</td><td>4</td><td>SBS改性沥青抗滑表层AK-16</td><td rowspan="12">适用于水泥混凝土路面断板率（DBL）< 40%的路段</td></tr>
<tr><td>粘层</td><td>—</td><td>乳化沥青</td></tr>
<tr><td>中面层</td><td>5</td><td>AH-70中粒式沥青混凝土AC-16I</td></tr>
<tr><td>防水防裂层</td><td>—</td><td>浸渍沥青无纺土工布</td></tr>
<tr><td>粘层</td><td>—</td><td>热沥青</td></tr>
<tr><td rowspan="4">调平层</td><td>0~4</td><td>AH-70细粒式沥青混凝土AC-10I</td></tr>
<tr><td>4~9</td><td>重交沥青AH-70沥青碎石AM-20</td></tr>
<tr><td>9~15</td><td>贫混凝土</td></tr>
<tr><td>15以上</td><td>5.5%水泥稳定碎石（掺1.1%粉煤灰）</td></tr>
<tr><td>粘层</td><td></td><td>乳化沥青</td></tr>
<tr><td>旧混凝土路面</td><td></td><td>处治后水泥混凝土路面</td></tr>
<tr><td></td><td></td><td></td></tr>
<tr><td rowspan="6">冲击破碎旧水泥混凝土路面作底基层</td><td>表面层</td><td>4</td><td>SBS改性沥青抗滑表层AK-16</td><td rowspan="6">适用于水泥混凝土路面断板率（DBL）≥ 40%的路段</td></tr>
<tr><td>粘层</td><td>—</td><td>乳化沥青</td></tr>
<tr><td>中面层</td><td>5</td><td>AH-70中粒式沥青混凝土AC-16I</td></tr>
<tr><td>透层</td><td>—</td><td>乳化沥青</td></tr>
<tr><td>基层</td><td>15</td><td>5.5%水泥稳定碎石（掺1.1%粉煤灰）</td></tr>
<tr><td>底基层</td><td>—</td><td>冲击破碎处治后的旧混凝土板</td></tr>
</table>

注：贫混凝土调平层下不设置乳化沥青粘层；水泥稳定碎石调平层上不设置防水防裂层，同时将热沥青粘层改为乳化沥青透层。

【例 12-14】山西吉县-壶口线某段混凝土路面病害

1. 路面病害情况

山西吉县-壶口线某段道路原来采用沥青路面，1993 年 10 月完工，由于原设计对旧路基处理以及水的危害考虑不周，造成完工后该路段即出现路面损坏问题，直到 1996 年，该路段沥青路面已完全损坏，多处基层、路基损坏严重，已不能保证正常的交通运输。

2. 路面处理

1997 年，决定进行路面改建工程，将原来的沥青路面更换为水泥混凝土路面，工期 45 天，改建路段长 900m，路面宽 9m，混凝土板厚 25cm，C30 水泥混凝土，要求施工时不中断交通。此次改建工程除混凝土面层外还包括：清除旧基层和已损坏路基，新修河坝挡墙 200m，加高河坝挡墙 300m，回填整修路基 130m，新增管涵两道。为保证工程质量，按时完工，施工中尽量减少对正常交通的不利影响，施工中采取了如下措施：

（1）保证路基基层的强度和均匀性，以及标高的准确性　路右侧基层 6m 宽、20cm 厚旧混凝土路面，裂缝表面错台，存在严重剥落，裂块已活动，裂缝宽度大于 5mm。多处属严重断裂板。处理措施：水泥浆灌缝，清除活动板块，C20 混凝土找补。混凝土路面施工前用沥青油毡隔离，防止旧板裂缝向上延伸引起混凝土路面断板。路左侧新修河坝挡墙回填采用手摆片石、粗砂灌缝、水沉法密实。路左侧 3. 5m 宽基层采用 20cm 厚 10 号细石砂浆砌片石，C15 碎石混凝土找平。回填路基段和新设管涵部位均采用 10 号细石砂浆砌片石，C15 碎石混凝土找平，不设基层。

（2）严格按设计和施工规范进行混凝土路面施工

1）增设钢筋混凝土板。主要用在路左侧新修河坝挡墙段、新设管涵部位以及旧混凝土板破碎严重部位。

2）严把材料质量关。选用质量有保证的强度等级为 42. 5 级的阳泉青山水泥，按要求定期、分批检验；采用河北正定粗颗粒黄沙，全部过筛；选用阳泉公路分局巨城道班石场石子，不同规格分仓堆放；使用当地泉水。

3）严格配合比。按设计配合比试配，试块 13 ~ 15d 就能满足设计要求，强度偏高。综合考虑工期和开放交通需要，决定不作调整。现场配比按重量配合比进行，专人负责过秤。单位用水量根据昼夜温差经试验确定为 3 种，全天分四个时段由工作人员按时调整。

4）切缝时间、养护时间、开放交通时间的确定。日平均气温 20℃左右，拆模切缝时间定为 24h；根据试块试验数据，养护时间定为 7d；开放交通时间定为 13 ~ 15d，并依据开放交通时间合理划分施工段，保证交通畅通。

5）严把各个环节，发现问题及时处理。对搅拌时间、运料时间、现场摊铺、模板支设等严格按规范要求进行操作。

该工程从 1997 年完工至今，运行良好，除施工期出现一块断板，尚未出现任何病害。

思考题

1. 路基翻浆是如何产生的？有哪几种类型？防治措施有哪些？
2. 路基滑坡的主要防治措施有哪些？
3. 路基抗冲刷能力不足会造成哪些破坏？如何提高半刚性基层的抗冲刷能力？

4. 半刚性基层产生裂缝的原因有哪些？如何防止其收缩裂缝的产生？
5. 沥青路面的破坏类型有哪些？
6. 沥青路面车辙可分为哪几类？影响路面车辙的因素有哪些？
7. 简述坑槽的类型和产生的原因。
8. 沥青路面裂缝有哪些类型？产生的原因及防治措施有哪些？
9. 沥青路面拌和、运输、摊铺、碾压应注意哪些技术要点？
10. 水泥混凝土面板折断、开裂的原因有哪些？如何防治？
11. 水泥混凝土面板板底脱空的原因有哪些？如何防治？

第13章　桥梁工程事故

13.1　概述

桥梁是道路的组成部分，起到了跨越、交通连接的作用。随着我国公路、铁路建设的迅速发展，截至2012年底，全国公路桥梁达71.34万座，36627.8km，其中，特大桥梁2688座，4688.6km，大桥61735座，15181.6km。

在桥梁的施工及运营过程中，由于人类认识局限、设计施工不当、结构病害发展及加固维修措施不到位，可能会出现各种各样的桥梁安全事故，这些灾难性事故给国家和人民带来了巨大的人员伤亡和财产损失，造成了严重的影响，引起了世界各国的管理部门、工程界、学术界的高度关注。归结起来，桥梁事故大致可以分为以下几类。

（1）理论认知局限造成的桥梁事故　人类的认识是一个逐渐深入的过程，是不断总结经验教训的过程。至今，人类对桥梁结构的一些力学行为尚不完全清楚，不能全面预测桥梁在使用过程中出现的一些问题。在人类对桥梁的这一认识过程中，各类桥梁事故的发生让人类付出了惨重的甚至是血的代价。

1）由于对结构稳定性理论认识不足造成的重大桥梁事故包括：

① 1876年横跨美国Ashtabula河的Ohica Bridge因压杆失稳而坍塌，92人遇难。

② 1907年加拿大魁北克桥（Quebec Bridge）因下弦杆失稳而破坏，75人遇难；1916年重建时又因支座压溃而破坏，又造成13人遇难。

③ 1970年澳大利亚墨尔本西门桥（West Gate Bridge）在架设拼拢整孔左右两半钢箱梁时，跨中上翼板突然失稳，112m的整跨倒塌，导致35人死亡，18人受伤。

④ 1969年奥地利维也纳多瑙河4号桥（The Fourth Danube Bridge）在悬臂施工到最后一个节段时由于钢梁下翼缘压屈发生失稳破坏。

⑤ 1971年德国的科布伦茨桥（The Rhine Bridge）在悬臂施工过程中梁的伸臂突然在离墩55m处发生折角，使悬臂落水，造成13人受伤，13人死亡。

2）由于对大跨度柔性桥梁空气动力性能认识不足造成的重大桥梁事故包括：

① 1879年英国的Tay Bridge由于在设计中未考虑风压，在竣工19个月后突遇暴风雪，列车脱轨翻倒，撞断桁梁杆件，约1000m桥梁连同桥墩倒塌，造成75名乘客死亡。

② 1940年美国的塔科马海峡大桥（Tokoma Bridge）的悬索桥面风毁事故。

（2）由于钢材疲劳脆断造成的桥梁事故　钢材在反复荷载或由此引起的脉动应力作用下，由于内部缺陷或疵点处局部微细裂纹的形成和发展，累积到一定程度，会在工作应力远小于其极限强度的情况下发生突然的脆性断裂，这种进行性的破坏过程就是疲劳。若对钢梁构件的维护措施不当，不及时进行防腐处理，钢梁还极易发生锈蚀，使其有效承载面积减小，疲劳强度进一步降低。在这方面发生的桥梁事故主要有：

1）1967年美国的银桥（Point Pleasant Bridge）由于悬索中的钢眼杆疲劳断裂使桥梁倒

塌，导致50余辆汽车坠入俄亥俄河中，46人丧生。

2）1994年韩国圣水大桥中央悬挂跨因疲劳破坏突然断裂，导致33人死亡，17人受伤。

3）2001年四川宜宾小南门桥发生吊索及桥面断裂事故，两辆客车坠下河岸和江中，两名驾乘人员失踪，一辆货车坠落江中。

4）2007年美国35号州际公路上的密西西比河大桥（I-35W）因钢材腐蚀疲劳而瞬时倒塌，导致13人死亡，145人受伤，111辆车受到不同程度的损坏。

（3）由于重大安全责任造成的桥梁事故　一座大型桥梁工程要经立项、规划、勘察、设计，再由施工将图变为工程实体，建成能满足使用要求的交通设施。在这一过程中，管理方、设计方、施工方和监理方的任何一个环节存在玩忽职守的现象，都会为桥梁埋下重大的安全隐患。实际上，在任何一个桥梁事故中，无论其直接原因是什么，都或多或少存在着安全责任事故。这方面比较典型的有：

1）1999年重庆綦江彩虹桥由于建设过程严重违反基本建设程序，施工质量低劣，管理不善而发生整桥垮塌，40人遇难。

2）2005年贵阳市开阳小尖山大桥在施工过程中出现重大责任事故，支架垮塌，造成8人死亡，12人受伤。

3）2007年湖南省凤凰县正在建设的堤溪沱江大桥由于材料质量、砌筑质量等原因发生特别重大坍塌事故，造成64人死亡，22人受伤。

4）2009年株洲市红旗路高架桥在爆破拆除过程中发生垮塌，24辆车被压或被砸，9人死亡，16人受伤。在整个投标、监理和施工过程中均存在违规操作。

（4）由于自然灾害造成的桥梁事故　洪水冲刷或地震等自然灾害，会造成既有桥梁墩台基底冲刷、桥墩倾斜和下沉，以致梁体坠落，发生事故。例如：

1）2009年黑龙江铁力西大桥桥体垮塌，8辆车辆和车上21人落水，造成4人死亡，4人受伤。事故直接原因为3号墩基底局部被洪水冲刷脱空，导致基础沉降和位移。

2）因遭遇特大暴雨袭击，2010年河南省栾川县伊河汤营大桥整体垮塌，造成至少50人遇难。

3）2010年宝成铁路广汉段石亭江铁路大桥被洪水冲断，两节车厢掉进石亭江，由于司机强制刹车，没有造成人员伤亡。

（5）由于超载或船舶撞击造成的桥梁事故　随着社会经济的发展，交通流量越来越大，车辆载重量越来越大，近年来频繁出现由于车辆超载造成的桥梁事故。在航运河道中，由于船舶撞击造成的桥梁事故也时有发生。这方面的事故主要有：

1）2007年一艘佛山籍运砂船撞击了广东九江大桥，导致桥面坍塌约200m，9人死亡。

2）2012年距黑龙江阳明滩大桥3.5km的三环路群力高架桥洪湖路上桥分离式匝道由于车辆严重超载而侧翻，致使4辆大货车坠桥。

就目前人类认识水平与各国经济实力而言，完全避免桥梁安全事故是不现实的，但要降低桥梁安全事故的出现几率还是可以实现的。就桥梁安全事故的预防对策来讲，一是加强科学研究，提升认识自然的水平，提高设计标准，增强桥梁结构的安全性与耐久性；二是提高认识，加强管理，防止各类意外事故发生；三是加强桥梁检测及维护，提升桥梁管理及维修加固的技术水平，阻止、控制各类病害的发展；四是做好桥梁事故应急处理的预案，将桥梁安全事故的损失降至最小。

13.2 对结构稳定性理论认识不足引起的事故

【例 13-1】 美国 Ashtabula 河 Ohica 桥断裂事故

1. 事故概况

1876 年 12 月 29 日晚 8 时许，一列由两辆机车和 11 节车厢组成的快车在这座桥上通过。漫天大雪使列车只能以 16 ~ 19km/h 的特慢速度行驶。当第一辆机车行驶至离对岸不到 15m 时，司机感到列车在向后拽，于是他给足了汽，猛地开上桥墩，走了 45m 停下来。回头一看，什么都不见了。由于大桥断裂，后面的列车从 21m 高处坠入河中，列车因锅炉失火而烧毁。158 名乘客中 92 人遇难（见图 13-1）。

图 13-1 坍塌后的 Ashtabula 河 Ohica 桥

起初，跨越 Ashtabula 河的是一座木桁架桥，后来为了增加桥梁承载力，于 1865 年更换为铸铁桥。主设计师 Amasa Stone 决定采用当时铁路桥特别流行的一种 Howe 桁架。建成后该桥是双轨路面、跨长 46.9m 的全金属骑架式单跨铁路桥，主桁高度 6m，节间长度 3.35m，主桁中心距 5.2m（见图 13-2）。

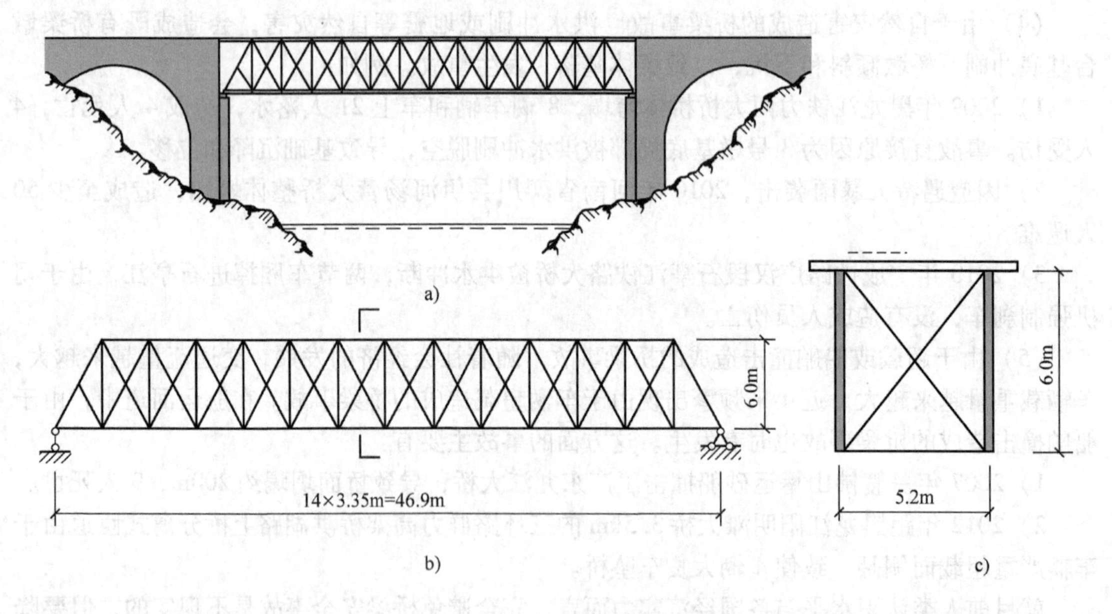

图 13-2 Ashtabula 河 Ohica 桥

a）桥梁立面图 b）桁架立面图 c）横断面图

2. 事故分析

1）直接原因是压杆失稳。主桁架为外部静定、内部超静定的结构，上弦杆和部分斜杆受压，但对于受压杆件的设计只考虑了强度问题，而没有考虑稳定问题。主桁杆件全部采用工字形截面，且在上弦杆每隔1.12m铺设同样的工字形截面横梁，使得上弦杆在受压的同时，还如同支承在竖杆上的连续梁，受到横梁传来的弯矩的作用，成为压弯构件（见图13-3）。

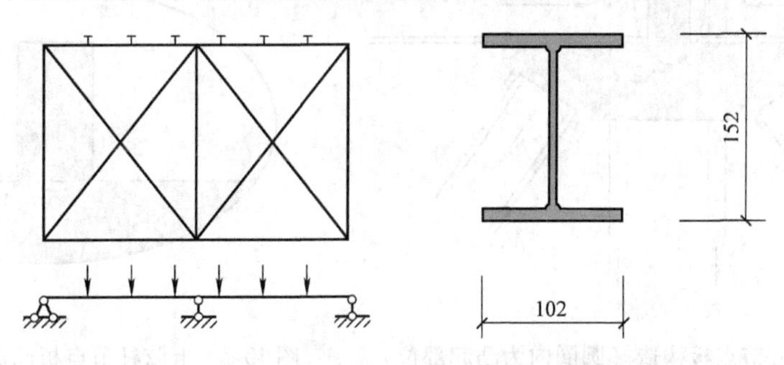

图13-3　上弦杆的横梁、弦杆及桁梁的截面图

在竖向荷载作用下，再加上长期的疲劳等原因，第2节间的上弦杆和斜杆发生失稳，导致该节间由原来的内部超静定结构变为机动结构，梁体变形破坏（见图13-4）。

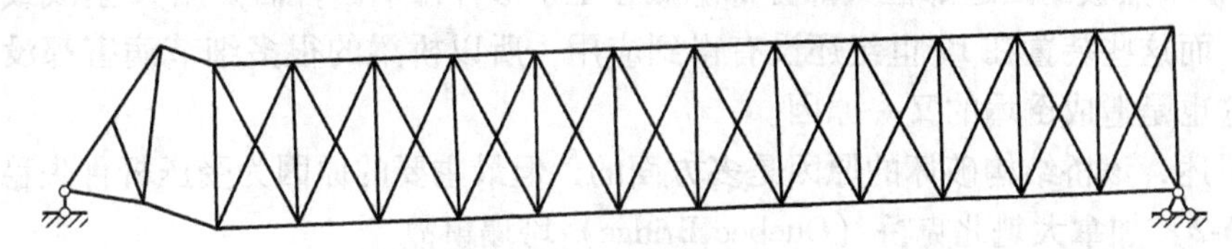

图13-4　桁梁破坏

2）细节构造原因。桁架的上弦杆由5根平行的工字形截面杆件组成，每两个节间长度拼接一次，5根交错拼接（见图13-5），拼接处设节点板。相邻两根上弦杆之间的空隙由节点板中间的凸起部位填实（见图13-6）。通过该凸起部位将上弦杆承受的荷载传递给桁架的其他节间杆件。但这个凸起部位由于截面的突变，在折角处极易产生应力集中。从后来桁架破坏的残骸发现，第2节间的这一凸起部位已损坏。

3）结构形式和材料原因。该桥采用的是全铸铁桁架结构，而在那个年代一般是木质桁架结构或是木质和铁质混合结构，铸铁桁架技术还不成熟，工程师只是主观想象铸铁桁架要比木质桁架更加稳固，但缺少工程经验，没有实践的证明。而且该桥所用的铸铁材料工艺还比较落后，材料内部杂质较多，容易引起应力集中。实际上，后来在破坏的第2节间上弦杆节点板凸起部位根部发现了一处较大的内部缺陷（见图13-7）。

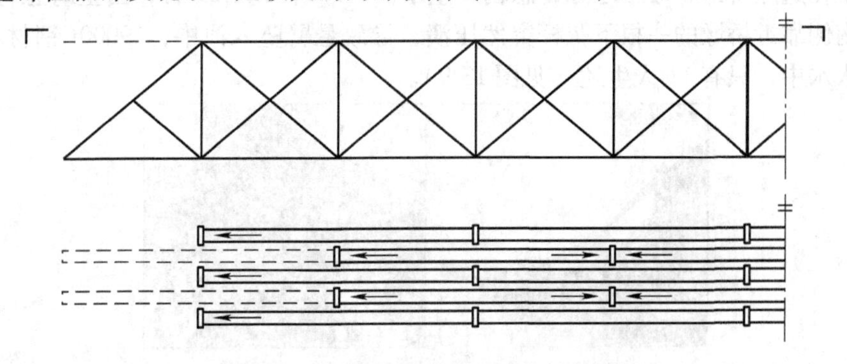

图13-5　上弦杆拼接及节点板损坏部位

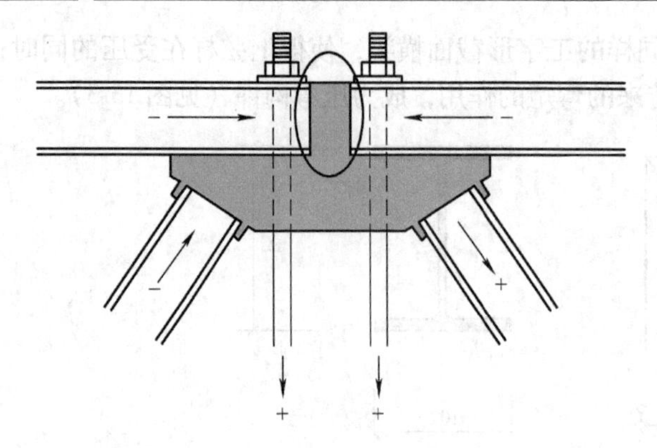

图 13-6 上弦杆节点板构造（圆圈内为凸起部位）

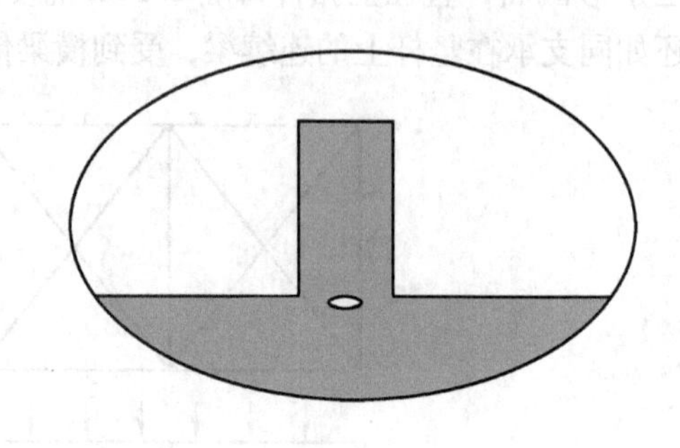

图 13-7 上弦杆节点板凸起部位根部的缺陷

4）疲劳脆断原因。在 19 世纪，人们对疲劳和断裂还没有很好的认识，在该桥的桥梁设计中没有考虑这一点，这也为后来桥梁的倒塌埋下了隐患。

5）该桥节点板的凸起部位大部分都隐藏在工字形杆件下面，需要用 X-射线或超声波装置来检查，而这些装置在 19 世纪还没有得到应用，所以桥梁的很多细节病害都没有及时得到检查，这也是造成倒塌的又一原因。

综上所述，该桥结构破坏的原因是多方面的，但最主要的原因为受压杆件失稳。

【例 13-2】 加拿大魁北克桥（Quebec Bridge）垮塌事故

1. 事故概况

魁北克桥是世界著名的大跨度悬臂桁架梁桥，位于加拿大魁北克省，跨越圣劳伦斯河，建造于 1900—1918 年，原为双线铁路桥，后改为公路、铁路两用桥。该桥全长 854m，中跨 549m，由两个 171.5m 的悬臂和一个 206m 的悬挂孔组成，设计师为 Theodore Cooper。该桥建成后将是当时世界上最长跨度的钢悬臂桥（见图 13-8）。

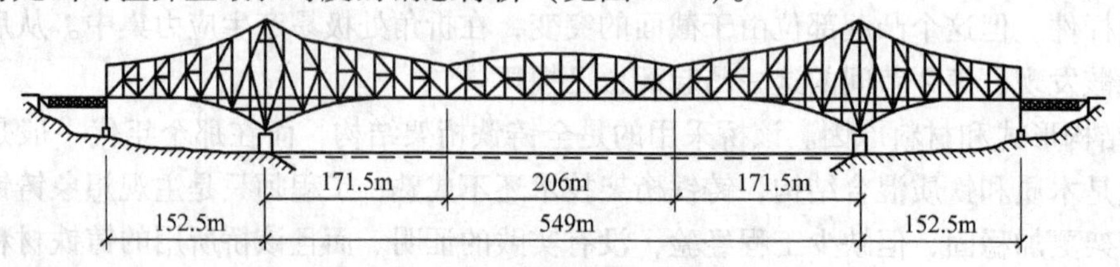

图 13-8 魁北克桥立面图

然而就在这座桥即将竣工之际，悲剧发生了。1907 年 8 月 29 日，当主跨悬臂悬拼接近完成时，南侧靠近桥墩的一根下弦杆突然压溃，导致悬臂坠入河中，19000t 钢材和 86 名建桥工人落入水中，只有 11 人生还（见图 13-9）。

图 13-9 魁北克桥的第一次垮塌

第一次事故后，进行了一系列钢结构基本构件的试验，为重新设计取得了必要的数据。1909年，这座大桥的建设重新开始，然而悲剧再次发生。1916年9月11日，当新的锚固孔及悬臂已经建成，用千斤顶提升长195m，重约5000t的悬挂孔时，悬挂孔下面的铸钢支座突然破裂，导致悬挂孔倾斜，滑落水中，13名工人被夺去了生命（见图13-10）。

图13-10　魁北克桥的第二次垮塌

2. 事故分析

（1）第一次垮塌　在魁北克桥最初的设计中，中跨跨度为488m，但设计师Cooper为了减少冰凌堵塞并方便施工，将跨度增大为549m，其中一个原因也是为了超过当时以521m成为世界最大跨度同类桥梁的苏格兰的福斯桥，创造世界纪录。1900年，大桥的基础工程开始施工，但由于缺乏资金，直到1904年才开始施工上部钢结构工程。工程首先从南岸开始，采用满堂支架法于1906年完成了152.5m的锚固跨安装（见图13-11），然后将脚手架移到北岸开始北岸锚固跨的施工。同时，将南岸锚固跨南端在竖向锚固，并以其重量作为平衡重之后，内边跨开始悬臂施工。

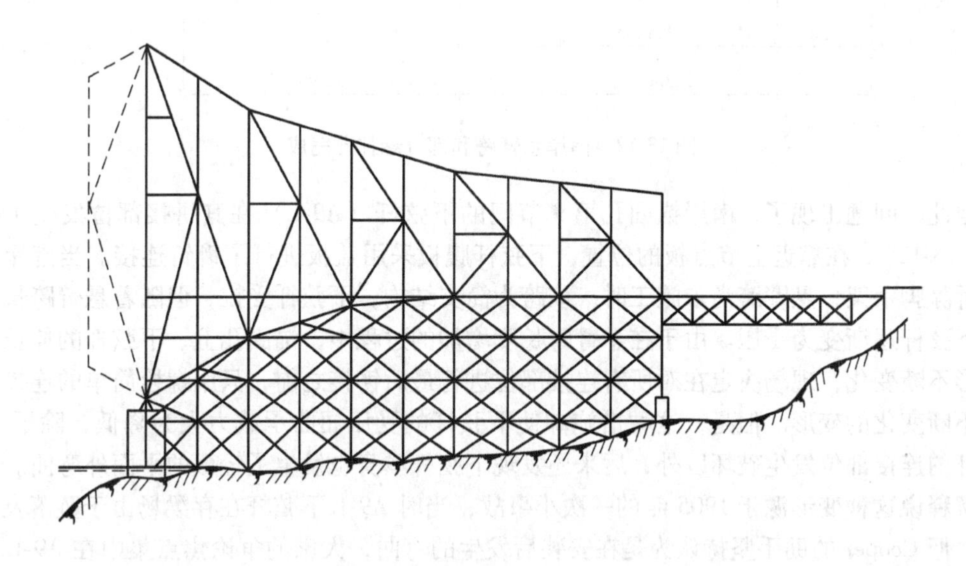

图13-11　南岸锚固跨满堂支架施工

当锚固跨施工完成后，突然发现运送到工地上的钢材用料比预想得多很多。后来很快查明原因是估计的用钢量是按照中跨的原始跨度，即 488m 来计算的，当中跨跨度增大为 549m 后，并没有重新估算。这意味着只把每根桁架杆件的尺寸按照新的跨度进行了调整，但在受力上并没有重新按新的重量进行计算。Cooper 立刻修正了这个设计上的失误，重新进行了计算，发现最大应力比之前增大约 10%，但他认为这样的应力仍在安全允许范围之内。但是，这一决定是非常值得商榷的。实际上，Cooper 在初始设计中为了降低造价，节省材料，就已经采用了比较高的允许应力，使桥梁的工作应力远远超过了当时其他桥梁的水平。他采用的允许应力在正常使用时为 145MPa，极限状态时为 165MPa。而在 1931 年的规范中，正常使用时的允许应力为 115MPa，极限状态时为 140MPa，甚至到了 1970 年，对于屈服强度达到 220MPa 的软钢，其允许应力在正常使用时也仅为 147MPa，极限状态时为 169MPa。很显然，在 20 世纪初，就当时的钢材工艺水平来说，Cooper 确定的允许应力过高了。

Cooper 经重新计算后，认定桥梁承载力满足要求，施工得以继续。但 Cooper 实际上可能也已意识到问题的严重性，因此在 1904 年曾以健康原因为由向甲方提出辞职，未获批准，但此后他就再也未去过施工现场。

三年以后，在 1907 年的秋天，171.5m 的悬臂已经完成，中间悬挂孔也已安装了总长为 51.4m 的 3 个节间，悬挂孔端部被临时锚固在悬臂端部，这样悬臂总长度达到了 223m，也就是说，223m 的悬臂重量完全由 152.5m 的边跨进行锚固（见图 13-12）。

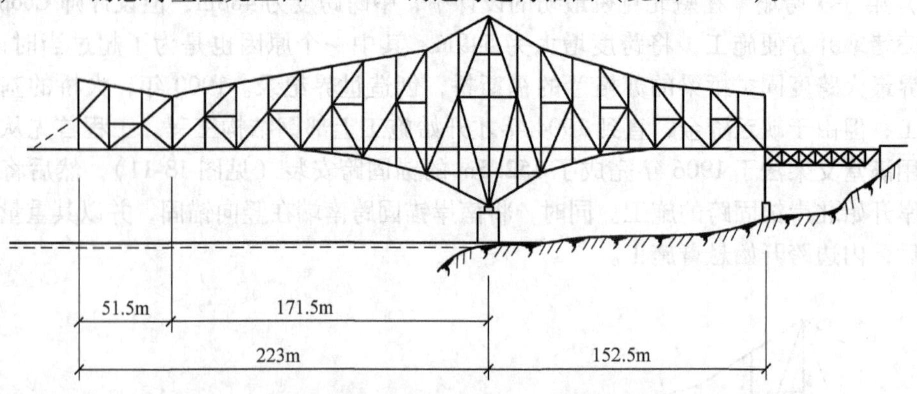

图 13-12 南岸悬臂跨和部分悬挂孔完成

但此时问题出现了，南岸锚固孔第 9 节间的下弦杆（A9-L）在其拼接部位发生了破坏（见图 13-13）。在靠近上节点板的位置，下弦杆腹板采用盖板进行了铆钉连接。当南岸锚固孔刚拆除脚手架，悬臂跨尚未施工时，该跨为简支结构，下弦杆受拉，但随着悬臂跨长度增加，下弦杆逐渐变为受压。由于在悬臂跨长度增加的过程中，锚固孔上、下弦杆的伸长和缩短变形不断变化，现场决定在对所有连接部位进行最后铆接之前，只用螺栓简单的连接，以适应不断变化的变形。但是，这种措施却使下弦杆的受压屈曲承载力大为降低，除了 A9-L 下弦杆的连接部位发生破坏以外，后来还发现下弦杆本身也发生了轻微的平面外弯曲。管理公司解释说这种变形源于 1905 年的一次小事故，当时 A9-L 下弦杆在存梁场由于坠落发生了弯曲，但 Cooper 的助手坚持认为是在安装后发生的弯曲，大家的争论焦点集中在 A9-L 下弦杆在什么时候发生的弯曲，却忽略了去评估这种弯曲到底意味着什么，对桥梁有何影响，因此问题并没有得到重视。

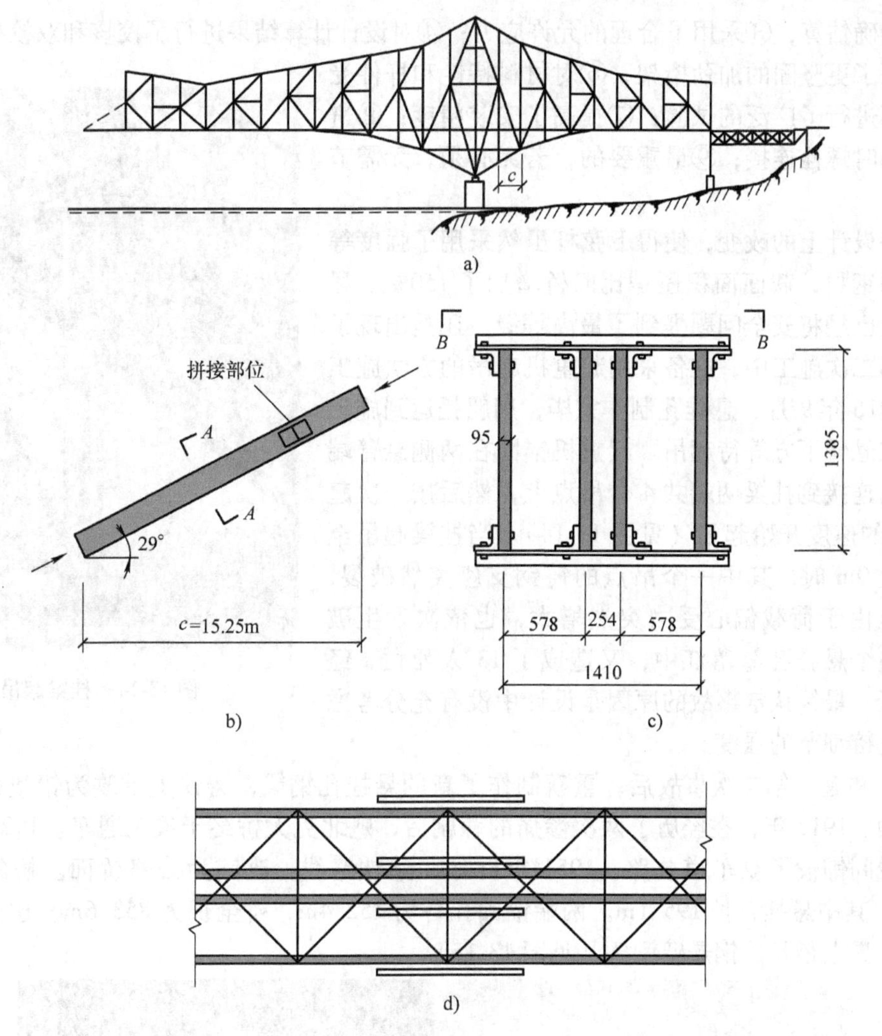

图 13-13 南岸锚固跨 A9-L 下弦杆

a）位置 b）B—B 剖面 c）A—A 剖面 d）下弦杆及其连接平面图

1907 年的 8 月底，A9-L 下弦杆的面外挠度由 20mm 增加到 57mm，同时，下弦杆的横向连接系的铆接部位被剪断，平面外变形已十分明显。Cooper 的助手立刻到纽约向他进行了汇报，Cooper 致电桥梁管理公司要求立刻停止施工，但管理公司在工期压力下没有执行，仍将一台起重机移动到新安装的悬臂节段。1907 年 8 月 29 日，不幸发生了，桥梁发生了第一次坍塌事故，造成 76 名工人死亡，而坍塌的起始点正是早已发生屈曲的 A9-L 下弦杆。

第一次坍塌的原因综合起来有如下几个方面：①设计失误，对自重荷载估计不足；②采用螺栓对桁架弦杆进行临时固定；③允许应力取值过高，使杆件截面尺寸偏小；④下弦杆横向连接系的强度不足以承受其平面外变形。简而言之，就是高估了桥梁的承载力，却低估了桥梁荷载。

（2）第二次垮塌 第一次坍塌的两年之后，重新设计的魁北克桥于 1909 年开始施工，其总体布置与旧桥类似，悬臂长度略有调整，增加为 177m，悬挂孔减小为 195m，但主跨径仍为 549m。这次设计中对很多细节进行了认真调整：①采用了更高的活载等级；②对自重进行了精确估算；③采用了合理的允许应力；④对设计计算结果进行了校核和双校核；⑤下弦杆采用了更坚固的加劲桁架；⑥对材料特性和杆件受力性能都进行了广泛的试验；⑦提高了安装精度；⑧避免采用临时螺栓连接；⑨最重要的，若无必须，无需节省材料。

图 13-14 挂梁起吊

这些设计上的改变，使得下弦杆虽然采用了强度等级更高的钢材，截面面积还是比旧桥增加了150%。尽管设计上已经将安全问题提到了最高等级，还是出现了问题。第二次施工中，准备采用起重机起吊的方法施工挂孔。1916年9月，悬挂孔制作完毕，用船托运到施工地点，在悬臂下方等待起吊。起重机锚固在两侧悬臂端部，吊钩连接到挂梁两端共4个吊点上，然后按一次起吊60cm的速度开始起吊（见图13-14）。当挂梁起吊至水面以上9m时，其中一个吊点的铸钢支座突然破裂，其余支座由于荷载偏心受力突然增大，也依次发生破坏，使整个悬挂孔坠落江中，又造成了13人死亡。经多方分析，最终认定事故的原因是设计中没有充分考虑起吊时连接细节的强度。

（3）重建　第二次事故后，重新制作了新的悬挂孔钢梁，铸铁支承改为铅垫板，架设获得成功。1917年，在经历了两次惨痛的悲剧后，魁北克大桥终于竣工通车。1929年在双线铁路线间铺设了双车道公路。1951年拆除一条铁路线，改铺为公路桥面。桥的主跨度548.6m，其中悬挂孔长195.1m。两端锚固孔各为152.4m，桥全长为853.6m，这座桥至今仍然是世界上最长的钢悬臂梁桥（见图13-15）。

图 13-15 建成后的魁北克桥

美国 Ashtabula 河 Ohica bridge 桥和加拿大魁北克桥事故说明，在结构设计中缺乏全面的稳定性分析，后果是何等严重。这些灾难的发生也促使人们深入地研究压杆稳定的规律，并掌握这些规律，以避免悲剧的重演。

【例13-3】 澳大利亚墨尔本西门大桥（West Gate Bridge）失稳事故

1. 事故概况

1970年10月15日，澳大利亚墨尔本西门桥在架设拼拢整孔左右两半钢箱梁时，跨中上翼板突然失稳，112m 的整跨倒塌，导致35人死亡，18人受伤。

西门桥全长2.6km，主桥为5跨连续箱梁单索面斜拉桥，跨长（112+144+336+144+112）m=848m，是当时世界上跨度最大的斜拉桥（见图13-16）。钢梁截面为单箱三室截面，外侧两个斜腹板，内侧两个直腹板，直腹板在承受荷载的同时，还起到对钢梁上、下翼缘的竖向支承作用（见图13-17）。西门大桥的设计师是英国工程师Freeman，Fox&Partners，著名的悉尼港大桥也出自该团队之手。

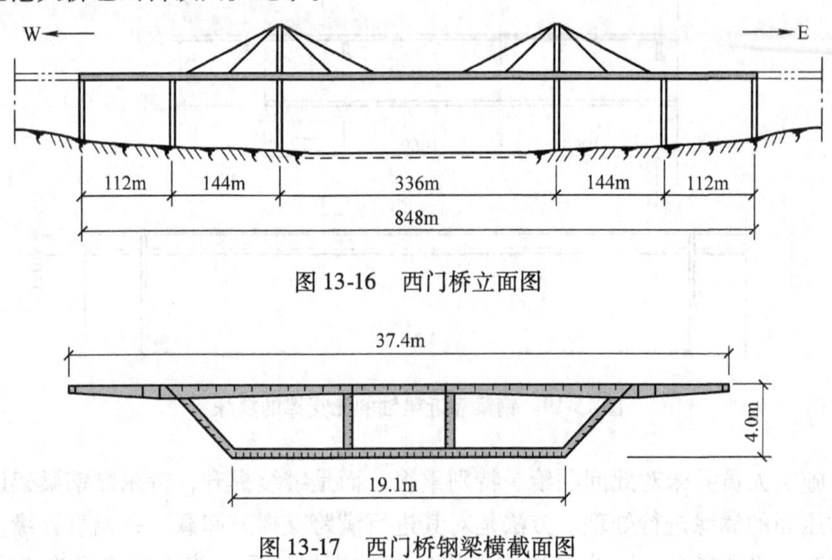

图13-16　西门桥立面图

图13-17　西门桥钢梁横截面图

2. 事故分析

西门桥1968年1月开始建造，预计1970年12月完工，但实际施工速度却严重滞后。1970年6月，英国米尔斯港桥（Milford Haven Bridge）发生了坍塌事故，该桥恰好也是由FF&P设计。FF&P的解释是，米尔斯港桥采用的是悬臂施工，和西门桥并不相同。西门桥的两个112m的边跨，都是在地面上完成钢梁制作，然后将其起吊至桥墩顶部。当然，米尔斯港桥的坍塌，使西门桥的钢梁又进行了一次全面加固。

由于工期紧张，承包商选择了一种不太常见的施工方法。为了节省工期，减轻吊装重量，将钢梁沿梁轴分割成左右两半，先将西侧半根钢梁采用液压千斤顶提升到位，然后提升东侧的半根钢梁，并在横向设置滑道，使两个半根钢梁横向移动到位，最后连接为整体（见图13-18）。

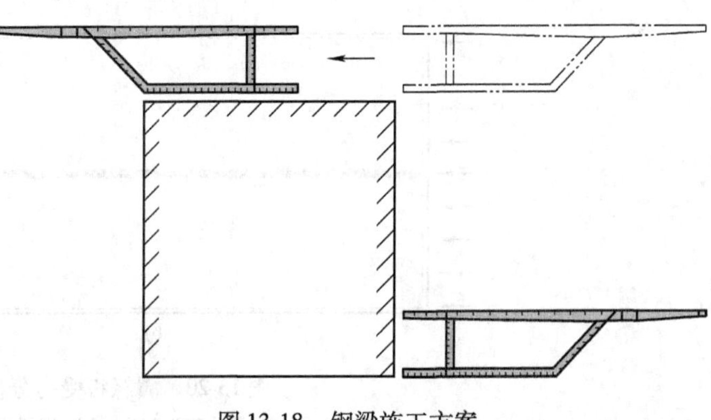

图13-18　钢梁施工方案

当西侧钢梁架设到位，东侧钢梁尚未提升之前，就已发现东侧钢梁靠近梁轴一侧的上翼缘发生了压曲现象。这是由于钢梁在提升之前，简支于临时支撑上，使设计中的连续结构成为了简支结构，在自重作用下产生了比设计中大得多的正弯矩，造成下翼缘受拉，上翼缘受压，而且由于钢梁沿梁轴分开，使得靠近梁轴的翼缘成为无支撑的自由边，从而产生了压屈，如图 13-19 所示。

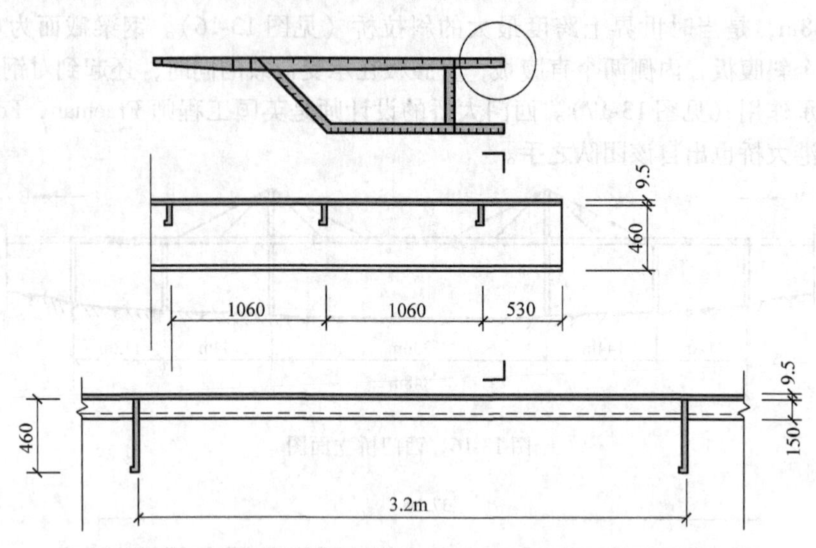

图 13-19 钢梁靠近梁轴的无支撑的翼缘

但是，施工人员并未对此问题给予特别重视，而是继续提升，待东侧钢梁架设到桥墩上之后，才对压屈的翼缘进行处理。方法是对其进行满跨支撑来卸载，并调直翼缘。

将钢梁截面沿梁轴分为两半是造成翼缘压屈的直接原因。该桥钢箱梁为正交异性板结构，纵肋间距为 1.06m，横肋间距为 3.2m（见图 13-20a）。针对分割成两半和不分割这两种情况（见图 13-20），均取最靠近梁轴的纵肋内侧，并在两相邻横肋之间的翼缘板进行受力分析，得到钢板屈曲的临界应力，发现后者是前者的 2.35 倍，也就是说，将钢梁分割成两半以后，临界应力下降超过了 50%，使得屈曲变形达到了 380mm。产生如此大变形的另一个原因是横肋也发生弯曲，产生了 50 ~ 75mm 的挠度，使靠近自由边的纵肋也发生了屈曲。

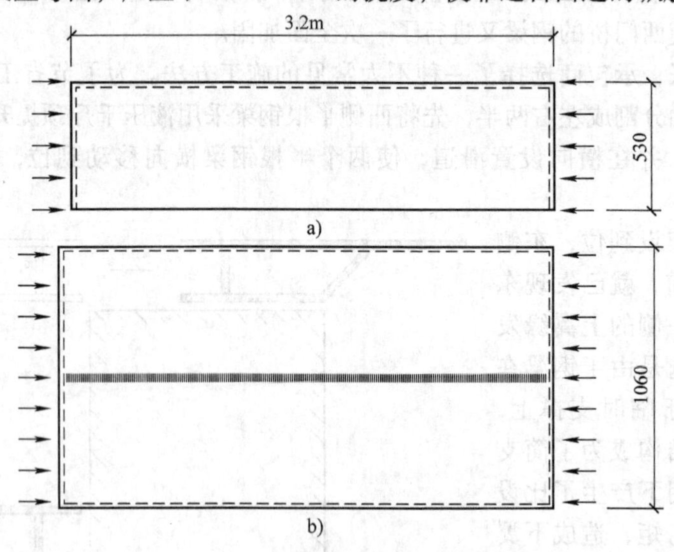

图 13-20 翼缘板受力分析

a）钢梁分割为两半 b）钢梁未分割

另外，该桥的纵向加劲肋每隔16m设置一道连接缝，接缝间隙为318mm，两侧的纵肋之间采用一块100mm×12.5mm的矩形钢盖板进行连接（见图13-21）。盖板不仅尺寸小，还只设单面，使传力时产生偏心。并且，该盖板并未与钢梁上翼缘焊接在一起，使得其平面外刚度很弱。这种构造细节大大减弱了纵肋传递轴力的能力。

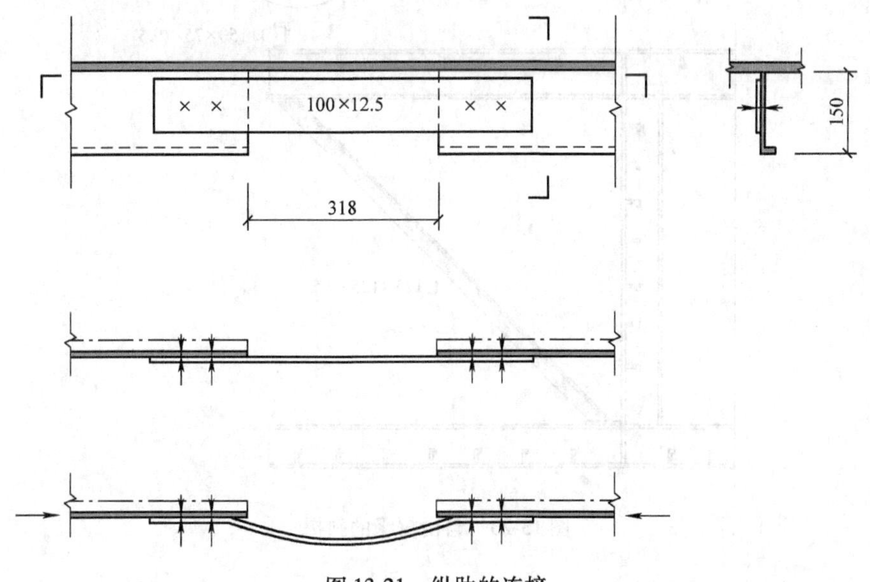

图13-21 纵肋的连接

由于翼缘发生屈曲的东侧钢梁已架设到桥跨之上，不可能再进行卸载，因此不得不采用另一种方法，即将屈曲位置钢梁的横向螺栓连接打开，钢板调直后，相互滑移重叠，然后再重新钻孔进行螺栓连接（见图13-22）。由于接受了东侧半根钢梁上翼缘屈曲的教训，西侧的半根钢梁在靠近梁轴的上翼缘自由边沿纵向每个横肋处设置了一根斜撑，对于避免自由边的屈曲起到了很好的作用（见图13-23）。

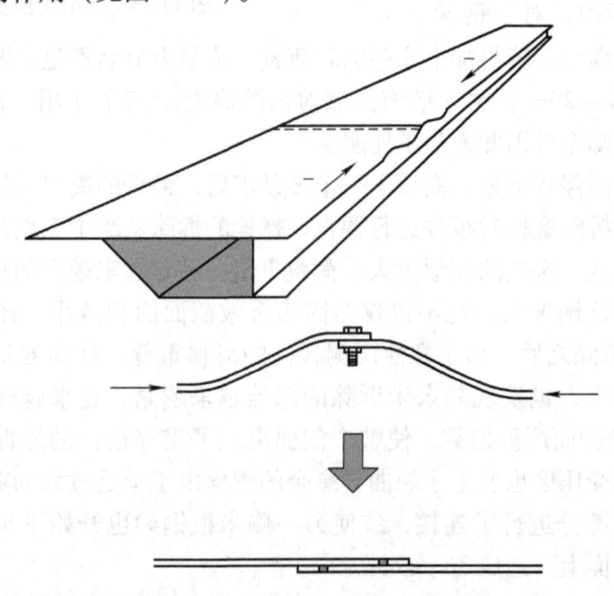

图13-22 通过拆除螺栓对板件进行调直

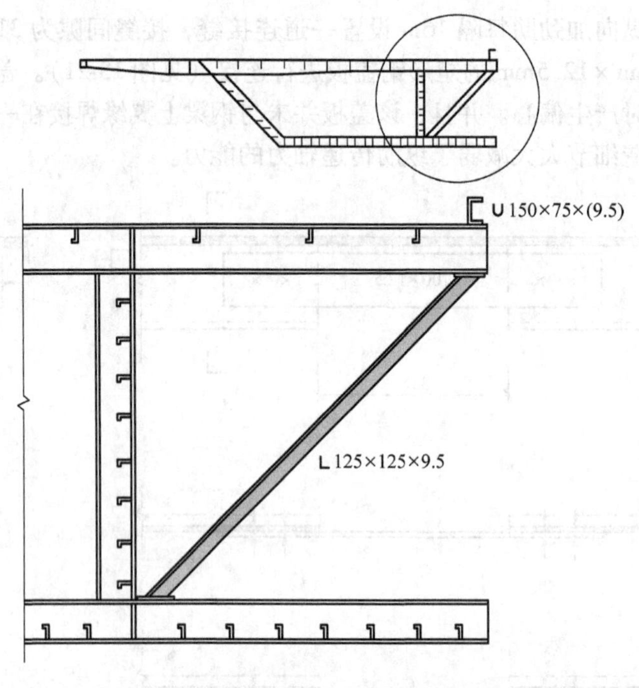

图 13-23 自由翼缘的斜撑

当东、西两侧的钢梁拼接在一起时，新的问题又出现了。由于制作误差和较大的变形，在跨中截面两半钢梁出现了115mm的高差，这样的高差已无法通过千斤顶来消除，因此有人建议在跨中截面高出的部分采用混凝土块进行压重，于是总重56t的条形混凝土块被堆放在跨中部位（见图13-24）。钢梁上翼缘自由边加固的斜撑的承载能力，对于钢梁本身的自重来说尚可满足，若再加上这些临时荷载，承载力显然不足，跨中弯矩比自重作用下的弯矩增加了15%～20%。这一措施虽然对消除高差起到了作用，但整个钢梁上翼缘，包括加强斜杆在内，却全部因此发生了屈服。

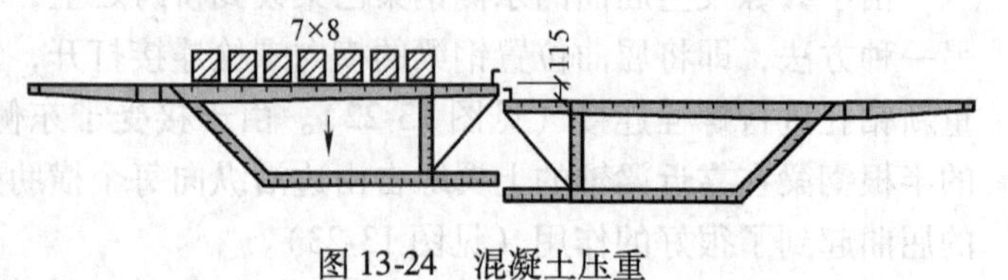

图 13-24 混凝土压重

装配工作因此全部停顿下来，商讨了一个多月以后，最后的决定是采用和东侧半根钢梁相同的方法，即通过拆除螺栓对板件进行调直。螺栓的拆除从跨中截面的接缝处开始。但与东侧钢梁不同的是，这一次屈曲变形更大，荷载更重。随着越来越多的螺栓被拆除，剩余部位钢梁上翼缘的应力逐渐增大，这不仅仅是因为有效截面面积减小，还因为中性轴逐渐下降。当16个螺栓被拆除之后，由于螺栓两侧板件的滑移重叠，屈曲变形改善了许多，但由于上翼缘压应力的增大，也发现剩余未拆除的螺栓越来越紧，越来越难以拆除。当拆除掉37个螺栓时，由于净截面严重超载，使整个截面出现了贯穿横向的屈曲，钢梁上翼缘发生压溃，连带腹板上部受压区也发生了屈曲，剩余的螺栓由于承受过大的剪力而被剪断。紧接着，由于两侧钢梁已部分进行了连接，致使另一侧半根钢梁也开始下沉，最终整根钢梁由50m高处全部掉到地面上，造成36人死亡。

西门桥钢梁的垮塌，原因是多方面的，其中最主要的原因是在简支梁跨中部位拆除螺栓的措施，相当于人为地在跨中逐渐形成了一个塑性铰，使原来的静定体系变成了机动体系而丧失承载能力（见图13-25）。而纵肋连接部位的薄弱构造细节与桥梁的整体坍塌并无直接关系。从施工管理上来说，责任应由承包商和设计师共同承担。首先是承包商为了赶工期，将整根钢梁沿轴线分割成左右两半，使上翼缘出现没有支承的自由边，以致在施工过程中出现压屈。整根钢梁的重量是1200t，完全可以整体吊装，这样上翼缘压屈和左右两侧出现高差的问题就可以避免；其次是设计师没有对分割后的半根钢梁的承载力进行校核，现场工程师经验不足，对出现的问题不能及时发现，最重要的是，不应该通过拆除螺栓的方式对屈曲变形进行调直，尤其是在跨中部位。

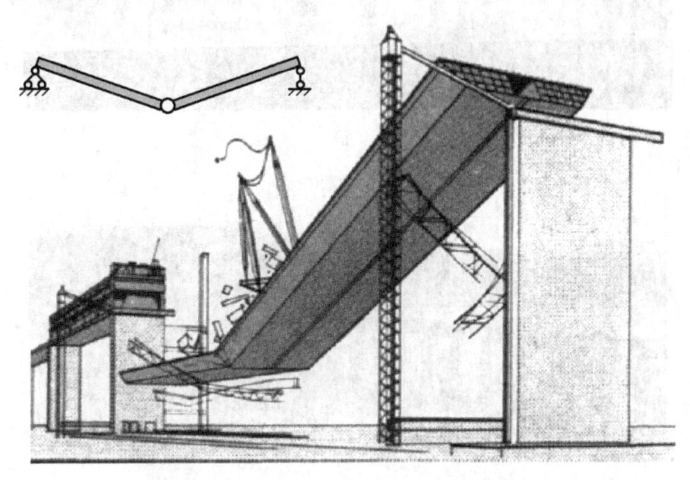

图13-25　跨中塑性铰和钢梁的坍塌

西门桥于1972年恢复了施工，1978年正式通车。

欧洲几座箱梁桥架设时连续发生的受压失稳破坏引起了各界的高度重视。这些事故发生之后，英国成立了Merison教授主持的委员会，开展了带肋板的压屈试验研究，对板件承载力理论进行了深入研究。对有初始缺陷的板件，能将其破坏历程及最大承载力，用数值方法计算出来，成果已纳入英国1980年版的BS 5400规范。

13.3　对大跨度柔性桥梁空气动力性能认识不足引起的事故

【例13-4】英国Tay Bridge风毁事故

1. 事故概况

1879年12月28日下午7点15分，当列车驶入苏格兰刚刚竣工19个月的Tay Bridge时突遇暴风雪，减速至5km/h，但暴风雪仍造成列车脱轨翻倒，撞断桁梁杆件，约1km桥梁连同桥墩倒塌，造成75名乘客死亡。

Tay Bridge于1878年2月建成，设计师Thomas Bouch全面负责该桥的设计、施工和管理。他设计的大部分桥梁都是桁梁桥，桥墩为采用锻铁系杆进行连接的细长的铸铁墩。Tay Bridge全长3.2km，85孔单线铁路桥，是当时世界上最长的桥梁。其中72孔为上承式，桁梁位于轨道下方，其余13孔通航孔为下承式桁梁，列车在桁梁中间穿过（见图13-26）。这13孔是各为75m的多腹杆锻铁桁架连续梁，桁梁高27ft（1ft=0.305m），梁下净空88ft，支承在横截面为六边形的桁架柱上（柱立在砌体结构墩上，见图 13-27）。正是这部分桥梁发生了坍塌，而大部分上承式桁梁没有发生破坏。

另外，为了避免下承式桁梁的下弦杆和上承式桁梁的上弦杆受弯，在每根横梁处设置了一根短竖杆，以便将横梁的荷载传递到其他桁架杆中去（见图 13-28）。

a)

b)

图 13-26　Tay Bridge

a）倒塌之前　b）倒塌之后

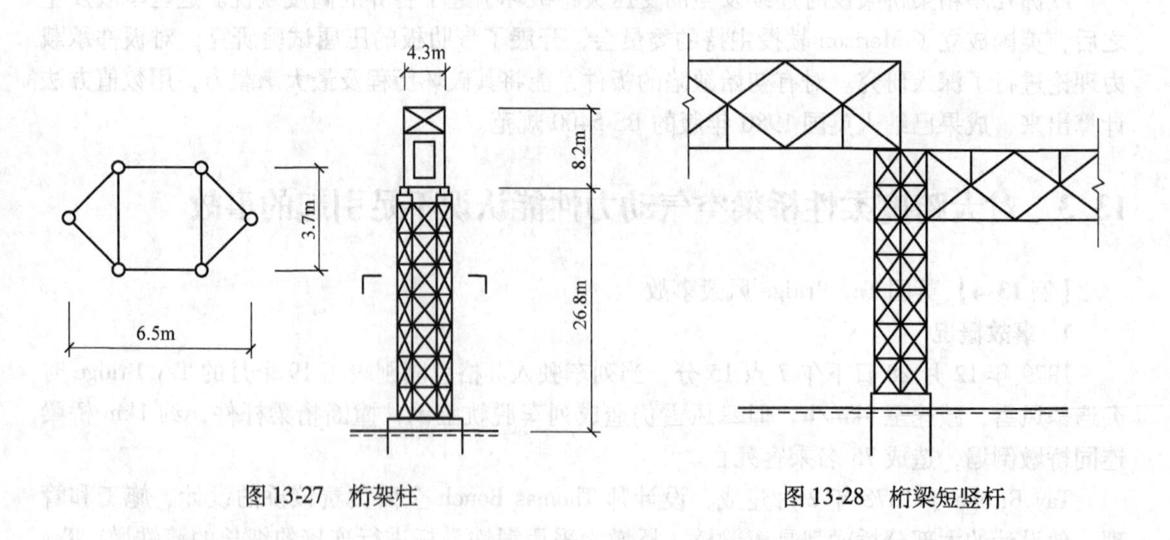

图 13-27　桁架柱　　　　图 13-28　桁梁短竖杆

2. 事故分析

（1）设计上的原因　毫无疑问，事故的直接原因是那场大风雪。当时承建这项工程时，由于工期短，预算紧张，在施工质量上可能没有达到满意的程度，但首要原因是在设计中没有对风荷载给予足够的重视。设计师在设计时没有考虑风荷载与车辆荷载的荷载组合，因此在桥面板以下没有设计足够的横向风撑。当时的工程师认为只有实体结构会受到风荷载作用，而空腹桁架结构不会受风荷载影响，对于空腹桁架，只要能承受自重、车辆荷载及横向摇摆力的荷载组合，承载力就没有问题。

（2）施工工艺上的原因 实际上，从桥梁建成之日起，就发现了结构装配质量和材料性能上的缺陷。检测报告中指出，该桥桥墩铸铁柱存在纵向裂纹和内部缺陷，砌体结构墩存在裂缝。尤其需要指出的是，在桥梁投入运营后不久，铸铁桁架柱的很多斜撑系杆与立柱的连接部位就已发生了松动，基本丧失了系杆的作用，这也是每次列车过桥，旅客都能感受到奇怪的振动和噪声的原因。

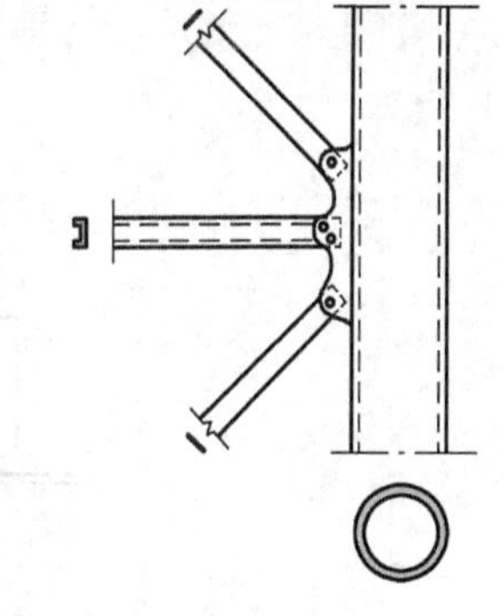

图13-29 圆柱形立柱上的节点板

由图13-29可以看出，桁架柱的横撑和斜杆是通过节点板采用螺栓连接到铸铁圆管形立柱上的。为了考虑装配时的制造误差，系杆，尤其是斜杆，螺栓孔的直径会大于栓杆的直径，以便能顺利完成安装。为了将斜撑紧固，在板件重叠的间隙填充了锥形销片，然而，由于桥梁运营期间的晃动和振动，这些销片很快松动，使斜杆丧失了功能，几乎成为不起作用的“零杆”。另外，由于斜杆的截面为板式，极易发生失稳，因而基本不能传递压力，因此，斜杆的承压和承拉作用都受到了极大的限制，功能很难发挥出来。

表面上看，桁架柱是一个内部超静定体系，但随着斜杆的松动和压屈，受压杆的功能丧失，实际上已成为一个内部静定体系，设有交叉斜杆的桁架柱变成了只有单根斜杆的桁架柱，其结果就是剩余的斜杆承受了双倍的拉力（见图13-30）。更糟糕的是，当受压斜杆由于过早压屈而失效，受拉斜杆又由于节点松动或受到过大拉力屈服也失效时，铸铁桁架柱的节点板在横撑传来的集中水平力作用下，再加上材料本身的脆性，也极易发生断裂。

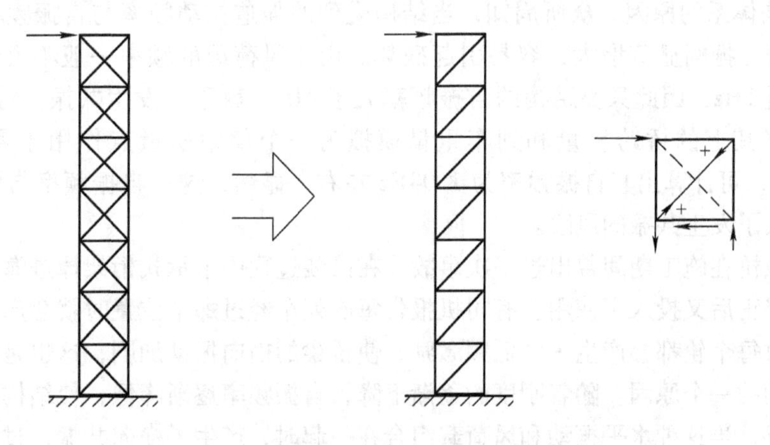

图13-30 压杆失效后的等效结构

下面来研究靠近桁架柱基础的一个受力较大的节间，如图13-31所示。由于压杆过早失稳，大部分水平荷载都通过尚能有效工作的受拉斜杆进行传递，但由于节点松动或局部破坏等原因，中间的受拉斜杆退出工作，所有的荷载就只能通过剩余的外侧两根斜杆进行传递。但是，若在极端情况下，这两根斜杆也丧失了功能，那么这个节间就变成了一个局部的矩形框架，此时圆柱形立柱就不仅只承受轴力，还会承受弯矩。而弯曲变形会在立柱节点板处产生很大的应力集中，增大了立柱断裂的危险（见图 13-32）。

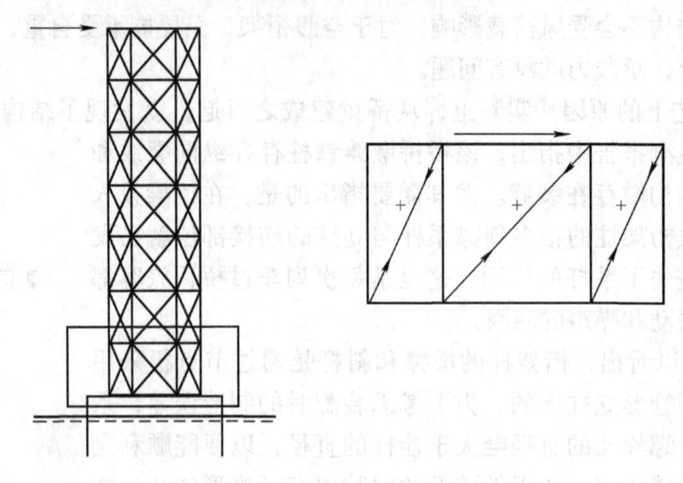

图 13-31 桁架柱根部节间

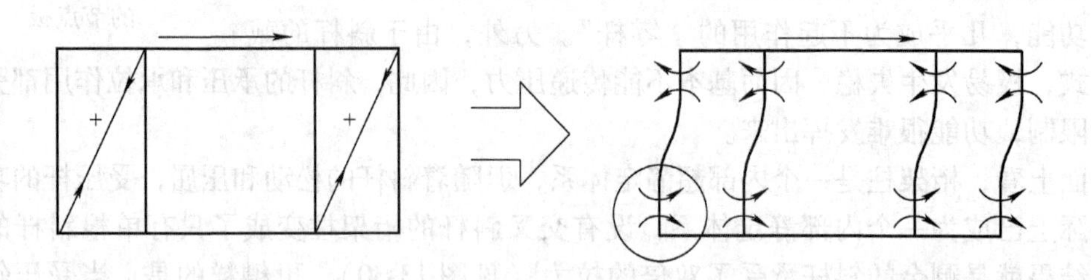

图 13-32 斜撑失效后的变形

（3）结构体系的原因 众所周知，当结构受到的强迫振动频率与自振频率重合时，结构会发生共振，振幅显著增大，容易引起破坏。由于风荷载的频率一般不会超过 3～4Hz，甚至不会超过 1Hz，因此只要结构的自振频率大于 4Hz，就不会发生共振。对于 Tay Bridge 的桁架柱，将其上的桥跨重量和列车重量模拟为一个集中质量点作用于悬臂柱的顶部（见图 13-33），可计算出其自振频率为 1.04Hz 左右，显然，这一自振频率与风荷载的频率很接近，增大了发生共振的风险。

另外，该桥在施工期间曾出过一次事故。在吊装过程中下承式桁架掉进海里，局部发生了弯曲，但修正后又投入了使用。有司机报告每次列车经过那个位置时就会产生明显的横向晃动。经过时每个轮都会产生一种低频激励，使桥梁的横向振动加剧，这也是桁架柱的许多斜杆发生松动的一个原因。随着刚度的逐渐下降，自振频率逐渐降低，使结构对这种水平振动越来越敏感，当这种水平振动和风荷载组合在一起时，产生了横向共振，过大的横向振幅使下承式桁梁全部掉入水中。

在巨大风压的作用下，12 根桁架柱中的 10 根都在根部由于锚固断裂发生了破坏（见图 13-34），其余两根在临近根部位置破坏。在水平荷载和竖向荷载的共同作用下，柱子根部承受轴力和弯矩的共同作用，一侧受拉，一侧受压。当受拉侧螺栓受力超过其承载能力时，发生断裂或被拔出，柱子就发生了倾覆。

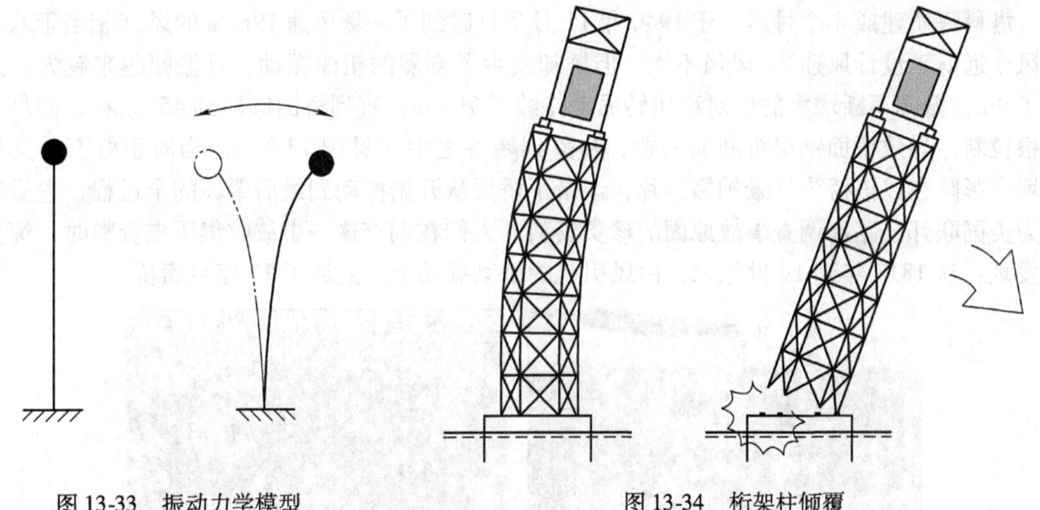

图 13-33 振动力学模型　　　　图 13-34 桁架柱倾覆

3. 重建

1887 年，在 Tay Bridge 发生坍塌事故的 8 年以后，在旧桥旁边建了一座与之平行，跨数相同的新的双线铁路桥，旧桥中没有倒塌的上承式桁梁部分被重新应用于新桥中。与旧桥相比，为了满足风荷载和上部结构加宽的需要，新桥在下承式桁梁中使用了更加坚固和稳定的铸铁管拱作为横向和纵向连接系，桥墩也由原来的铸铁桁架柱改为砌体结构墩，增加了稳定性。旧桥的铸铁桁架柱下面的砌体结构桥墩没有拆除，一方面是拆除的费用较大，另一方面是为了保护新桥桥墩免受撞击。

【例 13-5】 美国塔科玛桥（Tacoma Narrows Bridge）风毁事故

1. 事故概况

1940 年，美国在华盛顿州的塔科玛峡谷花费 640 万美元，建造了一座长 1660m，主跨度 853. 4m 的悬索桥，该桥没有采用典型美国式悬索桥的桁架式加劲梁，而是采用了边主梁 + 横梁 + 纵肋 + 桥面板的正交异性板结构（见图 13-35）。

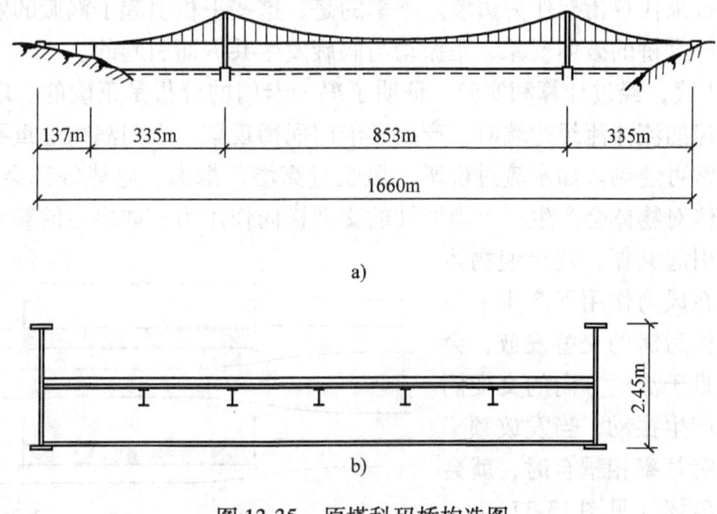

图 13-35 原塔科玛桥构造图

a）大桥立面图 b）加劲梁横断面图

塔科玛桥建成4个月后，于1940年11月7日碰到了一场风速19m/s的风（相当于八级大风，远低于设计风速）。风虽不大，但桥却发生了剧烈的扭曲振动，且振幅越来越大，达到了9m，振幅不断增大的反对称扭转振动持续了70min，直到桥面倾斜到45°左右，使吊杆逐根拉断，导致桥面钢梁折断而塌毁，坠落到峡谷之中（见图13-36）。当时正好有一支好莱坞电影队在以该桥为外景拍摄影片，记录了桥梁从开始振动到最后毁坏的全过程，它后来成为美国联邦公路局调查事故原因的珍贵资料。人们在调查这一事故收集历史资料时，惊异地发现：从1818年到19世纪末，由风引起的桥梁振动至少毁坏了11座悬索桥。

a）

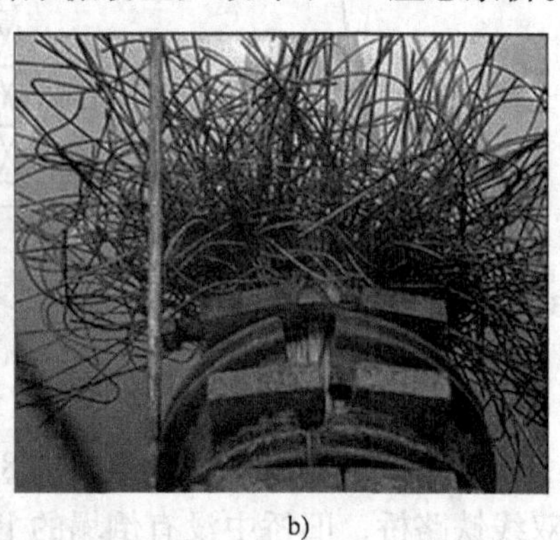

b）

图13-36　风致共振而毁的塔科玛桥

a）大桥坍塌　b）断裂的拉索

2. 事故分析

第二次世界大战结束后，人们对塔科玛桥的风毁事故的原因进行了研究。一部分航空工程师认为塔科玛桥的振动类似于机翼的颤振；而以美籍匈牙利人冯·卡门为代表的流体力学家认为，塔科玛桥的主梁有着钝头的H形断面，和流线型的机翼不同，存在着明显的涡旋脱落，应该用涡激共振机理来解释。冯·卡门1954年在《空气动力学的发展》一书中写道：塔科玛海峡大桥的毁坏，是由周期性旋涡的共振引起的。设计的人想建造一个较便宜的结构，采用了平板来代替桁架作为边墙。不幸的是，这些平板引起了涡旋的发放，使桥身开始扭转振动。这一大桥的破坏现象，是振动与涡旋发生共振而引起的。

20世纪60年代，经过计算和实验，证明了冯·卡门的分析是正确的。塔科玛桥的风毁事故，是一定流速的流体流经边墙时，产生了卡门涡街现象。卡门涡街是重要的流体力学现象，在自然界中常可遇到。如水流过桥墩，风吹过高塔、烟囱、电线等都会形成卡门涡街。出现涡街时，流体对物体会产生一个周期性的交变横向作用力。如果力的频率与物体的固有频率接近，就会引起共振，甚至使物体损坏。塔科玛桥在风力作用下产生卡门涡街后，卡门涡街后涡的交替发放，会在物体上产生垂直于流动方向的交变侧向力，迫使桥梁产生振动，当发放频率与桥梁结构的固有频率相耦合时，就会发生共振，造成破坏（见图13-37）。

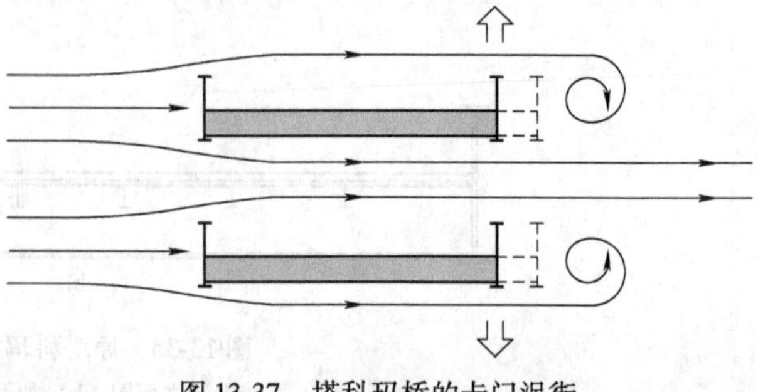

图13-37　塔科玛桥的卡门涡街

塔科玛大桥发生风毁之前，桥梁设

计主要依据的是挠度理论，很长一段时期以来重点都没放在风的问题上，设计者很容易相信，只要加劲梁根据纵向分布的集中活载引起的最小挠度来选择就行了，当然按这种做法建造的悬索桥比以前更经济，即使涉及风稳定问题，人们往往也更喜欢采用上述理论。

塔科玛大桥遇到的另外的一个问题在于摆振。由于设计时认为双向两车道就已经足够了，桥面宽度只有11.9m。为保证桥梁的横向刚度，当局以往建设的悬索桥的宽跨比至少要大于1/30，然而塔科玛大桥的宽跨比仅仅只有1/72（11.9m/853m），但经过静风荷载的验证，认为刚度和强度都是足够的（指最大允许横向挠度和应力）。

另外，对于600~900m之间的悬索桥，一般认为高跨比要大于1/90（早期甚至大于1/40）。塔科玛大桥的梁高只有2.45m，高跨比仅为1/348。如果按照推荐的高跨比，其加劲梁的高度至少9.5米高。所以塔科玛大桥的桥面系不管是竖向还是横向都是十分柔弱和易弯的。在建造的最后阶段，人们就发现大桥在微风的吹拂下会出现晃动甚至扭曲变形的情况，司机在桥上驾车时可以见到另一端的汽车随着桥面的扭动一会儿消失一会儿又出现的奇观。即使后来安装了一定的阻尼器，并且在桥面板上用外部拉索稳固，但也无济于事，风振依然不止。

塔科玛大桥风毁后，立刻成立了事故调查委员会，在事故4个月后，即1941的3月，委员会给出了调查结果：依照当时的设计规范，塔科玛大桥是完全满足设计要求的，具有足够的刚度和强度，甚至考虑到了引起其坍塌的3倍静风压力的作用，但是却没有考虑空气动力失稳的作用。塔科玛大桥的桥面板有较小的桥面宽度，很柔的加劲梁，并且包含了实心的腹板——这对稳定气流的涡流的形成尤其敏感，以一定频率作用其中，从而导致了桥面系统的上下扭转振动。另外，在持续集中移动活载的作用下，荷载引起的桥梁挠度作用如同悬索桥上滚动的波，当荷载作用在吊索位置时，吊索不断调整内力。如果桥面板自重较轻，并且加劲梁柔度较大，活载的移动同样会引起桥面系的挠曲振动。

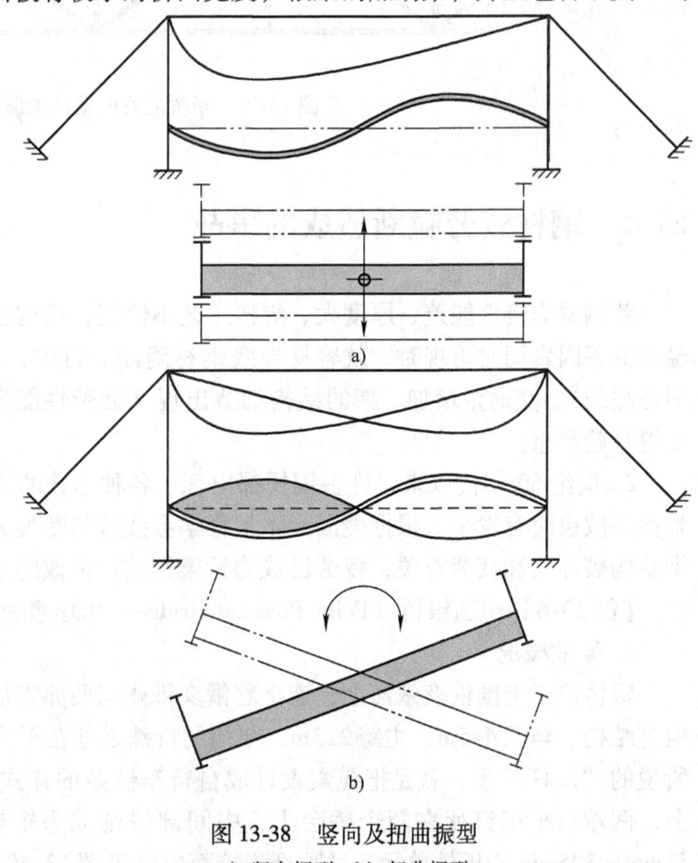

图13-38 竖向及扭曲振型

a）竖向振型 b）扭曲振型

在移动荷载和风力的共同作用下，主跨桥面的一阶竖向振动为一个完整的正弦波，一半桥面上拱，另一半桥面下挠。除了竖向振动以外，更主要的是发生了扭曲振动，振型同样为一个完整的正弦波（见图13-38）。当桥面发生扭曲变形时，恰好遇到风的激励作用，使变形加剧，最后吊杆断裂。

3. 重建

塔科玛大桥于1950年进行了重建，新建桥梁为（335.3+853.4+335.3）m，4车道，总用钢量2.625万t，其中缆索4250t，钢塔4850t。新建的桥面为空腹桁架（图13-39），达到18.2m宽，加劲梁的高度也达到了10.0m，几乎是原来的4倍，自重增加超过50%，高跨比达到了1/90。其桥面的混凝土更厚，且索的张力更大，使桥面的变形更小，移动活载作用下的索形也更小。此后，悬索桥的加劲梁又重新回到气动性能较好的空腹桁架，并成为第二次世界大战前悬索桥的基本形式。塔科玛大桥风毁事故让桥梁界的震惊，并由此开始了对大跨径桥梁的空气动力性能研究。

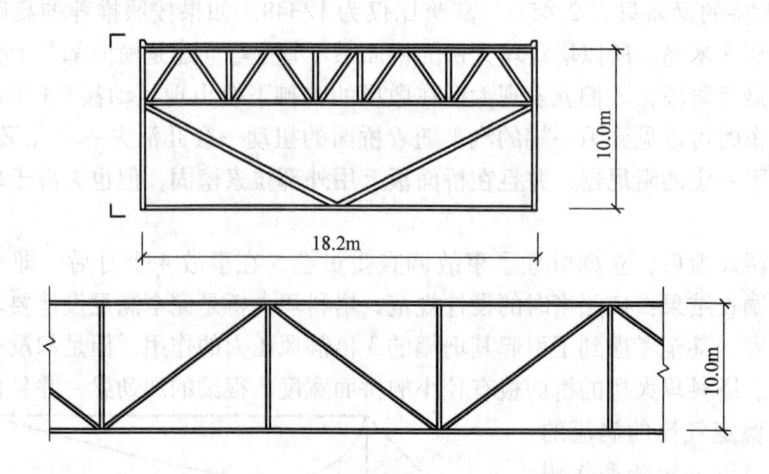

图13-39 新桥的桥面系结构形式

13.4 钢材疲劳脆断造成的事故

若钢材焊接性能差、厚度大、焊接工艺不恰当，结构在传力方向上有缺口构造，运营时温度低等因素同时出现时，就容易导致钢材脆断。目前，由于桥梁运营车辆总重加大（特别是超载）、交通量增加、新的结构细节出现（疲劳性能未知），使桥梁钢结构的疲劳问题变得日趋严重。

20世纪60年代以来，许多钢桥都出现了各种形式的疲劳裂纹，因疲劳断裂而酿成的灾难性事故也时有发生。根据美国土木工程学会疲劳与断裂分委会的调查结果，80%~90%的钢结构破坏均和疲劳有关，疲劳已成为桥梁钢结构失效的主要形式之一。

【例13-6】美国银桥（Point Pleasant Bridge）垮塌事故

1. 事故概况

银桥位于美国俄亥俄河上，连接着俄亥俄州与西弗吉尼亚州，是一种悬索桥与桁梁桥的组合结构。全长445m，主跨213m，结构的特殊之处在于采用了“眼杆”型设计方案。这里所说的“眼杆”型，就是把缆索设计成自行车链条的样式，中间交织连接并固定在支撑塔上，两端被牢牢钉死在两个桥台上，中间部位则成为桁架加劲肋的上翼缘。链杆由两层51mm×305mm的板件单元通过眼杆连接而成（见图13-40）。

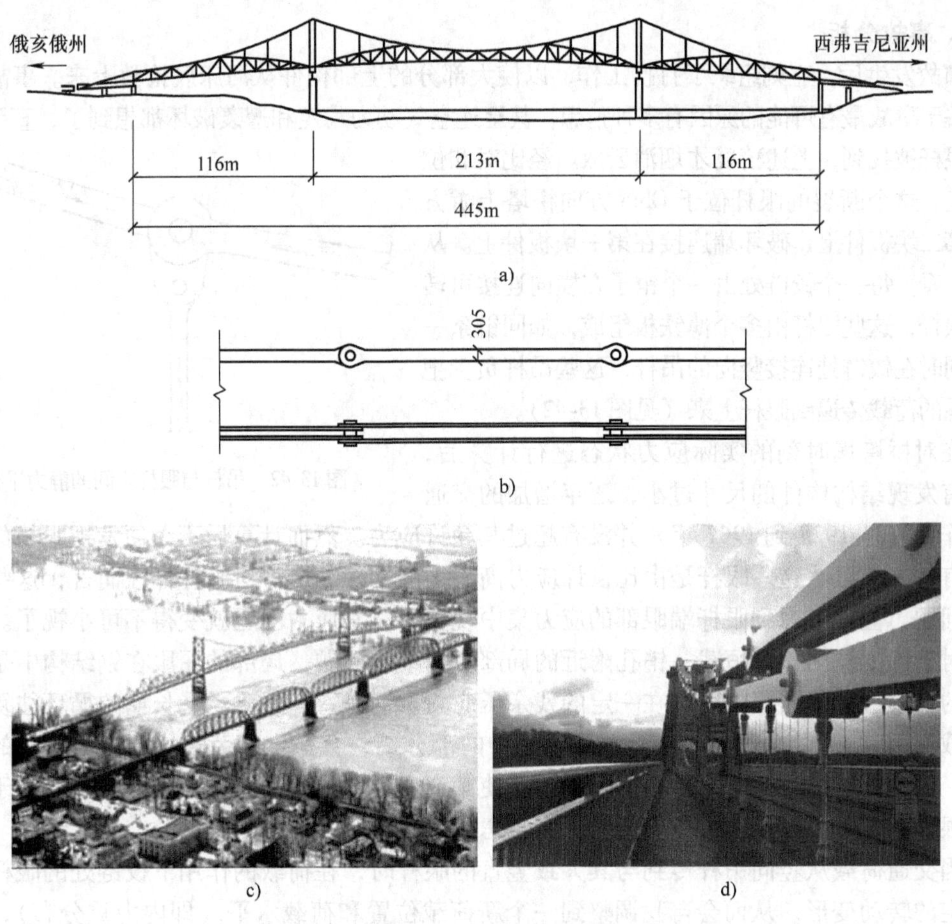

图 13-40 倒塌之前的银桥

a）立面图 b）链杆结构 c）俯视图 d）链杆实体图

1967 年 12 月 15 日，正值下班高峰期。谁也没有想到，悲剧就在这时发生了：短短一分钟之内，银桥就彻底倒塌了。银桥倒塌事件直接导致 50 余辆汽车坠入俄亥俄河中，46 人丧生（见图 13-41）。

图 13-41 倒塌之后的银桥

2. 事故分析

事故发生后，立刻组织了打捞工作，以使大部分的上部构件从河床底抢救上来。事故分析时，关于事故最有可能的原因有多种猜想，甚至连空气动力稳定和遭袭破坏都想到了，直到一只断裂眼杆被找到，上述猜疑才烟消云散。经比对和位置确定，这个断裂的眼杆位于 Ohio 方向桥塔上游方向的第二块板件上，破坏端连接在第一块板件上。从结构上看，每一个铰链处由一个销子在横向连接可转动的眼杆，这些眼杆由多个薄铁板组成，如同链条一般；同时在铰链处连接竖向的吊杆，这些吊杆负责把桥面系的荷载传递到眼杆上来（见图 13-42）。

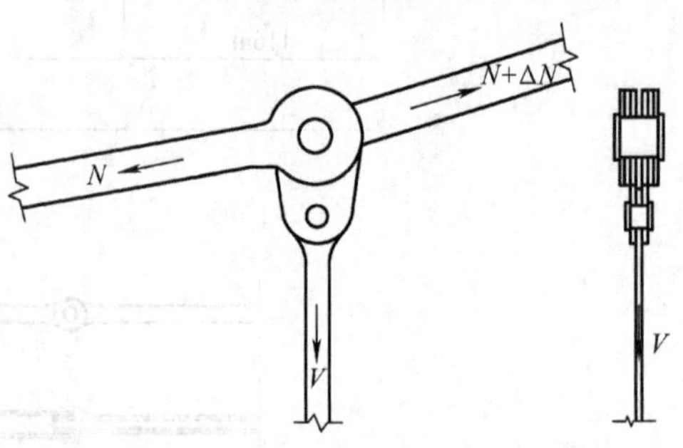

图 13-42 吊杆与眼杆之间的静力平衡

在对桥垮塌时刻的实际应力状态进行计算后，并没有发现结构构件的尺寸过小，逐年增加的交通荷载作用（从 1928 到 1967 年）并没有超过其允许应力。然而计算后不久便发现眼杆的实际应力有些高，虽然这些眼杆是由比设计应力高得多的钢板制成。对眼杆杆径而言，这些应力不成问题，但是考虑到眼杆端眼部的应力集中现象后，其应力问题就变得不可小视了。

对于静力作用，如恒载，销孔附近的局部应力不是问题，局部的屈服在钢结构中是不可避免的，不过初始屈服时会存在一定的残余压应力。但是，当桥梁承受长期的循环往复的重复荷载作用时（如交通荷载），这些应力集中的部分最终会产生疲劳裂纹。对于竖向的吊杆而言，每一次通过吊杆附近的移动车辆都会使其产生巨大的应力变化。虽然如此，对于为什么是眼杆而不是吊杆发生破坏，却需更多考虑的因素。

当交通荷载从竖向吊杆传到与其大致竖直的眼杆时，在荷载的作用下铰链处的眼杆会发生一定的转动变形，从而会自我调整到一个新荷载位置和荷载水平（即内力重分布），铰链位置处眼杆的转动，会引起眼杆销孔和销子之间的滑动摩擦，从而增加在销孔端部接触区的接触力，因处销孔表面出现疲劳裂纹的可能性迅速增加（图 13-43）。当吊杆卸载后，眼杆会回转到受力前的位置，此过程会产生相反方向的滑移摩擦（见图 13-44、图 13-45）。

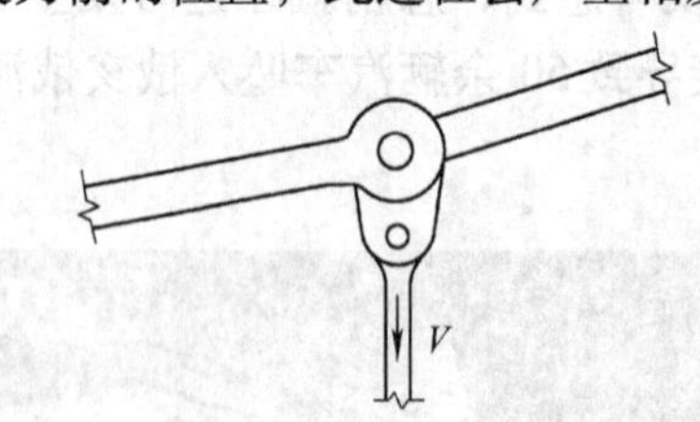

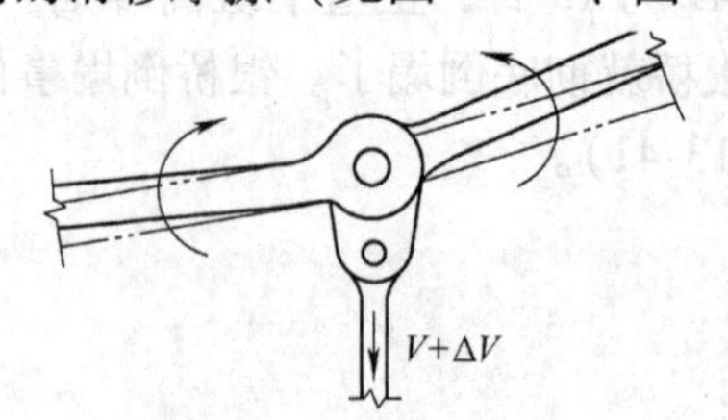

图 13-43 吊杆力增大后眼杆节点的转动

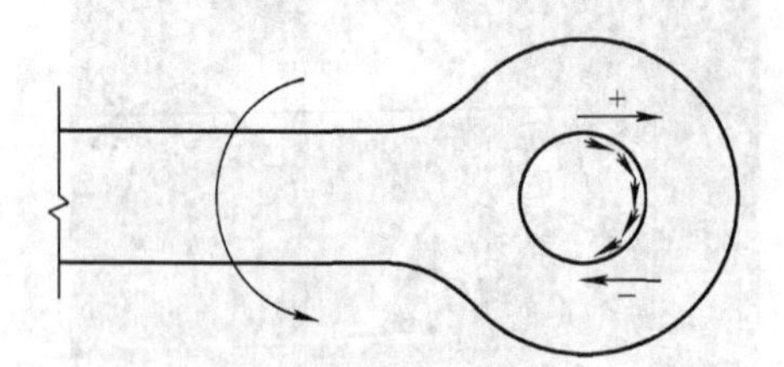

图 13-44 眼杆回转时销子与孔壁间产生的摩擦力及约束弯矩

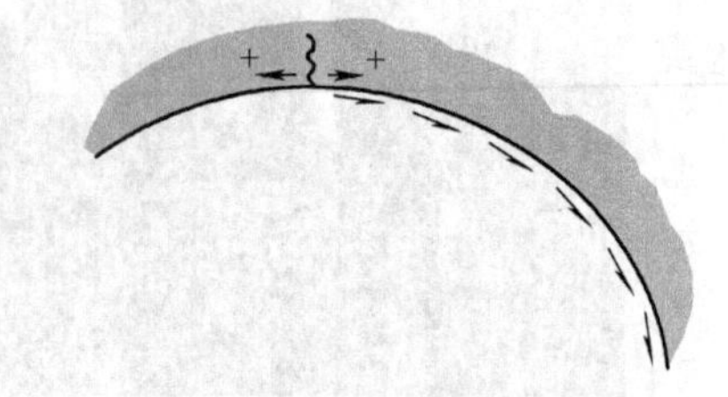

图 13-45 孔壁上方出现疲劳裂纹

同时，对于有40多年桥龄的银桥来说，缺少必要的维护和保养，销孔的锈蚀导致眼杆转动不灵活，从而引起相邻眼杆所谓的“二次弯矩”。荷载施加后眼杆销孔上部可以自由转动，但下部销孔左部却没有足够的转动能力。Daniel Dicker 在1971 撰文也提到，眼杆的铰链多年来缺乏足够的润滑，使其转动时遭受很大的摩擦力，这也许是银桥事故的原因之一。

随后的分析也表明，有两个因素加速了疲劳破坏的形成：应力腐蚀裂缝和腐蚀疲劳问题。对打捞的眼杆进行分析后认为，断裂的过程大概如下：在长期的疲劳荷载作用下，销孔的上部受力磨损，随后在横向的拉力作用下，出现竖向的疲劳裂纹并断裂；同时，销孔的下部承受了所有的拉力，引起突然断裂，（见图13-46）。

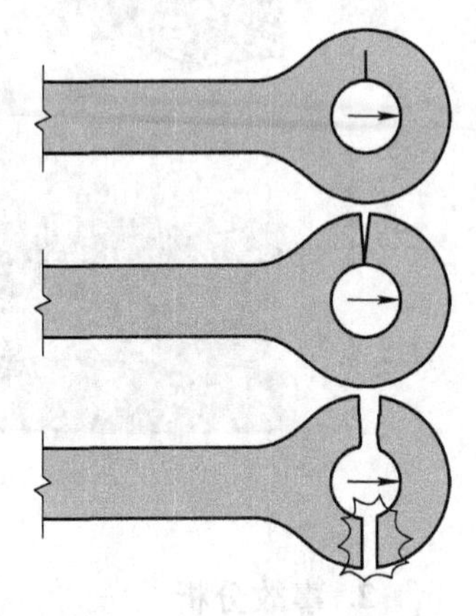
图13-46 眼杆的断裂

另外，银桥使用的眼杆仅由两个厚51mm的钢片拼合而成，事后来看，这并不是一个好的方案。首先是没有足够的结构冗余，一片坏了以后，只剩下一片承受偏心荷载；另外，使用少量的厚钢板代替多个薄钢板，也不是一个好的选择，一般而言，承受高应力的循环拉力作用下，要控制钢板的厚度，适中厚度的钢板拼合而成明显是优选方案，更厚的钢板由于延性差，其强度会下降，初始缺陷也会增加。因此，采用多片薄钢板，而不采用两片厚钢板拼成眼杆，这种方案也许能大大降低悲剧发生的可能性。

总之，调查结果表明：由于采用调制钢眼杆做悬索，且使悬索中段和加劲梁上弦合成一体，当眼杆在其孔眼处净截面有裂纹，且因腐蚀疲劳和应力腐蚀而扩展时，悬索桥脆断，整桥突然倒塌，而链条与桥塔之间的不合理关系，也是导致灾难发生的原因之一。事故发生后，美国立即将采用此种结构的其他悬索桥全部封闭，并不再使用这种构造。此次事故也引起了研究人员对钢桥疲劳问题的重视。

【例13-7】 韩国首尔圣水大桥垮塌事故

1. 事故经过[31]

圣水大桥位于韩国首都首尔的汉江上，最初于1979年建成，是一座悬臂式的钢桁梁桥，宽19.4m，全长1160m，有6个主孔，每孔的跨度为120m（见图13-47）。1994年10月21日早上，在车流量高峰时刻，圣水大桥中央悬挂跨因疲劳破坏突然断裂，六辆汽车跌进汉江，导致33人死亡，17人受伤。

图13-47 倒塌之前的圣水大桥

倒塌发生在11号墩与12号墩之间的悬挂跨（48m）处，该悬臂式桁梁的悬挂跨与伸臂端是用铰做吊挂式连接的，这种铰接方式于20世纪60年代被广泛应用，但有一个缺点是结构缺乏赘余约束（见图13-48）。

图13-48 桥面坠落之后的圣水大桥

2. 事故分析

经过长达五个月的调查，发现在设计、施工和管理方面都存在不同的问题。

（1）设计方面 本桥的上部结构为带挂孔的悬臂式钢桁梁，其伸臂端与悬挂跨用连杆与铰来连接（见图13-49a）。在采用一级桥梁的设计标准荷载DL18与货车设计荷载DB18进行验算之后，可以确定主桁大部分杆件的设计是安全的，仅有少数杆件的应力稍微超过允许应力。而当采用现行的一级桥梁设计标准荷载DL24和DB24来验算时，主桁跨中大部分杆件的应力超过允许值，但竖杆（带铰的竖吊杆）的应力并没有超过，因此，根据验算结果，可以判定原设计在计算方面不存在严重的问题。

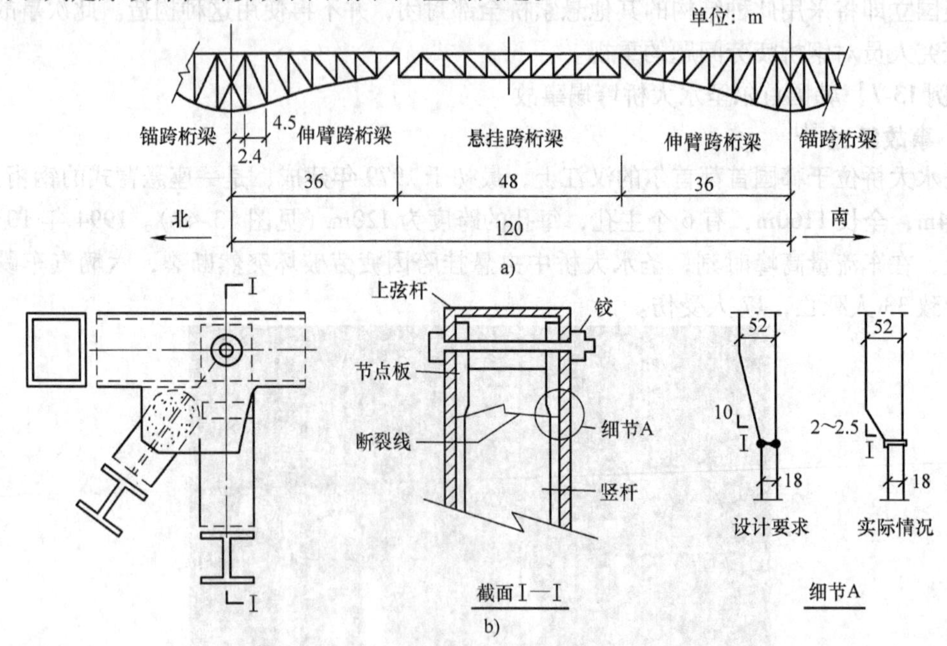

图13-49 圣水大桥的事故原因示意

a）悬臂吊挂结构示意图 b）焊接连接示意图

上部结构设计中的缺陷是没有赘余约束，因而在竖杆破坏时不能出现倒塌前的预警。在悬挂桁梁与伸臂端铰接处下端的横向平面连接系完全分离，不利于传递风荷载，但这并不是导致倒塌的直接原因，因为空间分析的结果说明铰接竖杆的应力没有超过允许值。

（2）施工方面　施工方面的主要问题是：虽然铰接板与竖杆之间设计的是X形的对接焊缝，但母材的槽口开得不合适，焊缝没有完全熔透母材的全部截面（见图13-49b）。采用超声波探测方法对铰接竖杆与铰接板之间全部槽口焊接面进行熔透深度的检查后发现，在18mm厚的竖杆翼板上，未焊透深度高达16mm（有效焊深仅2mm），并且大部分焊缝段的未焊透深度都超过5mm（有效焊深小于13mm）。由于焊缝未熔透，大大地削弱了有效面积，应力超过允许值，使原设计的有效承载能力在施工后大大降低，因此，焊接质量低劣被认为是导致倒塌的直接原因之一。

施工方面引起倒塌的另外一个重要原因是制造上的错误。原设计中铰接板应以1/10的斜坡减薄到18mm，再与竖杆的翼板对接焊，但制造时22～23mm厚的铰接板却以1/2.5～1/3的斜坡减薄到18mm，这种制造误差使得焊缝处产生了比原设计大40%的应力集中。

在采用因焊接不良而削弱的有效截面来验算竖杆的应力时，设计荷载DL18与DB18所产生的应力大大超过材料的允许值，虽然没有超过极限应力，但使桥梁始终处于危险状态，因此焊接不良被认为是倒塌的一个主要因素，且同时伴随杆件制造误差的影响时，出现焊缝处出现过大的应力集中，大大削减了杆件的疲劳寿命，在倒塌前只通过相当于2800万次的货车，而在完好的焊接条件下，桥梁的疲劳寿命估算为可供通过相当于3亿2650万次货车。

（3）管理方面

1）检查不足与缺乏系统的养护方法。

2）由于钢桥养护工程师缺乏技术知识，未能早期探测与防止铰接竖杆焊接处的疲劳裂缝与破坏。

3）对超载卡车的通过缺乏有效的交通控制。

4）没有评估交通超载对结构安全的影响。

总体来说，圣水大桥的倒塌，虽然在设计、施工和管理方面都有问题，但最直接最主要的原因，还是吊杆销轴连接处的不等厚焊接未熔透。圣水大桥在发生意外后不久进行修葺，重新制作了挂孔，加固了焊缝，于1997年8月15日重新开放。

13.5　设计、施工不规范造成的事故

【**例13-8**】重庆綦江彩虹桥设计不合理引起的垮塌事故

1. 事故概况

綦江县彩虹桥位于綦江县城古南镇綦河上，是一座连接新旧城区的跨河人行桥。该桥为中承式钢管混凝土提篮拱桥，桥长140m，主拱净跨120m，桥面总宽6m，净宽5.5m（见图13-50）。该桥在未向有关部门申请立项的情况下，于1994年11月5日开工，1996年2月竣工，施工中将原设计沉井基础改为扩大基础，基础均嵌入基石中。主拱钢管由重庆通用机械厂劳动服务部加工成8m长的标准节段，全拱钢管在标准节段没有任何质量保证资料且未经验收的情况下焊接拼装合拢。钢管拱成型后管内分段用混凝土填筑。桥面由吊杆、横梁及门架支承。1996年3月15日，该桥未经法定机构验收核定即投入使用，建设耗资418万元。

图 13-50 垮塌之前的重庆綦江彩虹桥

1999 年 1 月 4 日 18 时 50 分，30 余名群众正行走于彩虹桥上，另有 22 名驻綦武警战士进行训练，由西向东列队跑步至桥上约三分之二处时，整座大桥突然垮塌，桥上群众和武警战士全部坠入綦河中，经奋力抢救，14 人生还，包括 18 名武警战士和 22 名群众的 40 人遇难。

2. 事故分析

1）吊杆锁锚问题。主拱钢绞线锁锚方法错误，不能保证钢绞线有效锁定及均匀受力，锚头部位的钢绞线出现部分或全部滑出，使吊杆钢绞线锚固失效。

2）主拱钢管焊接问题。主拱钢管在工厂加工中，对接焊缝普遍存在裂纹、未焊透、未熔合、气孔、夹渣等严重缺陷，质量达不到施工及验收规范规定的二级焊缝验收标准。

3）钢管混凝土问题。主钢管内混凝土强度未达设计要求，局部有漏灌现象，在主拱肋板处甚至出现 1m 多长的空洞。吊杆的灌浆防护也存在严重质量问题。

4）设计问题。设计粗糙，随意更改。施工中对主拱钢结构的材质、焊接质量、接头位置及锁锚质量均无明确要求。在成桥增设花台等荷载后，主拱承载力不能满足相应规范要求。

5）桥梁管理不善。吊杆钢绞线锚固加速失效后，西桥头下端支座处的拱架钢管就产生了陈旧性破坏裂纹，主拱受力急剧恶化，已成一座危桥。

6）建设过程严重违反基本建设程序。未办理立项及计划审批手续，未办理规划、国土手续，未进行设计审查，未进行施工招投标，未办理建筑施工许可手续，未进行工程竣工验收。

7）设计、施工主体资格不合格。私人设计，非法出图；施工承包主体不合法；挂靠承包，严重违规。

8）管理混乱。綦江县个别领导行政干预过多，对工程建设的许多问题擅自决断，缺乏约束监督；业主与县建设行政主管部门职责混淆，责任不落实，工程发包混乱，管理严重失职；工程总承包关系混乱，总承包单位在履行职责上严重失职；施工管理混乱，设计变更随意，手续不全，技术管理薄弱，责任不落实，关键工序及重要部位的施工质量无人把关；材料及构配件进场管理失控，不按规定进行试验检测，加工单位加工的主拱钢管未经焊接质量检测合格就交付施工方使用；质监部门未严格审查项目建设条件就受理质监委托，且未认真履行职责，对项目未经验收就交付使用的错误做法未有效制止；工程档案管理混乱，无专人管理；未经验收，强行使用。

2000 年 12 月 18 日，一座崭新别致的 X 形钢筋混凝土拱桥正式开通。新彩虹桥长 160m、主跨 130m、宽 7. 5m，总造价 800 万元，工程质量完全达到设计要求（见图 13-51）。

图 13-51　重建后的重庆綦江彩虹桥

【例 13-9】凤凰堤溪沱江大桥设计不合理引起的坍塌事故

1. 事故概况

2007 年 8 月 13 日下午 14 点 40 分左右，湖南省凤凰县正在建设的堤溪沱江大桥发生特别重大坍塌事故，造成 64 人死亡，4 人重伤，18 人轻伤，直接经济损失 3974.7 万元。

堤溪沱江大桥工程是湖南省凤凰县至贵州省铜仁大兴机场凤大公路工程建设项目中一个重要的控制性工程。大桥全长 328.45m，桥面宽度 13m，设 3% 纵坡，桥型为 4 孔 65m 跨径等截面悬链线空腹式无铰拱桥。大桥桥墩高 33m，为连拱石拱桥。堤溪沱江大桥于 2004 年 3 月 12 日开工，计划工期 16 个月。事故发生时，大桥腹拱圈、侧墙的砌筑及拱上填料已基本完工，拆架工作接近尾声，计划于 2007 年 8 月底完成大桥建设所有工程，9 月 20 日竣工通车，为湘西自治州 50 周年庆典献礼，但 8 月 13 日就发生了坍塌事故（见图 13-52、图 13-53）。

图 13-52　施工中的凤凰堤溪沱江大桥

图 13-53　整体垮塌后的凤凰堤溪沱江大桥

2. 事故分析

该桥上部构造主拱圈为等截面悬链线空腹式无铰拱，腹拱采用等截面圆弧拱，基础则位于弱风化泥岩或白云岩上，混凝土、石块构筑成基础，全桥未设制动墩。这种石拱桥是一种传统桥型，但也是一种“风险桥型”。

事故的直接原因：

（1）材料质量问题

1）设计要求使用 MU60 块石（形状大致方正的拱石规格），实际施工时多采用 50 ~ 200kg，且未经加工的毛石，坍塌残留拱圈的断面呈现较多片石。

2）采用的普通硅酸盐水泥（等级 32.5）不合格，烧失量在 5.22% ~5.98% 之间，不能满足不大于 5% 的标准要求。

3）砂中泥含量较高，最大值达 16.8%，远远超过不大于 5% 的要求。碎石中泥含量为 2.6%，大于 2% 的标准。

4）桥墩和桥面所需的大块石料，规定标准厚度为 20cm，但实际只有 18cm，最薄处仅有 16cm。

（2）砌筑质量问题

1）拱圈砌体未完全按 C20 小石子混凝土砌筑 60 号块石的要求施工，部分砌体采用了水泥砂浆。主拱圈大部分砌筑小石子混凝土强度低于设计规范要求值，特别是在 0 号台拱脚处小石子混凝土平均强度不足 5MPa，与设计要求的 C20 小石子混凝土强度相差甚远；

2）砌缝宽度极不均匀，最大处超过 10cm（设计要求不大于 5cm）。部分砌筑不密实，未进行分层振捣。砌体存在空洞（大的空洞直径超过 15cm）。主拱圈施工不符合设计或规范要求的达 13 项，其中 0 号台拱脚处大约 4m 多宽范围内的砌体质量最差。

（3）勘察中的问题

1）大桥东侧第一个桥墩位置下方有一岩洞，但勘察报告并未标明。施工方仅对岩洞进行了简单填充，没有挖掘很深就开始砌筑基础。

2）多种综合地质勘察表明，堤溪沱江大桥桥墩、桥台未见位移发生。

总体来说，大桥主拱圈砌筑材料未满足规范和设计要求，拱桥上部构造施工工序不合理，主拱圈砌筑质量差，降低了拱圈砌体的整体性和强度，随着拱上荷载的不断增加，造成 1 号孔主拱圈靠近 0 号桥台一侧 3 ~4m 宽范围内，即 2 号腹拱下的拱脚区段砌体强度达到破坏极限而坍塌，受连拱效应影响，整个大桥迅速坍塌。

【**例 13-10**】株洲红旗路高架桥拆除施工引起的垮塌事故

1. 事故概况

株洲市红旗路高架桥是湖南省首座城市高架桥，为预应力钢筋混凝土空心板结构，总长度为 2750m，桥面总宽度为 16.7m。桥墩为 Y 形钢筋混凝土墩，全桥共计 121 个桥墩。桥面为预制的 50#混凝土的先张预应力混凝土空心板，桥墩为 25#混凝土的钢筋混凝土墩，设计寿命为 50 年，1995 年投入使用。由于红旗路拓宽改造工程（改为双向六车道）的需要，株洲市政府决定对现有的高架桥进行拆除。

红旗路高架桥拆除工程计划采用爆破拆除、机械拆除和人工拆除三种方式进行。2009 年 4 月 27 日，程某在不具备相应资质的情况下，以挂靠湖南南岭民爆工程公司的方式，通过招投标程序中得红旗高架桥爆破拆除工程项目；由南岭民爆委派公司副总经理付某作为拆除总技术负责人，负责对20—86号，89—108号桥墩实施拆除爆破，其余部分由程某组织进行机械拆除。整个高架桥的拆除由株洲市建设监理咨询有限责任公司负责全程监理，在施工监理过程中，没有对程某等人有无机械拆除高架桥资质和相关安全措施予以审查。

2009年5月4日，红旗路高架桥爆破拆除工程开始施工。截止2009年5月17日坍塌事故发生，已完成20～86号桥墩和90～108号桥墩的爆破炮眼钻孔施工；66号、67号桥墩进行了试爆，并引起65号桥墩垮塌；17～20号桥墩和87～89号桥墩间桥体机械拆除，引起20号桥墩倾斜、87号桥墩折断；北端引桥已机械拆除，南端引桥已部分机械拆除。

2009年5月17日下午1时30分，施工员程某到达施工现场，安排液压机械破碎机（炮机）司机开始进行机械拆除作业，在拆除桥面空心板过程中，有12块整体下落，当时110号墩一侧的板端先坠落到地面，109号墩一侧的板端紧靠桥墩面滑落，在板的另一端坠地产生巨大冲击后，109号墩一侧的板端由于板长的原因受墩影响无法坠地，在桥墩侧面（距离墩顶500～1000mm）撞击109号墩，产生的水平力导致109号墩中下部产生破坏，倒向108号墩方向。同样109—108号墩桥孔的空心板板端在108号桥墩侧面撞击108号墩，导致108号墩破坏，从而形成“多米诺骨牌”效应，一直垮塌到101号墩。垮塌的桥体，导致因通行不畅停在101—106号桥墩之间路段（地面）的24辆车被压或被砸，造成9人死亡和16人受伤的伤亡事故（见图13-54）。

图13-54 垮塌后的株洲红旗路高架桥

2. 事故分析

1）工程招标投标违反法律规定。“南岭工程”公司违法授权，业主单位对投标单位的资质材料、投标书审查不严。

2）监理单位监理工作不到位。总监理工程师没有审查施工单位的《爆破拆除施工方案》、施工单位及项目经理程某的相应资质，严重失职。监理工程师在工程关键部位或关键工序施工时，没有到现场进行监督，也存在严重失职行为。

3）拆除施工方案不缜密。拆除施工方案中，技术措施存在如下不足：

①没有考虑到20～86号桥墩和90～108号桥墩，因炮眼钻孔会引起承载能力减弱的因素。这是引起“多米诺骨牌”效应的原因之一。

②爆破拆除的桥段和机械拆除的桥段，在桥墩炮眼钻孔、试爆之前，没有采取断开的方案。如果事先断开桥体，在炮机实施机械拆除的时候，就不会发生“多米诺骨牌”效应。

③没有考虑到66号、67号桥墩进行试爆后，将会引起桥面开裂，使整个桥体稳固性能遭到破坏。

4）施工安全措施不完善。在高架桥拆除的过程中，没有实施道路交通管制，严格禁止任何车辆在红旗路通行。如果采取了这一关键的安全措施，这起较大人身伤亡事故是完全可以避免的。

5）安全监督管理工作不到位。专职安全员无证上岗，工作责任心不强；安全培训教育不到位，施工人员没有接受安全培训；在拆除工程开工之前，项目经理部没有对危险点、危险源进行预想，在安全措施方面，没有向施工人员进行交底。

6）地方安全监督管理部门执法不严，监督管理走过场。

13.6 自然灾害造成的事故

【例13-11】黑龙江铁力西大桥垮塌事故

1. 事故概况

黑龙江铁力西大桥位于伊春铁力市境内，始建于1973年，桥长187.7m，宽15m。1997年，随着哈尔滨伊春公路改建，对1973年的老桥（下行桥）进行了加固，并且在并排处新建设了同等宽度的一座新桥（上行桥），与老桥一起称为铁力西大桥。两幅桥分别通行两个方向的车辆。2009年6月29日2时40分许，1973年建成的老桥发生桥体垮塌事故（见图13-55）。

图13-55 黑龙江铁力市西大桥垮塌

2. 事故分析

直接原因：洪水冲击。

铁力市西大桥位于呼兰河上游，河流季节性变化明显，细砂质河床，冲淤变化大，河床不稳定。该桥塌垮之前主河道位于3号孔、4号孔，而5号孔河床较高，没有过水。由于主河道改变，形成了水流方向与3号墩横桥轴线斜交的水流，造成了3号墩基础冲刷严重。

进入6月份以来，该地区持续降雨，桥位上游河段水流测点流速最高达2.29m/s，致使3号墩基底冲刷骤然加剧，基底局部脱空，承载力不足，基础发生了不均匀沉降和位移，连带第1号、2号墩发生不同程度位移，各孔上部结构承载能力不足。

当第一台车由庆安方向行驶至1号孔桥面时，在车辆荷载作用下，3号墩基础进一步下沉、位移，其他各墩基础位移加大，导致结构破坏。1号孔上部结构首先塌落，2号、3号、4号墩在不平衡推力的作用下位移加大，上部结构相继垮塌。

依据专家意见，调查组围绕设计、施工、外力作用、自然环境影响等关键因素，对桥梁垮塌的原因进行了综合分析。经结构验算和主要受力结构的现场取样试验，结果均满足设计规范要求。事故调查组认定导致桥梁垮塌的直接原因是3号墩基底局部被水冲刷脱空，导致承载力不足，基础沉降和位移。车辆对桥的作用仅是诱因。

3. 重建及加固

重建后的下行桥全长177.62m，下部结构为钻孔灌注桩基础，桥墩采用实体式墩身，桥台采用钢筋混凝土框架式桥台；上部结构跨径组合为5×32.3m预应力混凝土简支转连续箱梁。上行桥桥梁全长182.35m，结构为5孔31.7m双悬臂T形刚构带挂梁。上部结构为4肋式T形刚构钢筋混凝土桥，T形刚构长12.35m，挂梁长20.05m，下部结构为实体式桥墩、框架式桥台，基础为钻孔桩基础。

【例13-12】宝成线广汉段石亭江大桥垮塌事故

1. 事故概况

石亭江大桥是一座建于20世纪50年代的桥梁，由于建造的桥梁标准低，年久失修且未加固，不能满足现代经济快速发展大流量、重荷载等要求，如果遇到特大洪水冲击，容易造成桥墩被冲毁、桥梁垮塌的事故（见图13-56）。

2010年8月19日下午3时许，宝成铁路广汉段石亭江铁路大桥（广汉小汉境内）被洪水冲断，一辆从西安开往昆明的K165次火车第14、15节车厢掉进石亭江。火车总共是18节车厢，事故发生时有7节车厢在桥上，两节在江中，其他在路上。当时火车在行进过程中，但司机明显感到车厢在向下沉，然后火车就脱轨了。司机强制刹车，通过和地面的联系，桥上的旅客马上转移，没有造成人员伤亡（见图13-57）。

图13-56 垮塌前的石亭江大桥

图13-57 多孔梁坠入江中

2. 事故分析

（1）桥梁地基浅　冲垮的这座桥梁是建于20世纪50年代的箱梁铁路桥，由于受当时施工条件、设计条件的限制，桥墩是砌筑而成，地基浅，是一座浅基桥，桥墩直接落在河床上，基本无地基可言。这种桥梁基础易被洪水冲刷，遇到持续强降雨引发洪水冲刷基础，又不能及时发现基础的情况，基础被掏空到一定程度后，桥墩就会发生旋转、位移、倾斜破坏，这时如果受到巨大外力影响，就会引起桥梁上部结构垮塌。

（2）桥梁基础结构差　限于当时的条件，桥墩是采用当地材料砌筑而成的重力式桥墩。这类桥墩的主要特点是靠自身重力（包括桥跨结构重力）来平衡外力（偏心力矩）和保证桥墩的稳定（抗倾覆稳定和抗滑稳定）。因此，砌体结构体积较大，阻水面积大并对地基承载力的要求高。由于河流洪水涨水迅猛，不仅使水量增加，还夹杂着大量的泥石流，泥石流占据了河道，致使桥梁上游壅水很高，抬高了河床，使得行洪的过水断面减小，导致水流流速加大，加剧了洪水对桥墩的冲刷。

（3）长期超负荷运营　长期超负荷运营以及机车对桥梁的振动，必定会对桥梁造成损伤，留下隐患。如果平时只在桥面上巡检，就无法了解桥梁下部结构的状况。在受到巨大洪水的外力作用时，会进一步造成结构损坏。另外，加上一些质量大的树枝、树干等漂浮物直接撞击桥墩所产生的较大水平推力，也会造成结构损坏。

（4）地震的影响　“5·12”汶川大地震进一步削弱了桥梁的整体性能，也留下了事故隐患。如果没有及时全面地对桥梁进行有效诊断检测，未进行可靠的加固以消除安全隐患，在受到巨大外力作用时，必然造成结构损坏。

3. 事故处理及重建

经负责重建的中铁二院慎重研究，确定的方案是在原址重建一座铁路大桥。因为下行路是老线，比上行线高度要低，所以新建的石亭江铁路大桥需要抬升1.5m，与上行线高度一致，提高与洪水面的距离，从而扩大行洪空间。同时，重建大桥的桥墩将和上行线桥墩对齐，减弱江水的冲击。由于新建石亭江铁路大桥桥梁高度变高，导致线路轨面标高调整。受此影响，石亭江铁路大桥下游的石亭江支流中桥也将在原桥址重建，高度与新桥一致，桥面将抬升0.95m。

石亭江大桥新桥总长265.85m，共有8跨，能抵御百年一遇洪水。此外，宝成二线（上行线）石亭江大桥桥墩出现了冲刷，为确保安全，对出现冲刷的2~6号桥墩进行抛填片石防护，并进行压浆处理。

13.7 船舶撞击造成的事故

【例13-13】 广东九江大桥船撞桥断事故

1. 事故概况

广东九江大桥是一座横跨中国西江的桥梁，位于广东省佛山市南海区九江镇与江门市鹤山市杰洲之间，全长1682m。大桥属325国道广湛公路一部分，是亚太区第一座大跨径2×160m独塔双索面预应力混凝土斜拉桥，于1985年9月开工，1988年6月正式建成通车（见图13-58）。

图13-58 倒塌之前的九江大桥

2007年6月15日凌晨5时10分，一艘佛山籍运砂船偏离主航道航行撞击九江大桥，导致桥面坍塌约200m，9人死亡（见图13-59）。

图13-59 被船撞击后倒塌的广东九江大桥

2. 事故分析

（1）直接原因 船只撞击桥墩。九江大桥船撞桥梁事故技术鉴定组给出的事故原因分析为：九江大桥2孔160m通航孔桥墩按横桥向船舶撞击力1200t进行防撞设计；考虑到有小型船只及漂流物撞击的可能，南、北侧非通航孔桥墩按横桥向船舶撞击力40t进行防撞设计。但肇事船“南桂机035号”偏离航道，误入非通航孔，直接撞击到23号桥墩，该船产生的横桥向撞击力远大于设计横桥向撞击力40t及非通航孔桥墩横桥向防撞能力，导致4孔非通航孔桥坍塌的事故，同时也致使未坍塌的相邻孔出现严重损伤。

（2）间接原因 西江水域的大范围采砂作业，导致河道变深，水下桥基受到严重冲击，导致抗撞击力严重下降。1985年前后，九江大桥位置水深20多米，但事发前不久的监测显示，桥下水深已达35~50m，这使得基础埋深变浅，抗倾覆性能下降。另外，周边的工程建筑对九江大桥的影响也不容忽视。在九江大桥附近，两条佛开高速公路桥并排而立，相距不足30m。而在佛开高速公路桥与九江大桥之间的空隙，又建了一座新桥，密集的桥梁群使桥梁基础的稳定性能受到了不良的影响。

3. 事故处理及重建

在事故发生以后，广东省交通厅展开了修复工作，修复后的九江大桥在功能上和规模上与原桥相同，但是在桥梁的结构和桥面的使用材质上有所变化。修复工作分为三个步骤：沉船打捞、断桥拆除、断桥修复。修复工程主要由两部分组成：受损梁体拆除及南主桥重建。

重新修复的九江大桥在坍塌部分新建了（100+100）m斜拉桥，加80m连续箱梁与原桥相连接，取消了原有的23号墩、25号墩，将24号墩作为新建斜拉桥主墩，大桥主桥外形由原来的独塔斜拉桥变为子母双塔斜拉桥，景观协调。新建斜拉桥为钢箱梁加混凝土桥面的叠合梁，80m连续箱梁为预应力混凝土结构，新建连续箱梁与旧箱梁之间的接合处，增加了体外预应力。新桥桩基础采用“嵌岩桩”，每个桥墩能深入水下50m，可入岩石4m多。

修复后的九江大桥24号墩作为新建斜拉桥主墩，虽然位于非通航孔，但由于结构体系的改变使其防撞能力得到了较大提高，在22号至24号墩之间的通航净宽达100m，比原来净宽扩宽了近40m。按照2004年出台的《公路桥涵设计通航规范》，九江大桥所处航道通航孔桥墩的设计防撞能力，横桥向为1960t，顺桥向980t。另外，修复的九江大桥南主桥由于采用了新的设计规范标准，在结构的耐久性以及安全储备方面都有所提高，正常使用寿命可达100年。

修复后的九江大桥为双向三车道，上坡2车道，下坡1车道。修复后的大桥新增两处自动伸缩装备，每处均由3根15m长的钢梁组成，钢梁之间由厚胶连接。各处厚胶的最大伸缩度加起来可达32cm，大大提高了桥面的伸缩防裂能力（见图13-60）。

图13-60 重建后的广东九江大桥

13.8 超载造成的事故

【例13-14】黑龙江哈尔滨阳明滩大桥超载倾覆事故

1. 事故概况

阳明滩大桥，位于黑龙江省哈尔滨市松花江上，是目前我国长江以北地区桥梁长度最长的超大型跨江桥，2011年11月6日通车。全长15.42km，桥宽41.5m，双向8车道，设计时速80km，最大可满足高峰期每小时9800辆机动车通行。

2012年8月24日5时30分左右，距阳明滩大桥3.5km的三环路群力高架桥洪湖路上桥分离式匝道侧翻，致使4辆大货车坠桥（见图13-61）。

图13-61 匝道整体坠落至地面

2. 事故分析

（1）直接原因 事故调查认为造成塌桥的直接原因是超载。事发时，停在塌桥中段的3辆大挂车，每辆保守估计120~150t之间，另外，还有一辆距离较远的，损坏程度较轻，约为30t。事发时3辆大车都靠桥外侧停靠，从现场看，3辆车停靠得比较近，合计将近500t重量都压在单侧。而在设计上，该段桥梁的载重能力为单向50t，也就是说，单个车道一次通过一辆载重50t的货车。3车停靠，出现将近500t重量，相当于超出桥梁承载能力七八倍，对桥体造成偏载，使得桥整体倾覆下去。

（2）间接原因 除超载外，大桥的设计也存在问题，独柱墩的设计结构导致桥梁平衡性差，因此事发时4辆车的重量压在一侧，桥梁失去平衡而垮塌。

思考题

1. 试述桥梁墩台的裂缝种类和成因。
2. 引起桥梁墩台倾斜、滑移的原因有哪些？
3. 桥台倾斜的防治措施有哪些？
4. 预应力混凝土箱梁腹板斜裂缝产生的原因有哪些？
5. 预应力混凝土箱梁纵向裂缝产生的原因有哪些？
6. 预应力混凝土箱梁出现跨中下挠的原因有哪些？
7. 板拱、肋拱及箱型拱的主要质量缺陷有哪些？是如何引起的？
8. 钢架拱桥常见的病害有哪些？
9. 桁架拱桥常见的病害有哪些？
10. 试述砌体结构桥常见的病害及产生原因。

第五篇

灾害事故分析与处理

第14章 火灾事故

火的利用是人类文明过程中的重大标志之一，使人类从此脱离了茹毛饮血的野蛮时代，进入了文明世界。火具有两重性，在造福于人类的同时，也给人类的生活、生产乃至生命安全构成很大威胁。当人们对火失去控制时，火就成为一种在时间和空间上失去控制的、破坏力很大的火灾。火灾是多种灾害中发生最频繁、影响面最广的。

14.1 概述

近几十年来，国内外特大恶性建筑火灾屡有发生。1971年12月25日，韩国22层的汉城大然阁饭店起火，死163人，伤64人，高楼全部报废；1972年5月13日，日本大阪市千日百货大楼，由于电气施工人员边工作边吸烟，引发大火，死亡117人，伤82人，是日本20世纪以来受灾最大的一起大楼火灾；1980年，美国米高梅饭店大火，死亡85人；2001年9月11日，恐怖分子劫持飞机撞击美国纽约世贸中心大楼，爆炸起火，大火最终导致大楼坍塌，事故造成至少453人死亡，5422人失踪。在我国，1994年新疆克拉玛依友谊馆发生特大火灾，死亡325人；1994年阜新市歌舞厅发生特大火灾，死亡233人；1996年11月21日，香港一座16层高的购物大楼发生大火，造成40人死亡，81人受伤，这是香港有史以来最严重的一次火灾。

火灾在造成人员伤亡的同时，还会造成巨大的经济损失。据统计，全球发达国家每年的火灾损失额多达几亿甚至十几亿美元，占国民经济总产值的0.2～1.0%。美国1976年至1980年间，每年平均发生火灾307.4万起，火灾死亡人数8730人，直接经济损失折合人民币达83.5亿元。日本1980年发生火灾6万起，经济损失达1460亿日元。英国、加拿大、澳大利亚等国家的情况同样严重。我国火灾直接经济损失逐年递增，20世纪80年代，平均每年火灾直接经济损失3亿元，90年代平均每年因火灾损失11亿元，本世纪以来则平均每年损失14亿元。火灾产生直接经济损失的同时，还会产生十倍以上的间接经济损失。

我国近年来火灾发生率的变化趋势如图14-1所示。自改革开放以来，随着经济建设的

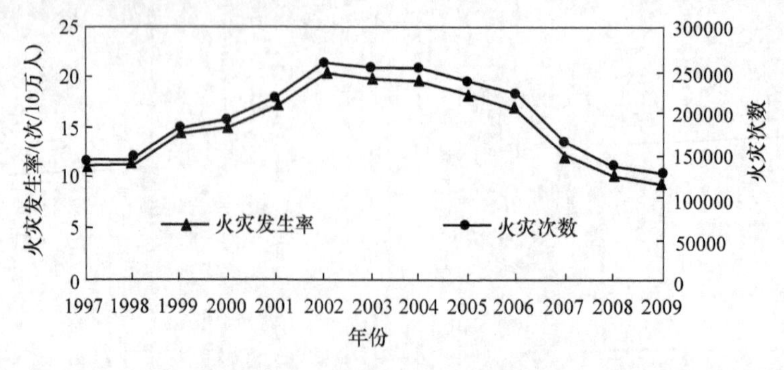

图14-1 1997—2009年中国火灾次数与火灾发生率

发展，城镇数量和规模的扩大，人民物质文化水平的提高，在生产和生活中用火、用电、用易燃物和可燃物，以及采用具有火灾危险性的设备、工艺逐渐增多，因而发生火灾的危险性也相应地增多，火灾发生的次数以及造成的财产损失、人员伤亡呈现上升的趋势。在2002年中国火灾次数处于最高水平，发生火灾20多万起。之后，火灾次数逐年降低，但每年仍有13万起以上火灾发生。表14-1列出了近年来部分特大火灾，这些火灾造成了严重的人员和财产损失，为社会各界所高度关注，甚至对社会稳定造成了影响。

表14-1 2000年以后一次死亡30人以上的火灾

序号	发生时间	起火单位名称或地址	死亡人数/人	受伤人数/人	直接损失/万元	火灾场所	火灾原因
1	2000年3月29日	河南省焦作市天堂音像俱乐部	74	2	20	录像厅	电气
2	2000年4月22日	山东省青州市某肉鸡加工车间	38	20	95.2	车间	电气
3	2000年12月25日	河南省洛阳市东都商厦	309	7	257.3	歌舞厅	电焊
4	2003年2月2日	黑龙江省哈尔滨市天潭大酒店	33	10	15.8	商住楼	违反操作规程
5	2004年2月15日	吉林省吉林市中百商厦	54	70	426.4	商场	吸烟
6	2004年2月15日	浙江海宁市黄湾镇五丰村	40	3	0.1	农村	用火不慎
7	2005年6月10日	广东省汕头市华南宾馆	31	28	81	娱乐场所	电气
8	2005年12月15日	吉林省辽源市中心医院	37	46	821.9	医院	电气
9	2007年10月21日	福建省莆田市秀屿区笏石镇飞达鞋面加工厂	37	19	30.1	“三合一”场所	放火
10	2008年9月20日	广东省深圳市龙岗区舞王俱乐部	44	64	27.1	歌舞厅	室内发射烟花弹
11	2010年11月15日	上海市静安区胶州路高层公寓大楼	58	71	待定	高层住宅楼	违章电焊

14.1.1 火灾事故的分类

火灾分为建筑火灾、石油化工火灾、交通工具火灾、矿山火灾、森林草原火灾等。其中，建筑火灾发生的次数最多，损失最大，约占全部火灾的80%。建筑火灾主要是指建筑物或建筑构件燃烧以至结构破坏倒塌，造成人员伤亡及财产损失的灾害。建筑物的主要支撑体系是建筑构件，火灾发生后，必须在一定时间内保持足够的支撑承载能力，这样才有助于受困人员安全撤离火灾现场，消防救援人员及时进行灭火，开展救护受困伤亡人员等活动。多数建筑火灾发生在建筑物的局部或多高层建筑中的一至两层内，受火灾破坏的建筑物能否继续使用，是否可以通过修复加固措施恢复建筑物的使用功能，就必须科学地判断建筑物结构的受损程度，确定其残余承载力，合理地修复加固，达到减少经济损失的目的。

14.1.2 火灾事故原因分析

建筑起火的原因可以分为人为原因、自然原因和爆炸原因。

1. 人为原因

主要包括电气事故、违反操作规程、火灾隐患排除不利、生活和生产用火不慎、纵火等。

1）电气设备引起火灾的原因，如电气设备超负荷运行、电气线路接头接触不良、电气线路短路，照明灯具设置使用不当，在易燃易爆车间内使用非防爆型的电动机、灯具、开关等。

2）违反操作规程引起火灾的情况很多。如将性质相抵触的物品混存在一起，引起燃烧爆炸；在焊接和切割时，迸出火星和熔渣，焊接切割部位温度很高，如果没有采取防火措施，则很容易酿成火灾；在机器运转过程中，不按时加油润滑，或没有清除附在机器轴承上的杂质、废物，使机器这些部位摩擦发热，引起附着物燃烧起火；化工生产设备失修，发生可燃气体、可燃液体跑、冒、滴、漏现象，遇到明火燃烧或爆炸。

3）火灾隐患意识不强、排除不利导致火灾甚至爆炸的发生。如燃气管道设备老化、腐蚀严重，长时间未进行检测维修，导致燃气泄漏引发爆炸火灾；瓶装燃气灌装超量、瓶体受热膨胀、瓶体受腐蚀或撞击，导致瓶体破损漏气引起火灾爆炸事故。

4）生活和生产用火不慎引起的火灾原因，有吸烟不慎、炊事不慎、取暖用火不慎、燃放烟花爆竹、宗教活动用火等。

5）纵火，分刑事犯罪纵火及精神病人纵火。

2. 自然原因

主要包括雷电、静电、地震、自燃等引起的火灾。

1）雷电引起的火灾原因大体上有三种：一是雷直接击在建筑物上发生的热效应、机械效应作用等；二是雷电产生的静电感应作用和电磁感应作用；三是高电位沿着电气线路或金属管道系统侵入建筑物内部。在雷击较多的地区，建筑物上如果没有设置可靠的防雷保护设施或其失效，便有可能发生雷击起火。

2）静电引起的火灾，通常是由静电放电引起。如易燃、可燃液体在塑料管中流动，由于摩擦产生静电，引起爆炸；抽送易燃液体流速过大，无导除静电设施或者导除静电设施不良，产生火花引起爆炸。

3）发生地震时，人们急于疏散，往往来不及切断电源、熄灭炉火以及处理好易燃、易爆生产装置和危险物品，因而伴随着地震会有各种次生火灾发生。

4）自燃是指在没有明火的情况下，物质受空气氧化或受外界温度的影响，经过较长时间的发热或蓄热，逐渐达到自燃点而发生的现象。如堆在仓库的油布、油纸，因通风差，以至积热不散发生自燃。

3. 爆炸原因

主要包括燃气爆炸、化学爆炸、核爆炸等引起的火灾。几乎所有的爆炸都伴随着火焰的产生与传播，许多火灾往往直接起源于爆炸。爆炸时由于建筑物内留存的大量余热，会把从破坏设备内部不断流出的可燃气体或可燃蒸气点燃，使建筑物内的可燃物全部起火，加重爆炸的破坏。

14.2 火灾对建筑的影响

14.2.1 建筑材料与建筑构件的耐火性能

不同的建筑材料有着不同的耐火性能，表 14-2 给出的几种主要建筑材料的耐火性能，是在试验室理想化条件下观测的。建设部门宏观上将建筑材料按其燃烧性能粗分为四类，列于表14-3。

表14-2 几种主要建筑材料的耐火性能

种类		耐火温度及表征	备注
岩石		600~900℃热裂	—
黏土砖		800~900℃遇水剥落	—
钢材		300~400℃强度开始迅速下降，600℃丧失承载力	—
混凝土	花岗岩骨料	550℃热裂	增大保护层可延长耐火时间
	石灰石骨料	700℃热裂	
钢筋混凝土		300~400℃钢筋与混凝土黏着力破坏	—
硅酸盐砖		300~400℃热裂，释放CO_2	—
木材		100℃释放可燃气，240~270℃一点即着，400℃自燃	—
玻璃		700~800℃软化，900~950℃溶解	玻璃受窗框限制常常250℃即热裂

表14-3 建筑材料燃烧性能分类表

类别	名称	简单描述
A	不燃性材料	火烧或高温下不起火、不燃、不微燃，如石材、混凝土、金属
B1	难燃性材料	火烧或高温作用下，难起火、难燃、难微燃、难引燃，火源移走燃烧可立即停止，如水泥、木屑板及许多无机复合材料
B2	可燃性材料	火烧或高温下燃烧，火苗移走大都可继续燃烧，如三合板、杉木板等有机材料
B3	易燃性材料	凡比B2类更易燃烧的材料均列入此列，如聚苯乙烯泡沫板、厚度≤1.3mm模板等

对于建筑构件一般分为三类：第一类是非燃烧构件；第二类是难燃烧构件；第三类是燃烧构件。所谓非燃烧构件，指用在空气中受到火烧或高温作用时不起火、不微燃的材料做成的构件，如钢筋混凝土、加气混凝土等构件。所谓难燃烧构件，指用在空气中受到火烧或高温作用难起火的材料做成的构件，如经过防火处理的木材、刨花板等。所谓燃烧构件，指用在空气中受到火或高温作用时，立即能起火或微燃，并且离开火源后仍能继续燃烧或微燃的材料做成的构件，如木构件等。

建筑构件起火或受热失去稳定而导致破坏，能使建筑物倒塌，造成人身伤亡。为了安全疏散人员，抢救物资和扑灭火灾，要求建筑物具有一定的耐火能力。建筑物的耐火能力又取决于建筑构件耐火性能的好坏。

14.2.2 混凝土在高温下的物理力学性能

为了量测的需要，大多数建筑材料的燃烧性能是在试验室条件下用电高温加热而不是用明火燃烧来实现的，判定的序列标准是温度而不是火苗传播、形状等参数。这样做的目的不仅是为了便于量测和控制，更主要的温度是燃烧的主要参数，对建筑材料尤其如此。

混凝土是以水泥胶凝材料和粗、细集料适当配合，加水后经一定时间硬化而成的非匀质材料，为固、液、气三相结合结构。这些材料本身的热工和力学性能，在高温下会发生明显的变化，从而影响混凝土的抗火性能。

1. 混凝土的热工性能

混凝土的热工性能主要表现为热导率、热膨胀系数、热容及密度四个参数。

1）热导率　混凝土的热导率是指单位温度梯度下，通过单位面积等温面的热流速度，单位为W/（m·K）。它主要受集料种类、含水量、混凝土配合比等因素的影响。许多学者对这些因素进行了试验研究，得到了比较一致的结论。随着温度的提高，混凝土的热导率近似线性减小。不同类型集料的混凝土，其热导率可相差一倍以上。当温度小于100℃时，混凝土的热导率主要受材料含水量的影响，而后随着温度的提高，自由水分不断蒸发，其影响越来越小。所以，在事故高温下和承受较高温度辐射的钢筋混凝土结构中，混凝土的热导率一般不考虑水分的影响。此外，当混凝土加热至预定温度后降温时，热导率不仅没有恢复（增大），反而继续减小。

2）热膨胀系数　热膨胀系数是指温度升高1℃时物体单位长度的伸长量，单位为1/℃。它和热导率是影响混凝土力学性能的主要因素。自由试件在升温时产生热膨胀的主要原因是：当温度低于300℃时，混凝土的固相物质和空隙间气体受热膨胀；当温度高于400℃后，水泥水化生成的氢氧化钙脱水，未水化的水泥颗粒和粗细集料中的石英成分形成晶体而产生巨大膨胀。

3）热容　热容是指温度升高1K时单位质量的物体所需要的热量，单位为J/（kg·K）。虽然混凝土的热容受其集料种类、配合比和水分的影响，但这些影响都不大。

4）密度　密度是指单位体积的物体质量，单位为kg/m^3。由于加温过程中水分的蒸发，混凝土的密度在受热过程中有所降低。轻集料混凝土密度的减少比一般混凝土的大些，但总的来说还是很小。

2. 混凝土过火后表面特征

过火后的混凝土建筑根据其表面特征可以大致判断它的过火温度，对于确定修复方案有着重要的实用价值。用普通水泥（P）、矿渣水泥（K）、火山灰水泥（H）制成标准混凝土试块，模拟实际火灾升温曲线对试块进行灼烧试验，试验结果见表14-4。试验表明：三种水泥制成的混凝土试块受热后颜色都会发生改变。三种水泥颜色变化规律与加热时间的关系大体是相同的，都是随着加热时间的增长、温度的升高，颜色由红—粉红—灰—浅黄这条规律变化。

表14-4　混凝土外观变化与温度的关系

加热时间/min	最高温度/℃	普通水泥（P）		矿渣水泥（K）		火山灰水泥（H）	
		颜色	外形变化	颜色	外形变化	颜色	外形变化
不加热	15	浅灰	无	深灰	无	浅粉红	无
10	658	微红	无	红	无	红	无
20	761	粉红	无	粉	无	粉红	无
30	822	灰红	无	深灰白	无	橙	无
40~60	925	灰白黄	表面有裂纹，放置不粉化，角有脱落	灰白	与普通水泥相同	灰红白	与普通水泥相同
70~80	968	浅黄白	裂纹加大，放置时角脱落	浅黄	与普通水泥相同	浅黄	与普通水泥相同
90以上	≥1000	浅黄	粉化，各面脱落	浅黄	与普通水泥相同	浅黄	与普通水泥相同

试验还表明，混凝土在不受外力作用下，当加热时间不足50min（温度低于898℃）时，试块外形基本完好，只有四角稍有脱落；当加热时间持续到60min（温度925℃）时，边角开始粉化脱落；70min（温度948℃），混凝土各面开始粉化；80min（温度968℃），表面的粉化深度5~8mm；90min（温度986℃），表面粉化深度8~10mm；100min（温度1002℃），表面粉化深度10~12mm；120min（温度1029℃），表面粉化深度12~15mm。从混凝土表面裂纹大小也可以看到被烧温度的变化。

3. 混凝土在高温下的抗压强度

对高温下混凝土立方体的抗压强度，国内外已进行过大量的试验研究。影响高温下混凝土抗压强度的因素较多，比较一致的结论有：

1）当温度在350℃以下，混凝土的抗压强度与常温时抗压强度值差别不大，破坏形态与常温下的试件也没有太大的差别；当温度大于350℃以后，抗压强度明显下降，破坏形态也明显变化，上、下两端的裂缝和边角缺损现象开始出现，并随温度的提高而渐趋严重；当温度达到900℃时，混凝土的抗压强度几乎不到常温下的10%。

2）混凝土的强度越高，其抗压强度的损失幅度越大。

3）升降温后的残余抗压强度比高温时的还要低，原因是冷却过程中试件内部的裂缝又有发展。

4）随着水胶比的增大，混凝土的高温抗压强度将降低。

5）高温持续下的混凝土抗压强度的下降大部分在第二天内就出现，温度越高，下降幅度越大，第七天后抗压强度趋向稳定。

6）混凝土龄期对高温下抗压强度影响较小。

7）试验温度较低（≤600℃）时，加热慢的试件比加热快的试件的强度低，但超过600℃以后，升温速率对强度没有影响。

混凝土的抗压强度随温度的升高而逐渐降低。图14-2、图14-3给出了高温下混凝土抗压强度与温度之间的回归关系式。

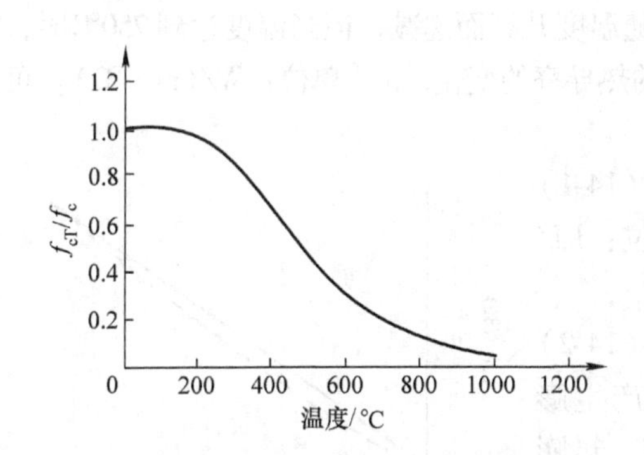

图14-2　混凝土棱柱体强度与温度的关系

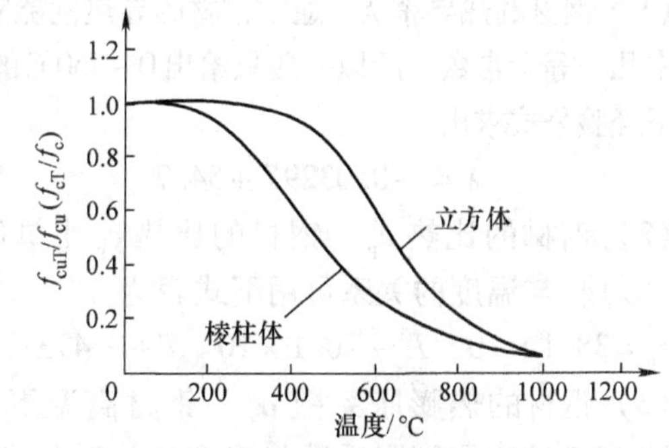

图14-3　高温下混凝土立方体强度和棱柱强度与温度的关系比较

4. 混凝土在高温下的抗拉强度

高温下混凝土抗拉强度的试验一般都采用立方体和圆柱体试件的劈裂试验方法。结论是混凝土的抗拉强度随温度的升高而单调下降，但试验结果离散较大。

高温下混凝土的抗拉强度随温度的提高而线性下降，试验结果表明，在100~300℃范围内混凝土的抗拉强度下降缓慢，超过400℃后则剧烈下降；此外，由于升温过程中水分的蒸发、内部微裂缝的形成，高温下混凝土的抗拉强度比抗压强度损失要大。

5. 混凝土在高温下的弹性模量

混凝土的弹性模量，包括初始弹性模量和峰值变形模量，都随试验温度的升高而降低，与下列因素有密切关系。

1）集料种类对混凝土弹性模量的影响较大，膨胀黏土集料的弹性模量最小，其余依次为石英石、石灰石和硅化物集料。

2）混凝土的水灰比越高，弹性模量降低越多。

3）湿养护的混凝土比空气中养护的混凝土弹性模量损失多。

4）高强混凝土的弹性模量比低强混凝土受温度的影响小。

由于高温下混凝土内部损伤在降温时不可恢复，因此，降温过程中，弹性模量基本不变，呈一水平直线状态。图14-4给出了高温下混凝土弹性模量的变化，其中E_c和E_{cT}分别表示常温下和高温下混凝土的初始弹性模量。

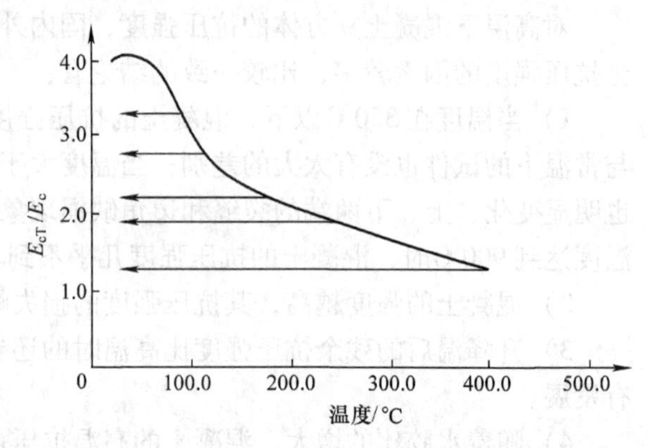

图14-4　高温下混凝土弹性模量的变化

14.2.3　钢材在高温下的物理力学性能

1. 钢材的热工性能

对于钢筋混凝土构件来说，高温下钢材的热延伸可以高于、等于或低于包裹它的混凝土的膨胀值，导致构件不同的破坏方式，因此了解高温下钢材的热工及力学性能是很重要的。

（1）钢材的热导率λ　通常钢材的导热性能随温度升高而递减，但当温度达到750℃时，其热导率几乎等于常数，所以一般只给出0~750℃的热导率的变化，λ［单位：W/(m·℃)］可采用以下经验公式求出

$$\lambda=-0.0329T+54.7 \qquad (14\text{-}1)$$

（2）钢材的比热c_p　钢材的比热c_p［单位：kJ/(kg·℃)］与温度的关系可用下式表达

$$c_p=38.1\times10^{-8}T^2+20.1\times10^{-5}T+0.473 \qquad (14\text{-}2)$$

（3）钢材的热膨胀系数α_s　钢材高温下产生膨胀，图14-5给出了膨胀系数与温度的关系曲线。热膨胀系数可表达为

$$\alpha_s=\frac{\Delta l}{l}=0.4\times10^{-8}T^2+1.2\times10^{-5}T-3.1^{-4} \qquad (14\text{-}3)$$

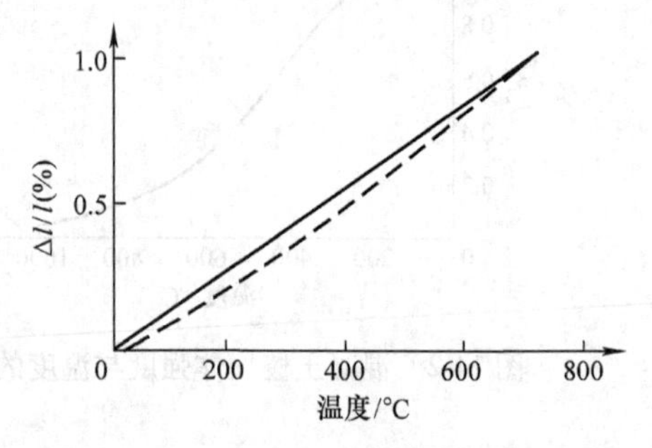

图14-5　膨胀系数与温度的关系曲线

2. 钢材高温下的弹性模量

钢筋的弹性模量随温度的升高而不断降低，图14-6给出了弹性模量随温度的变化曲线。在20~1000℃范围内可用两个方程来表述，600℃是这两个方程的分界线：

当温度在 20～600℃范围时 $$\frac{E_T}{E}=1.0+\frac{T}{2000\ln\left(\frac{T}{1100}\right)} \quad (14\text{-}4)$$

当温度在 600～1000℃范围时 $$\frac{E_T}{E}=\frac{600-0.69T}{T-53.5} \quad (14\text{-}5)$$

3. 钢材在高温下本构关系及抗拉强度

对于普通热轧钢筋，当温度小于300℃时，其屈服强度降低不到10%；而当温度升高到600℃时，其屈服强度只剩下常温时的50%左右，屈服台阶也随温度的升高逐渐消失。对于冷拔钢丝或钢绞线，当受火温度达到200℃时，其极限强度的降低就更明显；在温度达到450℃时，极限强度只有常温时的40%左右。对于高强合金钢筋，在200～300℃之间时强度反而有所上升，随后同冷拔钢筋成同一趋势下降（见图14-7）。

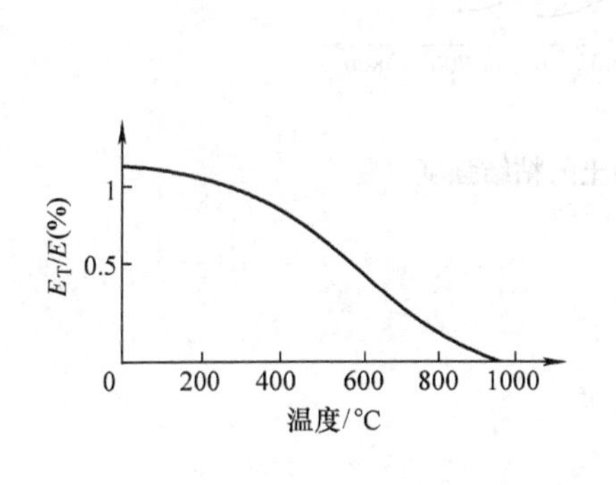

图 14-6 弹性模量与温度关系曲线

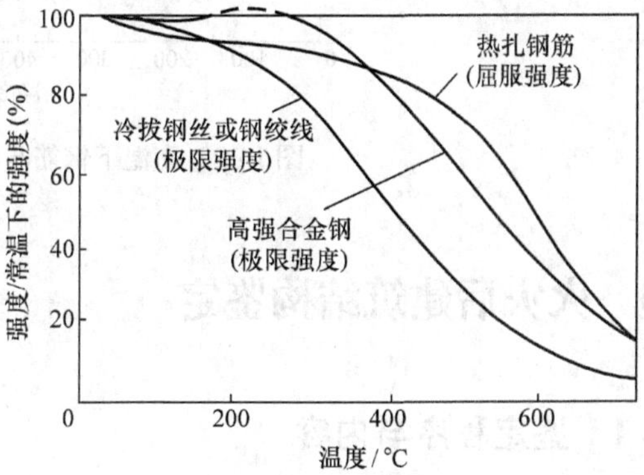

图 14-7 高温下的钢筋强度

4. 高强钢筋的高温性能

用于预应力的钢材大都是高强钢筋，这种钢材往往无明显的屈服台阶，高温下的性能与一般钢材不同，图14-8给出了这种钢材随温度升高强度下降的趋势，图中纵坐标代表高温下的强度与常温下强度之比。由图中可看出，高强钢筋较具有明显屈服台阶的软钢对高温更为敏感，温度超过175℃之后，强度急剧下降；温度达到500℃时则降至常温强度的30%；温度达到750℃则完全丧失工作能力，无任何强度可言。一般来说，预应力构件耐火性能要低于普通混凝土构件，其原因除上述钢筋对温度比较敏感以外，还因为在高温下预应力极易损失，使构件难以正常工作。如对于强度为600MPa的低碳冷拔钢丝，当温度升高至300℃时，其预应力几乎全部丧失。

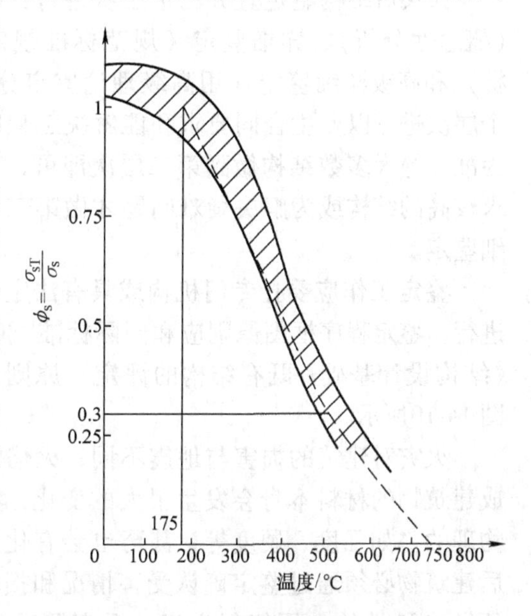

图 14-8 高强钢筋高温特性

5. 高温下钢筋与混凝土的粘结强度

钢筋与混凝土的粘结强度反映钢筋与混凝土

在界面的相互作用的能力，通过这种作用来传递两者的应力和协调变形。它的大小对构件的裂缝、变形和承载能力有直接的影响。高温下混凝土与钢筋粘结强度的研究还不多，图 14-9 给出了一种有代表性的研究结果。高温下混凝土与钢筋粘结强度的损失与钢筋品种、表面形状和锈蚀程度有关，光面钢筋在高温下的粘结强度损失最大。和混凝土的抗压强度相比，粘结强度的损失要大得多。

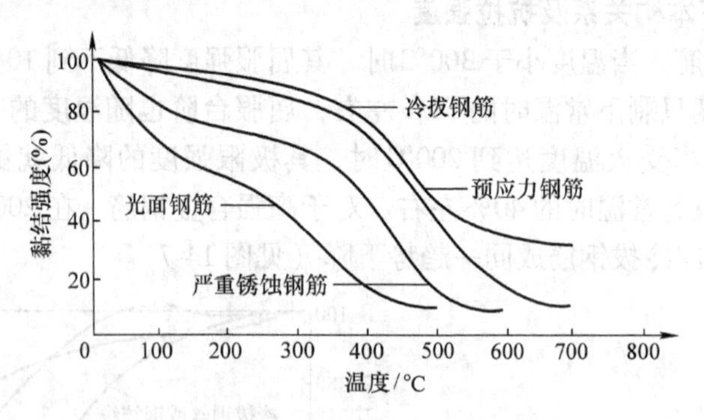

图 14-9 高温下钢筋与混凝土的粘结强度

14.3 火灾后建筑结构鉴定

14.3.1 鉴定程序与内容

建筑结构受损后鉴定的目的，是要对建筑结构作用及结构抗力进行符合实际的分析判断，以利于结构的合理使用与加固。建筑物鉴定的内容和范围可以是整体建筑物，也可以是区段或构件。

火灾后结构鉴定宜分三个层次进行，即初步鉴定（概念性分析）、详细鉴定（规范标准规定深度的分析）和高级详细鉴定（用高级理论鉴定分析）。按哪个层次进行以业主合同要求和能解决工程问题的需要为准。绝大多数结构做到第二层次即可，只有少数要求较高的结构或为解决疑难问题才做第三层次高级详细鉴定。

鉴定工作应委托专门机构或具有法定资质的单位进行。鉴定程序框图原则应和国际标准 ISO/CD 13822《结构设计基础—既有结构的评定》原则相一致，如图 14-10所示。

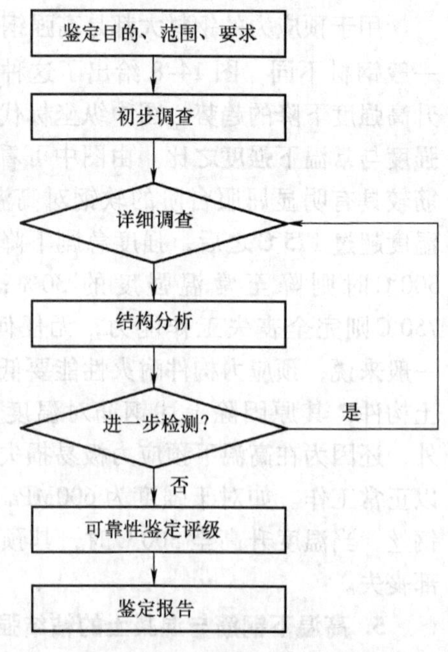

图 14-10 检测鉴定程序框图

火灾对建筑的损害与地震不同，火焰的高温使构成建筑物的材料本身会发生很大的变化，有时不仅是物理的，如强度、硬度等，甚至也会有化学的。火灾后建筑物必须通过鉴定确认受害情况和损坏程度，以便做出科学的加固修复方案，损害严重的应该拆除重建。

建筑物的火灾鉴定包括三项主要的内容：火灾温度；结构构件损伤程度；抗力计算及修复处理意见。其中的每一项都要靠一些检测手段才能确定，图 14-11 给出了详细的鉴定内容和步骤。

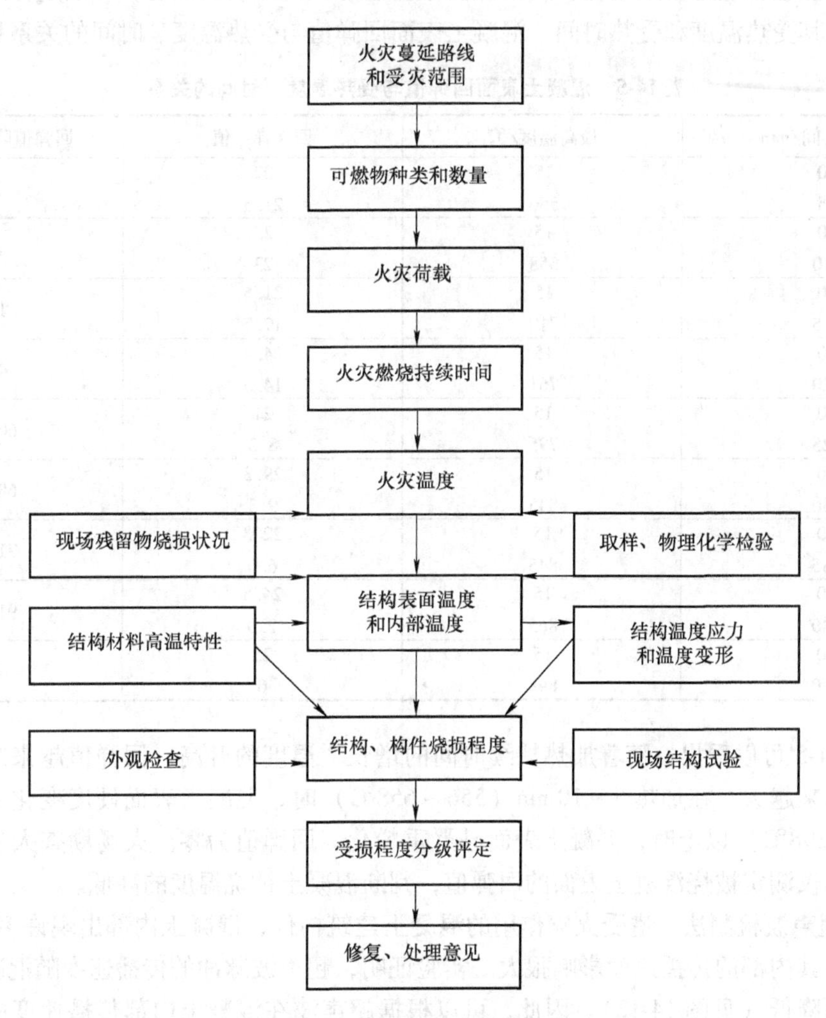

图 14-11　火灾事故鉴定内容和步骤

14.3.2　火灾温度的判定

火灾温度与火场温度（消防部门称谓）的概念是差不多的，判定的手段也很多，可分物理方法、化学方法及计算方法。重大火灾可根据三种方法对比确定。

1. 物理方法

（1）表面特征判定法　近代建筑在不同部位大都采用混凝土，过火后的混凝土表面因温度不同都呈现出不同的特征，见表 14-4。如果知道建筑结构所采用的水泥种类，可确定大致的火灾温度。混凝土加热到破坏温度后，恒温加热时间越长，破坏越大。如果达不到破坏温度，尽管恒温加热时间很长，也不能使混凝土破坏。

（2）回弹仪检测法　回弹仪检测作为一种非破损检测技术，在常温下可以用来评定混凝土的质量。火灾中混凝土受高温作用后，其微观结构受到了损害，表面硬度发生了变化。由于各种部位在实际火场中受热温度不同，各部位也相应地表现出不同程度的损伤，因而各部位的回弹值也相应地发生变化。用回弹仪检测混凝土构件表面硬度，可以定性地判断烧损程度，判定其受热温度和受热时间。混凝土表面回弹值与受热温度、时间的关系见表14-5。

表14-5　混凝土表面回弹值与受热温度、时间的关系

加热时间/min	最高温度/℃	回　弹　值	回弹值降低率/%
0 5	15 556	22 21.5	2
0 10	15 658	25 23	6
0 15	15 719	21.5 17.7	18
0 20	15 761	24.4 14.3	42
0 25	15 795	21 8.3	60.5
0 30	15 845	29.3 9.3	68.1
0 35	15 845	22.3 6.0	71.3
0 40	15 865	24.5 2.0	91.8
0 50	15 898	25 0	100

从表14-5可以看出，随着加热持续时间的增长、温度的升高，回弹值越来越小，回弹值降低率越来越大。在加热5~10min（556~658℃）时，混凝土表面硬度变化不大；加热到50min（898℃）以上时，混凝土表面已严重粉化，回弹值为零。火场勘查人员可以根据混凝土回弹仪测定被烧混凝土表面的回弹值，判断混凝土被烧温度的高低。

（3）超声波检测法　遭受火灾作用的混凝土建筑构件，混凝土内部出现许多细微裂缝，对超声波在其内部的传播速度影响很大。实验证明，超声波脉冲的传播速度随混凝土过火温度的升高而降低（见图14-12）。因此，可以根据超声波在混凝土内部传播速度的改变定性地说明混凝土结构某部位的烧损程度，进而说明该部位的受热温度的高低，以此判断火势蔓延方向和起火部位。

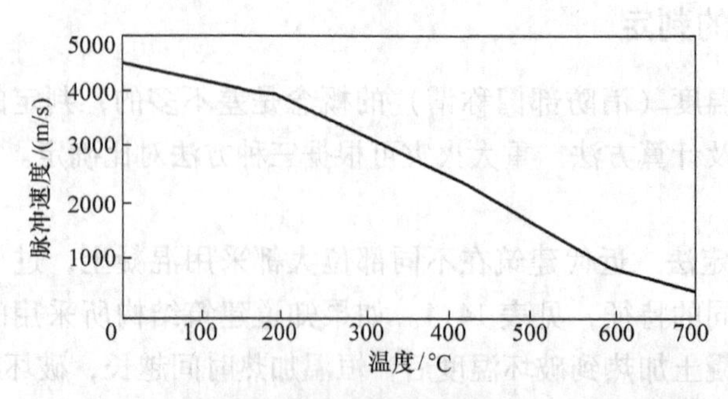

图14-12　超声波脉冲传播速度与混凝土过火温度关系

2. 化学方法

当混凝土被加热时，会发生如下变化：

$$Ca(OH)_2 = CaO + H_2O$$

$$CaCO_3 = CaO + CO_2$$

反应生成物数量随受热温度升高和时间增长而增加，因此，可通过测量其质量变化值判断混凝土火烧部位温度的高低。

（1）测定中性化深度　混凝土中由于存在 $Ca(OH)_2$ 和少量 NaOH、KOH，因而硬化后的混凝土呈碱性，pH 值为 12～13。混凝土经火灾作用后，碱性的 $Ca(OH)_2$ 发生分解，放出水蒸气，留下中性的 CaO，CaO 遇无水乙醇的酚酞溶液不显色，$Ca(OH)_2$ 则显红色。因此，可以用1%酚酞的无水乙醇溶液喷于破损的混凝土表面，测定不显红色部分的深度，即中性化深度。实验研究表明，混凝土中性化深度随着加热温度的升高和加热时间的增长而加深（见表14-6）。现场勘查时可直接在混凝土构件表面凿取小块，将小块放入1%酚酞的无水乙醇溶液中，测定混凝土中性化深度。通过测定不同部位混凝土构件的中性化深度，查表14-6得出受热温度和持续时间。根据温度分布分析火势蔓延方向，进而分析判定起火部位。

表14-6　矿渣水泥混凝土中性化深度与受热温度、时间的关系

受热时间/min 中性化深度/mm 受热温度/℃	30	60	90
500	4～5	4、5～6	5～7
600	6～7	7～8	9～10
700	7～9	8～11	9～12
800	11～12	12～13	13～15
900	12～13	粉化	粉化
1000	12～14	粉化	粉化

（2）测定碳化层中 CO_2 含量　混凝土在水化凝结过程中会生成大量 $Ca(OH)_2$ 当混凝土长期在空气中自然放置时，表面层中的 $Ca(OH)_2$ 就会吸收空气中的 CO_2 形成 $CaCO_3$，通常把这种过程叫做混凝土的碳化作用，所形成的 $CaCO_3$ 层叫碳化层（一般厚度为2～3mm）。碳化作用的速度随空气中 CO_2 含量的增大而加快。一般碳化层中 CO_2 含量在20%左右。试验表明，当混凝土受热温度达550℃时，$CaCO_3$ 开始分解，但分解速度很缓慢，随着混凝土受热温度的升高，其分解速度迅速增加。当达到898℃时，分解出的 CO_2 分压可达到1个大气压。因此，898℃称为 $CaCO_3$ 的分解温度。如果加热温度继续提高，仍会加剧 $CaCO_3$ 分解速度，混凝土碳化层中 CO_2 含量将随加热温度的升高而降低。所以可在现场勘查中凿取混凝土碳化层试样，采用 GB/T 218—1996《碳酸盐中二氧化碳测定方法》测定二氧化碳的含量，通过查表14-7推算出燃烧时间和火烧温度。根据现场温度分布，分析判断火势蔓延方向和起火部位。

表 14-7 普通水泥混凝土碳化层中 CO_2 含量与受热温度、时间的关系表

加热时间/min	最高温度/℃	CO_2 含量%
20	761	16.1
30	822	13.9
53	901	7.3
60	925	6.0
75	975	2.9
88	983	2.3
93	991	1.6

(3) 测定混凝土碳化层中游离氧化钙（f-CaO）含量　游离氧化钙（f-CaO）是指水泥熟料煅烧过程中未被硅酸二钙完全吸收的 CaO，该项指标一般作为水泥厂的一项技术指标，含量在 1% 以下，如果过高则影响水泥质量。火灾中混凝土碳化层中的游离氧化钙(f-CaO)会随被烧温度发生变化（见表 14-8）。

表 14-8 火灾中混凝土碳化层中游离氧化钙（f-CaO）的含量随温度的变化

时间/min	温度/℃	f-CaO（H）	f-CaO（K）	f-CaO（P）
20	761	0.75	0.40	2.14
30	822	1.00	1.31	1.64
53	907	1.66	1.56	3.13
60	925	2.39	2.40	2.70
75	959	1.86	2.12	4.45
88	983	1.45	1.54	4.73
93	991	1.28	1.89	4.00

由表 14-8 可知：火场温度在 761～925℃（时间 20～60min）范围内，由于正好在 $CaCO_3$ 分解温度范围内，温度升高，游离氧化钙（f-CaO）含量升高；当温度升至 900～1000℃时，硅酸二钙吸收氧化钙变成硅酸三钙，此时游离氧化钙含量随温度升高而降低。因此，在现场勘查时凿取混凝土碳化层试样，采用 GB/T 176—2008《水泥化学分析方法》中氧化钙测定方法测定氧化钙的含量，查表推算出燃烧时间和火烧温度。根据现场温度分布，分析判断火势蔓延方向和起火部位。

此外，还可以采用热分析技术测定混凝土碳化层中水泥的失重以及用电子显微镜测定混凝土中 $Ca(OH)_2$ 晶体改变等方法来判断混凝土化学成分的变化，为分析判定火势蔓延路线和起火部位提供依据。

火调人员可以根据这些规律，依据火灾现场各部位混凝土的不同特征，"反推"出该部位火灾时曾受过的温度、持续时间的变化情况，找出受温最高、持续时间最长部位，用比较的方法从鉴别受热面和烧损破坏程度的顺序中辨明火源或火势蔓延方向，进而判定起火部位，认定起火原因。

3. 计算方法

(1) 火灾荷载的计算　一般先计算火灾荷载，再计算火灾燃烧持续时间，最后由燃烧

持续时间即可求出火灾温度。建筑物内部有各种材料制作的各种物品，不同材料其单位质量的发热量是不同的。为计算方便，将火灾区域内实际存在的全部可燃物，按木材发热量统一换算成木材的重量，作为可燃物总量。可燃物总量除以火灾范围内的建筑面积，得到单位面积上的可燃物量（换算木材重量），称为火灾荷载。火灾荷载按下式计算：

$$q = \frac{\sum (G_i H_i)}{H_0 A} = \frac{\sum Q_i}{18810A} \tag{14-6}$$

式中　q——火灾荷载（kg/m^2）；

G_i——可燃物质量（kg）；

H_i——可燃物单位质量发热量（kJ/kg）；

H_0——木材单位质量发热量，取18810kJ/kg；

A——火灾单位区域面积（m^2）；

$\sum Q_i$——火灾区域内可燃物总发热量（kJ）。

由于临时性可燃物变化极大，计算通常非常繁杂和困难。因此，在计算有困难时，也可按建筑物的不同用途统计得到的火灾荷载资料进行估计，表14-9数值可作为参考。

表14-9　火灾荷载调查统计表

房屋用途	火灾荷载/（kg/m^2）	房屋用途	火灾荷载/（kg/m^2）	房屋用途	火灾荷载/（kg/m^2）
住宅	35~60	教室	30~45	图书库房	150~500
办公室	40~50	旅馆客房医院病房	20~25	剧场	30~75
设计室	30~150	图书阅览室	100~250	商场	100~200
会议室	20~35			仓库	200~1000

（2）计算火灾燃烧持续时间　火灾燃烧持续时间取决于可燃物量（火灾荷载）和燃烧条件。所谓燃烧条件是指房间的通风条件，即为门窗开口面积和高度。试验表明，一般民用建筑的火灾燃烧持续时间可按下列经验公式计算

$$t = \frac{qA}{KA_b \sqrt{H}} \tag{14-7}$$

式中　t——火灾燃烧持续时间（min）；

K——系数，可取5.5~6.0$kg/(min \cdot m^{5/2})$；

A_b——门窗开口面积（m^2）；

H——门窗口的高度（m）；

A——火灾区域面积（m^2）；

q——火灾荷载（kg/m^2）。

此外，火灾燃烧持续时间，也可根据火灾荷载值按表14-10所列经验数值取用。

表14-10　火灾荷载与火灾持续时间的关系

火灾荷载/（kg/m^2）	25	37.5	50	75	100	150	200	250	300
火灾持续时间/h	0.5	0.7	1.0	1.5	2.0	3.0	4.5	6.0	7.5

（3）推算火灾温度　求得火灾燃烧持续时间后，可按下列由国际标准化组织（ISO）经统计方法确定的标准火灾升温曲线公式推算火灾温度

$$T = 345\lg(8t+1) + T_0 \tag{14-8}$$

式中　T——火灾温度（℃）；

T_0——火灾前的室内温度（℃）；

t——火灾燃烧持续时间（min）。

（4）估算结构表面温度和内部温度　结构表面温度和内部温度判断的方法很多，可以通过观察残留物状况考察结构材料特性的变化，以及取样进行物理化学试验等方法。

1）结构表面温度。火灾时梁和楼板的表面温度可按下式计算

$$T_{\mathrm{h}} = T - \frac{k(T - T_0)}{\alpha_1} \tag{14-9}$$

式中　T_{h}——火灾时楼板底面（直接受火焰热流体作用的面）的表面温度（℃）；

T——火灾温度（℃）；

T_0——楼板顶面空气温度（℃）；

α_1——火焰热流体对楼板地面的综合换热系数，可按表14-11取用［1.163W/（$\mathrm{m^2 \cdot K}$）］；

k——楼板的传热系数，按式（14-10）计算，注意：这里采用SI标准符号，但温度仍按摄氏温度取值，下同。

$$k = \frac{1}{\dfrac{1}{\alpha_1} + \dfrac{\delta}{\lambda} + \dfrac{1}{\alpha_2}} \tag{14-10}$$

式中　δ——楼板厚度（m）；

λ——材料热导率，按表14-12取用；

α_2——楼板放热系数对不稳定的火灾热源 $\alpha_2 = \dfrac{\lambda c\rho}{\pi t}$，其中 t 为火灾燃烧时间（h），c 为材料比热，ρ 为材料密度，见表14-12。

表14-11　综合换热系数 α_1

火灾温度/℃	200	400	500	600	700	800	900	1000	1100	1200
α_1/［1.163W/（$\mathrm{m^2 \cdot K}$）］	10	15	20	30	40	55	70	90	120	150

表14-12　建筑材料的热工性能表

材料名称	密度 ρ/(kg/m³)	热导率 λ/［1.163W/($\mathrm{m^2 \cdot K}$)］	比热 c/［4.18kJ/(kg·K)］	导温系数 α/(m²/h)
钢筋混凝土	2400	1.33	0.20	0.00277
混凝土	2200	1.10	0.20	0.00262
轻混凝土	1500	0.60	0.19	0.0021
	1200	0.45	0.18	0.00208
	1000	0.35	0.18	0.00195
泡沫混凝土	1000	0.34	0.20	0.017
	800	0.25	0.20	0.00156
	600	0.18	0.20	0.0015
	400	0.13	0.20	0.00162

（续）

材料名称	密度 ρ /(kg/m³)	热导率 λ/[1.163W/(m²·K)]	比热 c /[4.18kJ/(kg·K)]	导温系数 α /(m²/h)
建筑钢材	7850	50.00	0.115	0.0552
多孔砖砌体	1300	0.45	0.21	0.00165
水泥砂浆	1800	0.80	0.20	0.00222
混合砂浆	1700	0.75	0.20	0.00221
石棉板（瓦）	1900	0.30	0.20	0.00079
石棉毡	420	0.10	0.20	0.00119
玻璃棉	200	0.05	0.20	0.00125

2）结构内部温度。火灾时钢筋混凝土板（或墙板）内部温度可按下式计算

$$T_{(Y,t)} = T_h - (T_h - T_0)\operatorname{erf}\frac{Y}{2\sqrt{\alpha t}} \tag{14-11}$$

式中 $T_{(Y,t)}$——火灾持续时间为 t 时，离板底表面 Y（cm）处的楼板内部温度（℃）；

T_h——楼板底表面温度（℃）；

T_0——火灾前室内温度（℃）；

$\operatorname{erf}\frac{Y}{2\sqrt{\alpha t}}$——高斯误差函数，按表14-13取值，其中 α 为材料导温系数，按表14-12取值；

Y——至楼板底面的距离（cm）；

t——火灾燃烧时间（h）。

火灾时板、墙、梁等构件内部温度也可按表14-14～表14-16直接查取。

表14-13 误差函数表

$\frac{Y}{2\sqrt{\alpha t}}$	$\operatorname{erf}\frac{Y}{2\sqrt{\alpha t}}$	$\frac{Y}{2\sqrt{\alpha t}}$	$\operatorname{erf}\frac{Y}{2\sqrt{\alpha t}}$	$\frac{Y}{2\sqrt{\alpha t}}$	$\operatorname{erf}\frac{Y}{2\sqrt{\alpha t}}$
0.00	0.00000	0.80	0.74210	1.60	0.97635
0.05	0.05637	0.85	0.77067	1.65	0.98038
0.10	0.11246	0.90	0.79691	1.70	0.98379
0.15	0.16800	0.95	0.82089	1.75	0.98667
0.20	0.22270	1.00	0.84270	1.80	0.98909
0.25	0.27633	1.05	0.86244	1.85	0.99111
0.30	0.32863	1.10	0.88020	1.90	0.99279
0.35	0.37938	1.15	0.89612	1.95	0.99418
0.40	0.42839	1.20	0.91031	2.00	0.99532
0.45	0.47548	1.25	0.92290	2.10	0.99702
0.50	0.52050	1.30	0.93401	2.20	0.99813
0.55	0.56332	1.35	0.94376	2.30	0.99885
0.60	0.60386	1.40	0.95228	2.40	0.99931
0.65	0.64203	1.45	0.95970	2.50	0.99959
0.70	0.67780	1.50	0.96610	2.75	0.99989
0.75	0.71116	1.55	0.97162	3.00	0.99997

表 14-14 混凝土板内部温度分布值 (单位:℃)

深度/mm	受火时间/h					
	0.5	1.0	1.5	2.0	3.0	4.0
0	600	740	800	800	800	800
10	480	660	800	800	800	800
20	340	530	650	730	800	800
30	250	420	550	610	700	770
40	180	320	450	510	600	670
50	140	250	360	430	520	600
60	110	200	310	360	450	530
70	90	170	260	310	400	470
80	80	130	220	270	350	430
90	70	110	180	230	310	390
100	65	100	160	200	290	360

表 14-15 混凝土梁内温度分布值 (单位:℃)

深度/mm	受火时间/h						
	0.5	1.0	1.5	2	3	4	5
0	460	670	760	815	890	935	1000
5	420	625	720	775	850	905	970
10	380	580	680	740	820	875	940
15	340	540	640	700	785	840	910
20	300	495	600	660	750	810	880
25	270	450	555	625	710	775	855
30	215	400	520	590	680	740	825
35	180	360	475	550	640	710	800
40		315	435	510	605	675	770
45		270	400	475	570	645	740
50		235	360	440	535	585	720
55		200	325	405	500	555	690
60		175	295	375	475	530	660
65			265	340	440	500	635
70			235	320	420	480	615
75			200	290	400	455	585
80			185	265	375	430	560

表 14-16 混凝土墙内部温度分布值 (单位:℃)

到底面的距离（竖向深度）/cm	到侧面的距离（横向深度）/cm					
	12	10	8	6	4	2
20	140	175	250	355	500	680
18	150	180	255	360	505	685
16	160	195	265	370	510	690

（续）

到底面的距离（竖向深度）/cm	到侧面的距离（横向深度）/cm					
	12	10	8	6	4	2
14	180	210	280	385	520	695
12	210	245	310	405	540	705
10	260	290	350	445	565	720
8	335	360	415	495	605	745
6	430	455	500	570	665	780
4	560	580	610	660	735	825
2	720	730	750	780	825	885

3）受力主筋温度的确定。如果求得了结构内部温度，那么内部附近的钢筋温度也就确定了，表14-17还提供了一个根据火灾持续时间及保护层厚度来查取受力主筋温度的关系表，可供参照。

表14-17 梁内主筋温度与火灾持续时间及保护层厚度的关系 （单位:℃）

主筋保护层厚度/cm	升温时间/min									
	15	30	45	60	75	90	105	140	175	210
1	245	390	480	540	590	620	—	—	—	—
2	165	270	350	410	460	490	530	—	—	—
3	135	210	290	350	400	440	—	510	—	—
4	105	175	225	270	310	340	—	—	500	—
5	70	130	175	215	260	290	—	—	—	480

14.3.3 抗力的验算

对现有结构的抗力进行验算，以确定加固的水平。验算的主要内容有：

1）结构材料的现有强度，火灾后要考虑材料的强度折减和沿截面分布。

2）结构现有的实际刚度，这对确定超静定结构的弯矩分布至关重要。

3）混凝土结构以实际配筋按规范验算抗力和提供允许荷载值，用混凝土加固砌体结构时，按砌体规范验算其抗力。

4）当结构无法测定其配筋时，可根据现有荷载及结构裂缝和变形状况进行抗力验算，各项资料及检测数据收集齐全后，才能根据加固要求、结构现状的可能性、施工场地及条件、材料供应的可能性等，做出鉴定结论，提出一个或几个方案，从而进行加固设计。

14.4 火灾受损结构的修复加固

14.4.1 修复加固特点和原则

建筑过火后的加固，就是恢复结构的原始强度和刚度，使其像火灾前一样正常工作，但加固结构受力性能与未经加固的普通结构差异还是很大的。首先，加固结构属二次受力结构，加固前原结构已经承载受力（即第一次受力），而且又是在受力情况下过火受损的，截面上已经存在了一个初始的应力、应变值。加固后新加部分并不立即分担荷载，而是在新增荷载下，即第二次加载情况下，才开始受力。这样整个加固结构在其后的第二次载荷受力过程中，新加部分的应力、应变始终滞后于原结构的累计应力、应变，原结构的累计应力、应变值始终高于新加部分的应力、应变值，原结构达到极限状态时，新加部分的应力应变可能还很低，破坏时，新加部分可能达不到自身的极限状态，其承载潜力可能得不到充分发挥。其次，加固结构属二次组合结构，新旧两部分存在整体工作共同受力问题。整体工作的关键，主要取决于结合面的构造处理及施工做法。由于结合面混凝土的粘结强度一般总是远远低于混凝土本身强度，因此，在总体承载力上二次组合结构比一次整浇结构一般要略低一些。

加固结构受力特征的上述差异，决定了混凝土结构加固计算分析和构造处理，不能完全沿用普通结构概念进行设计，要遵循以下基本原则：

1）加固设计应简单易行，安全可靠，经济合理。

2）对危险构件，应包括应急加固措施，并选用施工周期短、方法可靠的加固方法。

3）考虑加固结构的二次受力，尽可能采用卸荷加固方法。

4）选用的加固方法，尽可能不改变原建筑的使用功能。

5）加固材料的选择应满足以下条件：加固用钢筋选用 HPB300、HRB335 级钢筋；加固用水泥选用普通硅酸盐早强水泥，其强度等级不小于 42.5R；加固用混凝土等级应高于原混凝土一个等级，且不低于 C20；新旧混凝土面采用界面剂或同类胶质材料。

14.4.2 修复加固方案选择

常用的加固方案有增大截面法、外包钢法、预应力法、外粘钢板法、外粘玻璃钢法、碳纤维（CFRP）加固法等。火灾后的建筑应根据鉴定的破损状况，选用上述介绍的方法进行加固，表 14-18 根据鉴定级别列出了梁、板、柱可选用的加固方法。

表 14-18 梁、板、柱加固方法

结构可靠性等级	构件	可选加固方法
C_u	梁	预应力法、加大截面法、外包钢法、外粘钢法、增补受拉钢筋法、喷射混凝土法
	板	预应力法、加大截面法、改变支撑条件法、增设板肋法、喷射混凝土法
	柱	预应力撑杆法、加大截面法、外包钢法、外包角钢法、喷射混凝土法
d_u	梁	预应力法、预应力与粘钢综合法、外包钢法、加大截面法、改变传力路线法、增加支撑体系
	板	预应力法、局部拆换法、增设支撑体系法
	柱	预应力撑杆法、加大截面法、外包钢法、外包角钢法

注：结构可靠性等级参见《工业厂房可靠性鉴定标准》及 GB 50292—1999《民用建筑可靠性鉴定标准》。

14.4.3 工程实例

【例 14-1】某纺织车间火灾后的鉴定与加固

过火建筑为某纺织厂的清花车间，为单层工业厂房，钢筋混凝土柱、风道梁、锯齿形屋架、双T形屋面板，这些构件均为预制安装，预制构件及现浇梁、板、楼梯、天沟等混凝土强度等级均为C20。梁柱主筋为HRB335级，砖墙为砖MU10、混合砂浆M5砌筑。

1994年4月9日发生火灾，火灾旺盛期1h左右，持续时间4h，图14-13为火灾面积与温度区域示意图。

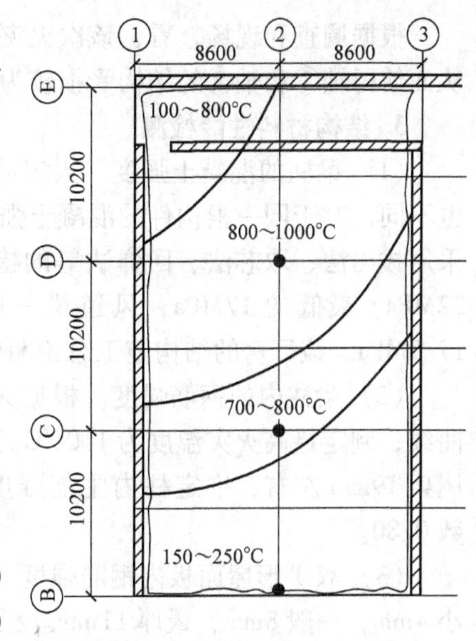

图14-13 火灾面积与温度区域示意图

1. 火灾后结构烧损的调查结果

（1）建筑烧损情况 建筑物材料烧损情况如下：轴②、轴Ⓓ—Ⓔ水泥窗框内侧钢杆安全扶手烧红、弯曲；轴①、轴Ⓑ—Ⓒ和轴②、轴Ⓒ—Ⓓ水泥窗框内侧钢杆安全扶手弯曲变形；轴①—③、轴Ⓒ直径5cm的自来水管烧红变形弯曲；轴①和轴②、轴Ⓒ—Ⓓ和轴Ⓓ—Ⓔ上的窗户玻璃溶化；轴②—③、轴Ⓓ—Ⓔ靠轴Ⓔ液压升降机钢板外壳烧后发红。

（2）结构受损情况

1）钢筋混凝土预制柱。轴②、轴Ⓓ柱受损严重，柱混凝土爆裂，外表呈红色或白色带黄，该柱混凝土烧伤深度严重的达20mm，碳化深度15mm，一般部位烧伤深度15mm，碳化深度10mm左右。柱距地面1m以上混凝土烧成红色带黄，1m以下混凝土为微红带青色。

2）钢筋混凝土预制风道梁。风道梁烧损最严重的是轴①—②、轴Ⓒ—Ⓔ梁，混凝土颜色烧成红色、白色带黄，局部爆裂。烧伤深度严重的达20mm，碳化深度严重的达14mm，一般烧伤16mm，碳化10mm左右。

3）钢筋混凝土预制锯齿形屋架。屋架烧损最严重的是轴①—②、轴Ⓒ—Ⓔ和轴②—③、轴Ⓓ—Ⓔ跨内屋架，混凝土颜色一般为红色，局部为白色，烧伤深度严重的达17mm，碳化13mm左右。

4）钢筋混凝土双T形屋面板。屋面板受损严重的是轴①—③、轴Ⓒ—Ⓔ范围内的板，板底混凝土颜色一般是红色，局部为白色。烧伤深度严重的达12mm，碳化9mm左右，一般烧伤深度为7mm，碳化5mm左右。板在火灾后混凝土爆裂露筋1处，孔洞2处。

5）山墙砖砌体烧损。山墙砖砌体烧损严重的是轴①—③、轴Ⓔ。砖墙水泥砂浆粉刷层烧酥，呈粉状剥落，黏土砖局部爆裂。

2. 火灾温度的判定

1）根据现场残留物和混凝土结构颜色的调查结果判定火灾温度。

2）根据混凝土结构内钢筋的强度损失和混凝土烧伤深度判定温度。

3）取构件表面混凝土的烧伤层在电子显微镜下进行混凝土内部结构和矿物成分变化分析，判定温度。

根据现场调查和构件各部位的取样鉴定，判定该工程最高火灾温度800～1000℃。其轴线位置为轴①—②、轴Ⓒ—Ⓓ之间和轴②—③、轴Ⓒ—Ⓔ范围内，火灾温度区域如图14-13所示。

根据调查和现场查看，该次火灾起火部位在轴②—③靠轴Ⓓ附近，火焰由南向北蔓延，从而使得轴①和轴②的结构受损较为严重。

3. 结构材料性能检测

（1）梁柱的混凝土强度　火灾后混凝土构件各部位受到的火灾温度不同，其强度损失也不同，对于同一根构件的混凝土强度取较低的混凝土强度值。根据判定的火灾温度区域和采用拔出法、取芯法、回弹法等的检测，结构火灾后梁柱的混凝土强度如下：柱子一般为22MPa，最低的17MPa；风道梁一般为25MPa，最低的18.5MPa；屋架28MPa，最低的17.5MPa。该厂房的结构施工总说明中的混凝土强度等级为C25。

（2）梁柱内的钢筋强度　根据火灾温度与梁、柱内主筋强度折减系数与保护层的关系曲线，判定最高火灾温度为1000℃，实测柱子钢筋保护层22mm左右、风道梁20mm左右、屋架19mm左右，推定柱内主筋强度折减系数0.87，风道梁、屋架内的主筋强度折减系数0.80。

（3）双T形屋面板内钢筋强度　判定屋面板最高火灾温度1000℃，板内主筋保护层最小4mm，一般8mm，最厚11mm。根据火灾温度与板内主筋强度折减系数与火灾温度的关系曲线，推定板内主筋强度折减系数为0.77。

（4）砖砌体抗压强度　轴②—③、轴Ⓔ，鉴定火灾最高温度为1000℃，砖墙的一面受火自然冷却，推定火灾后砖砌体抗压强度损失为10%。

4. 结构受损评定意见

本工程结构受损根据火灾温度按“受损严重”“受损比较严重”“受损一般”三种情况评定如下：

（1）柱子　轴②、轴Ⓓ柱受损严重；轴③、轴Ⓓ柱牛腿侧面受损严重；轴①和轴Ⓔ、轴Ⓓ轴Ⓒ柱仅牛腿侧面受损，其他柱子受损一般。

（2）风道梁　轴②、轴Ⓔ—Ⓓ和轴Ⓓ—Ⓒ梁受损严重；轴①、轴Ⓔ—Ⓓ和轴Ⓓ—Ⓒ北侧面，轴③、轴Ⓓ—Ⓔ南侧面受损较重；其余风道梁受损一般。

（3）屋架　轴②—③、轴Ⓔ—Ⓓ和轴Ⓓ—Ⓒ跨靠轴Ⓓ屋架，轴①—②、轴Ⓓ—Ⓒ靠轴Ⓓ内屋架受损严重；轴①—②、轴Ⓔ—Ⓓ内的屋架受损较重；其他屋架受损一般。

（4）双T形屋面板　轴②—③、轴Ⓓ—Ⓔ和轴①—②、轴②—③、轴Ⓓ—Ⓒ跨内的部分屋面板受损严重；轴①—②、轴Ⓓ—Ⓔ跨内的屋面板受损较重；其他屋面板受损一般。

（5）山墙砖砌体　轴②—③、轴Ⓔ砖砌体结构受损较重；其他砖砌体结构受损一般。

5. 受损结构加固设计与施工

根据结构受损程度评定确定该工程需要修复加固的构件。梁、板、柱、砖墙砌体受损严重、比较严重的构件采取了加固措施，其他构件仅做恢复使用功能的修复处理。

（1）加固原则　将受损结构恢复到满足原结构的设计荷载要求，为了保证原使用要求，被加固的截面不宜过大。

（2）加固范围　火灾后受损严重、比较严重的构件。

（3）加固方案

1）预制钢筋混凝土风道梁。对于“受损严重”的风道梁，在梁侧面的主筋位置处及跨中用建筑结构胶粘贴钢板和用无粘结预应力筋体外张拉的方法加固，加固方案如图14-14所示。对于受损“比较严重”的梁，在跨中用建筑结构胶粘贴钢板的方法加固。

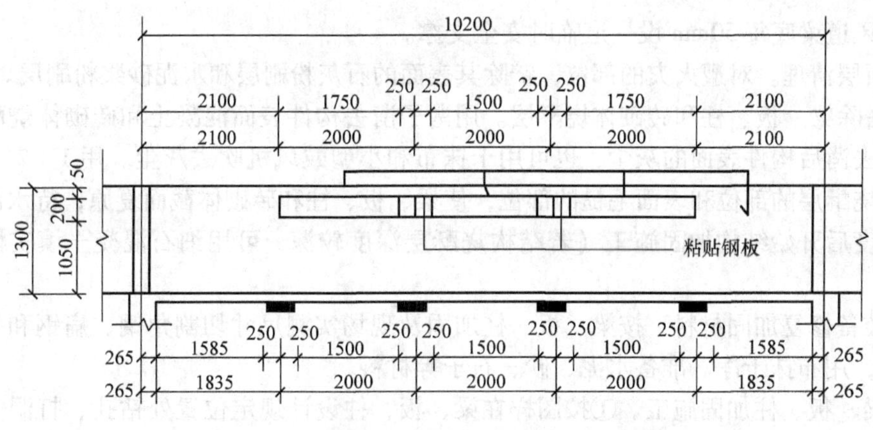

图 14-14 加固方案图

2）预制钢筋混凝土屋架。对“受损严重”和“比较严重”的屋架，均采用无粘结预应力筋体外张拉的方法加固，加固方案如图 14-15 所示。

3）预制钢筋混凝土柱。对“受损严重”和“比较严重”的柱，采用双侧预应力角钢撑杆法加固，加固方案如图 14-16 所示。

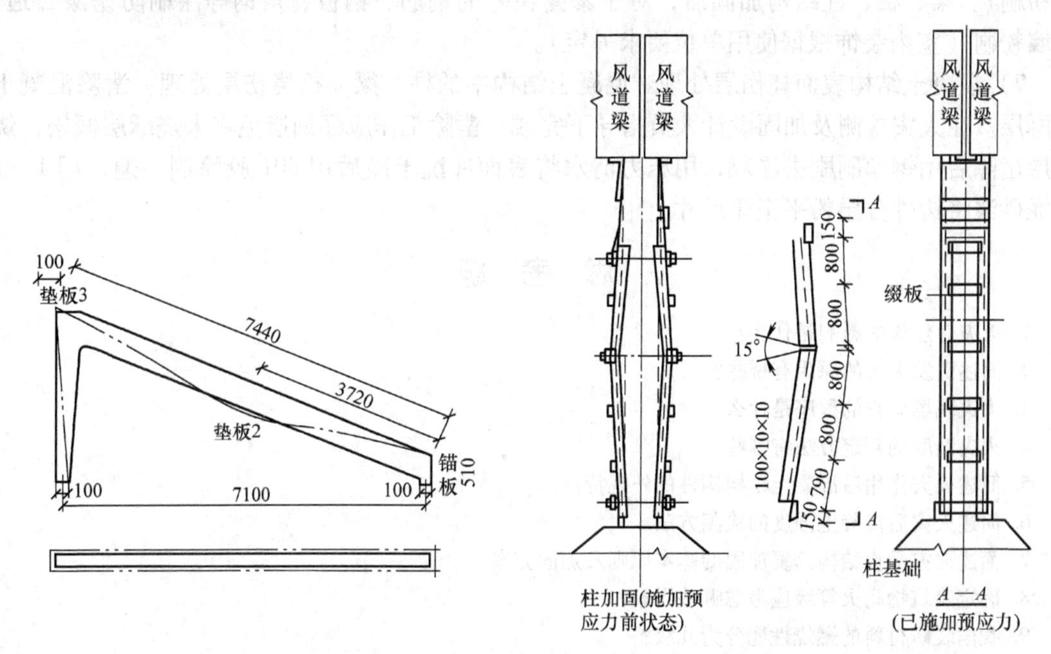

图 14-15 屋架加固方案图

图 14-16 牛腿柱的预应力加固方案图

4）预制双 T 形屋面板。对“受损严重”和“比较严重”的屋面板，均采用无粘结预应力筋体外张拉的方法加固。

5）山墙砖砌体加固。在室内墙面用 $\phi6@200$ 双向网片、10mm 厚 M10 水泥砂浆粉刷加固。

（4）结构加固施工

1）设置安全支撑。混凝土梁、板、柱遭火灾后，对烧损严重的构件要设置安全支撑，为此，在风道梁底每50mm设一道临时安全支撑。

2）面层清理。对遭火灾的部位，铲除其表面的石灰粉刷层和水泥砂浆粉刷层。

3）凿除梁、板、柱和砖砌体烧酥层。用凿子凿去构件表面混凝土和砖砌体烧酥层。用钢丝刷刷去凿后构件表面的灰尘，也可用干抹布和小型鼓风机吹去灰尘。用1：2水泥砂浆粉刷凿去烧酥层的部位和表面毛糙的部位，使梁、板、柱和砖砌体截面复原，待水泥砂浆达到设计强度后开始结构加固施工（若结构烧酥层深度较深，可用细石混凝土填实恢复原截面）。

4）准备修复加固材料。按梁、板、柱加固及现场实测尺寸切割角钢、扁钢和钢筋。用砂纸除锈，用布抹干净。准备水泥、砂、石子等材料。

5）梁、板、柱加固施工。①按图样在梁、板、柱设计规定位置处钻孔、打洞安装膨胀螺栓和锚固件；②吹去孔内灰尘，在膨胀螺栓上涂上建筑结构胶，插入孔内固定膨胀螺栓；③粘贴梁、板、柱上的预应力加固锚固件；④焊接梁、板预应力拉杆，按图样设计要求施加预应力；⑤安装柱子预应力撑杆，按图样设计要求施加水平撑杆预应力，固定，焊接钢板。

6）其他施工。凿去未加固的梁、板、柱的原粉刷层或局部微烧伤层，清除灰尘。用1：2水泥砂浆粉刷所有的梁、板、柱，粉刷厚度：梁、柱为25mm，楼板底为13mm（分两次粉刷）。梁、板、柱结构加固后，对于暴露在外的钢筋、钢板、角钢等涂刷防锈漆二道。内墙粉刷（室内装饰根据使用单位要求另定）。

7）混凝土结构表面烧伤层处理。混凝土结构中的柱、梁、板烧伤层处理：凿除混凝土烧酥层。在火灾检测及加固设计人员指导下完成，凿除工作应仔细避免将未烧酥层振松，烧酥层凿除后用钢丝刷刷去浮灰，用压力清水将表面冲洗干净后用801胶涂刷一遍，用1：1水泥砂浆将构件分层粉平至原尺寸。

思 考 题

1. 火灾对建筑的影响是什么？
2. 简述引发火灾的原因有哪些？
3. 火灾现场调查的程序是什么？
4. 火灾温度的判定方法有哪些？
5. 简述火灾作用后混凝土结构构件的外观特征。
6. 简述火灾后混凝土强度的检测方法。
7. 简述火灾受损结构修复加固的基本原则及加固方案。
8. 确定建筑物耐火等级应考虑哪些因素？
9. 我国装修材料的燃烧性能分为几级？
10. 简述建筑防火分隔构件的规定。

第15章 燃爆事故

15.1 概述

城市燃气的使用特别是民用燃气使用的日益普及，为生活和生产带来便利的同时，燃气爆炸事故也越来越多，尤其是燃气爆炸往往与火灾伴生，给人类的生产和生活带来了极大的威胁和危害。

1. 民用燃气分类

民用燃气按来源可分为天然气（NG）、人工煤气（TG）和液化石油气（LPG）三类。

（1）天然气 我国天然气分布地区较广且储量丰富，一般天然气可分为气田气、油田伴生气和矿井气三种，它们分别是纯天然气、石油开采时的石油气、含有石油轻质馏分的气田气和矿井瓦斯气等。纯天然气甲烷含量超过90%，其他为少量二氧化碳、硫化氢、氮气和微量的惰性气体（如氦、氖、氩气等)。油田伴生气甲烷含量约为80%，乙、丙、丁和戊烷等含量约为15%。矿井气的主要成分为甲烷，具体含量与集气方式有关，变化范围较大。

（2）人工煤气 人工煤气也称为城市煤气。按制取方式和原料分为干馏煤气、汽化煤气、油制气等。

1）干馏煤气利用焦炉、直立炉或立箱炉对煤进行干馏而得。干馏煤气是我国城市管道煤气的主要来源，其甲烷和氢的含量高，热值较大。

2）汽化煤气可以用两种方式制取。一种是利用高压制取的汽化煤气，其主要成分为甲烷和氢气，可以直接使用。另一种是利用高炉、煤气发生炉将煤氧化制成，主要成分为一氧化碳和氢气，毒性较大，热值较低，需与干馏气掺混方可使用，一般作为城市煤气的补充。

3）油制气是以重油为原料制取煤气，可分为重油蓄热催化裂解煤气和重油蓄热热裂煤气两种，前者主要组分为氢气、甲烷和一氧化碳，可以直接供城市使用；后者则以甲烷、乙烯和丙烯为主，需掺混干馏煤气或水煤气等才能供应城市。

（3）液化石油气 液化石油气是开采和炼制石油过程中的副产品，其主要组分为丙烷、丙烯（异）丁烷等。液化石油气既可作为城市煤气，同时又是重要的化工原料。

2. 民用燃气组分

燃气的组分与燃气的种类、产地、原料及生产方式有密切关系，表15-1给出了我国几个主要城市及主要气田生产的燃气的主要组分。

表 15-1 我国主要民用燃气的组分

<table>
<tr><th rowspan="3">序号</th><th colspan="4">燃气种类</th><th colspan="13">燃气组分的体积分数（%）</th></tr>
<tr><th colspan="3" rowspan="2">名称</th><th rowspan="2">产地</th><th rowspan="2">H_2</th><th rowspan="2">CO</th><th rowspan="2">CH_4</th><th colspan="7">C_mH_n</th><th rowspan="2">O_2</th><th rowspan="2">N_2</th><th rowspan="2">CO_2</th></tr>
<tr><th>C_2H_4</th><th>C_2H_6</th><th>C_3H_6</th><th>C_3H_8</th><th>C_4H_8</th><th>C_4H_{10}</th><th>C_5H_{12}</th></tr>
<tr><td>1</td><td rowspan="7">人工煤气</td><td rowspan="5">煤制气</td><td>炼焦煤气</td><td>北京</td><td>59.2</td><td>8.6</td><td>23.4</td><td colspan="7">2.0</td><td>1.2</td><td>3.6</td><td>2.0</td></tr>
<tr><td>2</td><td>直立炉气</td><td>东北</td><td>56.0</td><td>17.0</td><td>18.0</td><td colspan="7">1.7</td><td>0.3</td><td>2.0</td><td>5.0</td></tr>
<tr><td>3</td><td>混合煤气</td><td>上海</td><td>48.0</td><td>20.0</td><td>13.0</td><td colspan="7">1.7</td><td>0.8</td><td>12.0</td><td>4.5</td></tr>
<tr><td>4</td><td>发生炉气</td><td>天津</td><td>8.4</td><td>30.4</td><td>1.8</td><td colspan="7">0.4</td><td>0.4</td><td>56.4</td><td>2.2</td></tr>
<tr><td>5</td><td>水煤气</td><td>天津</td><td>52.0</td><td>34.4</td><td>1.2</td><td colspan="7">—</td><td>0.2</td><td>4.0</td><td>8.2</td></tr>
<tr><td>6</td><td rowspan="2">油制气</td><td>催化制气</td><td>上海</td><td>58.1</td><td>10.5</td><td>16.6</td><td>5.0</td><td>—</td><td>—</td><td>—</td><td>—</td><td>—</td><td>—</td><td>0.7</td><td>2.5</td><td>6.6</td></tr>
<tr><td>7</td><td>热裂制气</td><td>上海</td><td>31.5</td><td>2.7</td><td>28.5</td><td>23.8</td><td>2.6</td><td>5.7</td><td>—</td><td>—</td><td>—</td><td>—</td><td>0.6</td><td>2.4</td><td>2.1</td></tr>
<tr><td>8</td><td colspan="2" rowspan="3">天然气</td><td>气田气</td><td>四川</td><td>—</td><td>—</td><td>98.0</td><td>—</td><td>—</td><td>—</td><td>0.3</td><td>—</td><td>0.3</td><td>0.4</td><td>—</td><td>1.0</td><td>—</td></tr>
<tr><td>9</td><td>油田伴生气</td><td>大庆</td><td>—</td><td>—</td><td>81.7</td><td>—</td><td>—</td><td>—</td><td>6.0</td><td>—</td><td>4.7</td><td>4.9</td><td>0.2</td><td>1.8</td><td>0.7</td></tr>
<tr><td>10</td><td>矿井气</td><td>抚顺</td><td>—</td><td>—</td><td>52.4</td><td>—</td><td>—</td><td>—</td><td>—</td><td>—</td><td>—</td><td>—</td><td>7.0</td><td>36.0</td><td>4.6</td></tr>
<tr><td>11</td><td colspan="2" rowspan="3">液化石油气</td><td></td><td>北京</td><td>—</td><td>—</td><td>1.5</td><td>—</td><td>1.0</td><td>9.0</td><td>4.5</td><td>54.0</td><td>26.2</td><td>3.8</td><td>—</td><td>—</td><td>—</td></tr>
<tr><td>12</td><td></td><td>大庆</td><td>—</td><td>—</td><td>1.3</td><td>—</td><td>0.2</td><td>15.8</td><td>6.6</td><td>38.5</td><td>23.2</td><td>12.6</td><td>—</td><td>1.0</td><td>0.8</td></tr>
<tr><td>13</td><td colspan="2">概略值</td><td>—</td><td>—</td><td>—</td><td>—</td><td>—</td><td>—</td><td>50.0</td><td>—</td><td>50.0</td><td>—</td><td>—</td><td>—</td><td>—</td></tr>
</table>

注：1. 表中是干煤气组分，实际上煤气中往往含有水蒸气。

2. 由于多种因素的影响，各种煤气组分是变化的，上表是平均组分。

15.2 燃爆机理及对建筑结构的影响

15.2.1 燃爆机理及其特征

1. 凝聚相与分散相爆炸

爆炸是能量突然释放并产生压力波向周围传播的现象，燃气爆炸与一般化学爆炸不同，如火药爆炸属化学爆炸，不需要氧化，爆炸的引发与周围环境无关，爆炸物高度凝聚，多成固态，爆炸波的传播速度较快，称为凝聚相爆炸。燃气爆炸需要氧气助燃，且爆炸的引发与周围环境密切相关，爆炸介质分散在周围介质之中且与其含量有关，压力波的传播速度较慢，称为分散相爆炸，燃气爆炸、粉尘爆炸多属于这种爆炸。

2. 爆燃与爆轰

燃气爆炸属于爆燃，特点是已爆介质向相邻未爆介质起爆过程较慢，且永远低于爆炸物质的声速，其作用主要依靠热学效应。多数化学爆炸是一个爆轰过程，是已爆炸药向相邻未爆炸药起爆的过程，该过程非常快，永远大于爆炸物质的声速，可达每秒数千米，其作用主要是力学的高压冲击。

物理学家是用声速作为分界点来区分两类爆炸的，因为无论是火药还是燃气，在特定的条件下都可以显示出上述两种爆炸形态。如燃气在管路内的爆炸，且沿管路传播时，其速度有时会超过声速而形成爆轰。不过，这种燃爆灾害在土木工程中比较少见。

3. 燃烧速度与爆炸的上下限

燃气爆炸需要氧的参与，是一个快速燃烧过程，正常燃烧时的速度都小于1m/s，燃烧速度又与可燃气体在空气中的含量有关。图15-1描述了一般可燃气体不同含量下的燃烧速度曲线。可以看出，对任一种燃气来说，在空气中总存在一个使其燃烧速度最快的最优含量，它表征了该种燃气在化学等当量情况下与氧气充分反应的能力，一般来说这个最优含量也就是最容易发生爆炸的。偏离最优含量（过高或过低）一定程度之后，其燃烧速度都会明显降低，不再自发地传播爆炸，这个范围称为爆炸范围，范围的两个端点分别称为爆炸的上、下限。

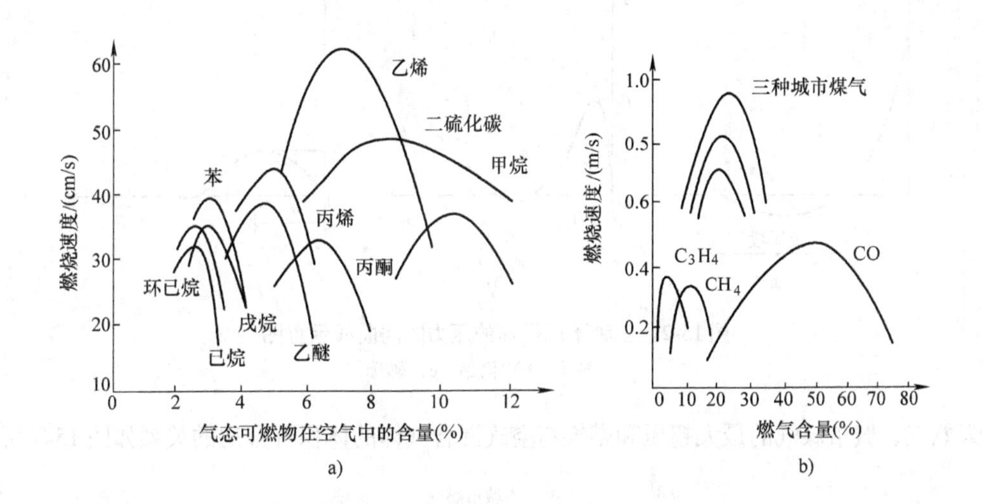

图15-1 可燃气体燃烧速度曲线

a）不同含量的可燃气体燃烧速度曲线 b）三种城市煤气及甲烷等可燃气体燃烧速度曲线

燃气的爆炸上限与空气中的含氧量关系很大，下限则与含氧量无关。因此，一般总是用燃气与空气而不是氧气的混合比例来规定爆限，表15-2给出了不同燃气的爆炸极限，表15-3给出了三种常用民用燃气的爆炸极限。由表中可知，焦炉气爆炸范围最宽，最容易发生爆炸。

表 15-2　部分可燃气体的爆炸极限（体积比%）

燃烧物	下　限	上　限	燃烧物	下　限	上　限
乙　烷	3.5	15.1	戊　烷	1.4	7.8
乙　烯	2.7	34	丙　烷	2.4	8.5
一氧化碳	12.5	74	甲　苯	1.2	7.0
甲　烷	4.6	14.2	氢　气	4.0	76
甲　醇	6.4	37			

注：燃气成分的爆炸极限是在标准压力、常温、点燃能量为 10J 时测定的。

表 15-3　三种民用燃气的爆炸极限（体积比%）

燃　气	上　限	下　限	燃　气	上　限	下　限
焦炉气	44	36	液化石油气	2.1	7.7
天然气	4.5	14			

4. 压力时间曲线

图 15-2 所示为核爆、化爆和燃爆三种不同的压力时间曲线，核爆升压时间很快，在几毫秒甚至不到 1ms 压力波即可达到峰值，峰值压力 p_1 很高，正压作用以后还有一段时间的负压段；化爆则升压时间慢些，峰值压力较核爆为低，正压作用时间短（约几毫秒到几十毫秒），负压段更短。燃爆升压最慢，时间可达 100～300ms，峰值压力也最低。即使在密闭体内测得燃爆的理想最大压力也才为 700kPa，日常的燃爆灾害其压力峰值一般都达不到这个值。燃爆正压作用时间较长，是一个缓慢衰减的过程，负压段很小，有时甚至测不出负压段。

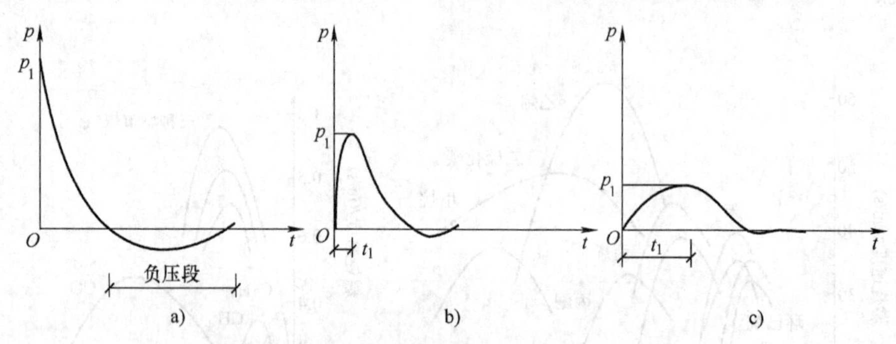

图 15-2　三种不同爆炸的压力时间曲线示意图

a）核爆　b）化爆　c）燃爆

天然气、城市煤气的最大超压和燃气与空气混合气体的体积百分比的关系如图 15-3 所示。

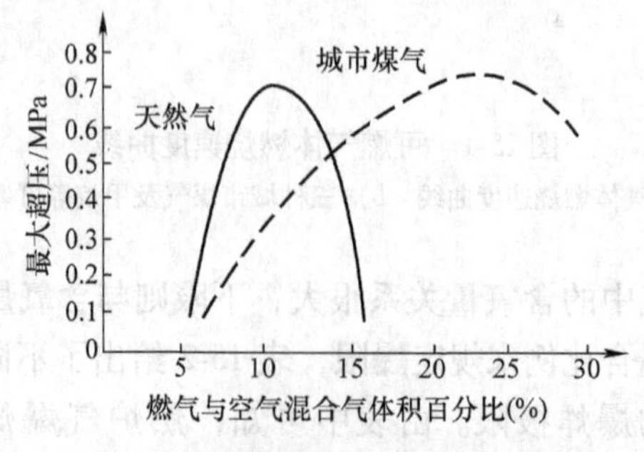

图 15-3　燃气爆炸的理论最大压力

5. 泄压保护

燃气爆炸大都是分散相爆炸，升压时间慢，压力峰值低。这种爆炸又多发生在室内，如生产厂房或居民的厨房，一旦发生爆炸，常常是窗户、屋盖等薄弱环节破坏导致压力下降，这种现象常称泄压保护。

Mainstone 给出了他的实验曲线，如图 15-4 所示。图 15-4a 是在泄压比较小的情况下测得的，图 15-4b 是在泄压比较大的情况下测得的，两者都显示在泄压后，压力没有按原升压曲率一直上升，而是很快达到一个峰值点即开始下降，其中图 15-4b 还产生了一些高频震荡，可能是反射造成的。

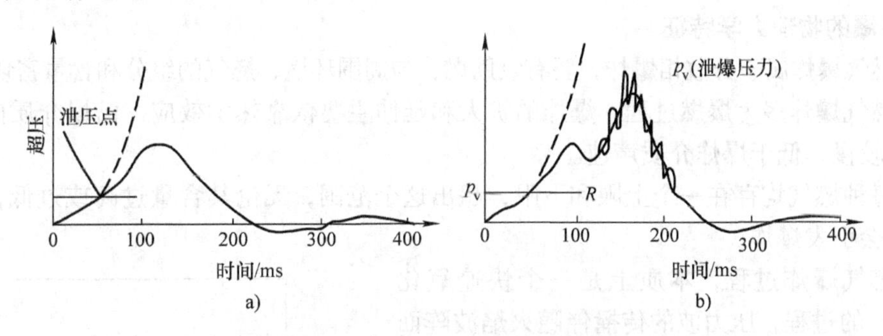

图 15-4 Mainstone 的压力-时间曲线

a）泄压比较小的情况 b）泄压比较大的情况

Dragosavic 在体积为 20m³的实验房屋内测得了压力-时间曲线，经过整理描绘了室内理想化的理论燃气爆炸的升压曲线模型，如图 15-5 所示，人们分析燃气爆炸特性和机理多采用这个模型。其中 A 点是泄爆点，压力从 0 开始上升到 A 点出现泄爆（窗玻璃被压破等），压力稍有上升后即下降，下降的过程有时甚至出现短暂的负超压。经过一段时间，由于燃气的湍流及波的反射出现高频振荡。图中 p_v 为泄爆时压力，p_1 为第一次压力峰值，p_2 为第二次压力峰值，p_w 为高频振荡的峰值，该实验是在空旷房屋中进行的，如果室内有家具等障碍，则振荡会大大减弱。

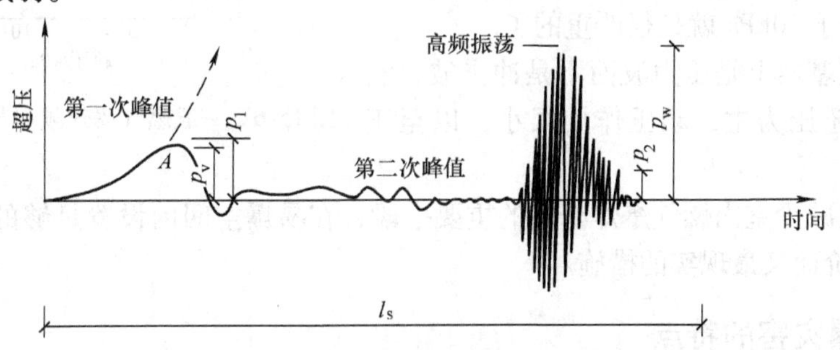

图 15-5 Dragosavic 理论燃气爆炸升压曲线模型

综合上述，易爆空间要有足够的泄压口是非常重要的，生产可燃气体的化工车间、储存室乃至民用厨房在设计上都应考虑这个泄爆保护因素。最简单易行的方法，就是把窗户做得大一些，多一些。对大型易爆车间甚至整个屋盖都可考虑为泄压口，万一发生爆炸，在压力上升不大的情况下，屋盖即被掀翻，压力外泄，使厂房内的人员和重要设备得以保护。

6. 冲击波与压力波

所有爆炸都压缩周围的空气而产生超压，通常所说的爆炸压力均指超过正常大气压的超压，核爆、化爆、燃爆都产生超压，只是幅度不同而已。核爆、化爆是在极短的时间（几毫秒）压力即可达到峰值，周围的气体急速地被挤压和推动而产生很高的运动速度，形成波的高速推进，称之为冲击波。冲击波所到之处，除产生超压（即压力升高）以外，还有一个高速运动引起的动压。超压属于静压，它是向有超压空间内各个表面的挤压作用，动压则与物体的形状和受力面的方位有关，与风压类似。燃气爆炸的效应以超压为主，动压很小，可以忽略不计。所以燃爆波属于压力波。

7. 燃爆的物理力学特征

1）燃气爆炸属于分散相爆炸，要有氧助燃，与周围环境、燃气的组分和含量密切相关。

2）燃气爆炸多为爆燃过程，爆炸的扩大和延伸主要依靠热学效应，已爆介质向未爆介质的传播较慢，低于爆炸介质声速。

3）每种燃气均存在一个上限和下限，超出这个范围，无论其含量过高或过低，即使点燃，也不会引发爆炸。

4）燃气爆炸过程，本质上是一个快速氧化（即燃烧）的过程，压力波的传播伴随火焰波阵面的传播，这种“伴随”性在燃气泄漏严重、扩及范围很大的空间内极易引发恶性大火，而大火又会促使周围其他一些燃气设备（如储罐等）再次爆炸而形成连锁反应。

5）燃气爆炸相对于核爆和化爆升压时间较慢，为100～300ms，密闭体内测得的理论最大压力峰值为700kPa，实际生活中一般室内燃气爆炸都远低于这个值，低1～2个数量级。图15-6所示的统计表明，以往发生的燃爆之超压值都在5～50kPa，超压大于70kPa就是很严重的了。

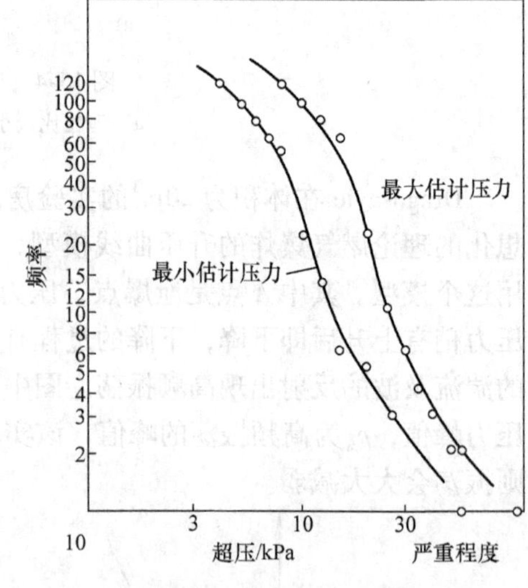

图15-6　一般燃气爆炸频率与严重程度的关系

6）燃爆波基本上是压力波而不是冲击波，它的破坏作用以超压为主，动压作用很小，以至于可以忽略不计。

7）泄爆是减少室内燃气爆炸峰值的重要手段，在易爆空间内设置足够的泄爆面积是防爆设计中最廉价而又最现实的措施。

15.2.2　燃爆灾害的特点

由燃爆的特性可以看出，燃爆作为一种灾害，相对于其他灾害如地震、飓风、洪水等具有如下特点：

（1）频率高　偶然性大。千家万户都使用燃气，当空气中的燃气达到一定含量时，一遇明火就发生爆炸。燃气需要经过许多环节才能输送到千家万户，任何一个环节都有可能发生爆炸。

（2）常与火灾伴生　燃爆既是火灾的引发源，也是火灾的次生、伴生灾害。由于燃爆的动力效应和可燃介质的传播、蔓延，因此，燃爆常常比一般单纯火灾严重得多。

（3）燃爆灾害具有局部性　如局限于一个单体建筑、某一个小区、某一段管路等；燃爆对承载体（如结构）破坏的程度也比一般化学爆炸要低，并且多为封闭体（如室内）内的约束爆炸，因此，对泄爆特别敏感。泄爆可以作为减轻室内燃爆的重要手段之一。

（4）燃爆灾害具有显著的人为特征　与地震及风暴潮等其他灾害相比，少了“自然”特征，多了人为特征，因此，预防的可能性较强。

（5）抗灾措施较易实施　根据燃爆灾害的特点，预防的措施除在建筑结构设计上要考虑防止连续倒塌之外，还可以做一些普及教育方面的工作，概括如下：

1）对城市储罐区，主要燃气干管等要进行危险性评估。

2）积极开展燃气泄漏检测的研究，研制灵敏度高并能及时报警的装置，使泄漏的燃气达不到燃烧含量就可以提醒人们注意并加以控制。

3）加强对燃爆灾害的重视。既要注意预防燃爆引发的火灾，又要注意由火灾引发的燃爆。

4）对居民要广为宣传，使人们了解一些预防燃爆的基本知识。

15.2.3　燃爆对建筑结构的影响

钢筋混凝土结构及砌体结构的基本自振周期在20～50ms范围内，在爆炸荷载作用下，结构构件的运动由于加速度的存在而产生惯性力。对燃气爆炸来说，荷载的升压时间与结构构件的基本自振周期相比，加载时间足够缓慢，以至于惯性力小到可以忽略不计，因此可以认为室内燃爆对建筑结构的作用基本上不产生动力效应，属于一种静力作用，破坏荷载只是压力波的峰值压力，而不是冲击波的破坏。根据近几年燃爆灾后现场情况、结构的破坏形态，室内燃爆对建筑结构破坏比较严重的是外墙的窗户、与邻户相隔的内墙、楼板、与室外大气相通的通风道等，而室内的物品多数不会被移动式推倒。由此可见，在易爆空间设足够的泄压口，如增加窗口面积或数量是最有效的防护措施。

15.3　燃爆灾害事故实例

可燃气体与空气混合后，一经点燃就可能发生猛烈的爆炸，民用燃气的组分决定了它具有一般可燃气体爆炸的特性。日常生活中，一些闪点较低的可燃液体，如乙醚、汽油等在常温下极易挥发成可燃蒸气，甚至一些闪点较高的可燃液体，遇热后同样挥发成可燃蒸气，这些蒸气达到一定的含量后，遇明火点燃即刻发生爆炸。燃气一般要经过生产、输送、储配、使用四个环节才能实现能量转换即使用效果，其中每一个环节都可能发生爆炸酿成灾害。下面是在各个环节发生的若干典型燃爆灾害实例。

1. 生产环节的爆炸

【例15-1】 新疆克拉2气田中央处理厂6号装置发生爆炸

2005年6月3日15时10分左右，位于新疆南部拜城县克孜尔乡境内的西气东输主力气源克拉2气田中央处理厂6号装置发生爆炸，中央处理厂6号和5号处理装置全部烧毁，造成2人死亡，9人重伤，主力气田停止向西气东输管道供气。克拉2气田探明地质储量2840亿m^3，是向长江三角洲地区供气的最大气田。

【例 15-2】巴西圣保罗库巴坦炼油厂发生爆炸

1984 年 3 月 25 日，巴西圣保罗库巴坦炼油厂，输油管故障破裂，遇明火引爆。流出大量油品，使附近贫民区上空充满雾气，爆后火焰温度达 1000℃。事故造成 508 人死亡，127 人受伤，2000 名幸存者无家可归，毁坏房屋无数。

【例 15-3】某市石油六厂合成车间发生爆炸

1970 年 7 月 21 日，某市石油六厂合成车间发生爆炸，该车间聚异丁烯装置试运行，7 号釜石棉垫片被冲破，高压釜油气喷出，离地 1m 高内充满可燃气，配电间开关打火引爆。造成 14 人死亡，36 人受伤。

2. 输送环节的爆炸

【例 15-4】四川眉山仁寿县发生输气管道爆炸

2006 年 1 月 20 日 12 时 17 分，四川眉山市仁寿县中石油西南油气田分公司输气管理处仁寿运销部富加输气站出站处管线发生管道爆炸，埋在地下的管线爆炸形成十几米长、两三米深的大坑。造成 10 人死亡，3 人重伤，47 人轻伤。几分钟后，该输气站的进站管线也发生爆炸。爆炸共造成 8 人当场死亡，另有 2 人送往医院后死亡，3 人受重伤。爆炸引起火灾，并将镇上 100m 范围内建筑物的门窗和玻璃震坏，同时造成 47 人不同程度的轻伤。调查发现，发生爆炸的是 20 世纪 70 年代铺设的 720mm 大口径输气管。

【例 15-5】美国伊利诺伊州横穿克利圣特城市中心街的铁道上——火车运输

1970 年 6 月 21 日，牵引 10 节液化石油气（LPG）槽车的列车脱轨，槽车开裂爆炸。每节车装 LPG75t，脱轨后翻倒碰撞爆炸，车皮飞到 200m 远并撞毁楼房，部分爆片飞至 500m 以外。事故造成 66 人受伤，16 幢大楼毁坏，25 幢民房，中心街 90% 设施被烧毁。

【例 15-6】墨西哥近郊工业区煤气汽车爆炸——汽车运输

1984 年 11 月 19 日，在墨西哥近郊工业区，一辆装满煤气汽车遇明火引爆。该车煤气爆炸时正处于油、气库区 20m 左右，导致整个库区爆炸。为了防止扩散，政府下令，切断了全国向首都的输气管。事故造成 600 人死亡，3000 人受伤，120 万人搬迁，35 万人无家可归，震惊世界。

【例 15-7】意大利中部佩路贾省托迪市古董展览会爆炸——管路输送

1982 年 4 月 25 日，意大利中部佩路贾省托迪市古董展览会场，因煤气管路泄露，遇明火发生爆炸。造成 34 人死亡，60 人受伤，大批珍贵美术绘画、古董、文物毁坏。

【例 15-8】中国远洋运输公司货轮爆炸——轮船运输

1981 年 9 月 26 日，中国远洋运输公司装满聚苯乙烯树脂货轮停在新加坡锚地，树脂内戊烷外泄充满船体上空，水手关闭桅杆荧光灯时打火引爆。戊烷爆炸的上下限为 1.4% ~8.3%，闪点：-400℃，点燃能量仅 0.28mJ。4 号舱首先爆炸，继而 3 号，2 号舱爆炸，共 2000 多吨可挥发性聚苯乙烯树脂毁于一旦，造成损失 1 亿元以上。

【例 15-9】中国太原市焦炉煤气干管爆炸——管路输送

1993 年 2 月 11 日，太原市焦炉煤气干管因埋置于自行车道下，埋深较浅，由于道路翻修，汽车改走自行车道，在汽车重载压力下，干管破裂，煤气通过污水管道进入邻近厨房，遇明火爆炸，火焰波阵面沿污水管在地下传播，导致通信管路等多次继发性爆炸。事故造成全市一半居民中断煤气供应十几小时，部分地区通信及交通中断。

3. 储配环节的爆炸

【例15-10】墨西哥首都近郊一家液化气供应中心站发生爆炸

1984年11月19日，墨西哥首都墨西哥城近郊，国家石油公司所属的液化气供应中心站发生一连串剧烈爆炸，站内的54座液化气储罐几乎全部爆炸起火，附近居民区受到严重损害。事故中约有490人死亡，4000多人负伤，另有900多人失踪。供应站内所有设施毁损殆尽，民房倒塌和部分损坏者达1400余所，致使31 000人无家可归。

供应站原有6座球形储罐，火灾发生后，其中4座随着巨响相继爆炸，所剩两座也发生倾斜，储罐顶部喷出烈焰，紧接着，邻近的筒形油罐也一座又一座地接连爆炸，有的筒形油罐似火箭般腾空飞出，将建筑物撞得粉碎。

此次事故是由于液化气管道发生裂纹，液化气外逸，弥漫于周围环境空气中，而供应站内煤气炉的明火接触到了泄漏的气体而导致爆炸。

对事故原因的推断有：

1）先是邻近的联合煤气公司（一民办煤气公司）内煤气配管发生泄漏和爆炸、燃烧，继而引燃了供应中心站的液化石油气贮罐。

2）液化气运载罐车发生爆炸，又引燃了液化气贮罐。

3）供应中心站内液化气泄漏，遇某一火源（据说为罐车发动机火花），而爆炸起火。

4）站内工人对设备有意破坏。

【例15-11】中国某市煤气公司液化气储配站发生爆炸

1979年12月18日，中国某市煤气公司液化气储配站102号球罐焊缝开裂，液化石油气（LPG）喷出，气雾扩及整个厂区、罐区，遇明火引爆。102号球罐连续引爆101号、202号、206号球罐，又撞倒103号、104号球罐。30km以外可以看到火光，50km以外能听到爆声。不仅球罐炸毁，已装好的3000支钢瓶也爆炸，5000支空瓶烧坏。事故造成34人死亡，58人受伤，炸毁车5辆；厂外500m以内苗圃、高压线均被毁，直接损失500万元。

【例15-12】中国某钢厂液化石油气储罐区发生爆炸

1977年2月，中国某钢厂液化石油气储罐区，检修时钢尺碰撞量油孔盖板产生火花引爆。该罐区共8个罐，每罐8~10m^3，储量不大，且顶部覆土，储罐区设有围墙，起了一定阻挡作用。事故造成8人死亡，气化间及其附近厂房被毁。

【例15-13】中国某市油库发生爆炸

1977年7月21日，某市油库汽油蒸发充满上空，遇雷击引爆。该油库有的油罐盖未盖严，使罐区上空散发了大量石油气，附近又有一根铁丝，雷击时铁丝放电引爆，导致大火及连续爆炸，抢救5天才扑灭。死伤10人，损失60万元。

4. 使用环节的爆炸

【例15-14】吉林市船营区农林大街某居民楼发生天然气泄漏引起爆炸

2004年12月14日，吉林市船营区农林大街鸿博御园6号楼2单元4楼402室发生天然气泄漏引起爆炸，3名装修工人被炸伤。由于爆炸的冲击力非常大，附近近百户居民在此次事故中遭受到不同程度的损失。

【例15-15】韩国汉城大然阁旅馆爆炸

1971年12月25日，韩国汉城大然阁旅馆二楼咖啡厅液化石油气瓶漏气，遇明火引爆。当日圣诞节，大楼内约有290人，爆炸引起大火。事故造成163人死亡，60人受伤，从底层烧至顶层，旅馆的家具、陈设、装修全部烧毁。

【例 15-16】中国东北盘锦某招待所发生爆炸

1990 年 2 月 11 日，盘锦某招待所底层餐厅厨房天然气管道漏气，遇明火引爆。2 月 11 日晚，厨房天然气管道裂缝漏气扩及整个招待所，翌晨厨师进厨房做饭，发现气味不对，关闭总阀门，打开窗户通气约 20min（冬季通气快），并绑好管道漏气部分，照常点燃做饭。约半小时以后招待所上班，有人进入与厨房相隔一大餐厅的会议室，开门后划火柴点烟立即爆炸。事故造成整栋楼房连续倒塌，损失惨重。

15.4 燃爆灾害后的调查与处理

燃爆大都伴生火灾，其局部建筑特别是爆炸点附近的房间破坏都大于单纯由火灾引发的烧损，如果伴生火灾很大又没有来得及扑救，持续燃烧时间长，过火面积大，这样一来灾害的损失就远远超过仅有局部燃爆造成的损害了，这也是消防部门长期以来把燃爆作为火因的一种来考虑的原因。但从建筑工程部门设计与修复的角度，燃爆作为一个区别于一般火灾的灾种而需要专门给予考虑。

燃爆后的鉴定应包括燃爆的调查与分析、火灾的评判与鉴定两个部分。

15.4.1 燃爆调查与分析方法

发生燃气爆炸后，特别是使结构发生较为严重的破坏或损坏后。首先要进入现场调查以获取第一手资料，然后加以分析和总结。参考一般爆炸调查方法，结合燃气爆炸的特点，分述如下。

1. 现场调查

1）尽量使破坏现场的碎片、废墟保持原状。

2）拍摄照片或录像，尽可能全面录制现场情况，并做好现场记录。

3）量测结构破坏和损坏的程度，并写出文字材料和绘出图样等。

4）获取该地区的平面图及破损结构的建筑、结构施工图等技术文件。

5）搞清散落或坍塌构件、物品的原始位置并绘制抛散物的抛掷图，标明位置、尺寸、材料、质量等特征。

6）取得目击者的证词等材料。

7）取得事故发生前后的当地气象资料。

2. 分析和总结

1）分析确定事故的全程，包括爆炸前后现象、爆源的类型与位置、现象出现的顺序等。

2）分析爆炸性质和作出超压估计。

3）分析事故原因，写出完整结论。

这里仅是提纲性地简述了调查与分析方法，具体执行可参照下述案例的调查与分析。

【例 15-17】北京南沙滩小区居民楼燃爆事故

1. 现场调查

（1）事故基本情况描述　南沙滩小区位于北京市德胜门外北大街东侧。建筑总平面图如图15-7所示。该区供应天然气，发生爆炸的是4号楼。该楼为预制板结构，建于1982年，高6层，层高2.9m，同年竣工。各部位预制板厚分别为内墙140mm，外墙280mm，楼板厚120mm。施工为现场装配焊接并浇筑节点混凝土。

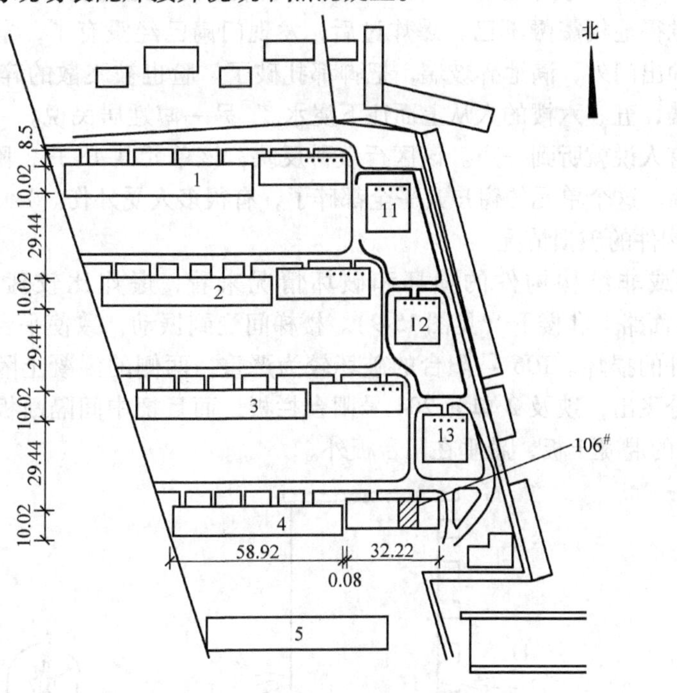

图15-7 南沙滩小区总平面图（单位：m）

1992年8月23日凌晨1点35分，4号楼1单元2层106号（见图15-8）发生爆炸，当晚家中无人。由气象部门得知当时的气象情况为少云，气温22℃。相对湿度为87，气压为

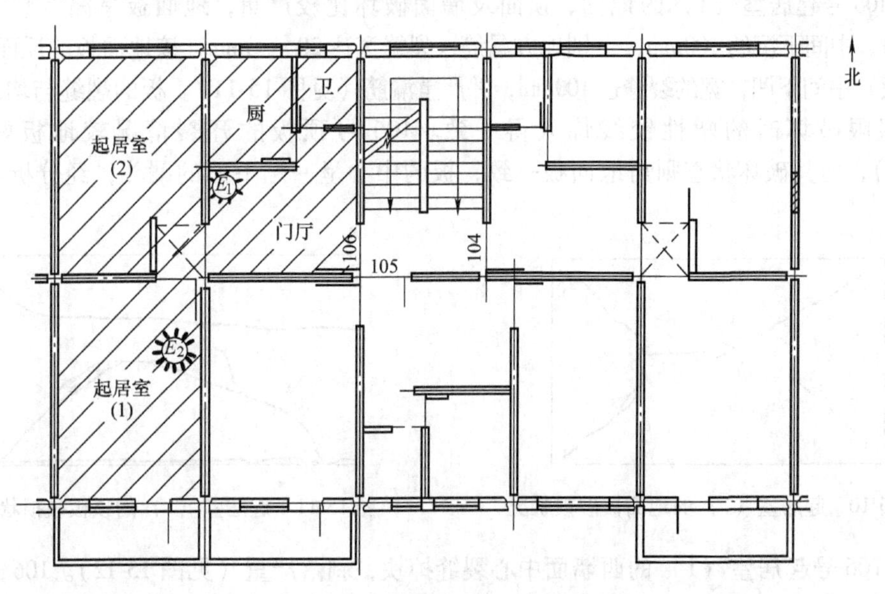

图15-8 爆炸户（106）平面图

注：E_1为第一次引爆，冰箱打火引爆；E_2为第二次引爆，火焰波阵面引爆。

1000.9hPa（1hPa = 100Pa≈0.75mmHg）。爆炸时附近居民听到爆声，4 号楼的居民有地震感，特别是 106 号上下左右的住户。

该 1 单元 1 层 101 号周姓居民反映说："当时感觉以为是地震，床、家具乱响，因为天热，睡地铺，觉得地板震颤不已，爆炸过后，发现门扇已经没有了，拿毯子一包床上的孩子，光着脚就冲出门外，满地碎玻璃，把脚都扎破了。脸也被飞散的碎玻璃划伤。""大火从二楼窜到五楼，五、六楼的人从上面往下浇水。"另一傅姓居民说。一位李姓居民说听到两声爆炸，也有人说就听到一声。该区行政科反映，该单元共 18 户，除 106 号外，共换玻璃 4（标准）箱。这个单元的窗户几乎全都碎了，有很多人受外伤。

（2）结构构件的破损情况

1）从结构或非结构构件的损坏和破坏情况来看，爆炸比较猛烈，该室玻璃飞至 30～50m外的对面路上和楼下（见图 15-9）。楼梯间受到振动，致使平台梁出现小的破损和一些非结构构件的损坏。106 号阳台的破坏较为严重，两侧的混凝土隔板均有水平走向裂缝，栏板一部分飞出，殃及 2 单元 204 号阳台栏板，而且把中间隔断板扯出一块 200mm × 500mm × 10mm 的混凝土板，悬垂在阳台板外。

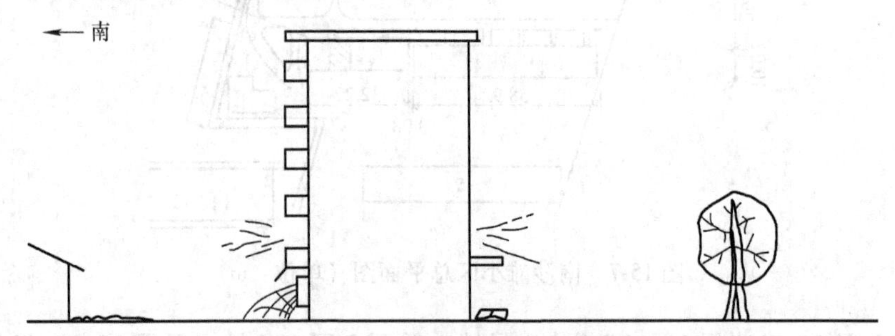

图 15-9　南沙滩 4 号楼 106 室爆炸抛掷示意图

2）106 号起居室（1）的地面、顶面及墙面破坏比较严重，地面板呈漏斗状下沉（见图 15-10），中间下沉约 100mm，个别地方漏筋，裂缝宽达 20～30mm，该地面板的反面（即 103 号的顶板）中间下凹，宽的裂缝达 100mm，并严重漏筋（见图 15-11）。板的裂缝与均载下四边固支板极限破坏时的塑性铰线惊人得一致。106 号顶板的开裂情况较地板好些（见图 15-11），但其破坏状态则与地面板一致，板的中心呈一个下凹的漏斗，经分析可能是负压所致。

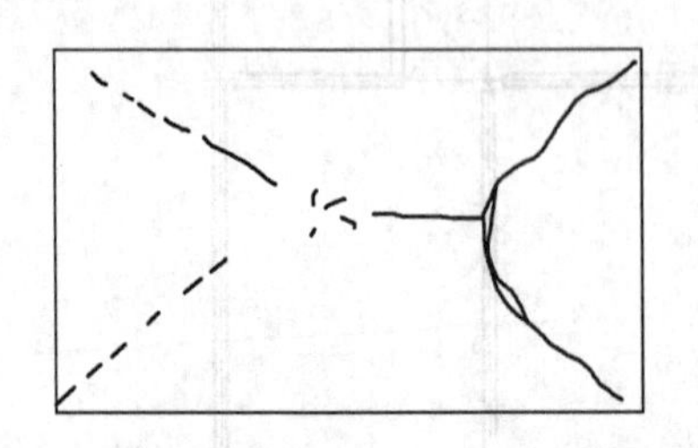

图 15-10　起居室（1）的地面板破损状况

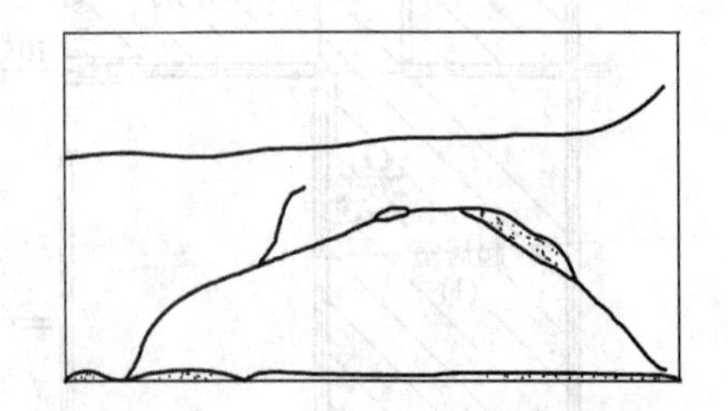

图 15-11　起居室（1）的顶板破损状况

3）106 号起居室（1）的西墙面中心裂缝掉块，剥落严重（见图 15-12）。106 号起居室（1）的东墙面的破坏见图 15-13。东墙面的反面（即 105 号的西墙面）破损状况如图 15-14 所示。各墙面裂缝宽度都在 30mm 左右，个别可达 50～70mm。漏筋严重且呈明显的塑性铰线的极限破坏状态。

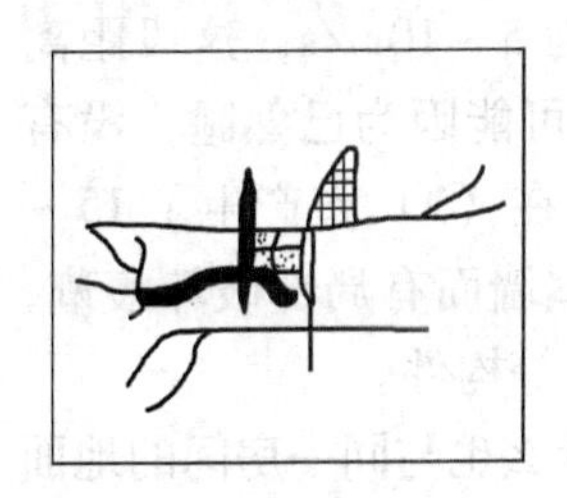

图 15-12 起居室（1）的西墙面破损状况

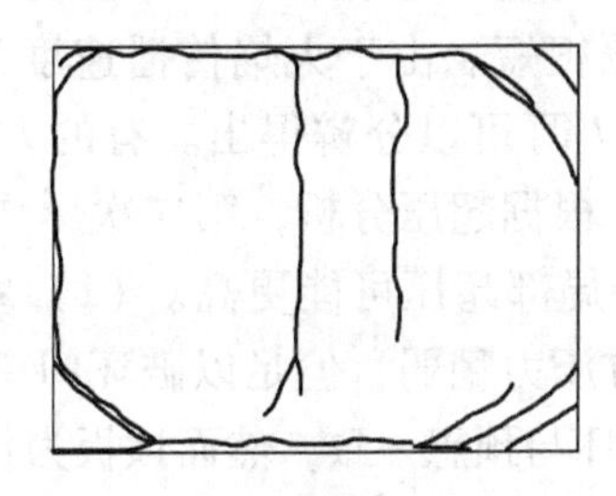

图 15-13 起居室（1）的东墙面破坏状况

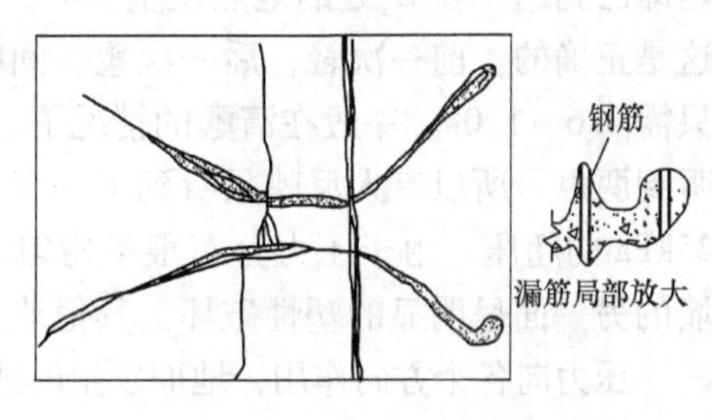

图 15-14 起居室（1）的东墙反面（即 105 号西墙）破损状况

4）106 号起居室（2）的东墙面和南墙入口处的破坏情况如图 15-15 和图 15-16 所示。裂缝最宽可达 30mm 左右。但该室地面无明显的裂缝。

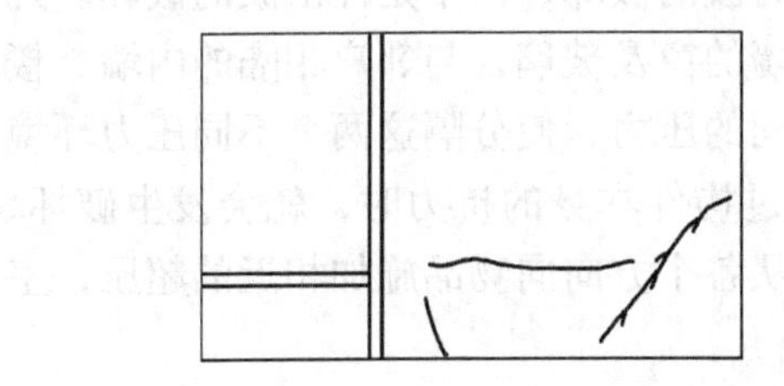

图 15-15 起居室（2）的东墙面破损状况

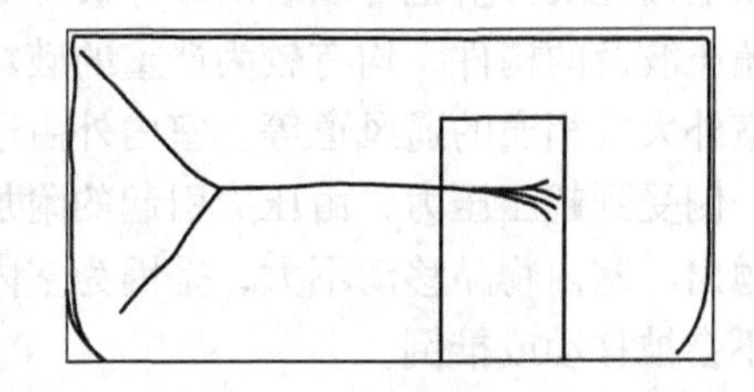

图 15-16 起居室（2）的南墙入口处破损状况

5）106 号厨房结构无肉眼可见的破坏。外窗有变形，外倾达 150mm，与门厅相隔的窗框、门都没有损坏，甚至还有几块玻璃是完整的。菱苦土制作的 200mm × 150mm × 10mm 通风道破坏严重，有贯通裂缝，大部已跌落。

1 单元楼梯间损坏不大，仅在梯段板与平台梁相接处及上下几层通往楼梯间的门框处，由于振动产生裂缝和部分损坏。通往一、三层楼梯栏杆倾斜，分别为 5°和 4°，即外倾 200mm 左右。邻居 104 号、105 号外门及部分内门移位或被击破，其他相邻户结构都有不同程度的破坏。另外爆炸荷载对结构的整体影响，也使许多家庭中易碎的物品被振碎。

2. 事故分析

天然气泄漏源在厨房。天然气经厨房门缝等处逐渐弥漫至门厅乃至散布至（1）室和（2）室。由于天然气轻于空气，在进入门厅后，门厅上部充满天然气，然后逐渐向下扩散。天然气与空气混合后，达到一定含量，经门厅内的电冰箱启动点燃爆炸，见图 15-8E_1点。现场勘察表明这次爆炸波压力不大，但气浪推动火焰向各方传播，导致了第二次在（1）室发生的更为严重的爆炸。

天然气在标准状况下（0℃，1atm.）爆限是 6% ~16%（体积比）。天然气发生最大爆炸（即理想配比的当量爆炸）的环境条件是 20℃， 1atm，相对湿度 50，天然气占空气的体积比为 10.5%。当时除相对湿度略大，含量不明外（但一定在 10% 附近），其他条件均接近于理想条件，爆炸是比较剧烈的。

门厅内发生爆炸后，气浪把内外门扇掀掉或打开，压力骤降，因此没有造成门厅的严重破坏。气体穿过各个狭窄洞口出现湍流，加速把混合气体输送到各个房间或室外。气流沿阻碍最小路径、最短路径的方向移动，在（1）室门内近地面处积聚到一定含量时，门厅的火焰即已到达，在E_2处的地点发生了第二次爆炸（参见图 15-8）。现场有人说听到两声爆炸，这是正确的。前一次轻，后一次重，间隔很短。由于火焰传播速度为 5～10m/s，这段距离只需 0.6～1.0s。一般在清醒的情况下，人耳可以分辨得出。有的人可能因为已熟睡，没有听到两声，所以有人反映只听到了一声。根据超压分析，第二次爆炸在（1）室产生了 15～25kPa 的超压。由于压力分布很不均匀，局部超压可能更高。（1）室墙面有局部破坏痕迹，墙的另一面呈明显的塑性破坏。其他地方压力稍弱，但足以破坏门窗等构件。

压力向各个方向作用，地面发生的破坏与预想一致，然而顶板为什么也与同一房间的地面破坏状态相似呢？因为近地面处爆炸压力最大，上部压力较小。考虑湍流的影响，（1）室上部可能形成一个负压区。如负压区压力为大气压力的 90%，即低于常压 10%，相当于楼板附加向下的荷载约为 10kPa，楼板面压力为 q = 恒载 + 活载 + 向下的负压 = (2.65 + 2 + 10) kPa = 14.65kPa，远超过楼板的设计荷载值，顶板依然表现出下凹的塑性状态。

从以上描述及分析也可以看出爆炸破坏是空气压力波的破坏，而不是冲击波的破坏。凡被单面超压波及的构件，均有较为严重的破坏，如外墙的窗及玻璃，与邻户相隔的内墙、楼板，与室外大气相通的通风道等。室内外由于存在不同的压力，使分隔这两个不同压力环境的构件一侧受到超压压力，由压力引起的附加内力超过构件本身的抗力时，就会发生破坏，甚至被抛出。室内物品移动不大，是因为室内压力波从各个方向向物品施加相近的超压，室内物品不会被移动或推倒。

15.4.2 燃爆灾害的加固与修复

燃爆后的加固与一般建筑物加固（如震后加固）基本上没有什么区别，而且比抗震加固可能还要轻微（燃爆波是压力波，可视为静载）和局部，如果伴生很大的火灾则应做火灾后的评估与鉴定，并根据鉴定结果给出火灾后的建筑加固修复方案并辅以解决燃爆压力波局部破坏的加固方案，其综合考虑方法如图 15-17 所示。具体加固方案可视不同部位参见本书讨论的各种方法灵活运用即可。

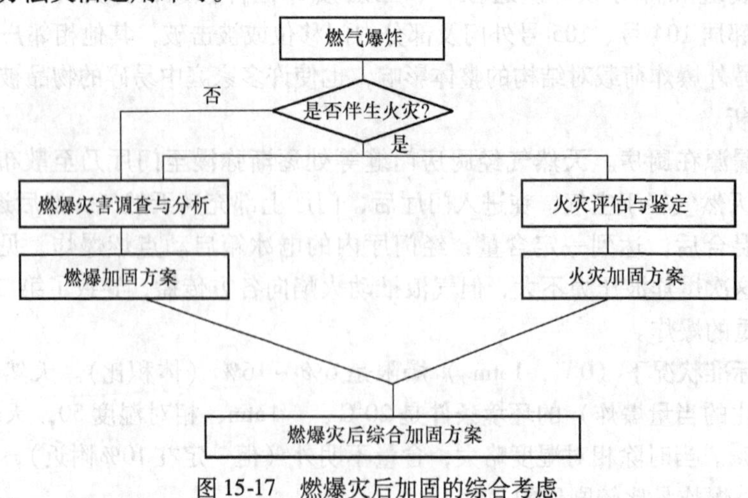

图 15-17　燃爆灾后加固的综合考虑

【**例 15-18**】东北地区某居民楼燃气泄漏爆炸事故

1. 事故概况

某居民小区 9 号楼为一栋六层砖混结构住宅，建于 1997 年，建筑面积为 5655.57m²。

房屋采用条形砖基础。主体结构的外墙厚度为370mm，内墙厚度为240mm，房屋每层设置现浇钢筋混凝土圈梁、构造柱。楼、屋盖板，过梁、阳台、雨篷、挑檐和楼梯板等采用预制构件。厨房、卫生间和起居室局部采用现浇板。主体结构的材料等级：砖为MU10，混合砂浆（一至三层为M10，四层以上为M7.5），现浇钢筋混凝土构件强度等级为C20。2001年11月22日6点22分，位于该楼西北角的五单元102号厨房发生燃气泄漏爆炸，随后起火，11分钟后消防队赶到灭火。五单元102、202号和首层、二层的楼梯休息平台板的主要承重构件受损情况严重，不能满足继续承载的要求，局部构件成为危险构件。业主要求进行加固处理。五单元102号为三室两厅户型，其所在单元平面图如图15-18所示。

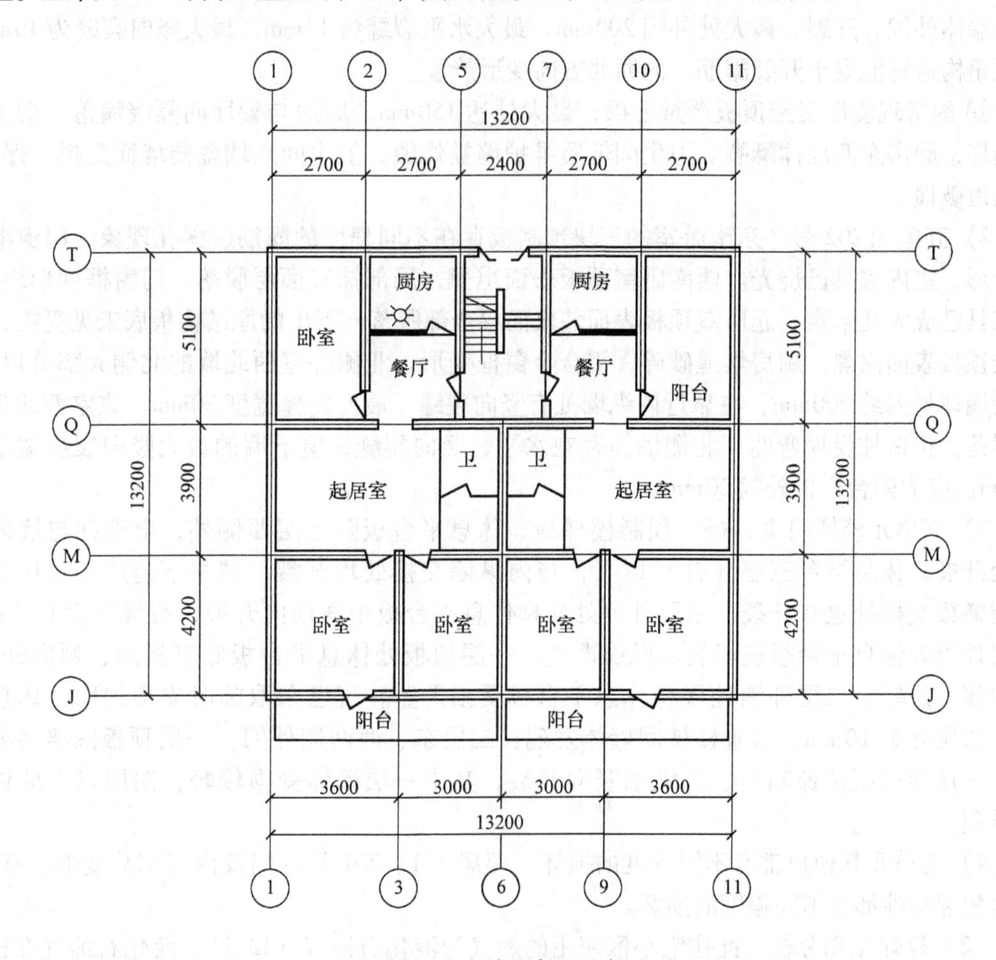

图15-18 五单元房屋示意图

2. 结构的损伤状况分析

（1）结构的损伤状态描述 从结构或非结构构件的损伤和破坏情况来看，爆炸比较猛烈，爆炸使得该楼和周围房屋的多数窗户玻璃破碎、窗框变形，五单元首层和二层，西北侧内纵墙和外墙受损严重。下面就五单元101、202号各部位进行逐一描述。

1）五单元102号。

① 餐厅、起居室、北侧卧室顶板全部塌落。起居室四周墙体严重开裂，西山墙外闪，与起居室北墙的交接处断开150mm，与起居室南墙的交接处开裂10mm。

② 西南卧室的三块预制板存在不同程度的露筋、露孔现象，并以靠近阳台处最严重。该室的墙体抹灰全部脱落，砖墙爆裂深度10mm，敲击声音发闷。东墙有多道竖向及斜向裂缝，最大裂缝宽度1mm。

③ 东南卧室的三块预制板向上拱起，最大处达300mm，该室的窗框被炸毁，该室东、西横墙的软包墙面未见明显受损。

④ 南侧阳台钢窗框严重变形，窗下墙外闪100mm，砖砌阳台栏板消失，阳台门窗过梁表面熏黑、局部抹灰脱落，且过梁底面个别部位顺裂，但过梁敲击声音清脆。

⑤ 北侧卧室暖气沟坍塌。西山墙上部塌落，下部外闪达400mm；该室北侧窗下墙塌落，北墙墙体外闪、开裂，最大处外闪200mm，最大水平裂缝为13mm，最大竖向裂缝为10mm。西北角构造柱混凝土开裂露筋，向西北方向变形严重。

⑥ 厨房现浇混凝土顶板严重上拱，最大处达150mm，厨房与餐厅间隔墙塌落，烟道完全损坏，厨房东西墙体酥裂。卫生间轻质维护墙被炸毁，卫生间东墙瓷砖墙面熏黑、爆裂，通风道破损。

2）五单元202号。东南卧室的三块预制板存在不同程度的露筋、露孔现象，门窗框严重变形，室内家具已烧光。西南卧室顶板表面熏黑，局部抹灰面层脱落，门窗框变形轻微，木家具已成大孔木炭。起居室顶板表面装修面层全部脱落，露出的原结构板底未见受损，餐厅处顶板表面熏黑，厨房烟道破碎，铝合金窗框变形。北侧卧室西北墙的北侧大部分塌落，剩余墙体外闪约400mm，在靠近内纵墙处有竖向裂缝，最大裂缝宽度30mm。该室西北角墙体塌落，构造柱受损弯曲，北侧墙体存在水平、竖向裂缝，窗下墙的最大竖向裂缝宽度为10mm。南侧阳台栏板外闪20mm。

3）五单元楼梯间梁、板。预制楼梯板、休息平台板除五层西侧外，全部在与墙体交接处开裂；休息平台三层（含）以下，与内纵墙交接处均开裂，越往下越严重。楼梯板与楼梯梁交接处也有开裂。三层外墙处楼梯休息平台板中间横向开裂，裂缝宽度0.3mm。二层顶板处休息平台板底斜裂、顺裂严重。一层顶板处休息平台板底有斜向、顺向开裂，开裂较二层轻。二层外墙处楼梯休息平台板受损严重，现已采取临时支顶加固，休息平台板边梁开裂10mm。检查楼梯间墙体发现：二层东、西两侧外闪，一层顶板圈梁多处开裂，一层至三层楼梯间南、北纵墙竖向开裂，其中一层墙体受损较轻，四层以上墙体未见开裂。

4）五单元其他户都有不同程度的损坏，邻居101、201号外门及内门部分变形、移位，其他相邻构件都有不同程度的损坏。

（2）爆炸损伤分析　此住宅小区使用的燃气为液化石油气（LPG），液化石油气在标准状况下（0℃，1atm）爆限为2.1%~7.7%（体积比）。当时现场的条件接近于理想条件，爆炸是比较剧烈的。液化石油气泄漏源在厨房，液化石油气经厨房门缝逐渐弥漫至餐厅、北侧卧室，由于液化石油气轻于空气，在进入餐厅及北侧卧室后，上部充满液化石油气然后逐渐向下扩散，液化石油气与空气混合，达到一定含量后，经电冰箱启动点燃。现场勘察表明，破坏严重的是北侧的卧室和厨房。因此爆炸点可判断为在北侧卧室。北侧卧室首先爆炸后，由于北侧卧室的泄压面积很小，致使起居室与北侧卧室的顶板塌落，西侧山墙外闪断裂，外门与邻居的外门被挤到邻居的房中墙上。气体穿过各个狭窄洞口形成湍流加速把混合气体送到起居室。气流沿阻碍最小路径、最短路径的方向移动，在起居室达到一定含量后，厨房火焰已到达，发生第二次爆炸，致使厨房顶现浇楼板向上屈服变形。

灾害性爆炸事先无法预知其爆炸压力，往往需要依靠灾后的现场情况、结构的破坏形态反推爆炸压力的大小。根据构件的破坏来计算爆炸产生的超压，因为厨房顶现浇楼板屈曲变形出现塑性铰线，可由此现浇楼板的破坏情况来计算爆炸产生的超压。厨房顶现浇楼板的轴线尺寸为2700mm×2400mm，混凝土等级为C20，下部配筋ϕ8@200，上部配筋ϕ8@200，楼板厚120mm。由 Joharvsen 弯曲屈服理论，不考虑板大变形和边界约束带来的薄膜效应，取各材料的强度标准值，有

$$m_x = A_{sx} f_{yk} \gamma h_{0x}$$

$$m_y = A_{sy} f_{yk} \gamma h_{0y}$$

$$q = \frac{\lambda + \alpha}{3\lambda - 1}(1 + \beta)\frac{24m_x}{l_x^2}$$

式中，m_x为沿短跨塑性铰线上单位宽度内的极限弯矩；m_y为沿长跨塑性铰线上单位宽度内的极限弯矩；λ为矩形双向板长边边长与短边边长之比；α为长短跨方向的极限弯矩比；β为支座、跨中极限弯矩比；q为板出现破坏机构的均布荷载值。由计算得到$q = 27.3\text{kPa}$。按照楼板标准荷载，恒荷载为3.24kPa，活荷载为2kPa，设计荷载为$q = 6.68\text{kPa}$，可见爆炸产生的超压远远大于楼板的设计荷载，所以楼板表现为屈服状态。由于爆炸条件的极端复杂性，用不同方法估计的压力峰值有时会有很大差异，但从以上计算中可以大体认定这次爆炸的压力峰值在27.3kPa左右。

3. 爆炸损伤后的结构加固修复处理方案

目前，国内外学者对灾后结构的加固修复技术进行了一定程度的研究。对受损结构的修复问题，提出了许多修复技术和方法，如采用加大截面法、改变受力模式、预应力粘钢加固等技术。各种方法可单独采用也可以几种方法综合采用。但设计中都应考虑每一结构的损坏特点，因此建筑物的加固修复设计一定要因地制宜。

（1）根据此住宅楼爆炸后的损伤情况确定加固改造方案的基本原则

1）充分利用原有结构构件的承载能力，使新加构件与原结构协同工作，降低造价。

2）加固后对主要构件的影响小，对其他部位的居民生活影响小，受力合理，确保安全，便于施工。

（2）根据“现场破损情况详细调查结果”确定加固方案

1）地坪加固。首先清除室内杂物，对于凹陷地坪，以回填土填平夯实，找平抹灰。

2）墙体加固。西侧一至二层顶山墙与北侧①—②轴线间墙体，破坏严重不能继续使用，需要拆除，改变为框架结构。先在地梁部分增设一道混凝土梁，钢柱下脚落在新增地梁上。上部结构的荷载通过钢柱传到新加混凝土梁上之后再传到条形基础上。原体加固部分的墙体，通过铺设钢丝网，喷射50mm的混凝土加固。

3）楼梯加固。楼梯1~4层休息平台板，由于出现裂缝已破坏，需拆除原有休息平台板，重新浇筑现浇混凝土板。在⑤—⑦轴的楼梯墙体4层以下铺设钢丝网，喷射混凝土加固。楼梯板进行原体加固。保证两者之间的连接。

4）楼板加固。拆除五单元102、202号一层和二层所有房间的原有预制空心楼板，改为现浇混凝土楼板。

5）阳台加固。二层阳台与楼板考虑一同加固。

思考题

1. 我国民用燃气分哪几类？
2. 简述燃爆的特点。
3. 燃爆灾害的特点有哪些？
4. 简述燃爆荷载的性质。
5. 简述防燃爆设计的一般原则。
6. 如何进行燃爆事故的现场调查与分析？

第 16 章　地震灾害事故

全世界每年约发生 500 万次地震，其中 1% 为有感地震。造成灾害的强烈地震每年约发生十几次。地震灾害具有突发性和不可预测性，还伴生严重的次生灾害，给人类带来了巨大灾害。我国处于世界上两个最活跃的地震带之间，东临环太平洋地震带，西部和西南部是欧亚地震带经过的地区，是世界上多地震国家之一。地震造成的人员伤亡巨大，造成的经济损失也十分巨大。

在地震灾害面前，人类显得软弱无力，但地震灾害是可以预防的。目前，人类只能从加强地震的预报、提高结构物的抗震能力，以及提高受损结构的加固技术等方面着手，以最大限度地避免或减少地震灾害的程度和损失。因此，从设计和施工方面做好地震的预防和抗震是很重要的工作。

16.1　概述

16.1.1 地震灾害

地震造成的灾害可分为直接灾害和次生灾害。

1. 地震直接灾害

直接灾害，又称为一次灾害，是指由于地震破坏作用导致地面、房屋、工程结构、物品等物质的破坏，包括以下几方面：

1）土木工程破坏。主要有房屋倒塌、建筑结构破坏、地基失效破坏、各类墙体裂缝破坏，对钢结构还有整体失稳和局部失稳情况，塔式钢结构在强震下发生支撑整体失稳、局部失稳的情况。房屋坍塌不仅造成巨大的经济损失，还会造成人员伤亡。

2）基础设施破坏。如交通、电力、通信、供水、排水、燃气、输油、供暖等生命线系统，大坝、灌渠等水利工程等，这些结构设施破坏的后果也包括本身的价值和功能丧失两个方面。城镇生命线系统的功能丧失还给救灾带来极大的障碍，加剧地震灾害。

3）工业设施、设备、装置的破坏。破坏会带来巨大的经济损失，也影响正常的供应和经济发展。

4）牲畜、车辆等室外财产遭到地震的破坏。

5）引起山体滑坡、崩塌、地表裂缝、喷水冒砂等，还破坏林地农田等，造成林地和农田的损毁。

2. 地震次生灾害

地震次生灾害，又称二次灾害，是指强烈地震造成的山体崩塌、滑坡、泥石流、水灾、火灾、海啸和逸毒等威胁人畜生命安全的各类灾害。大致可分为两大类：

1）社会层面的，如道路破坏导致交通瘫痪、煤气管道破裂形成的火灾、下水道损坏对饮用水源的污染、电信设施破坏造成的通讯中断，还有瘟疫流行、工厂毒气污染、医院细菌污染或放射性污染等。

2）自然层面的，如滑坡、崩塌落石、泥石流、地裂缝、地面塌陷、砂土液化等次生地质灾害和水灾，发生在深海地区的强烈地震还可引起海啸。

地震灾害会带来巨大损失。1923 年日本关东地震，震倒房屋 13 万间，地震后引起的火灾烧毁房屋 45 万间。地震还可能引起社会混乱，停工、停产，疾病流行，甚至导致城市瘫痪等。表 16-1 是 20 世纪以来的灾难性地震灾害。

16.1.2 地震灾害特点

1）突发性比较强。地震发生前有时没有明显的征兆，地震持续的时间往往只有几十秒，来不及逃避，在短时间内就造成大量的房屋倒塌、人员伤亡，这是其他的自然灾害难以相比的。

2）破坏性大，成灾广泛。地震能量巨大，可以瞬时摧毁一座城市，如汶川地震就相当于几百颗原子弹的能量。地震波到达地面以后会造成大面积的房屋和工程设施的破坏，若发生在人口稠密、经济发达地区，往往可能造成大量的人员伤亡和巨大的经济损失，尤其是发生在城市里，20 世纪 90 年代发生的几次大的地震，造成了重大的人员伤亡和损失。

3）社会影响深远。地震由于突发性强、伤亡惨重、经济损失巨大，它所造成的社会影响也比其他自然灾害更为广泛、强烈，往往会产生一系列的连锁反应，会对一个地区甚至一个国家的社会生活和经济活动造成巨大的冲击。它波及面比较广，对人们心理上的影响也比较大，这些都可能造成较大的社会影响。

4）防御难度比较大。与洪水、干旱和台风等气象灾害相比，地震的预测要困难得多，已经成为一个世界性的难题，同时建筑物抗震性能的提高需要大量的资金投入，要减轻地震灾害需要各方面协调与配合，需要全社会长期艰苦细致的工作，因此地震灾害的预防比起其他一些灾害要困难一些。

5）地震还会产生次生灾害。地震不仅产生严重的直接灾害，而且不可避免地要产生次生灾害。有的次生灾害的严重程度大大超过直接灾害造成的损害。一般情况下，次生或间接灾害是直接经济损害的两倍，如大的滑坡和火灾都属于次生灾害。次生灾害不是单一的火灾、水灾、泥石流等，还常伴有滑坡、瘟疫等。

6）地震灾害持续时间比较长。有两方面的含义：一是主震之后的余震往往持续很长一段时间，也就是地震发生后还会发生一些比较大的余震，它们虽然没有主震大，但是这些余震在主震后陆续发生，虽程度不同，但持续时间较长；二是由于破坏性大，使灾区的恢复和重建的周期比较长，地震造成了房倒屋塌，接下来要进行重建，在这之前还要对建筑物进行鉴定，还能不能住人，或者是将来重建的时候要不要进行一些规划，规划到什么程度等，所以重建周期比较长。

7）地震灾害具有某种周期性。一般来说地震灾害在同一地点或地区要相隔几十年或者上百年，或更长的时间才能重复地发生，地震灾害对同一地区来讲具有准周期性，发生过强烈地震的地区，在未来几百年或者一定的周期内还可以再重复发生，这是目前对地震认识的水平。

8）地震灾害的损害与社会和个人的防灾意识密切相关。

表 16-1 20 世纪以来的灾难性地震灾害

时　间	地震名称	震级	震中烈度	人员死亡/人	直接经济损失	次生灾害	主要影响范围	土木震害特征
1906 年 4 月 18 日	美国旧金山地震	8.3	11 度	2000	5 亿美元	火灾	旧金山	出现了大断层(即圣安地列斯大断层),断层长度超过 400km,断层两侧上下落差约为 0.6m,最大水平相对位移达 7m。Bay Bridge 大桥被震坏
1908 年 2 月 5 日	意大利墨西拿地震	7.5	11 度	85000	无相关记载	海啸	墨西拿市、雷焦港	
1920 年 12 月 16 日	宁夏海原大地震	8.5	12 度	240000	无相关记载	地裂缝、滑坡、崩塌、错动、涌泉、水位变化、地面沉陷等	兰州	地震释放的能量特别大,而且强烈的震动持续了十几分钟。发生了中国有史以来最强烈的滑坡,形成了堰塞湖
1923 年 9 月 1 日	日本关东地震	8.2	11 度	143000	财产损失 66 亿日元,日本全国财富的 5%	火灾、狂风、海啸	横滨、东京	这次地震的震级之大,破坏之烈,次生灾害 灾种之多,都堪称日本自然灾害之最,在世界现代史上称得上一次少见的综合性大灾难。常磐高速公路茨城县部分路段禁止车辆通行,新干线在确认安全后才恢复运行
1927 年 5 月 23 日	甘肃古浪地震	8.0	11 度	40000	10 亿美元	地下硫黄毒气泄露	古浪县成、武威、黄羊川等地	
1932 年 12 月 25 日	甘肃昌马地震	7.6	10 度	70000		疏勒河南岸雪峰崩塌	昌马堡	
1933 年 8 月 25 日	四川叠溪地震	7.5	10 度	20000	人民币 20 万元以上	湖水溃决水灾	茂县县城、松潘县城	
1939 年 12 月 27 日	土耳其大地震	8.0	11 度	50000	200 亿美元	暴风雪	埃尔津詹、锡瓦斯、萨姆松	

（续）

时　间	地震名称	震级	震中烈度	人员死亡/人	直接经济损失	次生灾害	主要影响范围	土木震害特征
1950年8月15日	西藏察隅地震	8.5	12度	4000	没有具体损失的估算	冰川跃动、山崩、泥石流、大地开裂、沉陷变形、地面喷水涌砂、雅鲁藏布江洪水	西藏察隅县	墨脱至四境间数百公里的山间路径崩塞
1960年5月21日	智利地震	8.9	12度	10000	5.5亿美元	火山喷发、海啸	卡拉马、托科皮亚、安托法加斯塔	20世纪震级最大的震群型地震
1966年3月8日	邢台地震	7.2	9度	8064	人民币10亿元	火灾、裂缝和喷水冒砂、滑坡、崩塌、错动、涌泉、水位变化、地面沉陷等	河北省邢台、石家庄、衡水、邯郸、保定、沧州6个地区，80个县市，1639个乡镇，17633个村庄	极震区地形地貌变化显著。破坏了京广和石太等5条铁路沿线的桥墩和路堑16处，震毁和损坏公路桥梁77座，地方铁路桥2座。毁坏农业生产用桥梁22座共540m
1970年5月31日	云南省通海县	7.7	10度	15621	人民币27亿元	山体滑坡、水灾	通海县县城、峨山县城等	当时地震信息未公布
1970年5月31日	秘鲁钦博特大地震	7.9	11度	66794	5.1亿美元	海啸、冰川泥石流	钦博特市、容加依市	
1976年7月28日	河北唐山地震	7.8	11度	242769	100亿	环境污染和疫情	唐山、滦县	穿过唐山市区的5号断层产生错动，地面水平位移1.5m
1985年9月19日	墨西哥	8.1	11度	35000	70～80亿美元	火灾	墨西哥城	地震发生后，墨西哥城大部分地区交通中断，地铁全部停驶，国际机场暂时关闭
1988年12月7日	亚美尼亚大地震	6.9	10度	24000	200亿美元	地震谣传	列宁纳坎、基洛瓦坎城	20世纪80年代以来高加索地区发生的最强烈的一次地震。600km道路被毁

（续）

时间	地震名称	震级	震中烈度	人员死亡/人	直接经济损失	次生灾害	主要影响范围	土木震害特征
1989年10月17日	美国洛马-普雷塔地震	7.1	8度	64	70亿美元	无相关报道	洛马普里埃塔（Loma Prieta）	长周期地震波。地震造成圣安德烈斯断层40km地段的断裂。赛布里斯高架道路毁坏
1990年6月21日	伊朗西北部大地震	7.3	10度	50000	80亿美元	滑坡	吉兰省鲁德巴尔镇	
1995年1月17日	日本阪神地震	7.2	10度	6000	1000亿美元	火灾、地震谣传	神户市	交通经济损失125亿美元
1999年8月17日	土耳其伊兹米特地震	7.8	10度	16000	200亿美元	大规模地表破裂	伊兹米特市	地震发生在北安那托利亚断层和西部地震区交汇处
1999年9月21日	中国台湾大地震	7.6	10度	2000	118亿美元	火灾	台中市	深度浅，余震强，余震次数频繁而且持续时间长
2001年1月26日	印度古吉拉特邦	7.4	10度	15000	21亿美元	原油污染	古吉拉特邦	多条高速公路破坏
2005年3月28日	印尼苏门答腊岛地震	8.5	12度	633	旅游业震后经济损失六成	海啸	尼亚斯岛	
2005年10月8日	南亚强震	7.6	7度	87000	50亿美元	滑坡、泥石流	伊斯兰堡	
2007年8月15日	秘鲁	8.0	11度	510	沿海城镇的重建需要大约2.2亿美元	火灾、海啸、地震谣传	利马市、伊卡市、皮斯科、钦查岛	地震使得利马附近山上的大石松动，并从山坡上滚下，阻断了利马东部的部分高速公路。高速公路及国际机场受到影响
2008年5月12日	中国汶川	8.0	11度	70000	8451.4亿美元	堰塞湖、地震谣传	成都、绵阳、什邡	汶川地震不属于深板块边界的效应，发生在地壳脆-韧性转换带，震源深度为10～20km，为破坏性巨大的浅源地震。885km道路严重损毁。绵阳到北川道路受损严重；安县高川乡道路中断；全州公路受灾6043km。宝鸡公路桥梁损毁严重，其中桥梁损坏13座，损失约300万元；阿坝公路桥梁896座受损；国、省道桥梁严重损坏，损坏桥梁共126座

16.1.3 地震灾害因素

地震灾害的损害与地震、社会和个人等各方面的因素密切相关。

（1）地震震级和震源深度　震级越大，释放的能量也越大，可能造成的灾害当然也越大。在震级相同的情况下，震源深度越浅，震中烈度越高，破坏也就越重。一些震源深度特别浅的地震，即使震级不太大，也可能造成“出乎意料”的破坏。

（2）场地条件　场地条件主要包括土质、地形、地下水位和是否有断裂带通过等。一般来说，土质松软、覆盖土层厚、地下水位高、地形起伏大、有断裂带通过，都可能使地震灾害加重。所以，在进行工程建设时，应当尽量避开那些不利地段，选择有利地段。

（3）人口密度和经济发展程度　地震如果发生在没有人烟的高山、沙漠或者海底，即使震级再大，也不会造成伤亡或损失。相反，如果地震发生在人口稠密、经济发达、社会财富集中的地区，特别是在大城市，就可能造成巨大的灾害。

（4）建筑物的质量　地震时房屋等建筑物的倒塌和严重破坏，是造成人员伤亡和财产损失最重要的直接原因之一。房屋等建筑物的质量好坏、抗震性能如何，直接影响到受灾的程度，因此，必须做好建筑物的抗震设防。

（5）地震发生的时间　一般来说，破坏性地震如果发生在夜间，所造成的人员伤亡可能比白天更大，平均可达3~5倍。唐山地震伤亡惨重的原因之一正是由于地震发生在深夜3点42分，绝大多数人还在室内熟睡。如果这次地震发生在白天，伤亡人数肯定要少得多。有不少人以为，大地震往往发生在夜间，其实这是一种错觉。统计资料表明，破坏性地震发生在白天和晚上的可能性是差不多的，二者并没有显著的差别。

（6）对地震的防御状况　破坏性地震发生之前，人们对地震有没有防御，防御工作做得好与否将会大大影响到经济损失的大小和人员伤亡的多少。防御工作做得好，就可以有效地减轻地震的灾害损失。辽宁海城大地震是发生在海城、营口县附近的7.3级大地震，时间是1975年2月4日19点36分，因为预报比较成功，这次地震造成8.1亿元的经济损失，人员伤亡18308人，仅占7度区总人口数的0.22%。而国内其他未实现预报的7级以上的大地震，如邢台地震、通海地震、唐山地震的人员伤亡率分别为14%、13%、18.4%。

16.1.4 地震灾害的分级与响应机制

1. 地震灾害分级

地震灾害分为特别重大、重大、较大、一般四级。

1）特别重大地震灾害是指造成300人以上死亡（含失踪），或者直接经济损失占地震发生地省（区、市）上年国内生产总值1%以上的地震灾害。当人口较密集地区发生7.0级以上地震，人口密集地区发生6.0级以上地震，初判为特别重大地震灾害。

2）重大地震灾害是指造成50人以上、300人以下死亡（含失踪），或者造成严重经济损失的地震灾害。当人口较密集地区发生6.0级以上、7.0级以下地震，人口密集地区发生5.0级以上、6.0级以下地震，初判为重大地震灾害。

3）较大地震灾害是指造成10人以上、50人以下死亡（含失踪），或者造成较重经济损失的地震灾害。当人口较密集地区发生5.0级以上、6.0级以下地震，人口密集地区发生4.0级以上、5.0级以下地震，初判为较大地震灾害。

4）一般地震灾害是指造成10人以下死亡（含失踪），或者造成一定经济损失的地震灾害。当人口较密集地区发生4.0级以上、5.0级以下地震，初判为一般地震灾害。

2. 分级响应

根据地震灾害分级情况，将地震灾害应急响应分为Ⅰ级、Ⅱ级、Ⅲ级和Ⅳ级。

应对特别重大地震灾害，启动Ⅰ级响应。由灾区所在省级抗震救灾指挥部领导灾区地震应急工作；国务院抗震救灾指挥机构负责统一领导、指挥和协调全国抗震救灾工作。

应对重大地震灾害，启动Ⅱ级响应。由灾区所在省级抗震救灾指挥部领导灾区地震应急工作；国务院抗震救灾指挥部根据情况，组织协调有关部门和单位开展国家地震应急工作。

应对较大地震灾害，启动Ⅲ级响应。在灾区所在省级抗震救灾指挥部的支持下，由灾区所在市级抗震救灾指挥部领导灾区地震应急工作。中国地震局等国家有关部门和单位根据灾区需求，协助做好抗震救灾工作。

应对一般地震灾害，启动Ⅳ级响应。在灾区所在省、市级抗震救灾指挥部的支持下，由灾区所在县级抗震救灾指挥部领导灾区地震应急工作。中国地震局等国家有关部门和单位根据灾区需求，协助做好抗震救灾工作。

地震发生在边疆地区、少数民族聚居地区和其他特殊地区，可根据需要适当提高响应级别。地震应急响应启动后，可视灾情及其发展情况对响应级别及时进行相应调整，避免响应不足或响应过度。

16.2 工程结构的抗震加固

对地震中受损的工程结构，需要继续使用时要进行抗震鉴定加固。对于地震区的新建工程必须做好抗震设计，对于未考虑抗震设防的既有工程结构应进行抗震鉴定，并采取有效的抗震加固措施。

16.2.1 抗震加固原则

1. 确定设防烈度

设防烈度的确定，是既有工程结构抗震鉴定与加固程序中的第一项重要工作。进行抗震鉴定和加固时所采用的设防烈度，应按既有工程结构所处的地理位置、结构类别、工程现状、重要程度、加固的可能性，以及使用价值和经济上的合理性等综合考虑确定。

2. 确定抗震鉴定的重点

对既有工程结构的抗震鉴定与加固，要逐级筛选，突出重点。首先根据地震基本烈度区划图和中期地震预报确定地震危险性、城市政治经济的重要性、人口数量以及加固资金情况，确定重点抗震城市和地区。然后根据政治、经济和历史的重要性，震时产生次生灾害的危险性和震后抗震救灾急需程度确定重点单位和重点工程，如供水供电生命线工程、消防、救死扶伤的重要医院等一般为重点工程。

3. 应优化抗震加固方案

加固方案的制订必须建立在上部结构及地基基础鉴定的基础上。加固方案中宜减少地基基础的加固工程量，因为地基处理耗费巨大，且比较困难；多采取提高上部结构整体性以增强抵抗不均匀沉降能力的措施。

4. 具体分析、因地制宜，提高整体抗震能力

由于既有工程结构的设计、施工及材料质量各不相同，很难有统一的加固方法。因此，一定要具体情况具体分析，因地制宜，加固后要能提高工程的整体抗震能力、结构的变形能力及重点部位的抗震能力。因此，所采用的各项加固措施均应与原有结构可靠连接。加固的总体布局，应优先采用增强结构整体抗震性能的方案，避免加固后反而出现薄弱层、薄弱区等对抗震不利的情况。如抗震加固时，应注意防止结构的脆性破坏，避免结构的局部加强使结构承载力和刚度发生突然变化；加固或新增构件的布置，宜使加固后结构质量或刚度分布均匀、对称，减少扭转效应，应避免因局部的加强导致结构刚度或强度突变。

5. 加固措施切实可靠，方便可行

抗震加固的目标是提高房屋的抗震承载能力，变形能力和整体抗震性能。确定加固方案时，应根据房屋种类、结构、施工、材料以及使用要求等综合考虑。加固方案应从实际出发，合理选取，便于施工，讲求经济实效。加固措施要切实可靠，方便可行。

6. 采用新技术

既有建筑物抗震加固时，应尽可能采用高效率、多功能的新技术、新材料，提高加固效果。

7. 抗震加固的施工效果好

抗震加固的施工应遵守国家现行标准和施工、验收的各项规定，并符合抗震加固设计的要求，应确保设计时所确定的加固效果，并且要确保施工人员和使用者的安全。

16.2.2 结构主体的抗震加固方法

建筑物主体在抗震加固前，应先进行抗震鉴定。建筑结构类型不同的结构，其检查的重点项目内容和要求不同，应采用不同的鉴定方法。然后根据抗震鉴定结果综合分析，因地制宜，确定具体的抗震加固方法，常用的抗震加固方法有以下几种。

1. 增强自身加固法

增强自身加固法是为了加强结构构件自身，使其恢复或提高构件的承载能力和抗震能力，主要用于震前结构裂缝缺陷的修补和震后出现裂缝的结构构件的修复加固。

压力灌注水泥浆加固法可用于灌注砖墙裂缝和混凝土构件的裂缝，也可以用来提高砌筑砂浆强度等级≤M1 的砖墙的抗震承载力。

压力灌注环氧树脂浆加固法可用于加固有裂缝的钢筋混凝土构件，最小缝宽可为 0.1mm，最大可达 6mm。

2. 外包加固法

外包加固法是指在结构构件外面增设加强层，以提高结构构件的抗震能力、变形能力和整体性。此法用于加固破坏严重或要求较多地提高抗震承载力的结构构件。钢筋网水泥砂浆面层加固法主要用于加固砖柱、砖墙与砖筒壁。水泥砂浆面层加固法适用于不用过多地提高抗震强度的砖墙加固。外包钢筋混凝土面层加固法主要用于加固钢筋混凝土梁、柱和砖柱、砖墙及筒壁。钢构件网笼加固法适用于加固砖柱、砖烟囱和钢筋混凝土梁、柱及桁架杆件。此法施工方便，但须采取防锈措施，在有害气体侵蚀和温度高的环境中不宜采用。

3. 增设构件加固法

指在原有结构构件以外增设构件，以提高结构抗震承载力、变形能力和整体性。

1）增设墙体。当抗震墙体抗震承载力严重不足或抗震横墙间距超过规定值时，宜采用增设钢筋混凝土或砌体墙的方法加固。

2）增设柱子。增设柱子可以增加结构的抗倾覆能力。

3）增设拉杆。此法多用于受弯构件的加固和纵横墙连接部位的加固。

4）增设圈梁。当抗震圈梁设置不符合规定时，可采用钢筋混凝土外加圈梁或板底钢筋混凝土加内墙圈梁进行加固。

5）增设支撑。增设屋盖支撑、天窗架支撑和柱间支撑，可以提高结构的抗震强度和整体性，而且可增加结构受力的冗余度，起二道防线的作用。

6）增设支托。当屋盖构件（如檩条、屋盖板）的支撑长度不够时，宜加支托，以防构件在地震时塌落。

7）增设门窗架。当承重窗间墙宽过小或能力不满足要求时，可增设钢筋混凝土门框或窗框来加固。

4. 增强连接加固法

震害调查表明，构件的连接是薄弱环节。结构构件间的连接应采用相应的方法进行加固。此法适用于结构构件承载能力能够满足，但构件间连接强度差的情况。其他各种加固方法也必须采取措施增强其连接。

1）拉结钢筋加固法。砖墙与钢筋混凝土柱、梁间的连接可通过增设拉筋加强。拉筋一端弯折后锚入墙体的灰缝内，一端用环氧树脂砂浆锚入柱、梁的斜孔中或与锚入柱、梁内的膨胀螺栓焊接。

2）压浆锚杆加固法。适用于纵横墙间没有咬槎砌筑、连接很差的部位。

3）钢夹套加固法。适用于隔墙与顶板和梁连接不良时，可采用镶边型钢夹套与板底连接并夹住砖墙，或在砖墙顶与梁间增设钢夹套，以防止砖墙平面外倒塌。

5. 替换构件加固法

对原有强度低、韧性差的构件用强度高、韧性好的材料替换。替换后要做好与原构件的连接，如用钢筋混凝土替换砖、钢构件替换木构件等。

16.2.3 地基基础的抗震加固方法

1. 确定地基基础是否需要抗震加固的原则

地基与基础的抗震加固工程属于既有建筑的地下加固，其难度、造价、施工持续时间等往往比新建筑物更多更大，可能涉及停产或居民动迁等问题。在抗震加固时宜尽可能考虑周详，根据结构特点、土质情况选择合理的加固方案，在确定是否加固及加固方案时应考虑下列原则：

1）尽量发挥地基的潜力。当既有建筑地基基础状态良好、地质条件较好时，应尽量发挥地基与基础的潜力。如考虑建筑物对地基土的长期压密使原地基的承载力提高；考虑地基承载力的深宽修正；考虑抗震时的承载力调整系数等有利因素。

2）计算作用于地基上的实际的荷载。既有建筑在进行抗震加固时，原设计资料、计算书等未必齐全，地基的承载力也不一定用足，上部结构的抗震加固或改建、扩建均会使地基上的荷载变更（通常会增加）。如果增加后超出地基允许承载力的5% ~10%，则一般不考虑地基基础的加固，仅考虑通过调整或加强上部结构的刚度来解决。

3）尽量采用改善结构整体刚度的措施。如加强墙体刚度（夹板墙、构造柱与圈梁体系）、加强纵横墙的连接等，可使结构的空间工作能力加强，从而有助于减轻不均匀沉降或减少绝对沉降，因在地基与基础的计算理论中并未考虑上部结构空间工作的影响。

4）尽量采取简易的结构构造措施。为防止地震中基础失稳或不均匀沉降，宜优先考虑简易的措施。如在基础抗滑能力不足时在基础下增设防滑齿；在基础旁设置坚固的刚性地坪；在相邻基础间设置地基梁，将水平剪力分担到相邻基础上等。

总之，在考虑地基基础问题时，不应孤立地仅考虑地基与基础本身，还应着眼于结构与地基的共同作用，可用加强上部结构的办法来弥补地基方面的不足。

2. 抗震鉴定要求

进行地基基础抗震鉴定时，应仔细观察建筑物的地上和地下部分的现状，分析已有的地质资料，如有必要应补充勘察或挖坑查看基础现状。

对位于抗震不利地段的建筑物，除考虑建筑本身的抗震性能外，还应特别注意岩土的地震稳定性。对可能产生滑坡、泥石流、地陷、溃堤等灾害的危险性应进行鉴定并采取必要的防护措施。

对于砌体房屋、多层内框架砖房、底层框架砖房及地基主要受力层范围内不存在软弱黏性土层的一般单层厂房、单层空旷房屋和多层民用框架房屋等，如在正常荷载下的沉降已趋稳定且现状良好，或沉降虽未稳定，但肯定能满足其静力设计要求者，可不进行天然地基及基础的抗震承载力验算。

对于鉴定地震设防烈度为8、9度时的8层以上多层房屋，或按GB 5007—2011《建筑地基基础设计规范》确定的地基持力层的承载力标准值分别小于100kPa和120kPa的单层厂房、空旷房屋，应验算地基土的抗震承载力。

一些软弱地基或严重不均匀地基，在地震时易产生不均匀沉降，引起建筑物开裂。当建筑物建造在软土地基上，或因地基处理不当，致使建筑物发生倾斜或墙身歪斜，以及由于地基不均匀沉降，建筑物的上部结构出现裂缝时，应考虑加固建筑物的地基和基础。

3. 加固技术措施

当抗震鉴定结论认为地基基础不满足要求而需采取措施时，应在采取结构构造措施、基础加固与地基加固三方面选择最经济的解决方法。

基础抗震加固技术措施主要有注浆法加固基础、扩大基础底面积、坑式托换、坑式静压桩托换、锚杆静压桩托换、灌注柱托换、树根桩托换等。

地基的抗震加固技术措施主要有水泥注浆法加固地基、硅化注浆法加固地基、双灰桩加固地基、覆盖法抗液化、压盖法抗液化、高压喷射注浆法、裙墙法等。

16.3 典型工程的抗震加固实例

【例16-1】北京505工程二街坊住宅楼位于北京西部的马神庙，建筑面积3101m²，未进行抗震设防设计，Ⅱ类场地，1961年建成。原建筑平面为L形，横墙承重。外墙厚370mm，内墙厚240mm，砖强度等级1~4层为MU10，5层为MU5。砂浆强度等级1层为M5，2、3层为M2.5，4、5层为M10。楼板为预制钢筋混凝土空心板，平屋顶，上人屋面。墙内配有钢筋砖圈梁，顶层仅外墙有现浇圈梁，内墙没有圈梁。外墙洞口采用预制钢筋混凝土过梁，横墙为砖砌碹。楼梯和阳台为现浇。基础采用3∶7灰土。

1. 震害概况

1976年唐山7.8级地震时，该地的地震烈度为7度，该楼遭受较重破坏。横墙普遍有剪切裂缝，顶层纵墙外闪，端山墙从上至下沿窗洞开裂；非承重隔墙裂缝较多。室内门洞上砖平碹大部分开裂，楼板板缝拉开，整个房屋沿纵向中间有裂缝贯通，在现浇楼梯部分也有裂缝。在平面L形阴角处沿窗洞从上至下开裂，阳角处屋顶檐沟开裂。

2. 修复加固

在工程修复加固时要求按8度设防进行。采取的加固措施有：

1）由于房屋的震害较重，故每层均加了现浇钢筋混凝土圈梁，尺寸为120mm×180mm，主筋4ϕ12，箍筋ϕ6@200。横向用ϕ16或ϕ20的钢拉杆贯通，拉杆中间设花篮螺栓。圈梁和钢拉杆靠近楼板设置，钢拉杆中心线离上面的楼板底面为50mm。钢拉杆端头锚固在圈梁内，圈梁在L形拐角处采用钢拉杆闭合，圈梁做法如图16-1所示。原顶层外墙圈梁无内隔墙横向拉结，应在原有圈梁标高处横向加钢拉杆，这样需要拆除室内吊顶，影响住房使用，故采用在顶层吊顶处另加钢筋混凝土外圈梁并在横向加拉杆的做法。

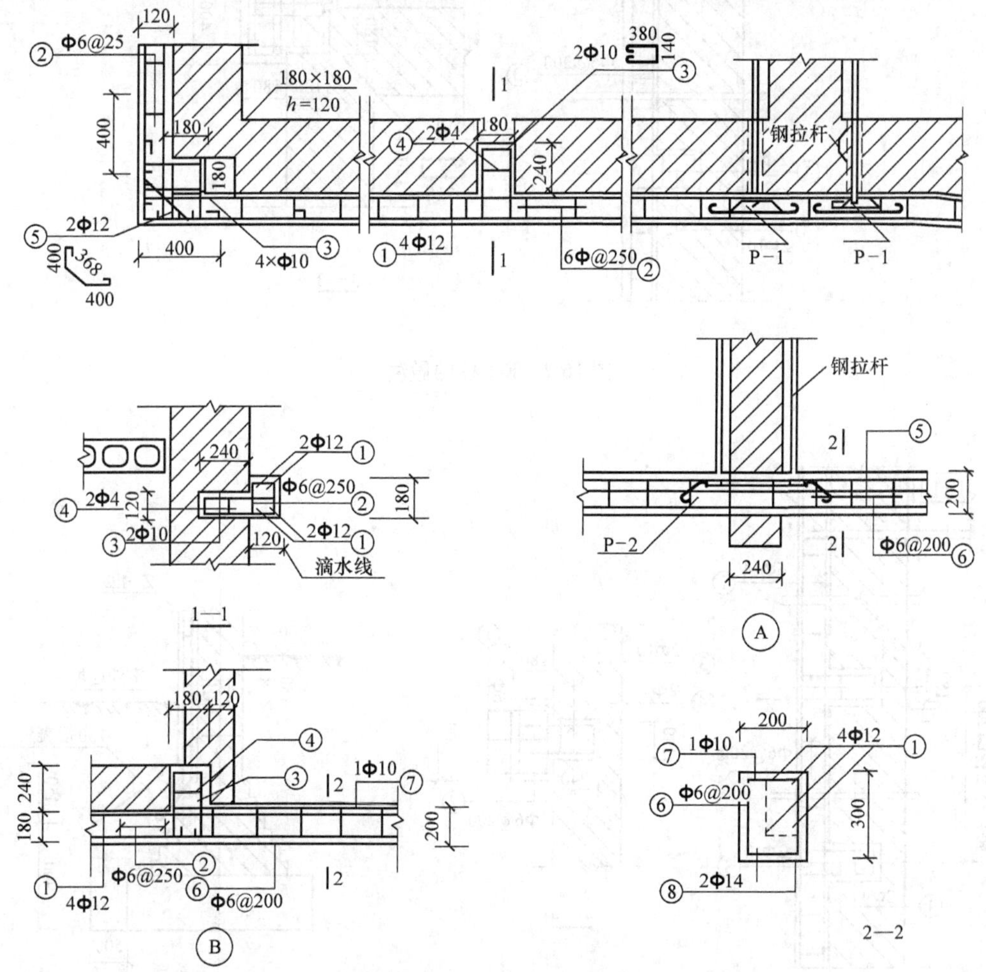

图16-1 圈梁的做法

2）对于墙体开裂、外闪现象，为了增强房屋整体性，提高结构延性，采用加设19根钢筋混凝土构造柱的做法。考虑到震时房屋端部破坏严重的特点，在两端第一开间加设构造柱。由于端山墙窗口大且为无拉墙大房间的状况，故在山墙的窗间墙处增设一根构造柱。构造柱除与每层外圈梁连接外，还在每层紧贴楼板下用钢拉杆拉锚。角柱为L形（见图16-2），长400mm，厚180mm，配筋为8φ14。中间柱为矩形，如图16-3所示，截面尺寸为400mm×180mm，配筋为6φ4。每根柱均做基础，如图16-4所示。

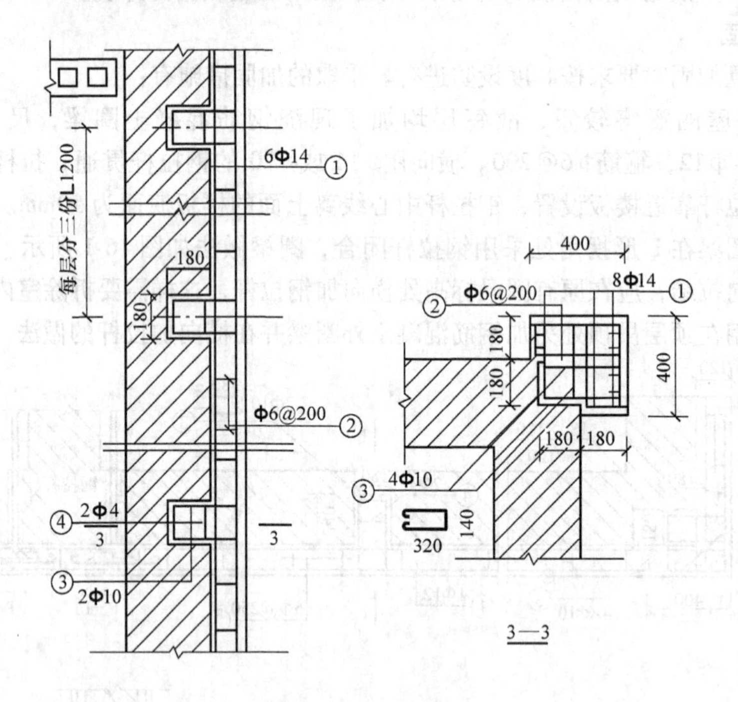

图16-2 E-1柱的做法

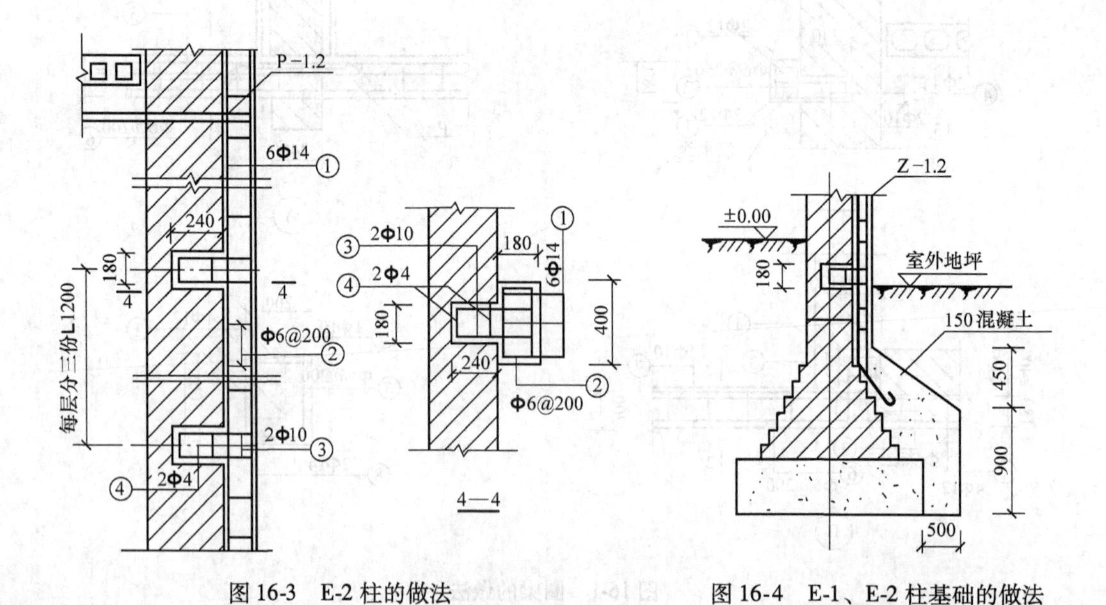

图16-3 E-2柱的做法

图16-4 E-1、E-2柱基础的做法

3）应对纵、横墙的强度不足状况，在每单元楼梯间两边的纵、横墙两面加φ6@200的钢筋网水泥砂浆进行加固，双面抹40mm厚的M10水泥砂浆，如图16-5所示。

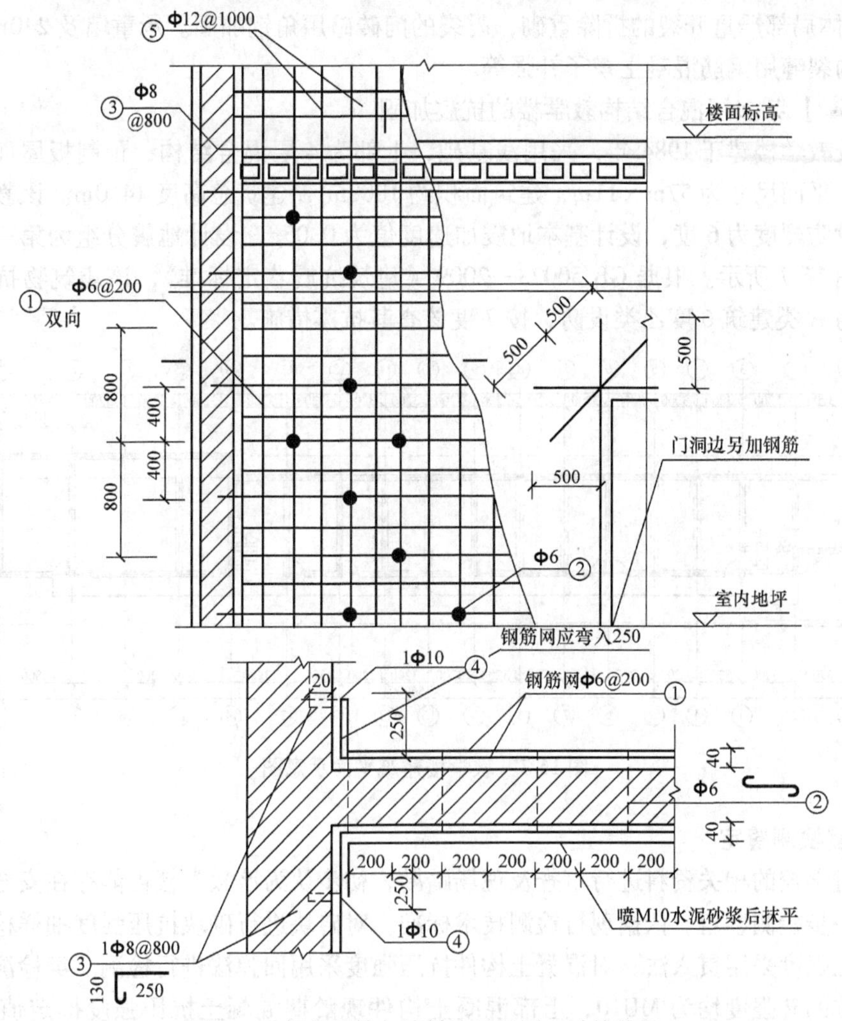

图16-5 钢筋网抹灰墙做法及遇洞口时的处理

4）在L形转角处，原先并未设计防震缝，地震时墙体开裂。加固时将此两部分分开，北段从上至下加砌240mm砖墙一道，在外墙上加设一根钢筋混凝土构造柱。新砌砖墙与周边锚固做法如图16-6所示。

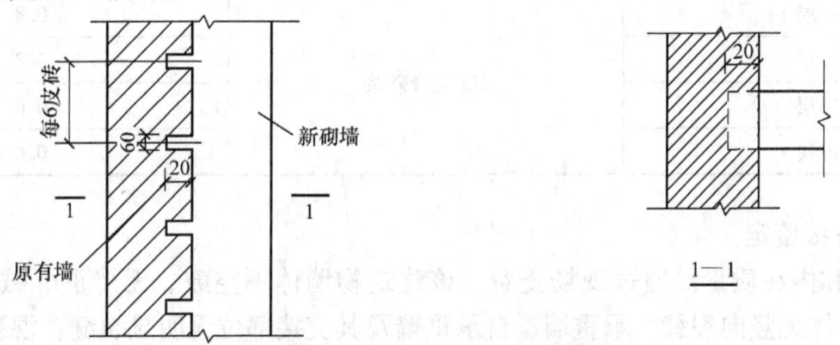

图16-6 后砌横墙与原有墙的拉结

5）将垃圾道用混凝土浇实，横墙上通往阳台的门用砖砌死。

6）拆除屋面檐口处的砖砌女儿墙，只保留钢筋混凝土框。

7）墙体局部严重开裂的拆除重砌，震裂的门砖碹用角钢加固。承重墙及240mm以上的非承重墙的裂缝用钢筋混凝土楔子补强等。

【例16-2】某多层混合结构教学楼的抗震加固

某学校教学楼建于1984年，采用浅基础，上部为4层混合结构，预制板屋面，平面形状呈矩形，平面尺寸为57m×11m，建筑面积约$1800m^2$，建筑总高度14.0m。该教学楼所在地的抗震设防烈度为6度，设计基本地震加速度值为0.05g，设计地震分组为第一组。建筑平面图如图16-7所示。根据GB 50023—2009《建筑抗震鉴定标准》，该建筑物抗震鉴定类别可确定为A类建筑6度乙类设防，按7度核查其抗震措施。

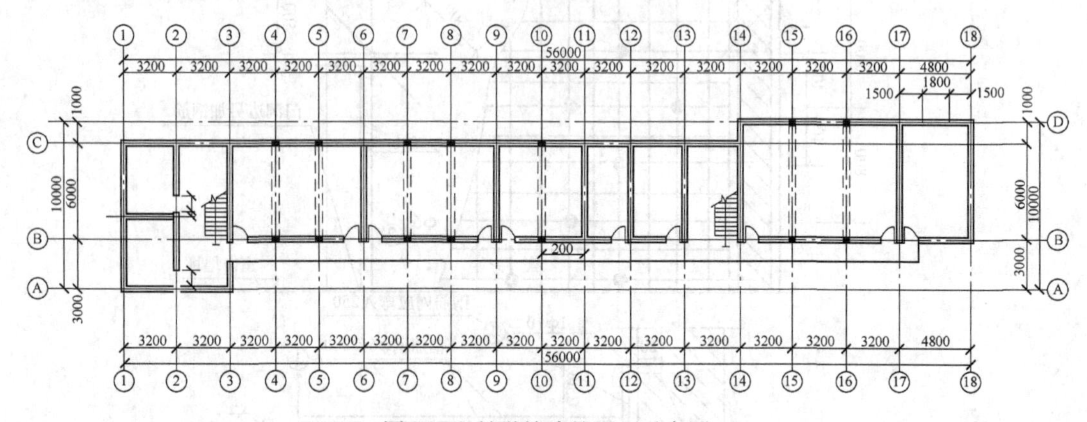

图16-7　教学楼建筑平面示意图

1. 抗震检测鉴定

通过对学校的相关资料进行审查及现场踏勘，初步认为该教学楼可能存在安全隐患，建议进行进一步检测鉴定。依据现行检测技术标准，对砖块进行砌块抗压强度抽样检验，对砌筑砂浆抗压强度采用贯入法、对混凝土构件抗压强度采用回弹法进行检测。经检测，该教学楼各层墙体的砖强度均为MU10，上部混凝土构件现龄期混凝土抗压强度推定值在15.2～26.3MPa之间，各层砌筑砂浆检测结果见表16-2。

表16-2　砌筑砂浆检测结果

检测墙体所在楼层	设计强度等级	现龄期砂浆强度实测值/MPa
一层	M5 混合砂浆	0.8
二层		0.8
三层		0.6
四层		0.6

（1）第一级鉴定

1）外观和内在质量。通过现场查看，该建筑物墙体不空鼓、无严重酥碱和明显歪闪；支承大梁的墙体无竖向裂缝，承重墙、自承重墙及其交接部位无明显裂缝；混凝土梁柱及其节点仅有少量微小开裂或局部剥落，钢筋无露筋、锈蚀；主体结构混凝土构件无明显变形、倾斜和歪扭；上部结构无不均匀沉降裂缝和倾斜，地基基础无严重静载缺陷。

2）结构体系。该教学楼总高度为14.0m，教学楼主体宽度为11.0m，底层平面最长尺寸为57.0m，高宽比不大于2.2，且高度不大于底层平面的最长尺寸，符合抗震鉴定标准的要求。抗震横墙最大间距为10.8m。

3）墙体材料。实测砌筑用砖强度等级为MU10。根据实测结果，一至四层墙体的砌筑砂浆强度推定值在0.6~0.8MPa之间，不符合第一级鉴定的要求。

4）房屋整体性连接构造。该教学楼墙体平面内布置闭合，且每层均设有圈梁，符合鉴定标准的要求。但是，对于20世纪80年代建造的既有建筑，其合理使用年限较新建工程缩短，所以既有多层砌体教学楼乙类建筑的抗震构造措施可按GB 50011—2010《建筑抗震设计规范》的要求，其构造柱的设置是否满足要求应根据增加2层后的总层数对照相应的抗震设防烈度来判断。因此，经现场检测后发现该学校教学楼外墙四角、楼梯间四角，大房间内外墙交接处均未设置构造柱，且纵横墙交接处等部位也无拉结钢筋，故不符合鉴定要求。

5）房屋易局部倒塌部位及连接。结构构件的局部尺寸、支承长度和连接符合要求，房屋女儿墙、门脸、楼梯及走廊扶手等连接可靠，钢筋混凝土挑檐、雨篷等悬挑构件有稳定措施，符合第一级鉴定的要求。

6）房屋的抗震承载力。第一级鉴定时，房屋的抗震承载力可采用抗震横墙间距和宽度的限值进行简化验算。通过贯入法检测得到的砌筑砂浆强度推定值普遍较低，同时由于教学楼一至四层抗震横墙最大间距均为10.8m，超出《建筑抗震鉴定标准》的抗震横墙间距限值，因此不符合第一级鉴定要求。

通过第一级鉴定，发现该教学楼主要问题是抗震横墙间距过大；砌筑砂浆强度较低；未设置构造柱，纵横墙交接处也无拉结钢筋，整体性较差。因此，存在多项不符合第一级鉴定要求时，评定为不满足抗震要求，需进行第二级鉴定。

（2）第二级鉴定　对现有结构体系、楼屋盖整体性连接、圈梁布置和构造及易引起局部倒塌的结构构件不符合第一级鉴定要求的房屋，根据《建筑抗震鉴定标准》第5.2.14条，可采用楼层综合抗震能力指数方法进行第二级鉴定，同时，楼层综合抗震能力指数应按房屋的纵横两个方向分别计算。根据《建筑抗震鉴定标准》第5.2.14条、第5.2.15条，教学楼横墙、纵墙综合抗震能力验算结果表明，该教学楼各楼层纵横墙最弱楼层综合抗震能力指数小于1.0，应对其采取加固措施。同时，建议按相关规范增设构造柱，并对墙体进行加固处理，加强房屋整体性。

2. 抗震加固设计

（1）设计构造　根据鉴定情况，该校舍属于横墙很少，砌筑砂浆实际强度等级M2.5，纵横墙承载力均满足要求。

1）由于各层墙体的砌筑砂浆强度普遍较低，为增加结构的整体性，纵横墙均采用双侧加钢筋网砂浆面层的方法加固。面层的砂浆采用厚度为60mm、强度等级为M10的水泥砂浆。钢筋网采用双向φ8@200，同时采用φ8@900的S形穿墙锚筋。当钢筋网的横向钢筋遇有门窗洞口时，宜将两侧的横向钢筋在洞口闭合。底层的面层，在室外地面下加厚并伸入地面以下500mm。

2）竖向钢筋应连续贯通穿过楼板。为避免钻孔太密，造成楼板损伤过大，在楼板处可采用集中配筋方式穿过，钢筋规格采用φ12@600上下各搭接400mm，端部焊8字形横筋两道，以便于钢筋网焊接。

3）由于该教学楼外墙四角均未设置构造柱，因此该部位应加强设计，如图 16-8 所示，转角处另设置水平及竖向配筋加强带 18 ф 10，以代替构造柱。

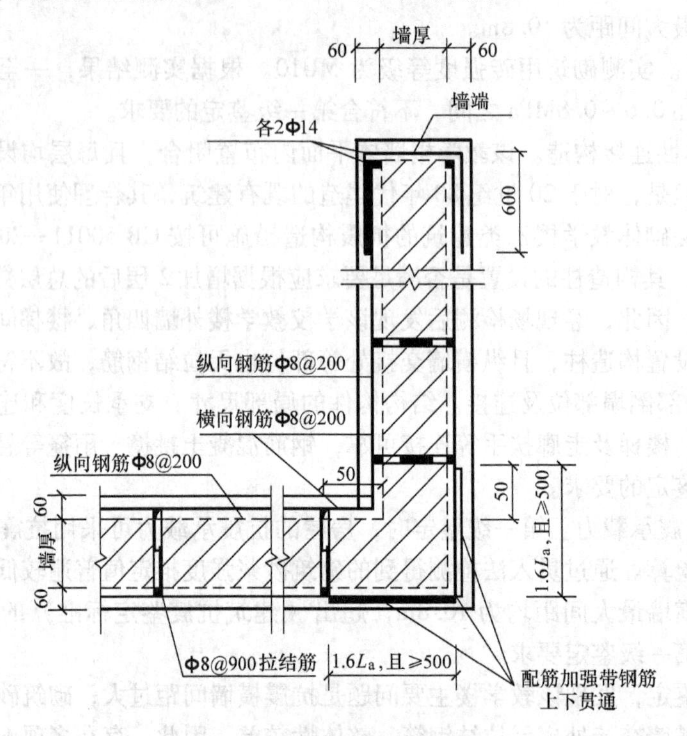

图 16-8 外墙转角加固节点图

4）由于纵横墙交接处均未设置构造柱，也无拉结钢筋，故该节点也应加强设计，如图 16-9 所示，另设置水平及竖向配筋加强带 6 ф10，以代替构造柱。

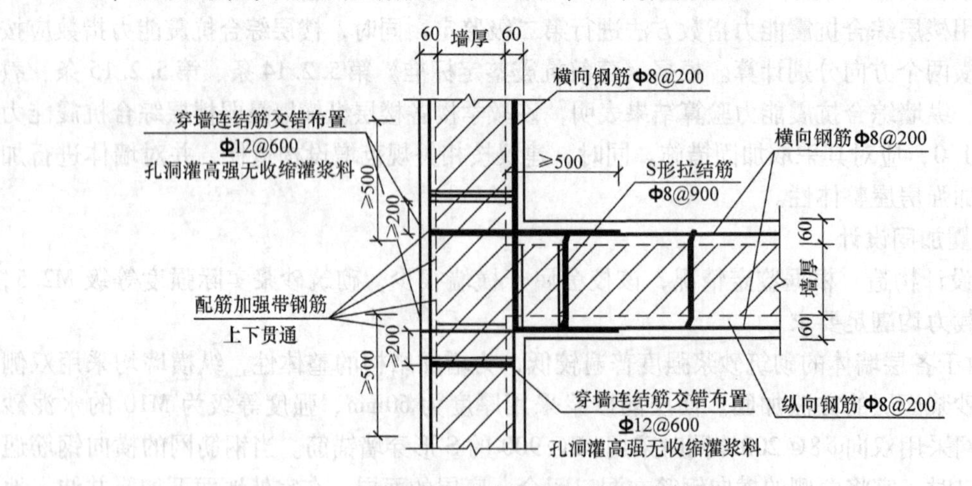

图 16-9 纵横墙交接处加固节点图

（2）施工要点

1）做面层前，应将原墙面抹灰层清除干净，对油漆或瓷砖装饰层应铲除，以保证加固面层与原墙体的可靠粘结，若原墙面存在局部碱蚀严重或有松散部分时，应先清除松散部分，并用1∶3水泥砂浆抹面，已松动的勾缝砂浆应清除。做面层前，原墙的墙面应用水湿润。

2）在墙面钻孔时，应先按设计要求画线标出穿墙筋位置，并应采用电钻在砖缝处打孔，穿墙孔直径应比S形筋直径大2mm。铺设钢筋网时，竖向钢筋应靠墙面并采用钢筋头支起。钢筋网在墙面的固定应平整牢固。

3）抹水泥砂浆时，应先在墙面刷水泥浆一道再分层抹灰，且每层厚度不应超过15mm。面层施工完后应洒水养护，以防干裂或与原墙面脱开。

思考题

1. 地震作用的特点有哪些？了解地震作用的特点有何工程意义？
2. 抗震加固应坚持什么原则？
3. 常用的抗震加固方法有哪些？
4. 基础抗震加固的技术措施有哪些？
5. 确定地基基础是否抗震加固的原则是什么？

参考文献

[1] 江见鲸，等．建筑工程事故分析与处理［M］．北京：中国建筑工业出版社，2006.
[2] 陈红领．建筑工程事故分析与处理［M］．郑州：郑州大学出版社，2007.
[3] 雷宏刚．土木工程事故分析与处理［M］．武汉：华中科技大学出版社，2009.
[4] 张廷荣，等．建筑施工质量事故处理与预防400例［M］．郑州：河南科学技术出版社，1999.
[5] 王赫．建筑工程事故处理手册［M］．北京：中国建筑工业出版社，1998.
[6] 于振兴，刘文锋，付兴潘．工程结构倒塌案例分析［J］．工程建设，2009（2）：1-7.
[7] 赵连英．砖混房屋墙体及混凝土构件裂缝的处理［J］．山西建筑，2010，36（29）：109-110.
[8] 中国建筑业联合会质量委员会．建筑工程倒塌实例分析［M］．北京：中国建筑工业出版社，1988.
[9] 刘仲平．万吨预应力钢筋混凝土贮水池事故分析［J］．特种结构，1990（2）：38-21.
[10] 何文汇，段昌珊．直径30m钢澄清池塌落事故原因分析［J］．特种结构，1994，11（4）：50-54.
[11] 周东星，刘全利．钢结构事故类型原因分析及预防措施［J］．中国建筑金属结构．2007（3）：33-35.
[12] 周红波，高文杰，黄誉．钢结构事故案例统计分析［J］．钢结构，2008，23（6）：28-31.
[13] 尹德珏，赵红华．网架质量事故分析实例及原因分析［J］．建筑结构学报，1998，19（1）：15-24.
[14] 刘善维．太原某通信楼工程网架塌落事故分析［J］．建筑结构，1998（6）：36-38.
[15] 石彦卿，刘善维，李秋萍，等．山西某地医学院科技报告厅网架事故［J］．空间结构，2002（11）：875-879.
[16] WangYuantsing. The quantitative evaluation of strength of the elements of stell structures with the view of brittle fracture［M］. Dnepropetrovsk national university, 1993.
[17] W. J. Graff. Introduction of Offshore Structures［C］//International Institute of Welding. Casebook of Brittle Fracture Failure. Houston：Gulf Publishing Company，1981.
[18] 王树铭，汪浩．大跨度薄壁褶皱拱型钢板屋顶塌落事故的调查与分析［J］．建筑技术，1997. 28（9）：617-619.
[19] 何日毅．某110kV输电线路铁塔倒塌事故分析［J］．红水河，2011，30（6）：150-153.
[20] 舒兴平，胡习兵，于中一．某铁塔倒塌的事故分析［J］．湖南大学学报（自然科学版），2004，31（1）：56-58.
[21] 王元清，王品，石永久，袁英战．门式刚架轻型房屋钢结构厂房的加固设计［J］．工业建筑，2001，31（8）：60-62.
[22] 胡习兵．某轻型门式刚架结构事故分析与加固处理［J］．工程抗震与加固改造．2011，2（33）：117-121.
[23] 刘念，孙建，许永莉．地下工程建筑企业事故统计分析［J］．工业安全与环保，2009，35（2）：57-59.
[24] 唐业清．基坑工程事故分析与处理［M］．北京：中国建筑工业出版社，1999.
[25] 胡群芳，秦家宝．2003—2011年地铁隧道工程建设施工事故统计分析［J］．地下空间与工程学报，2013，9（3）：705-711.
[26] 刘辉，张智超，王林娟．2004—2008年我国隧道施工事故统计分析［J］．中国安全科学学报，2010，20（1）：96-100.
[27] 余永光，隧道安全事故分析与安全施工措施［J］．安全，2007（7）：19-21.
[28] 王少飞，林志，余顺．公路隧道火灾事故特性及危害［J］．消防科学与技术，2011（4）：337-340.
[29] 夏谦．隧道内爆炸作用衬砌结构的损伤机理和抗爆性能研究［D］；杭州：浙江大学，2011.

[30] 白云，国内外重大地下工程事故与修复技术［M］. 北京：中国建筑工业出版社，2012.
[31] 文沛溪．京广线 K2063＋300 路基沉陷压浆加固处理［J］．路基工程，1987（1）：62-67.
[32] 孙长斌，孙宏伟，高文明．道路路基沉陷、路面开裂工程事故的实例分析［C］//中国公路学会 2002 年学术交流论文集．北京：人民交通出版社，2002：37-42.
[33] 戴长寿．南京中山南路路面塌陷原因浅析［J］. 江苏地质，1990（2）：47-48.
[34] 曹和喜，糜培．城市下水管道破裂造成地面塌陷的处理技术［J］. 建筑学研究前沿，2013（3）：35-37.
[35] 田卿燕，顾绍付．临河软基路堤滑移事故分析及处理方法［EB/OL］. http：//www. docin. com/p-516990766. html.
[36] 山西灵石岭煤业有限公司矿区道路路基滑移抢修工程设计方案［EB/OL］. http：//www. doc88. com/p-183331154216. html.
[37] 何昆，蒋楚生．云南元磨高速公路路堑高边坡及滑坡整治工程［J］. 路基工程，2004（1）：49-51.
[38] 马惠民．山区高速公路高边坡病害防治实例［M］. 北京：人民交通出版社，2006.
[39] 付大玮．青海平阿高速公路某边坡病害治理措施［J］. 青海交通科技，2009（2）：20-23.
[40] 交通部公路司．公路工程质量通病防治指南［M］. 北京：人民交通出版社，2002.
[41] 蔡卓生．阳茂高速公路沥青路面保护策略［J］. 广东公路交通，2010（2）：13-17.
[42] 刘兴东，向昕，杨锡武．中国南方高速公路沥青路面唧浆病害原因分析与处治措施［J］. 中外公路，2010，30（3）：103-106.
[43] 彭余华，沙爱民，张倩．西宝高速公路沥青路面病害分析及整修［J］. 中南公路工程，2005，30（3）：148-151.
[44] 沈其伟，刘先淼．广三高速公路水泥混凝土路面病害分析及处治［J］. 中外公路，2004，24（4）：48-49.
[45] 潘勇，李强．G321 线肇庆西段旧水泥混凝土路面路况评价及沥青加铺层大修方案设计［J］. 中外公路，2005，25（2）：37-40.
[46] 张宇鹏．水泥混凝土路面断板维修工程实例［J］. 科学之友，2009，5（14）：59-60.
[47] 王玉军．历史上的塌桥事件—桥梁事故辑［J］. 交通建设与管理，2007（9）：62-64.
[48] Björn Åkesson. Understanding bridge collapses［M］. London：Taylor & Francis Group，2008.
[49] Gasparini，DA，Fields M. Collapse of Ashtabula Bridge on December 29，1876［J］. Journal of Performance of Constructed Facilities（ASCE），1993，7（2）：326-335.
[50] Hammond R. Engineering Structural Failure-The causes and results of failure in modern structures of various types［M］. London，：Odhams Press Limited，1956.
[51] Steinman D B，Watson S R. Bridges and their builders［M］. New York：Dover Publications Inc.，1957.
[52] Hopkins，H J. A span of bridges-an illustrated history［M］. New York：Praeger Publishers，1970.
[53] Pearson C，Delatte N. Collapse of the Quebec Bridge，1907［J］. Journal of Performance of Constructed Facilities（ASCE），2006（12）：84-91.
[54] Heckel R. The Fourth Danube Bridge in Vienna-Damage and Repair［C］//Conference Proceedings，Developments in Bridge Design and Construction，University College Cardiff，1971.
[55] Jones，DRH. The Tay Bridge［M］. Oxford：Pergamon Press，1993.
[56] Nakao M. Collapse of Tacoma Narrows Bridge-November 7，1940 in Tacoma，Washington，USA［OL］. Failure Knowledge Database：http：//shippai. jst. go. jp/en/Search.
[57] Dicker D. Point Pleasant Bridge collapse mechanism analyzed［J］. Civil Engineering（ASCE），1971.
[58] 严国敏．韩国圣水大桥的倒塌［J］. 国外桥梁，1996（4）：47-50.
[59] 魏建东．宜宾小南门大桥的抢修加固与恢复工程［J］. 公路，2003（4）：34-38.

[60] 刘维华，安蕊梅．美国I-35W桥坍塌原因分析［J］．中外公路，2011，31（3）：114-118.
[61] Hao S. I-35W bridge collapse［J］. Journal of Bridge Engineering, 2010, 9（10）: 608-614.
[62] 刘文国．贵州开阳小尖山大桥垮塌事故基本认定是一起责任事故［N/OL］. http：//news. xinhuanet. com/society/2006-01/16/content_ 4058490. htm.
[63] 湖南凤凰县大桥垮塌［N/OL］. http：//news. sina. com. cn/z/hunanqiaota/
[64] 何铁光．株洲红旗高架桥坍塌事故的原因分析及防范对策［J］. 安全生产与监督，2009，6：42-43.
[65] 钟俊飞．浅析宝成线广汉石亭江大桥垮塌的原因［J］. 交通科技，2012（1）：35-36.
[66] 崔晓林，邹锡兰．广东九江断桥现场报道［J］. 中国经济周刊，2007（24）：22-23.
[67] 哈尔滨阳明滩大桥引桥垮塌［N/OL］. http：//news. sina. com. cn/c/2012-09-19/1534252 08284. shtm.
[68] 李海江．2000—2008年全国重特大火灾统计分析［J］. 中国公共安全（学术版）. 2010（1）：64-69.
[69] 陈敏．火灾后混凝土损伤超声诊断方法及应用研究［D］. 长沙：中南大学，2008.
[70] 陆松．中国群死群伤火灾时空分布规律及影响因素研究［D］. 合肥：中国科学技术大学，2012.
[71] 王珍．高性能混凝土建筑火灾烧损试验研究［D］. 成都：西南交通大学，2011.
[72] 房志明．考虑火灾影响的人员疏散过程模型与实验研究［D］. 合肥：中国科学技术大学，2012.
[73] 乔牧．火灾下建筑结构构件时变可靠性分析［D］. 哈尔滨：哈尔滨工程大学，2011.
[74] 徐波．经济发展及气候变化对中国城市火灾时空变化的宏观影响［D］. 南京：南京大学，2012.
[75] 公安部消防局．中国火灾统计年鉴1998［M］. 北京：警官教育出版社，1998.
[76] 公安部消防局．中国火灾统计年鉴1999［M］. 北京：中国人民公安大学出版社，1999.
[77] 公安部消防局．中国火灾统计年鉴2000［M］. 北京：中国人民公安大学出版社，2000.
[78] 公安部消防局．中国火灾统计年鉴2001［M］. 北京：中国人事出版社，2001.
[79] 公安部消防局．中国火灾统计年鉴2002［M］. 北京：中国人事出版社，2002.
[80] 公安部消防局．中国火灾统计年鉴2003［M］. 北京：中国人事出版社，2003.
[81] 公安部消防局．中国消防年鉴2004［M］. 北京：中国人事出版社，2004.
[82] 公安部消防局．中国消防年鉴2005［M］. 北京：中国人事出版社，2005.
[83] 公安部消防局．中国消防年鉴2006［M］. 北京：中国人事出版社，2006.
[84] 公安部消防局．中国消防年鉴2007［M］. 北京：中国人事出版社，2007.
[85] 公安部消防局．中国消防年鉴2008［M］. 北京：中国人事出版社，2008.
[86] 公安部消防局．中国消防年鉴2009［M］. 北京：中国人事出版社，2009.
[87] 公安部消防局．中国消防年鉴2010［M］. 北京：国际文化出版公司，2010.
[88] 公安部消防局．中国消防年鉴2011［M］. 北京：国际文化出版公司，2011.
[89] 孔新立，金丰年，蒋美蓉．建筑物防爆抗爆技术研究进展［J］. 工程爆破，2006，12（4）：77-81.
[90] 孙建运，李国强．建筑结构抗爆设计研究发展概述［J］. 四川建筑科学研究，2007，33（2）：4-10.
[91] 张正权，张文．浅谈燃爆及其对建筑结构的影响和防护［J］. 广东建材，2011（6）：191-192.
[92] 周云鹏，朱红武，叶勇．某住宅楼煤气爆炸后的房屋安全鉴定及加固处理［J］. 住宅科技，2011（增刊）：132-135.
[93] 谢孝，庞嘉，飞渭，等．天然气爆炸对建筑物的影响初探［J］. 四川建筑科学研究，2009，8（4）：88-90.
[94] 诸宏博．某建筑抗震检测鉴定及加固设计实例浅析［EB/OL］. http：//www. yantuchina. com/people/detail/332/4208. html.
[95] 王旋，李碧雄，等．结合汶川地震浅析桥梁结构震害机理［J］. 甘肃科技，2009，25（5）：100-103.
[96] 陈彦江，袁振友，刘贵．美国加利福尼亚州桥梁震害及其抗震加固原则和方法［J］. 东北公路，2001（1）：70-73.

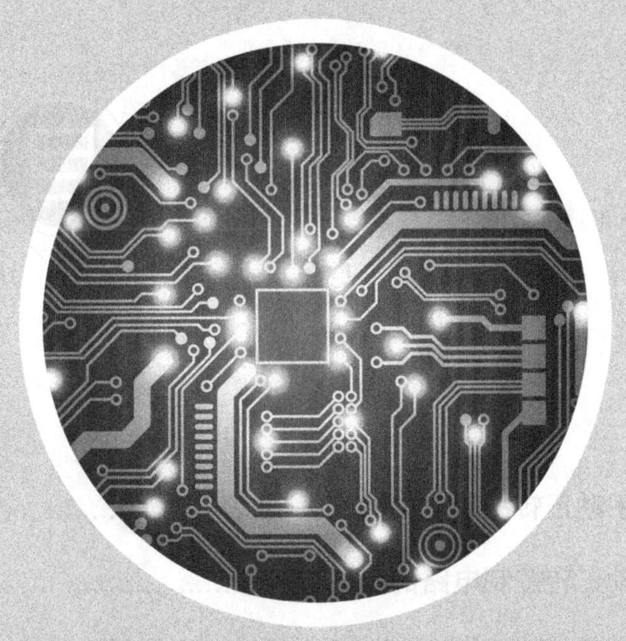

设备电气控制技术基础及应用

工作页

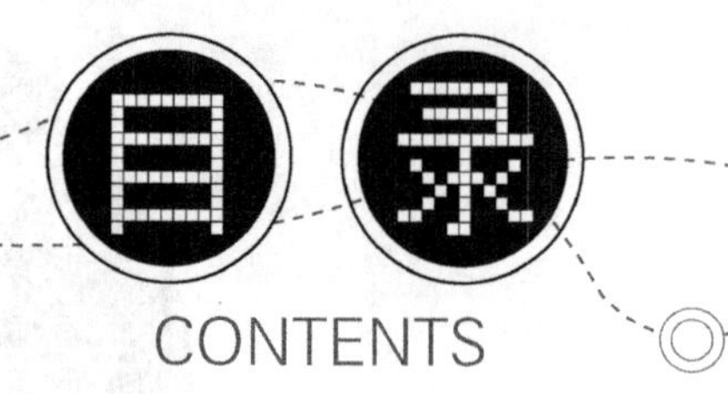

CONTENTS